Elementare Stochastik

Mathematik Primarstufe und Sekundarstufe I + II

Herausgegeben von
Prof. Dr. Friedhelm Padberg
Universität Bielefeld

Bisher erschienene Bände (Auswahl):

Didaktik der Mathematik

P. Bardy: Mathematisch begabte Grundschulkinder – Diagnostik und Förderung (P)
M. Franke: Didaktik der Geometrie (P)
M. Franke/S. Ruwisch: Didaktik des Sachrechnens in der Grundschule (P)
K. Hasemann/H. Gasteiger: Anfangsunterricht Mathematik (P)
K. Heckmann/F. Padberg: Unterrichtsentwürfe Mathematik Primarstufe (P)
K. Heckmann/F. Padberg: Unterrichtsentwürfe Mathematik Primarstufe, Band 2 (P)
F. Käpnick: Mathematiklernen in der Grundschule (P)
G. Krauthausen: Digitale Medien im Mathematikunterricht der Grundschule (P)
G. Krauthausen/P. Scherer: Einführung in die Mathematikdidaktik (P)
G. Krummheuer/M. Fetzer: Der Alltag im Mathematikunterricht (P)
F. Padberg/C. Benz: Didaktik der Arithmetik (P)
P. Scherer/E. Moser Opitz: Fördern im Mathematikunterricht der Primarstufe (P)
A.-S. Steinweg: Algebra in der Grundschule – Muster und Strukturen/Gleichungen/funktionale Beziehungen (P)

G. Hinrichs: Modellierung im Mathematikunterricht (P/S)

R. Danckwerts/D. Vogel: Analysis verständlich unterrichten (S)
G. Greefrath: Didaktik des Sachrechnens in der Sekundarstufe (S)
K. Heckmann/F. Padberg: Unterrichtsentwürfe Mathematik Sekundarstufe I (S)
F. Padberg: Didaktik der Bruchrechnung (S)
H.-J. Vollrath/H.-G. Weigand: Algebra in der Sekundarstufe (S)
H.-J. Vollrath/J. Roth: Grundlagen des Mathematikunterrichts in der Sekundarstufe (S)
H.-G. Weigand/T. Weth: Computer im Mathematikunterricht (S)
H.-G. Weigand et al.: Didaktik der Geometrie für die Sekundarstufe I (S)

Mathematik

F. Padberg: Einführung in die Mathematik I – Arithmetik (P)
F. Padberg: Zahlentheorie und Arithmetik (P)

K. Appell/J. Appell: Mengen – Zahlen – Zahlbereiche (P/S)
A. Filler: Elementare Lineare Algebra (P/S)
S. Krauter/C. Bescherer: Erlebnis Elementargeometrie (P/S)
H. Kütting/M. Sauer: Elementare Stochastik (P/S)
T. Leuders: Erlebnis Arithmetik (P/S)
F. Padberg: Elementare Zahlentheorie (P/S)
F. Padberg/R. Danckwerts/M. Stein: Zahlbereiche (P/S)

A. Büchter/H.-W. Henn: Elementare Analysis (S)
G. Wittmann: Elementare Funktionen und ihre Anwendungen (S)

P: Schwerpunkt Primarstufe
S: Schwerpunkt Sekundarstufe

Weitere Bände in Vorbereitung

Herbert Kütting • Martin J. Sauer

Elementare Stochastik

Mathematische Grundlagen und didaktische Konzepte

3. Auflage

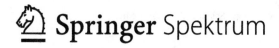 Springer Spektrum

Herbert Kütting
Martin J. Sauer

Institut für Didaktik der Mathematik und
Universität Münster
Münster, Deutschland

ISBN 978-3-642-40857-1   ISBN 978-3-8274-2760-1 (eBook)
DOI 10.1007/978-3-8274-2760-1

Die Deutsche Nationalbibliothek verzeichnet diese Publikation in der Deutschen Nationalbibliografie; detaillierte bibliografische Daten sind im Internet über http://dnb.d-nb.de abrufbar.

Springer Spektrum

Planung und Lektorat: Dr. Andreas Rüdinger, Dr. Meike Barth

Gedruckt auf säurefreiem und chlorfrei gebleichtem Papier

Springer Spektrum ist eine Marke von Springer DE.
Springer DE ist Teil der Fachverlagsgruppe Springer Science+Business Media.
www.springer-spektrum.de

Vorwort

Aus dem Vorwort zur 1. Auflage

Bei der Abfassung des Buches konnte der Autor auf langjährige Erfahrungen aus Vorlesungen, Übungen und Seminaren zur Stochastik zurückgreifen, die ihn nachhaltig darin bestärkten, dass noch so ausführliche Erläuterungen nie die Wirksamkeit von Beispielen erreichen. Und so nehmen *Beispiele* und *Übungsaufgaben* – beide für das Verstehen von Mathematik von eminenter Bedeutung – in unserer Darstellung der Theorie einen breiten Raum ein. Beispiele erleichtern die Erarbeitung und die Anwendung der Begriffe und Regeln und erzeugen Motivation, Aufgaben dienen daneben der Überprüfung des erreichten Kenntnisstandes und der Vertiefung des Stoffes. Sie fördern selbständiges Tun.

Da der Autor davon überzeugt ist, dass ein Blick in die Entstehungsgeschichte einer mathematischen Disziplin den Zugang zu dieser Disziplin sehr erleichtern kann, werden im vorliegenden Buch auch *Aspekte der Entwicklungsgeschichte* der Stochastik mit ihren faszinierenden Problemen und Paradoxien berücksichtigt. Das Werden von Wissenschaft wird gleichsam miterlebt. Das gibt auch wiederum Gelegenheit zur didaktischen Reflexion.

Auswahl und Umfang der *Themenkreise* waren unter Berücksichtigung unterschiedlicher Vorgaben zu treffen, die sich aus der Sache und dem Adressatenkreis ergeben. Die Sache selbst, also das Stoffgebiet Stochastik, verlangt auch bei einer elementaren Einführung eine Darstellung in einem Umfang, der sichtbar machen kann, was Stochastik meint. Andererseits dürfen die durch die Zielgruppe festgelegten Vorgaben, die wesentlich durch zeitliche Beschränkungen gekennzeichnet sind, nicht übersehen werden. Es muß also davon ausgegangen werden, dass nicht in jedem Kurs alle hier angesprochenen Themenkreise behandelt werden können. Der Aufbau des Buches lässt dem Dozenten die Freiheit, durch eine Auswahl Schwerpunkte zu setzen.

In *Kapitel I* geht es um eine kurze Betrachtung über das Verhältnis zwischen Zufall und Wahrscheinlichkeit und um eine Beschreibung der Zielvorstellung. Der Zufall soll dem mathematischen Denken unterworfen und soweit wie möglich entschlüsselt werden.

Das sehr umfangreiche *Kapitel II* beleuchtet die Ursprünge der Wahrscheinlichkeitsrechnung und lässt die spannende Diskussion, die die berühmten Beispiele auslösten, aufleben. Bevor dann die Stochastik axiomatisch aufgebaut wird, werden zunächst erste Schritte des Modellbildungsprozesses behandelt.

Da die Laplace-Wahrscheinlichkeit, die in den axiomatischen Aufbau eingebettet ist, zu ihrer Berechnung Anzahlbestimmungen verlangt, müssen Strategien für geschicktes Zählen entwickelt werden. Hier nimmt das Fundamentalprinzip des Zählens eine beherrschende Rolle ein. Besondere Auswahlsituationen führen dann auf spezifische kombinatorische Figuren wie geordnete bzw. ungeordnete Proben.

Nach diesem Exkurs in die Kombinatorik wird das Gebäude der Stochastik durch die Einführung der bedingten Wahrscheinlichkeit, der totalen Wahrscheinlichkeit und des Begriffs der stochastischen Unabhängigkeit von Ereignissen erweitert.

Kapitel III unterbricht den Theorieausbau der Stochastik und widmet sich dem reizvollen Thema der Simulation, einem Thema, das heute weite Bereiche in den Wissenschaften und in der Praxis beherrscht. Die dargelegten grundsätzlichen Überlegungen und die Lösung von Problemen mit Hilfe von Zufallszahlen (Monte-Carlo-Methode) können einen Eindruck von der Kraft der Methode vermitteln, insbesondere dann, wenn rechenstarke Computer eingesetzt werden.

In *Kapitel IV* werden mit den Begriffen Zufallsvariable und Wahrscheinlichkeitsverteilung einer Zufallsvariablen zentrale Begriffe für die Stochastik eingeführt. Es erfolgt eine Abstraktion vom Besonderen einer Ergebnismenge und damit eine wichtige Erweiterung der Theorie.

Kapitel V greift spezielle diskrete Wahrscheinlichkeitsverteilungen heraus, die wir als geeignete Modelle zur Lösung von realen Problemen häufig verwenden.

In *Kapitel VI* wird mit Hilfe der Tschbyscheffschen Ungleichung das Schwache Gesetz der großen Zahlen bewiesen, das eine Beziehung zwischen der Wahrscheinlichkeit und der relativen Häufigkeit aufzeigt.

Münster, im Januar 1999   Herbert Kütting

Vorwort zur 3. Auflage

Die äußerst freundliche Aufnahme der 2. Auflage macht schon eine weitere Auflage erforderlich. Wir danken dem Verlag, dass er unseren Wunsch unterstützte und der Aufnahme von weiteren Themenkreisen, die uns aus dem Leserkreis angetragen worden waren und veränderten Studiengängen Rechnung tragen, zustimmte.

Die überarbeitete und wiederum stark erweiterte 3. Auflage richtet sich vornehmlich an Lehramtsstudierende, die Mathematik als eines ihrer Fächer haben, an Studierende in den Bachelor- und Masterstudiengängen und an Lehrer mit dem Fach Mathematik.

Die *Überarbeitung* verbessert zur Verständniserleichterung einige Formulierungen und legt insbesondere im Kapitel 4 „Zufallsvariable, Erwartungswert und Varianz" eine noch breitere sorgfältige mathematische Fundierung dieser Begriffe.

Hatten wir schon in der zweiten Auflage einen neuen Abschnitt „Geometrische Wahrscheinlichkeiten" und im Abschnitt „Kombinatorisches Zählen" drei neue Themenbereiche (k-stellige Sequenzen; Rencontre-Probleme; Vier-Schritte-Modell) aufgenommen und in zwei weiteren Kapiteln (Allgemeine Wahrscheinlichkeitsräume; Wahrscheinlichkeitsmaße auf $(\mathbb{R}, \mathcal{B}(\mathcal{I}))$ die Thematik auf abzählbar-unendliche und überabzählber-unendliche Wahrscheinlichkeitsräume ausgeweitet, so haben wir jetzt in der 3. Auflage *drei weitere Kapitel* hinzugefügt. In Kapitel 1 wird die *„Beschreibende Statistik"* (einschließlich der historischen Entwicklung), im Kapitel 9 *„Schätzen"* und im Kapitel 10 *„Testen"* werden Themen der induktiven Statistik ausführlich behandelt.

Bei der Neugestaltung leitete uns wie bisher der didaktische Grundsatz, dass Beispiele und Aufgaben das Verstehen von Mathematik erleichtern, und so bilden sie auch in der erweiterten dritten Auflage das Rückgrat der Darstellung.

Die annähernd **100** nummerierten, ausführlich dargestellten **Beispiele** und eine große Anzahl weiterer Beispiele aus Theorie und Praxis erfüllen zwei Funktionen. Sie dienen einerseits der Motivation und führen behutsam in die neuen Begriffe und Sätze ein, und sie zeigen andererseits nach der Erarbeitung der Theorie erste Anwendungsbereiche auf. Die dadurch sich ergebende breitere Darstellung kommt dem in das Sachgebiet Einsteigenden entgegen und regt zum Selbststudium an.

In vielen Themenbereichen heben **Anmerkungen und Hinweise zur Didaktik** einzelne Gesichtspunkte hervor (Modellbildungsprozese, Einsatz von Baumdiagrammen und Feldertafeln, verschiedene Lösungswege, Aufgabenvarianten), so dass unterschiedliche Sichtweisen deutlich werden und sich ein Beziehungsgeflecht aufbauen kann.

Zur Überprüfung der erarbeiteten Themenbereiche bieten die **über 150 Aufgaben** mit zahlreichen Unterpunkten ein reiches Betätigungsfeld. Die Angabe von Ergebnissen und Lösungshinweisen im Kapitel 11 gibt die Möglichkeit der raschen Kontrolle und Bestätigung.

Frau Anita Kollwitz (Münster) danken wir an dieser Stelle sehr herzlich für die nicht immer leichte Arbeit, ein druckfertiges Manuskript sorgfältig mit den vielen Änderungen und Ergänzungen zu erstellen.

Ferner danken wir dem Herausgeber dieser Reihe, Herrn Prof. Dr. F. Padberg (Bielefeld) und dem Verlag für die freundliche Unterstützung bei der Verwirklichung dieser dritten, stark erweiterten Auflage.

Münster, im Februar 2011   Herbert Kütting und Martin J. Sauer

Vorwort zum korrigierten Nachdruck der 3. Auflage

Neben kleinen Korrekturen haben wir aus didaktischen Gründen Textumstellungen, Textänderungen und Textergänzungen vorgenommen. Frau Anita Kollwitz (Münster) gilt wiederum unser Dank für die sorgfältige Umsetzung der Änderungen.

Münster, im Juni 2013   Herbert Kütting und Martin J. Sauer

Inhaltsverzeichnis

1 Beschreibende Statistik

Umgangssprachlich und auch inhaltlich sind mit dem Wort Statistik zwei Bedeutungen verbunden. Es geht einmal um die (mathematische) Disziplin Statistik, also um die *Wissenschaft* Statistik. Dann geht es auch um Statistiken, z. B. um Statistiken von Kosten, um Statistiken in der Bevölkerungspolitik, also um Zahlenmaterial aus Erhebungen. Hier stellt sich die Statistik als *Ergebnis einer Tätigkeit* dar. In der beschreibenden Statistik geht es um eine Beschreibung des Ist-Zustandes. Nach Ferschel ist Statistik das Bestreben, die Dinge so zu sehen, wie sie wirklich sind ([53]). Doch das ist offenbar recht schwer, wie Fehldeutungen und Manipulationen in Wirtschaft, Wissenschaft und Politik belegen (Kütting [102], [104], Krämer [85]). Es verwundert nicht, dass das Ansehen der Statistik in der Öffentlichkeit gering ist:

- Es gibt die gewöhnliche Lüge, die Notlüge und die Statistik.
- Trauen Sie keiner Statistik, die Sie nicht selbst gefälscht haben.
- Zahlen können lügen, Lügner können zählen.
- Mit Zahlen kann man alles, und daher nichts beweisen.
- Statistik ist die Kunst, mit richtigen Zahlen etwas Falsches zu beweisen.
- Statistik ist das Umgraben von Datenfriedhöfen.

Diese unrühmlichen Einschätzungen sollten positive Impulse für eine sachgerechte Information freisetzen. Denn nicht die Sprache der Statistik – das sind die Zahlen und Graphiken – lügt, sondern es „lügen" allenfalls die Menschen, die mit den Zahlen und Graphiken umgehen.

1.1 Die historische Entwicklung der Statistik – ein kurzer Abriss

Die Ursprünge der Statistik liegen weit zurück. Für die beschreibende (deskriptive) Statistik gibt man im Allgemeinen drei Quellen an: die **Amtliche Statistik**, die **Politische Arithmetik** und die **Universitätsstatistik**.

1.1.1   Die Amtliche Statistik

Der Sinn einer **Amtlichen Statistik** liegt darin, Informationen darüber
zu gewinnen, wie die organisierte Gesellschaft am besten „verwaltet" werden kann. Man möchte Kenntnisse haben z. B. über die Anzahl der Bewohner, über den Landbesitz, über die Bodenschätze, über den Viehbe-
stand usw. Einfache statistische Erhebungen wurden bereits vor Jahrtausen-
den durchgeführt, z. B. in Ägypten, China, Indien, Griechenland, Rom. Schon
3000 v. Chr. nahmen die Pharaonen in Ägypten Volkszählungen, Landvermes-
sungen und Viehbestandszählungen vor. Neben steuerlichen Zwecken dienten
solche Volkszählungen auch zur Erstellung von Verzeichnissen für den Fron-
dienst und „Militärdienst".

Auch in der Bibel werden Volkszählungen erwähnt.

Vgl. für die folgenden Ausführungen:

a)   Die Heilige Schrift des Alten und Neuen Testaments (Übersetzung von
     Hamp, V./Stengel, M./Kürzinger, J.). Aschaffenburg 1975[25].

b)   Schürer, E.: Geschichte des jüdischen Volkes im Zeitalter Jesu Christi.
     Band 1. Hildesheim - New York 1970.

c)   Schneider, G.: Das Evangelium nach Lukas, Kapitel 1 – 10. Würzburg 1977.

d)   Scharbert, J.: Numeri. Würzburg 1992.

e)   Cornfeld, G./Botterweck, G. J. (Hrsg.): Die Bibel und ihre Welt (2 Bände).
     Herrsching 1991.

Im Alten Testament verweisen wir auf die Stellen Exodus (2. Buch Moses)
Kap. 30, Verse 11–16; Kap. 38, Vers 25f.; Numeri (4. Buch Moses) Kap. 1,
Verse 1–54; Kap. 26, Verse 1–51 und Verse 57–65; 2. Buch Samuel Kap. 24, Vers
1f. (Parallelbericht im 1. Buch der Chronik, Kap. 21, Verse 1–5). Im Neuen
Testament nennen wir die Stellen Apostelgeschichte Kap. 5, Vers 37 und Lukas
Kap. 2, Verse 1ff. Im Folgenden gehen wir auf einige Stellen ein.

In Exodus, 30. Kap., 11. Vers und folgende heißt es: „[11]Der Herr sprach zu
Moses: [12]Wenn du die Kopfzahl der Israeliten bei ihrer Musterung feststellst,
dann soll jeder ein Lösegeld für sein Leben anläßlich der Musterung an den
Herrn entrichten, damit nicht eine Plage sie bei ihrer Musterung treffe. [13]Dieses
soll ein jeder, der zur Musterung kommt, entrichten: Ein halbes Silberstück
nach heiligem Gewicht, 20 Gera das Silberstück, ein halbes Silberstück also als
Weihegabe an den Herrn. [14]Jeder, der zur Musterung kommt, von 20 Jahren an
und darüber, soll die Weihegabe an den Herrn entrichten."

Anmerkungen:

■   Nach Überlieferung musste jeder Israelit jedes Jahr zum Unterhalt des Heilig-
    tums ein als Sühnegeld bezeichnetes halbes Silberstück (einen halben Sche-
    kel) zahlen. Die Anzahl der halben Schekel ergab auch die Anzahl der Männer

über 20 Jahre, d. h. der Wehrdienstpflichtigen (vgl. Exodus, Kap. 38, Vers 25f.).

■ Der Gedanke der Entsühnungen aus Anlass einer Volkszählung wird in Beziehung gebracht mit der ersten königlichen Volkszählung durch David (2. Buch Samuel, 24. Kap., Vers 1f.). Denn die nach Durchführung der Volkszählung über das Volk Israel hereinbrechende Pest wurde als Strafe für Davids Volkszählung angesehen (2. Buch Samuel, 24. Kap., Verse 10–15).

Das Buch Numeri (Zahlen) verdankt sogar seinen Namen einer Volkszählung. Es beginnt mit Zählungen und Musterungen der wehrfähigen Männer Israels. „[1]Der Herr redete zu Moses in der Wüste am Sinai im Offenbarungszelt am ersten Tage des zweiten Monats im zweiten Jahr nach dem Auszug aus dem Lande Ägyptens folgendes: [2]Nehmt die Gesamtzahl der ganzen Gemeinde der Israeliten auf, und zwar nach ihren Sippen und Familien mit Zählung der einzelnen Namen; alles, das männlich ist, nach seiner Kopfzahl! [3]Von 20 Jahren und darüber sollt ihr alle Kriegstüchtigen in Israel scharenweise mustern, du und Aaron!" (Numeri, 1. Kap., Verse 1–3). Diese erste Zählung durch Moses fand nach dieser Tradition während des Exodus am Sinai statt. Gezählt wurden 603 550 (Numeri, 2. Kap., Vers 32). Eine zweite Volkszählung fand nach dieser Tradition durch Moses vor dem Einzug in das Gelobte Land statt: „[1]Nach dieser Heimsuchung sprach der Herr zu Moses und Eleasar, dem Sohn des Priesters Aaron: [2]Nehmt die Gesamtzahl der Israelitengemeinde auf, von 20 Jahren an nach ihren Familien geordnet, alle die heerespflichtig sind in Israel!" (Numeri, 26. Kap., Vers 1f.). Gezählt wurden 601 730 Gemusterte. „[53]An diese werde das Land als Erbbesitz nach dem Verhältnis der Namenszahl verteilt." (Numeri, 26. Kap., Vers 53). „[55]Doch soll man das Land durch das Los verteilen; …" (Numeri, 26. Kap., Vers 55).

Anmerkungen: (vgl. auch *Scharbert*, a.a.O., S. 18f, S. 109)

■ Die Zahlen selbst sind mit Sicherheit unhistorisch. Denn wenn man Frauen, Kinder und Greise einbezieht, müssten ungefähr 2 Millionen Menschen auf der Wanderung gewesen sein. Die Probleme einer solchen Völkerwanderung (Verpflegung etc.) dürften kaum zu lösen gewesen sein. Denkbar ist, dass man bei den Zahlen an eine endzeitliche Fülle dachte.

■ Bemerkenswert ist, dass schon nach Kategorien (Sippen, Familien) getrennt gezählt wurde.

■ Auch das Verfahren der Landverteilung ist interessant. Es werden zwei sich gegenseitig behindernde Verfahren genannt. Der Widerspruch kann aufgelöst werden, wenn man annimmt, dass Gott (Jahwe) die Verteilung durch Los (also durch Zufall) so lenken wird, dass eine gerechte Verteilung nach der Größe der Stämme erfolgt.

Überblickt man diese Volkszählungen und Prozeduren, so wird verständlich, dass Volkszählungen nicht beliebt waren: Furcht vor Heeresdienst, Angst vor

Besteuerung, Einschränkung der Persönlichkeit, Offenlegung der Privatsphäre, Angst vor Strafen. Die Unbeliebtheit von Volkszählungen hat sich bis heute erhalten.

Die wohl bekannteste Volkszählung aus der Bibel ist die aus dem Neuen Testament bei Lukas, Kap. 2, Verse 1ff. Es handelt sich um das Weihnachtsevangelium nach Lukas. „[1]In jenen Tagen geschah es, dass vom Kaiser Augustus der Befehl erging, das ganze Reich zu beschreiben und einzutragen. [2]Diese erste Eintragung geschah, als Quirinius Statthalter von Syrien war. [3]Alle gingen hin, sich eintragen zu lassen, ein jeder in seine Stadt. [4]Auch Joseph ging von Galiläa, aus der Stadt Nazaret, hinauf nach Judäa in die Stadt Davids, die Bethlehem heißt – weil er aus dem Haus und Geschlecht Davids war – [5]um sich eintragen zu lassen zusammen mit Maria, seiner Vermählten, die gesegneten Leibes war." Nach diesem Bericht des Lukas wurde Jesus dann in Bethlehem geboren.

Anmerkungen:

- Bei der Eintragung handelte es sich um eine Volkszählung (einen Zensus) hauptsächlich für steuerliche Zwecke. Aus historischer Sicht ist aber der bei Lukas erwähnte Zensus nicht unumstritten. Mit großer Sicherheit weiß man nämlich, dass Quirinius die in der Apostelgeschichte (Kap. 5, Vers 37) erwähnte Volkszählung durchgeführt hat. Das war aber im Jahre 6 oder 7 nach Christus. Andererseits ist nach heutigem Kenntnisstand ein Zensus im *gesamten* Reich (Reichszensus) unter Augustus nicht bezeugt. Wegen Einzelheiten dieser wissenschaftlichen Diskussion verweisen wir auf entsprechende Literatur (s. *Schürer*, a.a.O., S. 508 – 543; *Schneider*, a.a.O., S. 68f).
- Der römische Census, der auf Servius Tullius (um 550 v. Chr.) zurückgeht, war eine sich regelmäßig alle 5 Jahre wiederholende Erhebung der Bevölkerung. Seine Bezeichnung hat sich in einigen Ländern wie z. B. in den USA für regelmäßig stattfindende Bestandsaufnahmen bis heute erhalten. Auch in der Bundesrepublik Deutschland findet seit 1957 jährlich ein Mikrozensus statt, bei dem 1 % aller Haushalte erfasst werden. Interessant ist nun, dass diese „kleine Zählung" durch *Interviewer* vorgenommen wird. Dadurch können Rückfragen bei komplexen Sachverhalten sofort geklärt werden, so dass die Ergebnisse zuverlässiger erscheinen mögen und vielleicht auch sind als bei einer reinen Zählung.

Zur Amtlichen Statistik zählen auch die Inventarien, die Karl der Große anfertigen ließ, und das sogenannte Domesday Book um ca. 1084/85, das Wilhelm der Eroberer anlegen ließ. Letzteres enthält die Zählungen der Einwohner, die auch nach Ständen statistisch aufgegliedert waren, und Zählungen ihres Grund- und Viehbesitzes. Ferner erwähnen wir die sog. Populationslisten (für Geburten, Trauungen und Todesfälle) unter dem Kurfürsten Friedrich Wilhelm um 1683. Die letzten Stufen in dieser Entwicklung sind bei uns die Statistischen Jahrbücher für die Bundesrepublik Deutschland, die vom Statistischen Bundesamt herausgegeben werden, und die Publikationen der Statistischen Landesämter und Kommunen. Der Hintergrund solcher Erhebungen ist in seiner praktischen Bedeutung für Regierungen und Verwaltungen zu sehen.

1.1.2 Die Politische Arithmetik

Im 17. und 18. Jahrhundert traten international zwei neue Aspekte hinzu: die sog. Politische Arithmetik und die sog. Universitätsstatistik.

Als Begründer der in England aufgekommenen **Politischen Arithmetik** gelten *John Graunt* (1620 – 1674) und *Sir William Petty* (1623 – 1687). Durch Vergleich von Geburtenhäufigkeiten und Sterbezahlen versuchte man Bevölkerungsentwicklungen zu beobachten. Nicht Einzelerscheinungen waren wichtig, sondern zu (homogenen) Klassen zusammengefasste Massenerscheinungen. Man fragte nach Ursachen und Regelmäßigkeiten. (Vgl. hierzu auch Biehler [18].) J. Graunt war von Haus aus Tuchkleinhändler, später war er Kommissar für die Wasserversorgung Londons. Das Material fand Graunt in Geburts- und Todeslisten, in Tauf- und Sterberegistern. Seine grundlegende Schrift erschien 1662: *Natürliche und politische Beobachtungen über die Totenlisten der Stadt London, führnehmlich ihre Regierung, Religion, Gewerbe, Luft, Krankheiten und besondere Veränderungen betreffend ....* W. Petty war nach dem Medizinstudium Professor für Anatomie in Oxford, war aber sehr vielseitig interessiert. Sein Werk *Political Arithmetic* gab der Strömung ihren Namen.

Als weitere Vertreter der Politischen Arithmetik erwähnen wir noch E. Halley und J. P. Süßmilch. Der Astronom *Edmond Halley* (1656 – 1742) – nach ihm ist der von ihm vorausgesagte Halley-Komet benannt – verfasste aufgrund von Kirchenbüchern der Stadt Breslau die ersten Sterbetafeln mit Sterbewahrscheinlichkeiten. Vertreter der Politischen Arithmetik war in Deutschland der preußische Prediger und nachmalige Oberkonsistorialrat *Johann Peter Süßmilch* (1707 – 1767) mit seinem Buch *Die göttliche Ordnung in den Veränderungen des menschlichen Geschlechts aus der Geburt, Tod und Fortpflanzung desselben erwiesen von Johann Peter Süßmilch, Prediger beim hochlöblichen Kalksteinischen Regiment* (1741). Wie der Titel schon andeutet, betrachtete Süßmilch die Gesetzmäßigkeiten als der göttlichen Ordnung zugehörig.

1.1.3 Die Universitätsstatistik und ihre Weiterentwicklung

Mit dem Terminus **Universitätsstatistik** ist die an Universitäten vertretene bzw. etablierte wissenschaftliche Disziplin gemeint. Es geht also nicht um Statistiken an den Universitäten. Da man für die zentrale Verwaltung von Staaten Ausbildungsmöglichkeiten brauchte, entstand an den Universitäten im 17. Jahrhundert ein erweitertes Lehr- und Ausbildungsangebot. Es betraf die Lehre von den Staatsmerkwürdigkeiten. Es ging um Staatsbeschreibungen. Schon

1660 kündigte der Rechtshistoriker *Hermann Conring* (1606 – 1681), Professor an der ehemaligen Universität Helmstedt, eine Vorlesung zu „Notitia rerum publicarum" oder „Staatenkunde" an und behandelte Staatsbeschreibungen unter den Gesichtspunkten Bevölkerung, Staatsform, Verwaltung, Finanzen. *Gottfried Achenwall* (1719 – 1772), Professor in Marburg und später in Göttingen, führte den Namen *Statistik* für diese neue Disziplin ein. Der Name geht zurück auf das italienische Wort *statista*, was Staatsmann bedeutet, oder auf das lateinische Wort *status (rei publicae)* was Zustand (des Staates) bedeutet. Die moderne Staatswissenschaft prägte also den wissenschaftlichen Charakter der Statistik. Wenn auch der Ursprung des Namens Statistik mit Achenwall untrennbar verbunden ist, kann man aber nicht sagen, dass er der Begründer der Statistik ist. Das folgt auch schon aus unseren früheren Darlegungen. Mittelpunkt war bei ihm noch nicht die zahlenmäßige Erforschung von Massenerscheinungen. Dieser Gesichtspunkt wurde von *Karl Knies* (1821 – 1898) hervorgehoben.

Von den deutschen Universitäten breitete sich die Statistik auf andere Länder aus: Österreich, Ungarn, Italien (Venetien), Belgien, Frankreich, England, USA. Dabei ist interessant, dass die Statistik in den USA um 1845 eingeführt wurde, und zwar an der Universität Virginia im Department of Moral Philosophy. Diese Verbindung von Philosophie mit Statistik ist bemerkenswert.

Mit dem Entstehen der Wahrscheinlichkeitstheorie machte sich der *Einfluss wahrscheinlichkeitstheoretischer Überlegungen* auf die Statistik bemerkbar. Schon *Jakob Bernoulli* (1654 – 1705) hatte den Zusammenhang der mathematischen Wahrscheinlichkeit und der statistischen Wahrscheinlichkeit (Gesetz der großen Zahlen) gesehen, wie seiner *Ars conjectandi*, die acht Jahre nach seinem Tode erschien, zu entnehmen ist.

Auch für den belgischen Astronomen und Statistiker *Lambert Adolph Jacob Quetelet* (1796 – 1874) war die Wahrscheinlichkeitsrechnung ein wichtiger Bezugspunkt für seine Forschungen. Er war überzeugt, dass soziale und gesellschaftliche Erscheinungen auf Gesetzmäßigkeiten verweisen, die man durch statistische Erhebungen entdecken und erforschen könnte. 1846 führte er – vielleicht die erste – wissenschaftlich fundierte Volkszählung in Belgien durch. Bekannt geworden ist er auch durch seinen aus Erhebungen am Menschen errechneten „mittleren Menschen" *(homme moyen)* als Idealtyp des Menschen. Diese Theorie war und ist heftig umstritten. Quetelet kann aber als Begründer der Anthropometrie angesehen werden. 1853 organisierte Quetelet den ersten Internationalen Statistikkongress in Brüssel. Das bedeutete eine Stärkung und Förderung der internationalen Zusammenarbeit, die dann 1885 zur Gründung des Internationalen Statistischen Instituts (ISI) führte.

Zu erwähnen ist in diesem Zusammenhang auch der in der Wahrscheinlichkeitsrechung bekannte *Sir Francis Galton* (1822 – 1911), der übrigens ein Vetter von Charles Darwin war. Er entwickelte das nach ihm benannte Galtonbrett, das der Demonstration der Binomialverteilung dient. Ferner entwickelte er die Korrelationsrechnung zur Auswertung seiner Daten (vornehmlich zur Vererbungslehre). Sein Schüler *Karl Pearson* (1857 – 1936) war Mitbegründer der Zeitschrift *Biometrika*, einer statistischen Zeitschrift (1900).

Im 20. Jahrhundert entwickelten sich mit den Methoden der Wahrscheinlichkeitstheorie neue Verfahren und Möglichkeiten, es ist der Beginn der **mathematischen Statistik**. War lange Zeit die Gesamterhebung das Mittel der Statistik zur Beschreibung der Umwelt, wird jetzt eine repräsentative Teilerhebung (Teiluntersuchung) durchgeführt (Stichprobenverfahren) und aus den Ergebnissen der Teilerhebung durch mathematische Verfahren auf die Gesamtheit zurückgeschlossen. So ist neben der rein deskriptiven (beschreibenden) Statistik die *induktive* (schließende) Statistik getreten. Als *mathematische Statistik* hat sie sich zu einem selbstständigen Zweig der Mathematik entwickelt. Es ist ein Verdienst von *Sir Ronald Aylmer Fisher* (1890 – 1962), die Versuchsplanung eingeführt zu haben und damit den großen Anwendungsbereich der Statistik in Wirtschafts- und Sozialstatistik begründet zu haben. *Egon Sharpe Pearson* (1895 – 1980), Sohn von Karl Pearson, ist zusammen mit dem in Russland geborenen *Jerzy Neymann* (1894 – 1981) besonders auf dem Gebiet des Testens von Hypothesen bekannt geworden (Neymann-Pearsonsche Theorie des Prüfens von Hypothesen). Statistische Hypothesen (Annahmen) werden mit Hilfe statistischer Tests überprüft, d. h. aufgrund einer Stichprobe wird eine Entscheidung über Annahme oder Ablehnung der Hypothese herbeigeführt. Unter dem Einsatz mathematischer Methoden gibt es inzwischen eine Fülle von Verfahren zur Überprüfung von Hypothesen.

Ganz allgemein kann man sagen, dass es heute in der Statistik nicht nur um eine Beschreibung, sondern auch um eine Auswertung und kritische Beurteilung von erhobenen Daten geht. Statistik und Wahrscheinlichkeit sind heute miteinander verkettet.

Die historisch entstandene Gliederung der Statistik in *Deskriptive Statistik* und *Induktive Statistik* wird heutzutage unter dem Einfluss des Anwendungsgedankens infrage gestellt. Auch unter dem Einfluss der von *Tukey* 1977 eingeführten *Explorativen Datenanalyse* (EDA) ist man geneigt, Ideen und Methoden der induktiven (schließenden) Statistik schon in heuristischer Form frühzeitig einzusetzen (vgl. Tukey [172]). So unterwirft man in der EDA u. a. die Datenmenge auch systematischen und probierenden Reduktionen und Umgestaltungen – die modellärmer als in der induktiven Statistik sind – in der Erwartung, dass einfache Zusammenhänge als Muster sichtbar werden und so evtl. zu begründeten Vermutungen führen können.

1.2   Grundbegriffe der beschreibenden Statistik und Aufbereitung der Daten

1.2.1   Statistische Erhebung, Daten, Merkmale, Merkmalsausprägungen

In der beschreibenden Statistik geht es um eine Datenerfassung in Sachsituationen, um die Datenaufbereitung und um eine erste vorsichtige Dateninterpretation.

Didaktische Vorbemerkungen
Grundsätzlich gibt es verschiedene Vorgehensmöglichkeiten zur Einführung in die beschreibende Statistik:

- Man kann Datenlisten oder graphische Darstellungen von Daten vorgeben. Zeitungen, Bücher und statistische Jahrbücher liefern für alle Altersstufen interessantes Datenmaterial (siehe auch die Tabellen und Graphiken in den nachfolgenden Kapiteln). Die Aufgabe kann dann darin bestehen, dieses Datenmaterial richtig zu lesen und zu verstehen und evtl. weiter aufzubereiten. So können beispielsweise Fragen nach anderen graphischen Darstellungen oder Fragen nach Kennzahlen wie Mittelwerte und Streuungswerte gestellt werden.
- Man kann durch eine statistische Erhebung das Datenmaterial finden lassen, das dann aufbereitet wird. Wegen der damit verbundenen hohen Motivation heben Richtlinien und Lehrpläne für den Mathematikunterricht diesen Weg besonders hervor. Planung, Durchführung und anschließende Auswertung einer selbst durchgeführten Erhebung können die Schüler tatsächlich stärker motivieren als eine von außen an sie herangetragene Fragestellung durch Vorgabe von irgendwelchen Daten. Die Schüler können so eigene Erfahrungen sammeln und müssen zudem stets im Gespräch mit ihren Mitschülern bleiben. Allerdings wird man berücksichtigen müssen, dass die Planung, Durchführung und Auswertung einer eigenen Erhebung mehr Zeit beansprucht als die Auswertung stets neu vorgegebener Daten.

In Praktika mit Studenten haben wir mehrfach mit beiden Wegen unterrichtliche Erfahrungen sammeln können. Es kann bestätigt werden, dass der Motivationsschub zu Beginn einer selbst durchgeführten Erhebung sehr stark ist, es muss aber auch eingestanden werden, dass die Aufbereitung immer wieder desselben Datenmaterials unter neuen Fragestellungen schnell das Interesse der Schüler abflachen lässt: „Schon wieder diese Daten!" Schließlich muss man auch damit rechnen, dass sich die erhobenen Daten nicht immer zur Vorbereitung neuer Fragestellungen (wie z. B. zur Motivation der Frage nach Streuungsmaßen) eignen. Geht man den anderen Weg, so kann man mit Vorteil die Möglichkeit ausnutzen, für jede neue Fragestellung neue Datenmengen aus neuen aktuellen Sachproblemen wählen zu können. Diese Varianz der Sachgebiete bewirkt aufgrund unserer Erfahrung ebenfalls eine hohe intrinsische Motivation.

Unter Berücksichtigung dieser Überlegungen empfiehlt sich ein Mittelweg als Mischung aus beiden Wegen. In jedem Fall sollte aber zumindest eine im Umfang kleine realisierbare Erhebung etwa im Umfeld der Schule von den Schülern durchgeführt werden. Mögliche Themen wären etwa:

- Erhebung zum Fernsehverhalten der Mitschüler einer bestimmten Klassenstufe,
- Erhebung über aktiv betriebene Sportarten der Schüler einer Schule,
- Erhebung zu Berufs- und Studienwünschen der Schüler der Abgangsklassen,
- Erhebung über Mitgliedschaften von Schülern in Jugendverbänden.

Es ist wichtig, dass die Schüler das Thema der Erhebung selbst bestimmen. Dieses Vorgehen ist besonders *zu Beginn* einer unterrichtlichen Behandlung von großem Vorteil. Schüler lernen so unmittelbar die Schwierigkeiten einer Datenerhebung kennen, und sie sind motiviert, die Daten aufzubereiten und auszuwerten, da sie ja das Thema interessiert und die Daten evtl. interessante Informationen über die Fragestellung liefern.

Welchen Weg man auch beschreitet, stets müssen dabei einige Grundbegriffe der beschreibenden Statistik eingeführt werden, wie z. B. Erhebung, statistische Einheit, Merkmal, Mermalsausprägung und Häufigkeit. Die Vermittlung einer fachspezifischen Sprache erleichtert dann später das Unterrichtsgespräch.

Grundlegende Begriffe der Statistik

- Unter einer **statistischen Masse** (empirischen Grundgesamtheit) versteht man die durch die Identifikationsmerkmale (z. B. *weibliche* und *männliche* Bevölkerung in *Nordrhein-Westfalen* im Jahre *2010 unter 18 Jahre*) ausgezeichnete und abgegrenzte Menge von Einheiten, in der eine statistische Erhebung zur Untersuchung eines oder mehrerer Merkmale (z. B. Alter, Staatsangehörigkeit) durchgeführt wird.
- Unter einer **statistischen Einheit** (Beobachtungseinheit, Merkmalsträger) versteht man das Einzelobjekt (den Informationsträger) einer statistischen Untersuchung. Jede statistische Einheit muss wie die statistische Masse eindeutig identifizierbar bzw. abgrenzbar sein. Dieses geschieht durch die Identifikationsmerkmale.
- Bei den **Identifikationsmerkmalen** unterscheidet man
  - *sachliche Identifikationsmerkmale* (z. B. weibliche Bevölkerung unter 18 Jahren),
  - *räumliche Identifikationsmerkmale* (z. B. in Nordrhein-Westfalen),
  - *zeitliche Identifikationsmerkmale* (z. B. im Jahre 2010).
- Deckt sich die Menge der untersuchten statistischen Einheiten (Merkmalsträger) mit der statistischen Masse (der empirischen Grundgesamtheit), so

spricht man von einer **Totalerhebung** (z. B. Volkszählung), wird nur ein Teil der statistischen Einheiten untersucht, spricht man von einer **Teilerhebung** oder **Stichprobe** (z. B. Mikrozensus). Eine Totalerhebung ist aufwendig, teuer und nicht immer durchführbar. Will man beispielsweise mittels einer Totalerhebung die Lebensdauer von Glühlampen (Kerzenbirne, 40 Watt, klar, bestimmtes Fabrikat, bestimmter Produktionszeitraum) feststellen, so führt das zwangsläufig zu einer Zerstörung aller Glühbirnen dieses Typs. Deshalb führt man Stichproben durch. Sie sparen Kosten und sind bei den heutigen Methoden (Repräsentativerhebung) äußerst zuverlässig. Auch Volkszählungen (Totalerhebung) werden aus den genannten Gründen deshalb in der Bundesrepublik Deutschland in der Regel nur alle 10 Jahre durchgeführt. Durch den schon erwähnten Mikrozensus, der seit 1957 eingeführt ist, wird die Zeitspanne überbrückt.

- Unter einem **Merkmal** versteht man eine bei einer statistischen Untersuchung interessierende Eigenschaft der statistischen Einheiten. Die statistischen Einheiten heißen deshalb Merkmalsträger und sind es auch.

- Die möglichen Werte (Kategorien), die ein Merkmal annehmen kann, nennt man **Merkmalsausprägungen** (Modalitäten). Beispiel: Merkmal „Geschlecht", Modalitäten „männlich" bzw. „weiblich".

- Registrierte Merkmalsausprägungen werden als statistische **Daten** bezeichnet. Sie sind also beobachtete Werte eines bestimmten Merkmals in einer bestimmten Grundgesamtheit. Die „Beobachtung" erfolgt nach einem festgelegten Verfahren. Die Daten werden in einer Liste, die als **Urliste** bezeichnet wird, angegeben.

- Ein **Merkmal** heißt **erschöpfend** bezüglich der Grundgesamtheit (bzgl. der statistischen Masse), wenn sich *jedem* Merkmalsträger aus der Grundgesamtheit eine Merkmalsausprägung des Merkmals zuordnen lässt. So ist das Merkmal „Staatsangehörigkeit" in der Grundgesamtheit Europa mit den vier Ausprägungen „deutsch", „französisch", „griechisch", „italienisch" sicher nicht erschöpfend. Durch Hinzufügung der Modalität „sonstige" ist es aber erschöpfend.

  Anmerkung:

  Durch Hinzufügen der Modalität „sonstige" kann man ein Merkmal stets zu einem erschöpfenden Merkmal machen. Man betrachte einmal unter diesem Aspekt Fragebögen und Statistiken.

- Von Bedeutung ist die Unterscheidung verschiedener **Merkmalstypen**. Denn um statistische Methoden anwenden zu können, muss feststehen, ob und in welchem Umfang mit registrierten Merkmalsausprägungen (den Daten) gerechnet werden darf. Es geht ja stets um eine Beschreibung der Wirklichkeit. Dazu ist eine Analyse der Sachsituation erforderlich, die zu einem adäquaten mathematischen Modell führt. Damit sind dann auch mögliche Rechenoperationen festgelegt. Die Unterscheidung verschiedener Merkmalstypen liefert in dieser Hinsicht einen ersten Beitrag. Wir unterscheiden:

qualitative Merkmale (lateinisch *qualitas:* Beschaffenheit, Eigenschaft), **Rangmerkmale** und **quantitative Merkmale** (lateinisch *quantus:* wie groß).

- Die **qualitativen Merkmale** werden auch **nominalskalierte Merkmale** genannt (lateinisch *nomen:* Benennung, Wort). Bei ihnen sind die Merkmalsausprägungen nur Beschreibungen, sind also nicht messbar. Die Merkmalsausprägungen lassen sich in keine Reihenfolge bringen, sie stehen gleichberechtigt nebeneinfander. Man kann nur feststellen, ob sie bei einer statistischen Einheit zutreffen oder nicht. Beispiele für nominalskalierte Merkmale sind: *Haarfarbe* (z. B. mit den Ausprägungen rot, blond, schwarz, sonstige), *Beruf* (z. B. mit den Ausprägungen Schlosser, Maurer, Elektriker, Kaufmann, Lehrer, Richter), *Staatsangehörigkeit* (z. B. mit den Merkmalsausprägungen deutsch, italienisch, spanisch, französisch), *Familienstand* (z. B. mit den Ausprägungen ledig, verheiratet, verwitwet, geschieden), *Geschlecht* (mit den Merkmalsausprägungen weiblich, männlich).
  Qualitative Merkmale erlauben nur Vergleiche der Art „gleich" bzw. „ungleich", z. B. Staatsangehörigkeit von Person A ist gleich der Staatsangehörigkeit von Person B. Auch bei einer Codierung der Merkmalsausprägungen durch Zahlen folgt daraus nicht, dass sie sich anordnen lassen. Codiert man z. B. beim Geschlecht „weiblich" durch „1" und „männlich" durch „0", so macht die Aussage $0 < 1$ doch keinen Sinn.
- Die **Rangmerkmale** werden auch **ordinalskalierte Merkmale** genannt (lateinisch *ordo:* Reihe, Ordnung). Die Merkmalsausprägungen der ordinalskalierten Merkmale lassen sich in eine Reihenfolge bringen. Beispiel: *Leistungsnoten* mit den Ausprägungen sehr gut, gut, befriedigend, ausreichend, mangelhaft, ungenügend. Die Abstände zwischen verschiedenen Ausprägungen sind aber nicht gleich und nicht mathematisch interpretierbar (siehe didaktischen Hinweis 3, S. 13). Bei ordinalskalierten Merkmalen sind aber Vergleiche der Art „folgt vor", „ist größer", „ist besser" möglich und erlaubt. Weitere Beispiele für Rangmerkmale sind die *Handelsklassen bei Obst* (1. Qualität, 2. Qualität usw. oder Handelsklasse A, Handelsklasse B usw.). Auch nach einer Codierung z. B. der Güteklassen bei Obst durch Zahlen ergeben arithmetische Operationen aber keinen Sinn. Wenn bei Obst etwa „Qualität 1" durch „1", „Qualität 2" durch „2" codiert wird, so macht eine Aussage „$1 + 2 = 3$" vor diesem Hintergrund keinen Sinn.
- Die **quantitativen Merkmale** werden auch als **metrischskalierte Merkmale** bezeichnet. Bei den metrischskalierten Merkmalen sind ihre Ausprägungen angeordnet (eine Reihenfolge liegt fest) *und* die Abstände zwischen den Merkmalsausprägungen sind mathematisch interpretierbar. Die quantitativen Merkmale haben als Ausprägungen reelle Zahlen. Bei-

spiele: *Anzahl* der Autos mit Katalysator in den EURO-Ländern im Jahre 2010, *Körpergröße* von bestimmten Personen, *Alter* von Schülern einer bestimmten Klasse, *Gewicht* von Personen, *Einkommen* einer festgelegten Personengruppe. Erst die metrischskalierten Merkmale erlauben Vergleiche, Summen- und Differenzenbildungen, sowie die Berechnung des arithmetischen Mittels. Es ist z. B. sinnvoll zu sagen und interpretierbar: Person A hat dreimal so viel verdient wie Person B.

Zählt man bei den Merkmalsausprägungen für jede Ausprägung aus, wie oft sie auftritt, so erhält man die **absolute Häufigkeit** dieser Merkmalsausprägung.

Definition 1.1 (Absolute Häufigkeit, relative Häufigkeit)

Es sei n die Anzahl der statistischen Einheiten, und es seien x_i ($i = 1, 2, \ldots, N$) mögliche Merkmalsausprägungen. Dann heißt die Anzahl der statistischen Einheiten mit der Merkmalsausprägung x_i die **absolute Häufigkeit** $H_n(x_i)$ der Merkmalsausprägung x_i. Es entsteht eine **Häufigkeitsverteilung**.

Der Anteil der statistischen Einheiten mit der Merkmalsausprägung x_i an der Gesamtzahl n der statistischen Einheiten heißt **relative Häufigkeit** (syn.: Quote) $h_n(x_i)$ der Merkmalsausprägung x_i, also: $h_n(x_i) := \frac{H_n(x_i)}{n}$. ◆

Die Summe aller relativen Häufigkeiten ist 1.

Didaktische Hinweise

1. Welche Begriffe und welche der genannten Bezeichnungen für die drei Merkmalstypen man im Unterricht verwendet, hängt von der Schulform und der Klassenstufe ab. Wichtiger als die Bezeichnungen sind allerdings die mit ihnen verbundenen Sachinhalte, die der Schüler schon durchschauen sollte. Die Bezeichnungen qualitativ und quantitativ sind griffig, doch das Wort qualitativ kann auch falsche Assoziationen hervorrufen. Denn das Wort qualitativ bezeichnet etwas hinsichtlich der Qualität, und Qualität bedeutet in der Umgangssprache nicht nur Beschaffenheit, sondern beinhaltet auch Güte und Wert. Diese mit dem Wort qualitativ evtl. verbundene Wertung kann bei Schülern dann leicht Irritationen hervorrufen, wenn Merkmalsausprägungen bei qualitativen Merkmalen genannt werden. Die Aufzählung der Berufe Schlosser, Maurer, Lehrer und Richter könnte als Wertung gesehen werden und als Diskriminierung verstanden werden. Die Bezeichnung „nominalskaliertes Merkmal" scheint in diesem Sinne treffender zu sein.

   Die Terminologie „-skaliertes Merkmal" für die drei Merkmalsarten ist für Schüler nicht einfach. Dazu folgende Anmerkung: Jedes Merkmal hat Ausprägungen. Um diese „messen" zu können, ist eine Skala notwendig. Je nach Art des Merkmals lassen sich seine Ausprägungen durch die folgenden Skalen messen: Nominalskala, Ordinalskala, Metrische Skala. Daraus ergeben sich die genannten Bezeichnungen für die Merkmale.

Nach Abwägen der Vor- und Nachteile würden wir für den Unterricht in der Sekundarstufe I die Verwendung der Benennungen qualitatives Merkmal, Rangmerkmal und quantitatives Merkmal empfehlen.

2. Im Zusammenhang mit quantitativen Merkmalen unterscheidet man häufig zwischen *diskreten* und *stetigen* Merkmalen. Bei den *quantitativ diskreten* Merkmalen können die Ausprägungen nur isolierte Werte annehmen. Beispiel: Die an einer Kreuzung zu einer bestimmten Zeit vorbeifahrenden Autos. Bei den *quantitativ stetigen* Merkmalen können die Ausprägungen die Werte eines Intervalls (Kontinuums) annehmen. Beispiel: Körpergröße, Füllgewicht.

   Eine weitere Verfeinerung der metrischskalierten Merkmale in *intervallskalierte* und *proportionalskalierte Merkmale* halten wir für den Schulunterricht für nicht erforderlich. Das klassische Beispiel für ein intervallskaliertes Merkmal ist die Temperatur, die ja z. B. in °Celsius oder °Fahrenheit oder °Réaumur oder °Kelvin gemessen werden kann. Eine Aussage „6 Grad ist doppelt so warm wie 3 Grad" ist nur sinnvoll, wenn dieselbe Einheit zugrundegelegt wird. Längen und Gewichte sind Beispiele für proportionalskalierte Merkmale.

3. Häufig werden *Leistungsnoten* für die einzelnen Fächer wie quantitative Merkmale behandelt. Man bildet z. B. die Durchschnittsnote als arithmetisches Mittel der Noten. Das ist sicher nicht korrekt, denn die Noten sind nur Rangmerkmale. So ist der Unterschied zwischen „1 sehr gut" und „2 gut" sicher anders als der Unterschied zwischen „2 gut" und „3 befriedigend". Und wie steht zu diesen Unterschieden der Noten der Unterschied zwischen „4 ausreichend" und „5 mangelhaft"? Die Unterschiede zwischen den Noten sind nicht gleich. Das erkennt man ganz deutlich, wenn man bedenkt, dass die Noten *verbal* festgelegt sind.

   Beispielhaft sei die Bewertung von Prüfungsleistungen gemäß der Lehramtsprüfungsordnung – LPO vom 27.03.2003, zuletzt geändert durch Gesetz vom 27.06.2006 (nach dem Stand vom 01.07.2009) in NRW – angegeben.

   Man erkennt in dem nachfolgenden Zitat, dass die verbale Beschreibung der Noten Fragen unbeantwortet lässt. Was bedeutet „durchschnittliche Anforderung" (befriedigend), was bedeutet „genügt trotz ihrer Mängel noch den Anforderungen" (ausreichend) usw.?

   Die Zuordnung Note → Zahl ist ziemlich willkürlich. Die Problematik der arithmetischen Durchschnittsbildung wird besonders deutlich, wenn man andere Zuordnungen Note → Zahl als die oben angegebenen, weithin üblichen wählt.

„(1) Die einzelnen Prüfungsleistungen sind mit einer der folgenden Noten zu
    bewerten:

1	=	sehr gut	=	eine ausgezeichnete Leistung
2	=	gut	=	eine Leistung, die erheblich über den durchschnittlichen Anforderungen liegt
3	=	befriedigend	=	eine Leistung, die durchschnittlichen Anforderungen entspricht
4	=	ausreichend	=	eine Leistung, die trotz ihrer Mängel noch den Anforderungen genügt
5	=	mangelhaft	=	eine Leistung, die wegen erheblicher Mängel den Anforderungen nicht mehr genügt
6	=	ungenügend	=	eine Leistung, die in keiner Hinsicht den Anforderungen entspricht

(2) Die Note der Prüfungsleistung wird aus dem arithmetischen Mittel der
Einzelnoten der Prüfenden gebildet."

1.2.2   Graphische Darstellungen von Daten

In diesem Abschnitt und in den nächsten Abschnitten geht es um eine Beschreibung und Strukturierung des Datenmaterials. Man spricht von einer *Aufberei-*
tung der Daten. Die Bezeichnung Aufbereitung stammt von dem preußischen
Statistiker *E. Engel* (1821 – 1896), der sie aus der Bergmannssprache über-
nahm. Ziel einer Aufbereitung der Daten ist es, wesentliche Informationen einer
Erhebung übersichtlich zu vermitteln.

Wir behandeln zunächst die graphischen Darstellungsmöglichkeiten wie *Tabel-*
le, Stabdiagramm, Kreisdiagramm, Blockdiagramm, Histogramm, Stengel-Blatt-
Diagramm und die *empirische Verteilungsfunktion*. Diese Graphiken werden im
Abschnitt 1.2.4 noch ergänzt durch die „Fünf-Zahlen-Zusammenfassung" (Five-
digit-Display) und das „Kastenschaubild" (Box-Plot-Diagramm).

In den folgenden Abschnitten 1.2.3 bis 1.2.5 werden dann Lageparameter,
Streuungsparameter und Lineare Regression und Korrelation besprochen.
    Generell gilt: Zur sachgemäßen Interpretation der Daten muss das den Daten
zugrundeliegende Begriffsfeld bekannt sein. Das kann nicht immer vorausgesetzt werden und muss gegebenenfalls erarbeitet werden (siehe spätere Beispiele
„Verurteilte wegen Vergehen und Verbrechen" und „Länge der Grenzen Deutschlands").

Urliste, Tabelle

Bei der Aufbereitung von Daten geht man von der **Urliste** aus. Die Urliste ist eine Aufstellung aller ermittelten Daten $x_1, x_1, x_3, \ldots, x_n$. Diese sind entweder in der Reihenfolge der Erhebung oder schon nach anderen Kriterien (etwa Größe oder Häufigkeit) aneinandergereiht. Im folgenden geben wir die Urliste in Form einer **Tabelle** an.

Urliste
bei einem registrierten Merkmal

Merkmalsträger i	Merkmalsausprägung x_i
1	x_1
2	x_2
3	x_3
4	x_4
5	x_5

Hat man weitere Merkmale registriert, so hat die Urliste weitere Spalten für die Merkmalsausprägungen y_i, z_i usw.

Häufig erstellt man die Urliste tabellarisch in Form einer Strichliste (z. B. bei Verkehrszählungen an einer Kreuzung). Dabei bündelt man je fünf Striche zu einer „Einheit": ﾑ und gibt die absolute Häufigkeit $H_n(x_i)$ an: 31 Fahrradfahrer, 22 Personenkraftwagen, 6 Lastwagen, 15 Fußgänger.

Neben den absoluten Häufigkeiten $H_n(x_i)$ sind auch die relativen Häufigkeiten $h_n(x_i)$ von Interesse. Die relativen Häufigkeiten werden häufig als prozentualer Anteil angegeben. Durch Rundungen kann die Summe der relativen Häufigkeiten geringfügig von 100 % (bzw. 1) abweichen. Im folgenden Beispiel 1.1 (Länge der Grenzen Deutschlands mit den Nachbarländern nach dem Stand vom 31.12.2000) ergeben die gerundeten Anteile 100 %. Im Beispiel 1.4 (Personalkosten der Krankenhäuser 2007) ergibt sich 100,1 %. Im Beispiel 1.5 (Gestorbene in der Bundesrepublik Deutschland) ergibt die Summe der relativen Klassenhäufigkeiten der zu acht Klassen zusammengefassten Ausgangsdaten den Wert 1.

Beispiel 1.1
(Länge der Grenzen Deutschlands 2000)

Länge der Grenzen mit den Nachbarländern
der Bundesrepublik Deutschland (Stand: 31.12.2000)

Gemeinsame Grenze mit (Land)	km	Anteil in %
Dänemark	67[1]	1,8
Niederlande	567[2]	15,1
Belgien	156	4,1
Luxemburg	135	3,6
Frankreich	448	11,9
Schweiz	316[3]	8,4
Österreich	815[4]	21,7
Tschechische Republik	811	21,6
Polen	442	11,8
	3757	100,0

1) Landgrenze, Seegrenze nicht endgültig festgelegt.

2) Festlandgrenze (ohne Dollart und Außenbereich der Ems)

3) Vom Dreiländereck Deutschland - Frankreich - Schweiz bis einschließlich
   Konstanzer Bucht (mit Exklave Büsingen, aber ohne Obersee des Bodensees)

4) Ohne Bodensee

(Quelle der Daten: Statistisches Jahrbuch 2009 für die Bundesrepublik Deutschland.
Wiesbaden 2009, S. 21)

∎

Beispiel 1.2
(Verurteilte Personen) Im diesem Beispiel wird die statistische Masse nach
zwei Merkmalen untersucht. Das Merkmal „Verurteilte Person" hat die Merk-
malsausprägungen Jugendlicher, Heranwachsender, Erwachsener, das Merkmal
„Verurteilter wegen Vergehen im Straßenverkehr" hat die Merkmalsausprägun-
gen „ohne Trunkenheit" und „in Trunkenheit". Das führt zu einer erweiterten
Form der Tabelle. Die Tabelle erhält zwei Eingänge: den Spalteneingang und den
Zeileneingang. Die Tabelle enthält ferner eine Spalte bzw. Zeile für Zeilen- bzw.
Spaltenzusammenfassungen. Sie werden *Randspalte* bzw. *Randzeile* genannt. Die
Schnittstelle von Randspalte und Randzeile gibt die Summe der statistischen
Einheiten an oder (bei Prozentangaben) 100 % (siehe Beispiel 1.1).

Wegen Vergehen im Straßenverkehr im Jahre 2007
Verurteilte in der Bundesrepublik Deutschland

	Jugendliche	Heranwachsende	Erwachsene	
Verurteilte mit Vergehen ohne Trunkenheit	5516	8832	80652	95000
Verurteilte mit Vergehen in Trunkenheit	1424	9394	106028	116846
	6940	18226	186680	211846

(Quelle der Daten: Statistisches Jahrbuch 2009 für die Bundesrepublik Deutschland. Wiesbaden 2009, S. 275.)

Anmerkungen zu diesem Beispiel:

Auch wenn die Daten an sich schon beeindruckend sind, muss man zur sachgemäßen Beurteilung der Daten zusätzlich Sachkenntnisse über die in der Tabelle genannten Begriffe aus der Rechtskunde besitzen:

■ Vergehen sind von Verbrechen zu unterscheiden. Nach § 12 Verbrechen und Vergehen des Strafgesetzbuches (StGB) gilt:

„(1) Verbrechen sind rechtswidrige Taten, die im Mindestmaß mit Freiheitsstrafe von einem Jahr oder darüber bedroht sind.

(2) Vergehen sind rechtswidrige Taten, die im Mindestmaß mit einer geringeren Freiheitsstrafe oder die mit einer Geldstrafe bedroht sind."

■ Jugendlicher ist, wer zur Zeit der Tat 14, aber nocht nicht 18 Jahre alt ist (Jugendgerichtsgesetz (JGG)). Heranwachsende im Sinne des Strafrechts sind Personen von 18 bis einschließlich 20 Jahre (JGG). Erwachsene sind 21 Jahre und älter.

■ Erwachsene unterliegen ausschließlich den Vorschriften des allgemeinen Strafrechts, Jugendliche werden nach Jugendstrafrecht behandelt. Heranwachsende nehmen bei Anwendung des Strafrechts eine Sonderstellung ein. Bei ihnen kann allgemeines Strafrecht oder Jugendstrafrecht zur Anwendung kommen. Ein wesentliches Entscheidungskriterium ist hierfür zum Beispiel die „Reife" des Heranwachsenden, d. h. die sittliche und geistige Entwicklung des Heranwachsenden.

■ Verurteilte sind Straffällige, gegen die entweder nach allgemeinem Strafrecht eine Freiheitsstrafe, Strafarrest und/oder Geldstrafe verhängt worden ist, oder deren Straftat nach Jugendstrafrecht mit Jugendstrafe und/oder Maßnahmen geahndet worden ist. Die Jugendstrafe beträgt mindestens 6 Monate. Maßnahmen sind Zuchtmittel (z. B. Verwarnung, Auferlegung besonderer Pflichten, Freizeitarrest) und Erziehungsmaßregeln (z. B. Schutzaufsicht, Fürsorgeerziehung).

- Im Strafrecht gibt es auch noch den Begriff Kind. Kinder sind Personen, die noch keine 14 Jahre alt sind. Sie sind strafunmündig/schuldunfähig (§ 19 StGB).
- Welcher Gruppe ein Mensch zugeordnet wird, hängt von seinem Alter zur Tatzeit ab.

                                                                                    ■

Anmerkung:

Eine Tabelle soll eine kurze zutreffende Überschrift tragen, die den Leser über das Untersuchungsobjekt informiert. Die Eingangszeilen und Eingangsspalten sollen präzise Benennungen tragen.

Stabdiagramm

Einen hohen Grad an Anschaulichkeit gewinnt man, wenn man die absoluten und relativen Häufigkeiten graphisch darstellt. Um Häufigkeiten darzustellen, gibt es verschiedene Möglichkeiten wie Stabdiagramm, Kreisdiagramm, Blockdiagramm und Histogramm. Dabei kann es sein, dass man einen Informationsverlust in Kauf nehmen muss, insbesondere dann, wenn die Zahlen nicht gleichzeitig im Diagramm übermittelt werden. Anschaulichkeit *und* möglichst umfassende Informationen sollten aber stets im Blick bleiben. Deshalb erhalten die genannten Diagramme häufig auch die realen Zahlen.

Das **Stabdiagramm** verwendet Stäbe in einem rechtwinkligen Koordinatensystem. Auf der y-Achse werden die Häufigkeiten abgetragen, und auf der x-Achse werden die Merkmalsausprägungen notiert. Bei qualitativen Merkmalen ist die Einteilung auf der Achse für die Merkmalsausprägungen willkürlich (Nominalskala). Die Abstände zwischen den Ausprägungen können beliebig gewählt werden. Aus optischen Gründen sollten auch bei nominalskalierten Daten die Abstände zwischen den Merkmalsausprägungen gleich gewählt werden. Die Anordnung der Merkmalsausprägungen ist bei qualitativen (nominalskalierten) Merkmalen beliebig. Bei Rangmerkmalen hat die Einteilung jedoch der Anordnung der Merkmalsausprägungen zu folgen. Die Stablänge gibt die absolute bzw. relative Häufigkeit der Merkmalsausprägungen an. Wenn man Vergleiche anstellen möchte, ist die Verwendung der relativen Häufigkeiten statt der absoluten Häufigkeiten zu empfehlen. Die Summe der Längen sämtlicher Stäbe ergibt bei der Verwendung relativer Häufigkeiten Eins.

Beispiel 1.3
(**Klausurnoten**) Ein Schüler hat seine Klausurnoten aus den letzten Jahren im Fach Mathematik aufgeschrieben: 3, 4, 3, 2, 5, 4, 2, 3, 2, 1, 2, 1, 4, 3, 2, 3, 4, 3.

Darstellung der Daten im Stabdiagramm:

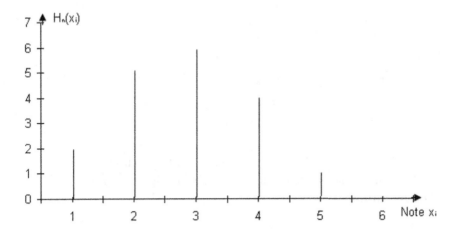

Ist der Stichprobenraum sehr groß, können große absolute Häufigkeiten auftreten. Das führt zu Schwierigkeiten, wenn man im Stabdiagramm die absoluten Häufigkeiten darstellen möchte. Man „hilft" sich dann häufig so, dass das Stabdiagramm „durchtrennte" Stäbe oder „abgeknickte" Stäbe enthält.

Nicht sachgemäß ist es, die Endpunkte der Stäbe bei qualitativen und diskreten Merkmalen durch Strecken miteinander zu verbinden.

Häufig verwendet man bei Stabdiagrammen zur „optischen Aufbesserung" Rechtecke als Stäbe. Nach wie vor soll aber die *Höhe* der Rechtecke ein Maß für die absolute bzw. für die relative Häufigkeit der Merkmalsausprägungen sein. Da das Auge aber die Größe der Fläche wahrnimmt, müssen die Rechtecke eine *gemeinsame Breite haben, wenn die Höhe der Rechtecke ein Maß für die Häufigkeit ist.* Anderenfalls sind Fehlinterpretationen nicht auszuschließen.

Stabdiagramm für Beispiel 1.3 (Klausurnoten) mit Rechtecken als Stäbe:

Bei graphischen Darstellungen in Zeitungen und Zeitschriften befinden sich die Stäbe häufig in horizontaler Lage. Solche Stabdiagramme nennt man auch **Balkendiagramme**.

Kreisdiagramm

Verwendet man Kreis- und Blockdiagramme und Histogramme, um Häufigkeiten darzustellen, so wird die *Fläche* als Mittel der Veranschaulichung herangezogen.

Beim **Kreisdiagramm** wird jeder Merkmalsausprägung ein Kreissektor zugeordnet. Bezeichnet $h_n(x_i)$ die relative Häufigkeit der Merkmalsausprägung x_i, so ist der Mittelpunktswinkel α_i des zugehörigen Kreissektors bestimmt durch

$$\alpha_i = h_n(x_i) \cdot 360°.$$

Die relative Häufigkeit 1 bzw. 100 % entspricht dem Winkel $360°$.

Im nachstehenden Kreisdiagramm für das Beispiel 1.1 (Länge der Grenzen Deutschlands) erleichtern die zusätzlich angegebenen Prozentzahlen das richtige Lesen. Der zugehörige Kreissektor unterstützt also das Einprägen der Zahlen. Fehlen die Anteilsangaben, so erhält man durch das Kreisdiagramm optisch nur eine Vorstellung von den Größenverhältnissen. Zur exakten rechnerischen Bestimmung der relativen Häufigkeit $h_n(x_i)$ müsste in diesem Fall zuerst der zugehörige Winkel α_i gemessen werden.

Im Kreisdiagramm findet man gelegentlich Angaben zur Datenmenge. Stichprobenumfang, Einheitenangaben, Prozentangaben oder Jahreszahlen sind häufige Angaben. (Siehe das nachfolgende Kreisdiagramm für das Beispiel 1.4. Die Summe der Prozentangaben ergeben durch Rundungen 100,1 %.)

Kreisdiagramm für das Beispiel 1.1 (Deutsche Ländergrenzen)

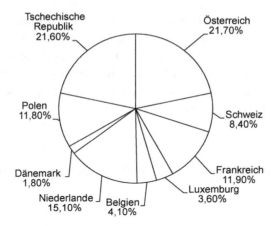

Beispiel 1.4
(Personalkosten der Krankenhäuser 2007)

Personalkosten der Krankenhäuser 2007
in der Bundesrepublik Deutschland

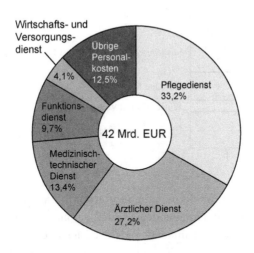

(Abbildung entnommen: Statistisches Jahrbuch 2009 für die Bundesrepublik Deutschland.
Wiesbaden 2009, Seite 243. Die noch spezifizierteren genauen Daten sind a.a.O. auf Seite
252 angegeben.)

Blockdiagramm

Auch **Blockdiagramme** benutzen *Flächen* zur Darstellung der Häufigkeitsverteilungen. Man unterteilt ein Rechteck mit der Breite b und der Länge a in Teilrechtecke für die relativen Häufigkeiten der Merkmalsausprägungen x_i, $i = 1, \ldots, n$. Die Wahl von a und b ist beliebig. Die Teilrechtecke für die Merkmalsausprägungen x_i haben dieselbe Breite b. Die Länge l_i des Rechtecks für das Merkmal x_i berechnet sich nach

$$l_i = h_n(x_i) \cdot a.$$

Blockdiagramm für das Beispiel 1.4 (Personalkosten der Krankenhäuser)

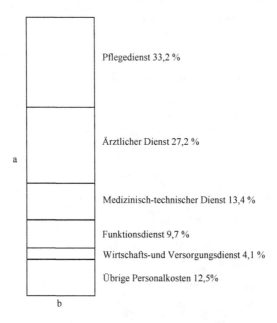

Hinweis:

Häufig werden durch die moderne Computergraphik auch **dreidimensionale Darstellungen** in der beschreibenden Statistik üblich. Da dann für den Betrachter das *Volumen* das bestimmende optische Element ist, kann das bei oberflächlicher Betrachtung leicht zu Fehlinterpretationen führen. Besonders häufig treten sog. quaderförmige Säulendiagramme und Tortendiagramme auf. Der optisch gefällige Eindruck kann nicht darüber hinwegtäuschen, dass die Ablesegenauigkeit evtl. erschwert ist, wenn Zahlenangaben fehlen.

Histogramm

Für die Darstellung von Häufigkeitsverteilungen quantitativer Merkmale sind grundsätzlich alle bisher genannten Graphiken geeignet.

In der Praxis hat man es bei quantitativen Merkmalen häufig mit einer großen Anzahl von Merkmalsausprägungen zu tun, so dass man sie aus Gründen der Übersichtlichkeit zu Klassen zusammenfasst. Bei stetigen quantitativen Merkmalen findet eine solche **Klassenbildung** häufig schon bei der Datenerhebung statt. Die graphische Darstellung von Klassenhäufigkeiten führt zu **Histogrammen**. Am folgenden Beispiel aus der Praxis erläutern wir das Vorgehen.

Beispiel 1.5
(Gestorbene in der Bundesrepublik Deutschland)

Gestorbene in der Bundesrepublik Deutschland im Jahr 2007
männlichen Geschlechts nach Altersgruppen
(ohne Totgeborene, nachträglich beurkundete Kriegssterbefälle und
gerichtliche Todeserklärungen; einschließlich Ausländer)

Alter von ... bis unter ... Jahren	Gestorbene 2007	Alter von ... bis unter ... Jahren	Gestorbene 2007
0 – 1	1 518	45 – 50	10 931
1 – 5	301	50 – 55	15 460
5 – 10	220	55 – 60	20 949
10 – 15	223	60 – 65	26 431
15 – 20	990	65 – 70	48 440
20 – 25	1 503	70 – 75	56 006
25 – 30	1 575	75 – 80	65 827
30 – 35	1 755	80 – 85	59 926
35 – 40	3 257	85 – 90	42 055
40 – 45	6 535	90 und mehr	27 237
		Insgesamt	391 139

(Quelle der Daten: Statistisches Jahrbuch 2009 für die Bundesrepublik Deutschland. Wiesbaden 2009, S. 59)

Wie man erkennt, wählt man in der beschreibenden Statistik bei der Klasseneinteilung generell *halboffene* (meistens *rechtsoffene*) Intervalle (Klassen). Die erste bzw. letzte Klasse kann zudem links bzw. rechts unbeschränkt sein. Generell soll die Anzahl der Klassen aus Gründen der Übersichtlichkeit nicht zu groß sein (≤ 20).

Im Beispiel 1.5 verändern wir im Folgenden die vorgegebene kleinschrittige Klasseneinteilung und wählen eine Einteilung in acht Klassen. Ferner haben wir die letzte unbeschränkte Altersklasse „90 und mehr" nach oben durch 105 abgeschlossen (siehe nachfolgende Tabelle). Die relativen Klassenhäufigkeiten stellen wir in einem Histogramm dar.

Gestorbene in der Bundesrepublik Deutschland im Jahr 2007
männlichen Geschlechts nach Altersgruppen

Alter von ... bis unter ... Jahren	absolute Klassen- häufigkeit	relative Klassen- häufigkeit	Klassen- breite Δ_i	Häufigkeits- dichte f_i
0 – 15	2262	0,00578	15	0,000386
15 – 25	2493	0,00637	10	0,000637
25 – 45	13122	0,03355	20	0,001678
45 – 65	73771	0,18861	20	0,009431
65 – 75	104446	0,26703	10	0,026703
75 – 85	125753	0,32150	10	0,032150
85 – 90	42055	0,10752	5	0,021504
90 – 105	27237	0,06964	15	0,004643
	391139	1		

Bei einem Histogramm werden in einem rechtwinkligen Koordinatensystem über den einzelnen Klassen Rechtecke gezeichnet. Als Maß für die absolute bzw. relative Klassenhäufigkeit ist die *Fläche* der Rechtecke (und nicht ihre Höhe) festgelegt. Auf der horizontalen Achse werden die Klassenbreiten dargestellt. Seien allgemein n Klassen $[x_1, x_2[, \ [x_2, x_3[, \ldots, [x_n, x_{n+1}]$ mit $x_1 < x_2 < \ldots < x_{n+1}$ gegeben, so versteht man unter der **Klassenbreite** Δ_i der i-ten Klasse die Differenz

$$\Delta_i = x_{i+1} - x_i, \quad i = 1, 2, \ldots, n.$$

Die Klassenbreite legt eine Seite des Rechtecks fest. Auf der vertikalen Achse werden nicht die absoluten bzw. relativen Klassenhäufigkeiten abgetragen, sondern die sog. Häufigkeitsdichten f_i. Die **Häufigkeitsdichte** f_i (also die Rechteckshöhe) ist für relative Klassenhäufigkeiten der Quotient

$$f_i = \frac{\text{relative Klassenhäufigkeit der Klasse } i}{\text{Klassenbreite } \Delta_i}.$$

Das Produkt „Klassenbreite $\Delta_i \cdot$ Häufigkeitsdichte f_i" ist also die Maßzahl des Flächeninhalts des Rechtecks und gibt damit die relative Klassenhäufigkeit der Klasse i an.

Sind alle Klassen gleich breit, können die Höhen der Rechtecke unmittelbar als Maß für die Klassenhäufigkeit angesehen werden.

Analog wird auch die Häufigkeitsdichte für die absolute Klassenhäufigkeit bestimmt.

Histogramm für Beispiel 1.5 (Gestorbene in der Bundesrepublik Deutschland)
gemäß obiger Klasseneinteilung

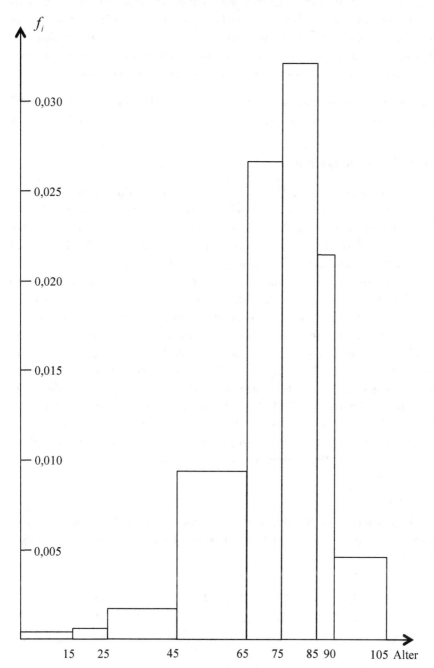

Didaktischer Hinweis:

Es sei darauf hingewiesen, dass durch die Festlegung der Klassenbreiten und
Klassenanzahl die Gefahr fahrlässiger oder sogar gewollter Täuschung besteht.

Wir empfehlen deshalb dem Leser zur Herstellung eines Histogramms

- ausgehend von der ursprünglichen Klasseneinteilung im Statistischen Jahrbuch 2009 eine solche Klassenunterteilung vorzunehmen, die sich von unserer deutlich unterscheidet, und das dazu gehörige Histogramm zu erstellen,
- für die ursprünglich vorgegebene Klasseneinteilung im Statistischen Jahrbuch 2009 das Histogramm zu erstellen. Was kann man hier beobachten?

Ferner möchten wir in diesem Zusammenhang auch hinweisen auf Beispiel 1.7 (Gehaltsstatistik eines Betriebes). ■

Stengel-Blatt-Diagramm

Um auf elementarer Ebene Daten übersichtlich anzuordnen und gleichzeitig Klassenhäufigkeitsverteilungen deutlich zu machen, kann man das **Stengel-Blatt-Diagramm** *(stem-and-leaf-display)* einsetzen. Es gehört zu den Methoden der Explorativen Datenanalyse (abgekürzt heute als EDA), die Tukey 1977 in seinem Buch *Exploratory Data Analysis* dargestellt hat.

Beim Stengel-Blatt-Diagramm werden nur die „führenden" Ziffern der Daten berücksichtigt und nach einem bestimmten Schema notiert. Die erste bzw. die ersten (zwei) Ziffern der Daten werden links von einem „senkrecht" zur Heftseite gezogenen Strich, die zweite bzw. die dritte Ziffer (allgemeiner: die direkt auf sie folgende Ziffer) rechts vom Strich in der gleichen Zeile aufgeschrieben. Die anderen nachfolgenden Ziffern der Daten bleiben unberücksichtigt. Die links vom Trennstrich geschriebene Ziffernfolge bildet den Stengel (Stamm), die rechts geschriebenen Ziffern sind die Blätter. Die im Stamm untereinanderstehenden Zahlen markieren also die Klassen, die rechts vom Strich in der Zeile hinter einer „Stammzahl" stehenden Ziffern geben die Beobachtungswerte innerhalb der Klasse an. Diese Ziffern werden der Größe nach geordnet.

Beispiel 1.6

(Körpergewicht von Kindern) Bei einer medizinischen Untersuchung einer Schulklasse wurden bei den 30 Kindern folgende Körpergewichte (in kg) notiert (Urliste):

35	27	36	42	50	32	35	29	44	40
36	38	45	40	42	34	38	43	45	42
37	45	51	48	31	34	46	30	38	35

Stem-and-leaf-display (dieser Daten):

2	7	9										
3	0	1	2	4	4	5	5	5	6	6	7	8	8	8
4	0	0	2	2	2	3	4	5	5	5	6	8
5	0	1										

∎

Man erkennt, dass das Stengel-Blatt-Diagramm einer Strichliste und auch einem Balkendiagramm (Rechtecksäulen) ähnelt. Es wird eine Klasseneinteilung vorgenommen. Klassen, in denen sich Daten konzentrieren, werden schön hervorgehoben. Am Stengel-Blatt-Diagramm können auch leicht Kennzahlen (z. B. Quantile) für die Daten abgelesen werden (siehe Abschnitt 1.2.3).

Häufig entzerrt man das Stengel-Blatt-Diagramm durch Verfeinerungen, indem man für die Blätter einer Klasse zwei Zeilen verwendet. Im obigen Beispiel 1.6 könnte man beispielsweise getrennte Zeilen für die Einer von 0 bis 4 und für die Einer von 5 bis 9 vorsehen:

2	7	9						
3	0	1	2	4	4			
3	5	5	5	6	6	7	8	8	8
4	0	0	2	2	2	3	4	
4	5	5	5	6	8			
5	0	1						

Hinweise:

1. In der Regel gibt man das Stengel-Blatt-Diagramm mit „geordneten" Blättern an wie im Beispiel 1.6.
2. Es gibt noch weitere Darstellungsformen für Daten. Wir erwähnen noch die **Piktogramme** und die **Gesichter**.

Die empirische Verteilungsfunktion

Zur Datenbeschreibung bietet sich bei speziellen Fragestellungen eine weitere Möglichkeit an: die **empirische Verteilungsfunktion**. Denn häufig interessieren nicht so sehr die einzelnen Häufigkeiten einer Merkmalsausprägung, als vielmehr Fragen wie: Wieviele Kinder der Klasse haben ein Gewicht unter 40 kg? Wie groß ist die Anzahl der in einer Stadt zugelassenen Autos unter 1500 ccm? Diese Fragen zielen auf Summen von Häufigkeiten bei ordinalen oder quantitativen Merkmalen, deren Merkmalsausprägungen der Größe nach geordnet werden können. Man addiert die relativen Häufigkeiten bis zu der durch die Frage bestimmten Stelle auf. Durch die Folge der Summen der relativen Häufigkeiten kann eine Funktion bestimmt werden, die als die (kumulative) **empirische Verteilungsfunktion** H bezeichnet wird. H wird für alle $x \in \mathbb{R}$ definiert und nimmt natürlich nur Werte aus $[0,1]$ an. Bei der Größe nach geordneten Merkmalsausprägungen $a_1, a_2, \ldots, a_s$ definiert man $H(x)$ durch

$$H(x) := \begin{cases} 0 & \text{für } x < a_1 \\ \sum_{i=1}^{r} h_n(a_i) & \text{für } a_r \leq x < a_{r+1}, \quad r+1 < s \\ 1 & \text{für } x \geq a_s \end{cases}.$$

Die **empirische Verteilungsfunktion** für das Beispiel 1.3 (Klausurnoten) ist gegeben durch:

$$H(x) = \begin{cases} 0 & \text{für } x < 1 \\ \frac{2}{18} & \text{für } 1 \leq x < 2 \\ \frac{7}{18} & \text{für } 2 \leq x < 3 \\ \frac{13}{18} & \text{für } 3 \leq x < 4 \\ \frac{17}{18} & \text{für } 4 \leq x < 5 \\ 1 & \text{für } x \geq 5 \end{cases}.$$

Die empirische Verteilungsfunktion ist bei diskreten Merkmalen (wie in diesem Beispiel) eine Treppenfunktion. Im folgenden Graphen bedeutet der Punkt •, dass der Funktionswert bei $x = a_r$ angenommen wird. Die empirische Verteilungsfunktion ist rechtsseitig stetig.

Graph der empirischen Verteilungsfunktion für Beispiel 1.3

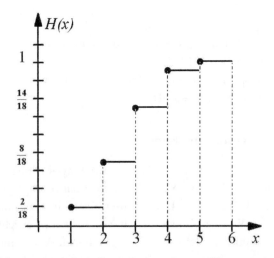

In der Regel hat man es bei den angesprochenen Fragen mit klassierten Daten zu tun. Hier sind entsprechend die Klassenhäufigkeiten aufzuaddieren (zu kumulieren). Hat man eine Klasseneinteilung mit den Klassen $k_1, k_2, \ldots, k_s$ mit

$k_i = [x_{i-1}, x_i[$, und bedeutet $h_n(k_i)$ die relative Häufigkeit der Klasse k_i, so nimmt man als Näherung der empirischen Verteilungsfunktion die Funktion $H : \mathbb{R} \to [0,1]$ mit

$$H(x) := \begin{cases} 0 & \text{für } x < x_0 \\ \sum_{i=1}^{r} h_n(k_i) & \text{für } x \in k_r, \text{ also } x_{r-1} \leq x < x_r, 1 \leq r < s \\ 1 & \text{für } x \geq x_s \end{cases}.$$

Für die empirische Verteilungsfunktion des Beispiels 1.6 (Körpergewicht von Kindern) erhalten wir, wenn wir die vier Klassen

$$[20, 30[, \quad [30, 40[, \quad [40, 50[, \quad [50, 60[$$

bilden, das folgende Bild:

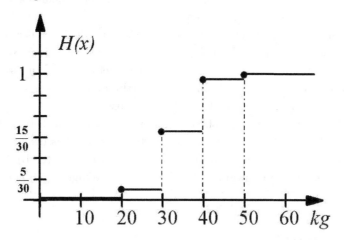

1.2.3 Lageparameter

Zur Beschreibung der Daten, insbesondere wenn die Daten sehr umfangreich sind, gibt man geeignet gewählte Kennziffern (statistische Maßzahlen, auch Parameter genannt) an. Sie sollen die Daten gut repräsentieren, überschaubar und mit Daten aus ähnlichen Erhebungen vergleichbar machen. Man unterscheidet zwischen Lageparametern und Streuungsparametern. Die Lageparameter wie z. B. arithmetisches Mittel, Median usw. geben Aufschluss über das Zentrum einer Verteilung. Die Streuungsparameter wie z. B. Spannweite, empirische Standardabweichung geben Aufschluss über die Streuung der Werte einer Verteilung. Lageparameter und Streuungsparameter ergänzen also einander und gehören zur genaueren Beschreibung einer Verteilung zusammen.

Wir besprechen zunächst die Lageparameter arithmetisches Mittel, geometrisches Mittel, harmonisches Mittel, Median (allgemeiner: Quantile) und den Modalwert.

Dass eine Beschäftigung mit Mittelwerten dringend geboten erscheint, ergibt sich aus Erfahrungsberichten:

- 1975 fand der National Assessment of Educational Progress, dass nur 69 % der Erwachsenen richtig einen einfachen Mittelwert berechnen konnten, und dass 45 % der Erwachsenen Schwierigkeiten hatten, eine Steuertabelle zu gebrauchen (vgl. Goodmann [60]).

- Untersuchungen von Barr [8] zeigten, dass Studenten (69 % studierten Ingenieurwissenschaften, 31 % Naturwissenschaften) nur oberflächliche Vorstellungen von Median und Modalwert hatten. Aufgrund einer Analyse der verwirrten Ansichten kann man annehmen, dass die Studenten zum Teil nicht wussten, wie eine Häufigkeitstabelle konstruiert ist.

- Shahani [161] zeigt an einigen eindrucksvollen Beispielen, wie die falsche Verwendung von Mittelwerten in bestimmten Sachzusammenhängen überraschend falsche Aussagen liefern kann.

- H.-J. Schmidt [151] berichtet über einen Test, bei dem Schüler aufgrund von 4 Versuchen die Formel für Quecksilberoxid herleiten sollten. 57,7 % der Schüler benutzten bei der Lösung lediglich Einzelwerte, sie tun so, als ob nur 1 Versuch vorliegt. Wird eine Mittelwertbildung aus den 4 Versuchen vorgenommen, so ist sie in 16,3 % prinzipiell falsch.

- Die *Süddeutsche Zeitung* berichtet in ihrem Magazin vom 21.08.1998 über eine EMNID-Umfrage. Befragt wurden 1000 Deutsche: Was bedeutet 40 %? Es war eine von den drei Antwortmöglichkeiten a) ein Viertel, b) 4 von 10, c) jeder Vierzigste auszuwählen. Ein Drittel der Befragten gab eine falsche Antwort.

Arithmetisches Mittel

Das arithmetische Mittel ist der wohl bekannteste und am häufigsten gebrauchte Mittelwert.

Definition 1.2 (Arithmetisches Mittel)

Es seien $x_1, x_2, \ldots, x_n$ Daten eines quantitativen Merkmals. Dann heißt

$$\bar{x} := \frac{x_1 + x_2 + x_3 + \ldots + x_n}{n} = \frac{1}{n} \sum_{i=1}^{n} x_i \qquad (1.1)$$

arithmetisches Mittel dieser Daten.   ◆

Man bildet also die Summe aller Daten und dividiert die Summe durch die Anzahl der Daten.

Didaktische Hinweise und Ergänzungen

1. Das **arithmetische Mittel** kann nur bei quantitativen Merkmalen benutzt werden, denn nur diese Merkmale gestatten die Durchführung der zur Berechnung des arithmetischen Mittels notwendigen Operationen.

2. Aus der obigen Definitionsgleichung (1.1) für das arithmetische Mittel folgt durch eine elementare Umformung

$$n \cdot \bar{x} = (x_1 + x_2 + x_2 + \ldots + x_n) = \sum_{i=1}^{n} x_i,$$

d. h. die Summe aller n Einzelwerte kann man sich ersetzt denken durch das Produkt $n \cdot \bar{x}$, also durch die Summe von n gleich großen (errechneten) Werten $\bar{x}$. Das arithmetische Mittel $\bar{x}$ nimmt also eine Ersatzfunktion wahr.

3. Wenn man die Summe von n realen Daten unterschiedlicher Größe gemäß Punkt 2. durch die Summe von n gleich großen Daten der Größe $\bar{x}$ ersetzen kann, ergibt sich daraus durch einfache Rechnung

$$\sum_{i=1}^{n} (x_i - \bar{x}) = 0.$$

Das bedeutet: **Die algebraische Summe der Abweichungen** (nach oben und nach unten) **aller Daten** x_i $(i = 1, 2, 3, \ldots, n)$ **von ihrem arithmetischen Mittel** $\bar{x}$ **ist Null**.

Diese Eigenschaft könnte man auch als definierende Eigenschaft für die Definition des arithmetischen Mittels wählen. Das hat aber den Nachteil, dass dann die Definition nicht unmittelbar eine Berechnungsvorschrift für das arithmetische Mittel liefert.

4. Das arithmetische Mittel wird von einzelnen Daten, die extrem von den anderen Daten abweichen, stark beeinflusst. Wir betrachten ein Beispiel: Fünf Schüler wollen das restliche Geld von einer Fahrt, das jeder noch hat, unter sich aufteilen, so dass jeder gleich viel hat. A besitzt 3 Euro, B 2 Euro, C noch 5 Euro, D 1 Euro, E noch 4 Euro. Es beträgt $\bar{x} = 3$ Euro. Hat Schüler E statt 4 Euro noch 15 Euro, so ist der neue Mittelwert $\bar{x} = 26 : 5 = 5, 2$ [Euro].

5. Für eine Berechnung des arithmetischen Mittels kann die unter Punkt 3. genannte Beziehung einen interessanten Weg eröffnen. Man geht von einem angenommenen Wert als arithmetisches Mittel aus und versucht durch Ausnutzen der Eigenschaft 3. das exakte arithmetische Mittel zu bestimmen. Wir erläutern das „**Verfahren zur Bestimmung des arithmetischen Mittels durch Korrektur eines geschätzten arithmetischen Mittels**" zunächst am Beispiel unter Punkt 4 (Geldbeträge von 5 Schülern). Wir gehen aus von einem beliebigen Wert als Schätzwert für $\bar{x}$. Für das konkrete Beispiel wählen wir die Zahl 2,3. Jetzt bestimmen wir alle Abweichungen der realen Daten von 2, 3. Wir erhalten: $3 - 2, 3 = 0, 7$; $2 - 2, 3 =$

$-0,3$; $5 - 2,3 = 2,7$; $1 - 2,3 = -1,3$; $4 - 2,3 = 1,7$. Die Summe der Abweichungen beträgt: $0,7 - 0,3 + 2,7 - 1,3 + 1,7 = 3,5$. Jeder der fünf realen Werte weicht also im Mittel um $3,5 : 5 = 0,7$ vom geschätzten arithmetischen Mittel 2,3 ab. Deshalb addieren wir 0,7 zu 2,3. Wir erhalten 3, diese Zahl ist das arithmetische Mittel im Beispiel.

In Aufgabe 1 des Abschnitts 1.2.8 ist das Verfahren allgemein zu beschreiben und zu begründen.

Gewogenes arithmetisches Mittel

Treten Daten mehrfach auf, kann man sie als Summe gleicher Summanden zu einem Produkt zusammenfassen.

Wir formulieren den Sachverhalt allgemein:

Sind $x_1, x_2, x_3, \dots, x_n$ Daten eines quantitativen Merkmals und kommt x_i insgesamt g_i mal vor, so gilt für das arithmetische Mittel

$$\bar{x} = \frac{g_1 x_1 + g_2 x_2 + \dots + g_n x_n}{g_1 + g_2 + \dots + g_n} = \frac{\sum_{i=1}^{n} g_i x_i}{\sum_{i=1}^{n} g_i}. \tag{1.2}$$

Die Faktoren g_i in Gleichung (1.2) drücken also aus, wie oft die Daten x_i jeweils in der Liste vorkommen.

Gleichung (1.2) kann aber auch so gedeutet werden, dass einige Daten ein anderes (vielleicht ein höheres) „Gewicht" haben als andere. In Verallgemeinerung führt das zu folgender

Definition 1.3 (Gewogenes arithmetisches Mittel)

Sind $x_1, x_2, x_3, \dots, x_n$ Daten eines quantitativen Merkmals, so heißt

$$\bar{x} := \frac{g_1 x_1 + g_2 x_2 + \dots + g_n x_n}{g_1 + g_2 + \dots + g_n} = \frac{\sum_{i=1}^{n} g_i x_i}{\sum_{i=1}^{n} g_i}$$

mit $g_i \geq 0$ für $i = 1, 2, 3, \dots, n$, und $\sum_{i=1}^{n} g_i > 0$ **gewogenes arithmetisches Mittel der Daten.** Die nichtnegativen Zahlen g_i heißen **Gewichtungsfaktoren** oder kurz **Gewichtsfaktoren**.   ◆

Das gewogene arithmetische Mittel kommt in der Praxis häufig vor, beispielsweise zur Berechnung der *Tagesdurchschnittstemperatur*: Zur Berechnung der Tagesdurchschnittstemperatur benutzt man vier Messwerte. Sie werden in 2 m Höhe über dem Erdboden gemessen, und zwar um 7 Uhr, 14 Uhr und 21 Uhr. Die Temperatur um 21 Uhr geht mit dem Gewichtsfaktor 2 ein. Die Tagesmittel werden also berechnet nach der Formel

$$\frac{7^h + 14^h + 2 \cdot 21^h}{4}.$$

(Quelle: Statistisches Jahrbuch 2009 für die Bundesrepublik Deutschland. Wiesbaden 2009, S. 26.)

Hat man *Daten in gruppierter Form* vorliegen (klassierte Daten), so ist das arithmetische Mittel aller Beobachtungen leicht zu berechnen, wenn die arithmetischen Mittel in jeder Klasse bekannt sind oder berechnet werden können. Sind n Beobachtungswerte $x_1, x_2, \ldots, x_n$ gegeben und liegen s Klassen $k_1, k_2, \ldots, k_s$ vor, und bezeichnet $H_n(i)$ die Anzahl der Merkmale in der i-ten Klasse, so ist:

$$\bar{x} = \frac{1}{n} \sum_{i=1}^{s} \bar{x}_i \cdot H_n(i) \quad \text{mit} \quad \bar{x}_i = \frac{1}{H_n(i)} \cdot \sum_{x_i \in k_i} x_i, \quad \text{falls } H_n(i) \neq 0,$$
$$\text{sonst } \bar{x}_i = 0.$$

$\bar{x}_i$ ist also das arithmetische Mittel der i-ten Klasse. Dieses ist aber häufig nicht bekannt. Als Näherung für das arithmetische Mittel kann dann der Wert

$$\bar{x} = \frac{1}{n} \sum_{i=1}^{s} x_i^* \cdot H_n(i)$$

genommen werden. Hierbei sind x_i^* die Klassenmitte und $H_n(i)$ die Klassenhäufigkeit der i-ten Klasse.

Didaktischer Hinweis
Die Wahl der Klassen kann die Größe des arithmetischen Mittels ganz entscheidend beeinflussen wie das folgende Beispiel zeigt.

Beispiel 1.7
(Gehaltsstatistik eines Betriebes (Monatlicher Bruttolohn)

Gehaltsklassen (in Euro)	Anzahl der Mitarbeiter $H_n(i)$
von 1000 bis unter 1400	8
von 1400 bis unter 1600	10
von 1600 bis unter 1800	10
von 1800 bis unter 2000	10
von 2000 bis unter 3000	2

$$\bar{x} = 1200 \cdot \frac{8}{40} + 1500 \cdot \frac{10}{40} + 1700 \cdot \frac{10}{40} + 1900 \cdot \frac{10}{40} + 2500 \cdot \frac{2}{40} = 1640 \text{ [Euro]}.$$

Fasst man die letzten zwei Klassen zusammen, so erhält man unter Beibehaltung der anderen Klassen für dieselbe Gehaltsstatistik die folgende Tabelle:

Gehaltsklassen (in Euro)	Anzahl der Mitarbeiter $H_n(i)$
von 1000 bis unter 1400	8
von 1400 bis unter 1600	10
von 1600 bis unter 1800	10
von 1800 bis unter 3000	12

Bei dieser Klasseneinteilung beträgt das arithmetische Mittel
$\bar{x} = 1760$ [Euro].

Man erkennt, dass man durch „geschickte" Wahl der Klassen günstigere Ergebnisse erzielen kann. Das ist eine häufig genutzte Manipulationsmöglichkeit.

■

Geometrisches Mittel

Wir zeigen zunächst, dass das arithmetische Mittel für den im folgenden Beispiel angesprochenen Sachzusammenhang kein angemessener Mittelwert zur Charakterisierung der Daten ist. Aufgrund dieser Erkenntnis stellt sich dann die Frage nach einem anderen Mittelwert als Kennzahl, der die Situation besser beschreibt. Diese Überlegungen führen zum geometrischen Mittel.

Beispiel 1.8
(Bevölkerungsentwicklung) Die folgende Tabelle gibt einen fiktiv angenommenen Wachstumsprozess der Bevölkerung einer Stadt in vier aufeinanderfolgenden Jahren wieder.

Jahr	Anzahl der Bewohner	Zuwachsrate in %
2000	100 000	–
2001	150 000	50
2002	195 000	30
2003	214 500	10
2004	257 400	20

Wie die Tabelle erkennen lässt, beziehen sich die angegebenen prozentualen Zuwachsraten stets auf das vorangegangene Jahr als Basisjahr. Wir fragen, um wieviel Prozent die Bevölkerung im „Durchschnitt" in jedem der vier Jahre zugenommen hat.

Bildet man als Lösung das arithmetische Mittel der Zuwachsraten, so erhält man $(50 + 30 + 10 + 20) : 4 = 27,5$ [%]. Berechnet man bei Zugrundelegung eines jährlichen Zuwachses von 27,5 % die Anzahl der Bewohner für das Jahr 2004, erhält man (ausgehend von 100 000) sukzessive für die Anzahl der Bewohner 2001: 127500, 2002: 162562, 2003: 207266, 2004: 264264. Durch diese Berechnung erhält man für das Jahr 2004 also 6864 Bewohner mehr als tatsächlich gezählt wurden. Das arithmetische Mittel 27,5 % ist zu groß. Ergebnis: Das arithmetische Mittel ist in diesem Sachzusammenhang (Wachstumsraten) offenbar nicht der angemessene Mittelwert. Denn man möchte ja bei Anwendung des *Mittelwertes*, also bei Anwendung ein und derselben Zahl, auf *alle* Bezugseinheiten dasselbe Gesamtergebnis erhalten (im Beispiel 257400) wie bei der

Anwendung der jeweils konkreten Zuwachsraten auf die einzelnen Einheiten.

Im obigen Lösungsweg wurde nicht beachtet, dass die angegebenen Wachstumsraten verschiedene Bezugspunkte haben:

Unter Berücksichtigung der verschiedenen Bezugspunkte führt das zu der Gleichung

$$1,5 \cdot 1,3 \cdot 1,1 \cdot 1,2 \cdot 100000 = 257400.$$

Der gesamte Wachstumsprozess wird also durch das Produkt der 4 Zahlen

$$1,5 \cdot 1,3 \cdot 1,1 \cdot 1,2 = 2,574$$

adäquat beschrieben. Wir suchen jetzt eine mit Hilfe der Zahlen 1,5; 1,3; 1,1 und 1,2 gebildete Zahl g, die als Ersatz für die vier verschiedenen Zahlen dasselbe Ergebnis 2,574 liefert. Das führt zum Ansatz

$$\begin{aligned} g \cdot g \cdot g \cdot g &= 1,5 \cdot 1,3 \cdot 1,1 \cdot 1,2 \\ g^4 &= 2,574 \\ g &= \sqrt[4]{2,574} = 1,26664. \end{aligned}$$

Aus den vier gegebenen *Wachstumsfaktoren* 1,5; 1,3; 1,1 und 1,2 haben wir einen neuen Wachstumsfaktor 1,26664 für *alle* vier Jahre gefunden.

Der in obiger Rechnung als Ersatz gefundene Wachstumsfaktor $g = 1,26664$ bedeutet also eine durchschnittliche Wachstumsrate (einen durchschnittlichen Zuwachs) von 0,26664 bzw. 26,664 %. Eine Probe hat für Lernende eine große Überzeugungskraft:

$$(((100000 \cdot 1,26664) \cdot 1,26664) \cdot 1,26664) \cdot 1,26664 = 257402,5.$$

Der mit Hilfe der mittleren Zuwachsrate 0,26664 errechnete Endzustand der Anzahl der Bewohner im Jahr 2004 stimmt also mit der in der Tabelle angegebenen Zahl fast überein. Die Zahl 26,664 % als jährliche mittlere prozentuale Zuwachsrate beschreibt also den Sachzusammenhang wesentlich besser als das arithmetische Mittel 27,5 %.

Die Zahl $g = \sqrt[4]{1,5 \cdot 1,3 \cdot 1,1 \cdot 1,2}$ heißt *das geometrische Mittel* der Zahlen 1,5; 1,3; 1,1; 1,2.

Aus den *Wachstumsfaktoren* x_i lassen sich natürlich sofort auch die *Wachstumsraten* r_i berechnen:

$$r_i = x_i - 1.$$

Konkret für das Beispiel erhalten wir: $r_1 = 1,5 - 1 = 0,5 = 50\ \%$; $r_2 = 1,3 - 1 = 0,3 = 30\ \%$ usw. ∎

Wir fassen die dem Beispiel inneliegende Struktur allgemein zusammen: Gegeben sind zeitliche Beobachtungswerte (Wachstumsraten): Gegeben ist eine Größe A, die in den Zeitpunkten $t_0, t_1, t_2, \ldots, t_n$ mit $t_0 < t_1 < t_2 < \ldots < t_n$ die Werte $A_0, A_1, A_2, \ldots, A_n$ annimmt. Ferner gilt $A_i = x_i \cdot A_{i-1}$ mit einem Wachstumsfaktor x_i für $i = 1, 2, \ldots, n$. Für A_n erhält man dann

$$A_n = (x_1 \cdot x_2 \cdot \ldots \cdot x_n) A_0.$$

Der Gesamtwachstumsfaktor für den letzten Wert A_n bezogen auf A_0 ist also $x_1 \cdot x_2 \cdot \ldots \cdot x_n$. Ein aus $x_1, x_2, \ldots, x_n$ gebildetes Mittel dient als Ersatz für die x_i. Man setzt:

$$A_n = g^n \cdot A_0 \quad \text{mit} \quad g^n = x_1 \cdot x_2 \cdot \ldots \cdot x_n.$$

Die Zahl $g = \sqrt[n]{x_1 \cdot x_2 \cdot \ldots \cdot x_n}$ heißt das geometrische Mittel der Zahlen $x_1, x_2, \ldots, x_n$.

Definition 1.4 (Geometrisches Mittel)

Es seien $x_1, x_2, \ldots, x_n$ n Daten eines quantitativen Merkmals mit $x_i > 0$ für $i = 1, 2, \ldots, n$. Dann heißt die Zahl

$$\bar{x}_g := \sqrt[n]{x_1 \cdot x_2 \cdot \ldots \cdot x_n}$$

das **geometrische Mittel** dieser Daten.

Analog zum gewogenen arithmetischen Mittel lässt sich auch hier das **gewogene geometrische Mittel** definieren:

$$\bar{x}_g := \sqrt[G]{x_1^{g_1} \cdot x_2^{g_2} \cdot \ldots \cdot x_n^{g_n}} \quad \text{mit} \quad G = \sum_{i=1}^{n} g_i.$$

♦

Harmonisches Mittel

Das harmonische Mittel ist wie das arithmetische und geometrische Mittel ein *errechneter* Wert und für quantitative Merkmale definiert. Es ist ein selten gebrauchter Lageparameter und ergibt sich – wie wir in den folgenden zwei Beispielen zeigen – auch aus dem Lösungsweg zur Bestimmung eines angemessenen Mittelwerts bei bestimmten Sachproblemen, ohne dass Kenntnisse über das harmonische Mittel vorausgesetzt werden müssen. Das lässt sich bei Kenntnis der Definition auch erahnen.

Definition 1.5 (Harmonisches Mittel)

Es seien n Daten $x_1, x_2, \ldots, x_n$ eines quantitativen Merkmals mit $x_i > 0$ für $i = 1, 2, \ldots, n$ gegeben. Dann heißt die Zahl

$$\bar{x}_h = \frac{1}{\frac{1}{n}\left(\frac{1}{x_1} + \frac{1}{x_2} + \ldots + \frac{1}{x_n}\right)} = \frac{n}{\sum_{i=1}^{n} \frac{1}{x_i}} \tag{1.3}$$

das **harmonische Mittel** der Daten $x_1, x_2, \ldots, x_n$.   ♦

Hinweis: Wie beim arithmetischen und geometrischen Mittel lässt sich auch analog das gewogene harmonische Mittel definieren.

Didaktischer Hinweis

Die Berechnung des harmonischen Mittels erfolgt, indem man den Stichprobenumfang n durch die Summe aller Kehrwerte $\frac{1}{x_i}$ dividiert. Man kann also vermuten, dass man den Durchschnittswert der Daten eines konkreten Sachproblems, für das das harmonische Mittel ein adäquater Durchschnittswert ist, auch ohne Kenntnis der Definition bestimmen kann.

Wir betrachten dazu das folgende Beispiel **„Durchschnittsgeschwindigkeit"**:

Ein Zug fährt die ersten 100 km mit einer konstanten Geschwindigkeit von 70 km/h, die zweiten 100 km mit einer konstanten Geschwindigkeit von 110 km/h. Wie groß ist seine Durchschnittsgeschwindigkeit?

Zur *Lösung* berechnen wir zunächst die Gesamtfahrtzeit des Zuges für 200 km. Die ersten 100 km legt der Zug in $\frac{100}{70}h = \frac{10}{7}h$ zurück, die zweiten 100 km in $\frac{100}{110}h$. Die Gesamtfahrzeit beträgt also: $\frac{10}{7}h + \frac{10}{11}h = \frac{180}{77}h = 2,34\,h$. Für die gesuchte Durchschnittsgeschwindigkeit erhält man dann:

$$200 : \frac{180}{77}\,km/h \approx 85,56\,km/h.$$

Die alleinige Anwendung der Definition 1.5 liefert aber kaum einen Beitrag zur Einsicht, dass der „richtige" Mittelwert für das Sachproblem bestimmt wurde.

Das Beispiel Durchschnittsgeschwindigkeit spricht ein typisches Problem an, bei dem zur Lösung das harmonische Mittel der angemessene Lageparameter ist. Es handelt sich um eine Mittelung von Geschwindigkeiten auf *gleichlangen* Wegstrecken.

Eine andere Situation liegt bei folgender Aufgabenstellung vor: Ein Zug fährt eine Stunde mit konstanter Geschwindigkeit von 70 km/h und eine zweite Stunde mit konstanter Geschwindigkeit von 110 km/h. Wie groß ist seine Durchschnittsgeschwindigkeit? Jetzt ist das arithmetische Mittel der angemessene Mittelwert: $\frac{70+110}{2} = 90$ [km/h].

Ein weiteres typisches Problem für die Verwendung des harmonischen Mittels ist die Berechnung des Durchschnittspreises bei vorgegebenem *gleichen* Kapitalaufwand.

Größenvergleich dieser drei Mittelwerte

Zwischen arithmetischem, geometrischem und harmonischem Mittel besteht eine interessante Größenrelation. Es gilt:

Satz 1.1

Seien $x_1, x_2, \ldots, x_n$ metrische Daten mit $x_i > 0$ für alle $i = 1, 2, \ldots, n$, dann gilt stets

$$\bar{x}_h \leq \bar{x}_g \leq \bar{x}.$$

Das Gleichheitszeichen gilt nur dann, wenn $x_1 = x_2 = \ldots = x_n$ ist.

Didaktische Hinweise

1. In Aufgabe 7 des Abschnitts 1.2.8 ist Satz 1.1 für den Fall $n = 2$ zu beweisen.

2. Für den allgemeinen Fall gibt es eine Reihe von unterschiedlichen Beweisen, die aber alle nicht ganz trivial sind. Ausgehend von der Aussage in Aufgabe 7 kann man einen Beweis durch vollständige Induktion führen. Zweckmäßig beweist man zunächst die rechte Ungleichung $\bar{x}_g \leq \bar{x}$.

   Im Werk von Mangoldt/Knopp [120], S. 128ff ist ein besonders kurzer Beweis für Satz 1.1 angegeben. Wir weisen ferner hin auf Ostrowski [126], S. 35ff und auf Dallmann/Elster [36], S. 33.

3. Hat man $\bar{x}_g \leq \bar{x}$ bewiesen, folgt leicht $\bar{x}_h \leq \bar{x}_g$. Zunächst gilt:

$$\sqrt[n]{\frac{1}{x_1} \cdot \frac{1}{x_2} \cdot \ldots \cdot \frac{1}{x_n}} = \frac{1}{\sqrt[n]{x_1 \cdot x_2 \cdot \ldots \cdot x_n}},$$

d. h. das geometrische Mittel der Zahlen $\frac{1}{x_1}, \frac{1}{x_2}, \ldots, \frac{1}{x_n}$ ist gleich dem reziproken Wert des geometrischen Mittels der Werte $x_1, x_2, \ldots, x_n$. Wir betrachten jetzt die Zahlen $y_i = \frac{1}{x_i}$ $(1 \leq i \leq n)$ und wenden jetzt das bewiesene Ergebnis $\bar{y}_g \leq \bar{y}$ an:

$$\bar{y}_g \leq \bar{y}$$

$$\sqrt[n]{y_1 \cdot y_2 \cdot \ldots \cdot y_n} \leq \frac{1}{n}(y_1 + y_2 + \ldots + y_n)$$

$$\Leftrightarrow \sqrt[n]{\frac{1}{x_1} \cdot \frac{1}{x_2} \cdot \ldots \cdot \frac{1}{x_n}} \leq \frac{1}{n}\left(\frac{1}{x_1} + \frac{1}{x_2} + \ldots + \frac{1}{x_n}\right)$$

$$\Leftrightarrow \frac{1}{\sqrt[n]{x_1 \cdot x_2 \cdot \ldots \cdot x_n}} \leq \frac{1}{n}\left(\frac{1}{x_1} + \frac{1}{x_2} + \ldots + \frac{1}{x_n}\right)$$

$$\Leftrightarrow \sqrt[n]{x_1 \cdot x_2 \cdot \ldots \cdot x_n} \geq \frac{n}{\frac{1}{x_1} + \frac{1}{x_2} + \ldots + \frac{1}{x_n}}$$

d. h. $\qquad \bar{x}_g \geq \bar{x}_h.$

4. Für die Sekundarstufe I ist ein geometrischer Beweis für eine Teilaussage des obigen Satzes 1.1 interessant: Seien a und b zwei quantitative Daten mit $a > 0$ und $b > 0$ und $a \neq b$. Dann gilt

$$\frac{2 \cdot a \cdot b}{a + b} < \sqrt{a \cdot b} < \frac{a + b}{2},$$

d. h. das geometrische Mittel *zweier* positiver, ungleicher Zahlen ist kleiner als das arithmetische, aber größer als das harmonische Mittel dieser Zahlen.

Der *Beweis* kann auf geometrischem Wege geführt werden. Man betrachte folgende Zeichnung:

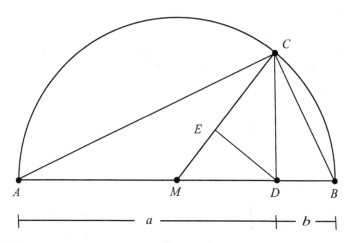

Auf dem Halbkreis über der Strecke $\overline{AB}$ wird ein Punkt C gewählt; man verbindet den Mittelpunkt M von $\overline{AB}$ mit C. Von C aus wird das Lot auf die Strecke $\overline{AB}$ gefällt, der Lotfußpunkt sei D. Von D aus wird das Lot auf die Strecke $\overline{MC}$ gefällt, der Lotfußpunkt sei E. Sei $a = \overline{AD}$, $b = \overline{DB}$. Dann gilt (man wendet u. a. Sätze über rechtwinklige Dreiecke an):

$\overline{MC} = \frac{1}{2}(a + b)$,

$\overline{CD} = \sqrt{a \cdot b}$,

$\overline{CE} = \frac{2 \cdot a \cdot b}{a + b} = \frac{2}{\frac{1}{a} + \frac{1}{b}}$.

Man erkennt nun an der Zeichnung

$$\frac{2 \cdot a \cdot b}{a + b} < \sqrt{a \cdot b} < \frac{a + b}{2}.$$

Die folgenden zwei Mittelwerte könnte man im Vergleich zu dem arithmetischen, geometrischen und harmonischen Mittel, die wir als *errechnete Mittelwerte* bezeichneten, als *Mittelwerte der Lage* bezeichnen: **Median** (allgemeiner Quantile) und **Modalwert**.

Median

Der **Median** (Zentralwert, englisch: *median*) ist dadurch bestimmt, dass er in der „Mitte" der Reihe einer der Größe nach geordneten Datenmenge liegt. Mindestens 50 % der Daten sind kleiner oder gleich und mindestens 50 % der Daten sind größer oder gleich der Daten (50-%-Punkt der Daten). Zur Bestimmung des Medians werden keine quantitativen Merkmale benötigt, es genügen Rangmerkmale.

Es ist üblich, Daten $x_1, x_2, \ldots, x_n$, die der Größe nach geordnet sind, durch runde Klammern in den Indizes zu kennzeichnen. Das wird in der folgenden Definition benutzt.

Definition 1.6 (Median)

Seien $x_{(1)} \leq x_{(2)} \leq x_{(3)} \leq \ldots \leq x_{(n)}$ der Größe nach geordnete n Daten. Eine Zahl $x_{0,5}$, die wie folgt definiert ist, heißt **Median**:

1. Bei *Daten von Rangmerkmalen*

$$x_{0,5} := \begin{cases} x_{\left(\frac{n+1}{2}\right)} & \text{bei ungeradem } n \\ x_{\left(\frac{n}{2}\right)} \text{ oder } x_{\left(\frac{n}{2}+1\right)} & \text{bei geradem } n \end{cases}$$

2. Bei *quantitativen nicht gruppierten Daten*

$$x_{0,5} := \begin{cases} x_{\left(\frac{n+1}{2}\right)} & \text{bei ungeradem } n \\ \frac{1}{2}\left(x_{\left(\frac{n}{2}\right)} + x_{\left(\frac{n}{2}+1\right)}\right) & \text{bei geradem } n \end{cases}$$

$\blacklozenge$

Anmerkung zu 1. Für eine gerade Anzahl n von Daten hat sich bei Rangmerkmalen keine einheitliche Festlegung des Medians durchgesetzt. Gelegentlich wählt man auch wie bei quantitativen Merkmalen das arithmetische Mittel aus

$$x_{\left(\frac{n}{2}\right)} \quad \text{und} \quad x_{\left(\frac{n}{2}+1\right)}.$$

Bei *gruppierten* Daten kann man nur die Klasse angeben, in der der Median liegt, denn man kennt ja in der Regel nicht die einzelnen Daten in der Klasse. Bei geometrischer Interpretation kann man mit Bezug auf die empirische Verteilungsfunktion sagen, dass der Median in der Klasse liegt, in der die empirische Verteilungsfunktion den Wert 0,5 erreicht.

Bei quantitativ gruppierten Daten bestimmt man häufig den Median approximativ. Ist $[x_{r-1}, x_r[$ die Medianklasse, so berechnet man den Median durch

$$x_{0,5} = x_{r-1} + \frac{0,5 - \sum_{i=1}^{r-1} h_n(k_i)}{h_n(k_r)} \cdot \Delta k_r.$$

Hierbei bedeuten

- $\sum_{i=1}^{r-1} h_n(k_i)$ die aufaddierten (kumulierten) relativen Häufigkeiten aller Klassen, die kleiner als die Klasse sind, in der der Median liegt,
- $h_n(k_r)$ die relative Häufigkeit der Klasse k_r, in der der Median liegt,
- Δk_r die Breite der Klasse k_r.

Die Bestimmung des Medians ist also recht einfach, wenn man von der Approximation bei gruppierten Daten absieht. Der Median kann durch Abzählen oder durch einfache Rechnung (arithmetisches Mittel zweier Werte) bestimmt werden. Wird der Median als arithmetisches Mittel zweier benachbarter Daten, die voneinander verschieden sind, berechnet, so entspricht dem Median natürlich kein konkreter Datenwert.

Im Beispiel 1.7 (Gehaltsstatistik eines Betriebes) liegt der Median $x_{0,5}$ in der Klasse „von 1600 bis unter 1800 Euro". Rechnerische Bestimmung:

$$x_{0,5} = 1600 + \frac{0,5 - (\frac{8}{40} + \frac{10}{40})}{\frac{10}{40}} \cdot 200$$
$$x_{0,5} = 1600 + 40 = 1640 \ [\text{Euro}].$$

Der Median stimmt in diesem Beispiel mit dem arithmetischen Mittel überein.

Für quantitative Merkmale besitzt der Median eine wichtige Eigenschaft, die sogenannte **Minimumseigenschaft des Medians**.

Satz 1.2 (Minimumseigenschaft des Medians)
Seien $x_1, x_2, \ldots, x_n$ quantitative Daten. Die Summe der absoluten Abweichungen aller Daten x_i von ihrem Median ist kleiner oder gleich der Summe aller absoluten Abweichungen der Daten x_i von irgendeinem anderen Wert c, ist also ein Minimum. Es gilt:

$$\sum_{i=1}^{n} |x_i - x_{0,5}| \leq \sum_{i=1}^{n} |x_i - c| \quad \text{für beliebiges } c \in \mathbb{R}.$$

Der arithmetische Nachweis dieser Eigenschaft erfordert einigen Rechenaufwand. Man macht zweckmäßigerweise eine Fallunterscheidung und betrachtet die Fälle, dass die Anzahl der Daten gerade bzw. ungerade ist. (Siehe Lösung von Aufgabe 9 des Abschnitts 1.2.8.) Einen schönen graphischen Nachweis findet man in Bentz [15] und in Bentz/Borovcnik [16]. Dieser Beweis ist auch in der Sekundarstufe I möglich.

Diese Eigenschaft des Medians ist der Hintergrund für eine „klassische" Anwendung des Medians, die auch in Schulbüchern zu finden ist. Es handelt sich darum, ein „Standortproblem" zu lösen.

Beispiel 1.9

(Standortproblem) Ein Unternehmen muss entlang einer Straße sieben Geschäfte wöchentlich einmal beliefern. Wo ist an dieser Straße der Standort des Unternehmens mit Lager einzurichten damit die Gesamtstrecke zu allen Geschäften möglichst kurz ist?

Lösung: Bezeichnet man mit x_i $(i = 1, 2, \ldots, 7)$ die Lage der sieben Geschäfte, so ist eine Zahl a gesucht, so dass $\sum_{i=1}^{7} |x_i - a|$ minimal ist. Nach obigem Satz besitzt der Median diese lineare Minimumseigenschaft.

Für konkrete Situationen und für eine spezielle Fragestellung lässt sich das Standortproblem im Unterricht der Sekundarstufe I elementar behandeln.

Die Lage der sieben Geschäfte 1, 2, 3, 4, 5, 6, 7 an der Straße sei so wie in nachfolgender Skizze angegeben. Zwischen den Positionen der Geschäfte sind die Entfernungen benachbarter Geschäfte in km angegeben. Wir fragen jetzt speziell, bei *welchem Geschäft* das Lager einzurichten ist, damit die Gesamtstrecke zur Belieferung aller Geschäfte minimal ist.

Nach der Minimumseigenschaft des Medians ist das Lager bei Geschäft Nr. 4 einzurichten. Schüler können das Ergebnis bei unserer speziellen Fragestellung konkret überprüfen, indem sie eine Entfernungstabelle für die Geschäfte aufstellen:

	1	2	3	4	5	6	7	Summe
1	–	20	30	60	80	110	130	430
2	20	–	10	40	60	90	110	330
3	30	10	–	30	50	80	100	300
4	60	40	30	–	20	50	70	270
5	80	60	50	20	–	30	50	290
6	110	90	80	50	30	–	20	380
7	130	110	100	70	50	20	–	480
Summe	430	330	300	270	290	380	480	

Aus der Tabelle liest man ab, dass für den Standort des Lagers bei Geschäft Nr. 4 die Summe der Entfernungskilometer kleiner ist als bei den anderen Geschäften. ■

Modalwert (Modus)

Geht es bei Untersuchungen um Krankheiten bzw. Warenfehler, so kann ein Interesse daran bestehen, die häufigste Krankheit bzw. den häufigsten Fehler einer Ware zu kennen. Der hierfür geeignete Lageparameter ist der Modalwert (im Französischen: *valeur normale*, im Englischen: *mode*):

Der Modalwert x_{Mod} ist die Merkmalsausprägung, die am häufigsten vorkommt.

Der Modalwert heißt auch Modus oder dichtester Wert.

Der Modalwert ist sehr einfach zu bestimmen und sehr wirklichkeitsnah. Der Modalwert braucht jedoch nicht eindeutig zu sein. Bei mehrgipfligen Verteilungen können zwei oder mehrere lokale Häufigkeitsstellen als lokale Modalwerte vorhanden sein.

Bei gruppierten Daten nimmt man als Modalwert den Repräsentanten (die Klassenmitte) der Klasse mit der größten Häufigkeit.

p-Quantil

Definition 1.7 (p-Quantil)

Sei $x_{(1)} \leq x_{(2)} \leq x_{(3)} \leq \dots \leq x_{(n)}$ eine geordnete Messreihe. Eine Zahl $x_p \in \mathbb{R}$ heißt p-**Quantil**, falls gilt: Mindestens $p \cdot 100\ \%$ der Daten liegen vor x_p, und mindestens $(1-p) \cdot 100\ \%$ der Daten liegen nach der Zahl x_p.

Das p-Quantil wird berechnet durch:

$$x_p := x_{([np]+1)}, \qquad \text{falls } np \text{ nicht ganzzahlig ist,}$$

$$x_p := \frac{1}{2}(x_{(np)} + x_{(np+1)}), \qquad \text{falls } np \text{ ganzzahlig ist.}$$

Hinweise:

1. Unter dem Symbol $[np]$ in $x_{([np]+1)}$ versteht man die größte ganze Zahl, die kleiner oder gleich np ist.

2. Für $p = 0,5$ erhält man den Median. In der Praxis treten p-Quantile häufig auf. Es sind die folgenden Bezeichnungen üblich (Auswahl):

    $x_{0,25}$ heißt erstes Quartil (auch unteres Quartil),

    $x_{0,5}$ heißt zweites Quartil (Median),

    $x_{0,75}$ heißt drittes Quartil (auch oberes Quartil),

    $x_{0,1}$ heißt erstes Dezil,

    $x_{0,9}$ heißt neuntes Dezil.

    Das untere Quartil $x_{0,25}$, der Median $x_{0,5}$ und das obere Quartil $x_{0,75}$ spielen im box-plot-Diagramm (graphische Darstellung einer Datenmenge) eine große Rolle (s. Abschnitt 1.2.4).

♦

Abschließende Bemerkungen

1. Die verschiedenen Mittelwerte besitzen unterschiedliche sachlogische Bedeutungen. Zunächst ist die Wahl unter **Berücksichtigung** der vorliegenden **Merkmalsart** zu treffen:

    -   Der *Modalwert* ist der einzige Mittelwert, der bei allen Typen von Merkmalen anwendbar ist. Bei qualitativen Merkmalen ist er auch der einzige.
    -   Der *Median* und die Quantile sind Kennziffern für Rangmerkmale und quantitative Merkmale.
    -   *Arithmetisches Mittel, geometrisches Mittel* und *harmonisches Mittel* sind bei quantitativen Merkmalen anwendbare Mittelwerte. Sie sollten nicht für Rangmerkmale benutzt werden.

    Gibt es bei einer Merkmalsart mehrere Möglichkeiten, so ist für die „richtige" Entscheidung dann das konkrete Sachproblem heranzuziehen. Wir nennen einige **typische Anwendungen für die verschiedenen Mittelwerte**:

    -   *Modalwert:* Größtes Verkehrsaufkommen an einem Verkehrsknotenpunkt, größte Besucherzahl einer Einrichtung, häufigster Fehler einer Ware, häufigste Todesursache in einem bestimmten Alter, häufigste Krankheit in einem Land.
    -   *Median:* Der Median kann als mittlerer Wert von Bedeutung sein bei Einkommensvergleichen, z. B. oberhalb und unterhalb liegen gleich viele Einkommensempfänger. Besonders seit 1995 („Jahr der Armut") steht die „wachsende Armut" im Brennpunkt öffentlichen Interesses. Gemeint ist stets die relative (nicht die absolute) Armut. Galt früher als arm, wer weniger als die Hälfte des durchschnittlichen Einkommens der Vollzeitbeschäftigten erhielt (arithmetisches Mittel), so wird heute der Median als Maßstab benutzt. In der EU gilt z. Zt. als arm, wer weniger als 60 % des Medians des Einkommens aller Vollzeitbeschäftigen eines Landes zur Verfügung hat.
    -   *Geometrisches Mittel:* Das geometrische Mittel wird angewandt, um die durchschnittliche relative Veränderung zu bestimmen, z. B.: durchschnittliche Wachstumsrate des Bruttosozialproduktes oder einer Bevölkerungsentwicklung oder prozentualer Lohnerhöhungen. Bei solchen relativen Änderungen ist es nicht sinnvoll, das arithmetische Mittel zu berechnen. Man beachte, dass die Daten bei Anwendung des geometrischen Mittels nicht Null oder negativ sein dürfen.
    -   *Harmonisches Mittel:* Das harmonische Mittel dient z. B. zur Bestimmung der durchschnittlichen Geschwindigkeit bei Angaben der Geschwindigkeit für gleichlange Teilstrecken und zur Ermittlung des Durchschnittspreises einer Ware mit verschiedenen Preisen aber mit gleichem Kostenaufwand.

– *Arithmetisches Mittel:* Das arithmetische Mittel wird in der Praxis wohl am häufigsten benutzt. Warum besitzt das arithmetische Mittel eine solche Vorrangstelle?

* Es ist leicht zu berechnen, und die Reihenfolge der Daten spielt keine Rolle. Die Daten müssen also nicht der Größe nach geordnet werden.

* Wenn man an die Berechnung des arithmetischen Mittels denkt, so erkennt man, dass man aus dem Mittelwert und der Anzahl der Daten die Summe der Daten berechnen kann ($n \cdot \bar{x} = \sum_{i=1}^{n} x_i$) oder aus der Summe der Daten und dem Mittelwert die Anzahl der Daten. Hier liegen Vorteile gegenüber dem Median und Modalwert.

* Das arithmetische Mittel ist *der* Mittelwert, der später zur weiteren Charakterisierung der Datenmenge durch Streuungsmaße eine wichtige Rolle spielt.

2. Ein weiterer Gesichtspunkt soll noch angesprochen werden: Das **Problem der Ausreißer**. Es handelt sich bei Ausreißern um Daten, die (extrem) weit weg isoliert von der Mehrzahl der Daten liegen. Beispiel: Wenn die monatlichen Einkommen (in Euro) von 9 Personen 1600, 1700, 1500, 2000, 2100, 1800, 1900, 1650, 7000 betragen, so können 7000 Euro als Ausreißer angesehen werden. Soll man solche Ausreißer überhaupt berücksichtigen? Wenn man begründet annehmen kann, dass ein Erhebungsfehler oder Schreibfehler vorliegt, wird man Ausreißer gegebenenfalls unberücksichtigt lassen. Dieses muss aber bei der Auswertung der Daten in jedem Fall angegeben werden. Wie wirken sich Ausreißer auf die Mittelwerte aus? *Modalwert* und *Median* reagieren auf Ausreißer überhaupt nicht. Man sagt, sie sind *unempfindlich* gegenüber Ausreißern. Das kann natürlich als Nachteil angesehen werden.
Arithmetisches Mittel, geometrisches Mittel und *harmonisches Mittel* werden aufgrund des Rechenvorgangs von jedem Einzelwert beeinflusst, also auch von Ausreißern. Das arithmetische Mittel reagiert stärker auf Ausreißer als das geometrische Mittel. Diese *Empfindlichkeit* hat jedoch auch einen Vorteil: Ein „ungewöhnlicher" Mittelwert gibt Veranlassung, kritisch auf die Daten selbst zu schauen.

3. Wir beschließen diesen Abschnitt mit einem Hinweis auf ein interessantes Beispiel (Kundeneinzugsbereich) bei Bahrenberg/Giese [4], S. 14ff. Siehe auch Kütting [102], S. 101.

1.2.4   Streuungsparameter

Es gibt keine allgemeinen Richtlinien für die Verwendung von Mittelwerten. Oberstes Gebot sollte immer sein: Der gewählte Mittelwert sollte repräsentativ für die Datenmenge sein. Das kann er allein nicht leisten. Man benötigt noch eine Beschreibung der Streuung der Daten um den angegebenen Mittelwert. Ein

„klassisches" Beispiel kann das Problem bewusst machen: Der Vergleich von Jahresdurchschnittstemperaturen von Quito und Peking. In Quito (in Ecuador am Äquator gelegen) herrscht „ewiger Frühling" mit einer Temperatur stets um etwa 13 °C durch das ganze Jahr, wohingegen in Peking die Temperaturen in der Jahreszeit schwanken zwischen fast 30 °C und -6 °C. Aber auch hier beträgt die Jahresdurchschnittstemperatur etwa 13 °C.

Anmerkung: Das Äquatordenkmal in der Umgebung von Quito verfehlt um etwa 8 km den Äquator.

Ganz allgemein bedeutet Streuung in einer Datenmenge die Abweichung der Messwerte voneinander, oder auch spezieller die Abweichung der Messwerte einer Datenmenge von einem Mittelwert der Datenmenge als Bezugspunkt. Beide Gesichtspunkte führen zu spezifischen Streuungsmaßen. Der erste Gesichtspunkt (keine Berücksichtigung von Mittelwerten als Bezugswerte) führt zu Begriffen wie **Spannweite** und **Quartilabstand**. Der zweite Gesichtspunkt findet in der **mittleren absoluten Abweichung**, der **empirischen Varianz** und der **empirischen Standardabweichung** seine Berücksichtigung. Es sind mindestens Rangmerkmale vorausgesetzt, in der Regel quantitative Merkmale. Nominalskalierte Merkmale entziehen sich hier der Aufbereitung.

Spannweite

Die Spannweite SW (englisch: *range*) ist das einfachste und wohl auch anschaulichste Streuungsmaß für Daten. Es berücksichtigt noch nicht Mittelwerte als Bezugspunkte für die Berechnung der Streuung.

Definition 1.8 (Spannweite)
Die Differenz $SW := x_{(max)} - x_{(min)}$ zwischen dem größten $x_{(max)}$ und dem kleinsten $x_{(min)}$ Merkmalswert einer geordneten Datenmenge heißt **Spannweite** SW. Die Spannweite wird auch **Variationsbreite** genannt. ◆

Im Beispiel „Kundeneinzugsbereich" betrug die Spannweite 67,6 km − 0,1 km = 67,5 km.

Der Begriff der Spannweite ist leicht verständlich, und die Spannweite ist ohne großen Rechenaufwand bestimmbar. Diesen Vorteilen stehen aber auch Nachteile gegenüber:

- Die Aussagekraft der Spannweite ist gering, denn die Spannweite wird nur durch den größten und kleinsten Wert bestimmt, wird also stark durch Extremwerte (Ausreißer) beeinflusst
- Die Spannweite gibt keine Auskunft darüber, wie sich die Daten innerhalb des Intervalls $[x_{(min)}, x_{(max)}]$ verteilen.
- Die Spannweite ändert sich in der Messreihe nur, wenn ein Wert auftritt, der kleiner als der bisher kleinste oder größer als der bisher größte Wert ist.

Quartilabstand

Während durch die Spannweite ein Bereich festgelegt ist, in dem 100 % der Merkmalswerte liegen, wird durch den Quartilabstand ein Bereich definiert, in dem 50 % aller Messwerte liegen, und in dem auch der Median $x_{0,5}$ liegt.

Definition 1.9 (Quartilabstand)

Es seien $x_{(1)}, x_{(2)}, x_{(3)}, \ldots, x_{(n)}$ geordnete Daten. Dann heißt die Differenz $QA := x_{0,75} - x_{0,25}$ zwischen dem oberen (dritten) Quartil $x_{0,75}$ und dem unteren (ersten) Quartil $x_{0,25}$ der Daten der **Quartilabstand** QA.   ◆

Der Quartilabstand ist also ähnlich einfach zu bestimmen wie die Spannweite. Der Median $x_{0,5}$ liegt zwar immer gemäß Definition in dem Bereich, der durch den Quartilabstand festgelegt ist, bei asymmetrischen Verteilungen liegt der Median aber nicht in der Mitte des Quartilsintervalls $[x_{0,25}, x_{0,75}]$.

Durch den Quartilabstand werden die Daten praktisch in drei Bereiche eingeteilt:

1. 25 % der Werte, die kleiner als das untere Quartil sind;
2. 50 % der Werte, die im Quartilintervall $[x_{0,25}, x_{0,75}]$ liegen;
3. 25 % der Werte, die größer als das obere Quartil sind.

Ergänzungen zu graphischen Darstellungen

1. **Fünf-Zahlen-Zusammenfassung**
    Eine gegebene Datenmenge wird gelegentlich durch die fünf Kennzahlen $x_{0,5}, x_{0,25}, x_{0,75}, x_{(\min)}$ und $x_{(\max)}$ beschrieben. Man spricht von einer **Fünf-Zahlen-Zusammenfassung**. Man ordnet die fünf Zahlen im Schema folgendermaßen an:

	$x_{0,5}$	
$x_{0,25}$		$x_{0,75}$
$x_{(\min)}$		$x_{(\max)}$

2. **Box-plot-Diagramm**
    Das **box-plot-Diagramm** (Kastenschaubild), das die Fünf-Zahlen-Zusammenfassung aufgreift und den Quartilabstand benutzt, gewinnt in wissenschaftlichen Publikationen immer mehr an Bedeutung.

Wir beschreiben diese Darstellung an einem Beispiel.

Beispiel 1.10

(Körpergröße) Aus den im folgenden Stengel-Blatt-Diagramm fiktiven Daten über die Körpergröße (in cm) von 62 Personen berechnen wir zunächst einige wichtige Werte, die wir für die Konstruktion des box-plot-Diagramms benötigen.

stem-leaf-Diagramm

8	1	5	9	9									
9	1	2	4	5	6								
10	0	2	2	2	2	3	3	6	7	7	8	8	
11	2	3	3	4	4	5	5	5	6	7	7	8	8	9	9	9	9
12	0	0	1	2	2	3	3	3	3	5	5	5	
13	0	0	1	2	3								
14	0	0	4	4	7								
15	3												
16	3												

Es ergibt sich aus den Daten:

$$x_{0,25} = 103; \quad x_{0,75} = 123; \quad x_{0,5} = 117; \quad 1QA = x_{0,75} - x_{0,25} = 20;$$

$$x_{(\min)} = 81; \quad x_{(\max)} = 163; \quad x_{0,75} + 1QA = 143; \quad x_{0,25} - 1QA = 83;$$

$$x_{0,75} + 1,5QA = 153; \quad x_{0,25} - 1,5QA = 73.$$

Das nachfolgende Bild gibt das **box-plot-Diagramm** für obige Daten wieder, dessen Konstruktion wir anschließend beschreiben.

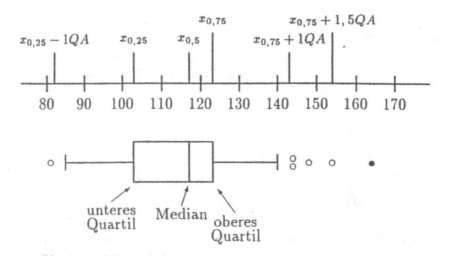

Das box-plot-Diagramm besteht aus einem rechteckigen Kasten. Die eine Begrenzungslinie des Kastens ist das untere (erste) Quartil $x_{0,25} = 103$, die andere das obere (dritte) Quartil $x_{0,75} = 123$. Die Länge des Kastens reicht also von $x_{0,25}$ bis $x_{0,75}$ und beträgt einen Quartilabstand (im Beispiel: $1QA = 20$).

Die Breite des Kastens ist willkürlich. An der Stelle des Medians $x_{0,5}$ wird der Kasten durch einen Strich geteilt (im Beispiel $x_{0,5} = 117$). An den Kasten werden whiskers (Führer, eigentlich Schnurrhaare bei der Katze) angesetzt.

Sie reichen bis zum kleinsten bzw. größten beobachteten Wert *innerhalb* eines Quartilsabstandes QA, jeweils gemessen von den Enden des Kastens aus (im Beispiel: links bis 83, rechts bis 143). Die Fühlerenden sind die Grenzen eines sogenannten inneren Zaunes, nach links bis maximal $x_{0,25} - 1QA$, nach rechts bis maximal $x_{0,75} + 1QA$.

Außerhalb der Fühlerenden jeweils bis 1,5QA (gemessen jeweils von den Kastenenden) liegende Werte werden als Kreise ∘ eingezeichnet (im Beispiel bedeuten die zwei untereinandergesetzten Kreise $\substack{\circ \\ \circ}$, dass der Wert 144 zweimal auftritt). Weiter als 1,5QA vom Kasten entfernt liegende Werte werden als fette ● Punkte eingetragen (im Beispiel 163). Diese Werte liegen unter $x_{0,25} - 1,5QA$ bzw. über $x_{0,75} + 1,5QA$. Man könnte sie als Ausreißer bezeichnen.

∎

Didaktische Hinweise:

1. Innerhalb des Kastens, also zwischen dem unteren Quartil $x_{0,25}$ und dem oberen Quartil $x_{0,75}$ liegen 50 % der Daten.

2. Die Festlegung der maximalen Länge der Fühler ist nicht einheitlich. Statt 1QA wählt man häufig auch 1,5QA, dann werden Werte, die mehr als anderthalb Kastenlängen außerhalb liegen, mit ∘ bezeichnet. Werte, die um mehr als drei Kastenlängen außerhalb liegen (Extremwerte), werden durch einen fetten Punkt gekennzeichnet.

   In keinem Fall sollten aber die Fühlerenden jeweils bis $x_{(min)}$ bzw. $x_{(max)}$ reichen. Denn dadurch geht viel an Informationen über die Daten verloren (Ausreißer, Streuungen). Denn die Visualisierung der Daten durch das box-plot-Diagramm lässt gut Ausreißer, Symmetrien und auch Streuungen erkennen.

3. Box-plot-Diagramme geben einen sehr guten Überblick über die Verteilung der Daten und ermöglichen in der empirischen Forschung einen zuverlässigen Vergleich zwischen verschiedenen Datenmengen.

Mittlere absolute Abweichung

Bei diesem Streuungsmaß handelt es sich um ein Maß für die Abweichungen der Daten von einem Mittelwert als Bezugswert. Bezugswert ist meistens das arithmetische Mittel.

Didaktische Vorbemerkung

Wenn in Schulversuchen ein Streuungsmaß für die Abweichungen der Daten vom arithmetischen Mittel gefunden werden sollte, schlugen die Schüler wiederholt vor, die (algebraische) Summe aller Abweichungen vom Mittelwert zu bilden und dann diese Summe durch die Anzahl der Daten zu dividieren. Denn man will ja einen Mittelwert für die Abweichungen bestimmen. Zur Überraschung der Schüler ergab sich bei verschiedenen Datenmengen stets Null als Ergebnis.

Die inhaltiche Bedeutung des arithmetischen Mittels musste den Schülern erst wieder präsent werden. Es gilt ja stets $\sum_{i=1}^{n}(x_i - \bar{x}) = 0$. Man schlug vor, die Abweichungen der Daten vom arithmetischen Mittel absolut zu wählen. Das führte dann zur Definition der **mittleren (linearen) absoluten Abweichung** vom arithmetischen Mittel.

Definition 1.10 (Mittlere (lineare) absolute Abweichung)
Seien $x_1, x_2, x_3, \ldots, x_n$ Merkmalsausprägungen eines quantitativen Merkmals. Sei $\bar{x}$ das arithmetische Mittel dieser Daten. Dann heißt

$$d_{\bar{x}} := \frac{1}{n} \cdot \sum_{i=1}^{n} |x_i - \bar{x}| = \frac{1}{n}(|x_1 - \bar{x}| + \ldots + |x_n - \bar{x}|)$$

die **mittlere (lineare) absolute Abweichung** vom arithmetischen Mittel $\bar{x}$.

◆

Hinweis:
Analog kann man auch die mittlere absolute Abweichung vom Median einführen:

$$d_{x_{0,5}} := \frac{1}{n} \sum_{i=1}^{n} |x_i - x_{0,5}| = \frac{1}{n}(|x_1 - x_{0,5}| + \ldots + |x_n - x_{0,5}|).$$

Empirische Varianz, empirische Standardabweichung

Auch bei der Berechnung dieses Streuungsmaßes ist das arithmetische Mittel der Daten die Bezugsgröße. Während bei der Bildung der mittleren absoluten Abweichung die positiven und negativen Abweichungen durch die Betragsbildung zu absoluten Abweichungen wurden (sie konnten sich so nicht mehr insgesamt wechselseitig aufheben), erreicht man dieses bei der Bildung der empirischen Varianz durch Quadratbildung der jeweiligen Differenz. Die Summe dieser Quadrate teilt man zur Mittelwertbildung aber nicht durch die Anzahl n der Daten (Summanden), sondern durch $n - 1$ (vgl. hierzu die späteren Anmerkungen).

Definition 1.11 (Empirische Varianz)
Bezeichnen $x_1, x_2, x_3, \ldots, x_n$ die Merkmalsausprägungen eines quantitativen Merkmals, und bezeichnet $\bar{x}$ das arithmetische Mittel dieser Daten, so bezeichnet man als **empirische Varianz** s^2 die Zahl

$$s^2 := \frac{1}{n-1} \sum_{i=1}^{n} (x_i - \bar{x})^2, \quad n \geq 2.$$

◆

Es handelt sich bei der empirischen Varianz um ein *quadratisches* Abstandsmaß. Man kann in Annäherung sagen, dass die Varianz das arithmetische Mittel der Abweichungsquadrate ist. Wie bei der mittleren absoluten Abweichung vom arithmetischen Mittel werden auch hier bei der empirischen Varianz die Abweichungen aller Daten vom arithmetischen Mittel berücksichtigt. Durch das Quadrieren werden größere Abweichungen vom arithmetischen Mittel in starkem Maße berücksichtigt.

Die empirische Varianz hat als Streuungsparameter wegen der Quadrate eine andere Einheit als die Merkmalsausprägungen. Sind z. B. die Merkmalsausprägungen in kg gemessen, so wird s^2 in $(\text{kg})^2$ gemessen. Man definiert deshalb als weiters Maß die **empirische Standardabweichung** s (englisch: *standard deviation*), indem man die Quadratwurzel aus s^2 zieht.

Definition 1.12 (Standardabweichung)
Die Zahl s mit

$$s := \sqrt{\frac{1}{n-1}\sum_{i=1}^{n}(x_i - \bar{x})^2}, \quad n \geq 2$$

heißt **empirische Standardabweichung**.   ♦

Dadurch hat das Streuungsmaß wieder die ursprüngliche Einheit. Empirische Standardabweichung s und empirische Varianz s^2 werden in den Anwendungen am häufigsten gebraucht.

Didaktische Anmerkungen:

1. Die Frage, warum man bei der empirischen Varianz bei der Mittelwertbildung der quadratischen Abweichungen durch $n-1$ und nicht durch n dividiert, kann in der Sekundarstufe I nicht überzeugend beantwortet werden.
   In der Sekundarstufe II kann im Rahmen der Schätztheorie die Begründung für die Division durch $n-1$ statt durch n gegeben werden Die empirische Varianz $s^2 = \frac{1}{n-1}\sum_{i=1}^{n}(x_i - \bar{x})^2$ ist ein sogenannter erwartungstreuer Schätzer für die Varianz σ^2, während $s^2 = \frac{1}{n}\sum_{i=1}^{n}(x_i - \bar{x})^2$ kein erwartungstreuer Schätzer wäre (siehe Pöppelmann [133]).

2. In der (didaktischen) Literatur findet man bei obigen Definitionen auch die Division durch n statt durch $n-1$. Auf Taschenrechnern sind häufig beide Implementationen gebräuchlich. Deshalb sollte vorher überprüft werden, ob durch n oder durch $n-1$ dividiert wird.

3. Bei großem Stichprobenumfang n ist der Unterschied zwischen der „Division durch n" und der „Division durch $n-1$" jedoch unerheblich.

4. Bei Anwendungen (insbesondere in den Naturwissenschaften) gibt man arithmetisches Mittel $\bar{x}$ und Standardabweichung s häufig nicht getrennt an, sondern in der Form $\bar{x} \pm s$.

Hat man annähernd normalverteilte Daten, dann gilt:

a) Ca. 68 % der Daten liegen im Bereich $\bar{x} \pm s$, also im Intervall zwischen $\bar{x} - s$ und $\bar{x} + s$.

b) Ca. 96 % der Daten liegen im Bereich $\bar{x} \pm 2s$.

c) Ca. 99 % der Daten liegen im Bereich $\bar{x} \pm 3s$.

Das bedeutet, dass im Druchschnitt etwa 68 % bzw. 96 % bzw. 99 % um höchstens eine Standardabweichung bzw. zwei Standardabweichungen bzw. drei Standardabweichungen vom Mittelwert abweichen. Diese anschauliche Interpretation der empirischen Standardabweichung steht in Korrespondenz zu den drei Sigma-Regeln bei der Normalverteilung. Die Begriffe Normalverteilung und Sigma-Regeln werden im Kapitel 8, Abschnitt 8.5, erklärt.

Beispiel 1.11

(Körpergewicht von Kindern) Bei einer medizinischen Untersuchung wurden bei 30 Kindern folgende Körpergewichte (in kg) notiert (Urliste):

35	27	36	42	50	32	35	29	44	40
36	38	45	40	42	34	38	43	45	42
37	45	51	48	31	34	46	30	38	35

1. $n = 30$, $\bar{x} = 38,93$ [kg]. Bei der Berechnung von s^2 und s mittels Division durch $n - 1 = 29$ erhält man:

$$s^2 = \frac{1}{29} \sum_{i=1}^{30} (x_i - 38,93)^2 = 39,09 \ [\text{kg}]^2;$$

$$s \approx 6,25 \ [\text{kg}];$$

$$\bar{x} \pm s = 38,93 \pm 6,25 \ [\text{kg}].$$

2. $n = 30$, $\bar{x} = 38,93$ [kg]. Bei der Berechnung von s^2 und s dividieren wir jetzt durch $n = 30$:

$$s^2 = \frac{1}{30} \sum_{i=1}^{30} (x_i - 38,93)^2 \approx 37,79 \ [\text{kg}^2];$$

$$s \approx 6,15 \ [\text{kg}];$$

$$\bar{x} \pm s = 38,93 \pm 6,15 \ [\text{kg}].$$

∎

Abschließende didaktische Bemerkungen

1. Da Mittelwerte allein nicht aussagekräftig sind, bedürfen sie zur sachgemäßen Interpretation als Ergänzung der Streuungsmaße. Denn wenn ein See eine durchschnittliche Tiefe von 0,80 m hat, so ist es dennoch nicht ratsam zu versuchen, den See aufrecht gehend zu durchqueren. Der See könnte ja an einer zu durchquerenden Stelle 3 m tief sein.

2. Die Konstruktion der Streuungsparameter erfolgte nach zwei unterschiedlichen Prinzipien:

   – Die Maßzahl wird durch den Abstand zweier Rangmerkmale bestimmt (vgl. Spannweite, Quartilabstand).

   – Die Maßzahl wird durch die Abstände der Daten von einem Lageparameter bestimmt (vgl. mittlere absolute Abweichung, empirische Varianz).

3. Die Aussagekraft des Quartilabstandes ist größer als die der Spannweite, da sich der Quartilabstand nicht nur auf den größten und kleinsten Wert stützt. Durch den Quartilabstand werden die Daten in drei Bereiche aufgeteilt.

4. Im Zusammenhang mit der Behandlung der Quadratwurzel sollte auch die Behandlung der empirischen Standardabweichung in jedem Falle angestrebt werden.

5. Stärker als bisher sollte auch die Fünf-Punkte-Darstellung für Daten in der Schule genutzt werden.

1.2.5 Lineare Regression

Bisher haben wir uns ausschließlich mit der Datenaufbereitung *eines* Merkmals befasst. Von Interesse und von Bedeutung für die Praxis sind aber auch Erkenntnisse über *statistische* Zusammenhänge zwischen *zwei* oder *mehr* Merkmalen innerhalb derselben statistischen Masse. Es geht also in diesem Abschnitt um das Entdecken von Zusammenhängen.

Wir beschränken uns auf bivariate (zweidimensionale) Verteilungen. Wir beobachten und vergleichen also Daten von zwei Merkmalen, die gleichzeitig an einer statistischen Einheit erhoben worden sind, z. B. Körpergröße und Körpergewicht bei Personen, Bruttoeinkommen und Kapitalvermögen bei Familien, Geschwindigkeit und Bremsweg bei Autos, Nettoeinkommen und Mietkosten für das Wohnen, Alter von Männern und Alter von Frauen bei Ehepaaren usw.

Wir beschreiben den Zusammenhang der zwei Variablen X und Y zunächst durch eine Funktion und beschränken uns auf den einfachen Fall des linearen Zusammenhangs und bestimmen die *Regressionsgeraden*. Dabei ist zu bedenken, dass der errechnete funktionale Zusammenhang zwischen den zwei Größen natürlich nur eine mathematische Modellbeschreibung für ein gegebenes Sachproblem ist. Eine eventuell tatsächlich vorhandene kausale Abhängigkeit der zwei Größen voneinander kann nicht aus dem mathematischen Modell gefolgert werden. Hier ist der Fachmann für das jeweilige Sachproblem gefordert. Das gilt auch für den anschließend behandelten *Korrelationskoeffizienten*. Dieser ist ein Maß für die Stärke des linearen Zusammenhangs.

Das Wort Regression (lateinisch *regressus:* Rückkehr, Rückzug) ist von seinem Wortsinn her eine zunächst durchaus merkwürdig erscheinende Bezeichnung für den durch die Bezeichnung heute in der beschreibenden Statistik gemeinten Sachverhalt. Grob gesagt geht es in der beschreibenden Statistik bei der Regression um eine Beschreibung einer Variablen als Funktion einer anderen Variablen. Es sollen also stochastische Zusammenhänge (Abhängigkeiten) zweier Variablen beschrieben werden.

Die Bezeichnung Regression ist historisch bedingt und geht auf *Sir Francis Galton* (1822 – 1911) zurück. In seinen Studien zur Vererbungslehre stellte Galton fest, dass einerseits große Väter häufig große Nachkommen haben, dass aber andererseits die durchschnittliche Größe der Nachkommen kleiner ist als die der Väter. Analog verhielt es sich mit der Kleinheit. Kleinere Väter hatten häufig kleine Nachkommen, aber die Durchschnittsgröße der Nachkommen war größer als die der Väter. Es ist insgesamt eine Tendenz zur Durchschnittsgröße der Nachkommen gegeben, d. h. es liegt ein Zurückgehen (eine Regression) bezüglich der Größe der Nachkommen auf den Durchschnitt vor. Allgemeiner formuliert: Eine Eigenschaft des Menschen wird von den Nachkommen zwar übernommen, aber nur in einem geringeren Maße. Bezüglich der Eigenschaft tritt also eine (langsame) Rückbildung ein. Galton sprach von einer Regression. Die Merkmalsausprägung aller Individuen einer Art schwankt um einen Mittelwert.

Doch lassen wir Galton selbst zu Wort kommen. In der Einleitung zu der zweiten Ausgabe von 1892 seines Werkes *Heriditary Genius* schreibt Galton: „In der *Natürlichen Vererbung* habe ich gezeigt, daß die Verteilung von Eigenschaften in einer Bevölkerung nicht konstant bleiben kann, wenn *durchschnittlich* die Kinder ihren Eltern ähnlich sehen. Ist dies der Fall so würden die Riesen (in bezug auf irgend eine geistige oder physische Eigentümlichkeit) in jeder folgenden Generation noch riesiger und die Zwerge noch zwerghafter werden. Die gegenwirkende Tendenz ist die, welche ich 'Regression' nenne." (Siehe: Galton, F.: *Genie und Vererbung*. Autorisierte Übersetzung von O. Neurath und A. Schapire-Neurath. Leipzig 1910. S. XVIII. Die 1. Auflage von *Heriditary Genius* erschien 1869. – Die *Natürliche Vererbung* hat im Original den Titel *Natural Inheritance*. Die 1. Auflage dieses Werkes erschien 1889.) Bei Galton wird also eine Denkweise deutlich, die an Quetelet (siehe Abschnitt 1.1.3) erinnert, nämlich das Bemühen, Durchschnittstypen zu erkennen und aufzustellen.

Wie schon in der Einführung bemerkt, beschränken wir uns im Folgenden auf die Behandlung zweier Variablen.

Sind zweidimensionale Verteilungen (X, Y) gegeben, z. B. die gemeinsame Verteilung der Merkmale Körpergröße X und Körpergewicht Y bei n Personen, so können die Beobachtungswerte dargestellt werden durch Paare von reellen Zahlen $(x_1, y_1), (x_2, y_2), (x_3, y_3), \ldots, (x_n, y_n)$. Dieses ist die Urliste. Stellt man diese Datenpaare in einem Koordinatensystem dar, so erhält man eine **Punktwolke (Scatter-Diagramm, Streudiagramm)**. Die Punktwolke kann ganz unterschiedlich aussehen.

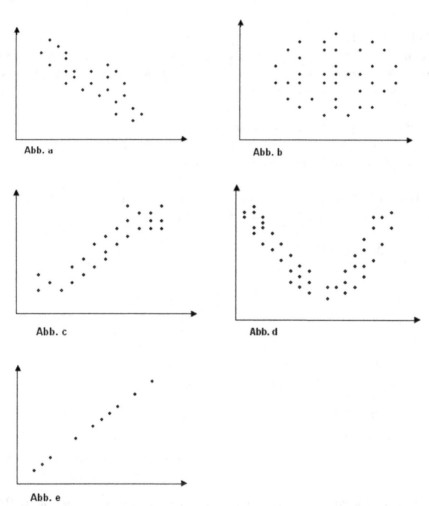

Abb. a

Abb. b

Abb. c

Abb. d

Abb. e

Man versucht, die Punktwolken durch mathematische Funktionen näherungsweise zu beschreiben. Es interessiert die Art (Form) des Zusammenhangs zwischen den beiden Variablen X und Y, falls überhaupt eine Zusammenhangsbeziehung durch die Punktwolke nahegelegt wird. So könnte man bei den Punktwolken in den Abbildungen a und c je einen linearen Zusammenhang, bei der

Punktwolke in Abbildung d einen quadratischen Zusammenhang vermuten. Dass alle Messwerte exakt auf einer Geraden liegen wie in Abbildung e wird man nicht erwarten können. Dagegen sind auch andere Zusammenhangsbeziehungen, wie z. B. ein exponentieller Zusammenhang, denkbar. Die Punktwolke in Abbildung b lässt keinen Zusammenhang erkennen.

In den folgenden Ausführungen beschränken wir uns auf den linearen Fall. Das führt zur Aufstellung der sogenannten Regressionsgeraden. Wir gehen von einem Beispiel aus.

Beispiel 1.12
(Körpergröße/Körpergewicht) Gegeben sei die gemeinsame Verteilung der Merkmale Körpergröße X (in cm) und Körpergewicht Y (in kg) von 10 Personen. Es handelt sich um fiktive Daten.

Die Urliste besteht aus 10 Datenpaaren $(x_i; y_i)$:
(188; 88,5), (177,5; 86,5), (183; 102), (182; 93), (170; 81,5), (185,5; 83,5), (175,5; 82,5), (175,5; 69), (183; 87,5), (173; 79,5).

Bei Darstellung dieser Paare in einem Koordinatensystem erhält man die folgende Punktwolke (das folgende Scatter-Diagramm):

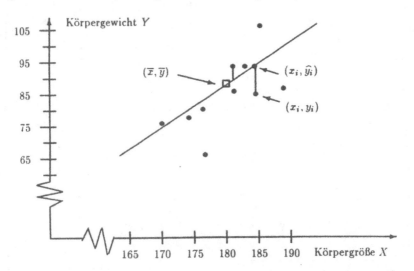

Wir versuchen, zu dieser Punktwolke eine Gerade, die sogenannte **Regressionsgerade**, zu bestimmen, die sich der Punktwolke, also den Paaren $(x_1, y_1), (x_2, y_2), (x_3, y_3), \ldots, (x_{10}, y_{10})$, „besonders gut anpasst". Mathematisch bedeutet dieses das Aufstellen einer Geradengleichung. Je nachdem, ob wir x bzw. y als unabhängige Variable ansehen, müssen wir die Geradengleichung $y = a + bx$ bzw. $x = c + dy$ bestimmen. Statt von unabhängiger Variable und abhängiger Variable zu sprechen, sollte man besser von Einflussgröße und Zielgröße sprechen. Diese Bezeichnungen treffen die Sache und vermeiden Missverständnisse.

∎

Bei der mathematischen Berechnung der Regressionsgeraden muss man zunächst klären, was es bedeuten soll, wenn man sagt, die Regressionsgerade hat sich der Punktwolke „besonders gut" anzupassen. Bezeichnen wir den zu x_i tatsächlich gemessenen Wert mit y_i und den gemäß $y = a + bx$ für x_i theoretisch errechneten Wert mit $\hat{y}_i$, so sollte die Abweichung der theoretisch berechneten Werte $\hat{y}_i$ von den gemessenen Werten y_i möglichst klein sein. Diese angestrebte Minimierung kann auf verschiedenen Wegen erfolgen. Wir nennen zwei Möglichkeiten:

a) Die Summe der absoluten Abweichungen, also die Summe $\sum_{i=1}^{n} |\hat{y}_i - y_i|$, soll minimiert werden.

b) Die Summe der Quadrate der Abweichungen der $\hat{y}_i$ von den y_i, also die Summe $\sum_{i=1}^{n} (\hat{y}_i - y_i)^2$, soll minimiert werden.

Zur Bestimmung der Regressionsgeraden ist die unter Punkt b) genannte Möglichkeit die günstigste. Sie wird als *„Methode der kleinsten Quadrate"* bezeichnet und geht auf *Carl Friedrich Gauß* (1777 – 1855) zurück. Die Methode bestimmt eindeutig die Variablen a und b, legt also rechnerisch eindeutig die Regressionsgerade fest.

Didaktische Hinweise:

1. Häufig spricht man bei der „Methode der kleinsten Quadrate" statt von Abweichungen auch von Abständen. Dann ist zu beachten, dass die „Abstände" der Messpunkte *parallel* zur y-Achse genommen werden und nicht – wie man beim Wort Abstand meinen könnte – die Länge des Lotes vom gemessenen Punkt auf die Regressionsgerade.

2. Wählt man y als Einflussgröße (unabhängige Variable), so hat man analog zur Bestimmung der Geraden $x = c + dy$ die Abstände der Messpunkte parallel zur x-Achse zu nehmen.

Sei also jetzt (x_i, y_i) das gemessene Paar, und sei das Paar $(x_i, \hat{y}_i)$ das Paar, das den Punkt auf der Regressionsgeraden kennzeichnet. Wir suchen die Gerade $y = a + bx$ zu bestimmen unter der Bedingung, dass $\sum_{i=1}^{n} (\hat{y}_i - y_i)^2$ minimal ist (siehe Abbildung). Da $\hat{y}_i = a + bx_i$ ist, folgt

$$\hat{y}_i - y_i = a + bx_i - y_i.$$

Für die Summe S der Quadrate erhalten wir

$$S(a,b) = \sum_{i=1}^{n} (\hat{y}_i - y_i)^2 = \sum_{i=1}^{n} (a + bx_i - y_i)^2.$$

Die zu minimierende Funktion

$$S : \mathbb{R}^2 \to \mathbb{R} \quad \text{mit} \quad S(a,b) = \sum_{i=1}^{n}(a + bx_i - y_i)^2 \tag{1.4}$$

ist also eine Funktion der zwei Variablen a und b. Mit Hilfe der Differential-rechnung zweier Variablen sind die Variablen a und b so zu bestimmen, dass die Funktion S minimal wird.

Wir geben nun direkt das Ergebnis im folgenden Satz an.

Satz 1.3

Die durch (1.4) *gegebene Funktion* $S : \mathbb{R}^2 \to \mathbb{R}$ *nimmt ihr Minimum an der Stelle* (a_0, b_0) *an mit*

$$\boxed{a_0 = \bar{y} - b_0\bar{x}} \qquad \boxed{b_0 = \frac{\sum_{i=1}^{n} x_i y_i - n\bar{x}\bar{y}}{\sum_{i=1}^{n} x_i^2 - n\bar{x}^2}} \quad \text{für} \quad n \geq 2.$$

Damit lautet die Regressionsgerade $y = a_0 + b_0 x$. *Der Punkt* $(\bar{x}, \bar{y})$ *liegt stets auf der Regressionsgeraden. Dieser Punkt* $(\bar{x}, \bar{y})$ *heißt* **Schwerpunkt**.

Der Beweis dieses Satzes 1.3 wird in Abschnitt 1.2.8 (Aufgaben und Ergänzungen) unter Nr. 16 erbracht.

Hinweis 1: Die Koeffizienten a_0 und b_0 in der Regressionsgeraden $y = a_0 + b_0 x$ werden häufig auch in einer anderen Form angegeben. Definiert man neben der empirischen Varianz s_x^2 der x_i-Werte (Definition 1.11) auch noch die **empiri-sche Kovarianz** der x_i- und y_i-Werte durch

$$s_{xy} \mathrel{\dot{=}} \mathrm{cov}(x,y) := \frac{1}{n-1} \cdot \sum_{i=1}^{n}(x_i - \bar{x})(y_i - \bar{y}) \quad \text{für} \quad n \geq 2,$$

so lässt sich zeigen, dass für a_0 und b_0 auch die folgenden Formeln gelten:

$$\boxed{a_0 = \bar{y} - \frac{s_{xy}}{s_x^2} \cdot \bar{x}} \qquad \text{und} \qquad \boxed{b_0 = \frac{s_{xy}}{s_x^2}}$$

für $s_x^2 \neq 0$.

Zum Nachweis dieser Aussage des Hinweises 1 muss man zeigen, dass für die empirische Varianz s_x^2 der x_i-Werte gilt

$$s_x^2 = \frac{1}{n-1} \left(\sum_{i=1}^{n} x_i^2 - n\bar{x}^2 \right)$$

und für die empirische Kovarianz der x_i- und y_i-Werte gilt

$$s_{xy} = \frac{1}{n-1} \left(\sum_{i=1}^{n} x_i y_i - n\bar{x}\bar{y} \right).$$

Die Rechnung für s_x^2 ist in Aufgabe 6 des Abschnitts 1.2.8 zu erbringen. Ganz analog verläuft auch die Rechnung für s_{xy}.

Hinweis 2: Die Regressionsgerade $y = a_0 + b_0 x$ aus Satz 1.3 wird zur Vereinfachung der Notation üblicherweise kurz als $y = a + bx$ geschrieben.

Wir wenden Satz 1.3 auf das Beispiel 1.12 (Körpergröße/Körpergewicht) an. Man erhält

- für die Regressionsgerade $y = a + bx$ die Gleichung $y = 40,53 + 0,25x$.
- für den Schwerpunkt $(\bar{x}, \bar{y})$ die Werte $\bar{x} = 179,3$ und $\bar{y} = 85,3$;

Didaktische Hinweise

1. Eine einfache – vor allem für die Schule geeignete – Bestimmung der Regressionskoeffizienten erhält man, wenn man von der *Voraussetzung* ausgeht, dass der Schwerpunkt $(\bar{x}, \bar{y})$, das Paar der arithmetischen Mittel, auf der Regressionsgeraden liegen soll. (Man beachte, dass wir diese Forderung oben als Ergebnis erhielten.) Unter dieser Annahme lässt sich die gesuchte Regressionsgerade in der Punkt-Steigungs-Form durch die Gleichung

$$y - \bar{y} = b(x - \bar{x})$$

bei zu optimierendem *Steigungskoeffizienten* b beschreiben, falls nicht alle x_i-Werte in der Urliste gleich sind.

Man bestimmt den Steigungskoeffizienten b wiederum derart, dass die Summe der Quadrate der Abweichungen der theoretischen (berechneten) Werte $\hat{y}_i = f(x_i)$ von den empirischen Werten y_i

$$\sum_{i=1}^{n}(\hat{y}_i - y_i)^2 = \sum_{i=1}^{n}(b(x_i - \bar{x}) + \bar{y} - y_i)^2$$

minimal ist. D. h. wenn wir die Summe der Fehlerquadrate als Funktion von b betrachten, suchen wir das Minimum der Funktion S *einer* Variablen mit

$$S(b) = \sum_{i=1}^{n}(b(x_i - \bar{x}) + \bar{y} - y_i)^2.$$

2. Der folgende kurz angedeutete Weg kann ebenfalls im Unterricht vertreten werden. Man setzt voraus, dass die Summe aller Differenzen der theoretischen von den erhobenen Daten Null ist:

$$\sum_{i=1}^{n}(\hat{y}_i - y_i) = 0.$$

Man sagt: Die Summe aller **Residuen** $e_i = \hat{y}_i - y_i$ ist Null. (Der Beweis dieser Annahme ist in Aufgabe 13 a) im Abschnitt 1.2.8 zu führen.) Mit dieser Aussage zeigt man, dass $(\bar{x}, \bar{y})$ auf der gesuchten Geraden liegt und errechnet die Regressionsgerade wie unter Punkt 1.

3. Die Regressionsgeraden werden auch Ausgleichsgeraden genannt.

4. Befasst man sich mit Zeitreihen (man beobachtet die Entwicklung einer Größe über längere Zeitspannen: Geburtenentwicklung, Produktionsentwicklung, Entwicklung der Zahl der Arbeitslosen etc.), kann die Regressionsgerade (Ausgleichsgerade) zur Beschreibung eines *Trends* herangezogen werden.

5. Bei der *Interpretation* der Regressionsgeraden ist Vorsicht geboten. Es ist zunächst zu beachten, dass sich die Regressionsgeraden immer bestimmen lassen, also auch dann, wenn die Punktwolke die Annahme eines *linearen* Zusammenhangs eigentlich verbietet. Bei der mathematischen Modellbildung darf man also nie die empirischen Daten aus dem Blick verlieren. Ferner ist auch beim mathematischen Umgang mit einer konkreten Regressionsgeraden Vorsicht geboten. Aus der Regressionsgeraden $y = 40,53 + 0,25x$ für das Beispiel „Körpergröße/Körpergewicht" kann nicht geschlossen werden, dass sich das Körpergewicht y für eine vorgegebene Körpergröße x exakt nach der Gleichung $y = 40,53 + 0,25x$ berechnen lässt. Wenn das so wäre, hätten ja alle 1 m großen Personen dasselbe Körpergewicht von 65,53 kg, und eine Person der Größe 0 cm hätte ein Gewicht von 40,53 kg. Man erkennt, dass diese Interpretation der Regressionsgeraden sinnlos und unzulässig ist. Ausgangspunkt für das Aufstellen der Regressionsgeraden waren gegebene Punktepaare aus einem bestimmten Bereich, z. B. Körpergrößen von 170 cm bis 188 cm. Nur für diesen Bereich kann die Regressionsgerade als zusammenfassende Beschreibung des Zusammenhangs zwischen den Größen X und Y angesehen werden. Die Regressionsgerade könnte eine andere Lage haben, wenn weitere Daten zur Verfügung stehen würden. Mit *Vorhersagen* muss man also sehr vorsichtig sein.

6. Die beiden Regressionsgeraden $y = a_0 + b_0 x$ und $x = a_1 + b_1 y$ fallen zusammen genau dann, wenn $b_0 = \frac{1}{b_1}$ gilt (siehe Aufgabe 14 im Abschnitt 1.2.8).

7. In der didaktischen Literatur werden zahlreiche Vorschläge gemacht, die lineare Regression und Korrelation auf Schulniveau zu behandeln. Zur ausführlichen Diskussion dieses Themenkreises verweisen wir an dieser Stelle auf weitere Literatur. Hingewiesen sei insbesondere auf die *Kommentierte Bibliographie zum Thema „Regression und Korrelation"* von Borovcnik und König ([24]). Weiter weisen wir hin auf: Borovcnik [23], [25], Engel/ Sedlmeier [50], Heilmann [65], Hui [70], Ineichen/Stocker [75], Koßwig [82], v. Pape/Wirths [128], Reichel [136], Vohmann [176], Wirths [185], [186], Wolf [188].

1.2.6   Korrelation

Mit dem Aufstellen der Regressionsgeraden ist die einfache Beschreibung des linearen Zusammenhangs der Variablen X und Y erreicht. Das Beispiel „Körpergröße/Körpergewicht" und seine weitere Bearbeitung zeigen jedoch, dass die Beschreibung eine Vereinfachung mit Informationsverlust bedeutet. Wir hatten ein lineares Modell zugrundegelegt, und unter dieser Modellannahme ist die gefundene Geradengleichung die beste. Insgesamt kann aber das Sachproblem durch die Geradengleichung immer noch sehr schlecht beschrieben sein – denn die Geradengleichung kann ja immer bestimmt werden.

Wir suchen deshalb nach einem Maß der Korrelation, also nach einem Maß für die *Stärke (Güte)* des *linearen* Zusammenhangs der beiden Merkmale. Diese wird durch eine Zahl, den *Korrelationskoeffizienten*, beschrieben. Wir besprechen nur den **Korrelationskoeffizient nach Bravais-Pearson** (August Bravais (1811 – 1863), Karl Pearson (1857 – 1936).

Um ein Maß für die Stärke des linearen Zusammenhangs zu finden, berücksichtigt man die Streuung der Punkte um die Regressionsgeraden. Genauer: Man vergleicht die Varianz der $\hat{y}_i$-Werte (auf der Regressionsgeraden) mit der Varianz der tatsächlichen y_i-Werte aus der Erhebung. Bei einem starken linearen Zusammenhang müssten beide Varianzen in etwa übereinstimmen.

Gegeben seien also n Datenpaare $(x_1, y_1), (x_2, y_2), \ldots, (x_n, y_n)$. Wir wissen, dass die Regressionsgerade $y = a + bx$ durch den Schwerpunkt $(\bar{x}, \bar{y})$ geht. Hierbei ist $\bar{x} = \frac{1}{n} \sum_{i=1}^{n} x_i$ und $\bar{y} = \frac{1}{n} \sum_{i=1}^{n} y_i$. Bezeichnen wir wieder die y-Werte auf der Regressionsgeraden mit $\hat{y}_i$, so gilt

$$\begin{aligned} \hat{y}_i - \bar{y} &= b(x_i - \bar{x}), \\ \hat{y}_i &= b(x_i - \bar{x}) + \bar{y} = bx_i - b\bar{x} + \bar{y}. \end{aligned} \tag{1.5}$$

Wir bezeichnen die Varianz der $\hat{y}_i$-Werte bezogen auf ihr arithmetisches Mittel $\bar{\hat{y}}$ mit $s_{\hat{y}}^2$. Es gilt also $s_{\hat{y}}^2 = \frac{1}{n-1} \cdot \sum_{i=1}^{n} (\hat{y}_i - \bar{\hat{y}})^2$ für $n \geq 2$.

Bevor wir diese Varianz umformen, versuchen wir $\bar{\hat{y}}$ durch $\bar{y}$ auszudrücken. Es gilt gemäß (1.5):

$$\bar{\hat{y}} = \frac{1}{n} \sum_{i=1}^{n} (bx_i - b\bar{x} + \bar{y}), \quad \text{und es folgt}$$

$$\bar{\hat{y}} = \frac{1}{n} \cdot \left(\sum_{i=1}^{n} bx_i - n \cdot b\bar{x} + n\bar{y} \right),$$

$$\bar{\hat{y}} = \frac{1}{n} \cdot \left(\sum_{i=1}^{n} bx_i - nb \cdot \frac{1}{n} \sum_{i=1}^{n} x_i - n\bar{y} \right),$$

$$\bar{\hat{y}} = \frac{1}{n} \cdot n\bar{y},$$

$$\bar{\hat{y}} = \bar{y},$$

d. h. das arithmetische Mittel $\bar{y}$ der beobachteten Werte y_i ist gleich dem arithmetischen Mittel $\bar{\hat{y}}$ der mittels der Regressionsgeraden errechneten Werte $\hat{y}_i$. Mit diesem interessanten Ergebnis erhalten wir:

$$s_{\hat{y}}^2 = \frac{1}{n-1} \cdot \sum_{i=1}^{n} (\hat{y}_i - \bar{\hat{y}})^2 = \frac{1}{n-1} \sum_{i=1}^{n} (\hat{y}_i - \bar{y})^2$$

$$= \frac{1}{n-1} \sum_{i=1}^{n} (bx_i - b\bar{x} + \bar{y} - \bar{y})^2$$

$$= \frac{b^2}{n-1} \sum_{i=1}^{n} (x_i - \bar{x})^2$$

$$= b^2 \cdot s_x^2.$$

Hierbei bedeutet s_x^2 die empirische Varianz der x_i-Werte. Berücksichtigen wir, dass gemäß dem Hinweis 1 nach Satz 1.3 für die empirische Kovarianz s_{xy} der x_i- und y_i-Werte die Beziehung $s_{xy} = b \cdot s_x^2$ gilt, so folgt

$$s_{\hat{y}}^2 = \frac{1}{n-1} \sum_{i=1}^{n} (\hat{y}_i - \bar{y})^2 = b^2 \cdot s_x^2 = \frac{s_{xy}^2 \cdot s_x^2}{s_x^4} = \frac{s_{xy}^2}{s_x^2}.$$

Diese Varianz vergleichen wir mit der Varianz der y_i-Werte. Wir bezeichnen letztere analog mit s_y^2. Wir berechnen den Quotienten und erhalten:

$$\frac{s_{\hat{y}}^2}{s_y^2} = \frac{s_{xy}^2}{s_x^2} : s_y^2 = \frac{s_{xy}^2}{s_x^2 \cdot s_y^2}.$$

Diese Zahl ist ein Maß für die Stärke der linearen Abhängigkeit der beiden Verteilungen.

Definition 1.13 (Korrelationskoeffizient nach Bravais-Pearson)
Die Zahl $r := \frac{s_{xy}}{s_x \cdot s_y}$ mit $s_x \neq 0$ und $s_y \neq 0$ heißt der **Korrelationskoeffizient nach Bravais-Pearson**.

♦

Durch Einsetzen der Werte für s_{xy}, s_x und s_y erhalten wir

$$r = \frac{\frac{1}{n-1} \sum_{i=1}^{n} (x_i - \bar{x}) \cdot (y_i - \bar{y})}{\sqrt{\frac{1}{n-1} \cdot \sum_{i=1}^{n} (x_i - \bar{x})^2} \cdot \sqrt{\frac{1}{n-1} \cdot \sum_{i=1}^{n} (y_i - \bar{y})^2}}.$$

Der Zähler s_{xy} bestimmt das Vorzeichen von r. Ist beispielsweise x_i größer (bzw. kleiner) als das arithmetische Mittel $\bar{x}$, *und* ist y_i größer (bzw. kleiner) als das arithmetische Mittel $\bar{y}$, dann sind die Abweichungen $(x_i - \bar{x})$ und $(y_i - \bar{y})$ beide positiv (bzw. negativ), und folglich ist ihr Produkt $(x_i - \bar{x})(y_i - \bar{y})$ positiv. In den anderen Fällen, wenn also die Abweichungen $(x_i - \bar{x})$ und $(y_i - \bar{y})$ entgegengesetzte Vorzeichen haben, ist das Produkt $(x_i - \bar{x})(y_i - \bar{y})$ negativ. Die Zahl r ist also dann positiv, wenn die positiven Werte der Produkte $(x_i - \bar{x})(y_i - \bar{y})$ in den n Messwerten überwiegen.

Man kann zeigen, dass stets gilt:

$$-1 \leq r \leq +1.$$

Dieser Nachweis ist in Aufgabe 15 im Abschnitt 1.2.8 zu erbringen.

Die Messdaten $(x_1, y_1), (x_2, y_2), \ldots, (x_n, y_n)$ liegen genau dann auf einer Geraden, wenn der zugehörige Korrelationskoeffizient r gleich 1 oder gleich -1 ist. Wie wir schon früher bemerkten, wird das bei realen Daten wohl nie eintreten.

Zur Interpretation des Korrelationskoeffizienten r ist folgende *Sprechweise* geeignet:

r	Korrelation
0	keine (lineare) Korrelation; es kann andere Zusammenhänge geben
1	perfekte Korrelation; steigende Werte der unabhängigen Variablen entsprechen steigenden Werten der abhängigen Variablen
-1	perfekte Korrelation, allerdings negative lineare Abhängigkeit; steigende Werte der unabhängigen Variablen entsprechen fallenden Werten der abhängigen Variablen
0 bis 0,5	schwache (positive) Korrelation
0,8 bis 1	starke Korreation
0 bis -0,5	schwache (negative) Korrelation

Eine quantitative Interpretation ist grundsätzlich schwierig. Denn bei einer Korrelation von 0,95 wissen wir ohne Kenntnis des Scatterdiagramms oder der

Regressionsgeraden nicht, ob die „Zunahme" steil oder flach verläuft (Steigung!).

Im Beispiel „Körpergröße/Körpergewicht" beträgt der Korrelationskoeffizient r

$$r = \frac{27,25}{5,84 \cdot 8,69} \approx 0,54.$$

Anmerkungen und Ergänzungen:

1. Der Korrelationskoeffizient r ist nur auf lineare Zusammenhänge bezogen. Das macht auch seine Herleitung deutlich.

2. Beim Korrelationskoeffizienten r nach Bravais-Pearson wird nicht zwischen Einflussgröße (unabhängiger Variable) und Zielgröße (abhängiger Variable) unterschieden. Man schaue sich unter diesem Aspekt noch einmal die Definition von r an!

3. Der Korrelationskoeffizient nach Bravais-Pearson ist das geometrische Mittel der Steigungen der beiden Regressionsgeraden.

4. Der Korrelationskoeffizient r nach Bravais-Pearson ist nicht definiert, wenn die empirische Standardabweichung s_x oder s_y gleich Null ist.

5. Das Vorzeichen des Korrelationskoeffizienten r nach Bravais-Pearson drückt die Richtung des linearen Zusammenhangs aus, der absolute Betrag von r drückt die Stärke des linearen Zusammenhangs aus.

6. Bei der *Interpretation* ist äußerste Vorsicht geboten. Der lineare funktionale Zusammenhang zwischen den zwei Größen ist eine mathematische Modellbeschreibung eines Sachproblems, nicht mehr. Scatterdiagramm und Regressionsgerade sagen nichts aus über die Stärke des Zusammenhangs. Das macht der Korrelationskoeffizient. Aber auch bei einer starken Korrelation darf daraus nicht auf eine kausale Abhängigkeit der zwei Größen geschlossen werden. Der Nachweis einer kausalen Beziehung kann nicht aus dem mathematischen Modell gefolgert werden, sondern nur aus der Sache selbst. Es ist ein Sachproblem. Ein Beispiel kann dieses verdeutlichen: In schwedischen Landkreisen beobachtete man eine Abnahme der Störche und gleichzeitig eine Abnahme der Geburten. Ein kausaler Zusammenhang ist aber trotz hoher Korrelation auszuschließen. Das ist das „klassische" Beispiel einer *„nonsense"* Korrelation. Perfekte Korrelation sagt nur, dass sich Daten zweier Größen (linear) gleichzeitig verändern, aber nicht, dass sie ursächlich miteinander gekoppelt sind. W. Krämer ([83], S. 145) nennt ein anderes interessantes Beispiel: In den 1960er- und 1970er-Jahren hat man „eine erstaunliche negative Korrelation zwischen Rocklänge in der Damenwelt und dem Dow-Jones-Aktienindex festgestellt, wofür wohl nur der Zufall als Erklärung bleibt." (Siehe auch W. Krämer [85], Kapitel 14.) Neben den sinnlosen Korrelationen gibt es auch noch die *„scheinbaren"* Korrelationen zwischen zwei Datenmengen, bei der die Korrelation nur mittelbar (also indirekt) über eine dritte Variable gegeben ist. So glauben

z. B. auch einige Forscher nicht ausschließen zu können, dass die „unsinnige" Korrelation „Störche/Geburten" in Wirklichkeit vielleicht doch eine „scheinbare" Korrelation ist, indem nämlich ein drittes Merkmal „zunehmende Industrialisierung" sowohl die Abnahme der Störche als auch die Abnahme der Geburten bedingt.

Im Rahmen dieses Buches können wir weitere interessante Themen aus der Beschreibenden Statistik wie z. B. *Konzentrationsphänomene im wirtschaftlichen Bereich (Monopolbildung)* nicht behandeln. Wir verweisen auf entsprechende Literatur. Einen guten Einstieg liefern Lehn u. a. [115].

1.2.7 Fehler und Manipulationsmöglichkeiten

Da es in der Statistik um die Erhebung, Aufbereitung und Interpretation von Daten geht, können auf *jeder* dieser Stufen Fehler gemacht werden.

Zu dieser Thematik gibt es zahlreiche Literatur. Auch wir haben uns dazu geäußert, so dass wir uns an dieser Stelle auf Literaturhinweise beschränken: Kütting [102] (Kapitel VII), [104], [99], W. Krämer [85]. In den genannten Publikationen befinden sich zahlreiche weitere Literaturhinweise zu dieser Thematik.

1.2.8 Aufgaben und Ergänzungen

1. Formulieren Sie das in Abschnitt 1.2.3 an einem Beispiel beschriebene „Verfahren zur Berechnung des arithmetischen Mittels durch Korrektur eines geschätzten arithmetischen Mittels" allgemein und begründen Sie dieses.

2. Die folgenden Daten geben die (fiktiven) Körpergrößen von Neugeborenen in einer Klinik an:

40	41	48	52	52	49	49	50
46	51	49	51	51	48	52	49
51	50	53	52	53	50	51	50
54							

   a) Stellen Sie die Daten in einem Stengel-Blatt-Diagramm dar.

   b) Berechnen Sie das arithmetische Mittel und den Median der Daten.

   c) Berechnen Sie die empirische Standardabweichung und den Quartilabstand.

   d) Stellen Sie die Verteilung der absoluten Häufigkeiten der Daten in einem Histogramm mit jeweils der Klassenbreite 3 (cm) dar.

3. Bei einem Sportfest wurden die folgenden Weitsprungleistungen (in cm) gemessen:

340	417	525	495	530	340	430	
553	373	450	485	510	492	387	
420	505	495	407	482	533	447	530

a) Stellen Sie die Daten in einem Stengel-Blatt-Diagramm dar.

b) Stellen Sie die Verteilung der Daten in einem Kasten-Schaubild (box-plot-Diagramm) dar.

4. Die Preissteigerungen für ein elektronisches Gerät betrugen in fünf aufein-anderfolgenden Jahren 5 %, 7 %, 12 %, 6 % und 4 %.

a) Geben Sie mit kurzer Begründung an, welcher Mittelwert die durch-schnittliche Preissteigerung für den angegebenen Zeitraum am besten beschreibt.

b) Wie groß ist die durchschnittliche Preissteigerung?

5. Bei einer medizinischen Untersuchung einer Schulklasse wurden u. a. fol-gende Körpergewichte (in kg) festgestellt:

35	27	36	42	50	32	35	29	44	40
36	38	45	40	42	34	38	43	45	42
37	45	52	48	31	34	46	30	38	35

a) Bilden Sie Klassen der Breite 3 beginnend mit der Klasse $K_1 = [27, 30[$ für die Merkmalsausprägungen und bestimmen Sie die kumulierten re-lativen Häufigkeiten.

b) Stellen Sie die empirische Verteilungsfunktion der klassierten Daten graphisch dar.

6. Zeigen Sie: Für die empirische Varianz s_x^2 gilt:

$$s_x^2 = \frac{1}{n-1}\left(\sum_{i=1}^{n} x_i^2 - n\bar{x}^2\right), \quad n \geq 2.$$

7. Gegeben seien zwei reelle Zahlen $a > 0$, $b > 0$. Seien $\bar{x}_h$ das harmonische, $\bar{x}_g$ das geometrische und $\bar{x}$ das arithmetische Mittel dieser Daten.

a) Zeigen Sie:

$$\bar{x}_h \leq \bar{x}_g \leq \bar{x}.$$

b) Wann gilt das Gleichheitszeichen?

8. Gegeben seien die quantitativen Daten $x_1, x_2, \ldots, x_n$. Beweisen Sie: Die Summe der Quadrate der Abweichungen aller n Daten von ihrem arithme-tischen Mittel $\bar{x}$ ist kleiner als die Summe der Quadrate der Abweichungen aller Messwerte von einem beliebigen anderen reellen Wert c:

$$\sum_{i=1}^{n}(x_i - \bar{x})^2 < \sum_{i=1}^{n}(x_i - c)^2, \quad c \in \mathbb{R}, \, c \neq \bar{x}.$$

(Minimumseigenschaft des arithmetischen Mittels)

9. Beweisen Sie die Minimumseigenschaft des Medians (Satz 1.2): Für beliebiges $c \in \mathbb{R}$ gilt:

$$\sum_{i=1}^{n} |x_i - x_{0,5}| \leq \sum_{i=1}^{n} |x_i - c|.$$

10. Gegeben seien n Daten $x_1, x_2, \ldots, x_n$ eines quantitativen Merkmals mit dem arithmetischen Mittel $\bar{x}$. Zeigen Sie: Unterwirft man alle diese Daten x_i ($i = 1, 2, \ldots, n$) einer linearen Transformation $x_i \rightarrow a + b \cdot x_i$ ($a, b \in \mathbb{R}$, $b \neq 0$), so erhält man das arithmetische Mittel $\bar{x}_t$ der transformierten Daten durch dieselbe lineare Transformation aus dem arithmetischen Mittel $\bar{x}$ der ursprünglichen Daten.

11. Gegeben seien n quantitative Daten $x_1, x_2, \ldots, x_n$ mit dem arithmetischen Mittel $\bar{x}$.

    a) Zeigen Sie (ohne Verwendung der Differentialrechnung): Die Funktion $f : \mathbb{R} \rightarrow \mathbb{R}$ mit $f(x) = \sum_{i=1}^{n} (x_i - x)^2$ hat an der Stelle $\bar{x}$ ein Minimum.

    b) Beweisen Sie a) mit Methoden der Differentialrechnung.

12. Sei $d_{\bar{x}}$ die mittlere absolute Abweichung vom arithmetischen Mittel $\bar{x}$, sei $d_{x_{0,5}}$ die mittlere absolute Abweichung vom Median (siehe Definition 1.10) und sei s die Standardabweichung der Daten (siehe Definition 1.12). Dann gilt

$$d_{x_{0,5}} \leq d_{\bar{x}} \leq s.$$

13. Gegeben seien n Datenpaare $(x_1, y_1), (x_2, y_2), \ldots, (x_n, y_n)$. Es sei $\bar{x}$ das arithmetische Mittel der x_i-Werte ($i = 1, 2, \ldots, n$), und es sei $\bar{y}$ das arithmetische Mitel der y_i-Werte ($i = 1, 2, \ldots, n$). Die y-Werte auf der Regressionsgeraden werden mit $\hat{y}_i$ ($i = 1, 2, \ldots, n$) bezeichnet. Mit $\bar{\hat{y}}$ wird das arithmetische Mittel der $\hat{y}_i$-Werte bezeichnet. Als **Residuen** e_i werden die Differenzen $e_i := \hat{y}_i - y_i$ ($i = 1, 2, \ldots, n$) bezeichnet.

    a) Beweisen Sie: Die Summe aller Residuen ist Null.

    b) Beweisen Sie (auf einem anderen Weg als in Abschnitt 1.2.6) die Gültigkeit der Gleichung $\bar{\hat{y}} = \bar{y}$.

14. Beweisen Sie: Die beiden Regressionsgeraden $y = a_x + b_x x$ und $x = a_y + b_y y$ fallen genau dann zusammen, wenn gilt: $b_x = \frac{1}{b_y}$.

15. Beweisen Sie: Der Korrelationskoeffizient r nach Bravais-Pearson (s. Definition 1.13) nimmt nur Werte aus dem Intervall $[-1, +1]$ an.

16. Beweis des Satzes 1.3 aus Abschnitt 1.2.5:

    Im folgenden hinreichenden Kriterium für den Nachweis der Existenz eines relativen Minimums treten partielle Ableitungen auf. Wir geben deshalb vorab einige formale Hinweise.

    Im Gegensatz zum geraden d bei der Differentiation von Funktionen einer Veränderlichen benutzt man bei der Differentiation von Funktionen zweier (oder mehrerer) Veränderlichen ein rundes geschwungenes ∂. Die erste partielle Ableitung nach x (man betrachtet dabei y als fest) einer

Funktion $f(x, y)$ mit den zwei Variablen x und y schreibt man als $\frac{\partial f}{\partial x}$, und für die erste partielle Ableitung der Funktion f nach y (man betrachtet x als konstant) schreibt man $\frac{\partial f}{\partial y}$. Bei den partiellen Ableitungen zweiter Ordnung schreibt man analog $\frac{\partial^2 f}{\partial x^2}$ (zweimaliges Differenzieren nach x bei festgehaltenem y). Das Symbol $\frac{\partial^2 f}{\partial x \partial y}$ steht für die gemischte zweite partielle Ableitung, in der zunächst nach x (bei festgehaltenem y) und anschließend nach y (bei festgehaltenem x) differenziert wird. Analog besagt das Symbol $\frac{\partial^2 f}{\partial y \partial x}$, dass zunächst f partiell nach y und anschließend partiell nach x differenziert wird. Statt $\frac{\partial f}{\partial x}$ schreibt man auch f_x und entsprechend auch für die anderen Fälle, z. B. $\frac{\partial^2 f}{\partial x \partial y} = f_{xy}$.

Nun das hinreichende Kriterium für den Nachweis der Existenz eines relativen Minimums, das wir ohne Beweis der Analysis entnehmen:

Kriterium für relatives Minimum

Falls die Funktion $f(x, y)$ mit zwei Variablen zweimal stetig partiell differenzierbar in einer Umgebung von (x_0, y_0) ist, dann besitzt $f(x, y)$ in (x_0, y_0) ein relatives Minimum, wenn gilt:

a) $\dfrac{\partial f}{\partial x}(x_0, y_0) = 0;$

b) $\dfrac{\partial f}{\partial y}(x_0, y_0) = 0;$

c) $\dfrac{\partial^2 f}{\partial x^2}(x_0, y_0) > 0;$

d) $\dfrac{\partial^2 f}{\partial x^2} \cdot \dfrac{\partial^2 f}{\partial y^2} - \left(\dfrac{\partial^2 f}{\partial x \partial y} \right)^2 > 0$ in (x_0, y_0).

Die Gleichungen unter a) und b) formulieren notwendige Bedingungen.

Mittels dieses Kriteriums wollen wir nun den Punkt (a_0, b_0) bestimmen, an dem die Funktion

$$S : \mathbb{R}^2 \to \mathbb{R}, \ (a, b) \mapsto S(a, b) = \sum_{i=1}^{n} (a + bx_i - y_i)^2$$

ein Minimum annimmt. Notwendig für die Existenz eines Minimums der Funktion S ist also, dass die *beiden ersten partiellen Ableitungen der Funktion S eine gemeinsame Nullstelle* (a_0, b_0) haben:
Partielle Differentiation von S nach a (b wird als Konstante angesehen) ergibt

$$\frac{\partial S}{\partial a} = -2 \cdot \sum_{i=1}^{n} (y_i - a - bx_i).$$

Partielle Differentiation von S nach b (a wird als Konstante angesehen) ergibt

$$\frac{\partial S}{\partial b} = -2 \cdot \sum_{i=1}^{n} x_i (y_i - a - bx_i).$$

Wir ermitteln die Werte a_0 und b_0, für die die beiden partiellen Ableitungen Null werden:

$$\sum_{i=1}^{n}(y_i - a_0 - b_0 x_i) \;=\; 0 \tag{1.6}$$

$$\sum_{i=1}^{n}(y_i x_i - a_0 x_i - b_0 x_i^2) \;=\; 0. \tag{1.7}$$

Wir erhalten aus (1.6)

$$\sum_{i=1}^{n} y_i - n a_0 - b_0 \cdot \sum_{i=1}^{n} x_i \;=\; 0$$

$$\Leftrightarrow \qquad n\bar{y} - n a_0 - n b_0 \bar{x} \;=\; 0.$$

Also:

$$\bar{y} = a_0 + b_0 \bar{x}, \tag{1.8}$$

d. h. $(\bar{x}, \bar{y})$ liegt auf der Regressionsgeraden. Das ist ein interessantes Zwischenergebnis. Wie wir schon bemerkten, heißt $(\bar{x}, \bar{y})$ Schwerpunkt.
Aus (1.7) erhalten wir

$$\sum_{i=1}^{n} x_i y_i - \sum_{i=1}^{n} a_0 x_i - \sum_{i=1}^{n} b_0 x_i^2 = 0$$

$$\Leftrightarrow \sum_{i=1}^{n} x_i y_i - n a_0 \bar{x} - b_0 \cdot \sum_{i=1}^{n} x_i^2 = 0.$$

Einsetzen von $a_0 = \bar{y} - b_0 \bar{x}$ (Gleichung (1.8)) liefert

$$\sum_{i=1}^{n} x_i y_i - n\bar{x}(\bar{y} - b_0 \bar{x}) = b_0 \cdot \sum_{i=1}^{n} x_i^2$$

$$\Leftrightarrow \sum_{i=1}^{n} x_i y_i - n\bar{x}\bar{y} = b_0 \Big(\sum_{i=1}^{n} x_i^2 - n\bar{x}^2\Big),$$

also

$$b_0 = \frac{\sum_{i=1}^{n} x_i y_i - n\bar{x}\bar{y}}{\sum_{i=1}^{n} x_i^2 - n\bar{x}^2}.$$

Man erhält also insgesamt:

$$a_0 \;=\; \bar{y} - b_0 \bar{x}$$

$$b_0 \;=\; \frac{\sum_{i=1}^{n} x_i y_i - n\bar{x}\bar{y}}{\sum_{i=1}^{n} x_i^2 - n\bar{x}^2}.$$

Um zu beweisen, dass S in (a_0, b_0) tatsächlich ein Minimum hat, ist noch zu zeigen, dass

$$\frac{\partial^2 S}{\partial a^2} \quad \text{an der Stelle} \quad (a_0, b_0) \quad \text{positiv ist} \tag{1.9}$$

und

$$\frac{\partial^2 S}{\partial a^2} \cdot \frac{\partial^2 S}{\partial b^2} - \left(\frac{\partial^2 S}{\partial a \partial b}\right)^2 \quad \text{an der Stelle} \quad (a_0, b_0) \quad \text{positiv ist.} \quad (1.10)$$

Beweis zu (1.9):

$$\frac{\partial^2 S}{\partial a^2} = -2 \cdot \sum_{i=1}^{n}(-1) = 2n,$$

d. h. $\frac{\partial^2 S}{\partial a^2} > 0$ für alle a, b, da unabhängig von a und b.
Beweis zu (1.10):

$$\frac{\partial^2 S}{\partial b^2} = -2 \cdot \sum_{i=1}^{n}(-x_i^2) = 2 \cdot \sum_{i=1}^{n} x_i^2,$$

$$\frac{\partial^2 S}{\partial a \partial b} = -2 \cdot \sum_{i=1}^{n}(-x_i) = 2 \cdot \sum_{i=1}^{n} x_i = 2n\bar{x}.$$

Also:

$$\frac{\partial^2 S}{\partial a^2} \cdot \frac{\partial^2 S}{\partial b^2} - \left(\frac{\partial^2 S}{\partial a \partial b}\right)^2 = 4n \cdot \sum_{i=1}^{n} x_i^2 - 4n^2 \bar{x}^2$$

$$= 4n \left(\sum_{i=1}^{n} x_i^2 - n\bar{x}^2\right) = 4n(n-1)s_x^2,$$

d. h. (da ja $n \geq 2$ ist)

$$\frac{\partial^2 S}{\partial a^2} \cdot \frac{\partial^2 S}{\partial b^2} - \left(\frac{\partial^2 S}{\partial a \partial b}\right)^2 > 0 \quad \text{für alle } a \text{ und } b.$$

Damit ist der Nachweis erbracht, dass die Funktion $S(a, b)$ in (a_0, b_0) ein Minimum hat. $\square$

Hinweis: Analog kann man auch die Regressionsgerade bei einer vermuteten Abhängigkeit der x-Werte von den y-Werten herleiten und zeigen, dass auch diese Regressionsgerade $x = c + dy$ durch den Schwerpunkt $(\bar{x}, \bar{y})$ geht.

2 Wahrscheinlichkeit

„Einer der großen Vorteile der Wahrscheinlichkeitsrechnung ist der,
daß man lernt, dem ersten Anschein zu mißtrauen."
P. S. Laplace ([110], 127)

2.1 Zufall und Wahrscheinlichkeit

Sicherheit im menschlichen Leben
Die Erfahrung zeigt, im menschlichen Leben gibt es keine Sicherheit:

- Eine unfallfreie Fahrt von Münster nach Bielefeld ist nur wahrscheinlich, aber keineswegs sicher, wie Unfallstatistiken im Straßenverkehr belegen,
- Statistiken der Gesundheitsbehörden zeigen, dass der Einzelne ein potentielles Risiko besitzt, an einer bösartigen Krankheit zu leiden,
- Lebensmittelvergiftungen aufgrund des heutigen Abendessens können nicht vollständig ausgeschlossen werden,
- Reaktorunfälle sind (wie die Erfahrung gezeigt hat) möglich. Niemand aber kann sagen, ob und wann sich ein neuer Reaktorunfall oder gar ein GAU(**g**rößter **a**nzunehmender **U**nfall) ereignen wird. Es kann in einigen Jahrzehnten, es kann aber auch schon morgen sein.

Zufall in der Natur – „Naturgesetze steuern den Zufall" (M. Eigen)
Gesetzmäßigkeiten in der Natur können als statistische Gesetzmäßigkeiten betrachtet werden. Zwar liegt für die Gültigkeit ein hoher Grad an Wahrscheinlichkeit vor (mit an Sicherheit grenzender Wahrscheinlichkeit), doch Ausnahmen sind prinzipiell möglich. Das Zusammenwirken vieler Einzelvorgänge im Kleinen legt die beobachteten Gesetzmäßigkeiten fest. So ist z. B. die Lebensdauer eines einzelnen radioaktiven Atoms nicht abzuschätzen, es kann schon in der nächsten Sekunde zerfallen, es kann aber auch noch Millionen von Jahren leben. Trotzdem besteht das radioaktive Zerfallsgesetz für den Zerfall einer sehr großen Zahl gleichartiger radioaktiver Atome.

Hinweis: Im Abschnitt 2.6.4 leiten wir das radioaktive Zerfallsgesetz mit Hilfe der Wahrscheinlichkeitstheorie her.

Ungewissheit im Spiel
Bei einem nicht gefälschten Spielwürfel haben wir keinen Grund zu der Annah-

me, dass irgendeine Seite des Würfels vor den anderen Seiten ausgezeichnet ist. Wir können beim Ausspielen eines Würfels aber nicht mit Sicherheit vorhersagen, welche Seite nach dem Wurf oben liegt.

Das Spiel Lotto „6 aus 49" ist ein in der Gesellschaft beliebtes Glücksspiel. Auch wenn clevere Geschäftsleute zum „Spielen mit System" auffordern, Sicherheit für Gewinne gibt es nicht. Johann Wolfgang von Goethe (1749 – 1832) bemerkte einmal: „Achte hatte ich gesetzt, nun ist die Neune gezogen. – Sieh wie nah ich schon war! Nächstens treff ich die Zahl. – Und so klagen die Menschen, die sich dem Zufall vertrauen."

„Exaktheit" bei Massenproduktionen

Bei technischen Massenproduktionen ist man nicht sicher, dass jedes gefertigte Produkt in allen Bereichen die verlangten Normen erfüllt. Viele Einzelfaktoren, wie falsche Justierung, Temperaturschwankungen, Erschütterungen, menschliches Versagen usw. machen Qualitätskontrollen notwendig, die einerseits die Herstellung von Produkten überwachen, andererseits aber auch hilfreich sind, wenn über Annahme oder Ablehnung von Warenkontingenten zu entscheiden ist.

Auch der Gesetzgeber achtet auf die Einhaltung der Qualität: Wir verweisen auf die Eichgesetze und die Fertigpackungsverordnungen. So dürfen z. B. Fertigpackungen gleicher Nennfüllmenge ganz bestimmte zulässige Minusabweichungen nicht überschreiten. Fertigpackungen, deren Füllmengen unterhalb der Toleranzgrenze liegen, dürfen nicht in den Verkehr gebracht werden. Die entsprechenden Verordnungen regeln sowohl die betrieblichen Prüfungen zur Kontrolle des Produktionsvorganges als auch die Verfahren zur Prüfung der Füllmenge nach Gewicht oder Volumen durch die zuständigen Behörden. So haben z. B. die Behörden zur Kontrolle Zufallsstichproben festgelegten Umfangs zu entnehmen.

Messgenauigkeit

Bei Messungen und Auswertung von Experimenten entstehen *zufällige* Fehler (z. B. Ablesefehler, Beobachtungsfehler, Fehler durch zufällige Schwankungen äußerer Bedingungen). Diese Fehler können mathematisch erfasst und berücksichtigt werden unter Zugrundelegung einer großen Zahl von Messungen durch den Einsatz der Fehlerrechnung, die auf Carl Friedrich Gauß (1777 – 1855) zurückgeht. Die Fehlergesetze beschreiben z. B., wie beobachtete Werte um ihren Mittelwert streuen und erlauben, die Wahrscheinlichkeit eines Fehlers einer vorgegebenen Größe abzuschätzen.

2.2 Mathematik des Zufalls

Diese knappen Ausführungen lassen die Weite des Zufalls erkennen. Wir versuchen, uns darauf einzustellen. Aber wie? Novalis (Pseudonym für Friedrich

Leopold Freiherr von Hardenberg, 1772 – 1801) sagte: „Auch der Zufall ist nicht unergründlich, er hat seine Regelmäßigkeit." Wir fragen: Welche? Unser *Ziel* in diesem Buch ist es, den Zufall mathematisch erfassbar zu machen.

Werfen wir zuerst einen Blick auf die Etymologie des Wortes Zufall. Im Etymologischen Wörterbuch der deutschen Sprache von F. Kluge und A. Götze (Berlin 1951) heißt es: „Zufall M. mhd. zuoval, mnd. toval,nl. (sei 1598) toeval: Lehnübersetzung des gleichbed. lat. accidens N., Part. von accidere (aus ad 'zu' und cadere 'fallen')."

Mit den Mystikern des 14. Jahrhunderts Tauber, Vetter und Seuse beginnt der Gebrauch des mhd. zuoval. Zufall ist also das, was jemandem zufällt.

Carl Friedrich von Weizsäcker schreibt: „Zufall ist ein eigentümliches Wort. Es ist immer sehr schwer zu wissen, wie weit es das deckt, was wir nicht wissen, oder wie weit es eine legitime Anwendung hat." (Zitiert nach Basieux [12], 133.)

In der Umgangssprache ist der Zufallsbegriff schillernd. Redeweisen wie dummer Zufall, reiner Zufall, glücklicher Zufall, echter Zufall, scheinbarer Zufall, ärgerlicher Zufall, blinder Zufall, schöpferischer Zufall, himmlischer Zufall, der Zufall kam uns zu Hilfe bestätigen diesen Eindruck.

Im Reich der Spiele hat der Zufall zwei Namen: Glück und Pech.

Man spricht auch von Schicksal. Andere meinen: Der Zufall ist der Gott der Dummköpfe.

Im philosophischen Sprachgebrauch ist der Zufall u. a. als das nicht notwendige oder das unbeabsichtigte Ereignis gekennzeichnet, im Rechtssinn meint man mit Zufall ein unabhängiges, daher nicht zu vertretendes Ereignis, in den Naturwissenschaften spricht man von prinzipiell nicht oder nur ungenau vorauszusagenden Ereignissen.

Auch um viele Entdeckungen ranken sich Geschichten, wo der Zufall bei der Entdeckung eine Rolle gespielt haben soll (z. B. Penicillin, Teflon, Röntgenstrahlen, Radioaktivität, Porzellan). Hier ist jedoch der Ausspruch von Louis Pasteur (1822 – 1895) in besonderer Weise zu beachten: „Der Zufall begünstigt nur einen vorbereiteten Geist" (zitiert nach Schneider [155], 3).

Man spricht in der Forschung häufig von *random screening* (zufälliges Durchmustern), und von Paul Ehrlich (1854 – 1915) stammt das Wort: „Wissenschaftliche Entdeckungen hängen von den vier Gs ab: Geld, Geduld, Geschick und Glück" (zitiert nach Schneider [155], 203).

Heute beschäftigt das Begriffspaar „Zufall und Notwendigkeit" Philosophen, Theologen und Naturwissenschaftler in gleicher Weise, und je nach Ausgangslage und je nach der Blickrichtung kann es zu unterschiedlichen Bewertungen kommen.

In der Wahrscheinlichkeitstheorie wird Zufall nicht explizit erklärt, gleichwohl geht es um eine wissenschaftliche Betrachtung des Zufalls, in der dann Zufallsexperimente, zufällige Prozesse, Zufallsgrößen, Zufallsvektoren, Zufallszahlen, Wahrscheinlichkeitsräume, etc. eine Rolle spielen. Die Wahrscheinlichkeitstheorie (heute spricht man allgemeiner von **Stochastik**) unterwirft den Zufall soweit wie möglich dem mathematischen Denken, sie versucht, den Zufall durch mathematisches Denken soweit wie möglich zu „entschlüsseln".

Was ist Stochastik?

„Unter *Stochastik* wird ganz allgemein der durch die Wahrscheinlichkeitsrechnung und Mathematische Statistik sowie deren Anwendungsgebiete (s. S. X) gekennzeichnete Wissenschaftsbereich verstanden, der sich mit Zufallserscheinungen befaßt (griech. στοχαστικός, jemand, der im Vermuten geschickt ist)."(Müller [124], 401.)

Auf den Seiten X – XIII dieses Lexikons findet sich eine Übersicht mit Erläuterungen über die drei Gebiete Wahrscheinlichkeitsrechnung, Mathematische Statistik und Anwendungsgebiete einschließlich Spezialdisziplinen.

Nach diesen einleitenden Ausführungen kann die folgende Aussage von A. N. Kolmogoroff (1903 – 1987, Begründer der axiomatischen Wahrscheinlichkeitstheorie) nicht mehr verwundern:

> „Für jeden gebildeten Menschen ist es ganz unerläßlich, daß er elementare Kenntnisse darüber hat, wie die Wissenschaft mit der Erforschung 'zufälliger' Massenerscheinungen fertig wird." (Zitiert nach: *Mathematik in der Schule*, 5. Jhrg. 1967, S. 828.)

Genau das ist unser Ziel: Wir geben eine elementare Einführung in die Stochastik. In der Stochastik geht es einerseits um den Erwerb von Fachkenntnissen in der Theorie, andererseits um die Anwendung der erworbenen Kenntnisse auf reale Situationen. Im Rahmen dieser Einführung können wir die großen realen Anwendungsgebiete wie Spieltheorie, Entscheidungstheorie, Informationstheorie, Stochastische Automaten, Lagerhaltungstheorie, Versuchsplanung, Statistische Qualitätskontrolle usw. nicht behandeln. Sie erfordern zur Behandlung tiefergehende Kenntnisse. Aber für alle Anwendungen, auch z. B. für einfache Glücksspiele gilt generell: Will man zufallsbestimmte Phänomene und Situationen des täglichen Lebens mathematisch beschreiben, so müssen sie erst durch ein System mathematischer Begriffe und Beziehungen, also durch *Mathematisierung (Modellbildung)* erfaßbar und berechenbar gemacht werden. Bei stochastischen Situationen bildet die Wahrscheinlichkeitstheorie die Grundlage für solche Modelle. Die Modelle ermöglichen es, Probleme der Realität, bei denen der Zufall eine Rolle spielt, als mathematische Fragestellung zu formulieren und zu lösen. Die Lösung erfolgt also zunächst im zugrundeliegenden Modell und muss dann mit Blick auf das reale Problem interpretiert werden.

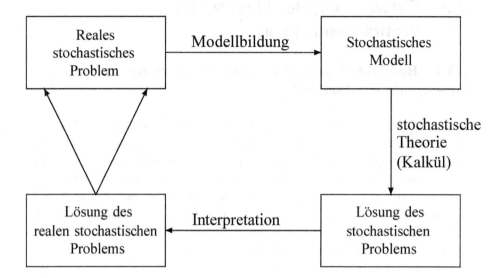

Ausgehend vom Sachproblem ist jede Modellannahme so weit wie möglich aus dem Sachzusammenhang zu begründen. Auf einer unteren Ebene können solche Modellannahmen z. B. die Festlegung der Ergebnismenge Ω, die Festlegung und Beschreibung von Ereignissen und die Wahl der Wahrscheinlichkeitsfunktion P sein. Weitere Modellannahmen könnten die Annahme einer Binomialverteilung oder der stochastischen Unabhängigkeit bei Ereignissen sein. (Zur Erklärung der Begriffe siehe die nächsten Kapitel.) Dabei ist zu beachten, dass Modellannahmen für das anstehende Sachproblem Verengungen und Vereinfachungen bedeuten können. Modelle sind nie die Sache selbst, sondern nur mehr oder weniger genaue Abbilder.

Eine Lösung des Problems stellt sich zunächst nur dar als eine Lösung im zugrundegelegten stochastischen Modell und muss und kann nur so interpretiert werden.

Deutlich wird das hohe Anspruchsniveau. Man muss sozusagen Fachmann mit doppelter Kompetenz sein: Man muss Fachmann in der stochastischen Theorie sein, und man muss Fachmann im anstehenden Sachproblem sein. Denn nur die genaue Kenntnis und Analyse des Sachproblems und die umfassende Kenntnis in der stochastischen Theorie bieten die Gewähr, ein adäquates stochastisches Modell wählen zu können. Das richtige Verstehen des Sachproblems ist eine unbedingte Voraussetzung zur Lösung.

Wir werden später im Abschnitt 2.5.1 auf Modellbildungsprozesse zurückkommen.

2.3   Entwicklung der klassischen Wahrscheinlichkeit

2.3.1   Berühmte historische Beispiele und einige interessante Briefwechsel

Den Ursprung der Wahrscheinlichkeitsrechnung finden wir bei Glücksspielen im 17. Jahrhundert. Die Stochastik entstand wie viele mathematische Theorien aus Anwendungsfragen. Dietrich Morgenstern schreibt hierzu: „..., daß diese Anwendungen in den glücklichen Zeiten, da die Mathematik hof- und gesellschaftsfähig war, sich auf Glücks- und Kartenspiele bezogen, ist keinesfalls beschämend, ist doch auch etwa die Mechanik (außer durch gewiß nicht rühmlicheren Kriegsmaschinenbau) durch die Freude am Spielzeug wesentlich gefördert worden." (Morgenstern [122], 7.)

Beispiel 2.1

(Das Drei-Würfel-Problem) *Chevalier de Méré* (1607 – 1684) vermutete aufgrund theoretischer Überlegungen, dass beim gleichzeitigen Werfen dreier symmetrischer (unterscheidbarer) Spielwürfel die Chancen für das Auftreten der Augensumme 11 und der Augensumme 12 gleich groß sein müssen, denn sowohl für die Augensumme 11 als auch für die Augensumme 12 gibt es jeweils sechs verschiedene Möglichkeiten:

	Augensumme 11				Augensumme 12	
	6 − 4 − 1			6 − 5 − 1		
•	6 − 3 − 2			6 − 4 − 2		
•	5 − 5 − 1			6 − 3 − 3		
	5 − 4 − 2			5 − 5 − 2		
	5 − 3 − 3			5 − 4 − 3		
	4 − 4 − 3		•	4 − 4 − 4		

Chevalier de Méré beobachtete aber in der Spielpraxis, dass die Augensumme 11 häufiger auftrat als die Augensumme 12.

Blaise Pascal (1623 – 1662) wurde mit diesem „Widerspruch" befasst und löste das Problem folgendermaßen: Man darf nicht nur die Gesamtsumme 11 bzw. 12 betrachten, sondern muss auch die Verteilung der einzelnen Zahlen (Augen) einer bestimmten additiven Zerlegung der Summe 11 bzw. 12 auf die drei unterscheidbaren Würfel berücksichtigen. Zur Erläuterung betrachten wir die durch • hervorgehobenen Zerlegungen der Zahlen 11 und 12 und denken uns die drei Würfel verschieden gefärbt.

Für die Augensumme 11 wird die Konstellation 6-3-2 realisiert durch sechs verschiedene (geordnete) Tripel, wobei jeweils die erste Zahl durch den ersten Würfel, die zweite Zahl durch den zweiten Würfel und die dritte Zahl durch den dritten Würfel erzeugt wird:

- **6-3-2:** $(6,3,2),(6,2,3),(3,2,6),(3,6,2),(2,6,3),(2,3,6)$.

Analog ergeben sich aber z. B. für die Konstellation 5-5-1 bei der Augensumme 11 nur drei Tripel:

- **5-5-1:** $(5,5,1),(5,1,5),(1,5,5)$.

Für die Augensumme 12 kann die Konstellation 4-4-4 sogar nur durch ein Tripel realisiert werden:

- **4-4-4:** $(4,4,4)$.

Man erkennt: Treten in einer Zerlegung drei verschiedene Zahlen auf, gibt es zur Realisierung sechs Tripel, treten in der Zerlegung genau zwei verschiedene Zahlen auf, dann gibt es nur drei Tripel für die Realisierung, und sind alle drei Zahlen gleich, dann gibt es nur eine Möglichkeit zur Realisierung.

Unter Berücksichtigung dieser Überlegungen gibt es dann insgesamt 27 Möglichkeiten für das Auftreten der Augensumme 11, aber es gibt nur 25 Möglichkeiten für das Auftreten der Augensumme 12. Damit ist der Fehler im theoretischen Ansatz von *Chevalier de Méré* aufgeklärt.

∎

Wir halten fest: Die theoretischen Überlegungen des *Chevalier de Méré* stimmen nicht mit der erlebten Praxis, nämlich der Durchführung von Spielen und dem Beobachten der Ergebnisse, überein. Theoretische Überlegungen können anhand erlebter Praxis „überprüft" werden und können so zu Modifikationen der Theorie führen.

Um in einem mathematischen Modell die Wahrscheinlichkeiten für das Auftreten der Augensumme 11 bzw. 12 festlegen zu können, sind weitere Überlegungen erforderlich. Wir bereiten diese an einfachen Zufallsexperimenten vor.

Wirft der Schiedsrichter vor Beginn des Fußballspiels eine Münze in die Luft, um zu entscheiden, welche Mannschaft die Seitenwahl auf dem Spielfeld hat, so sagen wir umgangssprachlich häufig, die Chancen für „Zahl" (Z) oder „Wappen" (W) stehen 1 zu 1. Im mathematischen Modell sagen wir, es kann einer der zwei gleichmöglichen Fälle Z, W beim Werfen realisiert werden, die wir zu einer Menge $\Omega = \{Z, W\}$ zusammenfassen (Ω griechischer Buchstabe, gelesen: Omega). Die Menge Ω nennen wir Ergebnismenge. Das Ereignis „Auftreten von Zahl" schreiben wir als Menge $\{Z\}$. Für dieses Ereignis ist ein Fall von zwei gleichmöglichen Fällen günstig. Dann sagen wir im mathematischen Modell, die Wahrscheinlichkeit für das Auftreten des Ereignisses $\{Z\}$ ist gleich dem Bruch $\frac{1}{2}$.

Werfen wir einen symmetrischen Würfel aus homogenem Material, dessen Seiten von 1 bis 6 durchnumeriert sind, in die Luft, dann kann eine der sechs Zahlen 1, 2, 3, 4, 5, 6 nach dem Wurf oben liegen. Die Ergebnismenge Ω hat 6 Elemente: $\Omega = \{1, 2, 3, 4, 5, 6\}$. Sehen wir die sechs möglichen Fälle als gleichmöglich an, dann sagen wir z. B., die Wahrscheinlichkeit für das Ereignis „Auftreten der 6" – wir bezeichnen es mit $\{6\}$ – ist gleich dem Bruch $\frac{1}{6}$, denn einer von den 6 gleichmöglichen Fällen ist günstig für das Ereignis $\{6\}$.

Beim „Drei-Würfel-Problem", zu dem wir jetzt zurückkehren, ist die Situation etwas komplizierter. Die Anzahl der günstigen Fälle für das Ereignis „Auftreten der Augensumme 11" bzw. für das Ereignis „Auftreten der Augensumme 12" wurde bereits bestimmt. Es ist noch die Gesamtzahl aller möglichen Spielausgänge zu bestimmen. Da jeder der 6 möglichen Spielausgänge des ersten Würfels mit jedem der 6 möglichen Ausgänge des zweiten Würfels zusammentreffen kann, und diese $6 \cdot 6 = 36$ Möglichkeiten wiederum mit jeder der 6 Möglichkeiten des dritten Würfels zusammentreffen können, gibt es insgesamt $6 \cdot 36 = 216$ mögliche Spielausgänge. Diese 216 Tripel bilden die Ergebnismenge Ω.

Das Ereignis „Augensumme 11" wird durch *die* Teilmenge von Ω beschrieben, die genau aus den 27 Zahlentripel besteht, deren Zahlen die Summe 11 ergeben. Die Teilmenge von Ω, die das Ereignis „Augensumme 12" beschreibt, besteht genau aus den 25 Zahlentripel von Ω als Elemente, bei denen die Summe der drei Zahlen im Tripel 12 ergibt.

Da es sich um ideale Spielwürfel handeln soll, nimmt man an, dass alle 216 möglichen Spielausgänge mit der gleichen Wahrscheinlichkeit auftreten. Unter dieser Annahme bildet man dann als Wahrscheinlichkeit für die betrachteten Ereignisse in einem letzten Schritt des Modellbildungsprozesses jeweils den Quotienten

$$\frac{Anzahl\ g(A)\ der\ für\ das\ Ereignis\ A\ günstigen\ Fälle}{Anzahl\ m\ der\ möglichen\ Fälle}.$$

Diese Wahrscheinlichkeit nennt man *klassische Wahrscheinlichkeit*. Man erhält also, wenn P die Wahrscheinlichkeit bezeichnet:

$$P(Augensumme\quad 11) \quad = \quad \frac{27}{216} = 0,125,$$

$$P(Augensumme\quad 12) \quad = \quad \frac{25}{216} \approx 0,116.$$

Die mathematische Behandlung dieses ersten Beispiels lässt deutlich drei Aspekte erkennen. Es handelt sich

- um Anzahlbestimmungen – ein *Aspekt der Kombinatorik*,
- um ein Erheben von Daten (hier Durchführung von Spielen und Beobachten (Notieren) der Ergebnisse durch *Chevalier de Méré*) – ein *Aspekt der Beschreibenden Statistik*,
- um eine Zuordnung (unter gewissen Annahmen) von rationalen Zahlen zu den beobachteten Ereignissen als deren Wahrscheinlichkeit – klassische Wahrscheinlichkeit als ein *Aspekt der Wahrscheinlichkeitstheorie*.

Beispiel 2.2

(Force majeure - Ein Teilungsproblem) Eine entscheidende Rolle in der Entwicklungsgeschichte der Wahrscheinlichkeitsrechnung spielten sogenannte Teilungsprobleme, die bereits lange vor dem noch zu erwähnenden Briefwechsel zwischen Blaise Pascal und Pierre de Fermat diskutiert wurden. Bei diesen Problemen musste nach einer Reihe von Glücksspielen das Spiel aufgrund höherer Gewalt abgebrochen werden, ohne dass ein Sieger feststand. Man fragte, wie die Einsätze zu verteilen waren.

Im Folgenden gehen wir für alle angegebenen Lösungsvorschläge von einer einheitlichen Situation aus:

Zwei Spieler A und B haben eine Reihe von Glücksspielen (Partien) verabredet. Jede Partie endet mit Gewinn oder Verlust. Es gibt kein Remis. Die Chancen sind für beide Spieler gleich. Wer zuerst insgesamt 5 Partien gewonnen hat, erhält die Einsätze. Durch höhere Gewalt müssen die Spieler beim Stand von 4 : 3 für Spieler A gegen B ihr Spiel abbrechen. Wie sind die Einsätze zu verteilen?

■

Lösungsvorschläge

a) *Fra Luca Pacioli* (1445 – 1514), Franziskanermönch und Lehrer für Mathematik an verschiedenen italienischen Universitäten, geht vom realisierten Spielergebnis aus und sagt, es sei im Verhältnis 4:3 aufzuteilen.

b) *Niccolò Tartaglia* (1499 – 1557), Mathematiklehrer in Venedig, hält von Paciolis Weg nichts: „Diese seine Regel scheint mir weder schön noch gut zu sein. Denn wenn zufällig eine der Parteien ...." (Zitiert nach Schneider [154], 18f.) Etwas später fährt er fort: „Und deshalb sage ich, daß ein solches Problem eher juristisch als durch die Vernunft gelöst wird; denn egal, auf welche Art und Weise man es löst, es gibt immer einen Grund zu streiten. Nichtsdestotrotz erscheint mir als am wenigsten anfechtbare Lösung die folgende ..." (Schneider [154], 18.) In unserem Fall heißt die Lösung: Man teile die Einsätze im Verhältnis $(5 + 4 - 3) : (5 + 3 - 4) = 3 : 2$ auf.

c) *Blaise Pascal* (1623 - 1662), französischer Mathematiker, stand in Briefverbindung zu Pierre de Fermat und Christiaan Huygens. Pascal schreibt an Fermat (29. Juli 1654), dass ihm Chevalier de Méré das Teilungsproblem vorgelegt habe und dass Herr de Méré niemals den richtigen Wert beim Spielabbruch und auch keinen Ansatz, um dahin zu gelangen, gefunden habe.

Pascals Lösung ist nun die folgende: Wenn B die nächste Partie gewinnen würde, wäre Gleichstand, und B müsste die Hälfte des Einsatzes bekommen. Da die Chance zu gewinnen nur $\frac{1}{2}$ ist, gebührt ihm die Hälfte der Hälfte, also $\frac{1}{4}$ der Einsätze, d. h. es ist im Verhältnis 3:1 zu teilen.

Das Neue an Pascals Weg ist, dass er seine Berechnungen nicht auf beobachtete Ergebnisse, sondern auf zukünftige stützt. Er schreibt: „..., so daß man richtigerweise nur die Anzahl der Spiele betrachten darf, die von jedem Einzelnen noch zu gewinnen sind und nicht die Anzahl derer, die sie bereits gewonnen haben." (Zitiert nach Kockelkorn [80], 72.)

Gemäß diesem Vorgehen erfolgt die gerechte Aufteilung des Einsatzes entsprechend den Gewinnchancen der zwei Spieler. Nach heutiger Sprechweise wird also in diesem Lösungsweg ein Aspekt der Stochastik sichtbar.

d) *Pierre de Fermat* (1607 – 1665) (Neuere Forschungen weisen darauf hin, dass das Geburtsdatum von Pierre de Fermat nicht 1601 (wie bisher angenommen), sondern vermutlich 1607 ist (Barner [7])), französischer Mathematiker, kommt unabhängig von Pascal zum selben Ergebnis wie Pascal. Sein Weg bezieht ebenfalls die zukünftigen Partien ein und enthält wahrscheinlichkeitstheoretische Aspekte.

Fermat argumentiert so: Nach spätestens zwei weiteren Partien ist entschieden, welcher der beiden Spieler Sieger ist. Es gibt dann vier verschiedene Anordnungen für die Ausgänge der zwei noch zu spielenden Partien. Wir stellen diese übersichtlich in einer Tabelle und einem Baumdiagramm dar. Die vier möglichen Resultate werden als gleich wahrscheinlich angesehen.

1. Partie	2. Partie	Sieger (Ausgangssituation 4:3 für A)
A gewinnt	A gewinnt	Sieger ist A
A gewinnt	B gewinnt	Sieger ist A
B gewinnt	A gewinnt	Sieger ist A
B gewinnt	B gewinnt	Sieger ist B

In 3 Fällen gewinnt also A, in einem Fall B. Also ist im Verhältnis 3:1 zu teilen. Überträgt man die Ergebnisse der Tabelle in ein Baumdiagramm, so erhält man folgendes Bild:

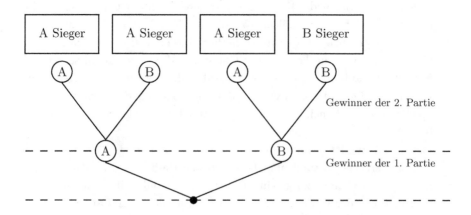

Fermat teilte Pascal seine Lösung, die kombinatorische Elemente enthält, mit. In seinem Brief vom 29. Juli 1654 an den in Toulouse lebenden Fermat drückt Pascal seine Freude über die übereinstimmende Lösung aus: „Je vois bien, que la vérité est la même à Toulouse et à Paris" (Ich sehe (mit Freude), dass die Wahrheit in Toulouse und Paris dieselbe ist) (zitiert nach Schneider [154], 27).

Beispiel 2.3

(Das Paradoxon des Chevalier de Méré) Es wird berichtet, dass Chevalier de Méré anlässlich eines Zusammentreffens mit Pascal auf einer Reise Pascal zwei Probleme vorgelegt habe. Das eine ist das soeben besprochene Teilungsproblem, das andere lernen wir jetzt kennen. Bei diesem sog. Paradoxon treten zwei Glücksspiele in Konkurrenz zueinander. Es geht einmal um ein Glücksspiel mit *einem* Würfel, der viermal ausgespielt wurde. Man wusste, dass es sich lohnt, darauf zu setzen, dass dabei mindestens einmal die 6 auftritt. (Hinweis: Die Wahrscheinlichkeit ist größer als $\frac{1}{2}$).

Dann geht es im Paradoxon um ein zweites Glücksspiel mit *zwei* Würfeln. Hierbei stand die Frage im Mittelpunkt des Interesses, ob es sich lohnt, darauf zu wetten, dass beim 24-maligen Ausspielen der zwei Würfel mindestens einmal eine Doppelsechs (Sechser-Pasch) auftritt. Man wusste aus Erfahrung, dass es sich *nicht* lohnt. (Hinweis: Die Wahrscheinlichkeit ist kleiner als $\frac{1}{2}$).

Doch das stand im Widerspruch zu einer „Proportionalitätsregel der kritischen Werte". Man argumentierte etwa so (aus heutiger Sichtweise):

Beim Werfen *eines* Würfels gibt es sechs (gleichmögliche) Ergebnisse. Für die Ergebnismenge Ω gilt: $\Omega = \{1, 2, 3, 4, 5, 6\}$. Die Chance, dass beim einmaligen Werfen die 6 auftritt ist $\frac{1}{6}$. Beim viermaligen Werfen wird dann die Chance mit $\frac{4}{6}$ angegeben, die Chance ist größer als $\frac{1}{2}$.

Beim Werfen von *zwei* Würfeln gibt es $6 \cdot 6 = 36$ (gleichmögliche) Ergebnisse. Die Ergebnismenge Ω hat also 36 Elemente. Das sind sechsmal so viele mögliche Ergebnisse wie beim Werfen eines Würfels. Wenn man also jetzt auch sechsmal so viele Spiele macht wie beim Werfen eines Würfels, also $6 \cdot 4 = 24$ Spiele, dann sollte es sich lohnen, auf das Auftreten mindestens einer Doppelsechs zu setzen. Denn es gilt: $\frac{4}{6} = \frac{24}{36} = \frac{2}{3}$. Mit diesem Ergebnis standen aber die Spielerfahrungen im Widerspruch. „Lohnend" war es nur, das Spiel mit einem Würfel zu betreiben.

In der Tat: Die theoretischen Überlegungen sind fehlerhaft. Die Grundidee dieser falschen Denkweise wird im Allgemeinen G. Cardano angelastet.

Mit heutigem Kenntnisstand ist der entscheidende Fehler leicht zu erkennen. Denn würde man beispielsweise den Würfel zehnmal werfen, dann wäre die Wahrscheinlichkeit, nach obigen Überlegungen gleich $\frac{10}{6}$, also größer als 1. Das geht aber nicht, denn in dem Bruch, mit dem die klassische Wahrscheinlichkeit berechnet wird,

$$\frac{\text{Anzahl } g(A) \text{ der für das Ereignis } A \text{ günstigen Fälle}}{\text{Anzahl } m \text{ der möglichen Fälle}}$$

kann die Anzahl der für ein Ereignis günstigen Fälle (Zähler) nie größer sein als die Anzahl aller möglichen Fälle (Nenner).

Pascal löste das Problem, er berichtete aber auch, dass Chevalier de Méré die Lösung selbst fand. Er schreibt am 29. Juli 1654 an Fermat: „J'avais vu plusieurs personnes trouver celle des dés, comme M. le Chevalier de Méré, qui est celui qui m'a proposé ces questions." (Zitiert nach Kockelkorn [80], 70.) (Ich hatte mehrere Personen getroffen, die die Lösung des Würfelproblems gefunden hatten, so den Chevalier de Méré. Dieser ist auch derjenige, der mir diese Fragen stellte.)

Zur exakten rechnerischen Lösung, die z. T. in Aufgabe 6 verlangt wird, überlegt man sich, wie viele gleichmögliche Fälle es jeweils gibt, und dann wie viele für das jeweilige Ereignis günstige Fälle.

Die Kernfrage dieses Problems ist jedoch die Frage, wie viele Würfe mit einem Würfel (bzw. mit zwei Würfeln) muss man mindestens machen (kritischer Wert), damit die Wahrscheinlichkeit des Ereignisses „Auftreten der 6 mindestens einmal" (bzw. „Auftreten der Doppelsechs mindestens einmal") größer als $\frac{1}{2}$ ist. Dieser kritische Wert liegt bei dem Glücksspiel mit einem Würfel tatsächlich bei 4, bei dem Glücksspiel mit zwei Würfeln allerdings bei 25. Die gewählten 24 Versuche reichen also nicht aus. Diese kritischen Werte lassen sich leicht bestätigen, wenn das Problem rechnerisch gelöst ist.   ■

Historische und didaktische Anmerkungen

1. Die genannten historischen Aufgaben sollten in einem Stochastikunterricht nicht fehlen. Es gibt *keine Mathematik ohne ihre Geschichte.* Eingeblendete historische Akzente machen Mathematiklernen lebendiger und vielleicht auch einsichtiger. Eine ahistorisch vermittelte Mathematik führt zu einem Zerrbild eines unattraktiven Fertigprodukts (Hans Freudenthal, 1905 – 1990).

2. Heute können die drei historischen Probleme von Anfängern gelöst werden. Man muss sich aber in die damalige Zeit versetzt denken. Im Hinblick auf das „Paradoxon des Chevalier de Méré" schreibt K. L. Chung ([32], 148): „Dieses berühmte Problem war [...] eine geistige Herausforderung für die besten Köpfe der damaligen Zeit."

3. *Verallgemeinerungen und Varianten* von Beispielen und Aufgaben können vertiefte Einsichten vermitteln. Auf eine Verallgemeinerung des Teilungsproblems sei hingewiesen: Spieler A fehlen noch m Partien zum Sieg, Spieler B fehlen noch n Partien zum Sieg. Für Spieler A sei für jede Partie die Ge-

winnchance p, für Spieler B sei für jede Partie die Gewinnchance q mit $p + q = 1$. (Siehe Aufgabe 28, Abschnitt 2.9.4.)

4. Die Beispiele zeigen, dass Widersprüche zwischen Theorie und Erfahrung und theoretische Fehlschlüsse die Entwicklung einer Wissenschaft vorantreiben können.

5. In seinem Brief vom 29. Juli 1654 an Fermat äußerte sich Pascal über Chevalier de Méré. Abgesehen von einigen Einschränkungen in Bezug auf das Mathematikverständnis des Chevalier de Méré, spricht er voller Hochachtung von de Méré: „... denn er ist ein sehr tüchtiger Kopf, aber er ist kein Mathematiker (das ist, wie Sie wissen, ein großer Mangel), und er begreift nicht einmal, daß eine mathematische Linie bis ins Unendliche teilbar ist und ist zutiefst davon überzeugt, daß sie sich aus einer endlichen Zahl von Punkten zusammensetzt; ich habe ihn niemals davon abbringen können. Wenn Sie das zustande brächten, würden Sie ihn vollkommen machen." (Zitiert nach Schneider [154], 30.)

6. Würfelspiele finden sich schon im Altertum. Sogenannte *Astragale* (Knöchelchen aus der Hinterfußwurzel von Schaf oder Ziege, vgl. Abbildung) wurden

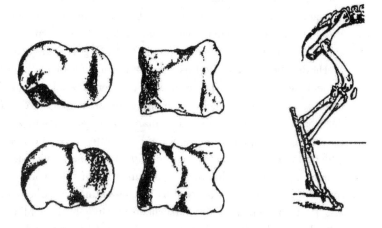

Abb.: Astragale. Jeder der vier Astragale zeigt eine andere Seite: oben links chion, rechts pranes; unten links koon, rechts hyption. -Rechts: Hinterbeine eines Schafes. Der Pfeil bezeichnet die Lage des Astragalos (Talus, Sprungbein) in der Fußwurzel (Tarsus). Entnommen: Ineichen, R. ([76], 27).

für Ägypten schon ca. 3000 v. Chr. nachgewiesen. Auch Griechen und Römer benutzten sie. Aristoteles (348 – 322 v. Chr.) beschreibt sie. Es sind vier verschiedene Lagen möglich. Meistens waren die Seiten unbeschriftet, weil man die vier Lagen auch ohne Beschriftung unterscheiden konnte: konkav - konvex; schmal - breit. Wegen vieler interessanter Einzelheiten und weiterer „Würfel" verweisen wir auf das lesenswerte Buch von Robert Ineichen: Würfel und Wahrscheinlichkeit, Spektrum Akademischer Verlag Heidelberg 1996.

2.3.2 Aufgaben und Ergänzungen

1. Schon *Girolamo Cardano* (1501 – 1576) beschäftigte sich in seinem posthum erschienenen Buch *Liber de ludo aleae* (1663) mit Würfelspielen, u. a. mit dem Wurf von zwei Würfeln.

   a) Wie viele und welche Augensummen können bei einem Wurf mit zwei Würfeln auftreten?

   b) G. Cardano bestimmte (gemäß unserer Sprechweise) die Wahrscheinlichkeit für das Auftreten des Ereignisses „Augensumme 10" mit $\frac{1}{12}$. Begründen Sie ausführlich dieses Ergebnis.

2. *Galileo Galilei* (1564 – 1642) wurde einmal gefragt, warum beim Wurf dreier Würfel die Augensumme 10 öfter auftritt als die Augensumme 9, obwohl für beide Summen sechs Arten der Konstellation möglich sind. Galilei kannte die Lösung des Problems. Lösen auch Sie die Aufgabe.
   Hinweis: Beachten Sie die Ausführungen zum „Drei-Würfel-Problem".

3. Wie wir bei den Lösungsvorschlägen des „Teilungsproblems" ausführten, lehnte Tartaglia die Lösung von Pacioli ab. Seine Ablehnungsgründe teilten wir nicht mit. Versuchen Sie eine mögliche Begründung für die Ablehnung anzugeben. Hinweis: Betrachten Sie bei Spielabbruch andere Spielstände.

4. Pascal berichtet in seinem Brief vom 24.08.1654 an Fermat über einen Einwand des Herrn de Roberval (1602 – 1675) gegen die (kombinatorische) Methode, die Fermat zur Lösung des Teilungsproblems benutzt (der Text bezieht sich auf eine Spielsituation, bei der A zwei und B drei Gewinne fehlen): „Es sei irrig, sich des Kunstgriffs zu bedienen, die Teilung unter der Voraussetzung vorzunehmen, man spiele *vier* Partien, weil man ja nicht notwendig *vier* spielen müsse, wenn dem ersten *zwei* und dem anderen *drei* fehlen, da man möglicherweise nur *zwei* oder *drei* oder vielleicht wirklich *vier* Partien spielte. Er sehe auch nicht ein, warum man vorgebe, eine gerechte Teilung unter der erkünstelten Voraussetzung vorzunehmen, man spiele *vier* Partien, weil es ja eine natürliche Spielregel sei, nicht weiterzuspielen, sobald einer der Spieler gewonnen habe, ..." (Zitiert nach Schneider [154], 33).
   Übertragen Sie den Einwand auf die Spielsituation, wie sie in unserem Teilungsproblem gegeben ist: Es waren 5 Partien zu gewinnen, um Sieger zu werden, der Spielabbruch erfolgte beim Stande von 4:3.
   Pascal selbst hat den Einwand von Roberval widerlegt. Zeigen auch Sie, dass Robervals Einwand unberechtigt ist.

5. Geben Sie für das Teilungsproblem weitere Lösungen mit Erläuterungen an.

6. Der folgende Auszug aus einem Brief von Pascal an Fermat vom 29. Juli 1654 bezieht sich auf das Paradoxon des Chevalier de Méré: „Er (de Méré) sagte mir also, daß er aus folgendem Grund einen Fehler in den Zahlen

gefunden habe: Wenn man versucht, mit dem Würfel eine Sechs zu werfen, dann ist es von Vorteil, dies mit vier Würfen zu tun, und zwar wie 671 zu 625. Wenn man versucht, mit zwei Würfeln eine Doppelsechs zu werfen, ist es von Nachteil, dies mit 24 Würfen zu tun. Dennoch verhält sich 24 zu 36 (was die Anzahl der Kombinationsmöglichkeiten der Seiten von zwei Würfeln ist) wie 4 zu 6 (was die Anzahl der Seiten eines Würfels ist). Das ist es, woran er so großen Anstoß nahm und was ihn dazu veranlaßte, öffentlich zu behaupten, daß die Aussagen der Mathematik unsicher seien und dass die Arithmetik sich widerspreche: …" (Zitiert nach Schneider [154], 30).
Berechnen Sie die (klassische) Wahrscheinlichkeit dafür, dass beim viermaligen Werfen eines idealen Würfels mindestens einmal die 6 auftritt, und bestätigen Sie hiermit die im zitierten Briefausschnitt angegebenen Zahlen 671 und 625.
Hinweis: Vgl. auch Kütting ([101], 31 – 34).

2.4 Zur geschichtlichen Entwicklung der Stochastik

Aufgrund des angegebenen Briefwechsels zwischen *Pascal* und *Fermat* wird vielfach das Jahr 1654 als das Geburtsjahr der Stochastik angesehen. Doch schon *G. Cardano* (1501 – 1576) befasste sich mit Problemen bei Würfelspielen und dem Teilungsproblem *(problème des partis)*. Pascal und Fermat selbst haben keine Abhandlungen zur Wahrscheinlichkeit verfasst. Sie sprechen auch nicht vom Begriff Wahrscheinlichkeit *(la probabilité)*, sondern vom Zufall *(le hasard)*. (Man beachte: Wir selbst benutzten bei der Erörterung der historischen Beispiele z. T. schon heutige Begriffsbildungen und Sprachregelungen.)

Der Holländer *Christiaan Huygens* (1629 – 1695) kannte die Korrespondenz zwischen Pascal und Fermat. Das veranlasste ihn zu seinem *Traktat über Glücksspiele*. Auch er benutzte nicht den Begriff der Wahrscheinlichkeit, sondern er sprach vom „Wert der Hoffnung" (in der lat. Übersetzung des Traktats: *valor expectationis;* Erwartungswert). Diese Abhandlung inspirierte wiederum *Jakob Bernoulli* (1654 – 1705, bedeutendes Mitglied der schweizer Mathematikerdynastie der Bernoullis), sich mit wahrscheinlichkeitstheoretischen Problemen zu befassen. In seiner *Ars conjectandi* (Kunst des Vermutens), die erst 1713 acht Jahre nach seinem Tode erschien, findet man kombinatorische Abhandlungen, ferner Überlegungen zur Wahrscheinlichkeit *(probabilitas)*, die wir heute als klassische Wahrscheinlichkeit bezeichnen, und auch Bezüge zwischen der relativen Häufigkeit und der Wahrscheinlichkeit (Gesetz der Großen Zahlen).

Wichtige Beiträge lieferte *Abraham de Moivre* (1667 – 1754; er entstammte einer Hugenottenfamilie in der Champagne und emigrierte 1688 nach England) insbesondere mit seinem Buch *The Doctrine of chances* (1718). Er spricht von *probability* und legte bereits vor Laplace in der zweiten Auflage seines Buches (1738) als Maß für die Wahrscheinlichkeit den Quotienten

$$\frac{\textit{Anzahl } g(A) \textit{ der für das Ereignis A günstigen Fälle}}{\textit{Anzahl } m \textit{ der möglichen Fälle}}$$

fest.

Pierre Simon Laplace (1749 – 1827, französischer Mathematiker und Physiker, er war auch politisch tätig) verdanken wir eine umfassende Darstellung der damaligen wahrscheinlichkeitstheoretischen Kenntnisse durch sein 1812 erschienenes Buch *Théorie analytique des probabilités* und durch sein *Essai philosophique sur les probabilités* aus dem Jahre 1814. Letzteres ist eine populärwissenschaftliche Zusammenfassung der Hauptresultate seiner „Theorie". Auch hier finden wir das bereits oben angegebene Maß für die Wahrscheinlichkeit eines Ereignisses, wobei ausdrücklich die stets zu beachtende Gleichmöglichkeit aller Fälle betont wird:

> „Die Theorie des Zufalls ermittelt die gesuchte Wahrscheinlichkeit eines Ereignisses durch Zurückführung aller Ereignisse derselben Art auf eine gewisse Anzahl gleich möglicher Fälle, d. h. solcher, über deren Existenz wir in gleicher Weise unschlüssig sind, und durch Bestimmung der dem Ereignis günstigen Fälle. Das Verhältnis dieser Zahl zu der aller möglichen Fälle ist das Maß dieser Wahrscheinlichkeit, die also nichts anderes als ein Bruch ist, dessen Zähler die Zahl der günstigen Fälle und dessen Nenner die Zahl aller möglichen Fälle ist." (Laplace [110], 4)

Heute bezeichnen wir dieses Maß als klassische Wahrscheinlichkeit oder als Laplace-Wahrscheinlichkeit für sogenannte Laplace-Experimente, bei denen die Gleichwahrscheinlichkeit für alle möglichen Fälle angenommen wird. Die für solche Experimente benutzten Zufallsgeneratoren nennt man dann häufig Laplace-Würfel (abgekürzt: L-Würfel), Laplace-Münze (L-Münze) usw. Es sei daran erinnert, dass die Diskussion der historischen Beispiele im Abschnitt 2.3.1 unter Beachtung der Laplace-Wahrscheinlichkeit geführt wurde.

Laplace versucht in seinem *Essai*, einem breiten Publikum die Ideen der Wahrscheinlichkeitstheorie nahe zu bringen und es für die Theorie zu begeistern:

> „Betrachtet man die analytischen Methoden, die durch diese Theorie entstanden, die Wahrheit der Prinzipien, die ihr zur Grundlage dienen, die scharfe und feine Logik, welche ihre Anwendung bei der Lösung von Problemen erfordert, die gemeinnützigen Anstalten, die sich auf sie gründen, sowie die Ausdehnung, die sie schon erlangt hat und durch ihre Anwendung auf die wichtigsten Fragen der Naturphilosophie und der moralischen Wissenschaft noch erhalten kann;

bemerkt man sodann, wie sie selbst in den Dingen, die der Berechnung nicht unterworfen werden können, die verläßlichsten Winke
gibt, die uns bei unseren Urteilen leiten können, und wie sie vor
irreführenden Täuschungen sich in acht zu nehmen lehrt, so wird
man einsehen, daß es keine Wissenschaft gibt, die unseres Nach-
denkens würdiger wäre, und die mit größerem Nutzen in das System
des öffentlichen Unterrichts aufgenommen werden könnte." (Laplace
[110], 171)

Obwohl es sich bei der Laplace-Wahrscheinlichkeit eigentlich gar nicht um
eine Definition handelt, sondern nur um eine Vorschrift zur Berechnung der
Wahrscheinlichkeit, wurde sie doch häufig als Definition verstanden, gegen die
dann Einwände geltend gemacht wurden. Ein wesentlicher Einwand bestand
dann darin, zu sagen, die Definition enthalte einen Circulus vitiosus. Man argumentierte in etwa so: Die Definition stützt sich auf die Voraussetzung von
gleichmöglichen, d. h. aber von gleichwahrscheinlichen Fällen. Die Definition
des Wahrscheinlichkeitsbegriffs enthält also den zu erklärenden Begriff. Das ist
nicht zulässig.

Diesem Einwand ist widersprochen worden:

- Es wird darauf hingewiesen, dass die Festlegung gleicher Wahrscheinlichkeit
  nicht mittels des festzulegenden Begriffs, sondern aufgrund geometrischer Eigenschaften und physikalischer Beschaffenheit der Zufallsgeneratoren erfolgt
  (Symmetrie, Homogenität u. a.).

- P. Finsler weist 1947 darauf hin, dass *a priori* mindestens eine Annahme
  über Wahrscheinlichkeiten oder über Gleichheit von solchen gemacht werden
  muss, wenn man für Wahrscheinlichkeiten bestimmte Zahlen erhalten will
  (Finsler [54], 109).

- A. Rényi schreibt 1969: „Der Mangel dieser Definition besteht in Wirklichkeit
  nicht darin, daß ihr ein Circulus vitiosus, eine <<petitio principii>> inne-
  wohnt (was auch heute noch oft behauptet wird), sondern vielmehr darin,
  daß sie im Grunde keine Definition ist. Auf die Frage, was die Wahrscheinlichkeit wirklich ist, gibt sie nämlich keine Antwort, sie gibt nur eine praktische Anweisung, wie man die Wahrscheinlichkeit in gewissen einfachen Fällen
  (in moderner Terminologie: in <<klassischen Wahrscheinlichkeitsfeldern>>)
  berechnen kann. Die Schöpfer der Wahrscheinlichkeitsrechnung haben den
  Sachverhalt auch in diesem Sinne aufgefaßt, ..." (Rényi [137], 82).

Es handelt sich in der Tat nur um eine *Berechnungsmöglichkeit* der Wahrscheinlichkeit unter einschränkender Annahme (Gleichmöglichkeit der Fälle),
so dass der Anwendungsbereich natürlich auch eingeschränkt ist. Beispielsweise kann beim Werfen von unsymmetrischen Objekten (Reißzwecken, Streich-
holzschachteln) die Frage nach der Wahrscheinlichkeit für das Auftreten einer
bestimmten Lagebeziehung nicht mit Hilfe der klassischen Wahrscheinlichkeitsrechnung beantwortet werden. Ein angemessener Lösungsversuch besteht darin,

zunächst Wurfversuche durchzuführen, das Auftreten der Ereignisse tabellarisch
festzuhalten und dann mit Hilfe dieses Erkenntnisstandes eine Aussage über die
gefragte Wahrscheinlichkeit zu machen und zu verantworten.

In diesem Zusammenhang ist der Begriff der relativen Häufigkeit von Bedeutung.
Die *relative Häufigkeit* $h_n(A)$ für ein Ereignis A bezeichnet in der Versuchsfolge
von n Versuchen den Quotienten

$$h_n(A) = \frac{\text{Anzahl } H_n(A) \text{ der Versuche mit dem Ereignis } A}{\text{Gesamtzahl } n \text{ der Versuche}}.$$

Die relative Häufigkeit gewinnt um so mehr an Aussagekraft je mehr Versuche
gemacht werden. Bei vielen Zufallsexperimenten zeigt sich eine Stabilisierung
der relativen Häufigkeiten. Diese Erfahrungstatsache führte zu einer Grenzwert-
definition der Wahrscheinlichkeit. Lange Zeit hat hier der Ansatz von *Richard
Edler von Mises* (1883 – 1953) große Beachtung gefunden. Die Wahrscheinlichkeit P(A) eines Ereignisses A wird von ihm als Grenzwert der Folge der relativen
Häufigkeiten $h_n(A)$ für das Ereignis A definiert, wobei aber einschränkende Bedingungen zu beachten sind. Die Definition bezieht sich nur auf Ereignisfolgen,
die die Forderung der sog. „Regellosigkeit" erfüllen – eine komplizierte Forderung. Der Ansatz setzte sich nicht durch. B. L. van der Waerden wies 1951
darauf hin, dass eine Limesdefinition der Wahrscheinlichkeit im Widerspruch zu
den Sätzen der Wahrscheinlichkeit selbst steht (van der Waerden [174], 60). Der
von Misessche Weg besitzt nur noch historische Bedeutung.

Relative Häufigkeiten sind aber im Gebäude der Stochastik nach wie vor von
Bedeutung. Die relative Häufigkeit für ein Ereignis A aus langen Versuchsreihen
kann als *Schätzwert* für die Wahrscheinlichkeit $P(A)$ des Ereignisses A benutzt
werden. Wir werden im nächsten Abschnitt darauf zurückkommen.

Die den bisher aufgezeigten Erklärungsversuchen anhaftenden Unzulänglich-
keiten stärkten das Bemühen um eine allgemeine Lösung. Diese wurde durch
den axiomatischen Aufbau der Wahrscheinlichkeitstheorie erbracht, den David
Hilbert (1862 – 1943) bereits in seinem berühmten Vortrag am 8. August 1900
über „Mathematische Probleme" auf dem 2. Internationalen Mathematikerkon-
gress zu Paris gefordert hatte. Hilbert, der 1899 mit seinem Werk *Grundlagen
der Geometrie* ein vollständiges Axiomensystem der euklidischen Geometrie vorgelegt hatte, hatte in seinem Vortrag in die Liste der 23 wichtigsten ungelösten
Probleme der Mathematik weitsichtig auch das Problem einer mathematisch exakten Begründung der Wahrscheinlichkeitsrechnung aufgenommen. Wir zitieren
Hilbert anhand des veröffentlichten Vortrages. In Problem Nr. 6 mit der Überschrift „Mathematische Behandlung der Axiome der Physik" heißt es: „Durch
die Untersuchungen über die Grundlagen der Geometrie wird uns die Aufgabe
nahegelegt, nach diesem Vorbilde diejenigen physikalischen Disziplinen axiomatisch zu behandeln, in denen schon heute die Mathematik eine hervorragende
Rolle spielt: dies sind in erster Linie die Wahrscheinlichkeitsrechnung und die

Mechanik. Was die Axiome der Wahrscheinlichkeitsrechnung angeht[1], so scheint es mir wünschenswert, daß mit der logischen Untersuchung derselben zugleich eine strenge und befriedigende Entwicklung der Methode der mittleren Werte in der mathematischen Physik, speziell in der kinetischen Gastheorie Hand in Hand gehe." (Zitiert nach Hilbert [68], 306.)

Das Zitat lässt ferner erkennen, dass für David Hilbert die Wahrscheinlichkeitsrechnung keine mathematische Disziplin war. Für Hilbert gehörte die Wahrscheinlichkeitsrechnung zur Physik.

Das Problem wurde erst 1933 durch den russischen Mathematiker *Alexander Nikolajewitsch Kolmogoroff* (1903 – 1987) gelöst. Sein Axiomensystem umfasst nur drei Axiome (siehe [81]). Der Begriff Wahrscheinlichkeit wird mathematisch abstrakt ohne Bezug zu irgendwelchen Anwendungen beschrieben, sein Gebrauch wird durch die Axiome (als Spielregeln) geregelt. Im übernächsten Abschnitt werden wir uns mit diesem Axiomensystem beschäftigen.

2.5   Schritte zur Mathematisierung

2.5.1   Zum Modellbildungsprozess

Zufallsbestimmte Phänomene und Situationen des täglichen Lebens müssen durch Mathematisierung (Modellbildung) erst erfassbar und berechenbar gemacht werden. Dazu braucht man ein System mathematischer Begriffe und Beziehungen. Bei stochastischen Situationen bildet die Wahrscheinlichkeitstheorie die Grundlage solcher Modelle. Diese Modelle ermöglichen es, Probleme der Realität, bei denen der Zufall eine Rolle spielt, als mathematische Fragestellungen zu formulieren und zu lösen.

Wichtige mathematische Anfangsbegriffe für die mathematische Modellbildung sind Ergebnismenge (auch Grundraum oder Beobachtungsraum genannt), Ereignis und Wahrscheinlichkeit. Der (vorgeschaltete) Begriff des Zufallsexperimentes entzieht sich einer exakten Beschreibung. Er ist aber unter didaktischen Gesichtspunkten beim Aufbau eines elementaren Zugangs hilfreich.

Zufallsexperiment, Ergebnismenge

Unter einem *Zufallsexperiment* in der Stochastik versteht man reale Vorgänge (Versuche) unter exakt festgelegten Bedingungen, wobei die *möglichen* Ausgänge (Ergebnisse) des Versuches feststehen, nicht jedoch, welchen Ausgang der Ver-

---

[1]Vgl. Bohlmann: Über Versicherungsmathematik. 2. Vorlesung aus Klein und Riecke: Über angewandte Mathematik und Physik. Leipzig und Berlin 1900. (Hinweis: Diese Fußnote ist Bestandteil des Zitats).

such nimmt. Ferner wird angenommen, dass der reale Vorgang (im Prinzip) unter gleichen Bedingungen (beliebig oft) wiederholt werden kann.

Es sei angemerkt, dass die im letzten Satz ausgesprochene Kennzeichnung eines Zufallsexperimentes in der Realität nicht verifizierbar ist. Bei sehr häufiger Wiederholung eines Zufallsexperimentes können sich Versuchsbedingungen ändern (z. B. Abnutzung des Würfels oder der Münze), und eine unendliche Folge von Versuchen gibt es in der Realität nicht. Wir haben deshalb in der umgangssprachlichen Beschreibung des Begriffs „Zufallsexperiment" diese kritischen Punkte durch Klammern gekennzeichnet. Andererseits erwartet man von einem Experiment seine Wiederholbarkeit, und dieser Gesichtspunkt bekommt bei dem Ansatz, relative Häufigkeiten als Schätzwerte für Wahrscheinlichkeiten zu benutzen, Gewicht.

Die möglichen Ergebnisse (Ausgänge) des Zufallsexperimentes werden zu einer Menge zusammengefasst, die *Ergebnismenge* (Grundraum, Beobachtungsraum) genannt wird und mit Ω (gelesen: Omega) bezeichnet wird.

Für die Bezeichnung der Elemente der Ergebnismenge Ω benutzt man den kleinen Buchstaben ω. Hat die Ergebnismenge Ω n Elemente, dann kennzeichnet man die Elemente wie folgt durch Indizierung: $\Omega = \{\omega_1, \omega_2, \omega_3, \ldots, \omega_n\}$.

Die Ergebnismenge Ω sei stets nichtleer, d. h. die Menge Ω enthält wenigstens ein Element. Die Menge Ω kann endlich viele oder unendlich viele Elemente enthalten.

Beispiele

1. Das Zufallsexperiment bestehe im einmaligen Werfen eines regelmäßigen Spielwürfels mit den Augen 1 bis 6. Dann kann $\Omega = \{1, 2, 3, 4, 5, 6\}$ gewählt werden.

2. Beim Zufallsexperiment *zweimaliges Ausspielen eines Würfels* ist die Menge $\{2, 3, 4, 5, 6, 7, 8, 9, 10, 11, 12\}$ eine geeignete Ergebnismenge, wenn man sich für die Augensumme interessiert; interessiert man sich für das Produkt der gewürfelten Augenzahlen, so ist eine geeignete Ergebnismenge die Menge $\Omega = \{1, 2, 3, 4, 5, 6, 8, 9, 10, 12, 15, 16, 18, 20, 24, 25, 30, 36\}$.

   Unterscheidet man die Augenzahl x beim 1. Wurf von der Augenzahl y beim 2. Wurf, so ist die Menge aller Paare

   $$\{(x, y) \mid 1 \le x \le 6, 1 \le y \le 6; x, y \in \mathbb{N}\}$$

   eine geeignete Ergebnismenge.

3. Das Zufallsexperiment bestehe im Drehen des Zeigers des abgebildeten Glücksrades mit zehn gleichverteilten Ziffern 0,1,2,3,4,5,6,7,8,9 bis zum erstmaligen Auftreten der 9. Beobachtet wird also die Anzahl k der notwendigen Drehungen. Ein Pessimist könnte verzweifeln, da er die Zahl in unendliche

Ferne verschwinden sieht. Man kann für die notwendige Anzahl der Drehungen keine feste natürliche Zahl angeben, von der man mit Sicherheit weiß, dass sie nie überschritten wird. Das heißt, für dieses Zufallsexperiment ist die Menge Ω von natürlichen Zahlen eine geeignete Ergebnismenge: $\Omega = \{1, 2, 3, 4, 5, \ldots\}$.

4. Im Beispiel 1 (Werfen eines regelmäßigen Spielwürfels) ist es jedoch nicht zwingend, als Ergebnismenge die Menge $\{1, 2, 3, 4, 5, 6\}$ zu wählen. Man könnte auch die Unterscheidung „gerade Zahlen G" und „ungerade Zahlen U" als hinreichend ansehen und als Ergebnismenge die Menge $\{U, G\}$ angeben. Man könnte ferner Kipplagen des Würfels berücksichtigen und durch das Symbol 0 kennzeichnen. Dann wäre die Menge $\{0, 1, 2, 3, 4, 5, 6\}$ eine geeignete Ergebnismenge Ω für das einmalige Werfen des Würfels.

5. Das Zufallsexperiment sei blindes Ziehen einer Kugel aus einer Urne mit 7 gleichen Kugeln, die sich nur in der Farbe unterscheiden (sonst von gleicher Größe und Beschaffenheit sind). Von den 7 Kugeln seien 3 Kugeln rot und 4 blau. Dann ist eine geeignete Ergebnismenge $\Omega = \{r, b\}$.

Dieselbe Ergebnismenge $\Omega = \{r, b\}$ wie in diesem Zufallsexperiment würde man auch angeben können, wenn sich in einer Urne 1001 gleiche Kugeln befinden, von denen eine rot und 1000 blau sind. Das macht Folgendes deutlich: Kennt man das Verhältnis der roten zu den blauen Kugeln in einer Urne, dann sind in der Angabe von Ω als Menge $\{r, b\}$ noch nicht alle Informationen berücksichtigt worden.

Die Berücksichtigung der *Anzahl* der roten Kugeln und der *Anzahl* der blauen Kugeln erfolgt beim Zuordnen des *Wahrscheinlichkeitsmaßes* für die interessierenden Ereignisse. Es ist unmittelbar einsichtig, dass es der Wirklichkeit entspricht, wenn man bei den zwei genannten Urnen mit $\Omega = \{r, b\}$ den Ereignissen „rote Kugel" bzw. „blaue Kugel" nicht gleiche Wahrscheinlichkeiten zuordnet. Es ist auch klar, dass im Vergleich der beiden Urnen miteinander bei der Urne mit 1001 Kugeln die Chance, eine blaue Kugel zu ziehen, größer ist als bei der anderen Urne.

Will man schon in der Ergebnismenge die „faktischen Gegebenheiten" in einer Urne berücksichtigen, so muss man gleiche Kugeln ein und derselben Farbe unterscheidbar machen. Dieses kann durch Nummerierung (Indizierung) geschehen. Nehmen wir eine Urne mit 3 roten und 4 blauen Kugeln, so könnte man dann als Ergebnismenge $\Omega = \{r_1, r_2, r_3, b_1, b_2, b_3, b_4\}$ angeben.

Im Folgenden sei die Ergebnismenge Ω stets eine nichtleere Menge, die zunächst nur endlich viele Elemente enthält. Die leere Menge wird mit $\emptyset$ bezeichnet.

Definition 2.1 (Ereignis, sicheres Ereignis, unmögliches Ereignis)

Bezeichne $\Omega \neq \emptyset$, Ω endlich, die Ergebnismenge.

1. Jede Teilmenge A von Ω (in Zeichen: $A \subseteq \Omega$) heißt ein **Ereignis**.
2. Die einelementigen Teilmengen von Ω, also die Teilmengen, die genau ein Ergebnis enthalten, bezeichnet man als **Elementarereignisse**.
3. Die sog. uneigentliche Teilmenge Ω von Ω, also die Ergebnismenge selbst, heißt **sicheres Ereignis**.
4. Die leere Menge $\emptyset$ – ebenfalls eine uneigentliche Teilmenge von Ω – heißt **unmögliches Ereignis**.

$\blacklozenge$

Anmerkungen

1. Ereignisse werden mit großen lateinischen Buchstaben bezeichnet, vornehmlich aus dem Anfang des Alphabets: A, B, C, E. Voneinander verschiedene Ereignisse können auch durch einen Buchstaben mit unterschiedlichen Indizes gekennzeichnet werden: $A_1, A_2, A_3; C_1, C_2$.
2. Die Menge aller Teilmengen einer Menge Ω heißt *Potenzmenge* von Ω, sie wird mit $\mathcal{P}(\Omega)$ bezeichnet. Ein Ereignis ist also ein *Element* der Potenzmenge $\mathcal{P}(\Omega)$.
3. Wir sagen „ein Ereignis A ist eingetreten" genau dann, wenn das beobachtete Ergebnis ω des Zufallsexperimentes in der Teilmenge A von Ω liegt, also falls $\omega \in A$. Beim Werfen eines Würfels ist das Ereignis „Primzahl" eingetreten, wenn der Würfel beispielsweise 5 zeigt, denn es gilt $5 \in \{2, 3, 5\}$.

Beispiele

1. Fragt man beim einmaligen Werfen eines Würfels, dessen Ergebnismenge $\Omega = \{1, 2, 3, 4, 5, 6\}$ ist, nach dem Ereignis „ungerade Zahl", so ist dieses Ereignis beschrieben durch die Menge $\{1, 3, 5\}$. Das Ereignis „ungerade Zahl" ist realisiert, wenn ein Element der Menge $\{1, 3, 5\}$ beim Werfen des Würfels auftritt.
2. Im Zufallsexperiment zweimaliges Werfen eines Würfels mit der Ergebnismenge $\Omega = \{(x, y) \mid x, y \in \mathbb{N}, 1 \leq x \leq 6, 1 \leq y \leq 6\}$ bezeichnet die Teilmenge $\{(1, 1), (2, 2), (3, 3), (4, 4), (5, 5), (6, 6)\}$ das Ereignis „Pasch", d. h. erster und zweiter Wurf zeigen dieselbe Zahl.
3. Sei $\Omega = \{Z, W\}$. Dann sind $\{Z\}$ und $\{W\}$ Elementarereignisse. Das sichere Ereignis ist $\Omega = \{Z, W\}$.
4. Sei $\Omega = \{1, 2, 3, 4, 5, 6\}$. Die Menge Ω selbst stellt das sichere Ereignis dar. Elementarereignisse sind: $\{1\}, \{2\}, \{3\}, \{4\}, \{5\}, \{6\}$.

Aufgrund der Definition 2.1 werden Ereignisse als Mengen identifiziert. Beziehungen zwischen Ereignissen und Verknüpfungen von Ereignissen können daher auf Beziehungen und Sätze der Mengenalgebra zurückgeführt werden. In einem knappen *Exkurs* erinnern wir deshalb zunächst an wichtige Beziehungen zwischen Mengen.

Exkurs - Definition 1

Es seien A und B zwei Mengen. Die Menge A heißt genau dann **Teilmenge** von B, in Zeichen: $A \subseteq B$, wenn jedes Element x von A auch Element von B ist.

Exkurs - Definition 2

Es seien A und B zwei Mengen. Dann versteht man unter

- der **Schnittmenge** (oder dem **Durchschnitt**) $A \cap B$ die Menge aller Elemente x, die zu A *und* zu B gehören:
  $A \cap B = \{x | x \in A \text{ und } x \in B\} = \{x | x \in A \land x \in B\}$,
- der **Vereinigungsmenge** (oder der **Vereinigung**) $A \cup B$ die Menge aller Elemente x, die zu A *oder* zu B gehören:
  $A \cup B = \{x | x \in A \text{ oder } x \in B\} = \{x | x \in A \lor x \in B\}$.
  Hinweis: In der Formulierung „A oder B" ist „oder" im nicht ausschließendem Sinn gemeint (lat. *vel*): Wenigstens eine der beiden Bedingungen $x \in A$, $x \in B$ muss erfüllt sein, damit $x \in A \cup B$ gilt.
- der **Differenz** (oder der **Differenzmenge**) $A \setminus B$ (gelesen: A ohne B) die Menge aller Elemente x, die zu A *und nicht* zu B gehören:
  $A \setminus B = \{x | x \in A \text{ und } x \notin B\} = \{x | x \in A \land x \notin B\}$.
  Ist B Teilmenge von A, gilt also $B \subseteq A$, so nennt man die **Differenzmenge** $A \setminus B$ auch **Komplementärmenge** von B in Bezug auf A und schreibt dafür $\bar{B}$ (gelesen: B quer).

Exkurs - Definition 3

Zwei Mengen A und B heißen **disjunkt** (elementfremd) genau dann, wenn ihr Durchschnitt leer ist, wenn also gilt $A \cap B = \emptyset$.

Nützlich für die späteren Ausführungen ist auch die Erinnerung an folgende Regeln der Mengenalgebra, die durch Venndiagramme oder Zugehörigkeitstafeln leicht einsichtig gemacht werden können.

Es seien A, B und C Mengen. Dann gelten:

Kommutativgesetze:	$A \cap B = B \cap A,$
	$A \cup B = B \cup A.$
Assoziativgesetze:	$A \cap (B \cap C) = (A \cap B) \cap C,$
	$A \cup (B \cup C) = (A \cup B) \cup C.$
Distributivgesetze:	$A \cap (B \cup C) = (A \cap B) \cup (A \cap C),$
	$A \cup (B \cap C) = (A \cup B) \cap (A \cup C).$

Gesetze von de Morgan: $\overline{A \cup B} = \bar{A} \cap \bar{B}$,

$\overline{A \cap B} = \bar{A} \cup \bar{B}$.

Ferner gilt: $A \cup \emptyset = A, \quad A \cap \emptyset = \emptyset.$

Ist $\bar{B}$ die Komplementärmenge zu B

in Bezug auf die Menge A, so gilt:

$\bar{B} \cup B = A$ und $\bar{B} \cap B = \emptyset.$

Nach diesem Exkurs in die Mengensprache, wenden wir uns wieder den Ereignissen zu, die ja durch Mengen beschrieben werden. Wenn A und B Ereignisse sind, wenn also $A \subseteq \Omega$ und $B \subseteq \Omega$ gilt, dann sind auch $A \cap B$ und $A \cup B$ Ereignisse (d. h. es gilt: $A \cap B \subseteq \Omega$ und $A \cup B \subseteq \Omega$). Ist A ein Ereignis, dann auch $\bar{A} := \Omega \setminus A$.

In einem „Wörterbuch" stellen wir die einander entsprechenden Sprachregelungen der Mengensprache und der Ereignissprache gegenüber. Folgende Übersetzungen sind zu beachten:

Durchschnitt der Mengen A und B:

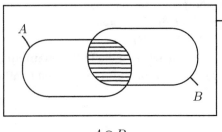

$A \cap B$

Ereignis $A \cap B$, gelesen:
Ereignis „A und B".
Es tritt genau dann ein,
wenn jedes der Ereignisse
A und B eintritt.

Vereinigung der Mengen A und B:

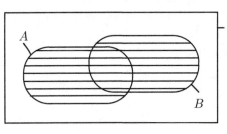

$A \cup B$

Ereignis $A \cup B$, gelesen:
Ereignis „A oder B".
Es tritt genau dann ein,
wenn das Ereignis A eintritt
oder das Ereignis B eintritt
oder beide Ereignisse eintreten.

Differenz der Mengen Ω und A:

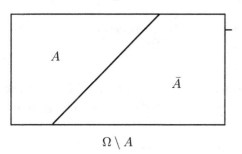

$\Omega \setminus A$

Ereignis $\Omega \setminus A$, gelesen:
Ereignis „Ω ohne A“.
Es tritt genau dann ein,
wenn das Ereignis Ω eintritt,
aber nicht das Ereignis A.
Für $\Omega \setminus A$ schreibt man $\bar{A}$.
Das Ereignis $\bar{A}$ heißt
Gegenereignis (Komplementär-
ereignis) zu A.

Teilmengenbeziehung $A \subseteq B$:

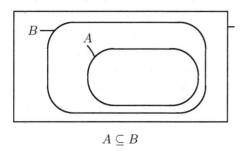

$A \subseteq B$

Die Beziehung $A \subseteq B$ zwischen
den Ereignissen A und B bedeutet:
Das *Ereignis A zieht das Ereignis
B nach sich.* Jedesmal, wenn A
eintritt, tritt B ein.
Aus A folgt B.

Gleichheit der Mengen A und B:
$$A = B$$

Die Ereignisse A und B sind gleich.

Elementfremde (disjunkte) Mengen A und B:

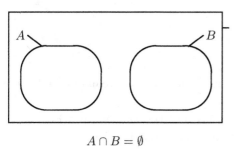

$A \cap B = \emptyset$

Ist der Durchschnitt der Mengen
A und B die leere Menge,
so heißen die Ereignisse A und B
unvereinbare Ereignisse.

Wahrscheinlichkeit
In einem weiteren Schritt wird ein Wahrscheinlichkeitsmaß eingeführt: Den Ereignissen werden reelle Zahlen als Wahrscheinlichkeit zugeordnet.

- Im Modell der Laplace-Verteilung (Gleichverteilung) wird dem Ereignis A die rationale Zahl

$$\frac{Anzahl\ g(A)\ der\ für\ das\ Ereignis\ A\ günstigen\ Fälle}{Anzahl\ m\ der\ möglichen\ Fälle}$$

  als seine Wahrscheinlichkeit zugeordnet.

- Kann die Gleichverteilung nicht angenommen werden (z. B. aufgrund einer Asymmetrie des Zufallsgenerators), so kann man die relative Häufigkeit für das Ereignis A

$$\frac{Anzahl\ der\ Versuche\ mit\ dem\ Ereignis\ A}{Gesamtanzahl\ n\ der\ Versuche}$$

  aus einer langen Versuchsserie als *Schätzwert* für die Wahrscheinlichkeit dieses Ereignisses A wählen. Auch diese sogenannte frequentistische (oder statistische Wahrscheinlichkeit) ist stets eine rationale Zahl.

- Im Abschnitt 2.6.1 wird für endliche Ergebnismengen das Wahrscheinlichkeitsmaß axiomatisch eingeführt. Die Wahrscheinlichkeit eines Ereignisses A ist stets eine nichtnegative *reelle* Zahl zwischen 0 und 1 (einschließlich der Grenzen 0 und 1). (Bezüglich der Zahlbereiche „natürliche Zahlen", „rationale Zahlen" und „reelle Zahlen" verweisen wir auf Padberg/Dankwerts/Stein [127].)

2.5.2   Aufgaben und Ergänzungen

1. Geben Sie zu folgenden Experimenten geeignete Ergebnismengen an:

    a) Einmaliges Drehen des Zeigers des abgebildeten Glücksrades.

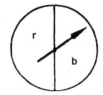

    b) Ermittlung der Kundenanzahl in einem Lebensmittelmarkt am Freitag zwischen 15 und 16 Uhr.
    c) Zweimaliges Werfen eines Würfels und Beobachtung des Ereignisses „Produkt der geworfenen Augenzahlen ergibt 12 oder 18".
    d) Zufällige Auswahl von 6 Kugeln aus 49 gleichartigen Kugeln, die von 1 bis 49 durchnumeriert sind. (Zahlenlotto „6 aus 49".)
    e) Bestimmung der Lebensdauer der durch einen bestimmten Prozess hergestellten Glühbirne.

2. Sei die Ergebnismenge $\Omega = \{Z, W\}$. Geben Sie alle Ereignisse an und kennzeichnen Sie die Elementarereignisse.

3. Wie viele Ereignisse gibt es, wenn die Ergebnismenge Ω genau 4 (genau n) Elemente enthält?

4. Gegeben seien die Ergebnismenge Ω. Seien A, B und C Ereignisse. Beschreiben Sie die folgenden Aussagen im stochastischen Modell:

    a) Alle drei Ereignisse A, B und C treten ein,

    b) mindestens zwei der drei Ereignisse A, B und C treten ein,

    c) genau eines der drei Ereignisse A, B und C tritt ein.

5. Verbalisieren Sie die durch die folgenden Mengen vorgegebenen Ereignisse:

    a) Münze zweimal werfen: $\Omega = \{(Z,Z),(Z,W),(W,Z),(W,W)\}$.
    $A = \{(Z,W),(W,Z)\}$; $B = \{(Z,Z),(W,W)\}$;
    $C = \{(Z,Z),(Z,W),(W,Z)\}$.

    b) Würfel einmal werfen: $\Omega = \{1,2,3,4,5,6\}$.
    $E_1 = \{2\}$; $E_2 = \{1,2,3,4\}$; $E_3 = \{3,6\}$; $E_4 = \{5,6\}$; $E_5 = \Omega$.

6. Beim abgebildeten Glücksrad darf der Zeiger einmal gedreht werden. Sei $\Omega = \{r,b,g,s\}$. Seien $A = \{r\}$ und $B = \{g\}$ Ereignisse. Geben Sie die Ereignisse $A \cup B$, $A \cap B$, $\Omega \setminus (A \cup B)$, $\overline{A \cap B}$, $\bar{A} \cup \bar{B}$ mit Hilfe von A, B und Ω konkret an.

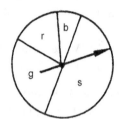

7. Zwei Laplace-Würfel werden einmal gleichzeitig geworfen. Wie groß ist die Wahrscheinlichkeit, dass wenigstens eine der beiden Augenzahlen gerade ist?

8. Aus einer Urne mit einer roten, einer blauen und einer schwarzen Kugel wird dreimal nacheinander eine Kugel gezogen. Nach jeder Ziehung wird die gezogene Kugel wieder in die Urne zurückgelegt, so dass der Urneninhalt vor jeder Ziehung gleich ist. Es bezeichne K_r das Ereignis „Auftreten einer roten Kugel bei der r-ten Ziehung" ($r = 1,2,3$). Beschreiben Sie mit Hilfe der Ereignisse K_1, K_2, K_3 die folgenden Ereignisse:

    a) Ereignis A: Ziehung von mindestens einer roten Kugel,

    b) Ereignis B: Ziehung von genau einer roten Kugel,

    c) Ereignis C: Ziehung von genau drei roten Kugeln.

2.6   Endliche Wahrscheinlichkeitsräume (Teil 1)

2.6.1   Das Axiomensystem von Kolmogoroff

Unter Verwendung der eingeführten Begriffe definieren wir axiomatisch ein Wahrscheinlichkeitsmaß. Das folgende auf A. N. Kolmogoroff zurückgehende Axiomensystem ist Grundlage des weiteren Aufbaus.

Definition 2.2 (Endlicher Wahrscheinlichkeitsraum)

Sei Ω eine nichtleere, endliche Ergebnismenge und sei

$$P : \mathcal{P}(\Omega) \longrightarrow \mathbb{R}$$

eine Abbildung (Funktion) P der Potenzmenge $\mathcal{P}(\Omega)$ in die Menge der reellen Zahlen $\mathbb{R}$. Dann heißt die Abbildung P ein Wahrscheinlichkeitsmaß auf Ω genau dann, wenn gilt:

[K1] $P(A) \geq 0$ für alle $A \in \mathcal{P}(\Omega)$.   [Nichtnegativität]

    In Worten: Jedem Ereignis A wird durch die Abbildung P eindeutig eine nichtnegative reelle Zahl $P(A)$ zugeordnet.

[K2] $P(\Omega) = 1$.   [Normierung]

    In Worten: Dem sicheren Ereignis Ω wird die Zahl 1 zugeordnet.

[K3] $P(A \cup B) = P(A) + P(B)$ für alle $A, B \in \mathcal{P}(\Omega)$ mit $A \cap B = \emptyset$.

[Additivität]

    In Worten: Sind A und B unvereinbare Ereignisse, so ist $P(A \ oder \ B) = P(A \cup B)$ gleich der Summe aus $P(A)$ und $P(B)$.

Der Funktionswert von $P(A)$ heißt die **Wahrscheinlichkeit des Ereignisses** A. Das Tripel $(\Omega, \mathcal{P}(\Omega), P)$ oder auch das Paar (Ω, P) heißt **endlicher Wahrscheinlichkeitsraum.**   ♦

Anmerkungen

1. Die Zielmenge der Funktion P ist die Menge der *reellen* Zahlen $\mathbb{R}$. Dadurch können auch irrationale Zahlen wie z. B. $\frac{\sqrt{2}}{2}$ oder $\frac{\pi}{4}$ (siehe Didaktische Anmerkungen zu den Beispielen 2.9 und 2.10) als Wahrscheinlichkeiten auftreten. Das ist bei der klassischen Wahrscheinlichkeit und bei der frequentistischen Wahrscheinlichkeit nicht möglich, hier sind die Wahrscheinlichkeiten stets rationale Zahlen (siehe auch die folgenden Anmerkungen).

2. Wir zeigen, dass die klassische Wahrscheinlichkeit und auch die relative Häufigkeit (frequentistische Wahrscheinlichkeit) die drei Axiome erfüllen und somit Modelle für das Axiomensystem sind. Diese Einsicht erleichtert ein erstes Verständnis für das Axiomensystem.

   – *Klassische Wahrscheinlichkeit*

    Sei Ω eine nichtleere, endliche Ergebnismenge, sei $\mathcal{P}(\Omega)$ die Potenzmenge von Ω, und sei $A \in \mathcal{P}(\Omega)$ ein beliebiges Ereignis. Sei ferner die Abbildung P wie folgt definiert:

$$P \ : \ \mathcal{P}(\Omega) \longrightarrow \mathbb{R}$$

$$\text{mit } P(A) \ = \ \frac{\text{Anzahl der für das Ereignis } A \text{ günstigen Fälle}}{\text{Anzahl } m \text{ der möglichen Fälle}},$$

    wobei vorausgesetzt wird, dass alle möglichen Fälle gleichwahrscheinlich sind.

    Dann gilt:

i. $P(A) \geq 0$ für jedes Ereignis A, denn die Anzahl der für das Ereignis A günstigen Fälle ist stets größer oder gleich Null (Null dann, wenn das Ereignis unmöglich ist).

ii. $P(\Omega) = 1$, denn ist das Ereignis $A = \Omega$, dann tritt das Ereignis stets mit Sicherheit auf, und die Anzahl der günstigen Fälle ist gleich der Anzahl der möglichen Fälle.

iii. $P(A \cup B) = P(A) + P(B)$, wenn $A \cap B = \emptyset$, denn gemäß der Festlegung ist

$$P(A \cup B) = \frac{\text{Anzahl der für } A \cup B \text{ günstigen Fälle } g(A \cup B)}{\text{Anzahl der möglichen Fälle } m},$$

und da A und B unvereinbar sind, ist die Anzahl der günstigen Fälle $g(A \cup B)$ für das Ereignis $A \cup B$ (gelesen: A oder B) gleich der Summe der Anzahl der günstigen Fälle für A und der für B: $g(A \cup B) = g(A) + g(B)$. Es folgt:

$$P(A \cup B) = \frac{g(A) + g(B)}{m} = \frac{g(A)}{m} + \frac{g(B)}{m} = P(A) + P(B).$$

Diese drei Aussagen entsprechen den Axiomen 1 bis 3 für endliche Ergebnisräume.

Hinweis: In Abschnitt 2.6.4 wird die klassische Wahrscheinlichkeit (Laplace-Wahrscheinlichkeit) im Rahmen unserer Theorie des axiomatischen Aufbaus als Spezialfall eingeführt.

– *Relative Häufigkeit*

Sei wieder Ω eine nichtleere, endliche Ergebnismenge, sei $\mathcal{P}(\Omega)$ die Potenzmenge von Ω, und sei A ein beliebiges Ereignis, also $A \subseteq \Omega$. Die Funktion h_n sei definiert durch (n fest gewählt):

$$h_n : \quad \mathcal{P}(\Omega) \longrightarrow \mathbb{R}$$
$$\text{mit} \quad h_n(A) = \frac{\text{Anzahl } H_n(A) \text{ der Versuche mit dem Ereignis } A}{\text{Gesamtanzahl } n \text{ der Versuche}}.$$

Die Zahl $H_n(A)$ im Zähler heißt die *absolute* Häufigkeit des Ereignisses A bei n Versuchen, die Zahl $h_n(A)$ heißt die *relative* Häufigkeit des Ereignisses A bei n Versuchen. Ist die Anzahl der Versuche sehr groß, dann kann $h_n(A)$ als Schätzwert für die Wahrscheinlichkeit $P(A)$ benutzt werden. Bei den folgenden Schlüssen ist zu beachten, dass sie sich nur *in ein und derselben* Versuchsreihe vollziehen lassen.

Für die relative Häufigkeit eines Ergebnisses gilt:

i. $h_n(A) \geq 0$ für jedes Ereignis A, denn für die absolute Häufigkeit $H_n(A)$ eines Ereignisses gilt stets $H_n(A) \geq 0$.

ii. $h_n(\Omega) = 1$, denn das sichere Ereignis tritt immer ein, also gilt $H_n(A) = n$.

iii. $h_n(A \cup B) = h_n(A) + h_n(B)$, falls $A \cap B = \emptyset$. Begründung: Da nach Voraussetzung die Ereignisse A und B unvereinbar sind, können in der Versuchsreihe die Ereignisse A und B nicht gleichzeitig auftreten, und die absolute Häufigkeit für das Ereignis $(A \cup B)$ (gelesen: A oder B) ist gleich der Summe aus der absoluten Häufigkeit für A und der absoluten Häufigkeit für B, also $H_n(A \cup B) = H_n(A) + H_n(B)$. Damit ist die Eigenschaft (c) begründet.

Die relativen Häufigkeiten erfüllen also die Axiome 1 bis 3 für endliche Ergebnismengen.

3. Es sei darauf hingewiesen, dass schon Kolmogoroff in seiner grundlegenden Arbeit zur Wahrscheinlichkeitsrechnung unmittelbar nach der Formulierung der Axiome (§1) in §2 das „Verhältnis zur Erfahrungswelt" und damit die Anwendung der Wahrscheinlichkeitsrechnung auf die reelle Erfahrungswelt anspricht. Kolmogoroff formuliert zwei Regeln ([81], 4), die eine Verbindung zwischen Theorie und Praxis herstellen. In der ersten Regel wird ausgesagt, dass man praktisch sicher sein kann, dass bei einer großen Anzahl n von Versuchen, bei denen m-mal das Ereignis A stattgefunden hat, das Verhältnis $\frac{m}{n}$ sich von $P(A)$ nur wenig unterscheidet. Die zweite Regel besagt, dass man bei sehr kleinem $P(A)$ praktisch sicher sein kann, dass bei einer einmaligen Realisation der Bedingungen das Ereignis A nicht stattfindet.

Die im Axiomensystem geforderten Eigenschaften liefern erste Berechnungsmöglichkeiten für Wahrscheinlichkeiten.

Beispiele

1. Ein gezinkter Spielwürfel mit den Augenzahlen 1 bis 6 wird einmal ausgespielt. Aufgrund von Spielerfahrungen mit diesem Würfel erscheinen die folgenden Wahrscheinlichkeitsannahmen berechtigt zu sein:
   $P(\{1\}) = P(\{6\}) = \frac{1}{4}$,
   $P(\{2\}) = P(\{3\}) = P(\{4\}) = P(\{5\}) = \frac{1}{8}$.
   Wie groß ist die Wahrscheinlichkeit, eine 3 oder eine 6 zu werfen?
   Lösung: Da die Ereignisse $\{3\}$ und $\{6\}$ unvereinbar sind, ergibt sich nach Axiom 3 (Additivität):
   $P(\{3\} \cup \{6\}) = P(\{3\}) + P(\{6\}) = \frac{1}{8} + \frac{1}{4} = \frac{3}{8}$.

2. Ein Laplace-Würfel mit den Augenzahlen 1 bis 6 wird einmal geworfen. Wie groß ist die Wahrscheinlichkeit

   a) eine 3 oder eine 6 zu werfen,

   b) eine gerade Zahl oder eine ungerade Zahl zu werfen?

Lösung:

a) Es kann die Additivität im Axiom 3 benutzt werden: $P(\{3\} \cup \{6\}) = P(\{3\}) + P(\{6\}) = \frac{1}{6} + \frac{1}{6} = \frac{1}{3}$.

b) Das Ereignis gerade Zahl wird angegeben durch die Menge $\{2, 4, 6\}$, das Ereignis ungerade Zahl wird angegeben durch die Menge $\{1, 3, 5\}$. Es gilt:

$\{2, 4, 6\} \cup \{1, 3, 5\} = \{1, 2, 3, 4, 5, 6\} = \Omega$. Somit:

$P(\{2, 4, 6\} \cup \{1, 3, 5\}) = P(\Omega) = 1$ (nach Axiom 2).

3. Eine Münze wird zweimal nacheinander geworfen. (Es handelt sich um ein sogenanntes zweistufiges Zufallsexperiment.) Wir nehmen an, dass bei jedem Wurf Zahl Z und Wappen W mit der gleichen Wahrscheinlichkeit $\frac{1}{2}$ auftreten. Wie groß ist die Wahrscheinlichkeit, dass bei beiden Würfen die Münzbilder übereinstimmen?

Lösung: Es ist $\Omega = \{(Z, Z), (Z, W), (W, Z), (W, W)\}$.

Gesucht ist $P(\{(Z, Z), (W, W)\}) = P(\{(Z, Z)\} \cup \{(W, W)\})$. Die Elementarereignisse in Ω haben alle die gleiche Wahrscheinlichkeit $\frac{1}{4}$. Da die Ereignisse $\{(Z, Z)\}$ und $\{(W, W)\}$ unvereinbar sind, folgt $P(\{(Z, Z)\} \cup \{(W, W)\}) = P(\{(Z, Z)\}) + P(\{(W, W)\}) = \frac{1}{4} + \frac{1}{4} = \frac{1}{2}$.

Didaktischer Hinweis für Baumdiagramme

Zur Lösung von einfachen Aufgaben werden häufig Baumdiagramme eingesetzt. Man schreibt dabei an die Knoten (Ecken) des Baumes die Ereignisse (häufig in kleine Kreise) und an die Kanten (Wegstrecken) die Wahrscheinlichkeiten, die bestehen, um von einem Knoten zu einem nächsten Knoten zu gelangen. An den Enden der Wege eines Baumdiagramms können die dem Zufallsexperiment zugeordneten Ergebnisse angegeben werden. Diese bilden also die Ergebnismenge Ω.

Verschiedene Wege im Baumdiagramm beschreiben stets unvereinbare Ereignisse, die am Ende eines Weges abgelesen werden können.

Für die genannten Beispiele 2. und 3. und erhält man die Baumdiagramme:

Beispiel 2 (Werfen eines Würfels)

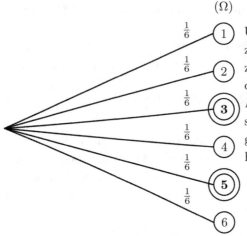

Um das Ereignis $\{3\} \cup \{5\}$ zu erhalten, sind zwei Wege zu durchlaufen. Zur Bestimmung der gesuchten Wahrscheinlichkeit $P(\{3\} \cup \{5\})$ sind die Wahrscheinlichkeiten an den zwei Wegen zu addieren (die Wege sind hervorgehoben): $\frac{1}{6} + \frac{1}{6} = \frac{1}{3}$.

Beispiel 3 ($\Omega = \{Z, W\}$):

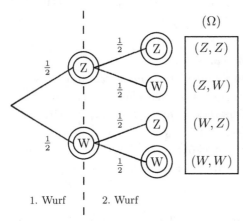

Die zu den Ereignissen $\{(Z, Z)\}$ und $\{(W, W)\}$ führenden zwei Wege sind auch hier hervorgehoben. Um die Wahrscheinlichkeit des Ereignisses $(\{(Z, Z)\} \cup \{(W, W)\})$ zu bestimmen, sind die Wegwahrscheinlichkeiten zu addieren: $\frac{1}{4} + \frac{1}{4} = \frac{1}{2}$.

Auf dem Hintergrund des Baumdiagramms formuliert man dann in Verallgemeinerung häufig eine sogenannte Additionspfadregel.

Additionspfadregel

Gehören zu einem Ereignis eines Zufallsversuchs verschiedene Pfade (Wege), so erhält man die Wahrscheinlichkeit des Ereignisses durch Addition der zugehörigen einzelnen Pfadwahrscheinlichkeiten.

2.6.2 Folgerungen aus dem Axiomensystem – Rechnen mit Wahrscheinlichkeiten

Aus dem Axiomensystem leiten wir als Folgerungen weitere Ergebnisse und Rechenregeln für Wahrscheinlichkeiten ab. Um das Verständnis der Sätze und ihrer Beweise zu erleichtern, schalten wir jeweils allgemeine Hinweise und Beispiele vor, die z. T. auch auf die uns schon vertrauten Begriffe der Laplace-Wahrscheinlichkeit (der klassischen Wahrscheinlichkeit) und der relativen Häufigkeit zurückgreifen. Die Beweise der Sätze werden dann streng formal mit Hilfe der Axiome und schon bekannter Sätze geführt.

Folgerung 2.1

Wir betrachten nur zwei Ereignisse, ein Ereignis A und sein Gegenereignis $\bar{A}$. Nach der Definition des Gegenereignisses gilt $A \cup \bar{A} = \Omega$. Welche Beziehung besteht zwischen den Wahrscheinlichkeiten $P(A)$ und $P(\bar{A})$, wenn man berücksichtigt, dass stets $P(\Omega) = 1$ gilt (Axiom 1)?

Beispiel 2.4

Sei A das Ereignis, mit einem Laplace-Würfel die Zahl 6 zu werfen. Nach der klassischen Wahrscheinlichkeit ist $P(A) = \frac{1}{6}$. Dann ist $\bar{A} = \Omega \setminus A = \{1, 2, 3, 4, 5\}$ das Ereignis, dass der Wurf keine 6 zeigt, und es gilt $P(\bar{A}) = \frac{5}{6}$. Also gilt:

$$
\begin{aligned}
P(A) + P(\bar{A}) &= \frac{1}{6} + \frac{5}{6} = 1, \\
P(\bar{A}) &= 1 - P(A).
\end{aligned}
$$

∎

Beispiel 2.5

Sei A das Ereignis mit einem Laplace-Würfel eine Zahl größer als 4 zu werfen. Dann gilt $A = \{5, 6\}$ und $P(A) = \frac{2}{6}$. Die Menge $\bar{A} = \Omega \setminus A = \{1, 2, 3, 4\}$ beschreibt das Ereignis, eine Zahl kleiner oder gleich 4 zu werfen. Es gilt $P(\bar{A}) = \frac{4}{6}$ und somit

$$
\begin{aligned}
P(A) + P(\bar{A}) &= \frac{2}{6} + \frac{4}{6} = 1, \\
P(\bar{A}) &= 1 - P(A).
\end{aligned}
$$

∎

Benutzt man ein Baumdiagramm zur Veranschaulichung des letzten Beispiels, so ergibt sich das folgende Bild:

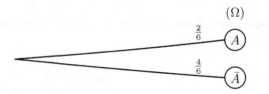

Allgemein beweisen wir als Folgerung aus dem Axiomensystem den

Satz 2.1

Die Summe der Wahrscheinlichkeiten eines Ereignisses A und seines Gegenereignisses $\bar{A}$ ist Eins:

$$
\begin{aligned}
P(A) + P(\bar{A}) &= 1, \\
P(\bar{A}) &= 1 - P(A).
\end{aligned}
$$

Beweis: Da A und $\bar{A}$ unvereinbare Ereignisse sind, gilt nach Axiom 3
(1) $P(A \cup \bar{A}) = P(A) + P(\bar{A})$.
Andererseits ist $A \cup \bar{A} = \Omega$, und nach Axiom 2 gilt $P(\Omega) = 1$. Also gilt
(2) $P(A \cup \bar{A}) = P(\Omega) = 1$.
Aus den Gleichungen (1) und (2) folgt: $P(A) + P(\bar{A}) = 1$.

$\square$

Folgerung 2.2

Wir wissen bereits: Sowohl die klassische Wahrscheinlichkeit als Quotient

$$\frac{\textit{Anzahl } g(A) \textit{ der für das Ereignis } A \textit{ günstigen Fälle}}{\textit{Anzahl } m \textit{ der möglichen Fälle}}$$

als auch die relative Häufigkeit (als Schätzwert für die Wahrscheinlichkeit) ebenfalls als Quotient

$$h_n(A) = \frac{\textit{Anzahl } H_n(A) \textit{ der Versuche mit dem Ereignis } A}{\textit{Gesamtanzahl } n \textit{ der Versuche}}$$

nehmen nur Werte an, für die gilt $0 \leq P(A) \leq 1$ bzw. $0 \leq h_n(A) \leq 1$.

Diese Eigenschaft folgt auch aus dem Axiomensystem.

Satz 2.2

Die Wahrscheinlichkeit $P(A)$ eines Ereignisses A nimmt nur Werte zwischen Null und Eins (einschließlich dieser Grenzen) an:
$0 \leq P(A) \leq 1$ *für alle $A \subseteq \Omega$.*

Beweis: Nach Axiom 1 gilt $P(A) \geq 0$ für alle Ereignisse A aus $\mathcal{P}(\Omega)$. Ferner gilt nach Satz 1: $P(\bar{A}) = 1 - P(A)$, das heißt $P(A) \leq 1$. Insgesamt also $0 \leq P(A) \leq 1$.

$\square$

Folgerung 2.3

Ist A das unmögliche Ereignis, so sind die Zähler bei der klassischen Wahrscheinlichkeit $P(A)$ und bei der relativen Häufigkeit $h_n(A)$ stets Null, also gilt $P(A) = 0$ und $h_n(A) = 0$.

Aus dem Axiomensystem folgt als

Satz 2.3

Die Wahrscheinlichkeit des unmöglichen Ereignisses ist Null: $P(\emptyset) = 0$.

Beweis: Das Gegenereignis $\bar{\Omega}$ zu Ω ist das unmögliche Ereignis $\emptyset$: $\bar{\Omega} = \emptyset$. In Verbindung mit Satz 1 folgt hieraus:

$$P(\emptyset) = 1 - P(\Omega) = 1 - 1 = 0.$$

□

Folgerung 2.4

Die Additivität in Axiom 3 bezieht sich auf zwei unvereinbare Ereignisse. Wir wollen diese Aussage auf mehr als zwei Ereignisse verallgemeinern und betrachten im allgemeinen Fall n Ereignisse $A_1, A_2, A_3, \ldots, A_n$. Dabei wird vorausgesetzt, dass die Ereignisse $A_1, A_2, A_3, \ldots, A_n$ paarweise unvereinbar sind, d. h. für je zwei beliebige Ereignisse A_i und A_k mit $i \neq k$ gilt $A_i \cap A_k = \emptyset$ für $i = 1, 2, \ldots, n$ und $k = 1, 2, \ldots, n$.

Beispiel 2.6

(Schere-Papier-Stein) Bei Kindern ist das Knobelspiel „Schere-Papier-Stein" beliebt. Zwei Kinder müssen gleichzeitig mit der Hand einen der Begriffe Schere *Sch* (gespreizter Daumen und Zeigefinger), Papier *P* (flache Hand), Stein *St* (Faust) anzeigen. Es gewinnt Schere gegen Papier („Schere schneidet Papier"), Papier gegen Stein („Papier wickelt Stein ein"), Stein gegen Schere („Stein zerschlägt Schere"). Das Spiel ist unentschieden, wenn beide Spieler denselben Begriff anzeigen. Mit welcher Wahrscheinlichkeit endet das Spiel unentschieden?

Lösung: Wir sehen das Spiel als ein Zufallsexperiment an, und gehen davon aus, dass keines der beiden Kinder ein „System" spielt, sondern rein zufällig einen der Begriffe anzeigt. Wir nehmen an, dass alle 9 Spielausgänge (siehe Baumdiagramm) gleichwahrscheinlich sind.

Gefragt ist nach der Wahrscheinlichkeit des Ereignisses $\{(Sch, Sch), (P, P), (St, St)\}$ Die Wahrscheinlichkeit beträgt $\frac{3}{9}$, denn von den 9 gleichwahrscheinlichen Fällen sind 3 Fälle für das Ereignis günstig.

Wir beschreiben jetzt noch einen anderen Lösungsweg, der auf Axiom 3 und Gesetze der Mengenalgebra zurückgreift.

Es gilt:

$$P(\{(Sch, Sch), (P, P), (St, St)\}) = P(\{(Sch, Sch)\} \cup \{(P, P)\} \cup \{(St, St)\})$$
$$= P(\underbrace{\{(Sch, Sch)\} \cup \{(P, P)\}}_{A} \cup \underbrace{\{(St, St)\}}_{B})$$

$$P(\{(Sch, Sch), (P, P), (St, St)\}) \underset{Axiom3}{=} P(A) + P(B)$$

$$\underset{Axiom3}{=} P(\{(Sch, Sch)\}) + P(\{(P, P)\}) + P(\{(St, St)\})$$

$$= \frac{1}{9} + \frac{1}{9} + \frac{1}{9} = \frac{3}{9} = \frac{1}{3}.$$

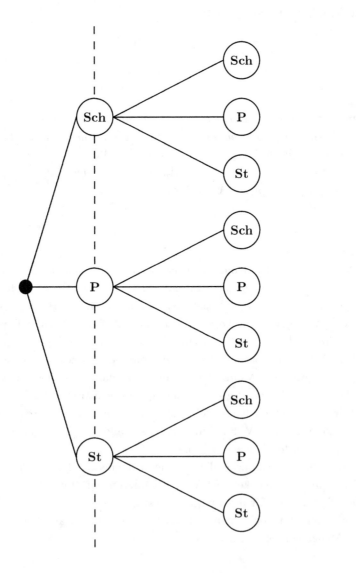

Durch Anwenden des Assoziativgesetzes der Mengenalgebra für $\cup$ und durch zweimaliges Anwenden des Axioms 3 für zwei unvereinbare Ereignisse gewinnt man eine Additionsregel für drei paarweise unvereinbare Ereignisse:

$$P(\{(Sch, Sch)\} \cup \{(P, P)\} \cup \{(St, St)\})$$
$$= P(\{(Sch, Sch)\}) + P(\{(P, P)\}) + P(\{(St, St)\}).$$

Der allgemeine Gesichtspunkt wird deutlich: Die Erweiterung von zwei auf mehr als zwei Ereignisse geschieht schrittweise. Durch Hinzufügen jeweils eines weiteren Ereignisses und durch zweimaliges Anwenden von Axiom 3 kann die entsprechende Regel für drei (vier, fünf, usw.) paarweise unvereinbare Ereignisse gewonnen werden. So kann man sukzessive fortfahren. ∎

Dieses Vorgehen führt für den allgemeinen Fall von n paarweise unvereinbaren Ereignissen auf das Beweisverfahren durch vollständige Induktion. Dabei wird die am Beispiel erläuterte Idee wesentlich benutzt.

Wir formulieren den

Satz 2.4 (Verallgemeinerte Fassung von Axiom 3)

Seien die n Ereignisse $A_1, A_2, \ldots, A_n$ mit $A_i \in \mathcal{P}(\Omega)$ für $i = 1, 2, \ldots, n$ paarweise unvereinbar, d. h. ist $A_i \cap A_k = \emptyset$ für $i \neq k$ und $i, k \in \{1, 2, \ldots, n\}$, dann gilt:

$$P(A_1 \cup A_2 \cup A_3 \cup \cdots \cup A_n) = P(A_1) + P(A_2) + P(A_3) + \cdots + P(A_n).$$

Hinweis:
Veranschaulichung der paarweisen Unvereinbarkeit:

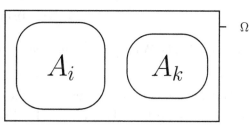

$$A_i \cap A_k = \emptyset \text{ für } i \neq k$$

Beweis: Der Beweis wird durch vollständige Induktion geführt.

Induktionsanfang: Die Aussage ist für $n = 2$ wahr, denn es gilt Axiom 3.

Induktionsschritt: Wir haben zu zeigen: Gilt die Aussage für n (Induktionshypothese), dann gilt sie auch für $n + 1$ (Induktionsbehauptung).

Es seien $A_1, A_2, \ldots, A_n, A_{n+1}$ paarweise unvereinbare Ereignisse bezüglich der Ergebnismenge Ω. Wir fassen die Vereinigung der n Ereignisse $A_1, A_2, \ldots, A_n$ zu *einem* Ereignis zusammen. Dieses nennen wir A. Also: $A := A_1 \cup A_2 \cup \cdots \cup A_n$. Dann gilt $A \cap A_{n+1} = \emptyset$, d. h. A und A_{n+1} sind unvereinbare Ereignisse (folgt sofort aus der Voraussetzung der paarweisen Unvereinbarkeit). Nach Axiom 3 folgt

$$P(A \cup A_{n+1}) = P(A) + P(A_{n+1}).$$

Mit der Induktionshypothese

$$P(A_1 \cup A_2 \cup A_3 \cup \cdots \cup A_n) = P(A_1) + P(A_2) + P(A_3) + \cdots + P(A_n)$$

folgt

$$\begin{aligned} P(A \cup A_{n+1}) &= P(A_1 \cup A_2 \cup \cdots \cup A_n \cup A_{n+1}) = P(A) + P(A_{n+1}) \\ &= P(A_1) + P(A_2) + \cdots + P(A_n) + P(A_{n+1}). \end{aligned}$$

$\square$

Folgerung 2.5

Axiom 3 und die in Satz 4 bewiesene Verallgemeinerung formulieren „Additionssätze" unter der Voraussetzung, dass die Ereignisse paarweise unvereinbar sind. Wir lassen jetzt diese Voraussetzung fallen und betrachten beliebige Ereignisse.

Beispiel 2.7

Ein gezinkter Spielwürfel mit den Augenzahlen 1, 2, 3, 4, 5 und 6 wird einmal ausgespielt. Aufgrund von Spielerfahrungen mit diesem Würfel hat man für die Elementarereignisse folgende Wahrscheinlichkeiten angenommen:

$$P(\{1\}) = P(\{6\}) = \frac{1}{4},$$

$$P(\{2\}) = P(\{3\}) = P(\{4\}) = P(\{5\}) = \frac{1}{8}.$$

Wie groß ist die Wahrscheinlichkeit, eine Primzahl oder eine ungerade Zahl zu werfen? ∎

Lösung: Das gesuchte Ereignis wird mit C bezeichnet, also $C = \{1, 2, 3, 5\}$. Da gilt $\{1, 2, 3, 5\} = \{1\} \cup \{2\} \cup \{3\} \cup \{5\}$ und die vier Elementarereignisse paarweise unvereinbar sind, erhalten wir durch Anwendung von Satz 4

$$P(C) = P(\{1\}) + P(\{2\}) + P(\{3\}) + P(\{5\}) = \frac{1}{4} + \frac{1}{8} + \frac{1}{8} + \frac{1}{8} = \frac{5}{8}.$$

Wir versuchen jetzt, durch Rückgriff auf die Ereignisse „Primzahl" und „ungerade Zahl" eine neue Beziehung zu finden. Bezeichnen wir das Ereignis „Primzahl" mit A und das Ereignis „ungerade Zahl" mit B, so gilt: $A = \{2, 3, 5\}$ und $B = \{1, 3, 5\}$.

Analog den Überlegungen zum Ereignis C folgt:

$$P(A) = \frac{1}{8} + \frac{1}{8} + \frac{1}{8} = \frac{3}{8}; \qquad P(B) = \frac{1}{4} + \frac{1}{8} + \frac{1}{8} = \frac{4}{8}.$$

Damit erhalten wir insgesamt:

$$P(C) = P(A \text{ oder } B) = P(A \cup B) = \frac{5}{8} \quad \text{und} \quad P(A) + P(B) = \frac{7}{8},$$

also die Ungleichheit: $P(A \cup B) \neq P(A) + P(B)$.

Woran liegt das?

Das liegt nicht daran, dass wir einen *gezinkten* Spielwürfel benutzt haben. Denn benutzen wir einen Laplace-Würfel, dann ergibt sich bei gleicher Bezeichnung und Fragestellung:

$$P(C) = P(A \cup B) = \frac{4}{6}; \quad P(A) = \frac{3}{6}; \quad P(B) = \frac{3}{6};$$

also: $P(A \cup B) = \frac{4}{6} \neq \frac{6}{6} = P(A) + P(B)$.

Der Grund für die Ungleichheit liegt darin, dass die Zahlen 3 und 5 zugleich Primzahlen *und* ungerade Zahlen sind. Der Durchschnitt der Ereignisse A und B ist *nicht* leer, die Ereignisse A und B sind *nicht* unvereinbar. Die Voraussetzung für die Anwendung von Axiom 3 ist nicht erfüllt.

Um eine Regel (hier „Gleichheit") zu erhalten, müssen in der Ungleichung Korrekturen vorgenommen werden. Da die Zahlen 3 und 5 sowohl in der Menge $A = \{2, 3, 5\}$ also auch in der Menge $B = \{1, 3, 5\}$ liegen, werden sie sowohl bei der Bestimmung von $P(A)$ als auch bei der von $P(B)$ berücksichtigt, also zweimal. Das gesuchte Ereignis C ist die Vereinigungsmenge $A \cup B = \{1, 2, 3, 5\}$, in der die Zahlen 3 und 5 natürlich nur einmal auftreten. Damit wird der Lösungsweg deutlich:

Wir betrachten das Ereignis $A \cap B = \{3, 5\}$ und seine Wahrscheinlichkeit

$$P(A \cap B) = P(\{3, 5\}) = P(\{3\}) + P(\{5\}) = \frac{1}{8} + \frac{1}{8} = \frac{2}{8}$$

und ziehen diese Wahrscheinlichkeit von der Summe $P(A) + P(B)$ ab. Dann erhalten wir

$$P(A) + P(B) - P(A \cap B) = \frac{3}{8} + \frac{4}{8} - \frac{2}{8} = \frac{5}{8},$$

und $\frac{5}{8}$ war auch gerade die Wahrscheinlichkeit $P(A \cup B)$. Wir vermuten also:

$$P(A \cup B) = P(A) + P(B) - P(A \cap B).$$

Im Venndiagramm wird der Lösungsweg anschaulich. Punkte markieren die Elementarereignisse, die gemäß Aufgabe *nicht* gleichwahrscheinlich sind.

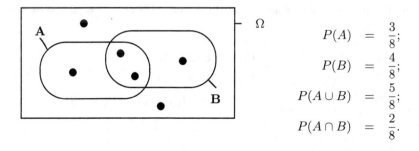

$$P(A) = \frac{3}{8};$$

$$P(B) = \frac{4}{8};$$

$$P(A \cup B) = \frac{5}{8};$$

$$P(A \cap B) = \frac{2}{8}.$$

Also:

$$P(A \cup B) = \frac{5}{8} = \frac{3}{8} + \frac{4}{8} - \frac{2}{8}$$
$$P(A \cup B) = P(A) + P(B) - P(A \cap B).$$

Hinweis: Bei der Benutzung eines *Laplace*-Würfels ergibt sich bei gleicher Fragestellung und gleichen Bezeichnungen ganz analog ebenfalls diese Beziehung zwischen den Wahrscheinlichkeiten, nur mit anderen numerischen Werten:

$$P(A \cup B) = \frac{4}{6} = \frac{3}{6} + \frac{3}{6} - \frac{2}{6} = P(A) + P(B) - P(A \cap B).$$

Im Folgenden beweisen wir diese Aussage deduktiv aus dem Axiomensystem und schon bekannten Gesetzen.

Satz 2.5 (Allgemeine Additionsregel/Zerlegungssatz)
Für beliebige Ereignisse A und B eines Wahrscheinlichkeitsraumes $(\Omega, \mathcal{P}(\Omega), P)$ gilt:
$$P(A \cup B) = P(A) + P(B) - P(A \cap B).$$

Beweis:
Wir zerlegen das Ereignis $(A \cup B)$ auf drei verschiedene Arten in jeweils paarweise unvereinbare Ereignisse. Hierauf wenden wir dann das Axiom 3 und seine Verallgemeinerung (Satz 4) an.

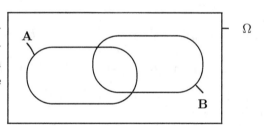

Man mache sich die drei Zerlegungen auch an obiger Abbildung klar.

Es gilt:

(1) $A \cup B = A \cup (B \setminus A) = A \cup (B \cap \bar{A})$,

(2) $A \cup B = B \cup (A \setminus B) = B \cup (A \cap \bar{B})$,

(3) $A \cup B = (B \setminus A) \cup (A \setminus B) \cup (A \cap B) = (B \cap \bar{A}) \cup (A \cap \bar{B}) \cup (A \cap B)$.

Dann gilt (man überzeuge sich, dass die jeweiligen Ereignisse paarweise unvereinbar sind)

(1*) $P(A \cup B) = P(A) + P(B \cap \bar{A})$,

(2*) $P(A \cup B) = P(B) + P(A \cap \bar{B})$,

(3*) $P(A \cup B) = P(B \cap \bar{A}) + P(A \cap \bar{B}) + P(A \cap B)$.

Durch Addition von (1*) und (2*) und durch Subtraktion der Gleichung (3*) von der Summe aus (1*) und (2*) erhält man:

$$P(A \cup B) = P(A) + P(B) - P(A \cap B).$$

$\square$

Anmerkung
Sind A und B unvereinbare Ereignisse, gilt also $A \cap B = \emptyset$, so ist (wegen Satz 3) $P(A \cap B) = 0$. Die allgemeine Additionsregel reduziert sich also auf die Aussage von Axiom 3.

Folgerung 2.6
Gilt für zwei Ereignisse A und B die Beziehung $A \subseteq B$, so hatten wir hierfür die Sprachregelung „das Ereignis A zieht das Ereignis B nach sich" eingeführt. In welcher Größenbeziehung stehen $P(A)$ und $P(B)$ zueinander?

Beispiel 2.8
Ein Laplace-Würfel wird einmal geworfen: $\Omega = \{1, 2, 3, 4, 5, 6\}$, alle Elementarereignisse sind gleichwahrscheinlich. Sei A das Ereignis „gerade Zahl", $A = \{2, 4, 6\}$, und sei B das durch die Menge $B = \{2, 4, 5, 6\}$ beschriebene Ereignis. Immer dann, wenn das Ereignis A eingetreten ist, ist auch das Ereignis B eingetreten. Es ist

$$P(A) = \frac{3}{6} < \frac{4}{6} = P(B):$$
$$P(A) < P(B).$$

Wenn die Ereignisse A und B identisch sind, gilt natürlich

$$P(A) = P(B).$$

Wir vermuten: Wenn $A \subseteq B$, dann $P(A) \leq P(B)$.

$\blacksquare$

In der Tat: Wenn A echte oder unechte Teilmenge von B ist $(A \subseteq B)$, dann kann die Anzahl der für A günstigen Fälle (klassische Wahrscheinlichkeit) bzw. die absolute Häufigkeit für das Ereignis A (statistische Wahrscheinlichkeit) *höchstens* gleich der Anzahl der für B günstigen Fälle bzw. *höchstens* gleich der absoluten Häufigkeit für das Ereignis B sein. Also ist: $P(A) \leq P(B)$.

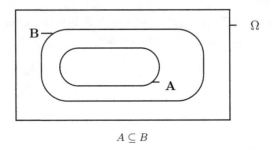

$$A \subseteq B$$

Für einen endlichen Wahrscheinlichkeitsraum $(\Omega, \mathcal{P}(\Omega), P)$ formulieren wir allgemein den

Satz 2.6
Zieht das Ereignis A das Ereignis B nach sich, so ist die Wahrscheinlichkeit $P(A)$ für das Ereignis A kleiner oder gleich der Wahrscheinlichkeit $P(B)$ für das Ereignis B. In Kurzform: Gilt $A \subseteq B$, so ist $P(A) \leq P(B)$.

Beweis: Aus $A \subseteq B$ folgt, dass sich B darstellen lässt als Vereinigung der beiden Mengen A und $B \setminus A$ (siehe obiges Bild). Also folgt:

$$B = A \cup (B \setminus A) = A \cup (B \cap \bar{A}).$$

Die Ereignisse A und $(B \cap \bar{A})$ sind unvereinbare Ereignisse, es gilt $A \cap (B \cap \bar{A}) = \emptyset$. Nach Axiom 3 folgt für $P(B)$:

$$P(B) = P(A \cup (B \cap \bar{A})) = P(A) + P(B \cap \bar{A}).$$

Da nach Axiom 1 gilt, dass alle Wahrscheinlichkeiten größer oder gleich 0 sind, folgt

$$P(A) \leq P(B).$$

$\square$

2.6.3 Ein zum Axiomensystem von Kolmogoroff äquivalentes Axiomensystem

Für endliche Ergebnismengen formulieren wir im nächsten Satz 2.7 ein zum Axiomensystem von Kolmogoroff *äquivalentes* Axiomensystem. Dieses „verteilt" die insgesamt zur Verfügung stehende Wahrscheinlichkeitsmasse von der Größe 1 auf die Elementarereignisse. Ausgangspunkt sind also die Wahrscheinlichkeiten der Elementarereignisse. Hinweis: Im folgenden Satz 2.7 ist ω der kleine griechische Buchstabe omega.

Satz 2.7

Es sei $\Omega = \{\omega_1, \omega_2, \ldots, \omega_n\}$ eine nichtleere, endliche Ergebnismenge, und seien $\{\omega_n\}$ für $i = 1, 2, \ldots, n$ die Elementarereignisse. Die Abbildung

$$P : \mathcal{P}(\Omega) \longrightarrow \mathbb{R}$$

ist genau dann ein Wahrscheinlichkeitsmaß, wenn gilt:

(A) *Alle Elementarereignisse besitzen eine nichtnegative Wahrscheinlichkeit:*

$$P(\{\omega_i\}) \geq 0 \text{ für alle } i \in \{1, 2, 3, \ldots, n\}.$$

(B) *Die Summe der Wahrscheinlichkeiten aller Elementarereignisse ist gleich Eins:*

$$\sum_{i=1}^{n} P(\{\omega_i\}) = P(\{\omega_1\}) + P(\{\omega_2\}) + \cdots + P(\{\omega_n\}) = 1.$$

(C) *Die Wahrscheinlichkeit eines beliebigen Ereignisses $A \neq \emptyset$ ist gleich der Summe der Wahrscheinlichkeiten aller Elementarereignisse $\{\omega_i\}$, die zu A gehören:*

$$P(A) = \sum_{\omega_i \in A} P(\{\omega_i\}) \text{ für alle } A \in \mathcal{P}(\Omega), A \neq \emptyset.$$

(D) *Das unmögliche Ereignis $\emptyset$ hat die Wahrscheinlichkeit Null:*

$$P(\emptyset) = 0.$$

Bevor wir den Beweis dieses Satzes führen geben wir einige *Hinweise*.

1. Aus schreibtechnischen Gründen schreibt man z. B. für $P(\{\omega_i\})$ häufig einfach $P(\omega_i)$ für die Wahrscheinlichkeit eines Elementarereignisses ω_i. Man lässt die geschweiften Klammern der Mengenkennzeichnung fort. Wir behalten aber vorerst die ausführliche Schreibweise bei.

2. Zur Erläuterung von (C) betrachten wir ein Beispiel. Ein gezinkter Würfel wird einmal geworfen. Es sei $\Omega = \{1, 2, 3, 4, 5, 6\}$. Wir nehmen aufgrund von Versuchen an:

$$P(\{1\}) = P(\{6\}) = \frac{1}{4},$$

$$P(\{2\}) = P(\{3\}) = P(\{4\}) = P(\{5\}) = \frac{1}{8}.$$

Es sei $A = \{1, 3, 5, 6\}$. Nach (C) folgt dann:

$$P(A) = P(\{1\}) + P(\{3\}) + P(\{5\}) + P(\{6\})$$
$$P(A) = \frac{1}{4} + \frac{1}{8} + \frac{1}{8} + \frac{1}{4} = \frac{3}{4},$$

denn zu A gehören die Elemente der Elementarereignisse $\{1\}, \{3\}, \{5\}, \{6\}$.

3. Im Satz tritt die Formulierung „genau dann, wenn" auf. Der Beweis eines solchen „genau dann, wenn"-Satzes muss in zwei Richtungen erfolgen, denn es liegen ja zwei Sätze vor:

a) Aus der Gültigkeit der Axiome 1, 2 und 3 aus dem Kolmogoroffschen Axiomensystem folgt die Gültigkeit von (A), (B), (C) und (D) des Satzes.

b) Aus der Gültigkeit von (A), (B), (C) und (D) des Satzes folgt die Gültigkeit der Axiome 1, 2 und 3 des Kolmogoroffschen Axiomensystems.

Beide Sätze ergeben zusammen dann die Äquivalenz.

Nun der **Beweis:**

a) Aus den Axiomen 1, 2 und 3 folgen (A), (B), (C) und (D):
Die Aussage (A) folgt unmittelbar aus 1, denn wenn jedes Ereignis A eine Wahrscheinlichkeit größer oder gleich Null besitzt, dann auch jedes Elementarereignis $\{\omega_i\}$. Also gilt $P(\{\omega_i\}) \geq 0$. Zum Nachweis von B: Die Menge aller Elementarereignisse $\{\omega_i\}$ bildet eine vollständige Zerlegung von Ω, d. h. die Vereinigung aller $\{\omega_1\}, \{\omega_2\}, \ldots, \{\omega_n\}$ ergibt die Ergebnismenge Ω, und die $\{\omega_i\}$, $i = 1, 2, \ldots, n$, sind n paarweise unvereinbare Elementarereignisse. Also gilt unter Berücksichtigung von Axiom 2:

$$P(\{\omega_1\} \cup \{\omega_2\} \cup \cdots \cup \{\omega_n\}) = P(\{\Omega\}) = 1.$$

Andererseits gilt auch unter Beachtung von Satz 4 der Folgerungen:

$$P(\{\omega_1\} \cup \{\omega_2\} \cup \cdots \cup \{\omega_n\}) = P(\{\omega_1\}) + P(\{\omega_2\}) + \cdots + P(\{\omega_n\}).$$

Die zwei letzten Gleichungen führen zusammengenommen zur Aussage (B). Die Aussage (C) ergibt sich sofort aus Satz 2.4: An die Stelle der n paarweise unvereinbaren Ereignisse A_i treten alle *die* paarweise unvereinbaren *Elementarereignisse* $\{\omega_i\}$, deren Elemente zum Ereignis A gehören. Die Aussage (D) ist identisch mit dem aus dem Axiomensystem gewonnenen Satz 2.3. Damit ist auch die Gültigkeit von (D) nachgewiesen.

b) Wir zeigen jetzt: Aus den Aussagen (A), (B), (C) und (D) folgen die Axiome 1, 2 und 3: Das Axiom 1 folgt aus (C) in Verbindung mit (A), wenn für das Ereignis A gilt $A \neq \emptyset$. Nach (C) ist die Wahrscheinlichkeit eines jeden Ereignisses $A \neq \emptyset$ gleich der Summe der Wahrscheinlichkeiten all der Elementarereignisse $\{\omega_i\}$, deren Elemente ω_i zum Ereignis A gehören. Da alle Summanden $P(\{\omega_i\})$ nach (A) nichtnegativ sind, gilt dieses auch für die Summe. Ist $A = \emptyset$, so gilt nach (D) $P(A) = 0$. Also insgesamt: $P(A) \geq 0$ für alle Ereignisse A. Axiom 2 folgt aus (B) und (C) wie folgt: Da die Ergebnismenge $\Omega = \{\omega_1, \omega_2, \ldots, \omega_n\}$ selbst ein Ereignis ist, und $\Omega \neq \emptyset$ gilt, kann (C) auf Ω angewandt werden. Man ersetzt in (C) das Ereignis A durch das Ereignis Ω und erhält

$$P(\Omega) = \sum_{\omega_i \in \Omega} P(\{\omega_i\}) = P(\{\omega_1\}) + P(\{\omega_2\}) + \cdots + P(\{\omega_n\}).$$

Letzteres ist aber die Summe der Wahrscheinlichkeiten *aller* Elementarereignisse, die nach (B) gleich Eins ist. Also folgt: $P(\Omega) = 1$. Zum Nachweis von 3 betrachten wir zwei unvereinbare Ereignisse A und B. Es gilt $A \cap B = \emptyset$. Das Ereignis $A \cup B$ besteht aus der Vereinigung all der $\omega_i \in \Omega$, die Elemente von $A \cup B$ sind. In kurzer Notierung schreiben wir dafür:

$$A \cup B = \bigcup_{\omega_i \in A \cup B} \{\omega_i\}.$$

Mit (C) folgt

$$P(A \cup B) = P\left(\bigcup_{\omega_i \in A \cup B} \{\omega_i\} \right) = \sum_{\omega_i \in A \cup B} P(\{\omega_i\}).$$

Da kein ω_i sowohl zu A als auch zu B gehört, können wir die ω_i von $A \cup B$ auf A und B gemäß ihrer Herkunft aufteilen:

$$P(A \cup B) = \sum_{\omega_i \in A \cup B} P(\{\omega_i\}) = \sum_{\omega_i \in A} P(\{\omega_i\}) + \sum_{\omega_i \in B} P(\{\omega_i\}).$$

Die letzten Summanden sind nach (C) gleich $P(A)$ bzw. $P(B)$. Also

$$P(A \cup B) = P(A) + P(B), \text{ falls } A \cap B = \emptyset.$$

Damit ist auch die Aussage von Axiom 3 bewiesen.

Durch a) und b) ist der Beweis zu Satz 2.7 vollständig erbracht. $\square$

2.6.4   Die Laplace-Verteilung (Gleichverteilung)

Im Lösungsprozess unserer Aufgaben und Beispiele spielte die Laplace-Verteilung eine große Rolle, und wir hatten diese sogenannte klassische Wahrscheinlichkeit (Laplace-Wahrscheinlichkeit)

$$P(A) = \frac{\text{Anzahl } g\,(A) \text{ der für das Ereignis } A \text{ günstigen Fälle}}{\text{Anzahl } m \text{ der möglichen Fälle}},$$

bei der die Gleichwahrscheinlichkeit aller möglichen Fälle vorausgesetzt wird, als ein Modell für das Axiomensystem von Kolmogoroff erkannt.

Satz 2.7 sagt aus, dass bei endlichem Ω auf der Potenzmenge $\mathcal{P}(\Omega)$ von Ω ein Wahrscheinlichkeitsmaß festgelegt werden kann, wenn gesagt ist, wie sich die gesamte Wahrscheinlichkeitsmasse 1 auf die Elementarereignisse verteilt.

Davon machen wir jetzt Gebrauch und definieren den Laplace-Wahrscheinlichkeitsraum, indem jedem Elementarereignis die gleiche Wahrscheinlichkeit zugeordnet wird. Der anschließende Satz 2.8 enthält dann die uns bekannte „Berechnungsmöglichkeit" der Wahrscheinlichkeit bei gleichwahrscheinlichen Elementarereignissen.

Im Folgenden bezeichnet das Symbol $|M|$ die Mächtigkeit einer Menge M. Bei endlichen Mengen bedeutet $|M|$ die Anzahl der Elemente von M.

Definition 2.3 (Laplace-Wahrscheinlichkeitsraum)
Sei Ω eine endliche Ergebnismenge mit m Elementen, sei also $|\Omega| = m$. Dann heißt die durch

$$P(\{\omega\}) = \frac{1}{|\Omega|} = \frac{1}{m} \text{ für alle } \omega \in \Omega$$

definierte Wahrscheinlichkeitsverteilung **Laplace-Verteilung** oder **Gleichverteilung**. $(\Omega, \mathcal{P}(\Omega), P)$ heißt **Laplace-Wahrscheinlichkeitsraum**. ◆

Beispiele

1. Roulettspiel: $\Omega = \{0, 1, 2, 3, \ldots, 36\}$ mit

$$P(\{0\}) = P(\{1\}) = P(\{2\}) = P(\{3\}) = \cdots = P(\{36\}) = \frac{1}{37}.$$

2. Idealer Spielwürfel $\Omega = \{1, 2, 3, 4, 5, 6\}$ mit

$$P(\{1\}) = P(\{2\}) = P(\{3\}) = P(\{4\}) = P(\{5\}) = P(\{6\}) = \frac{1}{6}.$$

Satz 2.8
Sei Ω die Ergebnismenge eines Laplace-Wahrscheinlichkeitsraumes mit m Elementen und A ein Ereignis aus $\mathcal{P}(\Omega)$ mit $|A| = g$ Elementen. Dann gilt

$$P(A) = \frac{|A|}{|\Omega|} = \frac{g}{m},$$

d. h.: Die Wahrscheinlichkeit eines Ereignisses A in einem Laplace-Wahrscheinlichkeitsraum ist gleich dem Quotienten

$$\frac{\text{Anzahl } g(A) \text{ der für das Ereignis } A \text{ günstigen Fälle}}{\text{Anzahl } m \text{ der möglichen Fälle}}.$$

Diese Wahrscheinlichkeit heißt **Laplace-Wahrscheinlichkeit** *des Ereignisses A.*

Beweis: Der Beweis folgt unmittelbar aus Satz 2.7 über Wahrscheinlichkeitsverteilungen und unter Berücksichtigung der Definition 2.3.   □

Beispiele

1. Ein Spieler würfelt einmal mit zwei unterscheidbaren Würfeln und gewinnt, wenn er als Augensumme 6 erhält. Wie groß ist seine Wahrscheinlichkeit zu gewinnen?

   Die Ergebnismenge Ω hat $6 \cdot 6 = 36$ Elemente: $|\Omega| = 36$. Es bezeichne A das Ereignis „Augensumme 6". Dann gilt:

   $$A = \{(1,5),(2,4),(3,3),(4,2),(5,1)\}, \text{ also } |A| = 5.$$

   Unter Annahme der Laplace-Wahrscheinlichkeit folgt:

   $$P(A) = \frac{5}{36}.$$

2. **Lotto „6 aus 49"**

   Wie groß ist die Wahrscheinlichkeit beim Lotto „6 aus 49", ohne Zusatzzahl mit einem Sechser-Tip „Sechs Richtige" zu haben?

   Zur Lösung: Machen wir die Laplace-Annahme, dass jeder Tip die gleiche Wahrscheinlichkeit hat gezogen zu werden, dann müssen wir wieder die Anzahl der Elemente von Ω berechnen, d. h. die Frage beantworten:

   Wie viele Möglichkeiten gibt es, aus einer Urne mit 49 Kugeln 6 Kugeln ohne Zurücklegen zu ziehen, wobei die Reihenfolge der gezogenen Kugeln ohne Bedeutung ist?

   Mit der Beantwortung solcher – für die Berechnung von Laplace-Wahrscheinlichkeiten unverzichtbaren – Fragen der Anzahlbestimmung befasst sich ein eigenständiges Gebiet der Mathematik: Die Kombinatorik. Im Abschnitt 2.8 werden wir das kombinatorische Zählen behandeln.

3. **Das radioaktive Zerfallsgesetz**

   Wir leiten das radioaktive Zerfallsgesetz mit Hilfe der Wahrscheinlichkeitsrechnung her. Dieses Beispiel eignet sich gut, da es sowohl Modellannahmen (Mod An) der Stochastik betont (an vier Stellen gehen wesentlich stochastische Überlegungen ein) als auch mathematische Techniken einübt und ein physikalisches Gesetz deutlich als ein statistisches Gesetz zu erkennen gibt. Die Wahrscheinlichkeit P, dass ein Atom das Alter t erreicht, ist lediglich eine Funktion von t (Mod An):

   (a) $P = P(t)$.

   $P(t+T)$ ist also die Wahrscheinlichkeit, die Lebensdauer $t+T$ zu erreichen. Die Lebensdauer $t + T$ kann als zusammengesetztes Ereignis betrachtet werden: Sowohl während der Zeit von 0 bis t als auch von t bis $t + T$ muss das Atom bestehen. Die Wahrscheinlichkeit eines solchen Ereignisses ist das Produkt der Einzelwahrscheinlichkeiten (Mod An):

(b) $P(t + T) = P(t) \cdot P(T)$.

Man wählt t als Variable und T als Konstante. Dann folgt durch Differentiation nach t:

(c) $P'(t + T) = P(T) \cdot P'(t)$.

Aus (b) und (c) folgt:

$$\frac{P'(t+T)}{P(t+T)} = \frac{P'(t)}{P(t)}.$$

T kann eine beliebige Konstante sein. Somit folgt:

(d) $\frac{P'(t)}{P(t)} = C$.

Da die Wahrscheinlichkeit $P(t)$ mit wachsendem t abnimmt, ist die Konstante C eine negative Zahl:

$$\frac{P'(t)}{P(t)} = -k, \quad k > 0.$$

Also:

$$P(t) = e^{c_1} \cdot e^{-kt}.$$

Mit der Anfangsbedingung $P(0) = 1$ (Mod An) folgt $C_1 = 0$, also

$$P(t) = e^{-kt}.$$

Wenn also die Wahrscheinlichkeit für *ein* Atom, das Alter t zu erreichen, gleich e^{-kt} ist, dann bleiben von N_0 Atomen, die zur Zeit $t = 0$ vorhanden waren, zur Zeit t durchschnittlich

$$N_t = N_0 e^{-kt}$$

nichtzerfallene Atome übrig. Diese Überlegung ist eine Konsequenz des *Gesetzes der großen Zahlen*. Man erwartet, dass der Anteil N der nichtzerfallenen Atome an der Gesamtzahl N_0, also die relative Häufigkeit $\frac{N_t}{N_0}$, ungefähr gleich der Wahrscheinlichkeit e^{-kt} ist, dass ein Atom nicht zerfallen ist (Mod An).

Didaktische Hinweise

1. *Baumdiagramme:* Als Hilfsmittel für die Berechnung von Wahrscheinlichkeiten setzten wir in einfachen Fällen das Baumdiagramm ein und formulierten eine sog. Additionspfadregel zur Berechnung von Wahrscheinlichkeiten für Oder-Verknüpfte-Ereignisse. Aufgrund der uns jetzt zur Verfügung stehenden Erkenntnisse ist bei der Verwendung von Baumdiagrammen darauf zu achten, dass sich die Teilwahrscheinlichkeiten an den Pfaden, die von einem Punkt (Knoten) ausgehen, zu Eins addieren müssen. Denn an jedem Punkt wird die Ergebnismenge Ω in disjunkte Teilmengen aufgespalten, die als Vereinigungsmenge wieder die Ergebnismenge Ω ergeben, und die Wahrscheinlichkeit für das Ereignis Ω ist 1. Im einfachsten Fall liegt eine Zerlegung von Ω in ein Ereignis A und sein Gegenereignis $\bar{A}$ vor. Diese für die ikonische Ebene wichtigen Erkenntnisse formuliert man häufig als

Satz: In einem Baumdiagramm haben die Teilwahrscheinlichkeiten (Zahlen), die an den Pfadstrecken (Kanten) stehen, die von einem Knoten (Punkt, Kreis) ausgehen, stets die Summe 1.

Betrachten wir das Gesamtexperiment, so stehen an den *Enden* des Baumdiagramms alle die dem Zufallsexperiment zugeordneten Elemente der Ergebnismenge Ω. Das bedeutet, dass die Summe ihrer Wahrscheinlichkeiten gleich 1 ist. Also gilt der

Satz: In einem Baumdiagramm beträgt die Summe der Wahrscheinlichkeiten aller Ergebnisse (Ereignisse) an den Enden aller Pfade 1.

2. *Gewissheitsgrad:* Setzt man umgangssprachliche qualitative Beschreibungen der Wahrscheinlichkeit eines Ereignisses wie z. B. „unmöglich", „sicher", „sehr wahrscheinlich", „mit an Sicherheit grenzender Wahrscheinlichkeit" usw. in Beziehung zu der mathematisch festgelegten quantitativen Beschreibung der Wahrscheinlichkeit, so kann man einen gewissen (evtl. subjektiven) Gewissheitsgrad (Vertrauensgrad) für das Eintreten eines Ereignisses gewinnen. Die Endpunkte der Skala sind durch 0 und 1 vorgegeben. Jede reelle Zahl x mit $0 \leq x \leq 1$ charakterisiert einen solchen Gewissheitsgrad. Zahlenwerte, die nahe bei Null liegen, signalisieren einen Gewissheitsgrad von „sehr unwahrscheinlich", Zahlenwerte nahe bei Eins signalisieren einen Gewissheitsgrad von „sehr wahrscheinlich". Der Zahlenwert 1 bedeutet in der *allgemeinen* Theorie aber keineswegs „sicher", ebenso wie 0 nicht „absolut unmöglich" signalisiert. Zahlenwerte unter 0,5 signalisieren einen Gewissheitsgrad von „unwahrscheinlich".

2.6.5   Aufgaben und Ergänzungen

1. Sei $(\Omega, \mathcal{P}(\Omega), P)$ ein endlicher Wahrscheinlichkeitsraum. Zeigen Sie: Für beliebige Ereignisse A und B gilt: $P(A) = P(A \cap B) + P(A \cap \bar{B})$.

2. Sei $(\Omega, \mathcal{P}(\Omega), P)$ ein endlicher Wahrscheinlichkeitsraum, und seien A und B Ereignisse. Es seien $P(A \cap B) = \frac{1}{4}$, $P(\bar{A}) = \frac{1}{3}$ und $P(B) = \frac{1}{2}$. Wie groß ist die Wahrscheinlichkeit,

   a) dass A oder B eintreten,

   b) dass weder A noch B eintreten?

3. Seien A, B und C Ereignisse im endlichen Wahrscheinlichkeitsraum $(\Omega, \mathcal{P}(\Omega, P)$. Das gleichzeitige Eintreten der Ereignisse A und B ziehe das Eintreten des Ereignisses C nach sich. Zeigen Sie: $P(C) \geq P(A) + P(B) - 1$.

4. Beweisen oder widerlegen Sie:
   Für alle Ω und alle $A, B \in \mathcal{P}(\Omega)$ gilt: $P(A \cap B) \leq P(A) \cdot P(B)$.

5. Ein Zufallsexperiment bestehe im gleichzeitigen Werfen zweier unterscheidbarer Laplace-Würfel und Beobachten der Augensumme aus den auftretenden Augenzahlen der beiden Würfel.

   a) Geben Sie einen geeigneten Ergebnisraum Ω an.

   b) Welches Ereignis ist wahrscheinlicher, die Augensumme ist gerade oder die Augensumme ist größer als 7?

6. **a)** Welches der folgenden Ereignisse ist wahrscheinlicher? Ereignis A: Zwei zufällig ausgewählte Personen haben am gleichen Tag Geburtstag. Ereignis B: Eine zufällig ausgewählte Person hat am 3.8. Geburtstag.

   b) Formulieren Sie zu (a) ein „isomorphes" Problem, d. h. ein struktur-gleiches Gegenstück in einem anderen Sachzusammenhang.

7. Sei Ω eine nichtleere, endliche Menge, und sei $(\Omega, \wp(\Omega), P)$ ein endlicher Wahrscheinlichkeitsraum. Seien A, B und C Ereignisse.

   a) Zeigen Sie:

   $$\begin{aligned} P(A \cup B \cup C) \;=\; & P(A) + P(B) + P(C) - P(A \cap B) - P(A \cap C) \\ & - P(B \cap C) + P(A \cap B \cap C). \end{aligned}$$

   b) Zeigen Sie: $P(A \cup B) \geq 1 - (P(\bar{A}) + P(\bar{B}))$. (Bonferroni-Ungleichung)

   c) Überprüfen Sie, ob auch gilt: $P(A \cap B) \geq 1 - (P(\bar{A}) + P(\bar{B}))$.

8. Untersuchen Sie, ob die folgenden drei Schlüsse richtig sind. Gewürfelt wird jeweils mit einem Laplace-Würfel.

   a) Die Wahrscheinlichkeit, eine 3 zu würfeln, beträgt $\frac{1}{6}$; die Wahrschein-lichkeit, eine 2 zu würfeln, beträgt $\frac{1}{6}$. Also beträgt die Wahrscheinlich-keit, eine 2 oder 3 zu würfeln, $\frac{1}{3}$.

   b) Die Wahrscheinlichkeit, eine ungerade Zahl zu würfeln, beträgt $\frac{1}{2}$; die Wahrscheinlichkeit, eine Zweierpotenz zu würfeln, beträgt $\frac{1}{2}$. Also ist es sicher, eine ungerade Zahl oder eine Zweierpotenz zu würfeln.

   c) Ein L-Würfel wird zweimal geworfen. Die Wahrscheinlichkeit, im ersten Wurf eine 3 zu würfeln, beträgt $\frac{1}{6}$. Die Wahrscheinlichkeit, im zweiten Wurf eine 3 zu würfeln, ist ebenfalls $\frac{1}{6}$. Also beträgt die Wahrschein-lichkeit, im ersten oder zweiten Wurf eine 3 zu würfeln, $\frac{1}{3}$.

9. Man zerlege einen Würfel, dessen Seitenflächen rot gefärbt sind, in 1000 gleichgroße Würfel. Man mische diese sorgfältig und lege sie in eine Urne.

   a) Wie groß ist die Wahrscheinlichkeit, dass beim zufälligen Ziehen eines Würfels aus der Urne der gezogene Würfel genau zwei rote Seiten-flächen besitzt?

   b) Wie groß ist die Wahrscheinlichkeit, dass beim zufälligen Ziehen eines Würfels aus der Urne der Würfel eine oder zwei rote Seitenflächen besitzt?

10. Sei $(\Omega, \mathcal{P}(\Omega), P)$ ein endlicher Wahrscheinlichkeitsraum, seien $A, B \subseteq \Omega$ mit $P(A) = \frac{3}{8}$, $P(B) = \frac{1}{2}$ und $P(A \cap B) = \frac{1}{4}$.
Berechnen Sie:

   a) $P(A \cup B)$

   b) $P(\bar{A})$

   c) $P(\bar{A} \cap \bar{B})$

   d) $P(A \cap \bar{B})$

e) $P(B \cap \bar{A})$.

11. Ein Würfel wird einmal geworfen. Sei $\Omega = \{1, 2, 3, 4, 5, 6\}$ die Ergebnismenge. Überprüfen Sie, ob durch die Abbildung

$$P^*: \mathcal{P}\,(\Omega) \longrightarrow \mathbb{R} \qquad mit$$

$$P^*(\{1\}) \;=\; P^*(\{6\}) = \frac{1}{4}$$

$$P^*(\{2\}) \;=\; P^*(\{3\}) = P^*(\{4\}) = P^*(\{5\}) = \frac{1}{8}$$

ein Wahrscheinlichkeitsraum definiert ist.

2.7 Geometrische Wahrscheinlichkeiten

2.7.1 Vier Beispiele: Glücksrad, Zielscheibe, Paradoxon von Bertrand, Nadelproblem von Buffon

Der Plural in der Überschrift „Geometrische Wahrscheinlichkeiten" lässt aufhorchen. Dieser Abschnitt greift einerseits auf historische Beispiele aus der Wahrscheinlichkeitstheorie zurück, sprengt aber andererseits streng genommen den Rahmen der *endlichen* Wahrscheinlichkeitsräume und weist schon auf stetige (kontinuierliche) Verteilungen hin, die wir später behandeln.

Die folgenden vier speziellen Probleme zeigen, wie man auch beim Vorliegen überabzählbarer Versuchsergebnisse mit Hilfe von geometrischen Überlegungen eine „Gleichwahrscheinlichkeit" gewisser Ereignisse (zufällige Auswahl von Punkten, Längen, Flächen) erzeugen und dann ähnlich wie im Laplace-Modell Wahrscheinlichkeiten berechnen kann. Zugleich tritt dabei auch der Modellbildungsprozess beim Lösen eines Problems in den Vordergrund.

Beispiel 2.9
(**Glücksrad**) Wie groß ist die Wahrscheinlichkeit, dass beim Drehen des abgebildeten Glücksrades der Zeiger auf dem roten Feld stehen bleibt?

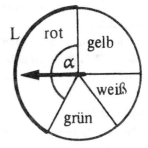

Modell 1:
Wir legen ein diskretes Modell zugrunde und unterteilen den Vollkreis in 360 gleiche Grade. Der Zufallsversuch wird durch den Winkel α beschrieben. Durch

Ausmessen des Mittelpunktswinkels $\alpha = 160°$ und Zurückführung auf den klassischen Fall durch Annahme der Gleichwahrscheinlichkeit für alle Winkel folgt

$$P(\text{rot}) = \frac{160}{360} = \frac{4}{9}.$$

Modell 2:

Das Versuchsergebnis wird jetzt durch die Länge L des Kreisbogens auf der Peripherie des Glücksrades beschrieben, der zum roten Feld gehört. Da der Zeiger über jedem Punkt des Kreisbogens stehen bleiben kann, hat der Zufallsversuch unendlich viele Versuchsausgänge: Es kann jede reelle Zahl zwischen 0 und $2r\pi$ auftreten und zwar einschließlich der Grenze 0. Das Intervall $[0, 2r\pi[$ hat überabzählbar unendlich viele Elemente, das Intervall $[0, 2r\pi[$ ist nämlich eine Menge von der Mächtigkeit des Kontinuums. Wir haben es also nicht mit einer diskreten Wahrscheinlichkeit mit endlich vielen Versuchsausgängen zu tun, sondern mit einer „kontinuierlichen Wahrscheinlichkeit". Man nimmt nun an, dass die Wahrscheinlichkeit dafür, dass der Zeiger auf dem Bogen L stehenbleibt, proportional zu seiner Länge ist, und dass für alle Bögen gleicher Länge Gleichmöglichkeit, d. h. Gleichwahrscheinlichkeit besteht. Als Wahrscheinlichkeit berechnet man dann den Quotienten $\frac{\text{Maßzahl der Länge des Kreisbogens } L}{\text{Maßzahl des Umfangs des Kreises}}$. In unserem Beispiel hat der Bogen L die Länge $\frac{2r\pi \cdot 160}{360} = \frac{8r\pi}{9}$. Wir erhalten als Wahrscheinlichkeit das uns schon bekannte Ergebnis

$$P(\text{rot}) = \frac{\frac{8}{9}r\pi}{2r\pi} = \frac{8}{18} = \frac{4}{9}.$$

∎

Didaktische Anmerkung

Habe der Radius des Glücksrades 1 Längeneinheit und habe der Kreisbogen zu einem zugehörigen Mittelpunktswinkel die Länge $\sqrt{2} \cdot \pi$, dann erhalten wir $P(\text{rot}) = \frac{\pi\sqrt{2}}{2\pi} = \frac{\sqrt{2}}{2}$, also eine irrationale Zahl. (Siehe Anmerkung 1 nach Definition 2.2.)

Bei der geometrischen Wahrscheinlichkeit kann man also im Gegensatz zur klassischen Wahrscheinlichkeit auch irrationale Zahlen (und nicht nur rationale Zahlen) als Wahrscheinlichkeit erhalten.

Beispiel 2.10

(Zielscheibe) Gegeben sei eine quadratische Zielscheibe mit der Seitenlänge a. Wir fragen nach der Wahrscheinlichkeit, dass ein zufällig abgegebener Schuss in das punktierte Feld A trifft. Wir berücksichtigen dabei nur Schüsse, die die

Zielscheibe treffen und nehmen an, dass die
Wahrscheinlichkeit dafür, dass ein Schuss auf
einen Flächenanteil der Zeilscheibe trifft, proportional der Größe der Fläche ist. Ferner machen wir die Annahme, dass alle Flächenstücke
mit gleichem Flächeninhalt dieselbe Wahrscheinlichkeit haben, dass der zufällig abgege-
bene Schuss in ihnen liegt. Unter diesen Modellannahmen ist dann die gesuchte Wahrscheinlichkeit:

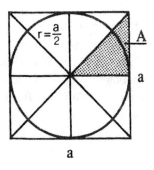

$$P(A) = \frac{\text{Maßzahl des Flächeninhalts von} A}{\text{Maßzahl des Flächeninhalts der Zielscheibe}} = \frac{\frac{1}{8}a^2}{a^2} = \frac{1}{8}.$$

∎

Didaktische Anmerkungen

1. Man kann mit Recht fragen, wie im Experiment die Annahmen realisiert
   werden können.

2. Fragen wir nach der Wahrscheinlichkeit dafür, dass der Schuss den einbeschriebenen Kreis trifft, so erhalten wir als Wahrscheinlichkeit eine nicht
   rationale Zahl:

$$P(K) = \frac{\frac{a^2}{4}\pi}{a^2} = \frac{\pi}{4}.$$

(Siehe auch Anmerkung 1 nach Definition 2.2.)

Beispiel 2.11
(Das Paradoxon von Bertrand) Vorgegeben sei ein Kreis mit dem Radius
r. Wie groß ist die Wahrscheinlichkeit, dass eine willkürlich (zufällig) in diesem Kreis gezogene Sehne länger als die Seite des dem Kreis einbeschriebenen
gleichseitigen Dreiecks ist?

Diese von Joseph L. F. Bertrand (1822 – 1900) in seinem Werk *Calcul des
probabilités* (1889) formulierte Aufgabe wird heute als Paradoxon von Bertrand
bezeichnet.

Beim Lösungsversuch zur Modellierung fällt sofort auf, dass in der gestellten
Aufgabe die Frage offen gelassen wird, wie die zufällige Auswahl der Sehne
„experimentell" zu erfolgen hat. Bertrand gab in seinem genannten Werk die
folgenden drei Lösungen an, die wir kurz beschreiben.

Vorbemerkung:

Im gleichseitigen Dreieck sind die drei Höhen zugleich Winkelhalbierende und Seitenhalbierende. Sie schneiden sich im Punkt M. Einfache Rechnungen zeigen, dass gilt:

$a = r \cdot \sqrt{3}$ und $\overline{MD} = \frac{r}{2}$.

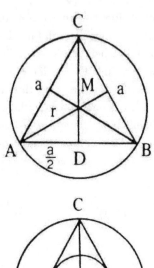

Modell 1:

Man wählt willkürlich einen Punkt aus dem Inneren des Kreises aus. Dieser Punkt soll Mittelpunkt der Sehne sein. Damit sind Lage und Länge der zufällig ausgewählten Sehne festgelegt. Wenn die Sehne länger sein soll als die Seite a des einbeschriebenen regelmäßigen Dreiecks, muss der Mittelpunkt der Sehne in dem zum vorgegebenen Kreis konzentrischen Kreis mit dem Radius $\frac{r}{2}$ liegen.

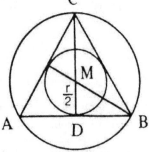

Nehmen wir wieder an, dass alle Flächen gleichen Inhalts die gleiche Wahrscheinlichkeit haben, so erhalten wir für die gesuchte Wahrscheinlichkeit

$$P = \frac{\left(\frac{r}{2}\right)^2 \cdot \pi}{r^2 \cdot \pi} = \frac{1}{4}.$$

Modell 2:

Unter allen Punkten auf der Peripherie des Kreises wählt man durch Zufall einen Punkt A aus. Dieser Punkt A wird als ein Endpunkt der Sehne angesehen.

Gleichzeitig wählt man Punkt A als Eckpunkt des gleichseitigen Dreiecks ABC. Soll die Sehne größer als die Dreieckseite sein, so muss der zweite Endpunkt D der Sehne auf dem Kreisbogen $\overset{\frown}{BC}$ liegen. Da die Bögen $\overset{\frown}{AB}$, $\overset{\frown}{BC}$ und $\overset{\frown}{AC}$ gleich lang sind, ist also für die Wahl von D nur $\frac{1}{3}$ des Kreisumfangs günstig. Also ist die gesuchte Wahrscheinlichkeit

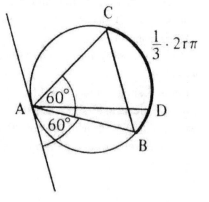

$$P = \frac{\frac{1}{3} \cdot 2r\pi}{2r\pi} = \frac{1}{3}.$$

Hinweis

Bei dieser Modellierung führt eine etwas andere Betrachtung zu demselben Ergebnis. Die Tangente an dem Kreis im Punkt A bildet mit den zwei Seiten des einbeschriebenen Dreiecks mit der Spitze im Punkt A ebenfalls zwei Winkel von 60°. Nur die Sehnen sind günstige Fälle, die in den Winkelraum zwischen den beiden Dreieckseiten fallen. Für die gesuchte Wahrscheinlichkeit folgt

$$P = \frac{60}{180} = \frac{1}{3} = \frac{\frac{1}{3}\pi}{\pi}.$$

Modell 3:

Es sei $\overline{AE}$ ein beliebiger Durchmesser des Kreises. Das ist keine Einschränkung, da keine Richtung besonders ausgezeichnet ist. Die nachfolgenden Überlegungen gelten für jeden Durchmesser. Man betrachtet alle Sehnen, die *senkrecht* zum Durchmesser $\overline{AE}$ verlaufen. Der Mittelpunkt jeder Sehne liegt auf dem Durchmesser $\overline{AE}$, und die Länge der Sehne ist durch den Abstand ihres Mittelpunktes vom Kreismittelpunkt bestimmt.

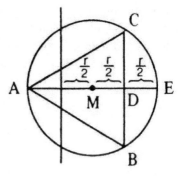

Da $\overline{MD} = \frac{r}{2}$ ist, ist auch $\overline{DE} = \frac{r}{2}$. Eine Sehne im Bereich $\overline{ME}$ ist also genau dann länger als die Seite des einbeschriebenen regelmäßigen Dreiecks, wenn die Sehne im Bereich $\overline{MD}$ durch den Durchmesser $\overline{AE}$ verläuft. D. h., die Sehne ist länger als die Seite a, wenn die Entfernung des Mittelpunktes der Sehne vom Kreismittelpunkt kleiner als $\frac{r}{2}$ ist. Aus Symmetriegründen gilt das auch für $\overline{AM}$.

Nimmt man wieder an, dass gleichlange Intervalle des Durchmessers mit derselben Wahrscheinlichkeit von einer zufällig gezeichneten Sehne getroffen werden, erhalten wir für die gesuchte Wahrscheinlichkeit jetzt den Quotienten

$$P = \frac{\text{Maßzahl der Länge des günstigen Intervalls}}{\text{Maßzahl der Länge des Durchmessers}} = \frac{r}{2r} = \frac{1}{2}.$$

Didaktische Diskussion der drei Modellierungen:

Die drei Lösungswege füllen die in der gestellten Aufgabe offen gelassene Frage, wie die zufällige Wahl der Sehne zu erfolgen hat, in verschiedener Weise aus. Alle drei vorgestellten Möglichkeiten zur Auswahl sind realisierbar und begründet. Die drei Lösungen sind also nicht drei Lösungen einer Aufgabe, sondern Lösungen von drei verschiedenen Aufgaben. Versuchsobjekt ist die Sehne, es fehlt aber in der ursprünglichen Aufgabe eine Beschreibung der experimentellen Bedingungen für die Auswahl der Sehne.

Man finde selbst noch weitere Modellierungen für das Paradoxon von Bertrand. ∎

Beispiel 2.12

(Nadelproblem von Buffon) Vorgegeben seien in der Ebene parallele Geraden mit dem Abstand d voneinander. Auf diese Ebene wird (zufällig) eine Nadel der Länge a geworfen. Es sei $a < d$. Wie groß ist die Wahrscheinlichkeit, dass die Nadel eine Gerade schneidet? Da $a < d$ ist, kann die Nadel höchstens eine Gerade schneiden.

Dieses Problem aus dem Jahre 1777 des Grafen George-Louis L. Buffon (1707 – 1788) ist das erste Problem einer geometrischen Wahrscheinlichkeit. Es ist deshalb auch so interessant, weil es eine experimentelle Bestimmung der Zahl π ermöglicht. Dieses Problem ist somit auch ein Beispiel für Simulationen (vgl. Kapitel 3).

Zur Modellierung des Problems machen wir die Annahme, dass alle Streifen völlig gleichberechtigt sind und dass deshalb ein beliebiger Streifen zufällig ausgewählt werden kann. Mit x bezeichnen wir den Abstand des Mittelpunkts der Nadel von der nächstgelegenen Geraden, mit α den Winkel, den die Nadel und diese Gerade einschließen. Wird die Nadel zufällig auf die Parallelenschar geworfen, so sollten x und α gleichverteilt und unabhängig sein (Annahmen).

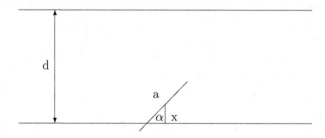

Durch die zwei Parameter α und x kann jede Lage der Nadel beschrieben werden. Durch obige Festlegung gilt jeweils

$$0 \leq x \leq \frac{d}{2} \quad \text{und} \quad 0 \leq \alpha \leq \pi.$$

Wenn die Nadel die Parallele schneiden soll, muss gelten (siehe Bild)

$$x \leq \frac{a}{2} \cdot \sin \alpha.$$

In einem α, x-Koordinatensystem lassen sich die möglichen Punkte darstellen als

$$\{(\alpha|x) | 0 \leq \alpha \leq \pi \wedge 0 \leq x \leq \frac{d}{2}\},$$

d. h. die *mögliche* Fläche A ist das Rechteck mit den Seiten π und $\frac{d}{2}$. Die für das Ereignis „Nadel schneidet Parallele" *günstigen* Punkte bilden die Fläche $F = \int_0^\pi \frac{a}{2} \sin \alpha d\alpha = a$ (siehe Skizze).

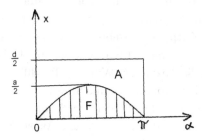

Für die gesuchte Wahrscheinlichkeit erhält man

$$P = \frac{\text{Maßzahl von } F}{\text{Maßzahl von } A} = \frac{a}{\frac{d}{2}\pi} = \frac{2a}{d\pi}.$$

■

Didaktische Hinweise zum Nadelproblem von Buffon

1. Man kann auf experimentellem Weg so die Zahl π *näherungsweise bestimmen*, indem man in einer langen Versuchsreihe von n Versuchen die relative Häufigkeit für das Eintreten des Ereignisses „Nadel schneidet Parallele" bestimmt. Sei dieses Ereignis bei n Versuchen z mal aufgetreten, so ist $h_n(S) = \frac{z}{n}$ ein Schätzwert für die theoretisch errechnete Wahrscheinlichkeit:

$$h_n(S) = \frac{z}{n} \approx \frac{2a}{\pi d}.$$

Auflösen nach π bringt

$$\pi \approx \frac{2a \cdot n}{z \cdot d}.$$

Man kann die Versuche im Freien ausführen und nutzt parallel verlaufende Fugen einer Pflasterung aus. Dann könnte das Projekt unter dem Namen „π liegt auf der Straße" stattfinden.

2. Bekannt geworden sind die folgenden Versuche (Gnedenko, B. W. [59], 32).

	Anzahl der Würfe	gefundener Schätzwert für π
Wolf (1850)	5 000	3,1596
Smith (1855)	3 204	3,1553
Fox (1894)	1 120	3,1419
Lazzarini (1901)	3 408	3,1415929

Gnedenko schenkt aber den Ergebnissen von Fox und Lazzarini wenig Vertrauen. Denn für das auf sechs Stellen hinter dem Komma genaue Resultat von Lazzarini ist die Wahrscheinlichkeit kleiner als $\frac{1}{3}$ (Gnedenko [59], 33). Auch Pfanzagl meldet Bedenken an, denn die Fehler sind verdächtig klein:

„Das muß nicht unbedingt darauf zurückzuführen sein, daß die Autoren dieser Untersuchungen gemogelt haben. Es genügt, wenn sie die Untersuchungen zu einem Zeitpunkt abgebrochen haben, zu dem der Schätzwert zufällig besonders genau war." (Pfanzagl [130], 97.) Es lohnt sich, dieser Idee nachzugehen, denn die Anzahl der Würfe (z. B. 3408 oder 1120) und der auf sechs Stellen nach dem Komma genaue Schätzwert von Lazzarini erzeugen Misstrauen. Barth und Haller haben den Schätzwert für π von Lazzarini überprüft für den Fall, dass der nächste Wurf *keinen* Schnitt bringt (Barth/Haller [9], 387):

$$\pi \approx \frac{2a(n+1)}{z \cdot d} = \frac{2an}{z \cdot d} + \frac{2a \cdot n}{z \cdot d} \cdot \frac{1}{n}.$$

Setzt man für $\frac{2a \cdot n}{z \cdot d}$ den Wert von Lazzarini ein, so erhält man $\pi \approx 3,1425147$. Es sind nur noch zwei Stellen nach dem Komma genau!

3. Da Pfanzagl auch die Zahl der Überschneidungen angibt, können wir leicht auch den Schätzwert für π berechnen für den Fall, dass der nächste Wurf eine *Überschneidung* ist. Nach Pfanzagl hatte Lazzarini bei 3408 Würfen 1808 Überschneidungen (a.a.O. S. 97). Es gilt also:

(1) $\dfrac{2a \cdot 3408}{1808 \cdot d} = 3,1415929.$

Wir müssen aber den Ausdruck $\frac{2a \cdot 3409}{1809 \cdot d}$ bestimmen. Da wir a und d nicht kennen, berechnen wir aus (1) den Ausdruck $\frac{a}{d}$. Es ist $\frac{a}{d} = 0,833333327$. Dann gilt:

(2) $\dfrac{2a \cdot 3409}{1809 \cdot d} = 3,1407775.$

D. h.: Auch im Fall „ein weiterer Wurf bringt Überschneidung" sind im Schätzwert für π nur noch zwei Stellen nach dem Komma genau! Hätten wir das erwartet? Lazzarini tat also gut daran, seine Versuchsreihe mit $n = 3408$ zu beenden.

Das Ergebnis von Barth/Haller unter Punkt 2 kann übrigens auch auf diesem Weg bestätigt werden. Es gilt nämlich

(3) $\dfrac{2a \cdot 3409}{1808 \cdot d} = 3,1425147.$

2.7.2 Aufgaben und Ergänzungen

1. Aus dem Intervall $[0, 1]$ werden unabhängig und zufällig zwei reelle Zahlen x und y markiert. Wie groß ist die Wahrscheinlichkeit, dass man aus den Strecken $\overline{0x}$, $\overline{xy}$, $\overline{y1}$ ein Dreieck konstruieren kann?

2. Rendezvous-Aufgabe: Birgitta und Liselotte verabreden, sich vor dem Café
    zwischen 15 und 16 Uhr zu treffen. Beide versprechen fest, in der Zeit
    zwischen 15.00 und 16.00 Uhr zum Treffpunkt zu kommen, aber keine kann
    den genauen Zeitpunkt angeben. Die zuerst Eintreffende wartet auf die
    andere genau 15 Minuten und geht dann fort. Kommt eine erst nach 15.45
    Uhr, so geht sie um 16.00 Uhr fort. Jede kommt auf gut Glück, und die
    Ankunftszeit der einen beeinflusst in keiner Weise die der anderen. Wie
    groß ist die Wahrscheinlichkeit, dass Birgitta und Liselotte sich treffen?

2.8   Kombinatorisches Zählen

Im Laplace-Modell wird die Wahrscheinlichkeit $P(A)$ eines Ereignisses A berechnet durch den Quotienten

$$P(A) = \frac{\text{Anzahl der für das Ereignis } A \text{ günstigen Fälle}}{\text{Anzahl aller möglichen Fälle}},$$

wenn alle möglichen Fälle als gleichwahrscheinlich angenommen werden. Zur
Berechnung der Wahrscheinlichkeit sind also in diesem Fall Anzahlen im Zähler
und im Nenner des Bruches zu bestimmen. Dazu benötigt man die natürlichen
Zahlen als Zählzahlen.

Die Anzahlbestimmungen sind eine Aufgabe der Kombinatorik, und so konnte
Hans Freudenthal 1973 sagen, dass einfache Kombinatorik das Rückgrat elementarer Wahrscheinlichkeitsrechnung ist (Freudenthal, H. [57], Bd. 2, 540). Was
Kombinatorik als mathematische Disziplin zum Inhalt hat, lässt sich nur schwer
mit wenigen Worten beschreiben, für uns geht es in der Kombinatorik fast immer
um zwei Fragen:

1. Welche Möglichkeiten gibt es?
2. Wie viele Möglichkeiten gibt es?

Hat man die erste Frage durch Angabe der Möglichkeiten beantwortet, so ist
im Prinzip auch die zweite Frage beantwortet. Man braucht ja nur noch die
Möglichkeiten abzuzählen. Anhand eines Baumdiagramms können beide Fragen
oft *direkt* beantwortet werden.

2.8.1   Abzählen

Der ganz gewöhnliche Weg zur Anzahlbestimmung ist der des Abzählens, den
wir zunächst an drei Beispielen verdeutlichen:

Beispiel 2.13

(Zählwerk) In einem Supermarkt muss jeder Kunde durch eine Sperre gehen. Beim Durchgang einer Person durch die Sperre geht ein eingebautes Zählwerk stets um eins weiter. Das rechte Bild zeigt das Zählwerk um 12.00 Uhr. Bei der Öffnung des Supermarktes am Morgen zeigten alle Felder des Zählwerks eine Null.

| 0 | 0 | 0 | 0 | 0 | 0 |

| 0 | 0 | 0 | 4 | 1 | 5 |

■

Beispiel 2.14

(Heftzwecken) Hans zählt, wie viele Heftzwecken in der Schachtel sind. Er nimmt nacheinander jeweils eine Heftzwecke, legt sie zur Seite und spricht: eins, zwei, drei, vier, ..., so lange, bis keine Heftzwecke mehr in der Schachtel ist. Hans hat schon sieben herausgenommen (siehe Bild). Wie viele Heftzwecken waren insgesamt in der Schachtel?

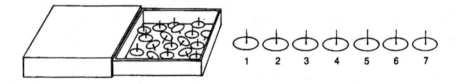

■

Beispiel 2.15

(Verkehrszählung) An einer Straße wird eine Verkehrszählung in der Zeit von 9 bis 10 Uhr durchgeführt und eine Strichliste erstellt: Für jeden vorbeifahrenden Personenkraftwagen (Pkw), Lastkraftwagen (Lkw) und Fahrradfahrer wird in der Tabelle jedesmal ein Strich (Zählstrich) gemacht. Je fünf Striche werden zu einem Bündel zusammengefasst. Jeder fünfte Strich wird als Schrägstrich durch vier Striche gezeichnet.

Pkw	ЖТ ЖТ ЖТ ЖТ |||
Lkw	ЖТ ЖТ ||
Fahrradfahrer	ЖТ ЖТ ЖТ ЖТ ЖТ ЖТ ЖТ ||

In der angegebenen Zeit von 9 bis 10 Uhr wurden beispielsweise 37 Fahrradfahrer gezählt.   ∎

Das an den Beispielen vorgeführte Verfahren kann wie folgt allgemein beschrieben werden:

> Um die Anzahl einer endlichen Menge zu bestimmen, zählt man
> die Elemente der Menge durch: Man ordnet einem Element die
> Zahl 1 zu, einem anderen die Zahl 2, wieder einem anderen die
> Zahl 3 usw. Kein Element darf mehrfach gezählt werden, es darf
> aber auch kein Element vergessen werden.
> Schließlich hört dieses Verfahren auf. Die zuletzt erreichte Zahl n
> gibt die Anzahl der Elemente an. Jede andere Aufzählung mit einer
> anderen Reihenfolge der Elemente ergibt dieselbe Zahl.

Mathematisch bedeutet das: Eine Menge A hat n Elemente genau dann, wenn
es eine bijektive Abbildung der Menge A auf die Menge der natürlichen Zahlen
$\{x|x \in \mathbb{N}, \ x \leq n\}$ gibt. Man schreibt $|A| = n$ (gelesen: Mächtigkeit der Menge
A gleich n), oder man schreibt auch $card(A) = n$ (gelesen: Kardinalzahl der
Menge A gleich n). Zusätzlich legt man fest: Ist $A = \emptyset$, so ist $|A| = card(A) = 0$.

2.8.2 Allgemeines Zählprinzip der Kombinatorik

Das Abzählen ist oft zu aufwendig. Es geht darum, Strategien für geschicktes
Zählen zu entwickeln. *Eine* solche Strategie ist uns von der Flächeninhaltsbe-
rechnung bei Rechtecken bekannt.

Beispiel 2.16
(Plattierung) Eine Sitzecke im
Garten ist mit Platten ausgelegt
(siehe Abbildung). In jeder Reihe
liegen 5 Platten. Es gibt 6 Reihen. Die Gesamtzahl der Platten
beträgt

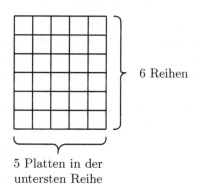

6 Reihen

$6 \cdot 5$ Platten $= 30$ Platten.

5 Platten in der
untersten Reihe

∎

Diese Zählregel gilt auch in bestimmten Fällen bei *nicht*-rechteckigen Figuren, wie im folgenden

Beispiel 2.17

In der Abbildung sind in jeder Reihe 10 kleine Dreiecke. Es gibt 3 Reihen. Berechnung der Gesamtzahl Z der kleinen Dreiecke:

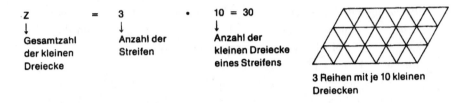

$$Z = 3 \cdot 10 = 30$$

Gesamtzahl der kleinen Dreiecke $\quad$ Anzahl der Streifen $\quad$ Anzahl der kleinen Dreiecke eines Streifens

3 Reihen mit je 10 kleinen Dreiecken

> Haben n Reihen dieselbe Anzahl a von Elementen, so erhält man die Gesamtzahl Z der Elemente durch Multiplikation der Zahlen n und a: $\quad Z = a \cdot n$.

■

Ein sehr geschicktes Zählverfahren ist das allgemeine *Zählprinzip der Kombinatorik*, das wir an drei Beispielen erläutern.

Beispiel 2.18

(**Speisekarte**) Die Abbildung zeigt eine Speisekarte. Ein Essen bestehe aus einer Vorspeise, einem Hauptgericht und einer Nachspeise.

Wie viele verschiedene Essen kann man zusammenstellen?

Im folgenden Baumdiagramm bezeichnet jeder Weg ein Essen. Die Buchstaben im Baumdiagramm sind die Anfangsbuchstaben der Speisen.

Speisekarte

Vorspeisen

Tomatensuppe

Rindfleischsuppe

Hauptgerichte

Hähnchen auf Reis

Bratwurst mit pommes frites

Schnitzel mit Salzkartoffeln

Nachspeisen

Eis

Pudding

Für Vorspeise, Hauptgericht und Nachspeise muss jeweils eine Entscheidung getroffen werden. Für die Vorspeise gibt es zwei Wahlmöglichkeiten (T) oder (R) (zwei Äste). Jede Wahl der Vorspeise kann mit jeder der drei Möglichkeiten (H), (B), (S) für das Hauptgereicht kombiniert werden (drei Äste). Damit ergeben sich zunächst $2 \cdot 3 = 6$ Möglichkeiten für ein „Essen" aus Vorspeise und Hauptgericht. Für die Nachspeise gibt es zwei weitere Wahlmöglichkeiten (E) oder (P) (zwei Äste). Jede der sechs Möglichkeiten für Vorspeise und Hauptgericht kann mit jeder der zwei Nachspeisen kombiniert werden. Also gibt es (siehe auch Baumdiagramm) insgesamt $2 \cdot 3 \cdot 2 = 12$ verschiedene Menüs. Am Baumdiagramm können zudem auch alle Essen konkret angegeben werden, beispielsweise (T) (B) (E) oder (R) (H) (P) oder ...

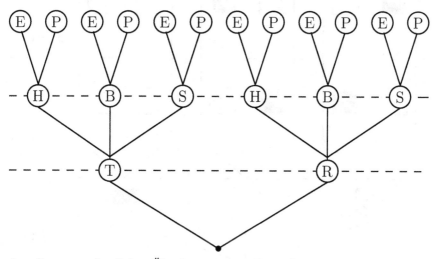

Aus diesen anschaulichen Überlegungen am Baumdiagramm isolieren wir das Wesentliche. Im Beispiel waren 3 Entscheidungen zu treffen, die wir als Kästchen

☐☐☐ andeuten. In das linke Kästchen schreiben wir die Zahl 2 für die zwei Wahlmöglichkeiten bei der Vorspeise, in das nächste Kästchen eine 3 für die drei Wahlmöglichkeiten des Hauptgerichts, in das dritte Kästchen eine 2 für die zwei Wahlmöglichkeiten der Nachspeise: 2 3 2. Um die Gesamtzahl der verschiedenen Menüs zu erhalten, bildet man das Produkt aus den drei Zahlen in den Kästchen: 2 · 3 · 2 =12 oder einfacher geschrieben $2 \cdot 3 \cdot 2$.

Die hier am Baumdiagramm und am Kästchenmodell entwickelte Strategie ist nichts anderes als das noch zu formulierende Fundamentalprinzip des Zählens, das auch das allgemeine Zählprinzip der Kombinatorik genannt wird. ∎

Beispiel 2.19

(**Turmbau**) Aus weißen, schwarzen und roten Legosteinen sollen möglichst viele verschiedene Türme mit drei Etagen gebaut werden. In jedem Turm soll jede der drei Farben vorkommen. Die Abbildung zeigt einen solchen Turm. Wie viele verschiedene Türme gibt es?

3. Etage rot
2. Etage weiß
1. Etage schwarz

Ein Baumdiagramm veranschaulicht die Rechnung. Es gibt 6 $(= 3 \cdot 2 \cdot 1)$ Türme.

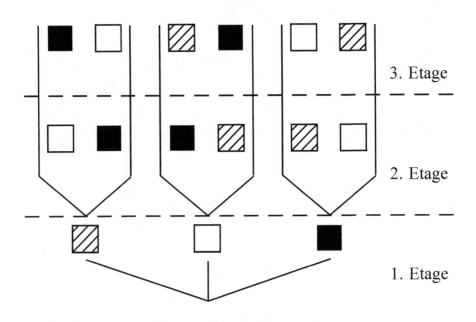

3. Etage

2. Etage

1. Etage

Beispiel 2.20

(**Ziffernschloss**) Hans hat zu seinem Geburtstag ein Fahrrad bekommen. Er möchte es zusätzlich mit einem Ziffernschloss sichern. Im Fahrradgeschäft zeigt ihm der Verkäufer zwei verschiedene Schlösser. Die Qualität des Materials und der Verarbeitung ist bei beiden Schlössern gleich gut.

Eines der Schlösser hat vier Ringe, jeder
mit den sechs verschiedenen Ziffern 1,
2, 3, 4, 5, 6. Das andere Schloss hat drei
Ringe. Hier trägt jeder Ring die acht
verschiedenen Ziffern 1, 2, 3, 4, 5, 6, 7,
8. Hans möchte das sicherste Schloss
kaufen.

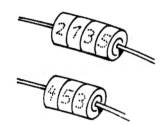

Da die Qualität der Schlösser gleich ist, kommt es auf die Anzahl der verschiedenen Einstellmöglichkeiten bei den Schlössern an. Bei dem Schloss mit
den vier Ringen sind 4 Teilexperimente durchzuführen: Jeder der vier Ringe
muss eingestellt werden:

$$\square \qquad \square \qquad \square \qquad \square \quad .$$

$$\text{1. Ring} \qquad \text{2. Ring} \qquad \text{3. Ring} \qquad \text{4. Ring}$$

Bei jedem Ring gibt es 6 Einstellungen (mögliche Ergebnisse). Dann gibt es
insgesamt

$$\boxed{6} \cdot \boxed{6} \cdot \boxed{6} \cdot \boxed{6} = 6^4 = 1296$$

verschiedene Ziffernkombinationen.
Für das Schloss mit den 3 Ringen und je Ring mit 8 Einstellungen gibt es analog

$$\boxed{8} \cdot \boxed{8} \cdot \boxed{8} = 8^3 = 512$$

verschiedene Ziffernkombinationen.

Das Schloss mit den vier Ringen hat deutlich mehr Ziffernkombinationen
(Einstellmöglichkeiten) als das mit den drei Ringen.   ■

Das an den Beispielen vorgeführte Verfahren soll in allgemeiner Form als *Fundamentalprinzip des Zählens* in der Kombinatorik formuliert werden. Wir geben
zwei miteinander konkurrierende Formulierungen an, die von unterschiedlichen
Vorstellungen ausgehen. Beide zu kennen, ist für den verständigen Umgang mit
dem Fundamentalprinzip hilfreich.
Im Beispiel „Speisekarte" wurde nach der Anzahl von 3-gliedrigen Sequenzen
$a_1 \, a_2 \, a_3$ gefragt, wobei eines der drei Zeichen a_1, a_2, a_3 für Vorspeise, eines
für Hauptgericht und eines für Nachspeise steht. Wir fragten nach den Beset-
zungsmöglichkeiten (Belegungsmöglichkeiten) für jede dieser drei Stellen.

Im Beispiel „Ziffernschloss" wurde bei dem Schloss mit vier Ringen nach
der Anzahl 4-gliedriger Sequenzen $a_1 \, a_2 \, a_3 \, a_4$ gefragt, wobei hier die Beset-
zungsmöglichkeiten (Belegungsmöglichkeiten) für jede dieser vier Stellen gleich

sind, nämlich sechs Möglichkeiten durch die Ziffern 1, 2, 3, 4, 5, 6.

Das **Fundamentalprinzip des Zählens** lautet dann allgemein:

> Sind n-gliedrige Sequenzen $a_1\, a_2\, a_3\, ...\, a_n$ zu bilden, und gibt es
> k_1 Besetzungen für die 1. Stelle a_1,
> k_2 Besetzungen für die 2. Stelle a_2,
> $\vdots$
> k_n Besetzungen für die n-te Stelle a_n,
> so gibt es insgesamt
> $k_1 \cdot k_2 \cdot k_3 \cdot ... \cdot k_n$
> verschiedene n-gliedrige Sequenzen.

Die *andere Sichtweise*: Die 3-gliedrigen Sequenzen $a_1\, a_2\, a_3$ aus dem Beispiel „Speisekarte" können als Ergebnis eines Versuchs (Experiments) „Menüzusammenstellung" gedeutet werden und in drei Teilversuche zerlegt gedacht werden: Vorspeisenwahl, Hauptgerichtwahl, Nachspeisenwahl. Die Teilversuche haben in der aufgeführten Reihenfolge 2, 3, 2 mögliche Ergebnisse.

Im Beispiel „Ziffernschloss" mit den vier Ringen können die 4-gliedrigen Sequenzen $a_1\, a_2\, a_3\, a_4$ als Ergebnis des Versuchs (Experiments) „Ziffernschlosseinstellung" angesehen werden. Hier wird der Versuch in vier Teilversuche (entsprechend der Anzahl der Ringe) zerlegt. Jeder dieser Teilversuche hat in diesem Beispiel sechs mögliche Ergebnisse.

Unter dieser Sichtweise lautet das **Fundamentalprinzip des Zählens**:

> Besteht ein Experiment aus n einfachen Teilversuchen, die unabhängig voneinander auszuführen sind, und gibt es
> k_1 mögliche Ergebnisse für den 1. Teilversuch,
> k_2 mögliche Ergebnisse für den 2. Teilversuch,
> $\vdots$
> k_n mögliche Ergebnisse für den n-ten Teilversuch,
> dann hat das zusammengesetzte Experiment insgesamt
> $k_1 \cdot k_2 \cdot k_3 \cdot ... \cdot k_n$
> verschiedene mögliche Ergebnisse.

Der Beweis des Fundamentalprinzips des Zählens wird über vollständige Induktion geführt (Aufgabe 24 im Abschnitt 2.8.6).

Didaktische Anmerkungen

1. Das Fundamentalprinzip des Zählens heißt auch „Allgemeines Zählprinzip der Kombinatorik" oder „Produktregel" oder „Multiplikationsregel" der Kombinatorik.

2. Bei Anwendung des Fundamentalprinzips des Zählens spielt die Reihenfolge der Besetzung der Stellen bzw. der Teilexperimente keine Rolle. Die Plätze können in beliebiger Reihenfolge besetzt bzw. die Teilexperimente in beliebiger Reihenfolge durchgeführt werden. Im Beispiel „Speisekarte" kann man z. B. auch zuerst die Nachspeise, dann die Vorspeise und dann erst das Hauptgericht auswählen, und im Beispiel „Ziffernschloss" ist es völlig egal, welchen der vier Ringe ich als ersten, zweiten, dritten oder vierten einstelle.

3. Die Beispiele „Turmbau" und „Ziffernschloss" weisen schon auf Unterschiede bezüglich der Auswahl hin, die im nächsten Abschnitt ausführlich behandelt werden. Bezeichnen wir beim „Turmbau" die schwarzen, weißen, roten Legosteine mit s, w und r, so können sich in den 3-gliedrigen Sequenzen (als Symbol für einen Turm) die drei Zeichen s, w und r nicht wiederholen. In jeder 3-gliedrigen Sequenz tritt jedes Zeichen genau einmal auf (vgl. später: Permutationen *ohne* Wiederholung). Beim „Ziffernschloss" mit den vier Ringen kann an jeder Stelle einer 4-gliedrigen Sequenz $a_1\, a_2\, a_3\, a_4$ (zur Kennzeichnung der Zifferneinstellungen bei den vier Ringen) eine der Ziffern 1, 2, 3, 4, 5 oder 6 stehen. In einer 4-gliedrigen Sequenz können hier also die Zeichen 1, 2, 3, 4, 5, 6 mehrfach auftreten, z. B.: 1 1 1 1 oder 2 1 6 6 (vgl. später: Permutationen *mit* Wiederholung).

2.8.3 Kombinatorische Figuren

Im Folgenden wenden wir das allgemeine Zählprinzip auf besondere Auswahlsituationen an, für die spezifische Ausdrücke verwendet werden. Man spricht

- von Permutationen und Kombinationen (gelegentlich auch noch von Variationen) jeweils mit bzw. ohne Wiederholungen
- oder auch (auf dem Hintergrund des Urnenmodells) von geordneten bzw. ungeordneten (Stich-)Proben jeweils mit bzw. ohne Zurücklegen der gezogenen Kugeln.

Ganz allgemein spricht man von kombinatorischen Figuren.

Verschiedene Sichtweisen führen zu unterschiedlichen Sprachregelungen. Am Beispiel der Permutationen ohne Wiederholungen werden wir einige erläutern.

Permutationen ohne Wiederholung – Geordnete (Stich-)Proben ohne Zurücklegen

Fall 1: *n-Permutationen ohne Wiederholung aus n Zeichen (Elementen)*

Beispiel 2.21

Gegeben sind drei Objekte a_1, a_2 und a_3, die wir zunächst

- als Zeichen eines Alphabets a_1, a_2, a_3 oder
- als Elemente einer Menge $\{a_1, a_2, a_3\}$

auffassen. Wir fragen, wie viele verschiedene Anordnungen (Zusammenstellungen) der drei Objekte a_1, a_2, a_3 es gibt, wenn in jeder Anordnung jedes Objekt genau einmal vorkommt, d. h. jedes Objekt muss vorkommen, und es darf sich aber nicht wiederholen. Es ergeben sich die folgenden sechs Möglichkeiten der Anordnung (Reihenfolge):

$$
\begin{array}{ccc|ccc}
a_1 & a_2 & a_3 & a_2 & a_3 & a_1 \\
a_1 & a_3 & a_2 & a_3 & a_1 & a_2 \\
a_2 & a_1 & a_3 & a_3 & a_2 & a_1
\end{array}
$$

Jede der angegebenen sechs Zusammenstellungen (Anordnungen) nennt man

- eine *geordnete 3-gliedrige Sequenz aus den drei Zeichen* a_1, a_2, a_3 *ohne Wiederholung* oder
- ein *Wort der Länge 3 aus den drei Zeichen* a_1, a_2, a_3 *ohne Wiederholung* oder
- eine *3-Permutation ohne Wiederholung aus den drei Zeichen* a_1, a_2, a_3.

Da jedes Zeichen/Element genau einmal auftreten muss, spricht man auch kurz von

- *Permutation ohne Wiederholung*
  (*permutare* lat.: vertauschen, umstellen).

Man kann auch jede der sechs Möglichkeiten des Beispiels als Tripel (3-Tupel) schreiben, z. B. (a_1, a_2, a_3) oder (a_3, a_2, a_1). Diese Schreibweise betont besonders die Beachtung der Reihenfolge.

Eine andere Sprechweise ergibt sich bei Zugrundelegung des *Urnenmodells*: Die drei Objekte werden als drei unterscheidbare Kugeln in einer Urne angesehen. Jede obige 3-Permutation ohne Wiederholung lässt sich dann folgendermaßen beschreiben: Nacheinander erfolgendes dreimaliges Ziehen von je einer Kugel aus der Urne mit drei unterscheidbaren Kugeln (z. B. hinsichtlich der Farbe) ohne Zurücklegen der jeweils gezogenen Kugel und unter Beobachtung der Reihenfolge der gezogenen Kugeln. Man sagt dann, es handelt sich um

- *eine geordnete (Stich-)Probe vom Umfang 3 ohne Zurücklegen aus einer Urne mit drei unterscheidbaren Kugeln.*

Ein weiterer Gesichtspunkt ergibt sich bei der Verwendung des Funktionen-begriffs *(Abbildungen)*. Dann handelt es sich bei der 3-Permutation der drei Objekte a_1, a_2, a_3 um eine

■ *bijektive Abbildung der Menge $\{a_1, a_2, a_3\}$ auf sich.*

Jede der genannten Sichtweisen (Anordnungen von n Zeichen, n-Tupel, Ur-nenmodell, Abbildungsgedanke) kann konsequent für *alle* in Betracht kom-menden kombinatorischen Figuren durchgezogen werden. Wir bevorzugen im Folgenden die Anordnung von Zeichen und das Urnenmodell. ■

Die *Anzahl* der 3-Permutationen ohne Wiederholung aus den drei Zeichen a_1, a_2, a_3 bestimmten wir oben durch systematisches Aufschreiben aller sechs Möglichkeiten. Bei einer beliebigen Anzahl von n Zeichen ist dieses Verfahren nicht immer praktikabel. Wir betrachten das

Beispiel 2.22
(Turmbau) Anhand des Baumdiagramms und des Kästchenmodells (es han-delt sich um das allgemeine Zählprinzip der Kombinatorik) bestimmten wir multiplikativ die Anzahl der Möglichkeiten, einen Dreierturm mit drei verschie-denen vorgegebenen Farben zu bauen, als

$$\boxed{3} \cdot \boxed{2} \cdot \boxed{1} = 6.$$

Die sechs verschiedenen Möglichkeiten brauchen wir dabei explizit nicht zu ken-nen. ■

Dieses Verfahren lässt sich auf n Zeichen (Elemente) übertragen. Zunächst geben wir die

Definition 2.4 (n-Permutation ohne Wiederholung aus n Zeichen)
Unter einer n-**Permutation ohne Wiederholung aus einer Menge von** n **Zeichen** (Elementen), versteht man jede Anordnung, die sämtliche n Zeichen (Elemente) in irgendeiner Reihenfolge genau einmal enthält (Kurzsprechweise: Permutation ohne Wiederholung).
Eine Permutation ohne Wiederholung aus einer Menge von n Zeichen bedeutet im Urnenmodell eine **geordnete (Stich-)Probe ohne Zurücklegen vom Umfang** n **aus einer Urne mit** n **unterscheidbaren Kugeln.** ◆

Der folgende Satz gibt Auskunft über die Anzahl aller Permutationen ohne Wiederholung.

Satz 2.9 (n-Permutation ohne Wiederholung aus n Zeichen)

Aus einer Menge von n Zeichen (Elementen) $a_1, a_2, \ldots, a_n$ kann man auf

$$n \cdot (n-1) \cdot (n-2) \cdot \cdots \cdot 3 \cdot 2 \cdot 1 = n!$$

verschiedene Arten geordnete n-gliedrige Sequenzen, in denen jedes der Zeichen $a_1, a_2, \ldots, a_n$ genau einmal vorkommt, bilden.
Im Urnenmodell lautet der Satz:
Aus einer Urne mit n unterscheidbaren Kugeln kann man auf

$$n \cdot (n-1) \cdot (n-2) \cdot \cdots \cdot 3 \cdot 2 \cdot 1 = n!$$

verschiedene Arten geordnete Proben ohne Zurücklegen vom Umfang n entnehmen.

Beweis: Der Beweis ergibt sich leicht mit Hilfe der allgemeinen Zählregel. Für n Elemente hat man n Kästchen zu zeichnen. Für das erste Kästchen gibt es n Belegungsmöglichkeiten, da ja noch n Elemente da sind. Für das zweite Kästchen gibt es dann nur noch $n-1$ Möglichkeiten, da nach der Belegung des ersten Kästchens nur noch $n-1$ Elemente vorhanden sind. So fährt man fort, bis man das letzte Kästchen erreicht hat. Hierfür gibt es dann nur noch eine Belegungsmöglichkeit durch das verbliebene Element. Für die Gesamtzahl der Möglichkeiten ergibt sich nach der allgemeinen Zählregel das Produkt

$$\boxed{n} \cdot \boxed{(n-1)} \cdot \boxed{(n-2)} \cdots \cdot \boxed{3} \cdot \boxed{2} \cdot \boxed{1}.$$

Für das Produkt $n \cdot (n-1) \cdot (n-2) \cdot \cdots \cdot 3 \cdot 2 \cdot 1$ der ersten n natürlichen Zahlen schreibt man abkürzend $n!$ und liest diesen Ausdruck „n Fakultät".

$\square$

Fall 2: *k-Permutationen ohne Wiederholung aus n Zeichen / Elementen*
Wir modifizieren die Fragestellung. Wir gehen wieder von n Zeichen / Elementen $a_1, a_2, \ldots, a_n$ aus und fragen jetzt nach der Anzahl der geordneten k-gliedrigen Sequenzen mit $k < n$, in denen jedes der n Zeichen $a_1, a_2, \ldots, a_n$ *höchstens* einmal vorkommt. Wir legen fest:

Definition 2.5 (k-Permutation ohne Wiederholung aus n Zeichen)
Gegeben seien n Zeichen. Jede geordnete k-gliedrige Sequenz $(k < n)$, in der jedes der n Zeichen *höchstens* einmal vorkommt, und bei denen Sequenzen als verschieden angesehen werden, die sich nur in der Reihenfolge der Anordnung ihrer Zeichen (Elemente) unterscheiden, heißt

- **k-Permutation ohne Wiederholung** unter Beobachtung der Reihenfolge **aus einer Menge von n Zeichen** (Elementen).

Im Urnenmodell spricht man in diesem Fall von

- **geordneter (Stich-)Probe ohne Zurücklegen vom Umfang k aus einer Urne mit n unterscheidbaren Kugeln** ($k < n$).

♦

Zur Berechnung der Anzahl aller k-Permutationen betrachten wir zunächst ein Beispiel.

Beispiel 2.23

(Geburtstagsproblem) Wie viele verschiedene Möglichkeiten gibt es, dass fünf aus einer Großstadt zufällig ausgewählte Personen an verschiedenen Wochentagen Geburtstag haben?

Lösung:

Da die Aufgabe keine einschränkenden Angaben enthält, gehen wir von sieben Wochentagen aus. Für die Person P_1 gibt es dann sieben Möglichkeiten, für die Person P_2 gibt es nur noch sechs Möglichkeiten (es sollen ja *verschiedene* Wochentage sein), für die Person P_3 gibt es noch fünf Möglichkeiten, für die Person P_4 gibt es noch vier Möglichkeiten und für die Person P_5 gibt es noch drei Möglichkeiten. Nach dem allgemeinen Zählprinzip gibt es dann insgesamt $7 \cdot 6 \cdot 5 \cdot 4 \cdot 3 = 2520$ Möglichkeiten, dass fünf Personen an verschiedenen Tagen Geburtstag haben. ∎

Diese beispielgebundene Strategie überträgt sich auf den allgemeinen Fall. Es gilt:

Satz 2.10 (k-Permutation ohne Wiederholung aus n Zeichen)

Aus einer Menge von n Zeichen (Elementen) $a_1, a_2, \ldots, a_n$ kann man auf

$$n \cdot (n-1) \cdot (n-2) \cdot \ldots \cdot (n-(k-1)) = \frac{n!}{(n-k)!}$$

verschiedene Arten geordnete k-gliedrige Sequenzen bilden, in denen jedes der Zeichen $a_1, a_2, \ldots, a_n$ höchstens einmal vorkommt.

Im Urnenmodell lautet der Satz:

Aus einer Urne mit n unterscheidbaren Kugeln kann man auf

$$n \cdot (n-1) \cdot (n-2) \cdot \ldots \cdot (n-(k-1)) = \frac{n!}{(n-k)!}$$

verschiedene Arten geordnete Proben ohne Zurücklegen vom Umfang k entnehmen.

Beweis: Unter Berücksichtigung der Vorgaben „Reihenfolge beachten" und „keine Wiederholungen" von Zeichen (Elementen) gibt es für die erste Stelle n Möglichkeiten, für die zweite nur noch $n-1$ Belegungsmöglichkeiten, ..., für die k-te Stelle $n - (k-1)$ Möglichkeiten. Nach dem allgemeinen Zählprinzip gibt es dann insgesamt

$$\boxed{n} \cdot \boxed{(n-1)} \cdot \boxed{(n-2)} \cdot \cdots \cdot \boxed{n-(k-1)}$$

Möglichkeiten. Durch Erweitern mit $(n-k)!$ erhält man

$$\frac{n \cdot (n-1) \cdot (n-2) \cdot \cdots \cdot (n-(k-1)) \cdot (n-k) \cdot \cdots \cdot 2 \cdot 1}{(n-k)!} = \frac{n!}{(n-k)!}$$

als leicht merkbaren Bruch für die gesuchte Anzahl.

$\square$

Didaktischer Hinweis

Im Prinzip ist die Unterscheidung zwischen n-Permutationen und k-Permutationen ohne Wiederholung nicht zwingend. Man braucht bei der Definition der k-Permutationen nur $k = n$ zuzulassen, dann erhält man die n-Permutationen. Bezüglich der Anzahlbestimmung steht für $n = k$ im Nenner des Bruches $\frac{n!}{(n-k)!}$ der Ausdruck 0! (gelesen: Null Fakultät). Da *per definitionem* 0! gleich 1 gesetzt wird, erhält man auch auf diesem Wege für die Anzahl der n-Permutationen die Zahl $n!$.

Mit diesen Hinweisen fassen wir die Ergebnisse der Sätze 1 und 2 über n-Permutationen und k-Permutationen ohne Wiederholung in der Sprache des Urnenmodells zusammen.

Satz 2.11 (Geordnete Probe ohne Zurücklegen)

Aus einer Urne mit n unterscheidbaren Kugeln kann man auf

$$n \cdot (n-1) \cdot (n-2) \cdot \cdots \cdot (n-(k-1)) = \frac{n!}{(n-k)!}$$

verschiedene Arten geordnete Proben ohne Zurücklegen vom Umfang k mit $k \leq n$ entnehmen.

Permutationen mit Wiederholung – Geordnete (Stich-)Proben mit Zurücklegen

In den bislang behandelten n-Permutationen trat jedes Element genau einmal auf, und in den k-Permutationen mit $k < n$ konnte jedes Element höchstens einmal auftreten. Die Wiederholung eines Elementes war jeweils unzulässig. Diese Einschränkung lassen wir jetzt fallen. Im Folgenden handelt es sich um Anzahlbestimmungen bei *geordneten Proben* (die Reihenfolge der Elemente wird berücksichtigt) *mit Zurücklegen* (die Elemente dürfen wiederholt auftreten).

Beispiel 2.24

(TOTO 13er Ergebniswette) Bei der 13er Wette im Fußballtoto sind Voraussagen über 13 Spiele zu machen. Für jedes der 13 Spiele gibt es drei Möglichkeiten zur Entscheidung, d. h. 3 Belegungsmöglichkeiten, nämlich: Heimsieg 1, Unentschieden 0 und Auswärtssieg 2 (siehe den folgenden Ausschnitt aus einem Toto-Zettel). Gegeben sind die drei Zahlen 1, 0, 2. Bei jedem der 13 Spiele muss genau eines dieser drei Zeichen angekreuzt werden. Das ist dann ein Tip. Die Tippreihe 1 im abgebildeten Totoschein heißt als 13-Tupel geschrieben (0, 2, 0, 0, 1, 2, 1, 1, 2, 1, 0, 1, 0). Schreiben wir die Tippreihe als 13-gliedrige Sequenz, so erhalten wir die Zeichenfolge 0 2 0 0 1 2 1 1 2 1 0 1 0.

Jedes der drei Zeichen 1, 0, 2 kann mehrfach auftreten, es kann aber auch gar nicht auftreten. Die Möglichkeit der Wiederholung ist also gegeben. Ferner spielt die Reihenfolge (Anordnung) der Zeichen eine Rolle. Denn die Reihenfolge der Spiele von 1 bis 13 entspricht genau vorher festgelegten Spielpaarungen. Wie viele Möglichkeiten gibt es, einen Tip abzugeben?

Hinweis: Toto ist ein Wettspiel, kein Glücksspiel wie z. B. Lotto.

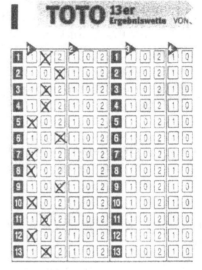

Für jedes der 13 Spiele gibt es 3 Entscheidungen (Belegungsmöglichkeiten), also nach der allgemeinen Zählregel insgesamt 1 594 323 Möglichkeiten:

$$3 \cdot 3 \cdot 3 \cdot 3 \cdot 3 \cdot 3 \cdot 3 \cdot 3 \cdot 3 \cdot 3 \cdot 3 \cdot 3 \cdot 3 = 3^{13} = 1594323.$$

∎

Im *allgemeinen* Fall sind n Zeichen $a_1, a_2, \ldots, a_n$ gegeben, und es werden k-gliedrige Sequenzen beobachtet, bei denen an jeder Stelle irgendeines der n Zeichen steht. Da jedes der n Zeichen mehrfach in der Sequenz auftreten kann, kann k größer als n sein, d. h. die Sequenz kann mehr Glieder haben als es Zeichen gibt.

Definition 2.6 (Permutation mit Wiederholung)

Gegeben seien n Zeichen $a_1, a_2, \ldots, a_n$. Jede k-gliedrige Sequenz, bei der an jeder Stelle irgendeines der n Zeichen steht, und bei denen Sequenzen als verschieden angesehen werden, die dieselben Zeichen in unterschiedlicher Reihenfolge enthalten, heißt

- **geordnete Sequenz (Wort) mit Wiederholung der Länge** k **aus** n **Zeichen** oder kurz **Permutation mit Wiederholung.**

Im Urnenmodell (Urne mit n Kugeln) entspricht einer Permutation mit Wiederholung

- eine **geordnete (Stich-)Probe mit Zurücklegen vom Umfang** k **aus einer Urne mit** n **unterscheidbaren Kugeln.**

◆

Anmerkung zum Urnenmodell
In der Urne befinden sich n unterscheidbare Kugeln. Es wird k-mal je eine Kugel gezogen mit der Maßgabe, dass die jeweils gezogene Kugel vor der nächsten Ziehung in die Urne zurückgelegt wird. Die Urne enthält also bei jeder Ziehung alle n Kugeln.

Für die Anzahl der Permutationen mit Wiederholung gilt in der Sprache des Urnenmodells

Satz 2.12 (Geordnete Probe mit Zurücklegen)
Aus einer Urne mit n unterscheidbaren Kugeln kann man auf

$$n^k$$

verschiedene Arten geordnete (Stich-)Proben mit Zurücklegen vom Umfang k entnehmen.

Beweis: Für jeden der k Plätze (Stellen), die die k gezogenen Kugeln einnehmen, gibt es n Belegungsmöglichkeiten, da jede der n unterscheidbaren Kugeln jeden Platz einnehmen kann. Nach der allgemeinen Zählregel folgt: Es gibt insgesamt

$$\underbrace{n \cdot n \cdot n \cdot n \cdot n \cdots \cdot n}_{k \text{ Faktoren}} = n^k$$

Möglichkeiten.   □

Kombinationen ohne Wiederholung – Ungeordnete (Stich-)Proben ohne Zurücklegen

Bei dieser kombinatorischen Figur spielt die Reihenfolge in der Anordnung der Elemente *keine* Rolle.

Beispiel 2.25
(Personenauswahl)
Aus fünf Personen sollen drei Personen ausgewählt werden. Wie viele Möglichkeiten gibt es?

Lösungsweg 1

Bezeichnen wir die Personen mit a_1, a_2, a_3, a_4 und a_5, so können wir (in diesem einfachen Fall) sofort durch systematisches Vorgehen die gesuchten dreigliedrigen Sequenzen explizit hinschreiben:

$$a_1\, a_2\, a_3, \quad a_1\, a_2\, a_4, \quad a_1\, a_2\, a_5, \quad a_1\, a_3\, a_4, \quad a_1\, a_3\, a_5, \quad a_1\, a_4\, a_5,$$
$$a_2\, a_3\, a_4, \quad a_2\, a_3\, a_5, \quad a_2\, a_4\, a_5, \quad a_3\, a_4\, a_5.$$

Es gibt also zehn Möglichkeiten.

Lösungsweg 2

Wir suchen einen eleganteren Weg unter Ausnutzung unserer bisherigen kombinatorischen Kenntnisse. Wir bestimmen zunächst die Anzahl der *Permutationen* ohne Wiederholung. Wir berücksichtigen also noch die Anordnung. Unter diesem Aspekt gibt es

$$\frac{5!}{(5-3)!} = 5 \cdot 4 \cdot 3 = 60$$

Möglichkeiten der Auswahl von drei aus fünf Personen. Diese Zählung berücksichtigt aber die Reihenfolge. Beispielsweise werden die sechs 3-gliedrigen Sequenzen

$$a_1\, a_2\, a_3, \quad a_1\, a_3\, a_2, \quad a_2\, a_1\, a_3, \quad a_2\, a_3\, a_1, \quad a_3\, a_1\, a_2, \quad a_3\, a_2\, a_1,$$

die sich durch Permutation aus den drei Zeichen a_1, a_2, a_3 ergeben, als verschieden angesehen. Sinngemäß ist es aber *eine* Auswahl, denn es handelt sich immer um dieselben drei Personen a_1, a_2 und a_3. Diese $3! = 6$ Möglichkeiten „fallen also zu einer zusammen", wenn die Anordnung nicht berücksichtigt wird. Als Stellvertreter für diese sechs Möglichkeiten haben wir im Lösungsweg 1 die 3-gliedrige Sequenz $a_1\, a_2\, a_3$ (mit aufsteigenden Indizes) angegeben. Analog gilt das für die anderen geordneten Auswahlen von drei Personen. Da man drei Elemente auf $3! = 6$ verschiedene Arten permutieren kann, fallen bei der ungeordneten (Stich-)Probe *je 3!* Sequenzen der geordneten (Stich-)Probe *zu einer* zusammen. Wir haben also die Anzahl

$$\frac{5!}{(5-3)!} = 60$$

der 3-gliedrigen Sequenzen, die die *Reihenfolge* der Zeichen berücksichtigen, durch $3! = 6$ zu teilen, um die Anzahl der 3-gliedrigen Sequenzen zu erhalten, die *nicht* mehr die Reihenfolge der Zeichen berücksichtigen:

$$\frac{5!}{(5-3)! \cdot 3!} = 10.$$

∎

Für den allgemeinen Fall mit n Zeichen legen wir fest:

Definition 2.7 (Kombination ohne Wiederholung)

Gegeben seien n Zeichen $a_1, a_2, \ldots, a_n$. Jede k-gliedrige Sequenz mit den Bedingungen,

- dass Sequenzen/Zusammenstellungen als gleich angesehen werden, die die gleichen Zeichen in verschiedener Anordnung enthalten, und
- dass sämtliche Zeichen in den Sequenzen voneinander verschieden sind (ohne Wiederholung)

heißt

■ **ungeordnete Sequenz ohne Wiederholung der Länge** k **aus** n **Zeichen/n Elementen**. Kurz nennt man eine solche Sequenz **Kombination ohne Wiederholung** (*combinare* (lat.): zusammenstellen, verbinden).

Im Urnenmodell entspricht einer Kombination ohne Wiederholung

■ eine **ungeordnete (Stich-)Probe ohne Zurücklegen vom Umfang** k **aus einer Urne mit** n **unterscheidbaren Kugeln**.

◆

Didaktische Anmerkung zum Urnenmodell
In einer Urne liegen n unterscheidbare Kugeln. Es wird k-mal nacheinander eine Kugel gezogen, ohne dass die jeweils gezogene Kugel in die Urne zurückgelegt wird. Da die Reihenfolge der gezogenen Kugeln keine Rolle spielt, kann man die k Kugeln auch gleichzeitig in *einem* Griff ziehen.

Für die Anzahl der Kombinationen ohne Wiederholung gilt in der Sprache des Urnenmodells

Satz 2.13 (Ungeordnete Probe ohne Zurücklegen)

Aus einer Urne mit n unterscheidbaren Kugeln kann man auf

$$\frac{n!}{(n-k)! \cdot k!} =: \binom{n}{k}$$

verschiedene Arten ungeordnete (Stich-) Proben ohne Zurücklegen (ohne Wiederholung) vom Umfang k mit $k \leq n$ entnehmen.

Bevor wir den Satz beweisen, geben wir eine *Erläuterung der Symbole*:
Sind $n, k \in \mathbb{N}$, so schreibt man für den Ausdruck $\frac{n!}{(n-k)! \cdot k!}$ *per definitionem* $\binom{n}{k}$, und man liest dieses Symbol als „n über k". Die Ausdrücke $\binom{n}{k}$ heißen *Binomialkoeffizienten* (siehe Kütting [100], Bd. 1, 105 – 108).

Für $n, k \in \mathbb{N}$ und $0 \leq k \leq n$ gilt:

$$\binom{n}{k} = \binom{n}{n-k}; \quad \binom{n}{0} = 1; \quad \binom{n}{1} = n; \quad \binom{n}{n} = 1.$$

Für $k > n$ ist *per definitionem* $\binom{n}{k}$ gleich 0. (Siehe auch Aufgabe 27 im Abschnitt 2.8.6).

Nun der **Beweis des Satzes**. Wir geben zwei Beweise an, die sich geringfügig (nämlich in der Blickrichtung) voneinander unterscheiden.

Beweis 1: Dieser Beweis ist dem Lösungsweg des einführenden Beispiels nachgebildet. Aus einer Menge von n unterscheidbaren Kugeln können auf

$$\frac{n!}{(n-k)!}$$

verschiedene Arten *geordnete* (Stich-)Proben ohne Wiederholung vom Umfang k gezogen werden (siehe Permutationen ohne Wiederholung). Da es aber auf die Reihenfolge nicht ankommt, fallen je k! der Stichproben zu einer zusammen. Es gibt also

$$\frac{n!}{(n-k)!} : k! \quad = \frac{n!}{(n-k)! \cdot k!}$$

verschiedene Arten für ungeordnete Stichproben ohne Wiederholung vom Umfang k.   □

Beweis 2: Wir bezeichnen die gesuchte Anzahl der ungeordneten (Stich-) Proben ohne Wiederholung vom Umfang k mit Z. *Jede ungeordnete* Stichprobe ohne Wiederholung vom Umfang k kann man gemäß der Formel für Permutationen ohne Wiederholung auf

$$k!$$

verschieden Arten anordnen (k-Permutationen von k Elementen). Das Produkt

$$Z \cdot k!$$

beschreibt also die Anzahl der geordneten Stichproben ohne Wiederholung vom Umfang k, die wir schon gemäß

$$\frac{n!}{(n-k)!}$$

berechnen können. Also gilt

$$Z \cdot k! = \frac{n!}{(n-k)!}; \quad Z = \frac{n!}{(n-k)! \cdot k!}.$$

□

Das klassische **Beispiel** für ungeordnete (Stich-)Proben ohne Zurücklegen ist das

Beispiel 2.26

(Zahlenlotto 6 aus 49) Lotto ist das populärste Glücksspiel,

- weil das Spiel sehr einfach ist (Kreuze machen),
- weil geringe Einsätze außerordentlich hohe Gewinne ermöglichen,
- weil bei den (meisten) Spielern eine völlige Fehleinschätzung ihrer Gewinnchancen vorliegt.

Im Lotto „6 aus 49"gibt es

$$\binom{49}{6} = 13\ 983\ 816$$

Möglichkeiten, 6 Kugeln aus 49 Kugeln zu ziehen. Die Kugeln, die sich in der Lostrommel (Urne) befinden, sind je mit einer der Zahlen von 1 bis 49 beschriftet. Die beschrifteten Kugeln entsprechen den 49 Zahlen auf dem Lottoschein (Spielschein). Für jeden Tip sind 6 Zahlen auf dem Spielschein anzukreuzen. Jede Übereinstimmung einer auf dem Lottoschein angekreuzten Zahl mit einer Zahl auf einer der 6 gezogenen Kugeln zählt als richtig. Auch wenn nach jeder Ziehung die Lottozahlen in aufsteigender Reihenfolge publiziert werden, so handelt es sich doch um eine ungeordnete Stichprobe. Für 6 Richtige ist eine von den 13 983 816 Möglichkeiten günstig, d. h. die Wahrscheinlichkeit für „6 Richtige" beträgt

$$\frac{1}{13983816} \approx 0,0000000715.$$

Die Gewinnklasse 1 ist z. Zt. festgelegt durch „6 Richtige *und* (richtige) Superzahl". Dabei ist die Superzahl, die 1991 eingeführt wurde, eine auf dem Spielschein aufgedruckte einstellige Ziffer von 0 bis 9. Durch diese Maßnahme verringert sich die Chance für einen Spitzengewinn (Gewinnklasse 1) auf ein Zehntel der Chancen für „6 Richtige" (das war die frühere Gewinnklasse 1), also auf fast 1:139 838 160. Der Spieler nimmt das nicht wahr und hofft auf sein Glück. Der Vorsitzende des Westlotto-Beirats K. D. Leister sagte anlässlich des 40. Geburtstages von Westlotto: „Lotto ist ein Glücksspiel. Seinen Erfolg verdankt es jedoch dem Umstand, dass Unzählige genau das bezweifeln" (zitiert nach *Westfälische Nachrichten* vom 09.10.1995).

Durch die Einführung der Superzahl sammeln sich im Lotto-Jackpot häufig nahezu astronomische Geldsummen, z. B. 20,4 Millionen Euro am Spieltag 12.03.2005. Das erhöht natürlich das Spielfieber. Zu wenig wird neben den geringen Gewinnchancen auch beachtet, dass beim Lotto die Höhe des evtl. Gewinns abhängig ist vom gesamten Spieleinsatz aller Spieler und von den jeweiligen Mitgewinnern in einer Gewinnklasse, mit denen geteilt werden muss. Jeder Spieler spielt gegen den Zufall *und* gegen alle anderen Mitspieler.

Durch Werbung für das Lotto wie „Wer Lotto kann, kann auch Lotto mit System", „Mit System spielen und gewinnen" werden unberechtigte Hoffnungen für das Glücksspiel Lotto geweckt. Das Wort System signalisiert planvolles Vorgehen, in Wirklichkeit hat man beim „Lotto mit System" durch das Ankreuzen von mehr als 6 Zahlen einen mathematischen Befehl erteilt. So hat man z. B. beim Vollsystem 013 durch das Ankreuzen von 13 Zahlen $\binom{13}{6} = 1716$ verschiedene Tipps abgegeben mit einem Spieleinsatz von zur Zeit 1716,00 Euro.

Berücksichtigt man noch die vielen anderen Glücksspiele wie z. B. Rubbellos, Spiel 77, Glücksspirale, Super 6, Roulett etc. und bedenkt, dass der Staat jährlich zwischen 4 und 5 Milliarden Euro (mit steigenden Tendenzen) durch Abgaben aus dem Glücksspiel einnimmt, so kann man sich vorstellen, dass die Spielleidenschaft außer Kontrolle geraten ist und Maßnahmen gegen die Krankheit „Glücksspielsucht" einzufordern sind. Der Mathematikunterricht könnte durch Vermittlung der Realität des Glücksspiels eine wirkungsvolle Therapie sein. Der Aufdruck „Glücksspiel kann süchtig machen!" auf den Lottoscheinen genügt nicht.

Im Rahmen dieser Darstellung beschränken wir uns auf diese Hinweise zum Lotto „6 aus 49", verweisen aber noch auf die Aufgaben 17, 18, 20 und 27 im Abschnitt 2.8.6, auf das Beispiel 4.10 im Abschnitt 4.3, auf die Aufgaben 9 und 10 im Abschnitt 5.5 und auf die zahlreiche Literatur zu diesem Thema. Einen Abriss zur historischen Entwicklung des Zahlenlottos und zahlreiche Aufgaben mit Lösungen zum Lotto „6 aus 49" findet man in [37], AS 1.

Kombinationen mit Wiederholung – Ungeordnete (Stich-)Proben mit Zurücklegen

Die letzte kombinatorische Figur führen wir an einem Beispiel ein, das zwar kaum der Realität entspricht, das aber die Zählstruktur für diese kombinatorische Figur sehr klar hervortreten lässt.

Beispiel 2.27
(Hotelzimmerbelegung)

In einem Hotel sind noch 5 Zimmer frei. Jedes der Zimmer ist ein Dreibettzimmer. Am Abend kommen noch drei Wanderburschen A, B und C. Wie viele Möglichkeiten hat der Hotelier, die Gäste unterzubringen, wenn jedem Gast per Zufall eines der 5 Dreibettzimmer zugewiesen wird und zugelassen wird, dass in einem Zimmer evtl. zwei oder gar drei Personen schlafen? Der Hotelier will nur wissen, welche Zimmer mit wie vielen Personen belegt sind.

Lösung

In einer Urne denken wir uns 5 unterscheidbare Kugeln, die mit den Ziffern 1, 2, 3, 4, 5 (für die 5 Zimmer) beschriftet sind. Es wird dreimal eine Kugel gezogen, die jeweils gezogene Kugel wird jeweils vor der nächsten Ziehung in die Urne zurückgelegt. In einer Tabelle notieren wir jeweils eine 1 unter die jeweilige gezogene Zimmernummer:

Zimmer Nr.				
1	**2**	**3**	**4**	**5**
	1	1		1
1			11	
1	11			

In Zeile 1 ist jeweils ein Gast in den Zimmern 2, 3, 5 untergebracht. Zeile 3 bedeutet: In Zimmer 1 ist ein Gast, in Zimmer 2 sind zwei Gäste. Wir könnten versuchen, systematisch alle Möglichkeiten aufzuschreiben. (Es gibt 35 Möglichkeiten.) Wir wollen einen Weg beschreiben, der unter Rückführung auf eine schon bekannte kombinatorische Figur zu einer Formel für die Anzahlbestimmung führt. Wir lösen uns von der Tabelle. Das geht aber nicht ohne weiteres, da dann in jeder Zeile dieselbe Sequenz aus drei Einsen steht: 111. Man kann so nicht erkennen, welche Zimmer belegt sind. Die in der Tabelle durch Striche voneinander getrennten Zimmer müssen erkennbar bleiben. Als Übergangsmarkierung wählen wir das Zeichen 0 (wir könnten auch Striche | setzen). Zur Trennung der fünf Zimmer (Kugeln, Zeichen) sind $5-1 = 4$ Trennungen, also vier Nullen erforderlich. Mit den drei Einsen zusammen entstehen also $(4+3)$ 7-gliedrige Sequenzen. Die in der Tabelle angegebenen Belegungen sind also durch folgende Zeichenfolgen eindeutig beschrieben:

$$0\ 1\ 0\ 1\ 0\ 0\ 1$$
$$1\ 0\ 0\ 0\ 1\ 1\ 0$$
$$1\ 0\ 1\ 1\ 0\ 0\ 0.$$

Umgekehrt liegt auch Eindeutigkeit vor. Sei etwa z. B. $0\ 1\ 1\ 1\ 0\ 0\ 0$ gegeben. Das bedeutet: Alle drei Personen sind in Zimmer 2 untergebracht.
Durch diesen „Trick" ist die Lösung gefunden. Wir brauchen nur noch zu fragen, an welchen Stellen die 4 Zeichen 0 stehen können. Das geht gemäß der letzten kombinatorischen Figur (Kombination ohne Wiederholung) auf

$$\binom{7}{4} = \frac{7!}{4! \cdot 3!} = \binom{7}{3} = 35$$

verschiedene Arten.   ∎

Für den allgemeinen Fall legen wir fest:

Definition 2.8 (Kombination mit Wiederholung)

Gegeben seien n Zeichen $a_1, a_2, \ldots, a_n$. Jede k-gliedrige Zusammenstellung aus diesen Zeichen mit den Bedingungen,

- dass Zusammenstellungen als gleich angesehen werden, die die gleichen Zeichen in verschiedener Anordnung enthalten, und
- dass in einer Zusammenstellung die einzelnen Zeichen (Elemente) wiederholt auftreten können,

heißt

- **ungeordnete Sequenz mit Wiederholung der Länge k aus n Zeichen** (Elementen). Man spricht kurz von **Kombination mit Wiederholung**.

Im Urnenmodell liegt eine Urne mit n unterscheidbaren Kugeln vor. Einer Kombination mit Wiederholung entspricht dann

- eine **ungeordnete (Stich-)Probe mit Zurücklegen vom Umfang k aus einer Urne mit n unterscheidbaren Kugeln.**

$\blacklozenge$

Anmerkung zum Urnenmodell

Es handelt sich um das k-malige Ziehen je einer Kugel ohne Berücksichtigung, in welcher Reihenfolge die Kugeln gezogen werden, aber mit Zurücklegen der jeweils gezogenen Kugel in die Urne, bevor eine weitere Kugel gezogen wird.

Für die Anzahlbestimmung gilt:

Satz 2.14 (Ungeordnete Probe mit Zurücklegen)

Aus einer Urne mit n unterscheidbaren Kugeln kann man auf

$$\binom{n+k-1}{k}$$

verschiedene Arten ungeordnete (Stich-)Proben mit Zurücklegen vom Umfang k entnehmen.

Beweis: Der Beweis greift das Verfahren im Beispiel auf. Durch den „Trick", in die $(n-1)$ Lücken der n Elemente (unterscheidbaren Kugeln) das Zeichen 0 zu setzen, entsteht eine andere Kombinationsaufgabe. Da jede Stichprobe vom Umfang k das Zeichen 1 k-mal liefert, entsteht eine Zeichenfolge aus $n+k-1$ Zeichen. Jede dieser Zeichenfolge ist festgelegt durch die $(n-1)$ Zeichen 0. Also gibt es

$$\binom{n+k-1}{n-1} = \frac{(n+k-1)!}{(n-1)! \cdot k!} = \binom{n+k-1}{k}$$

verschiedene Arten. $\qquad\square$

Hinweis: Man kann den Beweis auch durch vollständige Induktion über k führen.

Die kombinatorischen Figuren im Überblick

Im Urnenmodell stellen wir abschließend die verschiedenen kombinatorischen Figuren einheitlich zusammen:

Zusammenstellung der kombinatorischen Figuren/Anzahlen:

Ziehen von k Kugeln aus n Kugeln	ohne Zurücklegen	mit Zurücklegen
mit Berücksichtigung der Reihenfolge	Geordnete Stichprobe ohne Zurücklegen vom Umfang k aus n Elementen: $\frac{n!}{(n-k)!}$; $k \leq n$ Möglichkeiten. **Sonderfall:** $k = n$ Permutation ohne Wiederholung von n Elementen: $P_n = n!$ Möglichkeiten.	Geordnete Stichprobe mit Zurücklegen vom Umfang k aus n Elementen: n^k Möglichkeiten.
ohne Berücksichtigung der Reihenfolge	Ungeordnete Stichprobe ohne Zurücklegen vom Umfang k aus n Elementen: $\binom{n}{k}$; $k \leq n$ Möglichkeiten.	Ungeordnete Stichprobe mit Zurücklegen vom Umfang k aus n Elementen: $\binom{n+k-1}{k}$ Möglichkeiten.

Das Fundamentalprinzip des Zählens und die Zählregeln für die vier kombinatorischen Figuren gestatten in vielen Fällen, Laplace-Wahrscheinlichkeiten zu bestimmen.

2.8.4   Anwendungen der kombinatorischen Figuren

Häufig treten in der Kombinatorik spezielle Fragestellungen auf, die durch Rückgriff auf die bereits hergeleiteten kombinatorischen Figuren gelöst werden. Zwei spezielle Probleme sind in der Literatur unter dem Namen „Permutationen mit Wiederholung" bzw. „Permutationen mit Fixpunkten" bekannt. Zur Bestimmung der gesuchten Anzahlen werden geschlossene Ausdrücke hergeleitet. Diesen Fragen wenden wir uns im Folgenden zu.

Da in unserer Darstellung der Begriff „Permutationen mit Wiederholung" bereits belegt ist für „Geordnete Stichproben mit Zurücklegen", wählen wir für diese Fragestellung die Bezeichnung „k-stellige Sequenzen bei vorgegebenen Vielfachheiten".

k-stellige Sequenzen bei vorgegebenen Vielfachheiten

Beispiel 2.28

Gegeben seien die zwei Zeichen 7, 8. Wie viele 4-stellige Sequenzen, in denen das Zeichen 7 dreimal und das Zeichen 8 einmal auftritt, gibt es?

Lösungsweg 1

Durch einfaches Notieren findet man hier sofort die vier Sequenzen: 7778, 7787, 7877, 8777.

Um einen geschlossenen Ausdruck zur Bestimmung der Anzahl der gesuchten Sequenzen zu finden, macht man die 3 gleichen Zeichen 7 künstlich durch Anfügen von Indizes verschieden: 7_1, 7_2, 7_3. Die 4 jetzt unterscheidbaren Zeichen 7_1, 7_2, 7_3, 8 können auf 4! verschiedene Arten angeordnet werden (Permutationen ohne Wiederholung). Macht man jetzt die künstlich erzeugte Unterscheidbarkeit wieder rückgängig, so fallen je 3! = 6 Sequenzen zu einer zusammen, denn die Sequenzen, die sich nur durch die Indizes unterscheiden, fallen zu einer Sequenz zusammen. Beispiel: $7_1\,7_2\,7_3\,8$, $7_1\,7_3\,7_2\,8$, $7_2\,7_1\,7_3\,8$, $7_2\,7_3\,7_1\,8$, $7_3\,7_1\,7_2\,8$, $7_3\,7_2\,7_1\,8$} $\rightarrow$ 7778. Es muss also durch 3! geteilt werden. Man erhält als Lösung

$$\frac{4!}{3! \cdot 1!} = 4.$$

Lösungsweg 2

Die 4-stellige Sequenz stellt man sich als 4 Plätze (Kästchen) vor. Aus den 4 Plätzen wählt man 3 für die Zahl 7 aus. Das geht auf $\binom{4}{3}$ Möglichkeiten. Es bleibt ein Platz übrig für die Zahl 8. Dafür gibt es $1 = \binom{1}{1}$ Möglichkeit der Belegung. Also insgesamt $\binom{4}{3} \cdot \binom{1}{1} = 4$.   ∎

Für den allgemeinen Fall legen wir fest

Definition 2.9 (k-stellige Sequenz bei vorgegebenen Vielfachheiten)
Gegeben seien n Zeichen $a_1, a_2, \ldots, a_n$. Jede k-stellige Sequenz mit $k \in \mathbb{N}$, $k \geq 2$, in der das Zeichen a_i genau k_i mal $(k_i \geq 1)$ vorkommt $(1 \leq i \leq n)$ und für die gilt $k_1 + k_2 + k_3 + \ldots + k_n = k$, heißt k-**stellige Sequenz bei vorgegebenen Vielfachheiten.**

♦

Satz 2.15 (k-stellige Sequenz bei vorgegebenen Vielfachheiten)
Aus einer Menge von n Zeichen (Elementen) $a_1, a_2, a_3, \ldots, a_n$ kann man

$$\frac{k!}{k_1! \cdot k_2! \cdot k_3! \cdot \ldots \cdot k_n!}$$

k-stellige Sequenzen bilden, für die gilt: Das Zeichen a_i kommt genau k_i mal vor $(k_i \geq 1)$ für alle $1 \leq i \leq n$ und $\sum_{i=1}^{n} k_i = k$.

Beweis: Der Beweis kann auf den Grundideen der beiden Lösungswege des Beispiels geführt werden.

Der Beweis nach dem Lösungsweg 1:
Jedes Zeichen a_i ist k_i-mal vorhanden für jedes $i \in \{1, 2, \ldots, n\}$. Macht man die jeweils k_i nicht unterscheidbaren Zeichen künstlich unterscheidbar, so lassen sich die k unterscheidbaren Zeichen auf $k!$ Weisen anordnen. Da in der Ausgangssituation das Zeichen a_i aber k_i-mal vorhanden ist (die Zeichen a_i sind nicht unterscheidbar), müssen alle im Term $k!$ mitgezählten $k_i!$ Möglichkeiten der Zeichen a_i als eine Möglichkeit identifiziert werden, d. h. für jedes $i \in \{1, 2, \ldots, n\}$ muss $k!$ durch $k_i!$ dividiert werden:

$$\frac{k!}{k_1! \cdot k_2! \cdot k_3! \cdot \ldots \cdot k_n!}.$$

Es sei auch der Beweis nach dem Lösungsweg 2 skizziert:
Für die k-stellige Permutation sind k Plätze zu belegen. Aus den k Plätzen wählt man k_1 Plätze aus, die mit den Zeichen a_1 belegt werden. Es gibt $\binom{k}{k_1}$ Möglichkeiten. Dann wählt man aus den restlichen $k - k_1$ Plätzen k_2 Plätze aus, die mit dem Element a_2 belegt werden. Es gibt $\binom{k-k_1}{k_2}$ Möglichkeiten. Dieses Verfahren setzt man fort. Schließlich bleiben noch k_n Plätze für die k_n Zeichen a_n übrig. Insgesamt erhält man für alle Möglichkeiten

$$\binom{k}{k_1} \cdot \binom{k - k_1}{k_2} \cdot \binom{k - k_1 - k_2}{k_3} \cdot \ldots \cdot \binom{k - k_1 - k_2 - \ldots - k_{n-1}}{k_n}.$$

Durch Ausrechnen (vgl. Definition der Binomialkoeffizienten S. 146) erhält man

$$\frac{k!}{k_1! \cdot k_2! \cdot k_3! \cdot \ldots \cdot k_n!}.$$

□

Permutationen mit Fixpunkten – Rencontre-Problem

Beispiel 2.29

(Treize-Spiel) Gegeben sind 13 Karten, die mit den Zahlen $1, 2, 3, \ldots, 13$ durchnummeriert sind. Die Karten werden gut gemischt, und ein Spieler hebt eine Karte nach der anderen ab. Stimmt keine Kartenzahl mit der Ziehungsnummer überein, so gewinnt der Spieler, anderenfalls die Bank. Ist das Spiel fair?

Dieses Spiel wurde 1708 von Pierre de Montmort (1678 – 1719) vorgestellt. Es gehört zu den *problèmes des rencontres* (zufälliges Zusammentreffen), die seit dem 18. Jahrhundert in verschiedenen Versionen bekannt sind: Problem der vertauschten Briefe (nach Johann Heinrich Lambert, 1728 – 1777), Problem der vertauschten Jockeys, Problem der vertauschten Hüte, Paradoxa der Geschenke usw. Beim Paradoxon der Geschenke nimmt man an, dass n Personen einer Party einander beschenken wollen und bringen je ein Geschenk mit. Diese Geschenke werden eingesammelt, dann (gut) vermischt. Jede Person erhält dann rein zufällig ein Geschenk zurück. Wie groß ist die Wahrscheinlichkeit, dass niemand sein eigenes Geschenk erhält? Ursprünglich hatte man wohl danach gefragt, wie groß die Wahrscheinlichkeit ist, dass wenigstens eine Person das eigene Geschenk erhält.

Bei den anderen Einkleidungen dieses Problems hat man

n Briefe – n Briefumschläge,

n Jockeys – n Pferde,

n Herren – n Hüte,

n Ehepaare.

Man fragt dann z. B. nach der Wahrscheinlichkeit,

- dass bei zufälligem Zuordnen kein Brief (mindestens ein Brief) in den richtigen Briefumschlag kommt,
- dass bei Losentscheid kein Jockey (mindestens ein Jockey) sein eigenes Pferd reitet,
- dass bei zufälliger Rückgabe der Hüte durch die Garderobenfrau kein Herr (mindestens ein Herr) seinen eigenen Hut erhält,
- dass auf einer Tanzparty bei zufälliger Zuordnung der Herren zu den Damen keine Dame (mindestens eine Dame) mit ihrem Ehemann tanzt.

Beim Nachgehen dieser Fragen werden interessante Beziehungsgeflechte innerhalb der Mathematik sichtbar.

Stimmt beim Treize-Spiel die Ziehungsnummer mit der Zahl auf der Karte überein, so spricht man von einem *rencontre*. In der mathematischen Behandlung (es geht dabei um Permutationen) spricht man dann von einem Fixpunkt.

Zur Beantwortung der Frage im Treize-Spiel muss die Wahrscheinlichkeit berechnet werden, dass keine Kartenzahl mit der Ziehungszahl übereinstimmt, also kein *rencontre* vorliegt. Nur dann gewinnt ja der Spieler.

Wir wollen die Problemstellung sofort für beliebiges $n \in \mathbb{N}$ lösen, betrachten also beispielsweise n Karten und n Ziehungen bzw. n Personen und n Geschenke. Wir betrachten n Elemente $1, 2, 3, \ldots, n$ und fragen nach der Wahrscheinlichkeit, dass bei der Permutation dieser n Elemente kein Element an seiner ursprünglichen Stelle steht (die Permutation also fixpunktfrei ist). Wir beschreiben zwei unterschiedliche Lösungswege.

Lösungweg 1 für das Rencontre-Problem
Wir legen das Laplace-Modell zugrunde. Die n Elemente (Zahlen) können auf $n!$ verschiedene Möglichkeiten angeordnet werden (n-Permutation ohne Wiederholung aus n Zeichen). Die Zahl $n!$ ist die Gesamtzahl der möglichen Fälle. Sei $D(n)$ die Anzahl der Permutationen, bei denen kein Element an seiner ursprünglichen Stelle steht. Die Anzahl $D(n)$ bezeichnet also die Anzahl der für unser Ereignis günstigen Fälle.

Leonhard Euler (1707 – 1783) gab zur Bestimmung von $D(n)$ folgende Rekursionsformel an:

Satz 2.16 (Fixpunktfreie Permutationen I)
Sei $D(n)$ die Anzahl der fixpunktfreien Permutationen von n Elementen. Dann gilt:
$D(1) = 0,$
$D(2) = 1,$
$D(n) = (n - 1) \cdot (D(n - 2) + D(n - 1)),\ n \geq 3.$

Beweis: Platz n sei durch eine Zahl $k \neq n$ belegt. Hierfür stehen $n - 1$ Zahlen (Elemente) zur Verfügung, es gibt also hierfür $\boxed{n - 1}$ Möglichkeiten. Es sind noch die fixpunktfreien Möglichkeiten für die restlichen $n - 1$ Plätze zu bestimmen. Eine Klasseneinteilung löst diese Frage. In Klasse 1 wird Platz k mit der Zahl n belegt. Es verbleiben noch $n - 2$ Plätze, die ungleich n und ungleich k sind. Gemäß der Bedeutung des Symbols $D(n)$ gibt es für diese $n - 2$ Plätze $\boxed{D(n - 2)}$ fixpunktfreie Möglichkeiten zur Belegung. In Klasse 2 darf Platz k nicht mit n belegt werden. Es sind also $n - 1$ Plätze fixpunktfrei zu belegen. Hierfür gibt es $\boxed{D(n - 1)}$ Möglichkeiten. Für die Gesamtzahl erhält man dann gemäß des Fundamentalprinzips des Zählens in der Kombinatorik

$$D(n) = (n - 1) \cdot (D(n - 1) + D(n - 2)).$$

$\square$

Für die gesuchte Wahrscheinlichkeit fixpunktfreier Permutationen von n Elementen erhält man dann

$$P = \frac{D(n)}{n!}.$$

Für $n = 13$ (Treize-Spiel) folgt

$$P = \frac{D(13)}{13!} = \frac{2\,290\,792\,932}{6\,227\,020\,800} \approx 0,367879.$$

Die zu Anfang gestellte Frage, ob das Treize-Spiel fair ist, muss verneint werden, denn die Bank ist im Vorteil. Die Wahrscheinlichkeit für einen Gewinn beträgt für den Spieler nur $\approx 0,368$, für die Bank dagegen $\approx 0,632$ ($= 1 - 0,368$). Hinweis: In Aufgabe 11, Kapitel 5, Abschnitt 5.4, ist der Erwartungswert für die Anzahl der Fixpunkte für das Treize-Spiel zu bestimmen.

Die obige Notierung der Wahrscheinlichkeit mit sechs Stellen nach dem Komma mag den Leser an dieser Stelle zunächst überraschen. Doch bald eröffnet sich der Sinn dieser Angabe.   ∎

Diesen verborgenen Zusammenhang erkennt man leicht, wenn man für $D(n)$ eine weitere Rekursionsformel herleitet.

Aus der Rekursionsformel für $D(n)$ von Euler lässt sich leicht *eine weitere Rekursionsformel für $D(n)$* gewinnen.

Satz 2.17 (Fixpunktfreie Permutationen II)

Sei $D(n)$ die Anzahl der fixpunktfreien Permutationen von n Elementen. Dann gilt:

$$
\begin{aligned}
D(1) &= 0 \\
D(n) &= n \cdot D(n-1) + (-1)^n, \quad n \geq 2.
\end{aligned}
$$

Beweis: Aus der Gleichung $D(n) = (n-1) \cdot (D(n-1) + D(n-2))$ von Euler folgt

$$D(n) - n \cdot D(n-1) = -(D(n-1) - (n-1) \cdot D(n-2)). \qquad (2.1)$$

Für die linke Seite der Gleichung (1) schreiben wir abkürzend $d(n)$, für die rechte Seite entsprechend $-d(n-1)$. Also folgt

$$
\begin{aligned}
d(n) &= -d(n-1) = (-1) \cdot d(n-1) \\
d(n) &= (-1) \cdot (-1) \cdot d(n-2) = (-1)^2 \cdot d(n-2) \\
d(n) &= (-1)^3 \cdot d(n-3) \\
&\ \ \vdots \\
d(n) &= (-1)^{n-2} \cdot (d(n-(n-2)) = (-1)^{n-2} \cdot d(2).
\end{aligned}
$$

Nun ist $d(2) = D(2) - 2 \cdot D(2-1) = 1 - 2 \cdot 0 = 1 = (-1)^2$. Durch Einsetzen in die letzte Gleichung erhält man

$$d(n) = (-1)^{n-2} \cdot (-1)^2 = (-1)^n. \qquad (2.2)$$

Nach obigen Ausführungen gilt: $D(n) - n \cdot D(n-1) = d(n)$. Also folgt durch Einsetzen von (2) in diese Gleichung die Behauptung

$$D(n) = n \cdot D(n-1) + (-1)^n.$$

$\square$

Mit Hilfe von Satz 9 lassen sich leicht einzelne Werte $\frac{D(n)}{n!}$ berechnen. Die Ergebnisse führen zu einer interessanten Vermutung.

Da $D(n) = n \cdot D(n-1) + (-1)^n$, gilt

$$\frac{D(n)}{n!} = \frac{n \cdot D(n-1)}{n!} + \frac{(-1)^n}{n!}.$$

Konkret erhält man zum Beispiel

$$\frac{D(2)}{2!} = \frac{1}{2!}; \quad \frac{D(5)}{5!} = \frac{1}{2!} - \frac{1}{3!} + \frac{1}{4!} - \frac{1}{5!}$$

und kann die Vermutung aufstellen

$$\frac{D(n)}{n!} = \frac{1}{2!} - \frac{1}{3!} + \frac{1}{4!} - \frac{1}{5!} + \ldots + \frac{(-1)^n}{n!} \quad \text{für} \quad n \geq 2.$$

Der nächste Satz bestätigt die Vermutung.

Satz 2.18 (Fixpunktfreie Permutationen III)

Bezeichne $D(n)$ die Anzahl der fixpunktfreien Permutationen von n Elementen, so gilt

$$D(n) = n! \sum_{k=0}^{n} \frac{(-1)^k}{k!} \tag{$*$}$$

$$= n! \cdot (1 - \frac{1}{1!} + \frac{1}{2!} - \frac{1}{3!} + \ldots + \frac{(-1)^n}{n!}).$$

(Der *Beweis* erfolgt durch vollständige Induktion.)

Die Überraschung: Der Ausdruck $\sum_{k=0}^{n} \frac{(-1)^k}{k!}$ in $(*)$ stellt die ersten $n+1$ Summanden der Reihenentwicklung der Exponentialfunktion $e^x := \sum_{k=0}^{\infty} \frac{x^k}{k!}$ an der Stelle $x = -1$ dar:

$$e^{-1} = \frac{1}{e} = 1 - \frac{1}{1!} + \frac{1}{2!} - \frac{1}{3!} + \frac{1}{4!} - \frac{1}{5!} + \ldots + \frac{(-1)^n}{n!} \pm \ldots$$

(siehe Kütting [100], Bd. 2, 135ff). Die mit e bezeichnete Zahl heißt Eulersche Zahl, $e = 2,7182818\ldots$ Die Zahl e ist eine transzendente Zahl. Die Transzendenz von e bewies 1873 Ch. Hermite (1822 – 1901).

Das bedeutet: Die gesuchte Wahrscheinlichkeit $P = \frac{D(n)}{n!}$ konvergiert mit wachsendem n schnell gegen $\frac{1}{e} = 0,3678794\ldots$ Das erklärt, warum wir die gesuchte Wahrscheinlichkeit für fixpunktfreie Permutationen im Treize-Spiel so genau angegeben haben: $P = \frac{D(13)}{13!} = 0,367879$. Es sind exakt die ersten sechs Nachkommastellen von $\frac{1}{e}$.

Die Wahrscheinlichkeit, dass bei den Rencontre-Problemen mit n Elementen *mindestens* ein Fixpunkt auftritt, ist dann

$$P = 1 - \frac{D(n)}{n!}. \text{ Für } n \geq 6 \text{ hat man die gute Annäherung } P \approx 1 - \frac{1}{e} \approx 0,632.$$

Fragt man beim Paradoxon der Geschenke dagegen nach der Wahrscheinlichkeit, dass beim zufälligen Verteilen der n Geschenke unter den n Personen eine ganz *bestimmte* Person ihr eigenes Geschenk zurückerhält, so ist diese Wahrscheinlichkeit $\frac{1}{n}$. Mit $n \to \infty$ geht dieser Ausdruck gegen Null.

G. J. Székely kommentierte die zwei letzten Ergebnisse so: „Wie dieses Paradoxon zeigt, wird aus 'kleinen Bächen ein Fluß': Obwohl die Wahrscheinlichkeit für eine gegebene Person jeweils nur $\frac{1}{n}$ beträgt, ist sie für das Eintreten bei mindestens einer Person etwa $\frac{2}{3}$." (Székely [169], S. 31.)

Durch folgende Überlegungen gewinnen wir eine weitere Darstellung für $D(n)$. Es bezeichne $D(n, k)$ die Anzahl der Permutationen von n Elementen, bei denen k Elemente Fixpunkte sind, also nicht versetzt sind. Man erkennt sofort, dass gilt $D(n) = D(n, 0)$.

Satz 2.19 (Permutationen mit k Fixpunkten)
Bezeichne $D(n, k)$ die Anzahl der Permutationen von n Elementen mit k Fixpunkten. Dann gilt

$$D(n, k) = \frac{n!}{k!} \sum_{r=0}^{n-k} \frac{(-1)^r}{r!}.$$

Beweis: Die k Fixelemente können auf $\binom{n}{k}$ verschiedene Möglichkeiten aus den n Elementen ausgewählt werden. Die restlichen $n - k$ Elemente sind vertauscht. Die Anzahl der Möglichkeiten, aus $n - k$ Elementen fixpunktfreie Permutation herzustellen, beträgt $D(n - k)$. Nach dem Fundamentalprinzip des Zählens folgt

$$D(n, k) = \binom{n}{k} \cdot D(n - k).$$

Mit Satz 2.18 ergibt sich

$$D(n, k) = \binom{n}{k} \cdot (n - k)! \sum_{r=0}^{n-k} \frac{(-1)^r}{r!}$$

$$D(n, k) = \frac{n!}{k!} \sum_{r=0}^{n-k} \frac{(-1)^r}{r!}.$$

$\square$

Hinweis: Es gilt $\sum_{k=0}^{n} D(n, k) = n!$.

Die Zahlen $D(n, k)$ nennt man allgemein *Rencontre-Zahlen*:

k \ n	1	2	3	4	5	6
0	0	1	2	9	44	265
1	1	0	3	8	45	264
2		1	0	6	20	135
3			1	0	10	40
4				1	0	15
5					1	0
6						1
$\sum_{k=0}^{n} D(n,k)$	1	2	6	24	120	720

Lösungsweg 2 für das Rencontre-Problem

Wir wollen jetzt einen weiteren Lösungsweg für das Rencontre-Problem vor-
schlagen, der vom Additionssatz der Wahrscheinlichkeitsrechnung ausgeht. In
Abschnitt 2.6.2, Satz 2.5 formulierten wir die Allgemeine Additionsregel für
zwei beliebige Ereignisse A_1 und A_2:

$$P(A_1 \cup A_2) = P(A_1) + P(A_2) - P(A_1 \cap A_2).$$

Aufgabe 7a in Abschnitt 2.6.5, erweiterte den Satz auf drei beliebige Ereignisse
A_1, A_2, A_3:

$$P(A_1 \cup A_2 \cup A_3) = P(A_1) + P(A_2) + P(A_3) - P(A_1 \cap A_2) - P(A_1 \cap A_3)$$
$$- P(A_2 \cap A_3) + P(A_1 \cap A_2 \cap A_3).$$

Diese letzte Gleichung kann man kürzer schreiben als

$$P\left(\bigcup_{r=1}^{3} A_r\right) = \sum_{r=1}^{3} P(A_r) - \sum_{\substack{i<j \\ i,j \in \{1,2,3\}}} P(A_i \cap A_j) + P(A_1 \cap A_2 \cap A_3).$$

Eine Verallgemeinerung auf n Ereignisse ist der nachfolgende Satz, der Ausgangspunkt des Lösungswegs 2 ist.

Satz 2.20 (Allg. Additionssatz, Formel des Ein- und Ausschließens)
*Es seien (Ω, P) ein endlicher Wahrscheinlichkeitsraum und $A_1, A_2, A_3, \ldots, A_n$
$(n \geq 2)$ beliebige Ereignisse. Dann gilt*

$$P\left(\bigcup_{r=1}^{n} A_r\right) = \sum_{r=1}^{n} P(A_r) - \sum_{i<j} P(A_i \cap A_j) + \sum_{i<j<k} P(A_i \cap A_j \cap A_k) - + \ldots$$
$$\ldots + (-1)^{n-1} \cdot P(A_1 \cap A_2 \cap A_3 \cap \ldots \cap A_n).$$

Die Indizes laufen in jeder Summe von 1 bis n.

An dieser Stelle verzichten wir auf einen Beweis des Satzes und verweisen auf die Literatur, wo er auch als Satz von Sylvester oder als Satz von Poincaré oder als Siebformel bezeichnet wird. Wir wenden uns direkt der Lösung unseres Problems zu.

Sei A_r das Ereignis, dass das Element mit der Nummer r fix ist (Fixelement) – ohne Rücksicht darauf, was mit den anderen Elementen ist. Durch nachfolgende Anwendung des Allgemeinen Additionssatzes wird die Wahrscheinlichkeit bestimmt, dass *mindestens* ein Fixelement vorliegt (man beachte die „Oder-Verknüpfung" $\bigcup_{r=1}^{n} A_r$ der Ereignisse A_r).

Wir berechnen die einzelnen Summanden im Additionssatz

1. $\sum_{r=1}^{n} P(A_r)$.

   Bei n Elementen gibt es $n!$ Permutationen. Ist das Element mit der Nummer r fix, dann gibt es für die übrigen Elemente $(n-1)!$ Permutationen. Also ist $P(A_r) = \frac{(n-1)!}{n!} = \frac{1}{n}$. Die Summe $\sum_{r=1}^{n} P(A_r)$ hat $n = \binom{n}{1}$ Summanden $\frac{1}{n}$. Also gilt $\sum_{r=1}^{n} P(A_r) = \binom{n}{1} \cdot \frac{1}{n}$.

2. $\sum_{i<j} P(A_i \cap A_j)$.

   Wenn die Elemente i und j, $i \neq j$, Fixelemente sind, gibt es noch $(n-2)!$ Permutationen für die übrigen Elemente, also $P(A_i \cap A_j) = \frac{(n-2)!}{n!} = \frac{1}{(n-1) \cdot n}$. Die Summe $\sum_{i<j} P(A_i \cap A_j)$ besteht aus $\binom{n}{2}$ Summanden. Also gilt $\sum_{i<j} P(A_i \cap A_j) = \binom{n}{2} \cdot \frac{1}{n \cdot (n-1)}$.

3. $\sum_{i<j<j} P(A_i \cap A_j \cap A_k)$

   Wenn die drei verschiedenen Elemente i, j und k Fixelemente sind, dann gibt es noch $(n-3)!$ Permutationen für die übrigen Elemente, und es ist $P(A_i \cap A_j \cap A_k) = \frac{(n-3)!}{n!} = \frac{1}{n(n-1) \cdot (n-2)}$. Die Summe $\sum_{i<j<k} P(A_i \cap A_j \cap A_k)$ hat $\binom{n}{3}$ Summanden. Also gilt $\sum_{i<j<k} P(A_i \cap A_j \cap A_k) = \binom{n}{3} \cdot \frac{1}{n \cdot (n-1) \cdot (n-2)}$.

4. Analog verfährt man mit den anderen Summanden.

5. Der letzte Summand $P(A_1 \cap A_2 \cap A_3 \cap \ldots \cap A_n)$ ist gleich $\frac{1}{n!}$.

Dann gilt insgesamt für die Wahrscheinlichkeit, dass mindestens ein Fixelement existiert

$$P(\bigcup_{r=1}^{n} A_r) = \binom{n}{1} \cdot \frac{1}{n} - \binom{n}{2} \cdot \frac{1}{n(n-1)} + \binom{n}{3} \cdot \frac{1}{n(n-1) \cdot (n-2)} - + \ldots$$
$$\ldots + (-1)^{n-1} \cdot \frac{1}{n!}$$

$$P(\bigcup_{r=1}^{n} A_r) = 1 - \frac{1}{2!} + \frac{1}{3!} - + \ldots + (-1)^{n-1} \cdot \frac{1}{n!},$$

also erhalten wir das uns schon bekannte Ergebnis

$$P(\bigcup_{r=1}^{n} A_r) \approx 1 - \frac{1}{e} \approx 0,6321.$$

2.8.5 Vier-Schritt-Modell zur Lösung von Kombinatorikaufgaben – Ein didaktischer Aspekt

Kombinatorische Fragestellungen wie z. B. Anzahlbestimmungen, die bei Verwendung des Laplace-Modells in der Stochastik stets auftreten, bereiten erfahrungsgemäß dem Lernenden große Probleme bei den notwendigen Entscheidungen, welche kombinatorische Figur vorliegt und welche Belegungen für die Parameter in den Formeln vorzunehmen sind. Das nachfolgende Vier-Schritt-Modell kann hier eine Hilfe sein. Es sei vorweg gesagt, dass wir im Folgenden für die Kombinatorik-Figuren inhaltsbezogene Bezeichnungen verwenden. Wir sprechen von

- Sequenzen, bei denen sich die Elemente nicht wiederholen dürfen und die Reihenfolge der Elemente zu beachten ist. [Kürzel (oW|Rb)]
- Sequenzen, bei denen sich Elemente wiederholen und die Reihenfolge der Elemente zu beachten ist. [Kürzel (mW|Rb)]
- Sequenzen, bei denen sich die Elemente nicht wiederholen dürfen und die Reihenfolge der Elemente nicht zu beachten ist. [Kürzel (oW|Rnb)]
- Sequenzen, bei denen sich die Elemente wiederholen und die Reihenfolge der Elemente nicht zu beachten ist. [Kürzel (mW|Rnb)]
- Sequenzen, bei denen sich die Elemente mit vorgegebenen Anzahlen wiederholen müssen. [Kürzel (mW|vA)]

Eine Zuordnung dieser Sprechweisen zu den früher angeführten Sprechweisen ist unproblematisch:

(oW|Rb)	entspricht	Geordnete Proben ohne Zurücklegen
(mW|Rb)	entspricht	Geordnete Proben mit Zurücklegen
(oW|Rnb)	entspricht	Ungeordnete Proben ohne Zurücklegen
(mW|Rnb)	entspricht	Ungeordnete Proben mit Zurücklegen
(mW|vA)	entspricht	Sequenzen bei vorgegebenen Vielfachheiten

Beispiel 2.30

(**Supermarkt**) Im Supermarkt „Kaufrausch" gibt es folgendes Sonderangebot: Beim Kauf von sechs Joghurts der Firma „Joghuretta" bekommt man einen Sonderpreis, welcher deutlich unter dem sechsfachen Preis eines einzelnen Joghurts liegt. Bei der Wahl der sechs Joghurts kann man zwischen zehn vorhandenen Sorten frei wählen. Jede Sorte hat denselben Einzelpreis. Auf wie viele Arten ist die Nutzung dieses Sonderangebots möglich?

Die vier Schritte des Modells erläutern wir jeweils sofort am vorstehenden Beispiel.

Schritt 1

Es geht darum, für die konkret gegebene Aufgabe passende Sequenzen anzugeben, die als spezielle Lösungen möglich sind. Dieses ist ein nicht zu unterschätzender Schritt für das Verständnis und die Lösung der Aufgabe. Werden im Beispiel die zehn Sorten mit S1, S2, S3, S4, S5, S6, S7, S8, S9, S10 bezeichnet, so sind mögliche Einkäufe

Einkaufsbeispiel 1:	S1	S3	S5	S6	S7	S9
Einkaufsbeispiel 2:	S1	S2	S5	S8	S9	S10
Einkaufsbeispiel 3:	S3	S3	S6	S6	S8	S8
Einkaufsbeispiel 4:	S2	S2	S4	S4	S8	S8
Einkaufsbeispiel 5:	S4	S4	S4	S4	S4	S4
Einkaufsbeispiel 6:	S9	S7	S6	S5	S3	S1

Schritt 2

Es geht darum, entscheidende Grundfragen korrekt zu beantworten:

(K1) Sind in der Sequenz Wiederholungen von Elementen möglich? (ja/nein)

(K2) Ist die Reihenfolge der Elemente in der Sequenz zu beachten? (ja/nein)

(K3) Sind Vielfachheiten von Elementen vorgegeben? (ja/nein)

Mit Hilfe dieser drei Grundfragen kann man den folgenden *Entscheidungsbaum* durchlaufen, der so angelegt ist, dass man zu der kombinatorischen Figur geführt wird, mit deren Hilfe die Aufgabe zu lösen ist.

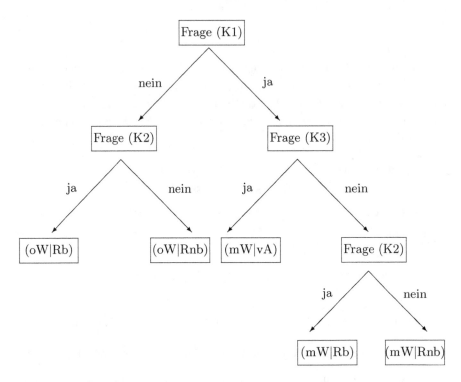

Im Beispiel ist Frage (K1) mit ja zu beantworten. Wiederholungen können auftreten. Man kommt im Flussdiagramm zu Frage (K3). Die Antwort auf diese Frage ist nein, denn Vielfachheiten einer Joghurtsorte sind nicht vorgegeben, sondern kommen zufällig zustande (evtl. durch persönliche Vorlieben des Käufers). Jetzt stellt sich Frage (K2). Diese Frage ist mit nein zu beantworten, denn es kommt nur darauf an, welche Joghurtsorten im Einkaufswagen sind, die Reihenfolge ist unwichtig. Es handelt sich also um die kombinatorische Figur $\boxed{mW|Rnb}$.

Schritt 3

Hier geht es um die Übertragung in ein Modell, um die Parameter n, k und gegebenenfalls die vorgegebenen Vielfachheiten k_i zu bestimmen. Im konkreten Beispiel sind n und k zu bestimmen, um die Anzahl A gemäß der Formel $A = \binom{n+k-1}{k}$ berechnen zu können.

Für das vorgegebene Beispiel ist das Urnenmodell ein adäquates Modell. In der Urne befinden sich zehn Kugeln $S1, S2, \ldots, S10$. Das bedeutet $n = 10$. Es wird sechsmal eine Kugel gezogen, wobei die jeweils gezogene Kugel vor der nächsten Ziehung in die Urne zurückgelegt wird. Also $k = 6$.

Schritt 4

Die Benutzung der Formel $A = \binom{n+k-1}{k}$ liefert die gesuchte Anzahl

$$\binom{10+6-1}{6} = 5005.$$

Die Schritte 2 und 3 sind die wesentlichen Schritte. Der Modellbildungsprozess in Schritt 3 ist nicht zu unterschätzen.

Bei anderen Aufgaben können bei Schritt 3 andere Modelle geeignet sein. So bietet sich in Aufgabe 14 a (rechtwinkliges Straßensystem) des folgenden Abschnitts 2.8.6 das Kästchenmodell an. Der Leser löse Aufabe 14 a nach dem Vier-Schritt-Modell.

2.8.6 Aufgaben und Ergänzungen

1. Wie groß ist die Wahrscheinlichkeit, dass fünf aus einer Großstadt zufällig ausgewählte Personen an verschiedenen Wochentagen Geburtstag haben?

2. Mit welcher Wahrscheinlichkeit zeigen sechs gleichzeitig geworfene Laplace-Würfel lauter verschiedene Ziffern?

3. Wie viele dreistellige Zahlen mit lauter verschiedenen Ziffern kann man aus den Ziffern 1, 2, 3 und 4 bilden?

4. **a)** Wie viele Diagonalen hat ein regelmäßiges n-Eck?

    b) Welches regelmäßige n-Eck hat dieselbe Anzahl von Diagonalen und Seiten?

5. Wie groß ist die Anzahl der Gebiete, in welche eine Ebene durch n Geraden zerlegt wird, wenn je zwei Geraden einen Schnittpunkt haben und keine drei der Geraden durch einen Punkt gehen? (Zerlegungsproblem von Jacob Steiner, 1796 – 1863, Schweizer Mathematiker).

6. Wie viele Teiler hat die Zahl 360?

7. Die Orte A und B sind durch vier verschiedene Wege verbunden, ferner führen vom Ort B drei Wege zum Ort C.

    a) Wie viele verschiedene Wege von Ort A über B nach C gibt es?

    b) Jemand möchte einen „Rundweg" machen: Von A über B nach C und von C über B nach A. Der Rückweg „von C über B nach A" soll aber in allen Teilabschnitten verschieden sein vom Hinweg „von A über B nach C". Zwei Rundwege werden als verschieden angesehen, wenn sie dieselben Teilabschnitte in unterschiedlicher Reihenfolge enthalten. Wie viele Rundwege gibt es?

8. Im Dezimalsystem sind aus den Ziffern 1, 2, 3, 7, 8 fünfstellige Zahlwörter zu bilden.

    a) Wie viele fünfstellige Zahlwörter gibt es?

    b) Wie viele Zahlwörter beginnen mit 781?

c)   Wie viele der Zahlwörter haben lauter verschiedene Ziffern?

9. Die in vielen Ländern eingeführte Blindenschrift (1825 von dem Franzo-
   sen Louis Braille, der seit dem 3. Lebensjahr selbst blind war, erfunden)
   benutzt für die Darstellung der Buchstaben und für die Abkürzung von
   Wortteilen bzw. Wörtern die bekannte Punktschrift. Die Zeicheneinheit im
   Blindenalphabet ist ein „Punkte-Sextett": Jede der sechs Stellen kann als
   erhabener Punkt (im Bild schwarz markiert) bzw. nicht erhabener Punkt
   dargestellt werden.

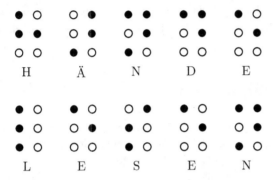

Wie viele Zeichen/Wortteile können (theoretisch) dargestellt werden?

10. Wie oft kann man in der Abbildung das Wort Zufall lesen, wenn man aus
    jeder Zeile von der obersten bis zur untersten Zeile genau einen Buchsta-
    ben auswählt, der „unmittelbar schräg" unter dem aus der vorhergehenden
    Zeile gewählten Buchstaben steht? (Hinweis: In der Abbildung sind zwei
    Möglichkeiten angegeben.)

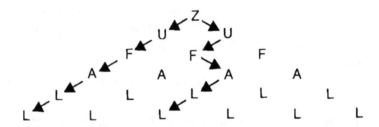

11. Wie groß ist die Wahrscheinlichkeit dafür, dass in einer Gruppe von 25
    Personen mindestens zwei am gleichen Tage des Jahres Geburtstag haben?

12. Ein Autofahrer verursacht einen Unfall und begeht Fahrerflucht. Heinz, der
    den Unfall beobachtet, will sich die Nummer des PKWs merken. Doch als
    er bei der Polizei aussagen will, weiß er mit Sicherheit nur noch, dass das
    Ortskennzeichen ST war, und dass ferner in dem Kennzeichen ein zwei-
    stelliges „Wort" aus den Buchstaben A und U und eine dreistellige Zahl
    aus den Ziffern 4, 5 und 9 vorkamen. Heinz ist sicher, dass jeder der zwei
    Buchstaben und jede der drei Ziffern genau einmal auftraten. Er weiß aber

weder bei den Buchstaben noch bei den Ziffern die Reihenfolge. Wie viele Wagen muss die Polizei überprüfen?

13. Auf wie vielen verschiedenen Wegen kann man in der Gartenanlage des Loire-Schlosses Villandry in Richtung der Pfeile von A nach S gehen?

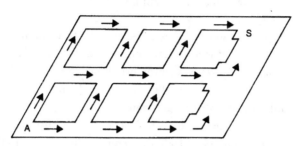

14. In R-Stadt kreuzen sich die Straßen rechtwinklig. Alle Straßen sind Einbahnstraßen. Diese verlaufen von Westen nach Osten und von Süden nach Norden.

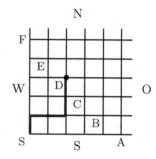

a) Wie viele Wege führen von S nach D?

b) Bestimmen Sie die Gesamtzahl der Wege von S nach A oder B oder C oder D oder E oder F.

c) Zu welchem der sechs Punkte A, B, C, D, E und F führen von S aus die meisten Wege?

15. In einer Urne befinden sich neun gleichartige Kugeln. Jede Kugel ist mit genau einer der Ziffern 1, 2, 3, 4, 5, 6, 7, 8, 9 beschriftet. Man zieht *gleichzeitig* zwei Kugeln.

a) Wie groß ist die Wahrscheinlichkeit, dass beide Kugeln eine ungerade Ziffer tragen?

b) Es sei jetzt vorausgesetzt, dass die Summe der Ziffern der beiden gezogenen Kugeln gerade ist. Wie groß ist dann die Wahrscheinlichkeit dafür, dass beide gezogenen Kugeln eine ungerade Ziffer tragen?

16. Beim Totospiel (siehe Beispiel 2.24) gibt es $3^{13} = 1\,594\,323$ Möglichkeiten, eine Tippreihe auszufüllen. Genau eine dieser Möglichkeiten hat für alle 13 Spiele die richtige Voraussage. Wir fragen, wie viele von den $1\,594\,323$ Tippreihen enthalten k Fehler ($k = 1, 2, \ldots, 13$)?

17. Wie groß ist die Wahrscheinlichkeit, im Lotto „6 aus 49" genau r Richtige zu haben? Ausführlicher formuliert: Wie groß ist die Wahrscheinlichkeit dafür, dass bei einer Lottoziehung am Ende genau r Übereinstimmungen mit einer vorliegenden Tippreihe vorhanden sind? Die Superzahl wird nicht berücksichtigt.

18. Wie groß ist die Wahrscheinlichkeit, dass beim Lotto „6 aus 49" beim Ziehen von 6 Kugeln aus den 49 Kugeln

  a) sechs gerade Zahlen,

  b) vier gerade und zwei ungerade Zahlen,

  c) wenigstens zwei benachbarte Zahlen (Zwillinge)

gezogen werden?

19. Auf wie viele Arten kann das Prüfungsamt acht Klausuren auf drei Prüfer A, B und C als Zweitgutachter verteilen, wenn der Prüfer A zwei Klausuren, die Prüfer B und C je drei Klausuren erhalten sollen?

20. Wie groß ist beim Lotto „6 aus 49" die Wahrscheinlichkeit, dass eine vorgegebene Zahl an dritter Stelle gezogen wird?

21. In einem Test sind acht von elf Fragen zu beantworten. Wie viele Wahlmöglichkeiten hat ein Student, wenn er die ersten drei Fragen beantworten *muss*?

22. Gegeben sei eine Menge M mit n Elementen: $|M| = n$.

  a) Wie viele Teilmengen mit k Elementen gibt es für $k = 0, 1, 2, \ldots, n$?

  b) Wie viele Teilmengen gibt es insgesamt?

23. Auf wie viele Arten kann man sieben Münzen von verschiedenen Werten auf zwei Geldbörsen verteilen?

24. Beweisen Sie mit Hilfe der vollständigen Induktion das Fundamentalprinzip des Zählens.

25. Beweisen Sie: a) $\binom{n}{k} = \binom{n}{n-k}$;   b) $\binom{n}{0} = 1$;   c) $\binom{n}{1} = n$;   d) $\binom{n}{n} = 1$.

26. Gegeben sind n Punkte in der Ebene, von denen keine drei auf einer Geraden liegen. Wie viele Verbindungsgeraden gibt es zwischen den n Punkten?

27. Hinweis zum Lotto: Seit 04.05.2013 gibt es die aus 49 Kugeln gezogene sog. Zusatzzahl, die bei der Festlegung der Gewinnklassen von Bedeutung war, nicht mehr. Die Festlegung der ab 04.05.2013 gültigen Gewinnklassen berücksichtigt die Superzahl, die aus den Zahlen $0, \ldots, 9$ gezogen wird: Klasse 1: 6 Richtige + Superzahl, Klasse 2: 6 Richtige. Analog sind die Gewinnklassen 3, 4, 5, 6, 7 und 8 für 5, 4 und 3 Richtige definiert. Neu ist die Klasse 9 mit 2 Richtigen + Superzahl und einem festen Gewinnbetrag von 5 Euro.

2.9   Endliche Wahrscheinlichkeitsräume (Teil 2)

2.9.1   Bedingte Wahrscheinlichkeit – Stochastische Unabhängigkeit von Ereignissen

Uns ist schon bekannt, wie man die Wahrscheinlichkeit eines Ereignisses berechnen kann, das durch die „Oder-Verknüpfung" aus anderen Ereignissen gebildet wird. Aussagen darüber machen Axiom 3, Satz 2.4 und

Satz 2.5. Bei der Berechnung $P(A \cup B) = P(A \text{ oder } B)$ gemäß Satz 2.5 „$P(A \cup B) = P(A) + P(B) - P(A \cap B)$" muss aber die Wahrscheinlichkeit $P(A \cap B)$ bekannt sein. Wir fragen: Wie kann $P(A \cap B)$ berechnet werden, wenn die Wahrscheinlichkeit $P(A \cap B)$ nicht *eo ipso* bekannt ist? *Unser* Weg zur Beantwortung dieser Frage führt uns über den Begriff der bedingten Wahrscheinlichkeit zu einer ersten Regel zur Berechnung von $P(A \cap B)$. Mit Hilfe des Begriffs der „Stochastischen Unabhängigkeit von Ereignissen" finden wir eine zweite Regel zur Berechnung von $P(A \cap B)$.

Bedingte Wahrscheinlichkeit

Zur *Motivation* der Definition der bedingten Wahrscheinlichkeit gehen wir von Beispielen aus. Wir betrachten sowohl Beispiele im Sinne der klassischen als auch der frequentistischen Wahrscheinlichkeit.

Beispiel 2.31

(Laplace-Modell) Zwei unterscheidbare Laplace-Spielwürfel werden einmal gleichzeitig geworfen. Der eine Würfel sei grün, der andere rot.

a) Wie groß ist die Wahrscheinlichkeit, dass die Augensumme aus den Augenzahlen beider Spielwürfel größer als 9 ist?

b) Wie groß ist die Wahrscheinlichkeit, dass die Augensumme größer als 9 ist, wenn man schon weiß, dass der grüne Würfel eine Augenzahl kleiner als 6 zeigt?

Lösung zu a): In den folgenden beiden Tabellen ist die Ergebnismenge Ω dargestellt. In der Tabelle links sind die Elemente von Ω als geordnete Paare aufgezeichnet, rechts sind die gebildeten Augensummen angegeben.

Sei A das Ereignis „die Augensumme ist größer als 9". Dann ergibt sich unter der Laplace-Annahme wegen $A = \{(4,6), (5,5), (5,6), (6,4), (6,5), (6,6), \}$, $|A| = 6$ und $|\Omega| = 36$ für das Ereignis A die Wahrscheinlichkeit $P(A) = \frac{|A|}{|\Omega|} = \frac{6}{36} = \frac{1}{6}$.

Lösung zu b)

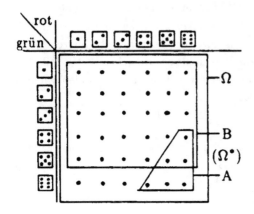

Die Bedingung B „der grüne Würfel zeigt eine Augenzahl kleiner als 6" reduziert die Anzahl der möglichen Fälle von ursprünglich 36 auf 30, denn es werden sinnvollerweise nur noch Fälle betrachtet, bei denen der grüne Würfel 1, 2, 3, 4 oder 5 zeigt. Von diesen 30 Fällen sind 3 Fälle günstig, nämlich (4,6), (5,5) und (5,6). (Siehe Tabellen unter a) und das unter b) angegebene Punktgitter).

Also ist die gesuchte Wahrscheinlichkeit $\frac{3}{30} = \frac{1}{10}$. Man nennt diese Wahrscheinlichkeit *bedingte Wahrscheinlichkeit* und schreibt dafür $P(A|B)$ bzw. $P_B(A)$. Der Ausdruck $P(A|B)$ bzw. $P_B(A)$ wird gelesen als P *von* A *unter der Bedingung* B. Also: $P(A|B) = \frac{1}{10}$. ∎

Der folgende Vergleich führt zu einer interessanten Feststellung. Im letzten Beispiel ist $(A \cap B) = \{(4,6), (5,5), (5,6)\}$, also $P(A \cap B) = \frac{3}{36}$. Ferner ist
$B = \{(1,1), (1,2), \dots, (1,6), (2,1), (2,2), \dots, (2,6), (3,1), (3,2), \dots, (3,6),$
$(4,1), (4,2), \dots, (4,6), (5,1), (5,2), \dots, (5,6)\}$
und damit $|B| = 30$. Also $P(B) = \frac{30}{36}$. Man stellt fest:

$$\boxed{\frac{P(A \cap B)}{P(B)}} = \frac{3}{36} : \frac{30}{36} = \frac{3}{30} = \frac{1}{10} = \boxed{P(A|B)},$$

d. h. die bedingte Wahrscheinlichkeit lässt sich als Quotient zweier Wahrscheinlichkeiten darstellen.

Der Hintergrund des Vorgehens wird deutlich: Ist eine Bedingung (ein Ereignis) $B \subseteq \Omega$ gegeben, so besitzt jedes Ereignis $\omega \in \Omega$, das zu $\bar{B}$ gehört, die Wahrscheinlichkeit $P(\{\omega\}|B) = 0$. Insgesamt ordnen wir also $\bar{B}$ unter der Bedingung B die Wahrscheinlichkeit 0 zu. Die Wahrscheinlichkeitsverteilung ist also auf B *konzentriert*, d. h. $P(B|B) = 1$. Da die Ergebnisse in Ω als gleichwahrscheinlich angesehen worden waren, liegt es nahe, auch die Ergebnisse aus B als gleichwahrscheinlich unter der bedingten Wahrscheinlichkeit anzusehen. Dadurch ergab sich $P(A|B) = \frac{|A \cap B|}{|B|}$ und durch Vergleich

$$P(A|B) = \frac{P(A \cap B)}{P(B)}, \quad \text{wenn } |B| \neq 0.$$

Etwas abstrakter lässt sich der Weg im Beispiel so beschreiben: Sei Ω die Ergebnismenge in einem Laplace-Wahrscheinlichkeitsraum und seien A und B Ereignisse mit $|B| \neq 0$. Dann gilt:

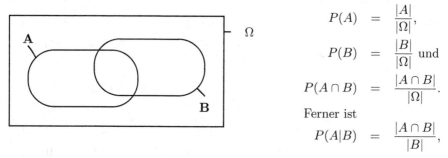

$$P(A) = \frac{|A|}{|\Omega|},$$

$$P(B) = \frac{|B|}{|\Omega|} \text{ und}$$

$$P(A \cap B) = \frac{|A \cap B|}{|\Omega|}.$$

Ferner ist

$$P(A|B) = \frac{|A \cap B|}{|B|},$$

denn wenn das Ereignis B vorausgesetzt wird, ist die Anzahl der möglichen Fälle gleich der Anzahl der für B günstigen Fälle, nämlich $|B|$. Und günstig sind die Fälle von A, die in B liegen. Insgesamt folgt

$$P(A|B) = \frac{|\Omega| \cdot P(A \cap B)}{|\Omega| \cdot P(B)} = \frac{P(A \cap B)}{P(B)}.$$

Im *Laplace-Modell* scheint also der Begriff der bedingten Wahrscheinlichkeit sinnvoll zu sein:

Sei $(\Omega, \mathcal{P}(\Omega), P)$ ein Laplace-Wahrscheinlichkeitsraum und $B \in \mathcal{P}(\Omega)$ ein Ereignis mit $P(B) > 0$, dann heißt

$$P(A|B) = \frac{P(A \cap B)}{P(B)} \quad \text{für jedes } A \in \mathcal{P}(\Omega)$$

die *bedingte Laplace-Wahrscheinlichkeit* von A unter der Bedingung B. Statt $P(A|B)$ schreibt man auch $P_B(A)$.

Dass auch ein Zugang zur bedingten Wahrscheinlichkeit mittels der relativen Häufigkeit möglich ist, wird am folgenden Beispiel verdeutlicht.

Beispiel 2.32
(**Modell „Relative Häufigkeit"**) Wir greifen zurück auf das Beispiel 1.2 (Wegen Vergehen im Straßenverkehr im Jahre 2007 in der Bundesrepublik Deutschland Verurteile, s. Abschnitt 1.2.2) und ergänzen die dort in der Tabelle angegebenen absoluten Häufigkeiten durch ihre relativen Häufigkeiten.

**Wegen Vergehen im Straßenverkehr im Jahre 2007
Verurteilte in der Bundesrepublik Deutschland**

	Jugendliche	Heranwachsende	Erwachsene	
Verurteilte mit Vergehen ohne Trunkenheit	5516	8832	80652	95000
	2,6 %	4,2 %	39,1 %	44,8 %
Verurteilte mit Vergehen in Trunkenheit	1424	9394	106028	116846
	0,7 %	4,4 %	50,0 %	55,2 %
	6940	18226	186680	211846
	3,3 %	8,6 %	88,1 %	100 %

Die relativen Häufigkeiten beziehen sich jeweils auf die Gesamtanzahl 211 846. Die relativen Häufigkeiten ändern sich, wenn man zusätzliche „Bedingungen" voraussetzt. Beträgt der Anteil der verurteilten Erwachsenen wegen Vergehen im Straßenverkehr in Trunkenheit bezogen auf das Gesamtkolletiv

$$\frac{106028}{211846} \approx 50 \ \%,$$

so ändert sich die Anteilsangabe, wenn man als Kollektiv nur die Erwachsenen betrachtet (letzte Spalte):

$$\frac{106028}{186680} \approx 56,8 \ \%.$$

Untersucht man das Sachumfeld nur unter der Bedingung „Verurteilte mit Vergehen im Straßenverkehr ohne Trunkenheit" (erste Zeile) und fragt nach dem Anteil der Erwachsenen, dann ändert sich der Stichprobenraum von ursprünglich 211 846 auf 95 000, und die relative Häufigkeit verurteilter Erwachsener mit Vergehen im Straßenverkehr ohne Trunkenheit beträgt unter diesem Aspekt (unter dieser Bedingung) nicht mehr 38,1 %, sondern 84,9 % ($\frac{80652}{95000}$).

Ähnlich wie bei der Laplace-Wahrscheinlichkeit von der bedingten Laplace-Wahrscheinlichkeit gesprochen wird, kann man hier von der *bedingten relativen Häufigkeit* sprechen, die wir mit $h_n(A|B)$ bezeichnen. Am Beispiel erkennt man, dass auch hier formal gilt:

$$h_n(A|B) = \frac{h_n(A \cap B)}{h_n(B)} \quad \text{mit} \quad h_n(B) \neq 0.$$

Denn unter der Bedingung B „Verurteilte mit Vergehen ohne Trunkenheit" beträgt die relative Häufigkeit für das Ereignis A „Erwachsener"

$$h_n(A|B) = \frac{80652}{95000} = \frac{80652}{211846} : \frac{95000}{211846} = \frac{h_n(A \cap B)}{h_n(B)}.$$

Man kann sich vom konkreten Beispiel lösen: Eine Versuchsserie bestehe aus n Versuchen. Hierbei möge das Ereignis A genau $H_n(A)$-mal aufgetreten sein, das Ereignis B genau $H_n(B)$-mal und das Ereignis $(A \cap B)$ genau $H_n(A \cap B)$-mal. Die Zahlen $H_n(A)$, $H_n(B)$ und $H_n(A \cap B)$ sind also die absoluten Häufigkeiten der Ereignisse A, B und $A \cap B$ in der Versuchsserie mit n Versuchen. Es sei $H_n(B) \neq 0$. Wir fragen nach dem Eintreten des Ereignisses A in der Teilversuchsserie der $H_n(B)$ Versuche, in denen B eingetreten ist. Das Ereignis A tritt in den $H_n(B)$ Versuchen genau dann auf, wenn der Durchschnitt $A \cap B$ eingetreten ist. D. h. für die bedingte relative Häufigkeit $h_n(A|B)$ gilt

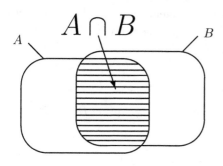

$$h_n(A|B) = \frac{H_n(A \cap B)}{H_n(B)}.$$

Es folgt (Division von Zähler und Nenner durch n):

$$h_n(A|B) = \frac{H_n(A \cap B)}{n} : \frac{H_n(B)}{n},$$

$$h_n(A|B) = \frac{h_n(A \cap B)}{h_n(B)}.$$

Diese Überlegungen machen deutlich, dass der Begriff der bedingten relativen Häufigkeit sinnvoll ist:

Unter der *bedingten relativen Häufigkeit* eines Ereignisses A unter der Bedingung B verstehen wir die relative Häufigkeit für A unter der Bedingung, dass das Ereignis B eingetreten ist. Hierfür schreiben wir $h_n(A|B)$. Es gilt:

$$h_n(A|B) = \frac{h_n(A \cap B)}{h_n(B)} \ , \text{ wenn } h_n(B) \neq 0.$$

Aufgrund von Erfahrungen (Empirisches Gesetz der großen Zahlen) „stabilisiert" sich die relative Häufigkeit $h_n(K)$ eines Ereignisses K bei wachsender Anzahl von Versuchen n um einen bestimmten (unbekannten) Wert, den wir als die Wahrscheinlichkeit $P(K)$ des Ereignisses bezeichnen. Wir sehen also $h_n(A \cap B)$ als Schätzwert für $P(A \cap B)$ an, ebenso $h_n(B)$ als Schätzwert für $P(B)$. Dann kann im Falle $P(B) > 0$ auch die bedingte relative Häufigkeit $h_n(A|B) = \frac{h_n(A \cap B)}{h_n(B)}$ als Schätzwert für $\frac{P(A \cap B)}{P(B)}$ angesehen werden. Diesen Quotienten $\frac{P(A \cap B)}{P(B)}$ nennt man die bedingte Wahrscheinlichkeit von A unter der Bedingung B und schreibt dafür $P(A|B)$ bzw. $P_B(A)$.

Nach diesen Motivationen definieren wir die bedingte Wahrscheinlichkeit für *endliche* Wahrscheinlichkeitsräume ganz analog.

Definition 2.10 (Bedingte Wahrscheinlichkeit)

Ist $(\Omega, \mathcal{P}(\Omega), P)$ ein endlicher Wahrscheinlichkeitsraum und B ein Ereignis mit $P(B) > 0$, so heißt

$$P(A|B) := \frac{P(A \cap B)}{P(B)} \text{ für jedes } A \in \mathcal{P}(\Omega)$$

die **bedingte Wahrscheinlichkeit** von A unter der Bedingung B. Statt $P(A|B)$ schreibt man auch $P_B(A)$.   ♦

Bei einem axiomatischen Aufbau der Stochastik gemäß den Axiomen von Kolmogoroff ist im weiteren Aufbau jetzt zu zeigen, dass die oben definierte bedingte Wahrscheinlichkeit auch eine Wahrscheinlichkeit im Sinne der Axiome ist. Man hat folgenden *Satz* zu beweisen.

Satz 2.21

Sei $(\Omega, \mathcal{P}(\Omega), P)$ ein endlicher Wahrscheinlichkeitsraum, und sei B ein Ereignis mit $P(B) > 0$. Dann ist die Funktion

$$P(*|B) : \mathcal{P}(\Omega) \longrightarrow \mathbb{R}^{\geq 0} \text{ mit } P(A|B) := \frac{P(A \cap B)}{P(B)},$$

die also jedem Ereignis $A \in \mathcal{P}(\Omega)$ die Wahrscheinlichkeit $P(A|B)$ zuordnet, ein Wahrscheinlichkeitsmaß auf $\mathcal{P}(\Omega)$.

Der Beweis ergibt sich, indem man zeigt, dass die Funktion $P(*|B)$ die drei Axiome von Kolmogoroff erfüllt (siehe Aufgabe 8, Abschnitt 2.9.4).

Didaktische Hinweise erleichtern das Verständnis des neuen Begriffs:

1. Es gilt

$$P(A|\Omega) = \frac{P(A \cap \Omega)}{P(\Omega)} = \frac{P(A)}{1} = P(A) \text{ für alle } A \in \mathcal{P}(\Omega),$$

d. h. die ursprünglichen Wahrscheinlichkeiten $P(A)$ sind auch bedingte Wahrscheinlichkeiten. Man spricht jedoch nur dann von bedingten Wahrscheinlichkeiten, wenn außer den für alle Ereignisse gemeinsamen Bedingungen noch weitere Bedingungen neu hinzutreten. Die bedingte Wahrscheinlichkeit zeigt auf, wie man mit neuen Informationen adäquat umgehen kann.

2. $A|B$ beschreibt keine Teilmenge von Ω, ist also kein Ereignis. $A|B$ tritt nie selbstständig, sondern nur in Verbindung von $P(A|B)$, der bedingten Wahrscheinlichkeit von A unter der Bedingung von B, auf. Die in der Schreibweise $P(A|B)$ verborgene Interpretationsschwierigkeit tritt bei der Schreibweise $P_B(A)$ nicht auf.

3. Für alle Ereignisse $A \neq \emptyset$ mit $P(A) > 0$ gilt $P(A|A) = 1$.
Begründung:

$$P(A|A) \;=\; \frac{P(A \cap A)}{P(A)} \quad \text{(gemäß Definition)}.$$

$$\text{Es folgt: } P(A|A) \;=\; \frac{P(A)}{P(A)} = 1.$$

4. Da in der Definition für $P(A|B)$ im Nenner $P(B)$ steht, ergibt $P(A|B)$ für $P(B) = 0$ keinen Sinn.

5. Wenn für die Ereignisse A und B mit $P(B) > 0$ gilt, dass $P(A \cap B) = 0$ ist, so ist $P(A|B) = 0$. (Folgt sofort aus der Definition der bedingten Wahrscheinlichkeit.)

6. Aus der Definitionsgleichung für die bedingte Wahrscheinlichkeit

$$P(A|B) = \frac{P(A \cap B)}{P(B)} \quad \text{für} \quad P(B) > 0$$

erhält man durch Multiplikation mit $P(B)$ eine *Multiplikationsregel* zur Berechnung der Wahrscheinlichkeit eines Ereignisses $A \cap B$:

$$P(A \cap B) = P(B) \cdot P(A|B) \quad \text{für} \quad P(B) > 0.$$

Da $(A \cap B) = (B \cap A)$ ist, gilt wegen der Symmetrie auch

$$P(A \cap B) = P(A) \cdot P(B|A) \quad \text{für} \quad P(A) > 0.$$

In Problemen kennt man häufig $P(B)$ und $P(A|B)$ bzw. $P(A)$ und $P(B|A)$. Die Multiplikationsregeln bieten also dann die Möglichkeit, die Wahrscheinlichkeit für das Ereignis $A \cap B$, dass sowohl A als auch B eintritt, zu berechnen.

7. Gemäß Hinweis 4 hat die bedingte Wahrscheinlichkeit $P(A|B)$ für $P(B) = 0$ keinen Sinn und entsprechend auch die bedingte Wahrscheinlichkeit $P(B|A)$ für $P(A) = 0$. Die folgende Überlegung zeigt, dass es dennoch sinnvoll ist, in den zwei Formen der Multiplikationsregel zu vereinbaren, dass $P(A \cap B)$ gleich 0 ist, falls $P(A)$ oder $P(B)$ gleich 0 ist. Wir wählen als Ausgangspunkt die Multiplikationsregel in der Form

$$P(A \cap B) = P(A) \cdot P(B|A).$$

Es gilt nämlich:

$$A \cap B \subseteq A, \text{ also } P(A \cap B) \leq P(A).$$

Andererseits ist $P(A \cap B) \geq 0$. Mit $P(A) = 0$ folgt

$$0 \leq P(A \cap B) \leq 0, \text{ d. h. } P(A \cap B) = 0.$$

Analog vollzieht man die Schritte bei der Multiplikationsregel

$$P(A \cap B) = P(B) \cdot P(A|B) \text{ mit } P(B) = 0.$$

Mit dieser Vereinbarung gilt also die **Multiplikationsregel**

(M) $P(A \cap B) = P(A) \cdot P(B|A) = P(B) \cdot P(A|B)$

für beliebige Ereignisse A und B.

Aus der Regel (M) für *zwei* Ereignisse erhält man durch sukzessives Hinzufügen jeweils eines weiteren Ereignisses die **Multiplikationsregel** für *endlich viele* Ereignisse $A_1, A_2, \ldots, A_n$:

(M) $P(A_1 \cap \cdots \cap A_n)$

$$= P(A_1) \cdot P(A_2|A_1) \cdot P(A_3|A_1 \cap A_2) \cdot \cdots \cdot P(A_n|A_1 \cap A_2 \cap \cdots \cap A_{n-1}).$$

Beispielsweise erhält man durch Hinzufügen von einem weiteren Ereignis zu zwei Ereignissen (es liegt der Fall $n = 3$ vor):

$$
\begin{aligned}
P(A_1 \cap A_2 \cap A_3) \;&=\; P((A_1 \cap A_2) \cap A_3) \\
&=\; P(A_1 \cap A_2) \cdot P(A_3|A_1 \cap A_2) \\
&=\; P(A_1) \cdot P(A_2|A_1) \cdot P(A_3|A_1 \cap A_2).
\end{aligned}
$$

Stochastische Unabhängigkeit

Es kann sein, dass $P(A|B) = P(A)$ ist.

Beispiel 2.33

Zwei unterscheidbare Laplace-Würfel (einer ist rot, einer ist grün) werden gleichzeitig einmal geworfen.

a) Wie groß ist die Wahrscheinlichkeit, dass die Augensumme größer als 9 ist?

b) Wie groß ist die Wahrscheinlichkeit, dass die Augensumme größer als 9 ist unter der Bedingung, dass der grüne Würfel 4 zeigt?

Lösung zu a): Sei A das Ereignis „die Augensumme ist größer als 9". Dann ist $P(A) = \frac{1}{6}$ (siehe Beispiel 2.31 a)).

Lösung zu b): Das Ereignis „grüner Würfel zeigt 4" (also die Bedingung) bezeichnen wir mit B. Dann gilt, wenn A wieder das Ereignis „die Augensumme ist größer als 9" bezeichnet,

$$P(A|B) = \frac{P(A \cap B)}{P(B)} = \frac{1}{36} : \frac{6}{36} = \frac{1}{6}.$$

Das Ereignis B bewirkt keine Änderung der Wahrscheinlichkeit für das Eintreten des Ereignisses A. Es gilt nämlich $P(A) = P(A|B) = \frac{1}{6}$.   ∎

Anmerkung: Im Beispiel 2.31 (Laplace-Modell b)) ist das nicht der Fall. Dort ist:

$$P(A) = \frac{1}{6} \neq \frac{1}{10} = P(A|B).$$

Immer dann, wenn $P(A|B) = P(A)$ gilt, geht die Multiplikationsregel (M) für zwei Ereignisse

$$P(A \cap B) = P(B) \cdot P(A|B)$$

über in

$$P(A \cap B) = P(B) \cdot P(A).$$

Das gibt Veranlassung, diese letzte Gleichung zur Definition der stochastischen Unabhängigkeit von zwei Ereignissen zu verwenden.

Definition 2.11 (Stochastische Unabhängigkeit von zwei Ereignissen)
Es sei $(\Omega, \mathcal{P}(\Omega), P)$ ein endlicher Wahrscheinlichkeitsraum. Die Ereignisse $A, B \in \mathcal{P}(\Omega)$ heißen **stochastisch unabhängig** genau dann, wenn gilt:

$$P(A \cap B) = P(A) \cdot P(B).$$

$\blacklozenge$

Diese Definition macht deutlich, dass stochastische Unabhängigkeit ein symmetrischer Begriff ist: Wenn das Ereignis A vom Ereignis B unabhängig ist, dann auch das Ereignis B vom Ereignis A.

Beim Übertragen des Begriffs der stochastischen Unabhängigkeit auf mehr als zwei Ereignisse fordert man, dass für *jede* Auswahl von *mindestens* zwei Ereignissen die Wahrscheinlichkeit des Durchschnitts dieser Ereignisse gleich dem Produkt ihrer Einzelwahrscheinlichkeiten ist.

Definition 2.12 (Stochastische Unabhängigkeit von n Ereignissen)
Die n Ereignisse A_1, A_2, A_3, ..., A_n eines endlichen Wahrscheinlichkeitsraumes $(\Omega, \mathcal{P}(\Omega), P)$ heißen genau dann **stochastisch unabhängig**, wenn für *jede* Auswahl von k Ereignissen A_{i_1}, A_{i_2}, A_{i_3}, ..., A_{i_k} aus der Menge $\{A_1, A_2, A_3, \ldots, A_n\}$ der gegebenen n Ereignisse die Gleichung

$$P(A_{i_1} \cap A_{i_2} \cap A_{i_3} \cap \cdots \cap A_{i_k}) = P(A_{i_1}) \cdot P(A_{i_2}) \cdot P(A_{i_3}) \cdot \cdots \cdot P(A_{i_k})$$

erfüllt ist. Hierbei ist k jede natürliche Zahl mit $1 < k \leq n$.

$\blacklozenge$

Beispiel 2.34
Gegeben seien drei Ereignisse A_1, A_2 und A_3. Gemäß Definition ist jede Teilmenge von mindestens zwei Ereignissen der Menge $\{A_1, A_2, A_3\}$ zu beachten. Die folgenden vier Gleichungen müssen bei stochastischer Unabhängigkeit der drei Ereignisse erfüllt sein:

$$P(A_1 \cap A_2) = P(A_1) \cdot P(A_2),$$
$$P(A_1 \cap A_3) = P(A_1) \cdot P(A_3),$$
$$P(A_2 \cap A_3) = P(A_2) \cdot P(A_3),$$
$$P(A_1 \cap A_2 \cap A_3) = P(A_1) \cdot P(A_2) \cdot P(A_3).$$

∎

Didaktische Hinweise erleichtern das Verständnis der Definition.

1. *Allein* aus der Gültigkeit der *einen* Gleichung

$$P(A_1 \cap A_2 \cap A_3 \cap \cdots \cap A_n) = P(A_1) \cdot P(A_2) \cdot P(A_3) \cdot \cdots \cdot P(A_n)$$

braucht nicht die stochastische Unabhängigkeit dieser Ereignisse A_1, A_2, A_3, ..., A_n zu folgen. Das zeigt das folgende **Beispiel**:
Einmaliges Würfeln mit zwei Laplace-Würfeln, von denen der eine rot und der andere grün ist. Wir definieren drei Ereignisse:
A := die Augenzahl auf dem roten Würfel ist größer als 4;
B := die Augensumme ist durch 3 teilbar;
C := die Augensumme ist durch 4 teilbar.
Mit (x, y) werden die Ergebnisse beschrieben, x bezeichnet die Augenzahl des roten Würfels, y die des grünen Würfels. Es gilt:
$A = \{(5, i) | i \in \{1, \ldots, 6\}\} \cup \{(6, i) | i \in \{1, \ldots, 6\}\}$,
also $|A| = 12$ und somit $P(A) = \frac{12}{36} = \frac{1}{3}$.
$B = \{(1, 2), (1, 5), (2, 1), (2, 4), (3, 3), (3, 6),$
$\qquad (4, 2), (4, 5), (5, 1), (5, 4), (6, 3), (6, 6)\}$,
also $|B| = 12$ und somit $P(B) = \frac{1}{3}$.
$C = \{(1, 3), (2, 2), (2, 6), (3, 1), (3, 5), (4, 4), (5, 3), (6, 2), (6, 6)\}$,
also $|C| = 9$ und somit $P(C) = \frac{9}{36} = \frac{1}{4}$.
Außerdem gilt

$$A \cap B \cap C = \{(6, 6)\}, \text{ also } P(A \cap B \cap C) = \frac{1}{36}.$$

Es gilt dann

$$P(A) \cdot P(B) \cdot P(C) = \frac{1}{3} \cdot \frac{1}{3} \cdot \frac{1}{4} = \frac{1}{36} = P(A \cap B \cap C).$$

Aber wegen

$$B \cap C = \{(6, 6)\}, \text{ also } P(B \cap C) = \frac{1}{36},$$

gilt

$$P(B) \cdot P(C) = \frac{1}{3} \cdot \frac{1}{4} = \frac{1}{12} \neq \frac{1}{36} = P(B \cap C),$$

d. h. B und C sind nicht stochastisch unabhängig. Damit sind die Ereignisse A, B und C *nicht* stochastisch unabhängig.

2. Die stochastische Unabhängigkeit von n Ereignissen impliziert die stochastische Unabhängigkeit jedes Ereignis*paares*. Umgekehrt kann man aber nicht von der *paarweisen* stochastischen Unabhängigkeit von n Ereignissen auf die stochastische Unabhängigkeit der n Ereignisse schließen. Das auf *Bernstein* (Serge Netanowitsch Bernstein, russischer Mathematiker, 1880 – 1968) zurückgehende **Beispiel des gefärbten Tetraeders** macht dies leicht einsichtig. Von den vier Flächen eines Tetraeders sei eine rot, eine blau, eine grün und die vierte Fläche mit allen drei Farben bemalt. Es seien A: das Tetraeder fällt auf eine Fläche mit roter Farbe, B: das Tetraeder fällt auf eine Fläche mit blauer Farbe, C: das Tetraeder fällt auf eine Fläche mit grüner Farbe. Dann ist $P(A) = \frac{1}{2}$, denn von den vier möglichen Fällen tragen zwei rote Farbe (Anwendung der Laplace-Wahrscheinlichkeit). Ebenso findet man sofort

$$P(A) = P(B) = P(C) = \frac{1}{2},$$
$$P(A \cap B) = P(A \cap C) = P(B \cap C) = \frac{1}{4}.$$

Die Ereignisse A, B und C sind also paarweise stochastisch unabhängig. Ferner gilt $P(A \cap B \cap C) = \frac{1}{4}$, denn nur eine von den vier Flächen trägt alle drei Farben. Es gilt aber *nicht*

$$P(A \cap B \cap C) = P(A) \cdot P(B) \cdot P(C),$$

denn
$$P(A) \cdot P(B) \cdot P(C) = \frac{1}{2} \cdot \frac{1}{2} \cdot \frac{1}{2} = \frac{1}{8} \neq \frac{1}{4}.$$

Die Ereignisse A, B und C sind also nicht stochastisch unabhängig.

3. Bei n Ereignissen A_1, A_2, ..., A_n sind zum Nachweis ihrer stochastischen Unabhängigkeit gemäß Definition $2^n - 1 - n$ Gleichungen auf ihre Gültigkeit zu überprüfen (siehe Aufgabe 10 in Abschnitt 7.4).

4. Der Begriff der stochastischen Unabhängigkeit darf nicht mit dem Begriff der Unvereinbarkeit verwechselt werden. Die Unvereinbarkeit von Ereignissen ist rein *mengentheoretisch* definiert: So heißen z. B. zwei Ereignisse A und B unvereinbar genau dann, wenn $A \cap B = \emptyset$ (d. h. die den Ereignissen A und B entsprechenden Mengen sind disjunkt). Bei der Definition der stochastischen Unabhängigkeit geht dagegen wesentlich das zugrundeliegende *Wahrscheinlichkeitsmaß* ein: So heißen z. B. zwei Ereignisse A und B stochastisch unabhängig genau dann, wenn gilt $P(A \cap B) = P(A) \cdot P(B)$.

5. Stochastische Unabhängigkeit ist ein theoretischer Begriff. Wenn man davon spricht, dass ein Ereignis (eine „Bedingung") B „keinen wahrscheinlichkeitstheoretischen" Einfluss auf ein Ereignis A hat, so sollte das in der Wirklichkeit nicht mit „keinen realen" Einfluss indentifiziert werden. Andererseits kann man umgekehrt häufig aufgrund der Aufgabenstruktur oder inhaltlichen Bedeutung bei *Anwendungen* Ereignisse als stochastisch unabhängig ansehen und z. B. bei zwei Ereignissen A und B zur Berechnung von $P(A \cap B)$ die Gleichung $P(A \cap B) = P(A) \cdot P(B)$ verwenden. Im Modellbildungsprozess macht man dann die *Annahme* der stochastischen Unabhängigkeit der Ereignisse. So wird man beispielsweise bei einer „getrennten" Wiederholung eines Versuches die sich ergebenden Ereignisse als stochastisch unabhängig voneinander ansehen, wie z. B. beim mehrmaligen Drehen eines Glücksrades oder beim mehrfachen Werfen eines Würfels.

Statt von „getrennten" Experimenten spricht man häufig auch von „unabhängigen" Experimenten. Dietrich Morgenstern schlug vor, bei wirklichen Experimenten in diesem Zusammenhang besser von „getrennten" Experimenten zu sprechen. Als Handhabungsregel könnte etwa die Formulierung dienen: „Getrennten" Experimenten der Wirklichkeit entsprechen „unabhängige" Wahrscheinlichkeitsbelegungen (Morgenstern, D. [122], 36).

Die unter Punkt 5 angesprochene Thematik greifen wir im nächsten Abschnitt über Bernoulli-Ketten wieder auf.

Didaktische Hinweise für Baumdiagramme

1. In Aufgaben zur Stochastik besteht das Zufallsexperiment häufig aus Teilexperimenten, oder man kann sich ein Zufallsexperiment aus Teilexperimenten zusammengesetzt denken. Diese Teilexperimente bezeichnet man auch als *Stufen* im Gesamtexperiment. Man spricht dann allgemein von *mehrstufigen Experimenten*, im Grenzfall auch von einstufigen Experimenten.

    Beispiele: Bei der Behandlung der Additionspfadregel lernten wir ein- und zweistufige Experimente kennen

    – Ein Würfel wird einmal geworfen (einstufiges Experiment),
    – Eine L-Münze wird zweimal nacheinander geworfen (zweistufiges Experiment),
    – das Knobelspiel „Schere-Papier-Stein" kann adäquat in zwei Teilexperimente (1. Kind und 2. Kind) zerlegt werden (zweistufiges Experiment).

    Weitere **Beispiele**

    – Dreimaliges Werfen einer Münze (dreistufiges Experiment),
    – Auswahl einer Urne und nachfolgend einmalige Ziehung einer Kugel aus der ausgewählten Urne (zweistufiges Experiment),

– gleichzeitiges Werfen einer Münze und eines Würfels (zweistufiges Experiment durch gedankliches Hintereinanderausführen: 1. Stufe Münzwurf, 2. Stufe Würfelwurf).

Bei der Verwendung von Baumdiagrammen zur Darstellung der Experimente auf ikonischer Ebene ergeben sich dann einstufige oder mehrstufige Baumdiagramme. Bei jeder Verzweigung beginnt eine neue Stufe.

2. Im Folgenden erläutern wir kurz, wie im Zusammenhang mit der Multiplikationsregel und der bedingten Wahrscheinlichkeit in einfachen Fällen das Baumdiagramm Verwendung finden kann.

Beispiel 2.35

(Urnenwahl – Kugelziehung) Drei gleichartige Urnen (Gefäße) A, B und C enthalten gleichgroße Holzkugeln, und zwar enthält Urne A sechs weiße (W) und vier schwarze (S) Kugeln, Urne B fünf weiße (W) und zwei schwarze (S) Kugeln, Urne C acht weiße (W) und drei schwarze (S) Kugeln. Durch Zufall wird eine Urne ausgewählt und dann aus der ausgewählten Urne durch Zufall eine Kugel gezogen.

a) Wie groß ist die Wahrscheinlichkeit, Urne A auszuwählen *und* daraus eine schwarze Kugel zu ziehen?

b) Wie groß ist (generell) die Wahrscheinlichkeit $P(S)$, ein schwarze Kugel zu ziehen?

Lösung: Es handelt sich um einen zweistufigen Versuch:
1. Urnenwahl, 2. Wahl der Kugel.

Aufgrund der Angaben in der Aufgabe ist die Annahme einer Laplaceverteilung gerechtfertigt. Die an den Wegstrecken stehenden Zahlen sind die so berechneten Wahrscheinlichkeiten.

Lösung zu a): Das gefragte Ereignis $A \cap S$ (gelesen: A und S) ist durch den obersten Weg – Ⓐ – Ⓢ im Baumdiagramm realisiert. Man muss über A nach S. Da 3 Urnen zur Wahl stehen, kommt man mit der Wahrscheinlichkeit $\frac{1}{3}$ nach A. Mit der Wahrscheinlichkeit $\frac{4}{10}$ kommt man von A nach S. (4 von 10 Kugeln sind nämlich schwarz.) Insgesamt kommt man nach S über A mit der Wahrscheinlichkeit $\frac{4}{10}$ von $\frac{1}{3}$, d. h. mit der Wahrscheinlichkeit $\frac{4}{10} \cdot \frac{1}{3} = \frac{4}{30}$. Um die Wahrscheinlichkeit eines Ereignisses am Ende eines Weges (im Bsp.: – Ⓐ – Ⓢ) zu erhalten, multipliziert man also die Wahrscheinlichkeiten an den Kanten (Streckenzügen) des Weges miteinander:

$$P(A \cap S) = \frac{1}{3} \cdot \frac{4}{10} = \frac{4}{30} = \frac{2}{15}.$$

Wir zeichnen ein Baumdiagramm.

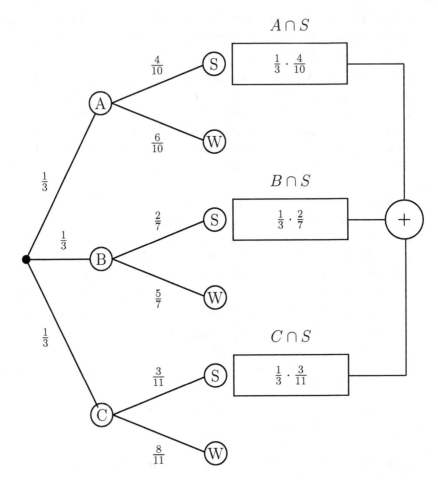

Lösung zu b): Fragt man in der Aufgabe generell nach der Wahrschein-lichkeit $P(S)$, eine schwarze Kugel zu ziehen, so hat man die Wegwahr-scheinlichkeiten für die Wege – Ⓐ – Ⓢ , – Ⓑ – Ⓢ und – Ⓒ – Ⓢ zu berechnen (jeweils durch Multiplikation der Kantenwahr-scheinlichkeiten) und dann die erhaltenen drei Wahrscheinlichkeiten nach der Additionspfadregel zu addieren. Also:

$$P(S) = \frac{1}{3} \cdot \frac{4}{10} + \frac{1}{3} \cdot \frac{2}{7} + \frac{1}{3} \cdot \frac{3}{11} = \frac{2}{15} + \frac{2}{21} + \frac{1}{11} \approx 0,32.$$

∎

Beispiel 2.36
(Gewinnlos) In einem Hut befinden sich 5 Lose, von denen genau 1 Los ein Gewinnlos ist. 5 Kinder sollen nacheinander je ein Los ziehen. Die gezogenen Lose werden nicht zurückgelegt. Die Kinder können sich nicht über die Reihenfolge, in der sie ein Los aus dem Hut ziehen, einigen. Was halten Sie von diesem Streit?

Lösungsweg 1:

Wir zeichnen ein Baumdiagramm. Mit G_k wird das Ereignis bezeichnet, dass beim k-ten Zug der Gewinn gezogen wird. $\bar{G}_k$ sei das Gegenereignis zu G_k. An die Kanten (Strecken) schreiben wir jeweils die Wahrscheinlichkeiten. Es entsteht ein fünfstufiges Baumdiagramm.

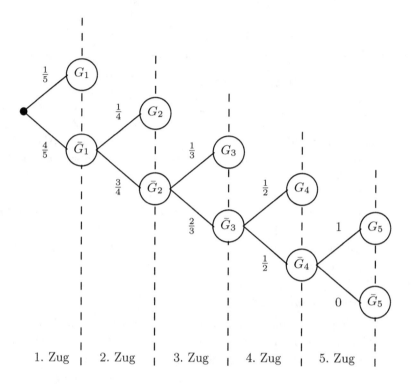

1. Zug   2. Zug   3. Zug   4. Zug   5. Zug

Die Wahrscheinlichkeit, dass beim 1. Zug der Gewinn gezogen wird, ist $\frac{1}{5}$. Entsprechend ist die Wahrscheinlichkeit, keinen Gewinn zu ziehen, $\frac{4}{5}$. Nach dem 1. Zug befinden sich noch 4 Lose im Hut. Wurde im 1. Zug nicht der Gewinn gezogen, dann ist unter dieser Bedingung beim 2. Zug die Wahrscheinlichkeit für einen Gewinn $\frac{1}{4}$ und für eine Niete $\frac{3}{4}$. Analog berechnet man die entsprechenden Wahrscheinlichkeiten bei den anderen Zügen. Sie sind im obigen Baumdiagramm an die Kanten geschrieben. Um nach G_2 zu gelangen, muss man im Baumdiagramm den Weg von der Wurzel über $\bar{G}_1$ nach G_2 gehen, d. h. die Wahrscheinlichkeit $\frac{4}{5}$ für das Eintreten von $\bar{G}_1$ und die Wahrscheinlichkeit $\frac{1}{4}$ für das Ereignis G_2 unter der Bedingung von $\bar{G}_1$ sind zu berücksichtigen. Im Baumdiagramm gelangt man mit der Wahrscheinlichkeit $\frac{4}{5}$ zu $\bar{G}_1$ und von dort mit der Wahrscheinlichkeit $\frac{1}{4}$ zu G_2. Insgesamt kommt man also mit der Wahrscheinlichkeit

$$\left(\frac{1}{4} \text{ von } \frac{4}{5}\right) = \frac{1}{4} \cdot \frac{4}{5} = \frac{1}{5}$$

zu G_2. Nach derselben Überlegung berechnet man die Wahrscheinlichkeiten für G_3, G_4 und G_5. Man verfolgt jeweils den Weg am Baumdiagramm und multipliziert die an den Kanten (Strecken) stehenden Wahrscheinlichkeiten miteinander. Also:

$$P(G_1) = \frac{1}{5},$$

$$P(\bar{G}_1 \cap G_2) = \frac{4}{5} \cdot \frac{1}{4} = \frac{1}{5},$$

$$P(\bar{G}_1 \cap \bar{G}_2 \cap G_3) = \frac{4}{5} \cdot \frac{3}{4} \cdot \frac{1}{3} = \frac{1}{5},$$

$$P(\bar{G}_1 \cap \bar{G}_2 \cap \bar{G}_3 \cap G_4) = \frac{4}{5} \cdot \frac{3}{4} \cdot \frac{2}{3} \cdot \frac{1}{2} = \frac{1}{5},$$

$$P(\bar{G}_1 \cap \bar{G}_2 \cap \bar{G}_3 \cap \bar{G}_4 \cap G_5) = \frac{4}{5} \cdot \frac{3}{4} \cdot \frac{2}{3} \cdot \frac{1}{2} \cdot 1 = \frac{1}{5}.$$

Ein überraschendes Ergebnis. Der Streit ist unbegründet. Alle Kinder haben dieselbe Chance, sie ziehen mit der gleichen Wahrscheinlichkeit $\frac{1}{5}$ das Gewinnlos. ∎

Diese Überlegungen und dieses Vorgehen lassen sich als eine *Multiplikationspfadregel* zur Bestimmung der Wahrscheinlichkeit eines Ereignisses, das durch die „Und-Verknüpfung" aus anderen Ereignissen gebildet wird, formulieren.

Multiplikationspfadregel

Bei einem mehrstufigen Zufallsexperiment erhält man die Wahrscheinlichkeiten der einzelnen Ergebnisse, indem man die Wahrscheinlichkeiten längs eines Pfades, der zu einem Ergebnis gehört, miteinander multipliziert.

Lösungsweg 2:
Dieser Lösungsweg ist eleganter. Man betrachte alle 5-Tupel der fünf Lose A, B, C, D und G, da die Reihenfolge der gezogenen Lose eine Rolle spielt. G bezeichne das Gewinnlos. Nun gibt es genau so viele 5-Tupel mit G an i-ter Stelle ($i = 2, 3, 4, 5$) wie mit G an *erster* Stelle. Die Wahrscheinlichkeit, dass G an einer bestimmten Stelle gezogen wird, ist also $\frac{1}{5}$, unabhängig von der Nummer dieser Stelle.

Varianten zum Beispiel „Gewinnlos"
Wie groß ist die Wahrscheinlichkeit, dass beim Lotto „6 aus 49" eine vorgegebene Zahl an erster Stelle, an zweiter Stelle, ... an sechster Stelle gezogen wird? (Lösung: Stets ist die Wahrscheinlichkeit $\frac{1}{49}$).
Eine weitere Variante wird in Aufgabe 27, Abschnitt 2.9.4, formuliert.
Die beobachtete große Fehlerhäufigkeit beim Lösen derartiger Aufgaben liegt vielleicht darin begründet, dass die a-priori-Einschätzung der Chancen verwechselt wird mit der Chancen-*Neu*verteilung im Laufe der Zie-

hungen. Man sollte sich also nicht von vordergründigen Überlegungen zu Fehlschlüssen verleiten lassen.

3. In bestimmten Situationen erscheint es günstig, das Baumdiagramm zu „ergänzen" oder zu „verkürzen". So kann man bei der „Ziehung ohne Zurücklegen" von Kugeln aus einer Urne die Urnen, aus denen jeweils auf der vorliegenden Stufe eine Kugel gezogen wird, zum besseren Verständnis in das Baummdiagramm einzeichnen.

Beispiel 2.37

In einer Urne befinden sich acht gleichartige Kugeln, davon sind fünf schwarz (S) und drei rot (R). Man zieht blind eine Kugel aus der Urne und legt die gezogene Kugel nicht in die Urne zurück. Dann zieht man noch einmal eine Kugel. Wie groß ist die Wahrscheinlichkeit, zwei rote Kugeln zu ziehen?

Lösung: In das zweistufige Baumdiagramm wird zur Unterstützung des Lösungsweges die Urne mit ihrem jeweiligen Inhalt eingezeichnet.

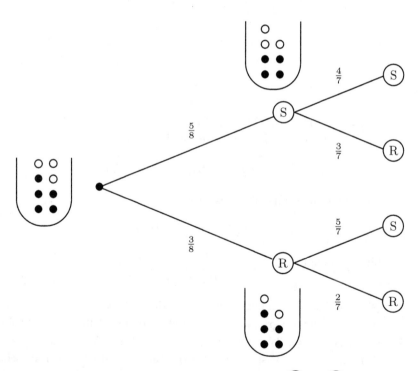

Das gefragte Ereignis ist durch den untersten Weg – (R) – (R) realisiert:

$$P(R \cap R) = \frac{3}{8} \cdot \frac{2}{7} = \frac{3}{28}.$$

Man kann sich bei der Lösung von Aufgaben auch auf die Wiedergabe des jeweils in Frage kommenden Teils des Baumdiagramms beschränken. Man erhält ein „verkürztes" Baumdiagramm, im einfachsten Fall ein *Weg*diagramm wie für obiges Beispiel (zwei rote Kugeln): Man zeichnet nur den untersten Weg des Baumdiagramms.   ■

Im Zusammenhang mit der Multiplikationsregel $P(A \cap B) = P(A) \cdot P(B|A)$ lässt sich am Baumdiagramm eine interessante Beziehung aufzeigen.

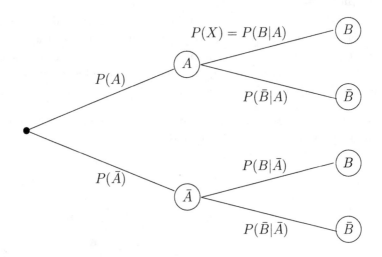

Der oberste Pfad – Ⓐ – Ⓑ kennzeichnet an seinem Ende das Ereignis $(A \cap B)$. Nach der Multiplikationspfadregel ergibt sich

$$P(A \cap B) = P(A) \cdot P(X).$$

Zieht man die Multiplikationsregel

$$P(A \cap B) = P(A) \cdot P(B|A)$$

hinzu, so folgt

$$P(X) = P(B|A)$$

(siehe obiges Baumdiagramm), d. h. im zweistufigen (allgemein: mehrstufigen) Baumdiagramm treten bereits bedingte Wahrscheinlichkeiten auf.

4. Der unter Punkt 3 herausgearbeitete Aspekt gibt Veranlassung, noch einmal auf zwei der Beispiele zur Multiplikationspfadregel zurückzuschauen:

   – Im Beispiel 2.35 (Urnenwahl – Kugelziehung) ist die Wahrscheinlichkeit, eine schwarze Kugel zu ziehen, unter der Bedingung, dass man die Urne A gewählt hat, $\frac{4}{10}$. Das heißt, es gilt $\frac{4}{10} = P(S|A)$. Entsprechend ist $\frac{6}{10} = P(W|A)$ und $\frac{2}{7} = P(S|B)$ usw.

– Im Beispiel 2.36 (Gewinnlos) ist das Ereignis, dass das Gewinnlos erst im 2. Zug gezogen wird, nur unter der Bedingung realisierbar, dass das Gewinnlos nicht im 1. Zug gezogen wurde. Das Ereignis $\bar{G}_1$ bezeichnet das Ereignis, dass das Gewinnlos *nicht* im 1. Zug gezogen wird. Es ist $P(\bar{G}_1) = \frac{4}{5}$. Bezeichnet G_2 das Ereignis „Gewinnlos im 2. Zug gezogen", so bezeichnet die Zahl $\frac{1}{4}$ die Wahrscheinlichkeit $P(G_2|\bar{G}_1)$. Entsprechend gilt: $\frac{1}{3} = P(G_3|\bar{G}_1 \cap \bar{G}_2)$ und

$$P(\bar{G}_1 \cap \bar{G}_2 \cap G_3) = P(\bar{G}_1) \cdot P(\bar{G}_2|\bar{G}_1) \cdot P(G_3|\bar{G}_1 \cap \bar{G}_2) = \frac{4}{5} \cdot \frac{3}{4} \cdot \frac{1}{3} = \frac{1}{5}.$$

Ein Baumdiagramm mit den Pfadwahrscheinlichkeiten in allgemeiner Form hebt diesen Gesichtspunkt hervor. Man erkennt so am Baumdiagramm gut, dass die bedingte Wahrscheinlichkeit ein Quotient ist (siehe Angaben zum obersten Weg):

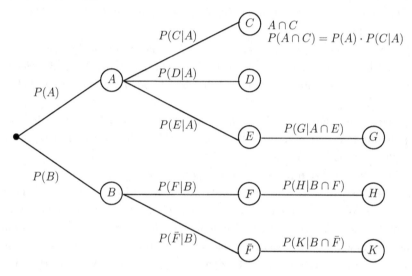

2.9.2   Bernoulli-Ketten

Wir wenden uns einfachen Zufallsexperimenten zu und fragen nur, ob ein Ereignis eingetreten ist oder nicht. Solche Fragestellungen sind uns nicht unvertraut: Bei Würfelspielen darf ein Spieler z. B. erst dann einen Spielstein zum Einsatz bringen, wenn er eine „Sechs" gewürfelt hat. Beim Werfen des Würfels beobachtet man unter diesem Aspekt nur das Auftreten von „Sechs" und das Auftreten von „Nicht-Sechs" als Ereignisse. Auch bei einfachen Qualitätskontrollen (der hergestellte Artikel wird durch eine Zufallsauswahl der Produktion entnommen) unterscheidet man häufig nur, ob das Produkt einwandfrei funktioniert oder nicht, ob z. B. eine Glühbirne brennt oder nicht, ob z. B. eine Batterie arbeitet oder nicht, ob z. B. ein Schalter funktioniert oder nicht.

Man betrachtet also jedesmal ausschließlich die Alternative, ob ein interessierendes Ereignis A eintritt oder nicht eintritt ($\bar{A}$). Die im Modell zugrundegelegte Ergebnismenge Ω hat also nur die zwei Elemente A und $\bar{A}$: $\Omega = \{A, \bar{A}\}$. Allgemein geben wir die

Definition 2.13 (Bernoulli-Experiment)
Ein Zufallsexperiment, dessen Ergebnismenge aus genau zwei Elementen besteht, heißt **Bernoulli-Experiment**.

◆

Es ist üblich, bei Bernoulli-Experimenten die beiden Ergebnisse als *Treffer* (das interessierende Ereignis A ist eingetreten) bzw. als *Niete* (das Ereignis A ist nicht eingetreten) zu bezeichnen. Die beiden Ereignisse werden oft durch „1" (für Treffer) und durch „0" (für Niete) codiert. Das Ereignis A wird also durch $\{1\}$ und das Ereignis $\bar{A}$ durch $\{0\}$ codiert. Dann gilt $P(A) = P(\{1\})$ und $P(\bar{A}) = P(\{0\})$.

Bei dem Eingangs gewählten Beispiel „Werfen eines Laplace-Würfels und beobachten, ob eine Sechs gewürfelt wird oder nicht" wird das Ereignis „Sechs" durch $\{1\}$ und das Ereignis $\{1,2,3,4,5\}$ durch $\{0\}$ codiert, und es gilt $P(\{1\}) = \frac{1}{6}$ und $P(\{0\}) = \frac{5}{6}$.

Im allgemeinen Fall bezeichnet man die Wahrscheinlichkeit für „Treffer" $P(\{1\})$ häufig kurz mit p, und die Wahrscheinlichkeit für „Niete" $P(\{0\})$ mit q. Für q gilt natürlich $q = 1 - p$.

Wir betrachten jetzt n-fache unabhängige (getrennte) Wiederholungen eines Zufallsexperiments, z. B. das n-fache Werfen einer Münze oder das n-fache Werfen eines Würfels, interessieren uns aber auch jetzt nur bei jedem Wurf dafür, ob ein bestimmtes Ereignis A eintritt (Treffer) oder nicht (Niete). Beim n-fachen Münzwurf könnte das Ereignis A bedeuten „Auftreten von Zahl" und das Ereignis $\bar{A}$ „Auftreten von Nicht-Zahl". Beim n-fachen Würfelwurf könnte man jeweils die zwei Ereignisse „Auftreten der Sechs" und „Auftreten von 1 oder 2 oder 3 oder 4 oder 5" betrachten.

Beispiel 2.38
(**Verbogene Münze**) Eine *verbogene* Münze mit $\Omega = \{Z, W\}$ wird viermal geworfen. Aufgrund von langen Versuchsreihen mit dieser Münze legte man die folgenden Wahrscheinlichkeiten fest: $P(\{Z\}) = \frac{2}{3}$ und $P(\{W\}) = \frac{1}{3}$. Wir beobachten bei den vier Würfen jeweils als Ereignis A das „Auftreten von Zahl Z" und fragen nach der Wahrscheinlichkeit, dass Zahl beim 1. Wurf *und* beim 2. Wurf *und* beim 3. Wurf *und* beim 4.Wurf eintritt.

Lösung:
Es handelt sich um ein vierstufiges Zufallsexperiment. Das Ergebnis eines jeden Wurfes wird in keiner Weise von den Ergebnissen der vorangegangenen

Würfe beeinflusst. Bei jedem Wurf beträgt die Wahrscheinlichkeit für das Ereignis „Zahl" bei dieser verbogenen Münze $\frac{2}{3}$.

Wir bezeichnen mit A das Ereignis „Auftreten von Zahl" und mit A_1 das Ereignis, dass „Zahl beim 1. Wurf" eintritt. Entsprechend bezeichnen A_2, A_3, A_4 das Auftreten des Ereignisses Zahl beim zweiten, dritten, vierten Wurf. Da derselbe Versuch viermal nacheinander ausgeführt wird, können wir die Modellannahme machen, dass bei jedem Wurf die Wahrscheinlichkeit $P(A_k)$ mit $k = 1, 2, 3, 4$ gleich der Wahrscheinlichkeit $P(A) = \frac{2}{3}$ ist. Also $P(A_1) = P(A_2) = P(A_3) = P(A_4) = \frac{2}{3}$. Da es sich ferner um getrennte (unabhängige) Versuche handelt, machen wir die weitere Modellannahme, dass die Ereignisse A_1, A_2, A_3 und A_4 stochastisch unabhängig sind. Dann ergibt sich für die gesuchte Wahrscheinlichkeit $P(A_1 \cap A_2 \cap A_3 \cap A_4)$ gemäß der *Multiplikationsregel für unabhängige Ereignisse* sofort:

$$P(A_1 \cap A_2 \cap A_3 \cap A_4) = P(A_1) \cdot P(A_2) \cdot P(A_3) \cdot P(A_4) = \frac{2}{3} \cdot \frac{2}{3} \cdot \frac{2}{3} \cdot \frac{2}{3} = \left(\frac{2}{3}\right)^4.$$

∎

Anmerkung

Bei einem Lösungsweg mit Hilfe eines Baumdiagramms ergibt sich ein vierstufiges Baumdiagramm mit 16 verschiedenen Pfaden. Das Zeichnen eines solchen Baumdiagramms ist recht mühsam und aufwendig. Da jedoch im Beispiel nur nach der Wahrscheinlichkeit des Ereignisses $A_1 \cap A_2 \cap A_3 \cap A_4$ (d. h. beim ersten Wurf Zahl und beim zweiten Wurf Zahl und beim dritten Wurf Zahl und beim vierten Wurf Zahl) gefragt wird, genügt es, ein verkürztes Baumdiagramm zu zeichnen, welches nur aus dem entsprechenden Pfad besteht (siehe Beispiel 2.37):

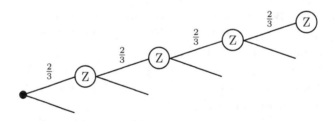

Nach der Multiplikationspfadregel ergibt sich das Ergebnis

$$\frac{2}{3} \cdot \frac{2}{3} \cdot \frac{2}{3} \cdot \frac{2}{3} = \left(\frac{2}{3}\right)^4.$$

Das soeben explizit durchgerechnete Beispiel „vierfaches Werfen derselben Münze" ist ein Beispiel für eine Bernoulli-Kette der Länge 4. Das Experiment besteht nämlich aus vier getrennten (unabhängigen) Durchführungen des Bernoulli-Experiments: Eine Münze wird einmal geworfen, und man beobachtet die Ereignisse Auftreten von „Zahl" und von „Nicht-Zahl".

Allgemein legt man fest:

Definition 2.14 (Bernoulli-Kette der Länge n)

Ein Zufallsexperiment, das aus n getrennten (unabhängigen) Durchführungen „gleichartiger" Bernoulli-Experimente besteht, heißt **Bernoulli-Kette der Länge** n.

$\blacklozenge$

Didaktische Hinweise

1. Bei einer Bernoulli-Kette der Länge n muss es sich nicht um eine n-fache Durchführung „identischer" Einzelversuche handeln, sondern (aus stochastischer Sicht) nur um „gleichartige". Das besagt Folgendes: bei jedem Einzelversuch muss die gleiche Trefferwahrscheinlichkeit vorliegen: $P(\{1\}) = p$ und $P(\{0\}) = 1 - p$. Jeder Versuch wird also durch dasselbe Modell beschrieben. Wirft man z. B. einen Laplace-Würfel viermal und erklärt als Treffer „Zahl ist durch 3 teilbar" und zieht anschließend einmal aus einer Urne mit vier schwarzen und acht roten Kugeln eine Kugel und erklärt „Ziehen einer schwarzen Kugel" als Treffer, dann liegt eine Bernoulli-Kette der Länge 5 vor. Für jeden Einzelversuch gilt: $\Omega = \{0, 1\}$ und $P(\{1\}) = \frac{1}{3}$.

2. Aus dem Zufallsexperiment Münzwurf mit der Ergebnismenge $\Omega = \{Z, W\}$ entsteht bei 4-maliger unabhängiger Durchführung des Münzwurfes (siehe das vorherige Beispiel) ein Zufallsexperiment mit einer neuen Ergebnismenge Ω^*, deren Elementarereignisse 4-Tupel (a, b, c, d) sind, wobei a, b, c, d jeweils Z oder W bedeuten kann, je nachdem was die Münze im ersten, zweiten, dritten oder vierten Wurf oben zeigt. *Beispiele:* $\{(Z, Z, Z, Z)\}, \{(W, W, W, Z)\}$.
   Im obigen Beispiel wurde $P(\{(Z, Z, Z, Z)\})$ berechnet:
   $$P(\{(Z, Z, Z, Z)\}) = P(\{Z\}) \cdot P(\{Z\}) \cdot P(\{Z\}) \cdot P(\{Z\}).$$
   Man erhält für $\{(W, W, W, Z)\}$ analog:
   $$P(\{(W, W, W, Z)\}) = P(\{W\}) \cdot P(\{W\}) \cdot P(\{W\}) \cdot P(\{Z\}).$$
   Hierbei bedeutet das Ereignis $\{(W, W, W, Z)\}$, dass Zahl zum erstenmal im vierten Versuch auftritt.
   Die neue Ergebnismenge Ω^*, die bei der 4-maligen unabhängigen Durchführung eines Zufallsexperiments mit der Ergebnismenge Ω entsteht, ist nichts anderes als das 4-fache kartesische Produkt von Ω:
   $$\Omega^* = \Omega \times \Omega \times \Omega \times \Omega = \Omega^4.$$

Allgemein: Wird ein Zufallsexperiment mit der Ergebnismenge Ω n-mal unabhängig durchgeführt, so entsteht dadurch ein Zufallsexperiment mit der Ergebnismenge Ω^*, die sich als n-faches kartesisches Produkt von Ω ergibt:
$$\Omega^* = \underbrace{\Omega \times \Omega \times \Omega \times \cdots \times \Omega}_{n-mal} = \Omega^n.$$

Die Elementarereignisse sind hier also n-Tupel.

Beispiele für Bernoulli-Ketten

1. Das Ergebnis eines Roulett-Spieles ist eine der Zahlen zwischen 1 bis 36 oder die Null, die alle mit gleicher Wahrscheinlichkeit auftreten. Bei den sog. einfachen (Gewinn-)Chancen wird auf Rouge (Rot, 18 rote Zahlen) oder Noir (Schwarz, 18 schwarze Zahlen), Impair (Ungerade) oder Pair (Gerade), Manque (1 – 18) oder Passe (19 – 36) in den gekennzeichneten Feldern gesetzt. Bei diesen einfachen (Gewinn-) Chancen wird der Einsatz und zusätzlich derselbe Betrag ausgezahlt. Wenn jemand 15-mal nacheinander auf Rot setzt, kann das als Bernoulli-Kette der Länge 15 angesehen werden. Das Bernoulli-*Experiment* ist das einmalige Setzen auf Rot R mit $\Omega = \{R, \bar{R}\}$.

2. Erfahrungsgemäß keimt eine Zwiebel einer bestimmten Blumenzwiebelsorte mit einer Wahrscheinlichkeit von 0,05 nicht. Diese Zwiebelsorte wird in Zehnerpackungen verkauft. Jemand setzt 10 Zwiebeln. Man kann dieses als Zufallsexperiment ansehen, das 10-mal wiederholt wird. Beobachtet werden die Ereignisse „Keimen" und „Nicht-Keimen". Obwohl die Zwiebeln nicht identisch sind, kann man im Modell von einer Bernoulli-Kette der Länge 10 sprechen. Das Setzen einer einzelnen Zwiebel mit den interessierenden Ereignissen „Keimen" und „Nicht-Keimen" ist das Bernoulli-Experiment.

3. Eine Maschine stanzt in Metallblech bestimmte Formen. Die Wahrscheinlichkeit, dass bei einem derartigen Stanzvorgang das Stanzwerkzeug stumpf und somit unbrauchbar wird, sei $p = 0, 1$. Ein einzelner Stanzvorgang kann als Bernoulli-Experiment mit den Ereignissen „Stanzwerkzeug stumpf" und „Stanzwerkzeug nicht-stumpf" angesehen werden. Führt man n Stanzvorgänge durch, kann man von einer Bernoulli-Kette der Länge n sprechen.

4. Zieht man aus einer Urne mit m roten Kugeln, m schwarzen Kugeln und einer blauen Kugel 5-mal nacheinander eine Kugel, legt die jeweils gezogene Kugel vor der nächsten Ziehung wieder in die Urne zurück und interessiert sich z. B. nur dafür, ob die blaue Kugel gezogen wird (Treffer) oder nicht, so können wir im Modell von einer Bernoulli-Kette der Länge 5 sprechen. Legt man die jeweils gezogene Kugel vor der nächsten Ziehung *nicht* wieder in die Urne zurück, so liegt keine Bernoulli-Kette vor, denn der Urneninhalt (also die Trefferwahrscheinlichkeit) ändert sich von Ziehung zu Ziehung.

Man erkennt, viele Anwendungen führen beim Modellbildungsprozess auf Fragestellungen zu Bernoulli-Ketten. Häufig treten dabei die folgenden **Grundaufgaben** auf, die wir zunächst allgemein formulieren und lösen. Anschließend werden wir sie auf Beispiele anwenden.

Man führt einen Versuch n-mal nacheinander aus und beobachtet jedesmal nur das Auftreten eines interessierenden Ereignisses A oder sein Nicht-Auftreten

$\bar{A}$. Sei die Wahrscheinlichkeit $P(A)$ für das Ereignis A gleich p, und die für das Ereignis $\bar{A}$ gleich $q = 1 - p$. Sei nun A_k das Ereignis, dass A beim k-ten Versuch in der Bernoulli-Kette der Länge n eingetreten ist. Da derselbe Versuch n-mal nacheinander ausgeführt wird, kann man die *Modellannahme* $P(A_k) = P(A) = p$ für $k = 1, 2, \ldots, n$ machen. Alle Wahrscheinlichkeiten $P(A_k)$ sind also gleich. Da es sich um getrennte Versuche handelt, wird man annehmen, dass die Ereignisse A_1, A_2, ..., A_n stochastisch unabhängig sind.

1. Grundaufgabe („Warten auf den ersten Erfolg")

Wie groß ist die Wahrscheinlichkeit, dass das Ereignis A beim k-ten Versuch zum erstenmal eintritt, dass also beim k-ten Versuch der erste Treffer erzielt wird?

Lösung: Die ersten $k - 1$ Versuche führen alle zum Ereignis $\bar{A}$ mit $P(\bar{A}) = 1 - p$. Der k-te Versuch führt zu A. Es ist $P(A_k) = P(A) = p$. Nach der Multiplikationsregel für unabhängige Ereignisse folgt für die gesuchte Wahrscheinlichkeit

$$P(\{(\underbrace{\bar{A}, \bar{A}, \bar{A}, \ldots, \bar{A}}_{(k-1)-mal}, A)\}) = \underbrace{(1-p) \cdot (1-p) \cdots \cdot (1-p)}_{k-1 \text{ Faktoren}} \cdot p = (1-p)^{k-1} \cdot p.$$

Hinweis: Vgl. später „Geometrische Verteilung" (Kapitel 5, Abschnitt 5.4).

Beispiel 2.39

Beim schon erwähnten Roulett ist es sinnvoll, die Laplace-Verteilung anzunehmen. Die Ereignisse Rot (R) und Schwarz (S) haben also dieselbe Wahrscheinlichkeit $\frac{18}{37}$; das Ereignis Null (N) hat die Wahrscheinlichkeit $\frac{1}{37}$. Die Wahrscheinlichkeit, dass Rot zum erstenmal beim 6. Spiel auftritt, beträgt

$$P(\{\bar{R}, \bar{R}, \bar{R}, \bar{R}, \bar{R}, R\}) = \left(\frac{19}{37}\right)^5 \cdot \left(\frac{18}{37}\right),$$

und sie ist genauso groß wie die Wahrscheinlichkeit, dass Schwarz zum erstenmal beim 6. Spiel auftritt:

$$P(\{\bar{S}, \bar{S}, \bar{S}, \bar{S}, \bar{S}, S\}) = \left(\frac{19}{37}\right)^5 \cdot \left(\frac{18}{37}\right).$$

Man erkennt auch, dass alle gleichlangen Versuchsserien mit R und S dieselben Wahrscheinlichkeiten haben. Also z. B.:

$$P(\{(R, S, R, S, R)\}) = P(\{(R, R, R, R, R)\}) = P(\{(R, R, R, S, S)\}) = \left(\frac{18}{37}\right)^5.$$

Beachte: Die Roulett-Maschine hat kein Gedächtnis. ∎

2. Grundaufgabe („Wenigstens ein Treffer")

Wie groß ist die Wahrscheinlichkeit, dass unter n Versuchen das Ereignis A wenigstens einmal auftritt? Anders formuliert: Wie groß ist die Wahrscheinlichkeit, dass unter n Versuchen wenigstens ein Treffer erzielt wird?

Lösung: Die Wahrscheinlichkeit $P(\{(\underbrace{\bar{A}, \bar{A}, \ldots, \bar{A}}_{n-mal})\})$, dass das Ereignis A bei allen n Versuchen nicht eintritt, ist nach der Multiplikationsregel für die Wahrscheinlichkeiten $(1-p)^n$. Das Ereignis „wenigstens ein Treffer in n Versuchen" ist das Gegenereignis zu „kein Treffer in n Versuchen". Für die gesuchte Wahrscheinlichkeit P gilt:

$$P = 1 - P(\{(\underbrace{\bar{A}, \bar{A}, \ldots, \bar{A}}_{n-mal})\}) = 1 - (1-p)^n.$$

Beispiel 2.40

Wie groß ist die Wahrscheinlichkeit, dass beim viermaligen Ausspielen eines Laplace-Würfels aus einem Becher mindestens eine 6 fällt? (Vgl. Beispiel 2.3 (Das Paradoxon von de Méré)). Das Ereignis Auftreten von „mindestens einer 6 bei 4-maligem Würfeln" ist die Negation des Ereignisses Auftreten „keiner 6 bei 4-maligem Würfeln". Die Wahrscheinlichkeit des Ereignisses „keine 6 bei 4-maligem Würfeln" ist $\left(\frac{5}{6}\right)^4$. Also beträgt die gesuchte Wahrscheinlichkeit

$$P(\text{mindestens eine 6 beim 4-maligen Werfen}) = 1 - \left(\frac{5}{6}\right)^4 \approx 0,5177.$$

■

3. Grundaufgabe („Genau k Treffer")

Wie groß ist die Wahrscheinlichkeit $P_{n,k}$, dass unter n Versuchen das Ereignis A genau k-mal, $0 \leq k \leq n$, eintritt?

Lösung: Die Wahrscheinlichkeit, dass das Ereignis A bei einer Serie von n Versuchen an genau k *bestimmten* Stellen eintritt, ist $p^k \cdot (1-p)^{n-k}$. Ein solcher Fall wäre z. B. der, dass A genau bei den ersten k Versuchen eintritt und dann nicht mehr, oder der, dass A nur bei den letzten k Versuchen eintritt. In einer Serie von n Versuchen gibt es aber für das k-malige Auftreten des Ereignisses A insgesamt $\binom{n}{k}$ verschiedene Möglichkeiten (Kombinationen ohne Wiederholung: Aus n Elementen kann man auf $\binom{n}{k}$ verschiedene Arten k Elemente auswählen). Diese $\binom{n}{k}$ Möglichkeiten führen gemäß der Multiplikationsregel alle auf die Wahrscheinlichkeit $p^k \cdot (1-p)^{n-k}$. Für die gesuchte Wahrscheinlichkeit erhält man dann (Additionsregel):

$$P_{k,n} = \binom{n}{k} \cdot p^k \cdot (1-p)^{n-k}, \ 0 \leq k \leq n.$$

Hinweis: Vgl. „Binomialverteilung" (Kapitel 5, Abschnitt 5.1).

Beispiel 2.41

Wie groß ist die Wahrscheinlichkeit, beim 5-maligen Werfen einer gezinkten Münze mit $P(\{Z\}) = \frac{2}{3}$ und $P(\{W\}) = \frac{1}{3}$ genau 2-mal Zahl zu erzielen?

Als Lösung ergibt sich:

$$P_{5,2} = \binom{5}{2} \cdot \left(\frac{2}{3}\right)^2 \cdot \left(\frac{1}{3}\right)^3 = 10 \cdot \frac{4}{9} \cdot \frac{1}{27} = \frac{40}{243}.$$

Das Produkt $\left(\frac{2}{3}\right)^2 \cdot \left(\frac{1}{3}\right)^3$ gibt die Wahrscheinlichkeit an, dass bei einem Versuch in irgendeiner bestimmten Reihenfolge genau 2-mal Zahl Z und 3-mal Wappen W auftritt, z. B.: (W, Z, Z, W, W). Es gibt aber insgesamt zehn solcher 5-Tupel mit 2-mal Z und 3-mal W:

(Z, Z, W, W, W)	(W, Z, W, Z, W)
(Z, W, Z, W, W)	(W, Z, W, W, Z)
(Z, W, W, Z, W)	(W, W, Z, Z, W)
(Z, W, W, W, Z)	(W, W, Z, W, Z)
(W, Z, Z, W, W)	(W, W, W, Z, Z)

Das berücksichtigt der Faktor $\binom{5}{2} = 10$. Die zehn verschiedenen 5-Tupel haben alle dieselbe Wahrscheinlichkeit $\left(\frac{2}{3}\right)^2 \cdot \left(\frac{1}{3}\right)^3$. Die Addition dieser zehn Summanden schreiben wir verkürzt als Multiplikation:

$$\binom{5}{2} \cdot \left(\frac{2}{3}\right)^2 \cdot \left(\frac{1}{3}\right)^3.$$

■

2.9.3 Totale Wahrscheinlichkeit und Satz von Bayes

In diesem Abschnitt steht nochmals die bedingte Wahrscheinlichkeit im Mittelpunkt der Überlegungen. Es werden zwei für den Anwendungsbereich wichtige Fragestellungen thematisiert.

Beispiel 2.42
(Defekte Glühbirne)

Drei Maschinen M_1, M_2, M_3 produzieren unabhängig voneinander 60 %, 25 % bzw. 15 % der in einem Betrieb hergestellten Glühbirnen. Erfahrungsgemäß beträgt der Anteil der defekten Glühbirnen bei der Maschine M_1 2 %, der Anteil der defekten Glühbirnen bei Maschine M_2 3 % und der Anteil der defekten Glühbirnen bei Maschine M_3 5 %. Wie groß ist die Wahrscheinlichkeit, dass eine zufällig der Tagesproduktion entnommene Glühbirne defekt ist?

Lösungsweg 1:

Wir versuchen zunächst, dieses Problem mit dem „gesunden Menschenverstand" zu lösen. Wir nehmen an, die zufällige Auswahl erfolgt so, dass die Tagesproduktion der Glühbirnen der drei Maschinen gut durchmischt in einem Behälter vorliegt und blind eine Glühbirne gezogen wird. Wir machen also die Annahme der Laplace-Wahrscheinlichkeit und berechnen den entsprechenden Quotienten für das Ereignis „defekte Glühbirne". Da nur prozentuale Angaben zur Verfügung stehen, können wir auch nur prozentuale Angaben für das Ereignis „defekte Glühbirne" bestimmen, also Angaben jeweils bezogen auf 100 Glühbirnen. Dieser prozentuale Anteil gibt dann die gesuchte Wahrscheinlichkeit an. Die Maschine M_1 stellt 60 % der Glühbirnen her, davon sind 2 % defekt, d. h. es sind bezogen auf die Gesamtproduktion defekter Glühbirnen

$$0,60 \cdot 0,02 = 0,012 = 1,2\ \%$$

defekt. Entsprechend produziert Maschine M_2 einen Gesamtanteil defekter Glühbirnen von

$$0,25 \cdot 0,03 = 0,0075 = 0,75\ \%,$$

und Maschine M_3 einen Gesamtanteil defekter Glühbirnen von

$$0,15 \cdot 0,05 = 0,0075 = 0,75\ \%.$$

Eine defekte Glühbirne kann Produkt der ersten oder zweiten oder dritten Maschine sein. Wir haben also die drei Defektanteile zu addieren und erhalten

$$(1,2 + 0,75 + 0,75)\% = 2,7\ \%.$$

Das heißt, die Wahrscheinlichkeit, dass die zufällig entnommene Glühbirne defekt ist, beträgt 0,027.

Lösungsweg 2:

Dieser 2. Lösungsweg bereitet die Modellbildung für den allgemeinen Fall vor. Die Ergebnismenge Ω besteht genau aus den produzierten Glühbirnen. Jede Glühbirne wird genau von einer der drei Maschinen hergestellt. Wir nehmen an, Maschine M_1 produziert B_1 Glühbirnen, Maschine M_2 produziert B_2 Glühbirnen, und Maschine M_3 produziert B_3 Glühbirnen. Die Vereinigung von B_1, B_2 und B_3 liefert also Ω, und die Mengen B_1, B_2 und B_3 sind paarweise unvereinbar. Das Ereignis „Glühbirne defekt" bezeichnen wir mit A, es kann nur zusammen mit B_1, B_2 oder B_3 auftreten. Gesucht ist die Wahrscheinlichkeit $P(A)$.

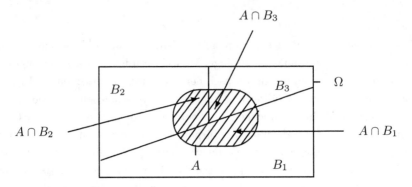

Für A gilt:
$$A = (A \cap B_1) \cup (A \cap B_2) \cup (A \cap B_3),$$

denn das Ereignis A „Glühbirne defekt", kann nur zusammen mit einem Ereignis B_k „Glühbirne produziert von Maschine M_k" für $k = 1, 2, 3$ auftreten. Wie oben schon ausgeführt sind die Ereignisse B_1, B_2, B_3 paarweise unvereinbar und damit auch die Ereignisse $A \cap B_1$, $A \cap B_2$ und $A \cap B_3$. Also folgt nach der Additionsregel

$$P(A) = P(A \cap B_1) + P(A \cap B_2) + P(A \cap B_3).$$

Keine dieser Wahrscheinlichkeiten $P(A \cap B_k)$, $k = 1, 2, 3$, kennen wir; wir kennen aber $P(B_1) = 0,6$ (entsprechend 60 % in der Aufgabenstellung) und ebenso $P(B_2) = 0,25$ und $P(B_3) = 0,15$. Ferner kennen wir die bedingten Wahrscheinlichkeiten für das Ereignis A „defekte Glühbirne" unter der Bedingung B_k „Glühbirne produziert von Maschine M_k": Es gilt nämlich $P(A|B_1) = 0,02$, $P(A|B_2) = 0,03$ und $P(A|B_3) = 0,05$. Damit können wir die unbekannten Wahrscheinlichkeiten $P(A \text{ und } B_k) = P(A \cap B_k)$, für $k = 1, 2, 3$ gemäß der Multiplikationsregel

$$P(A \cap B_k) = P(B_k) \cdot P(A|B_k)$$

durch die entsprechenden Produkte ersetzen. Aus

$$P(A) = P(A \cap B_1) + P(A \cap B_2) + P(A \cap B_3)$$

folgt also

$$P(A) = P(B_1) \cdot P(A|B_1) + P(B_2) \cdot P(A|B_2) + P(B_3) \cdot P(A|B_3),$$
$$P(A) = 0,6 \cdot 0,02 + 0,25 \cdot 0,03 + 0,15 \cdot 0,05 = 0,027.$$

Das ist auch das Ergebnis des ersten Lösungsweges.   ■

Aus den Wahrscheinlichkeiten eines Ereignisses A unter den verschiedenen Bedingungen B_1, B_2 und B_3 haben wir die Wahrscheinlichkeit des Ereignisses A „ohne Bedingung" berechnet. Dabei haben wir ausgenutzt, dass die den Ereignissen B_1, B_2 und B_3 entsprechenden nichtleeren Teilmengen von Ω eine Zerlegung von Ω bilden. Das ist bereits die Aussage des Satzes von der totalen Wahrscheinlichkeit.

Satz 2.22 (Totale Wahrscheinlichkeit)
Ist $(\Omega, \mathcal{P}(\Omega), P)$ ein endlicher Wahrscheinlichkeitsraum und bilden die Ereignisse B_1, B_2, ..., B_n von Ω mit $P(B_k) > 0$ für alle $k = 1, 2, \ldots, n$ eine Zerlegung von Ω, d. h. ist:

$$B_1 \cup B_2 \cup \cdots \cup B_n = \Omega \text{ und}$$
$$B_i \cap B_j = \emptyset \text{ für alle } i \neq j,$$

so gilt für jedes Ereignis $A \in \mathcal{P}(\Omega)$

$$P(A) = P(B_1) \cdot P(A|B_1) + P(B_2) \cdot P(A|B_2) + \cdots + P(B_n) \cdot P(A|B_n),$$
$$P(A) = \sum_{k=1}^{n} P(B_k) \cdot P(A|B_k).$$

Sonderfall $n = 2$:
Die Ergebnismenge Ω zerfällt nur in B und $\bar{B}$: $\Omega = B \cup \bar{B}$. In diesem Fall gilt bei $P(B) > 0$ und $P(\bar{B}) > 0$:

$$P(A) = P(B) \cdot P(A|B) + P(\bar{B}) \cdot P(A|\bar{B}).$$

Beweis: Der Beweis folgt dem zweiten Lösungsweg des Beispiels. Es gilt

$$B_1 \cup B_2 \cup \cdots \cup B_n = \Omega,$$

und es gilt
$$A = (B_1 \cap A) \cup (B_2 \cap A) \cup \cdots \cup (B_n \cap A).$$

Die Ereignisse $B_k \cap A$, für $k = 1, 2, \ldots, n$ sind paarweise unvereinbar, weil die B_k eine Zerlegung von Ω bilden. Es gilt also:

$$(B_i \cap A) \cap (B_k \cap A) = \emptyset \quad \text{für alle } i \neq k.$$

Nach der Additionsregel (Satz 4 als Folgerung aus dem Axiomensystem) folgt

$$P(A) = P(B_1 \cap A) + P(B_2 \cap A) + \cdots + P(B_n \cap A)$$

und wegen der Multiplikationsregel

$$P(B_k \cap A) = P(B_k) \cdot P(A|B_k) \quad \text{für alle } k = 1, 2, \ldots, n$$

folgt

$$P(A) \; = \; P(B_1) \cdot P(A|B_1) + P(B_2) \cdot P(A|B_2) + \cdots + P(B_n) \cdot P(A|B_n),$$

$$P(A) \; = \; \sum_{k=1}^{n} P(B_k) \cdot P(A|B_k).$$

$\square$

Wir knüpfen eine zweite Fragestellung an. Wir fragen mit Blick auf das letzte Beispiel 2.42:

Beispiel 2.43

Wie groß ist die Wahrscheinlichkeit, dass eine zufällig ausgewählte Glühbirne, die sich als defekt erwies, von der Maschine M_3 produziert wurde?

Lösung: Gesucht ist (mit den eingeführten Bezeichnungen) die Wahrscheinlichkeit $P(B_3|A)$. Nach der Definition der bedingten Wahrscheinlichkeit gilt

$$P(B_3|A) = \frac{P(B_3 \cap A)}{P(A)} = \frac{P(B_3) \cdot P(A|B_3)}{P(A)}, \;\; P(B_3) \neq 0, \; P(A) \neq 0.$$

Die Wahrscheinlichkeiten $P(B_3)$ und $P(A|B_3)$ sind gegeben, die totale Wahrscheinlichkeit $P(A)$ haben wir soeben berechnet. Einsetzen der Werte liefert

$$P(B_3|A) = \frac{0,15 \cdot 0,05}{0,027} \approx 0,278.$$

Die zweite Fragestellung beinhaltet mit ihrer Lösung den Satz von Bayes (Thomas Bayes, 1702 – 1761, englischer presbyterianischer Geistlicher mit Interesse für Mathematik).

Satz 2.23 (Satz von Bayes)
Es seien $(\Omega, \mathcal{P}(\Omega), P)$ ein endlicher Wahrscheinlichkeitsraum und A ein Ereignis mit $P(A) > 0$. Bilden die Ereignisse B_1, B_2, ..., B_n eine Zerlegung von Ω und ist $P(B_k) > 0$ für alle $k = 1, 2, \ldots, n$, so gilt für jedes $k = 1, 2, \ldots, n$

$$P(B_k|A) = \frac{P(B_k) \cdot P(A|B_k)}{P(A)} = \frac{P(B_k) \cdot P(A|B_k)}{\sum_{i=1}^{n} P(B_i) \cdot P(A|B_i)}.$$

Sonderfall $n = 2$:
Die Ergebnismenge Ω zerfällt nur in B und $\bar{B}$: $\Omega = B \cup \bar{B}$. In diesem Fall gilt bei $P(A) > 0$ und $P(B) > 0$ und $P(\bar{B}) > 0$:

$$P(B|A) = \frac{P(B) \cdot P(A|B)}{P(B) \cdot P(A|B) + P(\bar{B}) \cdot P(A|\bar{B})}.$$

Beweis: Wie schon das oben durchgerechnete Beispiel zeigt, besteht der Beweis im Wesentlichen im zweimaligen Anwenden der Definition der bedingten Wahrscheinlichkeit. Nach der Definition der bedingten Wahrscheinlichkeit gilt bei $P(A) \neq 0$ und bei $P(B_k) \neq 0$:

$$P(B_k|A) = \frac{P(B_k \cap A)}{P(A)} = \frac{P(B_k) \cdot P(A|B_k)}{P(A)}.$$

Ersetzt man $P(A)$ gemäß dem Satz von der totalen Wahrscheinlichkeit, so erhält man

$$P(B_k|A) = \frac{P(B_k) \cdot P(A|B_k)}{\sum_{i=1}^{n} P(B_i) \cdot P(A|B_i)}.$$

$\square$

Didaktische Hinweise

1. Der Beweis des Satzes von Bayes lässt erkennen, dass sich die Formel von Bayes lediglich aus Umformungen der Definitionsgleichung der bedingten Wahrscheinlichkeit ergibt. Man braucht sie deshalb nicht auswendig zu lernen, da man sie jederzeit bei Kenntnis der bedingten Wahrscheinlichkeit sofort herleiten kann.

2. Im Sonderfall $n = 2$, bei dem die Ergebnismenge Ω nur in die Ereignisse B und $\bar{B}$ zerfällt ($\Omega = B \cup \bar{B}$), lässt sich die totale Wahrscheinlichkeit $P(A)$ für ein Ereignis A gut aus einem Baumdiagramm bestimmen:

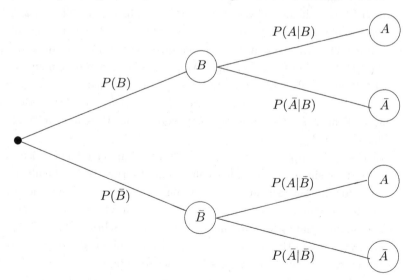

Man hat die bei $\textcircled{A}$ endenden zwei Pfade im Baumdiagramm zu berücksichtigen und die Multiplikations- und Additionsregel anzuwenden:

$$P(A) = P(B) \cdot P(A|B) + P(\bar{B}) \cdot P(A|\bar{B}).$$

3. Wendet man die Formel von Bayes an, braucht man zur Berechnung von $P(B_k|A)$ auch die Kenntnis von $P(B_k)$. Man nennt $P(B_k)$ die *a-priori-Wahrscheinlichkeit* für das Ereignis B_k und $P(B_k|A)$ die *a-posteriori-Wahrscheinlichkeit* für das Ereignis B_k. Davon macht man z. B. Gebrauch in der Medizin, Rechtsprechung etc.

Beispiel 2.44

(Mordprozess) In einem Mordfall liegen gewisse Indizien vor, die für die Täterschaft einer gewissen Person sprechen. Ein solches Indiz (wir bezeichnen es als Ereignis A) könnte z. B. sein: die „Übereinstimmung der Blutgruppenformel bei Blutspuren an der Kleidung der verdächtigen Person mit der bei dem Toten" oder die „Übereinstimmung von Textilfaserspuren an der Kleidung der verdächtigen Person mit einer Textilfaser beim Toten". Ferner bezeichnen wir mit B das Ereignis, dass der Verdächtige Kontakt mit dem Toten hatte. Von Interesse ist dann die Frage nach der Wahrscheinlichkeit $P(B|A)$, dass also die verdächtige Person Kontakt mit dem Toten hatte, unter der Bedingung, dass ein Indiz A erfüllt ist.

Die Formel von Bayes liefert eine Berechnungsmöglichkeit. Allerdings muss man $P(A|B)$, $P(A)$ und vor allem auch $P(B)$ kennen. Gerade über diese letzte a-priori-Wahrscheinlichkeit $P(B)$ weiß man aber häufig wenig. Man muss Annahmen machen. Für $P(A|B)$ könnte man annähernd 1 ansetzen, denn es ist mit an Sicherheit grenzender Wahrscheinlichkeit anzunehmen, dass sich unter der Hypothese eines Kontaktes B Indizien der oben beschriebenen Art ergeben. Bei der Bestimmung von $P(A)$ braucht man auch $P(A|\bar{B})$ (vgl. Punkt 2). Für diese Wahrscheinlichkeit könnte man beim Indiz „Blutspuren" als Schätzwert die prozentuale Häufigkeit der Blutgruppe des Toten in der Bevölkerung annehmen. Was aber ist mit der a-priori-Wahrscheinlichkeit $P(B)$ für das Ereignis „Verdächtige Person hatte Kontakt mit dem Toten"?

In einem Mordprozess im Jahre 1973/74 (Wuppertal) entschied sich ein Gutachter sinngemäß so: „Ich nehme eine a-priori-Wahrscheinlichkeit von 50 % für die Täterschaft des Beklagten an. Das bedeutet, daß ich dem Beklagten gegenüber unvoreingenommen bin, da ich davon ausgehe, daß er ebensogut schuldig wie unschuldig sein kann" (Schrage [156], S. 92). Diese äußerst gewagte Hypothese ist zu verwerfen. Schrage, der darüber berichtete, schreibt dazu: „Ein analoges Vorgehen könnte in einem Vaterschaftsprozess akzeptiert werden, in dem einer von zwei in Frage kommenden Kandidaten mit Sicherheit der gesuchte Vater ist. Dass aber im vorliegenden Fall die Annahme einer a-priori-Wahrscheinlichkeit von 50 % zu einem völlig unangemessenen mathematischen Modell führt, bedarf wohl keiner weiteren Erläuterung" (Schrage [156], S. 92).

Angemessener wäre die Annahme einer wesentlich kleineren a-priori-Wahrscheinlichkeit. ∎

Anmerkung zum Beispiel: Der Gutachter hatte eine über 90 %ige Wahrscheinlichkeit für die Täterschaft des Beklagten errechnet. Aufgrund eines Alibis wurde der Prozess abgebrochen und der Beklagte freigesprochen. Man erkennt, dass Modellannahmen ins Spiel kommen können, die zu Fehlbeurteilungen führen können.

Eine typische Fragestellung aus dem Themenkreis dieses Abschnitts illustriert auch das folgende Beispiel.

Beispiel 2.45

(Medizinischer Test) Eine medizinische Untersuchungsmethode zur Früherkennung einer bestimmten Krankheit liefert bei erkrankten Personen einen positiven Krankheitsbefund in 96 % der Fälle. Andererseits liefert die Methode auch bei gesunden Personen einen positiven Krankheitsbefund in 3 % der Fälle (falsch-positiv). Ferner wird angenommen, dass die betreffende Krankheit in der zugrundeliegenden Population (Grundgesamtheit) bei 2 % der Personen vorliegt. Für eine Person der Population ist es natürlich von erheblichem Interesse zu wissen, mit welcher Wahrscheinlichkeit

- sie trotz eines positiven Befundes gesund ist (siehe Frage c)),
- sie bei positivem Befund tatsächlich Träger der Krankheit ist (siehe Frage b)).

Ferner ist generell die Frage nach der Wahrscheinlichkeit eines positiven Testbefundes von Bedeutung (siehe Frage a)).

a) Wie groß ist die Wahrscheinlichkeit, dass eine zufällig aus der Grundgesamtheit herausgegriffene Person aufgrund der Untersuchungsmethode einen positiven Krankheitsbefund liefert?

b) Berechnen Sie die Wahrscheinlichkeit, dass eine zufällig aus der Menge der „Personen mit positivem Krankheitsbefund" herausgegriffene Person tatsächlich Träger der Krankheit ist.

c) Wie groß ist die Wahrscheinlichkeit dafür, dass eine zufällig ausgewählte Person mit positivem Befund gesund ist?

Lösung:

Wir bezeichnen

mit K das Ereignis „Person ist krank",

mit $\bar{K}$ das Ereignis „Person ist gesund",

mit T das Ereignis „Ergebnis der Untersuchungsmethode ist positiv",

mit $\bar{T}$ das Ereignis „Ergebnis der Untersuchungsmethode ist negativ".

Mit den in der Aufgabe gemachten Modellannahmen folgt:

$$P(K) = 0,02 \; ; \quad P(T|K) = 0,96 \; ; \quad P(T|\bar{K}) = 0,03.$$

a)   Gesucht ist die totale Wahrscheinlichkeit $P(T)$:

$$P(T) \;=\; P(K) \cdot P(T|K) + P(\bar{K}) \cdot P(T|\bar{K}),$$
$$\;=\; 0,02 \cdot 0,96 + (1 - 0,02) \cdot 0,03 = 0,0486.$$

b)   Gesucht ist die bedingte Wahrscheinlichkeit $P(K|T)$, die nach der Formel von Bayes berechnet wird:

$$P(K|T) = \frac{P(K \cap T)}{P(T)} = \frac{P(K) \cdot P(T|K)}{P(T)}.$$

Unter Verwendung des Ergebnisses aus a) folgt:

$$P(K|T) = \frac{0,02 \cdot 0,96}{0,0486} \approx 0,3951.$$

c)   Gesucht ist die bedingte Wahrscheinlichkeit $P(\bar{K}|T)$. Es gilt:

$$P(\bar{K}|T) = \frac{P(\bar{K}) \cdot P(T|\bar{K})}{P(T)} = \frac{0,98 \cdot 0,03}{0,0486} \approx 0,6049.$$

Die Lösung von c) lässt sich einfacher bestimmen durch

$$P(\bar{K}|T) = 1 - P(K|T) = 1 - 0,3951 = 0,6049.$$

∎

Anmerkungen zur Lösung

1. Eine der Modellannahmen war, dass die betreffende Krankheit in der zugrundegelegten Grundgesamtheit bei 2 % der Personen auftritt, das führte zu $P(K) = 0,02$. In den Lösungen zu a), b) und c) geht diese Wahrscheinlichkeit $P(K)$ wesentlich ein, so z. B. in Teil b) bei der Berechnung der a-posteriori-Wahrscheinlichkeit $P(K|T)$. Die a-priori-Wahrscheinlichkeit wurde sicherlich als Schätzwert mittels relativer Häufigkeit gefunden. Es entstehen Fragen: Wie groß war das Untersuchungskollektiv? Wie homogen/inhomogen war es? Wurden Personen aus Risikogruppen berücksichtigt? Es wird deutlich, dass die Lösung im Beispiel nur eine Lösung unter bestimmten Modellannahmen ist.

2. Eine geeignete Ergebnismenge Ω ergibt sich mit obigen Bezeichungen als $\Omega = \{(K, T), (K, \bar{T}), (\bar{K}, T), (\bar{K}, \bar{T})\}$. Das Ereignis $\{(\bar{K}, T), (\bar{K}, \bar{T})\}$ bedeutet „Person ist gesund".

Didaktische Hinweise zur Vierfeldertafel und zum Baumdiagramm

1. Ein den Rechenweg wirkungsvoll unterstützendes Mittel ist die Vierfeldertafel. An der Situation des letzten Beispiels „Medizinischer Test" gehen wir kurz auf die Vierfeldertafel ein.

   Das Untersuchungskollektiv ist nach zwei Merkmalen klassifiziert: Gesundheitszustand und Testergebnis. Das Merkmal Gesundheitszustand hat die Ausprägungen „Person ist krank K" und „Person ist gesund $\bar{K}$", das Merkmal Testergebnis hat die zwei Ausprägungen „Testergebnis ist positiv T" und „Testergebnis ist negativ $\bar{T}$". In die Felder (im Inneren und an den Rändern) trägt man die entsprechenden Wahrscheinlichkeiten ein. Zum besseren Verständnis haben wir auch die Wahrscheinlichkeiten in allgemeine Symbolik angegeben.

	K Person ist krank	$\bar{K}$ Person ist gesund	
T Testergebnis ist positiv	$P(T \cap K)$ 0,0192	$P(T \cap \bar{K})$ 0,0294	$P(T)$ 0,0486
$\bar{T}$ Testergebnis ist negativ	$P(\bar{T} \cap K)$ 0,0008	$P(\bar{T} \cap \bar{K})$ 0,9506	$P(\bar{T})$ 0,9514
	$P(K)$ 0,02	$P(\bar{K})$ 0,98	$P(\Omega)$ 1

2. In der Randzeile bzw. Randspalte können die totalen Wahrscheinlichkeiten $P(K)$, $P(\bar{K})$ bzw. $P(T)$, $P(\bar{T})$ abgelesen werden. Es handelt sich um die Summen der Wahrscheinlichkeiten der jeweiligen Spalte bzw. Zeile. Zum Beispiel:

$$P(T) = P(T \cap K) + P(T \cap \bar{K}).$$

3. Die bedingten Wahrscheinlichkeiten können mit Hilfe der in der Vierfeldertafel angegebenen Wahrscheinlichkeiten *berechnet* werden; z. B.:

$$P(K|T) = \frac{P(K \cap T)}{P(T)} \quad \text{oder} \quad P(\bar{K}|\bar{T}) = \frac{P(\bar{K} \cap \bar{T})}{P(\bar{T})}.$$

4. Es gilt: $P(\Omega) = P(K) + P(\bar{K}) = P(T) + P(\bar{T})$.

5. Mit Hilfe der Vierfeldertafel kann leicht die allgemeine Additionsregel (Satz 2.5, Abschnitt 4.2 in diesem Kapitel) gefunden werden (siehe Aufgabe 25 in Abschnitt 2.9.4).

6. Nehmen wir an, das Untersuchungskollektiv Ω im letzten Beispiel bestehe aus 10000 Personen. Dann ergibt sich für die im Beispiel vorgegebenen Situationen folgende *absolute Verteilung*, die sehr hilfreich für das Verständnis der Aufgabe sein kann:

	K	$\bar{K}$	
T	192	294	486
$\bar{T}$	8	9506	9514
	200	9800	10000
			$(=|\Omega|)$

7. Aus einer Vierfeldertafel können zwei Baumdiagramme gewonnen werden, je nachdem, ob man Ω zuerst nach dem einen Merkmal zerlegt oder zuerst nach dem anderen Merkmal. Die Zerlegungen von Ω seien männlich (M), weiblich (W) bzw. krank (K), gesund ($\bar{K}$). Dann erhält man:

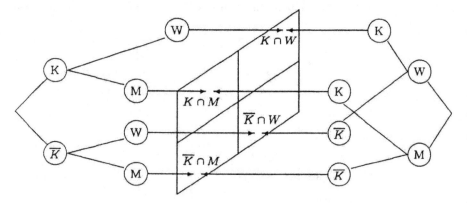

8. Die Vierfeldertafel hat statischen Charakter. Man kann eine Vierfeldertafel auf verschiedene Weisen gestuft interpretieren (siehe obige Abbildung).

9. Im Baumdiagramm können die der Stufung entsprechenden bedingten Wahrscheinlichkeiten unmittelbar abgelesen werden. In der Vierfeldertafel müssen sie aus den Daten der Tafel berechnet werden.

10. Das Baumdiagramm legt durch die Stufung eine Orientierung oder Richtung in der Reihenfolge der Ereignisse fest. Dieser dynamische Charakter des Baumdiagramms kann die Lösung einer Aufgabe unter Umständen erschweren. So kann man im *linken* obigen Baumdiagramm die bedingte Wahrscheinlichkeit $P(W|K)$ ablesen, nicht aber die bedingte Wahrscheinlichkeit $P(K|W)$.

Beispiel 2.46

(Ziegenproblem/Drei-Türen-Problem) Ein Kandidat soll in einer Spielshow im Fernsehen eine von drei verschlossenen Türen auswählen. Hinter einer Tür steht als Gewinn ein Auto, hinter den beiden anderen steht jeweils eine Ziege. Der Kandidat wählt eine Tür, nehmen wir an, Tür Nummer 1. Diese gewählte Tür bleibt aber vorerst verschlossen. Der Moderator weiß, hinter welcher Tür das Auto steht. Mit den Worten „Ich zeige Ihnen mal etwas" öffnet der Moderator eine andere Tür als der Kandidat gewählt hat, zum Beispiel Tür

Nummer 3. Und siehe da: Eine meckernde Ziege schaut ins Publikum. Nun fragt der Moderator den Kandidaten: „Bleiben Sie bei Ihrer Wahl oder wählen Sie jetzt Tür Nummer 2?"

Die amerikanische Journalistin Marylin vos Savant hatte in ihrer Kolumne „Fragen Sie Marylin" in der Zeitschrift „Parade" die Lösung dieser Aufgabe publiziert und als Ergebnis mitgeteilt: Es ist besser zu wechseln, Tür Nummer 2 hat bessere Chancen als die gewählte Tür Nummer 1.

Dieses Ergebnis wurde von der breiten Öffentlichkeit nicht akzeptiert, und Marylin erhielt in der Folgezeit empörte Leserbriefe. Ein häufiges Gegenargument war: Es gibt noch zwei Türen, hinter einer steht das Auto. Dann sollte es doch gleich sein, welche Tür gewählt wird. Die Chancen sind gleich, nämlich jeweils $\frac{1}{2}$.

Hier wird die Aufgabe unzulässig in eine andere Aufgabe umgewandelt, die praktisch nur den Endzustand betrachtet und die Vorgeschichte des Problems nicht angemessen berücksichtigt. Nun Gedanken zur *Lösung:*

1. Wir zitieren zunächst die Argumentation eines Lesers der Zeitschrift:
   „Die Wahrscheinlichkeit, daß der Wagen hinter der erstgewählten Tür ist, beträgt $\frac{1}{3}$. Die Wahrscheinlichkeit, daß er hinter einer der beiden anderen Türen ist, beträgt somit $\frac{2}{3}$. Wenn ich nun erfahre, hinter welcher der beiden anderen Türen er nicht ist, weiß ich sofort die Tür, hinter der er mit der Wahrscheinlichkeit $\frac{2}{3}$ ist." (Zitiert nach von Randow [135], S. 9.)

2. Man macht Experimente und spielt zwei Fragestellungen jeweils mehrere hundertmal durch, nämlich einmal *ohne* Wechseln der Tür, einmal *mit* Wechseln der Tür und vergleicht die erhaltenen relativen Häufigkeiten (als Schätzwerte für die gesuchten Wahrscheinlichkeiten) miteinander. Bei diesem Weg wird man gezwungen, die Vorgaben und Annahmen in der Aufgabe genau zu sehen und bei der Durchführung der Experimente umzusetzen. Hierbei tritt der Modellbildungsprozess deutlich hervor.

3. Zur rechnerischen Lösung machen wir aufgrund der Aufgabenstellung folgende Annahmen: Der Kandidat wählt zufällig eine Tür aus. Das Auto wurde zufällig hinter eine der drei Türen plaziert. Der Moderator wählt zur Öffnung immer eine Ziegentür, und zwar eine vom Kandidaten nicht gewählte Ziegentür. Der Kandidat kann ja auch schon eine Ziegentür gewählt haben. Der Moderator öffnet nie die Tür, die der Kandidat zuerst gewählt hat. Versuchen Sie diese wichtigen und zur folgenden Lösung wesentlichen Annahmen mit Hilfe des Aufgabentextes zu begründen.
   Macht man andere Annahmen, z. B. die Annahme, dass der Moderator auch rein zufällig eine der drei Türen öffnet, hat man eine andere Situation. Wieder andere Situationen ergeben sich, wenn der Moderator nur dann eine Ziegentür öffnet, wenn der Kandidat die Tür mit dem Auto gewählt hatte.
   Mit den bei unserem Modellbildungsprozess gemachten Annahmen ergibt sich folgende Lösung. Um die Frage zu beantworten, ob der Kandidat von

der gewählten Tür 1 zur Tür 2 wechseln soll (Tür 3 hat der Moderator ja bereits geöffnet), muss die bedingte Wahrscheinlichkeit, dass hinter der Tür 2 das Auto steht unter der Bedingung „der Moderator hat die Tür 3 geöffnet" verglichen werden mit der bedingten Wahrscheinlichkeit, dass hinter der Tür 1 das Auto steht unter der Bedingung „der Moderator hat die Tür 3 geöffnet".

Sei $G1$ das Ereignis „Autogewinn hinter Tür 1",

sei $G2$ das Ereignis „Autogewinn hinter Tür 2",

sei $G3$ das Ereignis „Autogewinn hinter Tür 3".

Sei ferner $M1$ das Ereignis „der Moderator öffnet Tür 1",

sei $M2$ das Ereignis "der Moderator öffnet Tür 2",

und sei $M3$ das Ereignis „der Moderator öffnet Tür 3".

Unter Verwendung dieser Bezeichnungen sind miteinander $P(G2|M3)$ und $P(G1|M3)$ zu vergleichen. Ist $P(G2|M3)$ größer als $P(G1|M3)$, so sollte der Kandidat von Tür 1 zur Tür 2 wechseln.

Mit Hilfe der Formel von Bayes berechnen wir $P(G2|M3)$ und $P(G1|M3)$.

$$P(G2|M3) = \frac{P(G2) \cdot P(M3|G2)}{P(M3)}.$$

Es gilt: $P(G2) = \frac{1}{3}$, denn das Auto wird zufällig verteilt, und der Kandidat wählt zufällig eine Tür aus (Annahme eines Laplace-Modells). Ebenso gilt: $P(G1) = \frac{1}{3}$ und $P(G3) = \frac{1}{3}$. $P(M3|G2) = 1$, denn bei unseren Annahmen und Vorgaben der Aufgabe muss der Moderator die Tür 3 öffnen: Denn Tür 1 hat der Kandidat gewählt und hinter Tür 2 steht das Auto. Beide Türen darf der Moderator nicht öffnen. $P(M3)$ ergibt sich als totale Wahrscheinlichkeit:

$$P(M3) = P(M3|G1) \cdot P(G1) + P(M3|G2) \cdot P(G2) + P(M3|G3) \cdot P(G3).$$

Es ergibt sich:

$P(M3|G1) = \frac{1}{2}$, der Moderator kann gemäß Aufgabenstellung und Annahmen nur zwischen Tür 2 und Tür 3 wählen. $P(M3|G3) = 0$, da der Moderator nur Ziegentüren öffnen darf. Die Tür, hinter der das Auto steht, darf er nicht öffnen.

Durch Einsetzen der Werte folgt

$$P(G2|M3) = \frac{\frac{1}{3} \cdot 1}{\frac{1}{2} \cdot \frac{1}{3} + 1 \cdot \frac{1}{3} + 0 \cdot \frac{1}{3}} = \frac{2}{3},$$

und analog ergibt sich

$$P(G1|M3) = \frac{P(G1) \cdot P(M3|G1)}{P(M3)} = \frac{\frac{1}{3} \cdot \frac{1}{2}}{\frac{1}{6} + \frac{1}{3}} = \frac{1}{3}.$$

Ergebnis: Der Kandidat verdoppelt seine Chance, das Auto zu gewinnen, von $\frac{1}{3}$ auf $\frac{2}{3}$, wenn er von Tür 1 zu Tür 2 wechselt. Also sollte der Kandidat wechseln.   ∎

(Siehe auch Aufgabe 26 in diesem Kapitel, Abschnitt 2.9.4, und Aufgabe 12 in Kapitel 3, Abschnitt 3.2.)

Ergänzender Hinweis zur Didaktik der Stochastik
In diesem Kapitel verzichteten wir darauf, auf empirische Untersuchungen zur Entwicklung des Zufalls- und Wahrscheinlichkeitsbegriffs beim heranwachsenden Kind und Jugendlichen einzugehen, und wir sind nur gelegentlich auf das Verhalten der Menschen in konkreten stochastischen Situationen eingegangen.

Zu diesen Themenkreisen verweisen wir daher auf das Kapitel III *Empirische Untersuchungen zur Entwicklung des Zufalls- und Wahrscheinlichkeitsbegriffs* in Kütting [101], 76 – 107.

2.9.4 Aufgaben und Ergänzungen

1. In einer Gruppe befinden sich vier Jungen und ein Mädchen. Berechnen Sie anhand eines geeigneten Baumdiagramms mit Hilfe von Pfadregeln die Wahrscheinlichkeit, dass zwei zufällig aus der Gruppe ausgewählte Personen Jungen sind.

2. In einer Urne befinden sich fünf Lose, von denen genau ein Los ein Gewinnlos ist. Die Lose werden nacheinander gezogen, die jeweils gezogenen Lose werden nicht in die Urne zurückgelegt.

   a) Wie groß ist die Wahrscheinlichkeit, beim 5. Zug eine Niete zu ziehen?

   b) Wie groß ist die Wahrscheinlichkeit, dass im 3. Zug eine Niete gezogen wird?

   c) Wie groß ist die Wahrscheinlichkeit, dass sowohl im 3. Zug als auch im 4. Zug eine Niete gezogen wird?

   d) Wie groß ist $P(N_2 \cup N_3 \cup N_4)$?
   N_k bedeutet: Beim k-ten Zug wurde eine Niete gezogen.

3. In einer Klasse mit 30 Kindern sind 12 Mädchen und 18 Jungen. Sowohl $\frac{1}{3}$ der Mädchen als auch $\frac{1}{3}$ der Jungen sind in einem Sportverein. Aus dieser Klasse soll durch Zufall eine Person als Kontaktperson zur bestehenden Schulsportgruppe ausgewählt werden. Mit welcher Wahrscheinlichkeit wird ein Kind ausgewählt, das einem Sportverein angehört? Geben Sie zwei Lösungswege an. Veranschaulichen Sie einen der Lösungswege mit Hilfe eines Baumdiagramms.

4. Aus einer Urne mit zwei schwarzen und zwei roten Kugeln wird zweimal eine Kugel ohne Zurücklegen gezogen. Die erste gezogene Kugel wird beiseite gelegt. Man erkennt *nicht* ihre Farbe. Die zweite gezogene Kugel ist schwarz. Wie groß ist die Wahrscheinlichkeit, dass auch die erste gezogene Kugel schwarz ist? Lösen Sie die Aufgabe mit Hilfe eines Baumdiagramms.

5. In einer Klasse sind die Kinder gemäß den Angaben in der Vierfeldertafel klassifiziert.

	Mitglieder in einem Sportverein (A)	Nicht Mitglieder in einem Sportverein ($\bar{A}$)	
Jungen (J)	6	10	16
Mädchen (M)	4	10	14
	10	20	30

Aus der Klasse soll durch Los ein Kind ausgewählt werden. Nach der Auslosung ist durchgesickert, dass die ausgeloste Person in einem Sportverein ist. Mit welcher Wahrscheinlichkeit wurde ein Junge ausgelost? Zeichnen Sie auch ein geeignetes Baumdiagramm.

6. Lösen Sie die Aufgabe 4 mit Hilfe des Begriffs der bedingten Wahrscheinlichkeit.

7. Sei $(\Omega, \mathcal{P}(\Omega), P)$ ein endlicher Wahrscheinlichkeitsraum. Seien A und B Ereignisse und $P(B) \neq 0$. Zeigen Sie: Für $B \subseteq A$ gilt $P(A|B) = 1$.

8. Zeigen Sie, dass die bedingte Wahrscheinlichkeit den drei Axiomen des Kolmogoroffschen Systems für endliche Wahrscheinlichkeitsräume genügt.

9. Ein Tier werde mit einer Wahrscheinlichkeit 0,07 von einer bestimmten Krankheit befallen. Die Krankheit verlaufe in 20 % der Fälle tödlich. Wie groß ist die Wahrscheinlichkeit, dass das Tier von dieser Krankheit befallen wird und daran stirbt?

10. Beweisen Sie: Zum Nachweis der stochastischen Unabhängigkeit von n Ereignissen sind $2^n - 1 - n$ Gleichungen auf ihre Gültigkeit zu überprüfen.

11. Zeigen Sie: Besitzen die unvereinbaren Ereignisse A und B je positive Wahrscheinlichkeiten, so sind diese Ereignisse nicht stochastisch unabhängig.

12. Sei $(\Omega, \mathcal{P}(\Omega), P)$ ein endlicher Wahrscheinlichkeitsraum. Zeigen Sie: Wenn A und B unabhängige Ereignisse sind, so sind auch

(a) A und $\bar{B}$,   (b) $\bar{A}$ und B,   (c) $\bar{A}$ und $\bar{B}$ unabhängige Ereignisse.

13. Ein idealer Würfel werde zweimal geworfen. A sei das Ereignis, dass die erste gewürfelte Augenzahl gerade ist. B sei das Ereignis, dass die zweite gewürfelte Augenzahl ungerade ist, und C das Ereignis, dass die Summe der Augenzahlen aus beiden Würfen gerade ist.

a) Untersuchen Sie, ob die Ereignisse A, B und C paarweise stochastisch unabhängig sind.

b) Untersuchen Sie, ob die Ereignisse A, B und C stochastisch unabhängig sind.

14. In einer Gärtnerei verwendet man Samenkörner einer Pflanzenart, die mit einer Wahrscheinlichkeit von 95 % keimen. Wie groß ist die Wahrscheinlichkeit, dass von sieben ausgesäten Samenkörnern

a) genau drei Körner keimen,

b) mehr als die Hälfte keimen?

15. In dieser Aufgabe wird eine in der Literatur häufig angesprochene Fragestellung vorgestellt. In der folgenden Vierfeldertafel ist die Grundgesamtheit von 100000 Erwachsenen einer Stadt nach zwei Merkmalen (Raucher und Lungenkrebskranker) zerlegt.

	Lungenkrebskranke	nicht Lungenkrebskranke	
Raucher	1000	39600	40600
Nichtraucher	60	59340	59400
	1060	98940	100000

a) Geben Sie die entsprechende Vierfeldertafel für die zugehörigen Wahrscheinlichkeiten an.

b) Sind die Ereignisse „zufällig ausgewählter Erwachsener hat Lungenkrebs" und „zufällig ausgewählter Erwachsener ist Raucher" voneinander unabhängig?

c) Wie groß ist die Wahrscheinlichkeit, dass ein zufällig ausgewählter Erwachsener dieser Stadt

    i. Lungenkrebs hat oder Raucher ist,

    ii. entweder Lungenkrebs hat oder Raucher ist?

d) Mit welcher Wahrscheinlichkeit hat ein Raucher Lungenkrebs?

e) Mit welcher Wahrscheinlichkeit ist ein Lungenkrebskranker Raucher?

f) Mit welcher Wahrscheinlichkeit hat ein Nichtraucher Lungenkrebs?

16. In Verbindung mit der zweiten Grundaufgabe bei Bernoulli-Ketten kann folgende Aufgabe gestellt werden:
Wie viele Versuche müssen gemacht werden, damit die Wahrscheinlichkeit für das mindestens einmalige Eintreten eines Ereignisses A mit $P(A) = p$ einen vorgeschriebenen Wert w erreicht oder überschreitet? (Siehe auch Aufgabe 17).

17. *Zufallsziffern* (auch Zufallszahlen genannt) sind Ziffern, die durch einen Zufallsprozess erzeugt und in dieser Reihenfolge aufgeschrieben werden. Es entstehen riesige Tabellen, in der die Ziffern des Dezimalsystems 0, 1, 2, 3, 4, 5, 6, 7, 8, 9 in zufälliger Aufeinanderfolge auftreten. Die Tabelle der Zufallszahlen in Abschnitt 3.1 liefert einen Eindruck von solchen Listen. Die Aufteilung der Spalten in Fünferkolonnen dient nur der Übersichtlichkeit. Nun die Aufgabe: Wie lang muss eine Zufallsziffernfolge sein, damit mindestens einmal die Ziffer 7 mit einer Wahrscheinlichkeit von mehr als 60 % auftritt?

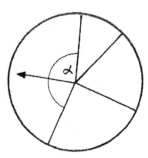

18. Ein Glücksrad ist in vier Flächen im Verhältnis 16:9:7:4 unterteilt. Das größte Feld ist rot, das zweitgrößte Feld ist grün. Das Glücksrad wird 6-mal gedreht.

    a) Wie groß ist die Wahrscheinlichkeit, dass der Zeiger genau 4-mal auf dem roten Feld stehen bleibt?

    b) Wie groß ist die Wahrscheinlichkeit, dass der Zeiger höchstens 2-mal auf dem roten Feld stehen bleibt?

    c) Wie groß ist die Wahrscheinlichkeit für das Ereignis „4-mal rot und 2-mal grün"?

Hinweis: Teilen Sie den Kreis in 360 gleiche Kreisausschnitte und beschreiben Sie das Ergebnis des Zufallsversuchs durch die Maßzahl der Winkel. – Es handelt sich um die sog. „Geometrische Wahrscheinlichkeit".

19. Wie oft wird man zwei Laplace-Würfel werfen müssen, um mit einer Wahrscheinlichkeit von mehr als 99 % mindestens einmal die Augensumme 8 zu erzielen?

20. In einer Urne liegen Lose, die mit den Zahlen 1 bis 105 durchnummeriert sind. Ein Gewinn wird erzielt, wenn die Losnummer des gezogenen Loses zu einer der folgenden Mengen A,B,C gehört:

A: die Losnummer ist durch 3 teilbar,

B: die Losnummer ist durch 5 teilbar,

C: die Losnummer ist durch 7 teilbar.

Wie groß ist die Wahrscheinlichkeit für ein Gewinnlos?

21. Zwei Maschinen M_1 und M_2 stellen Schrauben für die Hinterradachse von Fahrrädern her. Maschine M_1 produziert stündlich 200, Maschine M_2 stündlich 250 Schrauben. Bei Maschine M_1 beträgt der nicht der Norm entsprechende Ausschuss 2 %, bei M_2 dagegen 3 %. Wie groß ist die Wahrscheinlichkeit, dass eine zufällig der Gesamtproduktion entnommene, der Norm nicht entsprechende Schraube von der Maschine M_2 stammt?

22. Einem Studenten wird während der Prüfung eine Frage vorgelegt, zu der es n mögliche Antworten gibt, von denen genau eine richtig ist (Multiple-Choice-Verfahren). Hat der Student sich gründlich auf die Prüfung vorbereitet (die Wahrscheinlichkeit hierfür sei 0,8), so kann er die Frage richtig beantworten, anderenfalls wählt er eine der n Antworten willkürlich aus.

    a) Wie groß ist die Wahrscheinlichkeit (in Abhängigkeit von n), dass der Student sich auf die Prüfung gründlich vorbereitet hat, wenn die Frage von ihm richtig beantwortet wurde?

    b) Wie groß muss n sein, damit die unter (a) errechnete Wahrscheinlichkeit größer oder gleich 0,95 ist?

(Aufgabe in Anlehnung an Plachky, D./Baringhaus, L./Schmitz, N.: Stochastik I. Wiesbaden 1978, S. 85.)

23. Sei $(\Omega, \mathcal{P}(\Omega), P)$ ein endlicher Wahrscheinlichkeitsraum. Zeigen Sie: Die Ereignisse $A, B \in \mathcal{P}(\Omega)$ mit $P(A) > 0$ und $P(B) > 0$ sind stochastisch unabhängig genau dann, wenn $P(A|B) = P(A)$ gilt.

24. Wie groß ist die Wahrscheinlichkeit,

    a) dass beim 4-maligen Ausspielen eines Laplace-Würfels mindestens einmal eine Sechs auftritt,

    b) dass beim 24-maligen Ausspielen von zwei Laplace-Würfeln mindestens einmal eine Doppelsechs auftritt?

25. Leiten Sie mit Hilfe einer Vierfeldertafel die „allgemeine Additionsregel" her:
$$P(A \cup B) = P(A) + P(B) - P(A \cap B).$$

26. Lösen Sie das Beispiel 2.46 (Ziegenproblem/Drei-Türen-Problem) mit Hilfe eines Baumdiagramms.

27. Unter n Personen werden $m \leq n$ Gewinne ausgelost. Wann ist es am günstigsten, ein Los zu ziehen? Sind die Chancen für jeden Spieler gleich, einen Gewinn zu erhalten?

28. Wir beziehen uns auf Anmerkung 3 in Abschnitt 2.3.1 (Verallgemeinerung des Teilungsproblems):

    a) Wie viele Partien müssen höchstens gespielt werden, bis ein Sieger feststeht?

    b) Wie groß ist die Gewinnwahrscheinlichkeit für Spieler A bzw. für Spieler B?

3 Simulation und Zufallszahlen

3.1 Begriffserklärungen und Beispiele

Im Fremdwörterbuch (Duden) findet man unter Simulation: 1. Verstellung, 2. Vortäuschung (von Krankheiten), 3. Nachahmung (in Bezug auf technische Vorgänge).

Die Etymologie des Wortes Simulation führt in das Lateinische (*simulare:* ähnlich machen, nachbilden, nachahmen.) Diese vertrauten umgangssprachlichen Vorstellungen sind zugleich hilfreich für den Simulationsbegriff in der Wissenschaft. „Es wird versucht, ein Erscheinungsbild künstlich zu erzeugen (ohne es real auszufüllen), um damit Effekte der Realität zu erreichen." (Exner/Schmitz [51], S. 1)

Durch den Einzug des Computers sind Simulationen heute in Technik, Industrie und Erforschung der Wissenschaften weit verbreitet und nicht mehr wegzudenken. Bekannt sind Simulationen

- zum Flugverhalten von Flugzeugen in Luftkanälen,
- von Auffahrunfällen,
- in der Klimaforschung,
- bei der Entwicklung neuer Autokarosserien mit CAD-Werkzeugen (CAD bedeutet Computer Aided Design)
- zur Minimierung von Lagerhaltung,
- von Warteschlangen bei Bedienungssystemen (Verkehrsampeln, Kassen im Supermarkt, Fahrkartenschalter der Deutschen Bahn etc.),
- bei der Erforschung der Alterungsprozesse bei Sternen,
- zur Sicherheit von Betriebssystemen (z. B. in Kernkraftwerken) bei Annahme bestimmter Ausfallwahrscheinlichkeiten für bestimmte Komponenten/Einheiten im Betriebssystem, usw.

Aufsehen erregte im Jahr 1993 eine Simulation in einem besonders sensiblen Bereich. In einem Kernforschungsinstitut in Frankreich wurde unter internationaler Beteiligung im Labor ein GAU (größter anzunehmender Unfall in einem Kernkraftwerk) simuliert.

Das allgemeine Vorgehen bei *Simulationsverfahren in der Stochastik* lässt sich nach Müller ([124], S. 273) wie folgt beschreiben:

1. Man stellt zunächst ein dem vorliegenden Problem angepasstes stochastisches Modell auf (Modellierungsprozess).

2. Man führt dann anhand dieses Modells wiederholt Zufallsexperimente durch: Nachspielen des Modells unter direkter Benutzung des Modells als Zufallsgenerator wie z. B. Münzwurf, Wurf eines Spielwürfels, Ziehen von Kugeln aus einer Urne oder aber mit Hilfe von Zufallszahlen, insbesondere unter dem Einsatz von Computern und Rechnern (Simulation).

3. Man wertet schließlich die Ergebnisse des Zufallsexperiments in Bezug auf das vorliegende Problem aus, beispielsweise durch die Berechnung der relativen Häufigkeit eines Ereignisses als Schätzwert für die Wahrscheinlichkeit dieses Ereignisses, oder durch die Berechnung des arithmetischen Mittels als Schätzwert für den Erwartungswert (siehe Beispiel 4.7) und interpretiert den jeweils erhaltenen Wert als Schätzwert für die Lösung des vorliegenden Problems.

Der mathematische Hintergrund der Simulation ist durch das Gesetz der großen Zahlen gegeben (vgl. Kapitel 6, Abschnitt 6.2).

Ein konstitutives Moment der Simulation ist demnach die Modellbildung, die wir schon wiederholt angesprochen haben. Modelle sind Abbilder der Realität, sie sind Stellvertreter für reale Phänomene, sie sind nicht die Realität selbst. Ein Modell soll die für wesentlich erachteten Eigenschaften hervorheben. Dabei können als unwichtig angesehene Eigenschaften vernachlässigt werden. Ein Modell kann idealisieren durch Vereinfachen und durch Hinzufügen, insbesondere unter Verfolgung eines besonderen Simulationszwecks.

Die Schlüsse, die aus den Modellen (Abbildungen) gezogen werden können, sollen der Wirklichkeit entsprechen. Tun sie das nicht, dann hat man (korrekte Schlüsse vorausgesetzt) bei der Modellbildung evtl. wesentliche Eigenschaften übersehen und/oder die Wirklichkeit unangemessen beschrieben. Dann gilt: Man hat das falsche Problem gelöst. (Siehe auch Beispiel 3.4 (Das andere Kind)) Unter diesem Aspekt ist die Forderung verständlich, dass man möglichst umfangreiche mathematische Kenntnisse haben sollte, um ein optimales Modell zu finden.

Oft ist es schwierig, die erforderliche große Anzahl von Zufallsexperimenten in der Praxis durchzuspielen. Man führt dann (wie unter Punkt 2 formuliert wurde) die Simulation mit Hilfe von *Zufallszahlen* (synonym: *Zufallsziffern*) aus. Das Nachahmen von Zufallsexperimenten mit Hilfe von Zufallsziffern heißt *Monte-Carlo-Methode*. Die Zahlen (Ziffern) werden durch einen Zufallsprozess z. B. Münzwurf, Würfelwurf oder durch physikalische Vorgänge wie Beobachten des Rauschens von Elektronenröhren gewonnen. Ein Buch mit einer Million Zufallsziffern veröffentlichte die Rand Corporation: *A Million Random Digits with 100 000 Normale Deviates*. Glencoe Illinois: Free press 1955. Die Zahlen wurden durch ein elektronisches Roulett erzeugt. Es handelt sich dabei um eine riesige Tabelle, in der die Ziffern 0, 1, 2, 3, 4, 5, 6, 7, 8, 9 des Dezimalsystems in zufälliger Aufeinanderfolge auftreten. Jede Seite des Buches enthält also im Wesentlichen nur Zahlen. Die folgende Tabelle gibt einen Eindruck von diesem Buch (entnommen: Wallis/Roberts [177], S. 523). Die Aufteilung in Fünferkolonnen dient nur der Übersichtlichkeit.

Zufallszahlen

Zeile					Spalte Nr.					
Nr.	1~5	6 - 10	11 - 15	16 - 20	21 - 25	26 - 30	31 - 35	36 - 40	41 - 45	46 - 50
0	10097	32533	76520	13586	34673	54876	80959	09117	39292	74945
1	37542	04805	64894	74296	24805	24037	20636	10402	00822	91665
2	08422	68953	19645	09303	23209	02560	15953	34764	35080	33606
3	99019	02529	09376	70615	38311	31165	88676	74397	04436	27659
4	12807	99970	80157	36147	64032	36653	98951	16877	12171	76833
5	66065	74717	34072	76850	36697	36170	65813	39885	11199	29170
6	31060	10805	45571	82406	35303	42614	86799	07439	23403	09732
7	85269	77602	02051	65692	68665	74818	73053	85247	18623	88579
8	63573	32135	05325	47048	90553	57548	28468	28709	83491	25624
9	73796	45753	03529	64778	35808	34282	60935	20344	35273	88435
10	98520	17767	14905	68607	22109	40558	60970	93433	50500	73998
11	11805	05431	39808	27732	50725	68248	29405	24201	52775	67851
12	83452	99634	06288	98083	13746	70078	18475	40610	68711	77817
13	88685	40200	86507	58401	36766	67951	90364	76493	29609	11062
14	99594	67348	87517	64969	91826	08928	93785	61368	23478	34113
15	65481	17674	17468	50950	58047	76974	73039	57186	40218	16544
16	80124	35635	17727	08015	45318	22374	21115	78253	14385	53763
17	74350	99817	77402	77214	43236	00210	45521	64237	96286	02655
18	69916	26803	66252	29148	36936	87203	76621	13990	94400	56418
19	09893	20505	14225	68514	46427	56788	96297	78822	54382	14598
20	91499	14523	68479	27686	46162	83554	94750	89923	37089	20048
21	80336	94598	26940	36858	70297	34135	53140	33340	42050	82341
22	44104	81949	85157	47954	32979	26575	57600	40881	22222	06413
23	12550	73742	11100	02040	12860	74697	96644	89439	28707	25815
24	63606	49329	16505	34484	40219	52563	43651	77082	07207	31790
25	61196	90446	26457	47774	51924	33729	65394	59593	42582	60527
26	15474	45266	95270	79953	59367	83848	82396	10118	33211	59466
27	94557	28573	67897	54387	54622	44431	91190	42592	92927	45973
28	42481	16213	97344	08721	16868	48767	03071	12059	25701	46670
29	23523	78317	73208	89837	68935	91416	26252	29663	05522	82562
30	04493	52494	75246	33824	45862	51025	61962	79335	65337	12472
31	00549	97654	64051	88159	96119	63896	54692	82391	23287	29529
32	35963	15307	26898	09354	33351	35462	77974	50024	90103	39333
33	59808	08391	45427	26842	83609	49700	13021	24892	78565	20106
34	46058	85236	01390	92286	77281	44077	93910	83647	70617	42941
35	32179	00597	87379	25241	05567	07007	86743	17157	85394	11838
36	69234	61406	20117	45204	15956	60000	18743	92423	97118	96338
37	19565	41430	01758	75379	40419	21585	66674	36806	84962	85207
38	45155	14938	19476	07246	43667	94543	59047	90033	20826	69541
39	94864	31994	36168	10851	34888	81553	01540	35456	05014	51176
40	98086	24826	45240	28404	44999	08896	39094	73407	35441	31880
41	33185	16232	41941	50949	89435	48581	88695	41994	37548	73043
42	80951	00446	96382	70774	20151	23387	25016	25298	24624	61171
43	79752	49140	71961	28296	69861	02591	74852	20539	00387	59579
44	18633	32537	98145	06571	31010	24674	05455	61427	77938	91936
45	74029	43902	77557	32270	97790	17119	52527	58021	80814	51748
46	54178	45611	80993	37143	05335	12969	56127	19255	36040	90324
47	11664	49883	52079	84827	59381	71539	09973	33440	88461	23356
48	48324	77928	31249	64710	02295	36870	32307	57546	15020	09994
49	69074	94138	87637	91976	35584	04401	10518	21615	01848	76938

Die Bezeichnung dieses numerischen Verfahrens als Monte-Carlo-Methode bringt zum Ausdruck, dass durch die Ergebnisse von Roulettspielen – wie sie im berühmten Casino der Stadt Monte-Carlo üblich sind – Tabellen von Zufallsziffern geliefert werden. Die Namensgebung für die beschriebene Methode ist also nicht zufällig erfolgt. Die Monte-Carlo-Methode ist allerdings keine Strategie für erfolgreiches Spielen in Spielcasinos.

Die Benutzung von Zufallszahlen ist heute in den Wissenschaften von eminenter Bedeutung. Etwas überspitzt formulierte ein Mathematiker: „Die Erstellung von Zufallszahlen ist zu wichtig, als daß man sie dem Zufall überlassen dürfe" (Robert R. Coveyou; zitiert nach M. Gardner: Mathematischer Karneval. Frankfurt 1978, S. 174).

Computer können Zufallszahlen selbst erzeugen und zur Lösung eines Problems sofort weiterverarbeiten.

Die durch einen Computer erzeugten Zufallszahlen sind aber keine *echten* Zufallszahlen, denn sie werden nach streng deterministischen Algorithmen (Rechenverfahren) erzeugt. Solche Algorithmen aus den frühen Anfängen sind die Middle-Square-Methode und der Fibonacci-Algorithmus. Es zeigte sich aber, dass beide Algorithmen hinsichtlich der „Qualität" der von ihnen erzeugten Zufallszahlen erhebliche Mängel aufwiesen. Sie gelten daher heute als untaugliche Methoden. Der heutzutage in Rechnern wohl am häufigsten benutzte Algorithmus zur Erzeugung von Zufallszahlen ist der mit Hilfe der linearen Kongruenzmethode. Doch für alle durch deterministische Algorithmen erzeugten Zufallszahlen gilt: Diese Zahlen selbst sind determiniert. Sie heißen deshalb *Pseudozufallszahlen*".

Diesen Rohstoff „Zufallszahlen" für stochastische Simulationen meinen Lehn und Rettig, wenn sie sagen: „Der Zufall aus dem Computer ist also kein wirklicher Zufall, sondern deterministischer Zufall" (Lehn/Rettig [111], S, 57).

Der Determinismus zeigt sich u. a. darin, dass sich die erzeugten Zahlen nach einer mehr oder weniger langen Phase (Schleife) in regelmäßiger Reihenfolge wiederholen oder darin, dass aufeinanderfolgende Zufallszahlen, wenn man sie zu Paaren (geometrisch gedeutet als Punkte in der Ebene) oder zu Tripel (geometrisch gedeutet als Punkte im Raum) zusammenfasst, eine Gitterstruktur zeigen: Die Punkte liegen in der Ebene (Paare) auf ganz bestimmten Geraden bzw. im Raum (Tripel) auf ganz bestimmten Ebenen. Sie liegen also nicht gleichmäßig verteilt in der Ebene bzw. im Raum. Die Regelmäßigkeit ist nicht ohne weiteres wahrzunehmen, das *Auge* sieht eine zufällige, gleichverteilte Punktwolke in der Ebene bzw. im Raum.

Der in Kauf genommene Verlust an Zufälligkeit bei den Pseudozufallszahlen mindert aber nicht ihre Einsatzfähigkeit, wenn die Pseudozufallszahlen gewissen Tests hinsichtlich ihrer „Qualität" genügen, z. B. keine *kurzen* Schleifen mit ständiger Wiederholung derselben Zahlenfolgen aufweisen, eine möglichst gute Gleichverteilung auch höherdimensional zeigen usw.

Ein einfaches **Beispiel** (entnommen Lehn/Rettig [111], S. 64ff) diene der Illustration. Die angegebenen zwei Serien von je 120 ganzen Zahlen von 1 bis 6 könnten Protokolle von 120 Würfen mit einem Laplace-Würfel sein:

Serie 1:

$$1\ 3\ 4\ 2\ 5\ 6\ 6\ 3\ 2\ 1\ 4\ 4\ 5\ 3\ 2\ 1\ 1\ 4\ 3\ 6$$
$$3\ 2\ 2\ 4\ 5\ 3\ 3\ 1\ 1\ 4\ 1\ 5\ 3\ 2\ 1\ 6\ 6\ 5\ 4\ 3$$
$$2\ 4\ 1\ 1\ 2\ 4\ 3\ 6\ 6\ 1\ 4\ 5\ 5\ 2\ 3\ 4\ 1\ 1\ 2\ 6$$
$$4\ 3\ 3\ 2\ 1\ 6\ 6\ 5\ 4\ 1\ 3\ 2\ 2\ 4\ 3\ 2\ 1\ 4\ 6\ 5$$
$$3\ 2\ 1\ 4\ 6\ 5\ 3\ 2\ 1\ 4\ 6\ 5\ 3\ 2\ 1\ 4\ 6\ 5\ 3\ 2$$
$$1\ 4\ 6\ 5\ 3\ 2\ 1\ 4\ 6\ 5\ 3\ 2\ 1\ 4\ 6\ 5\ 3\ 2\ 1\ 4$$

Serie 2:

$$1\ 2\ 3\ 2\ 4\ 1\ 1\ 2\ 5\ 2\ 6\ 3\ 4\ 6\ 3\ 4\ 2\ 4\ 3\ 4$$
$$6\ 5\ 6\ 3\ 2\ 5\ 6\ 1\ 5\ 1\ 3\ 1\ 4\ 1\ 4\ 6\ 5\ 6\ 6\ 2$$
$$3\ 4\ 6\ 2\ 4\ 2\ 1\ 5\ 3\ 5\ 4\ 6\ 4\ 5\ 6\ 5\ 3\ 3\ 5\ 6$$
$$4\ 2\ 6\ 1\ 6\ 1\ 2\ 4\ 3\ 4\ 2\ 5\ 4\ 5\ 3\ 5\ 2\ 3\ 4\ 2$$
$$3\ 6\ 3\ 1\ 3\ 2\ 4\ 3\ 5\ 3\ 6\ 2\ 2\ 1\ 5\ 1\ 5\ 6\ 3\ 6$$
$$4\ 5\ 1\ 3\ 1\ 6\ 1\ 3\ 2\ 1\ 6\ 1\ 3\ 4\ 5\ 4\ 5\ 3\ 2\ 5$$

Folgende Erscheinungen sind jedoch nicht vereinbar mit dem echten Zufall: In Serie 1 wiederholt sich ab einer Stelle stets die Zahlenfolge 3, 2, 1, 4, 6, 5. Auch Serie 2 zeigt Mängel, wenn es sich um einen echten Zufall handeln soll. Da der Würfel kein Gedächtnis hat, sollte etwa in einem Sechstel der Fälle eine Zahl mit ihrem Vorgänger übereinstimmen. Denn jede Zahl erscheint bei einem Laplace-Würfel mit derselben Wahrscheinlichkeit $\frac{1}{6}$. Statt etwa 20 solcher zu erwartenden „Zwillinge" (aufeinanderfolgende Zahlen stimmen überein) gibt es nur 4. Es sind also bei beiden Serien Zweifel angebracht, ob es sich tatsächlich um Zufallszahlen aus der Menge der Zahlen 1, 2, 3, 4, 5 und 6 handelt.

Es gibt weitere einfache Verfahren zum Testen von Zufallszahlen. Wir nennen den sog. Pokertest und den Maximum-Test und verweisen auf die Aufgaben 1 und 2 und auf Literatur (Engel [47], Bd. 1, S. 67ff, Hauptfleisch [63], 35).

Folgende **Beispiele** sollen das Prinzip der Simulation mit Zufallszahlen bzw. mit Hilfe anderer Zufallsgeneratoren wie Urne und Würfel verdeutlichen.

Beispiel 3.1

(Rosinenbrötchen-Aufgabe) In 5 kg Teig befinden sich 150 Rosinen. Aus dem Teig werden 100 Brötchen zu je 50 g gebacken. Der Teig wird sorgfältig durchgeknetet. Die Anzahl der Rosinen in den einzelnen Brötchen wird jedoch nicht gleich, sondern unterschiedlich sein. Wir fragen nach der Wahrscheinlichkeit, dass ein zufällig ausgewähltes Brötchen

a) mindestens eine Rosine enthält,

b) genau zwei Rosinen enthält?

Lösung

Der Vorgang der Zubereitung der Rosinenbrötchen kann als „zufällige" Verteilung von 150 Rosinen auf 100 Brötchen aufgefasst werden, wobei jede der 150 Rosinen jeweils die gleiche Chance besitzt (der Teig wird sorgfältig durchgeknetet), in eines der 100 Brötchen zu gelangen.

Denkt man sich *eines* der Brötchen (in Form einer Teigmenge von 50 g) ausgezeichnet, dann gelangt eine *bestimmte* Rosine mit der Wahrscheinlichkeit $p = \frac{1}{100}$ in dieses Brötchen. Das Mischen von Rosinen und Teig wird zu einer *Abfolge* von Experimenten, wenn man sich vorstellt, dass die Rosinen *nacheinander* der Teigmasse beigemischt werden.

Wir können also annehmen, dass sich die Rosinen nicht gegenseitig beeinflussen und eine Rosine mit gleicher Wahrscheinlichkeit $\frac{1}{100}$ in jedes Brötchen gelangen kann. In der folgenden Abbildung bedeutet jedes einzelne Quadrat ein Brötchen. Für jede Rosine wählen wir ein *Paar* von Zufallszahlen. Wir wählen 150 Paare von Zufallsziffern aus der angegebenen Tabelle.

	0	1	2	3	4	5	6	7	8	9
0		//	//	/	/	//		/		
1	//	/	//	///	/	//	//	/		
2	//	/	/	///	//	/			//	//
3	/	///	/	//	///	//////	////		//	
4	///	/	/	////	/	//	//			
5	/	//	/	/	//	/	//	/	//	///
6	///		/		/		////	//	///	//
7	//		/	//	/	/	/	//	/	//
8	//		//	//	/		////		//	/
9	///	/	///	//	//	//	//	//		/

Man kann die Tabelle zeilenweise lesen, aber auch spaltenweise. Das einmal gewählte Schema behält man bei der Lösung einer Aufgabe allerdings bei. Wir gehen aus von den Spalten 21/22, dann gehen wir zu den Spalten 23/24, dann zu 25/26. Wir erhalten 34, 24, 23 usw. Das bedeutet: Rosine 1 gelangt in Brötchen Nr. 34, Rosine 2 in Brötchen Nr. 24, Rosine 3 in Brötchen Nr. 23 usw. In das entsprechende Brötchenfeld machen wir jeweils einen Strich.

Für die Lösungen erhalten wir durch Auszählen als Schätzwerte für:

a)

$$P \approx \frac{79}{100} = 0,79;$$

d. h. die Wahrscheinlichkeit, dass ein zufällig ausgewähltes Brötchen mindestens eine Rosine enthält, beträgt 0,79.

b)

$$P(2 \text{ Rosinen}) \approx \frac{34}{100} = 0,34;$$

d. h. die Wahrscheinlichkeit, dass ein zufällig ausgewähltes Brötchen genau zwei Rosinen enthält, beträgt 0,34.

Diese Schätzwerte können schon mit den exakten Lösungen verglichen werden (siehe Aufgabe 3, Abschnitt 3.2). Doch ist unbedingt zu beachten, dass die Simulation mehrfach durchgeführt wird, z. B. durch Weiterschreiten in den gewählten Spalten oder durch Wahl anderer Spalten oder durch zeilenweises Vorgehen (bei Zusammenfassung von zwei aufeinanderfolgenden Zahlen zu einem Paar). Beispiel: Start in Zeile 0: 10, 09, 73, ... Erst eine große Anzahl von Versuchen liefert verlässliche Schätzwerte.

■

Beispiel 3.2

(Ein Geburtstagsproblem – Der gesunde Menschenverstand) Wie groß ist die Wahrscheinlichkeit, dass bei n zufällig ausgewählten Personen einer Großstadt mindestens zwei am selben Tag Geburtstag haben?
(Siehe Aufgabe 11, Abschnitt 2.8.6 und die rechnerische Lösung.)

Lösung

Wir simulieren das Problem durch verschiedene Zufallsexperimente. Wie bei der rechnerischen Lösung im Abschnitt „Kombinatorisches Zählen" nehmen wir an, das Jahr habe 365 Tage und n sei kleiner oder gleich 365.

a) In einer Urne befinden sich 365 gleichartige Kugeln mit den Zahlen 1 bis 365 für die einzelnen Tage des Jahres. Man zieht blind eine Kugel, schreibt die Ziffer auf, legt die Kugel in die Urne zurück und wiederholt diesen Vorgang n-mal, da n Personen ausgewählt wurden.

b) Man nimmt zwei Urnen, in der ersten befinden sich 12 Kugeln mit den Monatsnamen, in der zweiten Urne 31 Kugeln mit den Zahlen 1 bis 31 für die Tage. Für jede der n Personen wird aus jeder Urne je eine Kugel gezogen. Nach jeder Ziehung werden die Kugeln wieder in die entsprechenden Urnen zurückgelegt. Ein Ergebnis wie z. B. 31. Juni lässt man unberücksichtigt.

c) Man denkt sich die Tage wieder durchnummeriert und entnimmt der Zufallszifferntabelle Dreierblöcke. Wir wählen die 11. Zeile als Start und lesen zeilenweise weiter: Die erste Zahl ist 118, dann folgt 050. Der dritte Dreierblock 543 ist größer als 365, deshalb streichen wir ihn. Der nächste (3.)

Dreierblock ist also 139. Der nächste Dreierblock in der Tabelle ist 808, er ist ebenfalls zu streichen. So fährt man fort und erhält: 277, 325, 072, 248, 294, 052 usw. Es sind n Dreierblöcke für eine Versuchsserie zu bestimmen. Um mehr Zufallsziffern zu berücksichtigen, kann man auch so verfahren: Wir gehen wieder von Zeile 11 aus. Der dritte Dreierblock heißt 543, er wird jetzt nicht ganz gestrichen. Wir streichen nur die Ziffern, die zu Zahlen über 365 führen würden. Das sind die Ziffern 5 und 4. Also heißt der nächste Dreierblock 313. Dann sind 9 und 8 zu streichen. Also ergibt sich 082 usw. Um möglichst viele dreistellige Zufallszahlenblöcke als Geburtstagszahlen benutzen zu können, kann man sich weitere Möglichkeiten ausdenken.

Man führe auf einem der Wege mehrere Simulationen für etwa 25, 45, 60 Personen durch. Zur besseren Übersichtlichkeit empfiehlt es sich, eine Strichliste in Form einer Tabelle zu führen.

	0	1	2	3	4	5	6	7	8	9
00	■									
01										
⋮										
35										
36										

Beispiel 3.3

(Treibjagdproblem) Acht Jäger schießen gleichzeitig auf zehn Enten. Die Jäger treffen stets, aber sie vereinbaren vorher nicht, wer auf welche Ente schießt. Wie viele Enten werden wahrscheinlich geschossen?

Lösung

Aufgrund der Aufgabenstellung weiß man mit Sicherheit: Mindestens eine Ente wird getroffen, höchstens acht Enten können erlegt werden. Die Lösung wird also eine der Zahlen 1, 2, 3, 4, 5, 6, 7 oder 8 sein. Wir geben zwei Simulationen an. (In Aufgabe 4 des Abschnitts 3.2 ist das Beispiel rechnerisch zu lösen.)

a) Man zieht achtmal 1 Kugel mit Zurücklegen aus einer Urne mit 10 Kugeln, die mit den Ziffern 0 bis 9 für die 10 Enten beschriftet sind. Dieses Zufallsexperiment wird mehrfach wiederholt.

b) Aus einer Zufallszahlentabelle wählt man „Achterblöcke" aus. Wir lesen zeilenweise und wählen Zeile 11 unserer Tabelle von Seite 215 als Startpunkt. Die Ziffern von 0 bis 9 repräsentieren die 10 Enten. Der erste Achterblock heißt
1 1 8 0 5 0 5 4. Das bedeutet: Ente Nr. 1 wurde zweimal getroffen, ebenso wurden die Enten Nr. 0 und Nr. 5 zweimal getroffen. Ferner wurden die Enten Nr. 8 und Nr. 4 einmal getroffen. Geschossen wurden also die 5 Enten Nr. 0, 1, 4, 5, und 8. Wir führen vier weitere Simulationen durch:

3 1 3 9 8 0 8 2 = (6 Enten wurden getroffen),

7 7 3 2 5 0 7 2 = (5 Enten wurden getroffen),

5 6 8 2 4 8 2 9 = (6 Enten wurden erlegt),

4 0 5 2 4 2 0 1 = (5 Enten wurden erlegt).

Es werden also bei diesen Simulationen fünf oder sechs Enten erlegt. Fassen wir die fünf Simulationen zu einem Experiment zusammen, so werden $27 : 5 = 5,4$ Enten geschossen. Um mehr Sicherheit zu haben, muss natürlich eine große Anzahl von Simulationen durchgeführt werden. Uns geht es hier darum, das Prinzip deutlich zu machen. Vgl. Sie die rechnerische Lösung (Aufgabe 4) mit obigem Schätzwert.

∎

Didaktischer Hinweis: In einem sehr lesenswerten Aufsatz von *H. Trauerstein* ([171], 2 – 27) werden Varianten dieses Beispiels durchgespielt: Veränderung der Anzahlen der Enten und der Jäger und Veränderung der Trefferwahrscheinlichkeit (statt 100 % nur noch 65 %). Dieses Beispiel und weitere Beispiele werden ausführlich unter jeweiliger Betonung der verschiedenen Ebenen Realität – Modell behandelt.

Beispiel 3.4
(Das andere Kind)

a) Man weiß: Eine Familie hat zwei Kinder, eines davon ist ein Junge. Wie groß ist die Wahrscheinlichkeit, dass die Familie auch ein Mädchen hat?

b) Man weiß: Eine Familie hat zwei Kinder. Das ältere von beiden ist ein Junge. Wie groß ist die Wahrscheinlichkeit, dass die Familie auch ein Mädchen hat?

Sind das zwei verschiedene Aufgaben oder handelt es sich um ein und dieselbe Aufgabe?

Lösung

Eine genaue Modellbildung macht Unterschiede deutlich, die dann auch bei den Simulationen zu beachten sind.

Zu a): Häufig wird so argumentiert: Das andere Kind ist entweder ein Junge oder ein Mädchen. Unter der Annahme, dass die Wahrscheinlichkeiten für Jungen- und Mädchengeburten gleich sind, nämlich $\frac{1}{2}$, wird die Frage in a) mit $\frac{1}{2}$ beantwortet. Als Grundraum Ω wird also angenommen $\Omega = \{J, M\}$ und als Wahrscheinlichkeit die Gleichverteilung.

Das ist aber kein angemessener Grundraum. Sieht man von Mehrlingsgeburten ab, so ist eines der Kinder älter als das andere, und $\Omega = \{JJ, JM, MJ, MM\}$ gibt die Situation angemessen wieder. Hierbei bedeuten J bzw. M an erster Stelle, dass das ältere Kind ein Junge bzw. ein Mädchen ist. Legt man ein Laplace-Modell (Gleichverteilung) zugrunde, so sind alle 4 Fälle gleichwahrscheinlich.

Der Fall MM scheidet aus (mindestens ein Kind ist ja ein Junge), es bleiben also 3 Fälle, und davon sind zwei günstig. Also $P = \frac{2}{3}$.

In Aufgabe 8 des Abschnitts 3.2 wird eine approximative Lösung durch Simulation verlangt.

Zu b): Ein angemessener Grundraum ist auch hier $\Omega = \{JJ, JM, MJ, MM\}$ mit der Interpretation wie in a). Die zwei Fälle MJ und MM scheiden wegen der vorgegebenen Bedingung aus. Von den verbleibenden zwei Fällen ist einer günstig (JM) Also: $P = \frac{1}{2}$.

In Aufgabe 8 des Abschnitts 3.2 ist eine Näherungslösung durch Simulation anzugeben.

∎

Die Anwendung von Zufallszahlen beschränkt sich nicht auf die Lösung stochastischer Probleme, sondern sie gestattet es auch, mathematische Probleme zu lösen, wo man den Zufall nicht vermutet. Klassische Beispiele hierfür sind Flächeninhalts- und Rauminhaltsbestimmungen, also *deterministische* Probleme.

Beispiel 3.5
(Kreisflächenberechnung,   Monte-Carlo-Integration,   Bestimmung von π)

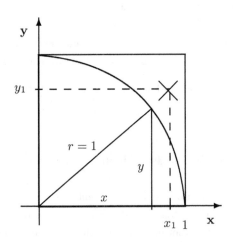

Nebenstehende Figur enthält ein Einheitsquadrat mit einbeschriebenem Viertelkreis mit dem Radius 1. Die Fläche dieses Viertelkreises beträgt $\frac{\pi}{4}$. Durch Simulation soll die Fläche des Viertelkreises näherungsweise bestimmt werden. Dazu überdecken wir das Quadrat mit einer Wolke von Zufallspunkten („Zufallsregen"). Diese können wir z. B. mit Hilfe einer Tabelle von Zufallszahlen gewinnen.

Wir benutzen die angegebene Tabelle der Zufallszahlen, lesen zeilenweise und beginnen in Zeile 13. Wir wählen Gruppen von vier Ziffern $abrs$ zur Festlegung der Koordinaten x, y eines Punktes im Einheitsquadrat. Wir setzen $x = 0, ab$ und $y = 0, rs$, d. h. die ersten zwei Ziffern des Viererblocks sind die Hundertstel der x-Koordinate, die letzten zwei Ziffern die Hundertstel der y-Koordinate. Beispiele (Zeile 13):

$$8868 \quad : \quad x = 0,88, \, y = 0,68,$$
$$5402 \quad : \quad x = 0,54, \, y = 0,02.$$

Man wählt eine große Anzahl N von Punkten und zählt die Anzahl V der Punkte, die im Viertelkreis liegen. Dann ist der Quotient $\frac{V}{N}$ ein Näherungswert für die Maßzahl der Fläche des Viertelkreises, also auch für die Zahl $\frac{\pi}{4}$. Die Lösung geht von der Annahme aus, dass jeder Punkt des Quadrats mit der gleichen Wahrscheinlichkeit getroffen wird, und dass alle Flächen gleicher Größe auch gleiche Wahrscheinlichkeit besitzen. Bezogen auf einen Kreis mit dem Radius r und das umschriebene Quadrat mit der Seite $2r$ gilt:

$$\frac{\text{Fläche Kreis}}{\text{Fläche Quadrat}} = \frac{r^2 \cdot \pi}{2r \cdot 2r} = \frac{\pi}{4}.$$

Da die Kreisfläche des Einheitskreises mit dem Mittelpunkt im Koordinatenursprung mathematisch beschrieben werden kann als die Menge K aller Punkte (x, y) mit $K = \{(x, y) | x^2 + y^2 \leq 1\}$, kann ein Computer, der Zufallszahlen selbst erzeugt, leicht durch ein geeignetes Programm mehrere Hundert Punkte im Quadrat erzeugen und sofort den Anteil der Punkte zählen, die im Inneren oder auf dem Rand des Kreises liegen. In einer Simulation mit 500 Punkten ergab sich

$$\frac{\pi}{4} \approx \frac{384}{500} = 0,768$$
$$\pi \approx 3,072.$$

(Zum Vergleich geben wir die ersten exakten Stellen von π an: $\pi = 3,141592\ldots$)

∎

Hinweis
Nach diesem Verfahren des „Zufallsregens" können auch Flächeninhalte beliebiger Flächen im Prinzip approximativ bestimmt werden (siehe Abbildung).

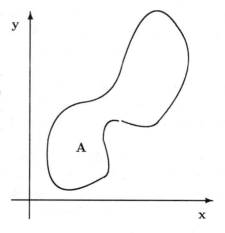

Die bisherigen Beispiele betrafen Fragestellungen, die wir mit unseren Mitteln der Stochastik auf rein analytisch-rechnerischem Wege lösen konnten, ohne dass eine Simulation notwendig erschien. Für das folgende (in der Fragestellung sehr einfache) Beispiel reichen die bislang behandelten Themenkreise der Stochastik noch nicht aus. Es ist ein Mittelwert zu berechnen, der in der Stochastik als Erwartungswert bezeichnet wird, und den wir im nächsten Abschnitt erarbeiten werden. Wir beantworten deshalb die Frage im folgenden Beispiel durch eine Simulation.

Beispiel 3.6
(Warten auf Erfolg) Wie lange muss man im Mittel warten bis zum Auftreten einer 9 beim Drehen des nachfolgend abgebildeten Glücksrades mit den 10 gleichverteilten Ziffern $0, 1, 2, \ldots, 9$?

Lösung
Man kann das Problem leicht simulieren, entweder führt man Experimente am Glücksrad selbst durch (es erzeugt ja Zufallszahlen) oder man arbeitet mit Hilfe gegebener Zufallsszifferntabellen.

Wir führen Simulationen mit der Zufallszahlentabelle auf S. 215 durch. Wir wählen zwei verschiedene Schemata beim Lesen der Zufallszahlentabelle.
Schema 1: Wir beginnen in Zeile 0 und Spalte 1 und lesen und zählen die Zufallszahlen zeilenweise. Immer wenn eine 9 aufgetreten ist, springen wir in die nächste Zeile (Spalte 1) und beginnen neu zu zählen. Also: Die 9 tritt zum erstenmal an 4-ter Stelle auf, dann an 14-ter Stelle, dann an 8-ter Stelle usw. Für 25 Simulationen erhalten wir dann die folgenden Zahlen für das Ereignis „9 tritt zu erstenmal an x-ter Stelle auf": 4, 14, 8, 1, 6, 24, 34, 5, 21, 4, 1, 12, 6, 28, 1, 18, 56, 2, 2, 1, 6, 8, 29, 7, 4. Die Summe der Zahlen ergibt 302. Da es 25 Simulationen waren, ergibt sich als Mittel m: $m = 302 : 25 = 12,08$.
Schema 2: Wir beginnen wieder in Zeile 0, Spalte 1, springen aber nicht nach dem Auftreten einer 9 in die nächste Zeile, sondern lesen und zählen fortlaufend weiter bis zum nächsten Auftreten einer 9. Bei wieder 25 Simulationen erhalten

wir jetzt die Zahlenfolge: 4, 29, 2, 2, 5, 2, 4, 16, 5, 27, 12, 4, 5, 8, 8, 18, 1, 3, 5, 2, 27, 11, 6, 1, 1. Es folgt $m = 208 : 25 = 8,32$.

Bei beiden Verfahren haben wir nur eine relativ geringe Anzahl von Simulationen (nämlich 25) durchgeführt. Es sollte nur das Vorgehen erläutert werden. Würde man beide Verfahren (trotz unterschiedlichen Vorgehens) als einen Versuch ansehen, so hätte man 50 Simulationen mit dem Mittelwert 10,2.

Um einen Vergleich dieser Lösungen mit dem rein rechnerisch ermittelten Wert zu ermöglichen, geben wir hier einige knappe Vorabinformationen:

Mit der Wahrscheinlichkeit $\frac{1}{10}$ bekommt man im ersten Versuch die 9, mit der Wahrscheinlichkeit $\frac{9}{10} \cdot \frac{1}{10}$ bekommt man die 9 zum erstenmal erst im zweiten Versuch, und mit der Wahrscheinlichkeit $\frac{9}{10} \cdot \frac{9}{10} \cdot \frac{1}{10}$ bekommt man die 9 zum erstenmal erst im dritten Versuch (siehe Baumdiagramm.)

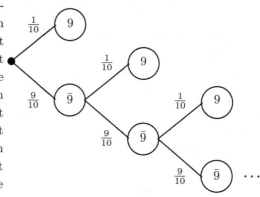

Allgemein: Mit der Wahrscheinlichkeit

$$\left(\frac{9}{10}\right)^{k-1} \cdot \frac{1}{10}$$

erhält man die 9 zum erstenmal erst im k-ten Versuch. Das ist genau das Bildungsgesetz einer *geometrisch verteilten Zufallsvariablen*. In der Aufgabe ist nach ihrem *Erwartungswert* gefragt, und dieser berechnet sich als $\frac{1}{p}$. Hierbei ist p die Wahrscheinlichkeit für das Auftreten der 9 beim einmaligen Drehen des Glücksrades. Diese beträgt $\frac{1}{10}$. Also ist der Erwartungswert gleich 10. (Siehe Kapitel 5, Abschnitt 5.3, Beispiele.)

∎

Im Rückblick formulieren wir einige *zusammenfassende Gesichtspunkte zur didaktischen Bedeutung* und zum Wert von Simulationsverfahren:

1. Simulationen fördern die Modellbildung und fördern insbesondere auch das stochastische Denken, da das wiederholt durchgeführte Zufallsexperiment Daten zur Einschätzung probabilistischer Begriffe (wie z. B. Wahrscheinlichkeit und Erwartungswert) liefert.

2. Durch Simulation kann man evtl. Aufgaben „lösen", die auf dem erreichten Niveau rechnerisch nicht lösbar sind, weil die Mittel dazu noch nicht zur Verfügung stehen.

3. Bei Aufgaben, die man rechnerisch gelöst hat, kann man durch Simulation eine experimentelle „Bestätigung" der Lösung erhalten.

4. Das eigentliche Anwendungsgebiet der Simulationsverfahren ist freilich die Lösung stochastischer Probleme, deren Komplexität eine rechnerische Lösung nicht zulässt.

Zur Thematik dieses Abschnitts weisen wir ergänzend auf [37], SR 2, hin.

3.2   Aufgaben und Ergänzungen

1. In der Tabelle der Zufallszahlen in Abschnitt 3.1 sind die Zahlen in Fünfer-blöcke eingeteilt.

   a) Wie groß ist die Wahrscheinlichkeit für einen Fünferblock mit fünf verschiedenen Ziffern?

   b) Wie groß ist die Wahrscheinlichkeit für einen Fünferblock mit einem Paar gleicher Ziffern?

   c) Wie groß ist die Wahrscheinlichkeit für einen Fünferblock mit fünf gleichen Ziffern?

   Hinweis: Es handelt sich um Fragen zum sog. **Pokertest** zur Überprüfung der Zuverlässigkeit von Zufallszahlen. Formulieren Sie weitere Fragen zum Pokertest! Man vergleicht dann die errechneten Wahrscheinlichkeiten mit den relativen Häufigkeiten in der Zufallszahlenreihe.

2. Beim **Maximum-Test** bildet man zur Überprüfung von Zufallszahlen Drei-erblöcke. Man spricht von einem Maximum, wenn die mittlere Ziffer größer ist als ihre beiden Nachbarn, z. B. 0 2 1.
   Wie groß ist die Wahrscheinlichkeit für ein Maximum in einem Dreierblock?

3. In 5 kg Teig befinden sich 150 Rosinen. Aus dem Teig werden 100 Brötchen zu je 50 g gebacken. Der Teig wird sorgfältig durchgeknetet. Die Anzahl der Rosinen in den einzelnen Brötchen wird jedoch nicht gleich, sondern unter-schiedlich sein. Bestimmen Sie rechnerisch die Wahrscheinlichkeit, dass ein zufällig ausgewähltes Brötchen

   a) mindestens eine Rosine enthält,

   b) genau zwei Rosinen enthält.

   (Vgl. Simulation dieser Aufgabe in Beispiel 3.1.)

4. Acht Jäger schießen gleichzeitig auf zehn Enten. Die Jäger treffen stets, aber jeder Jäger wählt zufällig eine Ente als Ziel. Die Jäger vereinbaren also vorher nicht, wer auf welche Ente schießt. Ermitteln Sie auf rechnerischem Wege, wie viele Enten wahrscheinlich geschossen werden.
   (Vgl. Simulation dieser Aufgabe in Beispiel 3.3.)

5. In der Schulküche gibt es zum Nachtisch Quark mit Kirschen. Insgesamt wurden 30 Kirschen unter den Quark gerührt, der dann in 20 gleichgroße

Portionen aufgeteilt wurde. Bestimmen Sie durch Simulationen mit Zufallszahlen Schätzwerte für die folgenden Wahrscheinlichkeiten:

Mit welcher Wahrscheinlichkeit enthält ein zufällig ausgewähltes Quarkschälchen

(a) keine Kirsche,

(b) genau zwei Kirschen?

6. Auf einem Tisch stehen 10 Sammelbüchsen für verschiedene karitative Zwecke. 15 Personen stecken je einen Geldbetrag zufällig in eine der Büchsen. Beschreiben Sie eine Simulation mit Hilfe von Zufallsziffern um festzustellen, wie viele Büchsen wohl leer bleiben. Führen Sie die Simulation mehrfach durch.

Geben Sie andere Simulationsmöglichkeiten an.

7. Bei einem Turnier starten zehn Jockeys, deren zehn Pferde unter ihnen ausgelost werden.

Wie groß ist die Wahrscheinlichkeit dass keiner der zehn Jockeys sein Pferd reitet?

Geben Sie Simulationen für dieses Problem an! (Rencontre-Problem)

8. Beschreiben Sie eine geeignete Simulation mit Zufallszahlen für das Beispiel 3.4 (Das andere Kind) für die beiden Fälle a) und b).

9. Variante zum Beispiel 3.4 (Das andere Kind). Man weiß: Eine Familie hat zwei Kinder. Man sieht (zusätzliche Information): Die Mutter verlässt mit einem Jungen das Haus, der – wie wir annehmen – ihr Sohn ist. Wie groß ist die Wahrscheinlichkeit, dass die Familie auch ein Mädchen hat?

10. Aus einer Klasse mit 32 Schülern sollen zwei Schüler, die eine bestimmte Aufgabe übernehmen sollen, rein zufällig ausgewählt werden. Beschreiben Sie die zufällige Auswahl der zwei Schüler durch verschiedene Simulationen.

11. Beantworten Sie durch eine Simulation mit Zufallszahlen die Frage nach der Wahrscheinlichkeit für das Ereignis, dass beim Werfen von drei Laplace-Würfeln die Augensumme 11 auftritt.

12. Beschreiben Sie eine Simulation zur Lösung des „Ziegenproblems" (Beispiel 2.46 in Abschnitt 2.9.3).

13. Drei Jäger schießen gleichzeitig auf fünf Enten. Jeder der drei Jäger trifft mit einer Wahrscheinlichkeit von 25 %, und jeder Jäger wählt sein Ziel zufällig.

a) Wie groß ist die Wahrscheinlichkeit, dass eine bestimmte Ente nicht getroffen wird?

b) Wie viele Enten werden im Durchschnitt überleben? Geben Sie zur Lösung eine Simulation mit Zufallszahlen an.

4 Diskrete Zufallsvariable, Erwartungswert und Varianz

Durch Einführung des in der Stochastik zentralen Begriffs Zufallsvariable (auch Zufallsgröße genannt) erfolgt eine Abstraktion vom Besonderen einer Ergebnismenge Ω. Das führt zu neuen Schreib- und Sprechweisen. Zusammen mit den einzuführenden Begriffen der Wahrscheinlichkeitsverteilung, des Erwartungswerts und der Varianz ergibt sich eine wichtige Erweiterung der Theorie.

4.1 Diskrete Zufallsvariable und die Wahrscheinlichkeitsverteilung einer diskreten Zufallsvariablen

Bei vielen Zufallsexperimenten und Fragestellungen sind die Ergebnisse Zahlen, z. B. beim Würfeln mit einem regulären Würfel mit den Zahlen 1, 2, 3, 4, 5 und 6. Zahlenwerte sind auch die Anzahlen der in einem bestimmten Zeitintervall eingehenden Telefonanrufe in einem Büro. Aber bei anderen Zufallsexperimenten treten als Ergebnisse keine Zahlen auf. So treten beim Münzwurf als Ergebnisse Zahl (Kopf) und Wappen auf. Auch beim Werfen zweier unterscheidbarer Würfel treten als Ergebnisse zunächst Zahlenpaare auf. Die Ergebnismenge $\Omega = \{(x, y) | x \text{ und } y \in \{1, 2, 3, 4, 5, 6\}\}$ hat 36 Elemente. Interessiert man sich für die Augensumme oder für das Produkt der geworfenen Augenzahlen, treten statt der Zahlenpaare Zahlen in den Mittelpunkt der Betrachtung.

Für das Rechnen mit Wahrscheinlichkeiten ist aber im Allgemeinen das Besondere der Ergebnismenge ohne Bedeutung, entscheidend ist in der Regel die Zuordnung der Wahrscheinlichkeiten zu den Ereignissen.

Beispiele

1. Für die Berechnung von Wahrscheinlichkeiten beim Werfen eines (idealen) Würfels ist die Kennzeichnung der einzelnen Würfelseiten (Zahlen von 1 bis 6 oder Farben: weiß, gelb, rot, grün, blau, schwarz) ohne Bedeutung; beide Zufallsexperimente lassen sich durch ein einheitliches Modell beschreiben.

2. Beim Werfen einer Münze und beim Werfen eines Reißnagels ist aus mathematischer Sicht nicht der geworfene Gegenstand von Bedeutung, sondern die jeweils anderen Wahrscheinlichkeiten der (Elementar-)Ereignisse „Kopf/Zahl" bzw. „$\perp \setminus \lambda$".

Man abstrahiert daher vom Besonderen (Konkreten) der Ergebnismenge, indem man die einzelnen Ergebnisse durch *reelle Zahlen* codiert und sich dann nur noch interessiert für die einzelnen reellen Zahlen oder für die den Intervallen von reellen Zahlen zugeordneten Wahrscheinlichkeiten. Die Codierung erreicht man, indem man die Ergebnisse ω der Ergebnismenge Ω durch eine Funktion X in die Menge der reellen Zahlen abbildet. Es interessiert dann weiterhin nicht so sehr das konkrete Ergebnis ω aus der Ergebnismenge Ω, sondern es interessieren der durch die Funktion X gebildete Funktionswert $X(\omega)$ und die *ihm* zugeordnete Wahrscheinlichkeit.

Beispiel 4.1
(Dreimaliger Münzwurf) Eine „faire" Münze wird dreimal nacheinander geworfen. Liegt Wappen oben, so erhält man 1 Euro, liegt Zahl oben, so muss man 1 Euro bezahlen.

a) Welches sind die möglichen Gewinne? (Verluste werden als negative Gewinne angesehen.)
b) Mit welcher Wahrscheinlichkeit gewinnt man 1 Euro?

Lösung

a) Die Ergebnismenge Ω enthält acht Elemente, die im folgenden Bild als Tripel konkret angegeben sind.

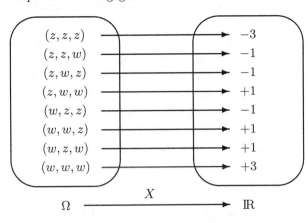

In der Graphik haben wir jedem ω von Ω durch die Funktion X den Gewinn $X(\omega)$ (eine reelle Zahl) zugeordnet. Wir betrachten also eine Funktion, die wir mit X bezeichnen:

$$X : \Omega \longrightarrow \mathbb{R}.$$

Durch Betrachten der Abbildung $X : \Omega \longrightarrow \mathbb{R}$ erkennt man, dass die Gewinne $-3, -1, +1, +3$ [EURO] sein können.

b) Den vier Funktionswerten $x_1 = -3$, $x_2 = -1$, $x_3 = +1$ und $x_4 = +3$ werden nun Wahrscheinlichkeiten zugeordnet. Gemäß der Aufgabe ist explizit nach der Wahrscheinlichkeit gefragt, wann die Funktion (die Zufallsvariable) X den Wert $+1$ annimmt. Bezeichnen wir das gesuchte Ereignis mit $\{X = 1\}$, so ist $P(\{X = 1\})$ gesucht. Wir beantworten diese Frage ausführlich, die anderen Möglichkeiten lassen sich nach demselben Verfahren sofort erschließen.

Wir suchen die Menge der Urbilder in Ω, die durch die Funktion X auf $+1$ in $\mathbb{R}$ abgebildet werden. Formal: Wir suchen die Menge

$$\{\omega \in \Omega | X(\omega) = 1\}.$$

Diese Menge kann auch mit Hilfe der Urbildfunktion X^{-1} beschrieben werden:

$$X^{-1}(\{1\}) = \{\omega \in \Omega | X(\omega) = 1\}.$$

(Die Urbildfunktion darf nicht verwechselt werden mit der Umkehrfunktion (einer bijektiven Abbildung), die mit demselben Symbol bezeichnet wird.) Mit obiger Notation beschreibt diese Menge das gesuchte *Ereignis* $\{X = 1\}$. Also können wir schreiben

$$\{X = 1\} = \{\omega \in \Omega | X(\omega) = 1\}.$$

Es sind drei Elemente (z, w, w), (w, w, z) und (w, z, w) aus der Ergebnismenge Ω, für die gilt $X(\omega) = 1$. Nach diesen Erkenntnissen können wir die gesuchte Wahrscheinlichkeit

$$P(\{X = 1\}) = P(\{\omega \in \Omega | X(\omega) = 1\})$$

berechnen. Da in der Aufgabe die Gleichverteilung für die Ergebnismenge Ω angenommen wird („faire" Münze), beträgt die Einzelwahrscheinlichkeit $P(\omega) = \frac{1}{8}$ für alle $\omega \in \Omega$. Nach der Additionsregel ergibt sich dann durch Aufsummieren der drei Einzelwahrscheinlichkeiten

$$P(\{X = 1\}) = \frac{1}{8} + \frac{1}{8} + \frac{1}{8} = \frac{3}{8}.$$

Analog findet man auch für die anderen Gewinne die Wahrscheinlichkeiten

- durch Rückgriff auf die jeweilige Urbildmenge für die einzelnen Gewinne und
- durch Rückbezug auf das auf Ω eingeführte Wahrscheinlichkeitsmaß:

Werte x_i von X	-3	-1	$+1$	$+3$
Wahrscheinlichkeiten $P(X = x_i)$	$\frac{1}{8}$	$\frac{3}{8}$	$\frac{3}{8}$	$\frac{1}{8}$

Während die Werte $\omega \in \Omega$ alle gleichwahrscheinlich sind, sind die Werte der Zufallsvariablen X nicht gleichwahrscheinlich.

∎

Wir präzisieren die im Beispiel schon benutzten Begriffe: Funktionen (Abbildungen), die den Ergebnissen eines Zufallsexperiments reelle Zahlen zuordnen, nennt man Zufallsvariable oder Zufallsgrößen (englisch: *random variables*, französisch: *variables alétoire*).

Definition 4.1 (Diskrete Zufallsvariable)

Sei $(\Omega, \mathcal{P}(\Omega), P)$ ein Wahrscheinlichkeitsraum mit endlicher oder abzählbar-unendlicher Ergebnismenge Ω. Dann heißt jede Funktion (Abbildung)

$$X \colon \Omega \longrightarrow \mathbb{R} \quad \text{mit} \quad \omega \longmapsto X(\omega)$$

eine **diskrete Zufallsvariable** oder **diskrete Zufallsgröße** auf Ω.

$\blacklozenge$

Didaktische Hinweise

1. Bisher hatten wir nur den Begriff des Wahrscheinlichkeitsraumes mit einer endlichen Ergebnismenge. In obiger Definition kann nun die Ergebnismenge auch abzählbar-unendlich sein. Die genaue Definition eines abzählbar-unendlichen Wahrscheinlichkeitsraumes erfolgt in Abschnitt 7.1.

   Hier sei nur Folgendes gesagt: Nach Definition heißt eine Menge M abzählbar, wenn sie entweder endlich viele Elemente enthält oder ihre Mächtigkeit $|M|$ gleich der Mächtigkeit der Menge der natürlichen Zahlen ist.

2. In Abweichung von der üblichen Schreibweise für Funktionen bezeichnet man Zufallsvariable mit *großen* lateinischen Buchstaben $X, Y, Z, \ldots$ vom Ende des Alphabets. *Kleine* Buchstaben $x, y, z, \ldots$ (in der Tabelle auf Seite 231 mit x_i bezeichnet) verwendet man für die (Funktions-)Werte, welche die Zufallsvariable annimmt.

3. Jedem Element ω von der Ergebnismenge Ω wird also durch die Zuordnungsvorschrift genau eine reelle Zahl $X(\omega)$ zugeordnet. Da die Bezeichnung Zufallsvariable (Zufallsgröße) für Funktionen etwas ungewöhnlich erscheint, sei betont: Das, was zufällig ist, ist das Ergebnis ω des Zufallsexperiments, dadurch ist $X(\omega)$ ebenfalls zufällig. Andererseits liegt der Wert $X(\omega)$ fest, wenn ω festliegt, denn X ist eine Funktion (eindeutige Zuordnung). Bei der Wahl der Funktion X (Wahl der Zuordnungsvorschrift) hat man natürlich den Gegebenheiten der Aufgabe Rechnung zu tragen.

4. Da verschiedene Elemente von Ω durch die Funktion (Abbildung) X auf dieselbe reelle Zahl abgebildet werden können, kann der Wertebereich der Funktion X weniger Elemente als Ω enthalten. Im Beispiel erfolgte eine Reduktion von acht Elementen auf vier Elemente.

5. Immer dann, wenn die Ergebnismenge Ω, die ja die Definitionsmenge der Funktion X ist, endlich ist, ist auch der Wertebereich $X(\Omega)$ endlich (siehe Beispiel). Ist aber Ω abzählbar unendlich, so kann der Wertebereich $X(\Omega)$ auch abzählbar unendlich sein. In beiden Fällen spricht man von einer diskreten Zufallsvariablen.

Beispiel 4.2

Beim Laplace-Farbenwürfel mit den Farben weiß, gelb, rot, grün, blau und schwarz wird man die Abbildung

$$X : \{ \text{ weiß, gelb, rot, grün, blau, schwarz } \} \longrightarrow \{1, 2, 3, 4, 5, 6\}$$

mit der durch folgende Tabelle gegebenen Zuordnung

ω	weiß	gelb	rot	grün	blau	schwarz
$X(\omega)$	1	2	3	4	5	6

als Zufallsvariable wählen oder eine beliebige andere Zuordnung Farbe $\longmapsto$ reelle Zahl aus der Menge $\{1, 2, 3, 4, 5, 6\}$. Wegen der vorausgesetzten Gleichwahrscheinlichkeit folgt

$$P(X = x) = \frac{1}{6} \quad \text{für } x = 1, 2, 3, 4, 5, 6.$$

Im Stabdiagramm dargestellt:

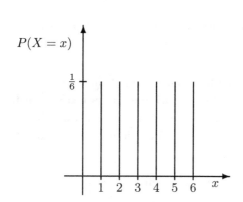

Beispiel 4.3

Beim Werfen einer Münze mit $\Omega = \{Z, W\}$ kann die Zufallsvariable

$$X : \{Z, W\} \longrightarrow \{0, 1\} \text{ mit } Z \longmapsto 0, \, W \longmapsto 1$$

gewählt werden. Bei einer „fairen" Münze hätte man

$$P(X = 0) = \frac{1}{2} \text{ und } P(X = 1) = \frac{1}{2}.$$

Die Zufallsvariablen in diesen drei einführenden Beispielen 4.1, 4.2, 4.3 sind diskret. Die Lebensdauer einer Glühlampe oder die Lebensdauer eines einzelnen Atoms sind dagegen Beispiele, bei denen man stetige Verteilungsfunktionen zugrunde legen muss (siehe Kapitel 8).

Wenn X und Y diskrete Zufallsvariablen auf derselben Ergebnismenge Ω sind, dann sind auch $X + Y$, $X - Y$, $X \cdot Y$ und $\frac{X}{Y}$ (falls $Y(\omega) \neq 0$ für alle $\omega \in \Omega$) diskrete Zufallsvariablen. Das folgt unmittelbar aus der Definition einer Zufallsvariablen als Funktion.

Wir definieren für eine *diskrete* Zufallsvariable ihre *Wahrscheinlichkeitsverteilung*.

Definition 4.2 (Wahrscheinlichkeitsverteilung)
Sei $(\Omega, \mathcal{P}(\Omega), P)$ ein Wahrscheinlichkeitsraum mit endlicher oder abzählbar-unendlicher Ergebnismenge Ω, sei $X : \Omega \longrightarrow \mathbb{R}$ eine diskrete Zufallsvariable auf Ω und sei

$$X(\Omega) = \{X(\omega) | \omega \in \Omega\} \subset \mathbb{R}$$

die Wertemenge von X in $\mathbb{R}$.
    Für einen Wert $u \in X(\Omega)$ setzen wir

$$P_X(u) := P(X^{-1}(u)) = P(\{\omega \in \Omega | X(\omega) = u\})$$

und nennen die Gesamtheit der Werte $P_X(u)$ mit $u \in X(\Omega)$ die **Wahrscheinlichkeitsverteilung** der Zufallsvariablen X. ◆

Hinweis: Wir benutzen hier den Begriff Wahrscheinlichkeitsverteilung in einem speziellen Sinn: Es wird nämlich die Wahrscheinlichkeit für ein Element u des Wertebereichs $X(\Omega)$ angegeben. Der Begriff „Wahrscheinlichkeitsverteilung der Zufallsvariablen X" wird dann in Definition 4.3 im allgemeinen (und üblichen) Sinn gebracht.

Eine Graphik verdeutlicht die Definition:

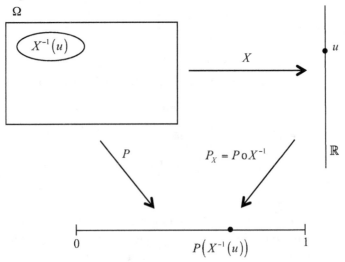

Didaktische Hinweise

1. In der Definition hätten wir zur Bezeichnung eines Elementes der Wertemenge $X(\Omega)$ statt des Buchstabens u auch den Buchstaben x nehmen können. Wir haben u bewusst gewählt, um zu Beginn eine Verwechslung zwischen x und X zu vermeiden.

   In Kapitel 5 betrachten wir Zufallsvariable, deren Wertebereich $X(\Omega)$ ganz in $\mathbb{N}$ liegt. Dann schreibt man üblicherweise $P(X = k)$ bzw. $P(X^{-1}(k))$ bzw. $P_X(k)$ für $k \in X(\Omega) \subset \mathbb{N}$.

2. Das Ereignis

$$\{\omega \in \Omega | X(\omega) = u\}$$

   bedingt zwei gleichwertige Sprechweisen: „Die Zufallsvariable X hat den Wert u angenommen" und „das Ereignis $\{\omega \in \Omega | X(\omega) = u\}$ ist eingetreten".

3. In den Beispielen 4.1, 4.2, 4.3 haben wir für $P(\{\omega \in \Omega | X(\omega) = u\})$ schon die sehr suggestive Schreibweise $P(X = u)$ benutzt. Damit haben wir nun drei gleichbedeutende Schreibweisen für die Wahrscheinlichkeit des Ereignisses $\{\omega \in \Omega | X(\omega) = u\}$:

   a) $P(X = u)$. In Worten: Wahrscheinlichkeit, dass die Zufallsvariable X den Wert u annimmt.

   b) $P(X^{-1}(u))$. In Worten: Wahrscheinlickeit des Urbildes von u unter der Abbildung X.

   c) Kurzschreibweise: $P_X(u)$. In Worten: Wahrscheinlichkeit für ein Element u des Wertebereichs der Zufallsvariablen X.

Unser nächstes Ziel ist es, die Wertemenge einer diskreten Zufallsvariablen zu einem Wahrscheinlichkeitsraum zu machen.

Definition 4.3
(Wahrscheinlichkeitsverteilung – allgemeine Definition)
Sei $(\Omega, \mathcal{P}(\Omega), P)$ ein Wahrscheinlichkeitsraum mit endlicher oder abzählbarunendlicher Ergebnismenge Ω. Sei $X : \Omega \to \mathbb{R}$ eine diskrete Zufallsvariable auf Ω und sei $X(\Omega)$ die Wertemenge von X.

1. Sei $A \subset X(\Omega)$. Durch die Zuordnung

$$A \mapsto P_X(A) := P(X^{-1}(A))$$

   wird eine Abbildung $P_X : \mathcal{P}(X(\Omega)) \to \mathbb{R}$ definiert.

2. Die Abbildung $P_X : \mathcal{P}(X(\Omega)) \to \mathbb{R}$ heißt Wahrscheinlichkeitsverteilung von X.

♦

Bemerkung: Die Berechnung von $P_X(A)$ ist einfach:

$$
\begin{aligned}
P_X(A) &= P(X^{-1}(A)) \\
&= P(\{\omega \in \Omega | X(\omega) \in A\}) \\
&= P(\bigcup_{u \in A} \{\omega \in \Omega | X(\omega) = u\}) \\
&= \sum_{u \in A} P(\{\omega \in \Omega | X(\omega) = u\}) \\
&= \sum_{u \in A} P(X^{-1}(u)).
\end{aligned}
$$

Um $P_X(A)$ zu ermitteln, muss man also nur diejenigen Werte der Zufallsvariablen, die in A liegen, nehmen und dann die Summe der Wahrscheinlichkeiten der Urbilder dieser Werte bilden.

In der folgenden Skizze sei beispielhaft die Situation verdeutlicht, dass A drei Elemente (u_1, u_2, u_3) hat:

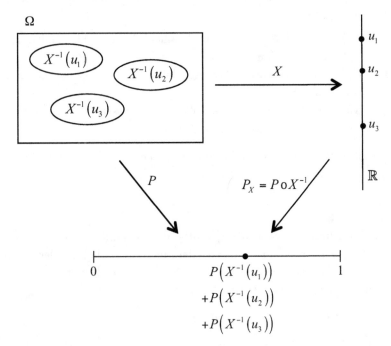

Beispiel 4.4

Man wirft zwei unterscheidbare Würfel und notiert die Augensumme. Hier ist $\Omega = \{(x_1, x_2) | x_1, x_2 \in \{1, \dots, 6\}\}$ und X ist die Zufallsvariable, die die Augensumme angibt. Man hat $X(\Omega) = \{2, \dots, 12\}$. Folgende Tabelle gibt die Verteilung P_X an:

u	2	3	4	5	6	7	8	9	10	11	12
$P(X = u)$	$\frac{1}{36}$	$\frac{2}{36}$	$\frac{3}{36}$	$\frac{4}{36}$	$\frac{5}{36}$	$\frac{6}{36}$	$\frac{5}{36}$	$\frac{4}{36}$	$\frac{3}{36}$	$\frac{2}{36}$	$\frac{1}{36}$

Fragt man nun nach der Wahrscheinlichkeit für das Ereignis „Die Augensumme ist Primzahl", so hat man $A = \{2, 3, 5, 7, 11\}$ und man erhält:

$$
\begin{aligned}
&P_X(\{2, 3, 5, 7, 11\}) \\
=\ &P(X^{-1}(\{2, 3, 5, 7, 11\})) \\
=\ &P\left(X^{-1}(2) \cup X^{-1}(3) \cup X^{-1}(5) \cup X^{-1}(7) \cup X^{-1}(11)\right) \\
=\ &P(X^{-1}(2)) + P(X^{-1}(3)) + P(X^{-1}(5)) + P(X^{-1}(7)) + P(X^{-1}(11)) \\
=\ &\frac{1}{36} + \frac{2}{36} + \frac{4}{36} + \frac{6}{36} + \frac{2}{36} \\
=\ &\frac{15}{36}.
\end{aligned}
$$

■

Wie angekündigt, wollen wir $X(\Omega)$ zu einem Wahrscheinlichkeitsraum machen. Das wird durch folgende Aussage gewährleistet.

Satz 4.1
Sei $(\Omega, \mathcal{P}(\Omega), P)$ ein Wahrscheinlichkeitsraum mit endlicher oder abzählbar-unendlicher Ergebnismenge Ω. Sei X eine diskrete Zufallsvariable auf Ω und sei $X(\Omega)$ die Wertemenge von X. Dann gilt:
Die Abbildung $P_X : \mathcal{P}(X(\Omega)) \to \mathbb{R}$ mit

$$A \mapsto P_X(A)$$

ist ein Wahrscheinlichkeitsmaß auf $X(\Omega)$.

Beweis: Der Beweis wird als Übungsaufgabe gestellt. Dieser Beweis soll allerdings erst in Aufgabe 2 des Abschnitts 7.3 erbracht werden, wenn der Begriff „abzählbar-unendlicher Wahrscheinlichkeitsraum" zur Verfügung steht.

$\square$

Bemerkung: Als Fazit halten wir fest: $(X(\Omega), \mathcal{P}(X(\Omega)), P_X)$ ist ein Wahrscheinlichkeitsraum.

4.2 Kumulative Verteilungsfunktion einer Zufallsvariablen

Oftmals interessiert man sich für die Wahrscheinlichkeit, dass eine Zufallsvariable X einen Wert annimmt, der nicht größer ist als ein bestimmter Wert x.

Man fragt (in Kurzschreibweise) nach der Wahrscheinlichkeit $P(X \leq x)$.

Es ist daher zweckmäßig – wie bei Häufigkeitsverteilungen in der beschreibenden Statistik – auch Wahrscheinlichkeitsverteilungen zu kumulieren.

Beispiel 4.5

Wir gehen aus von Beispiel 4.1 (Dreimaliger Münzwurf) und fragen nach der Wahrscheinlichkeit, in einem Spiel *höchstens* 1 Euro zu gewinnen. Beachte: *Höchstens* 1 Euro Gewinn bedeutet auch, dass man Geld verlieren kann. Wir fragen also nach der Wahrscheinlichkeit, dass die Zufallsvariable X Werte kleiner oder gleich 1 annimmt: $P(X \leq 1)$.

Es liegt nahe, die Wahrscheinlichkeiten der Zufallsvariablen X für Werte kleiner oder gleich 1 zu addieren:

$$
\begin{aligned}
P(X \leq +1) &= P(X = -3) + P(X = -1) + P(X = +1) \\
&= \frac{1}{8} + \frac{3}{8} + \frac{3}{8} = \frac{7}{8}.
\end{aligned}
$$

■

Aus Anlass solcher Fragestellungen definiert man zweckmäßig eine zur Wahrscheinlichkeitsverteilung P_X der Zufallsvariablen X gehörige kumulative Verteilungsfunktion F_X. Zur Vereinfachung lassen wir in der folgenden Definition den Index X, der auf die Abhängigkeit zur Zufallsvariablen X hinweist, weg.

Definition 4.4 (Verteilungsfunktion)

Sei X eine diskrete Zufallsvariable auf dem Wahrscheinlichkeitsraum $(\Omega, \mathcal{P}(\Omega), P)$. Sei $\{x_i | i \in I\}$ die Wertemenge von X (wobei $I = \{1, \ldots, n\}$ oder $I = \mathbb{N}$ ist). Dann heißt die Funktion

$$
F : \mathbb{R} \longrightarrow [0,1] \text{ mit } F(x) := P(X \leq x) := \sum_{x_i \leq x} P(X = x_i)
$$

die (kumulative) Verteilungsfunktion der Zufallsvariablen X.

◆

Anmerkung: Die Klammern um „kumulative" deuten an, dass die Funktion F auch kurz Verteilungsfunktion genannt wird.

Die Funktion F ist für alle $x \in \mathbb{R}$ definiert. In der graphischen Darstellung ist die kumulative Verteilungsfunktion für *diskrete* Zufallsvariablen eine Treppenfunktion. Sprungstellen von F sind die Werte x mit positiver Wahrscheinlichkeit $P(X = x)$, also x-Werte, für die gilt $P(X = x) > 0$.

Für das *Beispiel „Dreimaliger Münzwurf"* gilt u. a.:

$$
\begin{aligned}
F(-1) &= P(X \leq -1) = \frac{4}{8}; \quad F(-1,1) = \frac{1}{8}; \\
F(+0,5) &= P(X \leq +0,5) = \frac{4}{8}; \\
P(X \leq 2) &= P(X \leq 2,9) = P(X \leq 1,1) = \frac{7}{8}.
\end{aligned}
$$

Insgesamt erhält man das folgende Schaubild für die Verteilungsfunktion F im Beispiel „Dreimaliger Münzwurf":

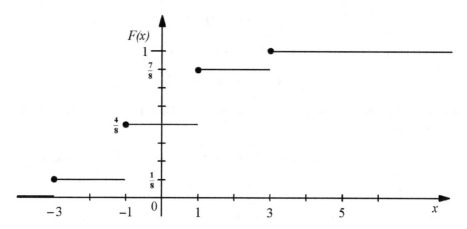

Im folgenden Satz formulieren wir einige Eigenschaften der Verteilungsfunktion.

Satz 4.2 (Eigenschaften der Verteilungsfunktion)
Sei F die Verteilungsfunktion einer diskreten Zufallsvariablen $X : \Omega \to \mathbb{R}$. Dann gilt:

1. $0 \leq F(x) \leq 1$ *für alle $x \in \mathbb{R}$.*
2. *Sind a, b beliebige reelle Zahlen mit $a < b$, dann gilt:*
   $P(a < X \leq b) = F(b) - F(a).$
3. *F ist eine monoton steigende Funktion.*
4. *F ist rechtsseitig stetig.*

Der **Beweis** ist in Aufgabe 3 von Abschnitt 4.5 zu erbringen.

4.3 Erwartungswert und Varianz diskreter Zufallsvariablen

4.3.1 Erwartungswert

Wenn man an einem Spiel teilnehmen will, wird man danach fragen, ob dieses Spiel fair ist, d. h. ob sich in einer längeren Spielserie Gewinn und Verlust ausgleichen. Man fragt danach, was man im Mittel bei vielen Spielen erwarten darf.

Als Einstieg betrachten wir die Verlustchancen und die Gewinnchancen eines Spielers im Beispiel 4.1 („Dreimaliger Münzwurf"). Mit der Wahrscheinlichkeit

$P(X = -3) = \frac{1}{8}$ verliert der Spieler 3 Euro, mit der Wahrscheinlichkeit
$P(X = -1) = \frac{3}{8}$ verliert er 1 Euro. Also betragen die wahrscheinlichen Verluste

$$(-3) \cdot P(X = -3) + (-1) \cdot P(X = -1).$$

Entsprechend betragen die wahrscheinlichen Gewinne

$$3 \cdot P(X = 3) + 1 \cdot P(X = 1).$$

Die Frage ist, ob die Summe der wahrscheinlichen Gewinne und Verluste gleich
Null ist. Das ist der Fall:

$$(-3) \cdot P(X = -3) + (-1) \cdot P(X = -1) + 3 \cdot P(X = 3) + 1 \cdot P(X = 1)$$
$$= -\frac{3}{8} - \frac{3}{8} + \frac{3}{8} + \frac{3}{8} = 0.$$

Der zu erwartende „Gewinn" ist Null. Es ist ein faires Spiel.

Wir reflektieren das Vorgehen und gelangen durch Abstraktion zum Begriff
Erwartungswert. Die Zufallsvariable X, die im Beispiel die möglichen Gewinne
bezeichnet, nimmt die vier Werte -3, -1, $+1$, $+3$ an. Wir haben dann alle
Produkte der Gestalt (Zahlenwert der Zufallsvariablen) mal (Wahrscheinlich-
keit für diesen Zahlenwert) gebildet und diese Produkte aufaddiert. Das ist der
Erwartungswert.

Definition 4.5 (Erwartungswert)
Sei X eine diskrete Zufallsvariable auf dem Wahrscheinlichkeitsraum $(\Omega, \mathcal{P}(\Omega), P)$.

1. Falls X endlich viele Werte $x_1, \ldots, x_n$ annimmt, heißt

$$E(X) = \sum_{i=1}^{n} x_i \cdot P(X = x_i)$$

    der **Erwartungswert** von X.

2. Falls X abzählbar-unendlich viele Werte x_i $(i \in \mathbb{N})$ annimmt und falls

$$\sum_{i=1}^{\infty} |x_i| \cdot P(X = x_i) \tag{4.1}$$

    konvergiert, heißt

$$E(X) = \sum_{i=1}^{\infty} x_i \cdot P(X = x_i)$$

    der **Erwartungswert** von X.

◆

Didaktische Bemerkungen:

1. Der Erwartungswert $E(X)$ einer diskreten Zufallsvariablen wird auch mit μ bezeichnet (griechischer Buchstabe μ, gelesen: my).

2. Ist eine Reihe $\sum_{i=1}^{\infty} a_i$ konvergent, schreiben wir kurz $\sum_{i=1}^{\infty} a_i < \infty$.

3. Diskrete Zufallsvariable mit abzählbar-unendlich vielen Werten werden wir in Abschnitt 5.4 kennen lernen.

4. Hat die Zufallsvariable X abzählbar-unendlich viele Werte, so muss man zunächst schauen, ob die Reihe $\sum_{i=1}^{\infty} x_i \cdot P(X = x_i)$ absolut konvergiert, ob also

$$\sum_{i=1}^{\infty} |x_i| \cdot P(X = x_i) < \infty \qquad (4.1)$$

gilt. Erst wenn das der Fall ist, gilt

$$E(X) = \sum_{i=1}^{\infty} x_i \cdot P(X = x_i).$$

Die mit der Bedingung (4.1) ausgesprochene Konvergenz der Reihe $\sum_{i=1}^{\infty} |x_i| \cdot P(X = x_i)$ ist eine wichtige mathematische Bedingung: Nur bei Erfülltsein dieser Bedingung nämlich kann der Erwartungswert überhaupt eindeutig definiert werden. Zur Erklärung des Begriffs „absolut konvergente unendliche Reihe" siehe: Kütting ([100], Bd. 1, 175).

Der Nachweis dieser Bedingung (4.1) kommt in der Praxis eher selten vor: Im Allgemeinen sind die in konkreten Anwendungen vorkommenden Reihen häufig schon bekannt als absolut konvergent, so dass (4.1) nicht nachgeprüft werden muss und somit direkt $E(X) = \sum_{i=1}^{\infty} x_i \cdot P(X = x_i)$ berechnet werden kann. (Insbesondere bei den Beispielen und Aufgaben in diesem Buch muss (4.1) niemals geprüft werden.)

5. Wir können die Aussagen 1. und 2. der obigen Definition 4.5 zusammenfassen und Folgendes sagen: Sei I eine Teilmenge von $\mathbb{N}$ (also insbesondere etwa die endliche Menge $I = \{1, \ldots, n\}$ oder die ganze Menge $\mathbb{N}$). Dann lautet die Definition des Erwartungswertes folgendermaßen: Gilt

$$\sum_{i \in I} |x_i| \cdot P(X = x_i) < \infty,$$

so heißt

$$E(X) = \sum_{i \in I} x_i \cdot P(X = x_i)$$

der Erwartungswert von X.

Wir werden noch des öfteren mit dieser die Aussagen 1. und 2. vereinigenden Definition des Erwartungswertes arbeiten.

Beispiel 4.6

(Nachtwächter) Ein Nachtwächter hat einen Schlüsselbund mit fünf ähnlich aussehenden Schlüsseln. Er will eine Tür aufschließen, in deren Schloss genau einer der Schlüssel passt. Er probiert alle Schlüssel nacheinander durch, bis er den richtigen findet. Wie viele Versuche wird der Nachtwächter im Mittel machen müssen, um den richtigen Schlüssel zu finden?

Lösung

Spätestens beim fünften Versuch hat der Nachtwächter den richtigen Schlüssel. Gefragt ist aber nach dem Erwartungswert $E(X)$ der Zufallszahlen X, welche die Anzahl der Versuche angibt, bis der richtige Schlüssel gefunden ist.

Die Zufallsvariable X nimmt die Werte 1, 2, 3, 4, 5 an. Die Wahrscheinlichkeit $P(X = k)$, dass beim k-ten Versuch der richtige Schlüssel (Ereignis (R)) gezogen wird, ist für alle $k = 1, 2, 3, 4, 5$ gleich $\frac{1}{5}$ (siehe das Baumdiagramm).

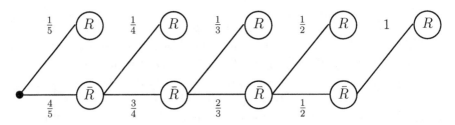

Es gilt:

$$
\begin{aligned}
E(X) &= \quad 1 \cdot P(X = 1) + 2 \cdot P(X = 2) + 3 \cdot P(X = 3) \\
&\quad + 4 \cdot P(X = 4) + 5 \cdot P(X = 5) \\
&= \quad 1 \cdot \frac{1}{5} + 2 \cdot \frac{1}{5} + 3 \cdot \frac{1}{5} + 4 \cdot \frac{1}{5} + 5 \cdot \frac{1}{5} = 3.
\end{aligned}
$$

Im Mittel wird der Nachtwächter also drei Versuche machen müssen, bis er den passenden Schlüssel gefunden hat.

■

Das folgende **Beispiel** dient nochmals zur *Motivation des Namens „Erwartungswert"*, bezieht gleichzeitig die *relativen Häufigkeiten als Schätzwert für Wahrscheinlichkeiten* ein und lässt *Erwartungswert und arithmetisches Mittel als analoge Begriffe erkennen.*

Beispiel 4.7

(Würfelspiel) Bei einem Würfelspiel beträgt der Einsatz 5 Euro je Spiel. Ein „fairer" Würfel darf einmal geworfen werden. Fällt eine gerade Augenzahl, so erhält der Spieler den durch die Augenzahl angegebenen Betrag in Euro, fällt eine ungerade Zahl, so erhält der Spieler das Doppelte der Augenzahl in Euro.

Ist das Spiel fair?

Lösung

Zur Lösung bestimmen wir den Erwartungswert der Zufallsvariablen X, die die Auszahlungsbeträge angibt. Sie nimmt die Werte $x_i = 2, 4, 6$ und 10 an, denn

$$1 \longmapsto 2, 2 \longmapsto 2, 3 \longmapsto 6, 4 \longmapsto 4, 5 \longmapsto 10, 6 \longmapsto 6.$$

Durch eine Tabelle geben wir die Verteilung an:

x_i	2	4	6	10
$P(X = x_i)$	$\frac{2}{6}$	$\frac{1}{6}$	$\frac{2}{6}$	$\frac{1}{6}$

Also folgt:

$$E(X) = 2 \cdot \frac{2}{6} + 4 \cdot \frac{1}{6} + 6 \cdot \frac{2}{6} + 10 \cdot \frac{1}{6} = \frac{30}{6} = 5,$$

d. h. der mittlere durchschnittliche Auszahlungsbetrag beträgt auf lange Sicht 5 Euro. Da der Spieleinsatz ebenfalls 5 Euro beträgt, kann das Spiel als fair bezeichnet werden.

Wir nehmen nun an, das Spiel im Beispiel werde n-mal gespielt, und dabei werde n_1-mal 2 Euro, n_2-mal 4 Euro, n_3-mal 6 Euro und n_4-mal 10 Euro, ausgezahlt. Der Gesamtauszahlungsbetrag x ist dann

$$x = n_1 \cdot 2 + n_2 \cdot 4 + n_3 \cdot 6 + n_4 \cdot 10,$$

und die Division durch n ergibt das arithmetische Mittel $\bar{x}$ als den mittleren Auszahlungsbetrag:

$$\bar{x} = \frac{n_1}{n} \cdot 2 + \frac{n_2}{n} \cdot 4 + \frac{n_3}{n} \cdot 6 + \frac{n_4}{n} \cdot 10.$$

Die Brüche $\frac{n_i}{n}$ sind relative Häufigkeiten und damit Schätzwerte für die entsprechenden Wahrscheinlichkeiten $P(X = x_i)$, wenn die Anzahl n der Spiele groß ist (Gesetz der großen Zahlen von Bernoulli). Dann ist $\bar{x}$ eine Näherung des des Erwartungswertes $E(X)$.

Die Herleitung macht deutlich, dass der *Erwartungswert also als Durchschnittswert* interpretiert werden kann, wobei die Realisationen der Zufallsvariablen mit ihren Wahrscheinlichkeiten gewichtet werden. Der Erwartungswert ist ein typischer Wert einer Verteilung und wird auch als *Mittelwert der Verteilung* bezeichnet.

Anders formuliert: Das arithmetische Mittel $\bar{x}$ kann als *Schätzwert* für den Erwartungswert angesehen werden.

∎

Es sei nun noch eine nützliche Formel zur Berechnung des Erwartungswertes angegeben.

Satz 4.3

(Alternative Möglichkeit zur Berechnung des Erwartungswertes)

Sei X eine diskrete Zufallsvariable auf dem Wahrscheinlichkeitsraum $(\Omega, \mathcal{P}(\Omega), P)$. Sei $\{x_i | i \in I\}$ die Wertemenge von X (wobei $I = \{1, \ldots, n\}$ oder $I = \mathbb{N}$ ist). Dann gilt

1. $\sum_{i \in I} |x_i| \cdot P(X = x_i) < \infty \Leftrightarrow \sum_{\omega \in \Omega} |X(\omega)| \cdot P(\{\omega\}) < \infty$.
2. *Gilt $\sum_{\omega \in \Omega} |X(\omega)| \cdot P(\{\omega\}) < \infty$, so ist $E(X) = \sum_{\omega \in \Omega} X(\omega) \cdot P(\{\omega\})$.*

Beweis: Zu Aussage 1:

Gilt $\sum_{i=1}^{\infty} |x_i| \cdot P(X = x_i) < \infty$, hat man

$$\sum_{i \in I} |x_i| \cdot P(X = x_i)$$

$$= \sum_{i \in I} |x_i| \cdot P(\{\omega \in \Omega | X(\omega) = x_i\})$$

$$= \sum_{i \in I} |x_i| \cdot P(X^{-1}(x_i))$$

$$= \sum_{i \in I} \left(\sum_{\omega \in X^{-1}(x_i)} |X(\omega)| \cdot P(\{\omega\}) \right)$$

$$= \sum_{\omega \in \Omega} |X(\omega)| \cdot P(\{\omega\}).$$

Also gilt auch $\sum_{\omega \in \Omega} |X(\omega)| \cdot P(\{\omega\}) < \infty$.

Gilt umgekehrt $\sum_{\omega \in \Omega} |X(\omega)| \cdot P(\{\omega\}) < \infty$, so folgt mittels der gleichen Gleichungskette, dass auch $\sum_{i \in I} |x_i| \cdot P(X = x_i) < \infty$.

Zu Aussage 2:

Die Voraussetzung, dass $\sum_{\omega \in \Omega} |X(\omega)| \cdot P(\{\omega\}) < \infty$ gilt, bedeutet, dass auch $\sum_{\omega \in \Omega} X(\omega) \cdot P(\{\omega\}) < \infty$ gilt. (Hintergrund ist folgender Satz aus der Analysis: Ist eine Reihe absolut konvergent, so ist sie auch konvergent.) Nun kann man dieselbe Gleichungskette, die wir beim Beweis von Aussage 1 hatten, ohne Betragsstriche durchführen (von unten nach oben) und erhält:

$$\sum_{\omega \in \Omega} X(\omega) \cdot P(\{\omega\})$$

$$= \sum_{i \in I} x_i \cdot P(X = x_i)$$

$$= E(X).$$

$\square$

Oft kommt es vor, dass die Werte einer diskreten Zufallsvariablen X mittels einer Funktion f transformiert werden. Der folgende Satz macht eine Aussage über den Erwartungswert von $f \circ X$.

Satz 4.4 (Transformationssatz)

Sei X eine diskrete Zufallsvariable auf dem Wahrscheinlichkeitsraum $(\Omega, \mathcal{P}(\Omega), P)$. Sei $f : X(\Omega) \to \mathbb{R}$ eine weitere Abbildung.

1. *Falls $X(\Omega)$ endlich ist, also $X(\Omega) = \{x_1, \ldots, x_n\}$, gilt*

$$E(f \circ X) = \sum_{i=1}^{n} f(x_i) \cdot P(X = x_i).$$

2. *Falls $X(\Omega)$ abzählbar-unendlich ist, also $X(\Omega) = \{x_i | i \in \mathbb{N}\}$, und falls*

$$\sum_{i=1}^{\infty} |f(x_i)| \cdot P(X = x_i) < \infty,$$

so gilt

$$E(f \circ X) = \sum_{i=1}^{\infty} f(x_i) \cdot P(X = x_i).$$

Hinweise:

a) Die Aussagen 1. und 2. können wir wieder wie folgt zusammenfasen: Ist $X(\Omega) = \{x_i | i \in I\}$, wobei $I = \{1, \ldots, n\}$ oder $I = \mathbb{N}$ ist, dann gilt:

$$E(f \circ X) = \sum_{i \in I} f(x_i) \cdot P(X = x_i),$$

falls $\sum_{i \in I} |f(x_i)| \cdot P(X = x_i) < \infty$.

b) Der Beweis dieses Satzes soll hier nicht erbracht werden. Einen leicht zugänglichen Beweis findet man in Knöpfel/Löwe [79]: Siehe dort Satz 4.1.15.

4.3.2 Varianz

Der Erwartungswert einer Zufallsvariablen kann als *Lage*parameter aufgefasst werden, wie etwa das arithmetische Mittel in der beschreibenden Statistik. Die Verteilung wird genauer beschrieben, wenn man der Verteilung eine weitere Kennzahl zuordnet (einen Streuungsparameter), die analog der mittleren quadratischen Abweichung (der empirischen Varianz) in der beschreibenden Statistik eine Aussage über die Stärke der Streuung einer Verteilung um den Erwartungswert macht. Diese Kennzahl ist die Varianz. Man betrachtet die Abweichung (Differenz) der Zufallsvariablen X von ihrem Erwartungswert $E(X)$ als neue Zufallsvariable, bildet das Quadrat und berechnet von dieser Zufallsvariablen $(X - E(X))^2$ den Erwartungswert.

Definition 4.6 (Varianz)

Sei X eine diskrete Zufallsvariable mit dem Erwartungswert $E(X)$. Existiert der Erwartungswert

$$E\left([X - E(X)]^2\right),$$

so heißt diese Zahl **Varianz** von X, die mit $V(X)$ bzw. $Var(X)$ bezeichnet wird.

$\blacklozenge$

Didaktische Hinweise

1. Die Varianz einer diskreten Zufallsvariablen X wird auch mit σ^2 bezeichnet (griechischer Buchstabe σ, gelesen: sigma).

2. Da der Erwartungswert einer Zufallsvariablen, die keine negativen Werte annimmt (vgl. den quadratischen Ausdruck $(X - E(X))^2$), nicht negativ ist, ist die Varianz stets eine nichtnegative Zahl.

3. Die Quadratwurzel aus der Varianz $\sqrt{V(X)} = \sqrt{\sigma^2}$ heißt *Standardabweichung* der Zufallsvariablen X. Sie wird mit σ bezeichnet.

Zur Berechnung der Varianz steht uns die folgende Rechenregel zur Verfügung.

Satz 4.5

Sei X eine diskrete Zufallsvariable auf dem Wahrscheinlichkeitsraum $(\Omega, \mathcal{P}(\Omega), P)$, es existiere der Erwartungswert $E(X)$ und die Varianz $V(X)$. Sei weiter $\{x_i | i \in I\}$ die Wertemenge von X (wobei $I = \{1, \ldots, n\}$ oder $I = \mathbb{N}$ ist). Dann gilt:

$$V(X) = \sum_{i \in I} [x_i - E(X)]^2 \cdot P(X = x_i).$$

Beweis: Wir wenden Satz 4.4 an:

Es sei $f : X(\Omega) \to \mathbb{R}$ definiert durch

$$x \mapsto f(x) := [x - E(X)]^2.$$

Wegen des genannten Satzes gilt dann:

$$
\begin{aligned}
V(X) &= E([X - E(X)]^2) \\
&= E(f \circ X) \\
&= \sum_{i \in I} f(x_i) \cdot P(X = x_i) \\
&= \sum_{i \in I} [x_i - E(X)]^2 \cdot P(X = x_i).
\end{aligned}
$$

$\square$

Beispiel 4.8

Wir betrachten das einmalige Werfen eines nicht gezinkten Würfels. Die Zufallsvariable X gebe die Augenzahl an, d. h. $x_i = 1, 2, 3, 4, 5, 6$. Unter der Annahme der Gleichwahrscheinlichkeit gilt dann $E(X) = 3, 5$ und

$$
\begin{aligned}
V(X) &= (1 - 3,5)^2 \cdot \frac{1}{6} + (2 - 3,5)^2 \cdot \frac{1}{6} + (3 - 3,5)^2 \cdot \frac{1}{6} \\
&\quad + (4 - 3,5)^2 \cdot \frac{1}{6} + (5 - 3,5)^2 \cdot \frac{1}{6} + (6 - 3,5)^2 \cdot \frac{1}{6} \\
V(X) &= \frac{1}{6} \cdot 17,5 = \frac{35}{12}.
\end{aligned}
$$

■

Beispiel 4.9

(Produktion von Metallstiften) Eine Maschine stellt Stifte her. Die Solllänge der Stifte beträgt 8 cm. Eine Untersuchung der tatsächlich auftretenden Längen X ergab die folgenden Werte x_i mit ihren Wahrscheinlichkeiten:

x_i	7,8	7,9	8,0	8,1	8,2
$P(X = x_i)$	0,049	0,125	0,625	0,171	0,030

Wir berechnen den Erwartungswert und die Varianz der Zufallsvariablen X.

$$
\begin{aligned}
E(X) &= \sum_{i=1}^{5} x_i \cdot P(X = x_i) = 0,3822 + 0,9875 + 5 + 1,3851 + 0,246 \\
E(X) &= 8,0008. \\
V(X) &= \sum_{i=1}^{5} (x_i - 8,0008)^2 \cdot P(X = x_i) \\
&= (7,8 - 8,0008)^2 \cdot 0,049 + (7,9 - 8,0008)^2 \cdot 0,125 \\
&\quad + (8,0 - 8,0008)^2 \cdot 0,625 + (8,1 - 8,0008)^2 \cdot 0,171 \\
&\quad + (8,2 - 8,0008)^2 \cdot 0,030 \\
&\approx 0,00197 + 0,00127 + 0,0000004 + 0,00168 + 0,00119 \\
&\approx 0,00611.
\end{aligned}
$$

■

Beispiel 4.10

(Erwartungswert und Varianz beim Lotto) Wie groß sind der Erwartungswert und die Varianz für die Anzahl der „Richtigen", die mit einer Tippreihe beim Lotto „6 aus 49" erzielt werden?

Da aus 49 Kugeln 6 Kugeln gezogen werden, die die „Richtigen" sind, bleiben 43 „falsche" Kugeln. Die Tippreihe kann 0, 1, 2, 3, 4, 5, oder 6 Richtige enthalten. Die Zufallsvariable X gebe die Anzahl der Richtigen in einer Reihe an. Unter der

Laplace-Annahme, dass jede Kugel mit der gleichen Wahrscheinlichkeit gezogen wird, gilt dann (vgl. Abschnitt 2.8.6, Aufgabe 17):

$$P(X = i) = \frac{\binom{6}{i} \cdot \binom{43}{6-i}}{\binom{49}{6}} \quad \text{mit } i = 0, 1, 2, 3, 4, 5, 6.$$

Man erhält für $E(X)$:

$$E(X) = \sum_{i=0}^{6} x_i \cdot P(X = x_i) = \sum_{i=0}^{6} i \cdot P(X = i)$$

$$= \sum_{i=1}^{6} i \cdot P(X = i) = \frac{36}{49} \approx 0,735.$$

Im Mittel wird man also nicht einmal eine richtige Zahl haben. Für die Varianz gilt:

$$V(X) = \sum_{i=1}^{6} \left(i - \frac{36}{49} \right)^2 \cdot P(X = x_i) = \cdots \approx 0,5774.$$

Ergebnis: Auch die Varianz ist klein, so dass man in der Regel im Durchschnitt auch nur eine richtige Zahl erwarten kann.

∎

Überlegungen zur Interpretation der Varianz
Wir betrachten nur den diskreten endlichen Fall. Gemäß

$$V(X) = \sum_{i=1}^{n} (x_i - E(X))^2 \cdot P(X = x_i)$$

muss jeder Summand *klein* sein, wenn die Varianz *klein* ist. Also müssen die x_i-Werte, die *weit weg* von $E(X)$ liegen, eine *geringe* Wahrscheinlichkeit besitzen. Denn sonst ist der Summand nicht klein. Bei kleiner Varianz sind demnach große Abweichungen der Zufallsgröße X vom Erwartungswert $E(X)$ ziemlich unwahrscheinlich. Umgekehrt folgt bei *großer* Varianz, dass nicht alle x_i-Werte nahe bei $E(X)$ liegen. Die Streuung ist also groß. Wenden wir diese Erkenntnis auf das Beispiel „Lotto" an, so bedeutet die kleine Varianz von 0,5774, dass große Abweichungen (also mehrere Richtige, etwa 5 oder 6 Richtige) vom Erwartungswert 0,735 ziemlich unwahrscheinlich sind. Das sollte ein Lottospieler bedenken.

Rechenregeln
Für das Rechnen mit Erwartungswert und Varianz sind die folgenden Regeln nützlich:

Satz 4.6 (Rechenregeln für Erwartungswert und Varianz)
Sei X eine Zufallsvariable und seien a und b reelle Zahlen. Dann gilt:

1. $E(aX + b) = a \cdot E(X) + b, \quad a, b$ *konstant,*

2. $V(aX + b) = a^2 \cdot V(X), \quad a, b \text{ konstant.}$

Beweis: Wir führen den Beweis für den Fall, dass die Zufallsvariable X nur endlich viele Werte $x_1, x_2, x_3, \ldots, x_n$ annimmt. Der Beweis für unendlich viele Werte verläuft analog.

Zu 1:

$$\text{Es gilt: } E(aX + b) = \sum_{i=1}^{n}(ax_i + b) \cdot P(X = x_i)$$

$$= a \cdot \left(\sum_{i=1}^{n} x_i \cdot P(X = x_i)\right) + b \cdot \sum_{i=1}^{n} P(X = x_i).$$

Der Faktor $\sum_{i=1}^{n} P(X = x_i)$ im letzten Summanden hat als Summe der Wahrscheinlichkeiten den Wert 1. Also folgt

$$E(aX + b) = a \cdot E(X) + b.$$

Zu 2:

Gemäß Definition gilt

$$V(aX + b) = E\left(\left((aX + b) - \underbrace{E(aX + b)}\right)^2\right),$$

hierauf wird Regel (1) angewandt:

$$V(aX + b) = E\left(((aX + b) - (a \cdot E(X) + b))^2\right).$$

Algebraische Umformungen führen zu:

$$V(aX + b) = E\left((aX + b - a \cdot E(X) - b)^2\right)$$

$$= E\left((aX - a \cdot E(X))^2\right)$$

$$= E\left((a(X - E(X)))^2\right)$$

$$= E\left(a^2 \cdot (X - E(X))^2\right).$$

Nochmalige Anwendung der Regel (1) auf die Zufallsgröße $a^2 \cdot (X - E(X))^2$ liefert das Ergebnis

$$V(aX + b) = a^2 \cdot \underbrace{E\left((X - E(X))^2\right)},$$

Rückgriff auf die Definition:

$$V(aX + b) = a^2 \cdot V(X).$$

$\square$

4.4 Mehrere Zufallsvariable auf einem Wahrscheinlichkeitsraum

In diesem Abschnitt sei stets folgende Ausgangssituation gegeben: Es sei $(\Omega, \mathcal{P}(\Omega), P)$ ein Wahrscheinlichkeitsraum mit endlicher oder abzählbar-unendlicher Ergebnismenge Ω. Weiter seien auf $(\Omega, \mathcal{P}(\Omega), P)$ die diskreten Zufallsvariablen $X_1, \ldots, X_n$ gegeben.

In diesem Abschnitt soll zunächst der bedeutsame Begriff der Unabhängigkeit von Zufallsvariablen eingeführt werden; anschließend soll es um die Berechnung des Erwartungswertes und der Varianz einer Summe von Zufallsvariablen gehen.

4.4.1 Unabhängigkeit von Zufallsvariablen

Definition 4.7 (Unabhängigkeit diskreter Zufallsvariabler)

Sind $X_1, \ldots, X_n$ diskrete Zufallsvariable auf dem Wahrscheinlichkeitsraum $(\Omega, \mathcal{P}(\Omega), P)$, dann heißen $X_1, \ldots, X_n$ stochastisch unabhängig, falls für alle $x_1, \ldots, x_n \in \mathbb{R}$ gilt:

$$P(X_1 = x_1 \wedge X_2 = x_2 \wedge \ldots \wedge X_n = x_n) = P(X_1 = x_1) \cdot P(X_2 = x_2) \cdot \ldots \cdot P(X = x_n).$$

$\blacklozenge$

Zur Verdeutlichung der Definition sei sofort ein einfaches Beispiel gegeben.

Beispiel 4.11

Es werde ein Würfel n Mal geworfen; der Ergebnisraum ist

$$\Omega = \{(x_1, \ldots, x_n) | x_i \in \{1, \ldots, 6\}, \ 1 \le i \le n\}.$$

Auf Ω seien Zufallsvariable X_i wie folgt definiert: X_i gibt die Augenzahl des i-ten Wurfs an $(1 \le i \le n)$. Dann gilt: $X_1, \ldots, X_n$ sind stochastisch unabhängig. Grund:

$$
\begin{aligned}
& P(X_1 = x_1 \wedge \ldots \wedge X_n = x_n) \\
= \ & P((x_1, \ldots, x_n)) = \frac{1}{6^n} = \left(\frac{1}{6}\right)^n \\
= \ & P(X = x_1) \cdot \ldots \cdot P(X = x_n).
\end{aligned}
$$

$\blacksquare$

Wir geben nun ein Beispiel, bei dem die beteiligten Zufallsvariablen nicht unabhängig sind.

Beispiel 4.12

Eine Münze wird fünf Mal geworfen. Wir haben also

$$\Omega = \{(x_1, x_2, x_3, x_4, x_5) | x_i \in \{W, Z\}, \ 1 \le i \le 5\}.$$

Es seien folgende Zufallsvariablen definiert:

X: Anzahl von „Wappen" bei den ersten drei Würfen,

Y: Anzahl von „Zahl" bei den letzten drei Würfen.

Frage: Sind X und Y stochastisch unabhängig?

Die Wahrscheinlichkeiten $P(X = k \wedge Y = \ell)$, $P(X = k)$, $P(Y = \ell)$ kann man übersichtlich in einer (4×4)-Matrix darstellen (jede Zufallsvariable kann die vier Werte 0, 1, 2, 3 annehmen).

		Werte von Y				
		0	1	2	3	$P(X = k)$
	0	0	$\frac{1}{32}$	$\frac{2}{32}$	$\frac{1}{32}$	$\frac{1}{8}$
Werte	1	$\frac{1}{32}$	$\frac{4}{32}$	$\frac{5}{32}$	$\frac{2}{32}$	$\frac{3}{8}$
von X	2	$\frac{2}{32}$	$\frac{5}{32}$	$\frac{4}{32}$	$\frac{1}{32}$	$\frac{3}{8}$
	3	$\frac{1}{32}$	$\frac{2}{32}$	$\frac{1}{32}$	0	$\frac{1}{8}$
	$P(Y = \ell)$	$\frac{1}{8}$	$\frac{3}{8}$	$\frac{3}{8}$	$\frac{1}{8}$	1

An der (i, j)-ten Stelle steht die Wahrscheinlichkeit $P(X = x_i \wedge Y = y_j)$. Es gilt etwa:

$$P(X = 2 \wedge Y = 1)$$
$$= \quad P(WWZWW, WZWZW, WZWWZ, ZWWZW, ZWWWZ)$$
$$= \quad \frac{5}{32}.$$

Der Leser mache sich alle Wahrscheinlichkeiten in der Tabelle ausführlich klar (das heißt durch Hinschreiben aller zum jeweiligen Ereignis gehörigen Tupel).

Nun können wir die Frage nach der Unabhängigkeit von X und Y beantworten:

Einerseits gilt: $\qquad\qquad P(X = 2 \wedge Y = 1) = \frac{5}{32}$

andereseits gilt: $\qquad\quad P(X = 2) = \frac{3}{8}$ und $P(Y = 1) = \frac{3}{8}$,

also: $\qquad\qquad\qquad P(X = 2) \cdot P(Y = 1) = \frac{9}{64}.$

Somit hat man $P(X = 2 \wedge Y = 1) = \frac{5}{32} \ne \frac{9}{64} = P(X = 2) \cdot P(Y = 1)$.

Damit ist gezeigt, dass X und Y nicht unabhängig sind.

∎

Wie einleitend erwähnt, bestimmen wir jetzt den Erwartungswert und die Varianz einer Summe diskreter Zufallsvariabler.

4.4.2   Erwartungswert einer Summe diskreter Zufallsvariabler

Wir starten mit zwei diskreten Zufallsvariablen X und Y auf einem Wahrscheinlichkeitsraum $(\Omega, \mathcal{P}(\Omega), P)$.

Satz 4.7

Seien X und Y diskrete Zufallsvariable auf einem Wahrscheinlichkeitsraum $(\Omega, \mathcal{P}(\Omega), P)$. Es existiere sowohl der Erwartungswert von X als auch der Erwartungswert von Y. Dann gilt:

$$E(X + Y) = E(X) + E(Y).$$

Beweis: Wir müssen zunächst zeigen, dass $E(X+Y)$ existiert. Sei $Z := X+Y$ und sei $\{z_i | i \in I\}$ die Wertemenge von Z (wobei $I = \{1, \ldots, n\}$ oder $I = \mathbb{N}$ ist). Zu beweisen ist, dass gilt:

$$\sum_{i \in I} |z_i| \cdot P(Z = z_i) < \infty. \tag{4.2}$$

Wegen der Aussage 1. des Satzes 4.3 ist die Aussage (4.2) äquivalent zu der Aussage

$$\sum_{\omega \in \Omega} |Z(\omega)| \cdot P(\{\omega\}) < \infty. \tag{4.3}$$

Dieser Nachweis von (4.3) ist nicht schwer: Da $E(X)$ und $E(Y)$ existieren, folgt mittels Aussage 1. von Satz 4.3:

$$\sum_{\omega \in \Omega} |X(\omega)| \cdot P(\{\omega\}) < \infty \quad \text{und} \quad \sum_{\omega \in \Omega} |Y(\omega)| \cdot P(\{\omega\}) < \infty.$$

Mittels der Dreiecksungleichung ergibt sich

$$\begin{aligned}
\sum_{\omega \in \Omega} |Z(\omega)| \cdot P(\{\omega\}) \\
= \sum_{\omega \in \Omega} |X(\omega) + Y(\omega)| \cdot P(\{\omega\}) \\
\leq \sum_{\omega \in \Omega} |X(\omega)| \cdot P(\{\omega\}) + \sum_{\omega \in \Omega} |Y(\omega)| \cdot P(\{\omega\}) \\
< \infty.
\end{aligned}$$

Also existiert $E(Z)$.

Nun berechnen wir $E(X + Y)$:

$$\begin{aligned}
E(X + Y) &= \sum_{\omega \in \Omega} [X(\omega) + Y(\omega)] \cdot P(\{\omega\}) \\
&= \sum_{\omega \in \Omega} X(\omega) \cdot P(\{\omega\}) + \sum_{\omega \in \Omega} Y(\omega) \cdot P(\{\omega\}) \\
&= E(X) + E(Y).
\end{aligned}$$

$\square$

Satz 4.8

Seien $X_1, \ldots, X_n$ diskrete Zufallsvariable auf einem Wahrscheinlichkeitsraum $(\Omega, \mathcal{P}(\Omega), P)$ mit den entsprechenden Erwartungswerten $E(X_i)$, $1 \leq i \leq n$. Dann gilt:

$$E\left(\sum_{i=1}^{n} X_i\right) = \sum_{i=1}^{n} E(X_i).$$

Beweis: Die Aussage folgt direkt aus Satz 4.7 mittels vollständiger Induktion.

$\square$

4.4.3 Varianz einer Summe diskreter Zufallsvariabler

Wir starten wieder mit zwei diskreten Zufallsvariablen X und Y auf einem Wahrscheinlichkeitsraum $(\Omega, \mathcal{P}(\Omega), P)$.

Satz 4.9

Seien X und Y diskrete Zufallsvariable auf einem Wahrscheinlichkeitsraum $(\Omega, \mathcal{P}(\Omega), P)$ und es mögen folgende Größen existieren:

$$E(X), E(Y), V(X), V(Y), E([X - E(X)] \cdot [Y - E(Y)]).$$

Dann gilt:

$$V(X + Y) = V(X) + V(Y) + 2 \cdot E([X - E(X)] \cdot [Y - E(Y)]).$$

Beweis:

$$
\begin{aligned}
V(X + Y) &= E\Big([(X + Y) - E(X + Y)]^2\Big) \\
&\stackrel{(1)}{=} E\Big([(X + Y) - (E(X) + E(Y))]^2\Big) \\
&= E\Big([(X - E(X)) + (Y - E(Y))]^2\Big) \\
&= E\Big([X - E(X)]^2 + [Y - E(Y)]^2 + 2 \cdot [X - E(X)] \cdot [Y - E(Y)]\Big) \\
&\stackrel{(2)}{=} E\Big([X - E(X)]^2\Big) + E\Big([Y - E(Y)]^2\Big) \\
&\quad + 2 \cdot E\Big([X - E(X)] \cdot [Y - E(Y)]\Big) \\
&= V(X) + V(Y) + 2 \cdot E\Big([X - E(X)] \cdot [Y - E(Y)]\Big)
\end{aligned}
$$

Begründungen:

(1) gilt wegen Satz 4.7 – angewandt auf die Zufallsvariablen X und Y.

(2) gilt wegen Satz 4.8 – angewandt auf die drei Zufallsvariablen

$$[X - E(X)]^2, [Y - E(Y)]^2, 2 \cdot [X - E(X)] \cdot [Y - E(Y)].$$

$\square$

Definition 4.8 (Kovarianz von zwei Zufallsvariablen)

Seien X und Y diskrete Zufallsvariable auf dem Wahrscheinlichkeitsraum $(\Omega, \mathcal{P}(\Omega), P)$. Existieren die Größen $E(X), E(Y)$ und auch die Größe

$$E\Big([X - E(X)] \cdot [Y - E(Y)]\Big),$$

so heißt dieser Ausdruck **Kovarianz** von X und Y. Man schreibt:

$$\mathrm{Cov}(X, Y) := E\Big([X - E(X)] \cdot [Y - E(Y)]\Big).$$

$\blacklozenge$

Satz 4.10

Seien X und Y diskrete Zufallsvariable auf dem Wahrscheinlichkeitsraum $(\Omega, \mathcal{P}(\Omega), P)$. Existiert die Kovarianz von X und Y, dann gilt:

$$Cov(X, Y) = E(X \cdot Y) - E(X) \cdot E(Y).$$

Beweis: Man hat folgende kleine Rechnung:

$$
\begin{aligned}
\mathrm{Cov}(X, Y) &= E\Big([X - E(X)] \cdot [Y - E(Y)]\Big) \\
&= E\Big(X \cdot Y - E(X) \cdot Y - X \cdot E(Y) + E(X) \cdot E(Y)\Big) \\
&\stackrel{(*)}{=} E(X \cdot Y) - E(X) \cdot E(Y) - E(X) \cdot E(Y) + E(X) \cdot E(Y)) \\
&= E(X \cdot Y) - E(X) \cdot E(Y).
\end{aligned}
$$

Bei $(*)$ wurden die Sätze 4.8 und 4.6 angewandt.

$\cdot \ \square$

Der nächste Satz besagt, dass die Kovarianz zweier stochastisch unabhängiger Zufallsvariabler Null ist.

Satz 4.11

Seien X und Y diskrete Zufallsvariable auf dem Wahrscheinlichkeitsraum $(\Omega, \mathcal{P}(\Omega), P)$. Es mögen $E(X), E(Y)$ und $E(X \cdot Y)$ existieren. Weiter seien X und Y stochastisch unabhängig. Dann gilt:

$$Cov(X, Y) = 0.$$

Beweis: Es seien die Bildmengen der beteiligten Zufallsvariablen X, Y und $Z := X \cdot Y$ wie folgt gegeben:

$Z(\Omega) = \{z_k | k \in K\}$ mit abzählbarer Indexmenge K,

$X(\Omega) = \{x_i | i \in I\}$ mit abzählbarer Indexmenge I,

$Y(\Omega) = \{y_j | j \in J\}$ mit abzählbarer Indexmenge J.

Nun hat man folgende Rechnung:

$$
\begin{aligned}
E(X \cdot Y) &= \sum_{k \in K} z_k \cdot P(X \cdot Y = z_k) \\
&= \sum_{k \in K} \sum_{\substack{i,j \text{ mit} \\ x_i \cdot y_j = z_k}} x_i \cdot y_j \cdot P(X = x_i \text{ und } Y = y_j) \\
&\overset{(*)}{=} \sum_{k \in K} \sum_{\substack{i,j \text{ mit} \\ x_i \cdot y_j = z_k}} x_i \cdot y_j \cdot P(X = x_i) \cdot P(Y = y_j) \\
&= \sum_{\substack{i \in I \\ j \in J}} x_i \cdot y_j \cdot P(X = x_i) \cdot P(Y = y_j) \\
&= \left[\sum_{i \in I} x_i \cdot P(X = x_i) \right] \cdot \left[\sum_{j \in J} y_j \cdot P(Y = y_j) \right] \\
&= E(X) \cdot E(Y).
\end{aligned}
$$

Bei $(*)$ wurde die Unabhängigkeit der Zufallsvariablen X und Y benutzt.

Man hat also $E(X \cdot Y) = E(X) \cdot E(Y)$. In Verbindung mit Satz 4.10 folgt daraus $\mathrm{Cov}(X, Y) = E(X \cdot Y) - E(X) \cdot E(Y) = 0$.

$\square$

Als Folgerung von Satz 4.11 formulieren wir nun die entscheidende Aussage über die Varianz einer Summe unabhängiger Zufallsvariabler.

Satz 4.12

Seien X und Y diskrete Zufallsvariable auf dem Wahrscheinlichkeitsraum $(\Omega, \mathcal{P}(\Omega), P)$. Es mögen $E(X), E(Y), E(X \cdot Y)$ existieren. Weiter seien X und Y stochastisch unabhängig. Dann gilt:

$$
V(X + Y) = V(X) + V(Y).
$$

Beweis: Wegen Satz 4.9 und Satz 4.11 hat man

$$
V(X + Y) = V(X) + V(Y) + 2 \cdot \mathrm{Cov}(X, Y) = V(X) + V(Y).
$$

$\square$

4.5   Aufgaben und Ergänzungen

1.   Man wirft einmal gleichzeitig zwei unterscheidbare Würfel. Die Zufallsvariable X gebe das Produkt der Augenzahlen an.

   a)   Geben Sie den Wertebereich $X(\Omega)$ an.

b) Geben Sie die (Wahrscheinlichkeits-)Verteilung von X in Tabellenform an.

2. Beweisen Sie Satz 4.1 für den Fall, dass $X(\Omega)$ endlich ist.

Der Beweis des Satzes für den Fall, dass $X(\Omega)$ abzählbar unendlich ist, kann erst erfolgen, wenn der Begriff „abzählbar-unendlicher Wahrscheinlichkeitsraum" da ist (Abschnitt 7.1).

3. Beweisen Sie Satz 4.2.

4. Auf einem Jahrmarkt lädt das abgebildete Glücksrad zu folgendem Spiel ein:

Für sechs Spiele beträgt der Einsatz 1 Euro. Bei schwarz gewinnen Sie 1 Euro, bei rot verlieren Sie 1 Euro. Sie müssen aufhören zu spielen, wenn Sie alles verloren haben oder wenn Sie 3 Euro dazugewonnen haben. In allen anderen Fällen müssen Sie die sechs Spiele machen.

a) Soll man sich auf das Spiel einlassen?

b) Was halten Sie von folgender Überlegung? Bei jedem Spiel ist die Chance zu gewinnen gleich $\frac{1}{2}$. Der Verlust beträgt höchstens 1 Euro, nämlich die 1 Euro als Einsatz. Mit der Wahrscheinlichkeit $\frac{1}{2}$ kann man aber andererseits 3 Euro gewinnen. Also lohnt es sich.

5. *Chuck-a-luck* – Ein Spiel aus den USA: Man würfelt einmal mit drei Laplace-Spielwürfeln. Ein Spieler nennt vorab eine Zahl zwischen 1 und 6. Er gewinnt ein (zwei, drei) Euro, falls beim Wurf die gewählte Zahl ein- (zwei-, drei-) mal auftritt. In allen anderen Fällen verliert er einen Euro. Sei X die Zufallsvariable, die jedem Wurfergebnis ω die Gewinnhöhe $X(\omega)$ zuordnet.

a) Geben Sie die Wahrscheinlichkeitsverteilung für X an.

b) Zeichnen Sie die Verteilungsfunktion.

c) Berechnen Sie den Erwartungswert $E(X)$. Interpretieren Sie das Ergebnis.

d) Berechnen Sie die Varianz $V(X)$.

6. Berechnen Sie für das Beispiel 4.6 („Nachtwächter") die Varianz $V(X)$.

7. Sei b eine konstante reelle Zahl. Zeigen Sie:

a) $E(b) = b$.

b) $V(b) = 0$.

8. Zeigen Sie: Eine beliebige nichtkonstante diskrete Zufallsvariable X mit dem Erwartungswert $E(X) = \mu$ und der Varianz $V(X) = \sigma^2 \neq 0$ wird durch die Transformation

$$Z = \frac{X - \mu}{\sigma}$$

in eine Zufallsvariable Z mit $E(Z) = 0$ und $V(Z) = 1$ überführt.

Hinweis: Eine Zufallsvariable mit dem Erwartungswert 0 und der Standardabweichung 1 (also auch mit der Varianz 1) heißt *standardisierte* Zufallsvariable.

9. Die Zufallsvariable X gibt die möglichen Augensummen beim gleichzeitigen Werfen zweier unterscheidbarer Laplace-Würfel an. Berechnen Sie:
   (a) $F(7)$;   (b) $F(7,5)$;   (c) $P(X \leq 9)$,
   (d) $P(1 < X \leq 3)$;   (e) $P(X > 7)$.

10. Sei X eine diskrete Zufallsvariable mit dem Erwartungswert $E(X) = \mu$ und der Varianz $V(X) = \sigma^2$. Beweisen Sie den sog. **Verschiebungssatz** (auch *Zerlegungsregel* genannt) $V(X) = E(X^2) - (E(X))^2$, dabei wird vorausgesetzt, dass auch $E(X^2)$ existiert. Dieser Satz ist nützlich zur Berechnung der Varianz.

11. Zwei unterscheidbare Würfel werden ein Mal geworfen. Sei X die Zufallsvariable, welche die Summe der Augenzahlen angibt; sei Y die Zufallsvariable, welche den Betrag der Differenz der Augenzahlen angibt.

    a)   Stellen Sie die Wahrscheinlichkeiten

$$P(X = k \wedge Y = \ell), \quad P(X = k), \quad P(Y = \ell)$$

   übersichtlich in einer Matrix dar (siehe dazu das Beispiel 4.12).
    b)   Sind X und Y stochastisch unabhängig?

12. (Unabhängigkeit von Zufallsvariablen, Summe und Produkt von Zufallsvariablen)
    Zwei Kinder (A und B) spielen das Spiel „Schere-Papier-Stein". Eine Kurzanleitung dieses Spiels findet sich in Beispiel 2.6 des Abschnitts 2.4.
    Die beiden Kinder A und B vereinbaren folgende Spielregeln: A bekommt von B ein Kaugummi, falls A gewinnt; A gibt B ein Kaugummi, falls B gewinnt.
    Die Kinder spielen drei Mal. Sei X die Zufallsvariable, welche den Gesamtgewinn/Gesamtverlust für A angibt. Sei Y die Zufallsvariable, welche die Anzahl der unentschiedenen Spiele angibt.

    a)   Zeichnen Sie aus der Sicht von Kind A mit Hilfe der Symbole **V** („verloren"), **U** („unentschieden"), **G** („gewonnen") einen Ergebnisbaum. Notieren Sie hinter jedem Ergebnis den entsprechenden Wert von X und den entsprechenden Wert von Y.
    b)   Geben Sie jeweils die Wahrscheinlichkeitsverteilung von X und Y an.
    c)   Berechnen Sie $E(X)$ und $E(Y)$.
    d)   Geben Sie alle Wahrscheinlichkeiten $P(X = x \wedge Y = y)$ an, wobei $x \in X(\Omega)$ und $y \in Y(\Omega)$.

e)   Prüfen Sie, ob die Zufallsvariablen X und Y unabhängig sind.

f)   Berechnen Sie $E(X + Y)$ und $E(X \cdot Y)$.

g)   Berechnen Sie $V(X)$ und $V(Y)$.

h)   Berechnen Sie $V(X + Y)$ und $\mathrm{Cov}(X, Y)$.

13. Bei einem Schulfest überlegen sich die Veranstalter, Würfelspiele mit drei (unterscheidbaren) Würfeln anzubieten. Sie haben folgende Ideen (bezüglich einmaligem Würfeln mit den drei Würfeln):

Spiel 1: Das doppelte Produkt der Augenzahlen wird in Cent ausgezahlt.

Spiel 2: Die zehnfache Augensumme wird in Cent ausgezahlt.

Der Einsatz für den Spieler soll 1 Euro pro Spiel betragen. Beantworten Sie zu jedem der beiden Spiele, ob es sinnvoll ist, das entsprechende Spiel anzubieten („sinnvoll" bedeutet natürlich „positiver Gewinn für die Kasse der Veranstalter").

5 Spezielle diskrete Verteilungen

Im Abschnitt „Zufallsvariable" führten wir den Begriff der Wahrscheinlichkeitsverteilung, auch kurz Verteilung genannt, ein. Es handelt sich dabei um das durch X aus P abgeleitete Wahrscheinlichkeitsmaß

$$P_X(\{k\}) = P(X = k),\ k \in \mathbb{R}$$

für Werte, die die Zufallsvariable annimmt. Einige Verteilungen kommen häufig vor. Wir beschränken uns auf wenige spezielle diskrete Verteilungen.

5.1 Binomialverteilung

Definition 5.1 (Binomialverteilung)
Eine Zufallsvariable X, die die Werte $0, 1, 2, 3, \ldots, n$ annimmt, heißt **binomialverteilt** mit den Parametern $n \in \mathbb{N}$ und p, $\quad 0 < p < 1$, genau dann, wenn gilt

$$P(X = k) = \binom{n}{k} \cdot p^k \cdot (1-p)^{n-k}, \quad k = 0, 1, \ldots, n.$$

$\blacklozenge$

Notation: Ist X eine binomialverteilte Zufallsvariable mit den Parametern n und p, schreibt man kurz: X ist $B(n,p)$-verteilt. Noch kürzer schreibt man auch: $X \sim B(n,p)$.

Bezeichnung: Der Name *Binomial*verteilung (und damit auch der Buchstabe B in der Notation) kommt von der Analogie zu den Summanden im Binomischen Lehrsatz

$$(a+b)^n = \sum_{k=0}^{n} \binom{n}{k} \cdot a^k \cdot b^{n-k},$$

dessen Spezialfall für $n = 2$ aus dem Mittelstufenunterricht als erste Binomische Formel bekannt ist: $(a+b)^2 = a^2 + 2ab + b^2$.

Ein *typisches Modell* / eine typische Fragestellung liefert die *Bernoulli-Kette der Länge n*. Man interessiert sich für die Wahrscheinlichkeit, dass bei n-maliger Wiederholung eines Zufallsexperiments das Ereignis A genau k-mal eintritt. Beträgt die Wahrscheinlichkeit für das Eintreten von A in *einem* Versuch

$P(A) = p$, so gibt $P(X = k)$ die Wahrscheinlichkeit dafür an, dass unter n gleichen Versuchen das Ereignis A genau k-mal auftritt. (Siehe Abschnitt über Bernoulli-Ketten die dritte Grundaufgabe; siehe auch Aufgaben 14 und 18 in Abschnitt 2.9.4.)

Beispiel 5.1

(Blumenzwiebel) Eine bestimmte Blumenzwiebel wird in Packungen zu je 20 Zwiebeln verkauft. Man weiß aus Erfahrung, dass 5 % der Zwiebeln nicht keimen. Ein Händler verkauft diese Zwiebeln mit einer Keimgarantie von 90 %. Wie groß ist die Wahrscheinlichkeit, dass eine zufällig ausgewählte Packung diese Garantie nicht erfüllt?

Lösung: Sei X die Zufallsvariable, die die Anzahl der nicht keimenden Zwiebeln in einer Packung von 20 Zwiebeln angibt. Es liegt, wenn man sich den Setzvorgang der 20 Zwiebeln einzeln vorstellt, als Modellannahme eine $B(20; 0,05)$-Verteilung vor. Es gilt für genau k nicht keimende Zwiebeln:

$$P(X = k) = \binom{20}{k} \cdot 0,05^k \cdot 0,95^{20-k}.$$

Die Keimgarantie besagt, dass von 20 Zwiebeln 18 keimen. Sie ist nicht erfüllt, wenn $k > 2$ ist. Gefragt ist also $P(X > 2)$.

Es gilt:
$$P(X > 2) = P(X = 3) + P(X = 4) + \cdots + P(X = 20).$$

Hier ist viel zu rechnen, wenn man keine Tabelle für die Binomialverteilung hat. Man rechnet besser so (Gegenwahrscheinlichkeit):

$$
\begin{aligned}
P(X > 2) &= 1 - P(X \leq 2) \\
&= 1 - (P(X = 0) + P(X = 1) + P(X = 2)) \\
&\approx 1 - 0,3585 - 0,3774 - 0,1887 \\
&\approx 0,0754.
\end{aligned}
$$

Mit der Wahrscheinlichkeit von 7,8 % wird die Keimgarantie nicht erfüllt. ∎

Satz 5.1

Für den Erwartungswert $E(X)$ und die Varianz $V(X)$ einer binomialverteilten Zufallsvariablen X mit den Parametern n und p gilt:

$$(1) \qquad E(X) = n \cdot p,$$

$$(2) \qquad V(X) = n \cdot p \cdot (1 - p) = n \cdot p \cdot q.$$

Beweis

Zu (1): Es ist zu berechnen:

$$E(X) = \sum_{k=0}^{n} k \cdot \binom{n}{k} \cdot p^k \cdot (1 - p)^{n-k}.$$

Da für $k = 0$ der erste Summand 0 ist, beginnen wir die Summation mit $k = 1$:

$$
\begin{aligned}
E(X) &= \sum_{k=1}^{n} k \cdot \frac{n!}{k! \cdot (n-k)!} \cdot p^k \cdot (1-p)^{n-k} \\[2mm]
&= \sum_{k=1}^{n} \frac{(n-1)! \cdot n}{(k-1)! \cdot (n-k)!} \cdot p^k \cdot (1-p)^{n-k} \\[2mm]
&= \sum_{k=1}^{n} n \cdot \binom{n-1}{k-1} \cdot p^k \cdot (1-p)^{n-k} \\[2mm]
&= \sum_{k=1}^{n} n \cdot p \cdot \binom{n-1}{k-1} \cdot p^{k-1} \cdot (1-p)^{n-k} \\[2mm]
(*) \quad &= n \cdot p \cdot \underbrace{\sum_{k=1}^{n} \binom{n-1}{k-1} \cdot p^{k-1} \cdot (1-p)^{n-k}}_{=1 \ (\text{siehe Nebenrechnung})} \\[2mm]
E(X) &= n \cdot p.
\end{aligned}
$$

Nebenrechnung: Man setze in obiger Summe m für $n-1$ und r für $k-1$. Dann erhält man als neue Summe:

$$
\sum_{r=0}^{n-1=m} \binom{m}{r} \cdot p^r \cdot (1-p)^{m-r} .
$$

Diese Summe ist nach dem Binomischen Lehrsatz gleich $(p + (1-p))^m = 1^m = 1$.

Zu (2): Zur Berechnung der Varianz verwendet man zweckmäßigerweise den Verschiebungssatz (siehe Aufgabe 10, Kapitel 4, Abschnitt 4.4), nach dem allgemein gilt:

$$
V(X) = E\left(X^2\right) - (E(X))^2 .
$$

Die Rechnungen bleiben aber aufwendig. Wir skizzieren zwei Wege.

Weg 1: Da $E(X) = n \cdot p$ schon bekannt ist, kommt es darauf an, $E\left(X^2\right)$ zu berechnen.

Es gilt:

$$
E\left(X^2\right) = \sum_{k=0}^{n} k^2 \cdot \binom{n}{k} \cdot p^k \cdot (1-p)^{n-k} .
$$

Durch Umformungen ähnlicher Art wie bei (1) findet man schließlich

$$
E\left(X^2\right) = n^2 p^2 - np^2 + np .
$$

Mit Hilfe des Verschiebungssatzes erhält man:

$$
\begin{aligned}
V(X) &= n^2 p^2 - np^2 + np - (np)^2 = np - np^2 \\
V(X) &= np \cdot (1-p) = n \cdot p \cdot q .
\end{aligned}
$$

Weg 2: Man formt die rechte Seite der Gleichung

$$V(X) \;=\; E\left(X^2\right) - (E(X))^2 \text{ um:}$$

$$V(X) \;=\; E\left(X^2\right) - E(X) + E(X) - (E(X))^2$$

$$=\; E\left(X^2 - X\right) + E(X) - (E(X))^2$$

$$=\; E(X \cdot (X-1)) + E(X) - (E(X))^2.$$

Es ist jetzt nur noch $E(X \cdot (X-1))$ zu bestimmen. Es gilt:

$$E(X \cdot (X-1)) \;=\; \sum_{k=0}^{n} k \cdot (k-1) \cdot \binom{n}{k} \cdot p^k \cdot q^{n-k}$$

$$\text{mit } q = 1 - p$$

$$=\; \sum_{k=2}^{n} k \cdot (k-1) \cdot \frac{n!}{k! \cdot (n-k)!} \cdot p^k \cdot q^{n-k}.$$

Man erhält durch Kürzen und Ausklammern und Zusammenfassen:

$$E(X \cdot (X-1)) = n \cdot (n-1) \cdot p^2 \; \cdot \; \underbrace{\sum_{k=2}^{n} \binom{n-2}{k-2} \cdot p^{k-2} \cdot q^{n-k}}_{\text{(Binomischer Lehrsatz)}}$$

$$= (p+q)^{n-2} = (p+1-p)^{n-2} = 1.$$

Also:

$$E(X \cdot (X-1)) \;=\; n \cdot (n-1) \cdot p^2. \text{ Damit erhält man:}$$

$$V(X) \;=\; n \cdot (n-1) \cdot p^2 + np - (np)^2$$

$$V(X) \;=\; -np^2 + np = np \cdot (1-p) = n \cdot p \cdot q.$$

Für das Beispiel 5.1 (Blumenzwiebel) ergibt sich:

$$E(X) \;=\; n \cdot p = 20 \cdot 0,05 = 1,$$

$$V(X) \;=\; n \cdot p \cdot (1-p) = 20 \cdot 0,05 \cdot 0,95 = 0,95.$$

Die Wahrscheinlichkeitsverteilung einer binomialverteilten Zufallsvariablen kann man in Form von Stabdiagrammen darstellen. Je nach Größe der Werte von n und p kann das Stabdiagramm verschiedene Formen haben. Wenn p in der Nähe von 0,5 liegt, ist das Stabdiagramm annähernd symmetrisch. Die folgenden Stabdiagramme machen dies deutlich.

a)   Die Zufallsvariable X ist $B(5; 0, 5)$-verteilt (Symmetrie):

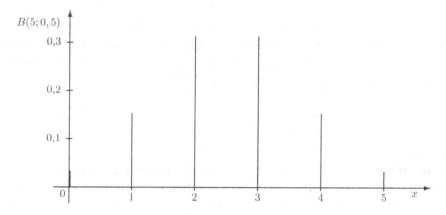

b)   Die Zufallsvariable X ist $B(10; 0, 2)$-verteilt (keine Symmetrie):

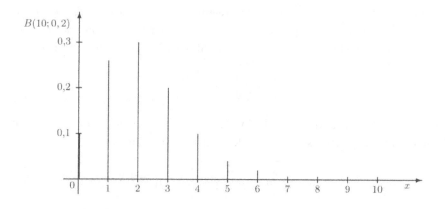

5.2   Hypergeometrische Verteilung

Definition 5.2 (Hypergeometrische Verteilung)
Eine Zufallsvariable X heißt **hypergeometrisch verteilt** mit den Parametern N, K, n mit $N, K, n \in \mathbb{N}$ und $1 \le n \le N$ und $0 \le K \le N$ genau dann, wenn gilt

$$P(X = k) = \frac{\binom{K}{k} \cdot \binom{N-K}{n-k}}{\binom{N}{n}} \quad \text{für } k = 0, 1, 2, \dots, min(n, k).$$

◆

Notation: Ist X eine hypergeometrisch verteilte Zufallsvariable mit den Parametern N, K, n, schreibt man kurz: X ist $H(N, K, n)$-verteilt. Noch kürzer schreibt man auch: $X \sim H(N, K, n)$.

Eine typische Belegung/eine typische Fragestellung liefert das *Urnenmodell:*
In einer Urne befinden sich N Kugeln (Grundgesamtheit), darunter K markierte
Erfolgskugeln. Man zieht n Kugeln ohne Zurücklegen, und die Zufallsvariable
X beschreibt die Anzahl k der Erfolge bei n Ziehungen.

Bekannte Anwendungsbeispiele:

Beispiel 5.2
(Qualitätskontrolle bei einer Gut/Schlecht-Prüfung) Aus einem Karton
mit 100 Glühbirnen werden zur Qualitätskontrolle 4 Glühbirnen ganz zufällig
ohne Zurücklegen herausgegriffen. Der Karton wird nur angenommen, wenn alle
4 Glühbirnen ohne Defekt sind. Mit welcher Wahrscheinlichkeit durchläuft ein
Karton mit 30 defekten Birnen dieses Kontrollsystem unbeanstandet?
Lösung: Es gibt insgesamt $\binom{100}{4}$ Möglichkeiten, 4 Glühbirnen aus 100 Glühbirnen
auszuwählen. Für das zu betrachtende Ereignis sind die Fälle günstig, bei denen
die 4 Glühbirnen aus den 70 einwandfreien Glühbirnen ausgewählt wurden und
keine aus den 30 defekten Birnen. Die Anzahl der günstigen Fälle ist also

$$\binom{30}{0} \cdot \binom{70}{4} = \binom{70}{4}.$$

Die Zufallsgröße X beschreibe die Anzahl der Glühbirnen ohne Defekt. Die
Wahrscheinlichkeit für die Annahme der Kartons ist dann:

$$P(X = 4) = \frac{\binom{70}{4}}{\binom{100}{4}} = \frac{67 \cdot 68 \cdot 69 \cdot 70}{97 \cdot 98 \cdot 99 \cdot 100} \approx 0,234.$$

Also $P(X = 4) \approx 23\%$. Die Lösung verwendete das Laplace-Modell.

■

Hinweis: Zur „Qualitätskontrolle" siehe auch Abschnitt 10.5.

Beispiel 5.3
(Lotto „6 aus 49") Im Urnenmodell hat die Urne 49 von 1 bis 49 nummerier-
te Kugeln. Die 6 Kugeln, die den 6 Zahlen einer vorgegebenen Tippreihe entsprechen, sind schwarz, die restlichen 43 Kugeln sind weiß. Es werden 6 Kugeln
ohne Zurücklegen der Urne entnommen. Dann bedeutet „r Richtige": Unter den
6 gezogenen Zahlen (Kugeln) sind genau r Zahlen der vorgegebenen Tippreihe
(schwarze Kugeln). Gibt die Zufallsgröße X die Anzahl r der „Richtigen" an,
und legen wir das Laplace-Modell zugrunde, so ergibt sich

$$P(X = r) = \frac{\binom{6}{r} \cdot \binom{43}{6-r}}{\binom{49}{6}}, \quad r = 0, 1, 2, 3, 4, 5, 6.$$

(Vgl. auch Aufgabe 17 in Abschnitt 2.8.6.)

■

Satz 5.2

*Eine hypergeometrisch verteilte Zufallsvariable X mit den Parametern N, K
und n (alle Parameter sind natürliche Zahlen) hat*

(1)   *den Erwartungswert* $\mu = E(X) = n \cdot \dfrac{K}{N}$,

(2)   *die Varianz* $\sigma^2 = V(X) = n \cdot \dfrac{K}{N} \cdot \dfrac{N-K}{N} \cdot \dfrac{N-n}{N-1}$.

Beweis: Im Rahmen dieser Einführung verzichten wir auf den ausführlichen
Beweis. Wir geben eine mögliche Beweisskizze (mit tieferen Kenntnissen gibt es
einfachere Beweise).

Zu (1): Es ist zu berechnen:

$$E(X) = \sum_{k=0}^{n} k \cdot \frac{\binom{K}{k} \cdot \binom{N-K}{n-k}}{\binom{N}{n}} = \sum_{k=1}^{n} k \cdot \frac{\binom{K}{k} \cdot \binom{N-K}{n-k}}{\binom{N}{n}}.$$

Durch Umformen erhält man:

$$E(X) = n \cdot \frac{K}{N} \cdot \underbrace{\sum_{k=1}^{n} \frac{\binom{K-1}{k-1} \cdot \binom{(N-1)-(K-1)}{(n-1)-(k-1)}}{\binom{N-1}{n-1}}}_{=1},$$

$$E(X) = n \cdot \frac{K}{N}.$$

Zu (2): Wir gehen vom Verschiebungssatz (Aufgabe 10 in Abschnitt 4.5) aus:

$$V(X) = E\left(X^2\right) - (E(X))^2 \text{ und berechnen } E\left(X^2\right):$$

$$E\left(X^2\right) = \sum_{k=0}^{n} k^2 \cdot \frac{\binom{K}{k} \cdot \binom{N-K}{n-k}}{\binom{N}{n}}.$$

Umformungen liefern schließlich das Ergebnis:

$$E\left(X^2\right) = n \cdot \frac{K}{N} \cdot \left((n-1) \cdot \frac{K-1}{N-1} + 1\right).$$

Also insgesamt:

$$V(X) = n \cdot \frac{K}{N} \cdot \left((n-1) \cdot \frac{K-1}{N-1} + 1\right) - \left(n \cdot \frac{K}{N}\right)^2,$$

$$V(X) = \ldots = n \cdot \frac{K}{N} \cdot \frac{N-K}{N} \cdot \frac{N-n}{N-1}.$$

□

Eine *Interpretation* der gefundenen Werte für μ und σ^2 erleichtert das Verständnis.

a) $E(X) = n \cdot \frac{K}{N}$

Mit dem Bruch $\frac{K}{N}$ bezeichnet man den Ausschussanteil in der Urne. Die Zahl $\frac{K}{N}$ ist interpretierbar als Erfolgswahrscheinlichkeit des *ersten* Versuchs, denn unter den insgesamt N Kugeln sind K Kugeln markiert. Setzt man $\frac{K}{N} = p$, so erkennt man die Ähnlichkeit mit dem Erwartungswert $n \cdot p$ der Binomialverteilung.

b) $V(X) = n \cdot \frac{K}{N} \cdot \frac{N-K}{N} \cdot \frac{N-n}{N-1}$

So wie man $\frac{K}{N}$ als Erfolgswahrscheinlichkeit p des ersten Versuchs interpretieren kann, kann man den dritten Faktor $\frac{N-K}{N}$ als Misserfolgswahrscheinlichkeit im *ersten* Versuch interpretieren. Wenn $\frac{K}{N} = p$ gesetzt wird, ist

$$\frac{N-K}{N} = \frac{N}{N} - \frac{K}{N} = 1 - \frac{K}{N} = 1 - p.$$

Der letzte Faktor $\frac{N-n}{N-1}$ kann durch $1 - \frac{n}{N}$ approximiert werden, evtl. auch durch 1, wenn n klein und N groß ist.

Man sieht auch hier wieder eine Ähnlichkeit zur Varianz $n \cdot p \cdot (1 - p)$ der Binomialverteilung.

Man kann erahnen, dass die schlecht zu berechnende hypergeometrische Verteilung unter bestimmten Voraussetzungen durch eine Binomialverteilung approximiert werden kann.

Im Beispiel 5.3 (Lotto „6 aus 49") beschreibe die Zufallsvariable X die Anzahl der „Richtigen" im „Lotto 6 aus 49". Wie groß sind der Erwartungwert und die Varianz von X?

Lösung

In Kapitel 4, Abschnitt 4.3 bestimmten wir den Erwartungswert und die Varianz bereits elementar. Da es sich um eine hypergeometrische Verteilung handelt, können wir jetzt die gewonnenen Formeln anwenden:

$$E(X) = 6 \cdot \frac{6}{49} = \frac{36}{49} \approx 0,735,$$

$$V(X) = 6 \cdot \frac{6}{49} \cdot \frac{49-6}{49} \cdot \frac{49-6}{48} \approx 0,5773.$$

Das folgende Beispiel betont die Frage der Modellierung. Es werden je nach Interpretation des Aufgabentextes zwei mögliche unterschiedliche Modelle für die Lösung der Aufgabe gewählt.

Beispiel 5.4

(Sicherheitsventile in einem Bauteil) (Zwei Modelle) Ein Bauteil enthält 5 voneinander unabhängig funktionierende Sicherheitsventile. Wenn nur eines ausfällt, ist das Bauteil defekt. Es ist bekannt, dass von 300 produzierten Sicherheitsventilen nur 280 funktionstüchtig sind. Wie groß ist die Wahrscheinlichkeit, dass sich 0 (3) defekte Sicherheitsventile in einem zufällig ausgewählten Bauteil befinden?

Zur Lösung muss man überlegen, welches Modell für die vorliegende diskrete Verteilung adäquat ist.

Die Aufgabenstellung signalisiert zunächst eine hypergeometrische Verteilung, modellhaft dargestellt durch ein Urnenmodell und Ziehen ohne Zurücklegen. Die Zufallsgröße X gebe die Anzahl der defekten Sicherheitsventile an bei einer zufälligen Stichprobe vom Umfang 5. Es gilt:

$$P(X = k) = \frac{\binom{20}{k} \cdot \binom{280}{5-k}}{\binom{300}{5}}, \ k = 0, 1, \ldots, 5.$$

Man kann aber auch anders argumentieren. Aufgrund der Aufgabenstellung ist bekannt, dass ein Sicherheitsventil mit einer Wahrscheinlichkeit $p = \frac{20}{300} \approx 0,067$ defekt ist. Die Zufallsgröße X, die wieder die Anzahl defekter Sicherheitsventile angibt, wird als binomialverteilt mit den Parametern $n = 5$ und $p = 0,067$ angesehen. Also

$$B_{5;0,067}(k) = P(X = k) = \binom{5}{k} \cdot p^k \cdot (1 - p)^{5-k}, \ k = 0, 1, \ldots, 5.$$

Diese zweite Modellannahme wird besonders dann gewählt, wenn man den Aufgabentext folgendermaßen versteht: „..., dass *durchschnittlich* von 300 produzierten Sicherheitsventilen 280 funktionstüchtig sind." ∎

5.3 Zusammenhang zwischen der Binomialverteilung und der hypergeometrischen Verteilung

Wir gehen von folgender Ausgangssituation aus: Es ist eine Grundgesamtheit mit N Elementen gegeben; K dieser Elemente haben eine gewisse Eigenschaft E. Nun wird eine Stichprobe von n Elementen gezogen. Ist X die Zufallsvariable, die die Anzahl der Elemente mit Eigenschaft E angibt, so ist X hypergeometrisch verteilt, und es ist

$$P(X = k) = \frac{\binom{K}{k} \cdot \binom{N-K}{n-k}}{\binom{N}{n}}.$$

Betrachten wir diese Stichprobe im Urnenmodell, so wird hier ohne Zurücklegen gezogen. Nun tauchen zwei Probleme auf:

- Praktisches Problem: Für große Werte von N und K und kleine Werte von n ist die Wahrscheinlichkeit $P(X = k)$ nur sehr umständlich zu berechnen.

■ Methodisches Problem: Die Ziehungen bei der Stichprobe sind nicht unabhängig voneinander: Die Wahrscheinlichkeit, bei der zweiten Ziehung ein Element der Eigenschaft E zu ziehen, hängt davon ab, ob bei der ersten Ziehung schon ein Element mit Eigenschaft E gezogen worden ist oder nicht. In mathematischen Modellen arbeitet man aber lieber mit unabhängigen Teilversuchen.

Zur Vermeidung dieser Probleme geht man wie folgt vor: Sind N und K sehr groß und der Stichprobenumfang n recht klein, so liegt es auf der Hand, dass es für eine Stichprobe unbedeutend ist, ob mit oder ohne Zurücklegen gezogen wird: Die Wahrscheinlichkeit, ein Element mit Eigenschaft E zu ziehen, ist in beiden Fällen sehr klein. Also ist es statthaft, auch mit Zurücklegen zu ziehen. Dann ist die Zufallsgröße, die die Anzahl der Elemente mit Eigenschaft E angibt, binomialverteilt mit den Parametern n und $\frac{K}{N}$ (für den Parameter p, der die Erfolgswahrscheinlichkeit bei einer einzelnen Ziehung angibt, wird hier das Verhältnis $\frac{K}{N}$ genommen – also das Verhältnis der Anzahl von Elementen mit Eigenschaft E zur Anzahl aller vorhandenen N Elemente).

Diesen Sachverhalt halten wir fest.

Konvention: Sei X hypergeometrisch verteilt mit den Parametern N, K, n. Seien N und K sehr groß und sei n klein. Dann kann man X als binomialverteilte Zufallsvariable mit den Parametern n und $\frac{K}{N}$ auffassen.

Der in dieser Konvention ausgesprochene Sachverhalt lässt sich auch mathematisch fassen.

Satz 5.3

Sei (X_N) eine Folge von Zufallsvariablen mit folgenden Eigenschaften:

1. *X_N ist $H(N, K_N, n)$-verteilt.*
2. *$N > K_N$ für alle $N \in \mathbb{N}$.*
3. *$\lim\limits_{N \to \infty} \frac{K_N}{N} = p$ mit $p \in\,]0, 1[$.*

Dann gilt für alle $k \in \{1, \ldots, n\}$

$$\lim_{N \to \infty} \frac{\binom{K_N}{k} \cdot \binom{N - K_N}{n-k}}{\binom{N}{n}} = \binom{n}{k} \cdot p^k \cdot (1 - p)^{n-k}.$$

Beweis: Um die Übersichtlichkeit der nachfolgenden Rechnung zu verbessern, schreiben wir für das von N abhängige K_N nur kurz K. Damit hat man:

$$\frac{\binom{K}{k} \cdot \binom{N-K}{n-k}}{\binom{N}{n}}$$

$$= \frac{K!}{k!(K-k)!} \cdot \frac{(N-K)!}{(n-k)!(N-K-(n-k))!} \cdot \frac{n!(N-n)!}{N!}$$

$$= \binom{n}{k} \cdot \frac{1}{N \cdot (N-1) \cdot \ldots \cdot (N-n+1)}$$
$$\cdot [K \cdot (K-1) \cdot \ldots \cdot (K-k+1)]$$
$$\cdot [(N-K) \cdot (N-K-1) \cdot \ldots \cdot (N-K-(n-k)+1)]$$

$$= \binom{n}{k} \cdot \frac{1}{\frac{1}{N^n} \cdot N \cdot (N-1) \cdot (N-n+1)}$$
$$\cdot \frac{1}{N^k} \cdot [K \cdot (K-1) \cdot \ldots \cdot (K-k+1)]$$
$$\cdot \frac{1}{N^{n-k}} \cdot [(N-K) \cdot (N-K-1) \cdot \ldots \cdot (N-K-(n-k)+1)]$$

$$= \binom{n}{k} \cdot \frac{1}{\frac{N}{N} \cdot (1-\frac{1}{N}) \cdot \ldots \cdot (1-\frac{n-1}{N})}$$
$$\cdot \left[\frac{K}{N} \cdot (\frac{K}{N}-\frac{1}{N}) \cdot \ldots \cdot (\frac{K}{N}-\frac{k-1}{N}) \right]$$
$$\cdot \left[(1-\frac{K}{N}) \cdot (1-\frac{K}{N}-\frac{1}{N}) \cdot \ldots \cdot (1-\frac{K}{N}-\frac{(n-k)-1}{N}) \right]$$

Da nun $\lim\limits_{N \to \infty} \frac{K}{N} = p$ ist, folgt

$$\lim_{N \to \infty} \left[\frac{K}{N} \cdot \left(\frac{K}{N}-\frac{1}{N} \right) \cdot \ldots \cdot \left(\frac{K}{N}-\frac{k-1}{N} \right) \right] = p^k,$$
$$\lim_{N \to \infty} \left[\left(1-\frac{K}{N}\right) \cdot \left(1-\frac{K}{N}-\frac{1}{N}\right) \cdot \ldots \cdot \left(1-\frac{K}{N}-\frac{(n-k)-1}{N}\right) \right]$$
$$= (1-p)^{n-k}.$$

Weiter ist

$$\lim_{N \to \infty} \left[\frac{N}{N} \cdot \left(1-\frac{1}{N}\right) \cdot \ldots \cdot \left(1-\frac{n-1}{N}\right) \right] = 1.$$

Also hat man insgesamt (wir schreiben wieder ausführlich K_N statt K):

$$\lim_{N \to \infty} \frac{\binom{K_N}{N} \cdot \binom{N-K_N}{n-k}}{\binom{N}{n}} = \binom{n}{k} \cdot p^k \cdot (1-p)^{n-k}.$$

$\square$

5.4 Geometrische Verteilung (Pascal-Verteilung)

Die geometrische Verteilung trat schon in Beispielen auf: a) 1. Grundaufgabe bei Bernoulli-Ketten (Kapitel 2, Abschnitt 2.9.2), b) Beispiel „Warten auf Erfolg" (Kapitel 3, Abschnitt 3.1).

Definition 5.3 (Geometrische Verteilung)

Eine Zufallsvariable X heißt **geometrisch verteilt** oder **Pascal-verteilt** mit dem Parameter p, $0 < p < 1$ genau dann, wenn gilt

$$P(X = n) = p \cdot (1 - p)^{n-1}, \ n = 1, 2, 3, \ldots$$

♦

Notation: Ist X eine geometrisch verteilte Zufallsvariable mit dem Parameter p, schreibt man kurz: X ist $G(p)$-verteilt. Noch kürzer schreibt man: $X \sim G(p)$.

Didaktische Anmerkungen

1. Statt $1 - p$ schreibt man auch q. Dann erhält man $P(X = n) = p \cdot q^{n-1}$, $n = 1, 2, 3, 4, \ldots$

2. Die geometrische Verteilung bestimmt die Wahrscheinlichkeit, dass die Zufallsvariable X den Wert n annimmt, wenn im n-ten Versuch der erste Erfolg eintritt.

3. Die Zufallsvariable X kann als Werte *alle* natürlichen Zahlen annehmen (siehe die drei Punkte ... nach der Zahl 3 in der Definition). Der Wertebereich von X ist abzählbar unendlich.

Eine typische Belegung/eine typische Fragestellung ist das Beispiel „*Warten auf den ersten Erfolg*": Bei einem Zufallsexperiment trete das Ereignis A mit der Wahrscheinlichkeit p auf: $P(A) = p$ mit $0 < p < 1$. Das Experiment werde so oft wiederholt, bis zum ersten Mal das Ereignis A auftritt. Die Wahrscheinlichkeit für dieses Ereignis ist dann gegeben durch $p \cdot (1 - p)^{n-1}$, wenn das Ereignis A zum ersten Mal beim n-ten Versuch auftritt (siehe Abschnitt 2.9.2).

Deshalb heißt die Zufallsvariable X auch die *Wartezeit* bis zum Erscheinen eines Treffers (Erfolgs).

Satz 5.4

Für den Erwartungswert $E(X)$ und für die Varianz $V(X)$ einer geometrisch verteilten Zufallsvariablen mit dem Parameter p, $0 < p < 1$, gilt:

$$(1) \qquad E(X) = \frac{1}{p} \quad und$$

$$(2) \qquad V(X) = \frac{1 - p}{p^2}.$$

Beweis: Zu (1): Da der Wertebereich von X abzählbar unendlich viele Elemente enthält (nämlich alle natürlichen Zahlen), ist

$$
\begin{aligned}
E(X) &= \sum_{n=1}^{\infty} n \cdot p \cdot (1 - p)^{n-1} \\
&= p \cdot \sum_{n=1}^{\infty} n \cdot (1 - p)^{n-1}
\end{aligned}
$$

zu berechnen, d. h. eine unendliche Summe (Reihe). Wir benötigen Kenntnisse der Analysis und übernehmen die wahre Aussage (siehe Kütting [100], Bd. 2, S. 133, Aufgabe 75)

$$\sum_{n=1}^{\infty} n \cdot q^{n-1} = \frac{1}{(1-q)^2} \quad \text{für } 0 < q < 1.$$

Da $1 - p = q$ den Gültigkeitsbereich erfüllt, erhalten wir

$$E(X) = p \cdot \sum_{n=1}^{\infty} n \cdot (1-p)^{n-1} ,$$

$$E(X) = p \cdot \frac{1}{(1 - (1-p))^2} = \frac{p}{p^2} = \frac{1}{p}.$$

Zu (2): Mit Hilfe des Verschiebungssatzes $V(X) = E\left(X^2\right) - (E(X))^2$ und des Ergebnisses von (1) muss nur noch $E\left(X^2\right)$ bestimmt werden. Es gilt

$$E\left(X^2\right) = \sum_{n=0}^{\infty} n^2 \cdot p \cdot (1-p)^{n-1} = p \cdot \sum_{n=1}^{\infty} n^2 \cdot (1-p)^{n-1}$$

$$= p \cdot \sum_{n=1}^{\infty} \frac{n^2 \cdot (1-p)^n}{1-p} = \frac{p}{1-p} \cdot \sum_{n=1}^{\infty} n^2 \cdot (1-p)^n .$$

Aus der Analysis übernehmen wir die gültige Identität (siehe Kütting [100], Bd. 2, S. 134, Aufgabe 77):

$$\sum_{n=1}^{\infty} n^2 \cdot q^n = \frac{q \cdot (1+q)}{(1-q)^3} \quad \text{für } 0 < q < 1.$$

Für $q = 1 - p$ und $0 < p < 1$ ist der Gültigkeitsbereich erfüllt. Also folgt (man beachte $q = 1 - p$):

$$E\left(X^2\right) = \frac{p}{1-p} \cdot \frac{q \cdot (1+q)}{(1-q)^3} = \frac{1+q}{(1-q)^2} \quad \text{und}$$

$$V(X) = \frac{1+q}{(1-q)^2} - \frac{1}{p^2} = \frac{1+q-1}{p^2} = \frac{q}{p^2} = \frac{1-p}{p^2}.$$

$\square$

Berechnungsbeispiele für $E(X)$, $V(X)$ und σ:

1. Beim einmaligen Werfen eines Laplace-Würfels sei das beobachtete Ereignis „Auftreten einer 6". Wie oft muss man im Durchschnitt werfen, bis zum ersten Mal eine Sechs auftritt?
   Lösung: $E(X) = \frac{1}{\frac{1}{6}} = 6$. Man muss im Mittel 6-mal werfen, um eine 6 zu erhalten. Wir berechnen noch die Standardabweichung $\sigma = \sqrt{V(X)}$. Es ist

$$V(X) = \frac{5}{6} : \left(\frac{1}{6}\right)^2 = 30 \; ; \; \sigma = \sqrt{30} \approx 5,48.$$

Die durch die Standardabweichung 5,48 angegebene Streuung um den Erwartungswert 6 ist also recht groß.

2. Beim Beispiel „Warten auf Erfolg" mit dem Glücksrad (siehe Kapitel 3, Abschnitt 3.1) liegt eine geometrische Verteilung vor. Es ist $E(X) = 10$. Hier beträgt die Standardabweichung $\sigma = \sqrt{90} \approx 9,49$.

Didaktische Anmerkungen

1. Zufallsvariable, Erwartungswert und Varianz sind unter didaktischen Gesichtspunkten interessante Beispiele für den strukturellen Leitbegriff Funktion, auch wenn die Namen als Bezeichnungen für Funktionen ungewöhnlich sind.

2. Es kann ein Beziehungsgeflecht deutlich gemacht und aufgebaut werden durch Gegenüberstellung analoger Begriffe in der Wahrscheinlichkeitsrechnung und Beschreibenden Statistik:

   Erwartungswert – arithmetisches Mittel,

   Varianz – empirische Varianz.

3. Der Erwartungswert einer geometrischen Verteilung ist also der Kehrwert der Erfolgswahrscheinlichkeit (Trefferwahrscheinlichkeit). Wenn also die Erfolgswahrscheinlichkeit abnimmt, nimmt die Wartezeit bis zum ersten Treffer zu. Das klingt einleuchtend. Wird zum Beispiel die Erfolgswahrscheinlichkeit halbiert, verdoppelt sich die Wartezeit (der Erwartungswert).

4. Zur Veranschaulichung der geometrischen Verteilung ist das Stabdiagramm geeignet. Beispiel: $p = 0,5$.

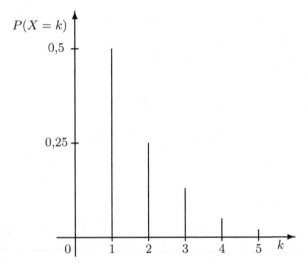

5. Der Name „geometrische Verteilung" hat seinen Ursprung darin, dass die Summe der Wahrscheinlichkeiten $\sum_{n=1}^{\infty} p \cdot (1-p)^{n-1}$ eine geometrische Reihe ist, deren Summenwert natürlich 1 ist.

Es gibt weitere diskrete Verteilungen wie die negative Binomialverteilung, die Poisson-Verteilung, die **diskrete Gleichverteilung** (siehe Aufgabe 6 in diesem Kapitel, Abschnitt 5.5), die **Indikatorfunktion** (siehe Aufgabe 8 in diesem Kapitel, Abschnitt 5.5).

5.5 Aufgaben und Ergänzungen

1. Aus einer Gruppe von acht Männern und zwei Frauen soll durch Zufall ein dreiköpfiger Ausschuss bestimmt werden.

   a) Wie groß ist die Wahrscheinlichkeit, dass der Ausschuss aus zwei Frauen und einem Mann besteht?

   b) Wie groß ist der Erwartungswert $E(X)$ und die Varianz $V(X)$, wenn die Zufallsvariable X die Anzahl der Frauen angibt?

2. Ein Nachtwächter hat einen Schlüsselbund mit fünf ähnlich aussehenden Schlüsseln. Er will eine Tür aufschließen, in deren Schloss genau einer der Schlüssel passt.

   Er probiert einen zufällig ausgewählten Schlüssel, und wenn der nicht passt, so schüttelt er den Schlüsselbund kräftig und probiert wieder einen zufällig ausgewählten Schlüssel.

   Wie viele Versuche wird der Nachtwächter bei dieser Methode im Mittel machen müssen, um den richtigen Schlüssel zu finden? (Siehe auch Beispiel „Nachtwächter", Kapitel 4, Abschnitt 4.3.)

3. Eine Zufallsvariable X sei $B(2, p)$-verteilt. Weiterhin gelte $P(X = 2) = 0,16$. Berechnen Sie die Wahrscheinlichkeitsverteilung von X.

4. Ein idealer Würfel wird 10-mal geworfen. Die Zufallsvariable X beschreibe die Anzahl der dabei auftretenden Sechsen.

   Berechnen Sie den Erwartungswert $E(X)$ und die Varianz von X.

5. Aus einem Karton mit 100 Glühbirnen werden zur Qualitätskontrolle 5 Glühbirnen zufällig ohne Zurücklegen herausgegriffen. Der Karton wird nur angenommen, wenn von den 5 entnommenen Glühbirnen mindestens 4 ohne Defekt sind. Mit welcher Wahrscheinlichkeit durchläuft ein Karton mit 30 defekten Glühbirnen dieses Kontrollsystem unbeanstandet?

   (Vgl. auch Beispiel 5.2 (Qualitätskontrolle) in Abschnitt 5.2.)

6. Eine Zufallsvariable X mit den endlich vielen Werten $x_1, x_2, x_3, \ldots, x_n$ heißt **gleichmäßig verteilt** genau dann, wenn gilt

$$P(X = x_i) = \frac{1}{n} \quad \text{für } i = 1, 2, \ldots, n.$$

Zeigen Sie: Der Erwartungswert von X ist das arithmetische Mittel der n Werte $x_1, x_2, x_3, \ldots, x_n$.

7. Aus einer Urne mit 43 weißen und 6 schwarzen Kugeln wird so lange eine Kugel mit Zurücklegen gezogen, bis zum erstenmal eine schwarze Kugel gezogen worden ist.

   Wie lange muss man im Durchschnitt warten?

8. **Indikatorfunktionen** sind wie folgt definiert:

   Sei Ω eine nichtleere Menge, sei P eine diskrete Wahrscheinlichkeitsverteilung über Ω und A ein Ereignis, also $A \subseteq \Omega$. Dann heißt die Funktion

   $$I_A : \quad \Omega \longrightarrow \{0,1\}$$

   $$\text{mit} \quad I_A(\omega) \;=\; \begin{cases} 1 \text{ , falls } \omega \in A \\ 0 \text{ , falls } \omega \notin A \end{cases}$$

   Indikatorfunktion von A.

   Indikatorfunktionen sind also denkbar einfache Zufallsvariablen, ihr Wertebereich ist die Menge $\{0,1\}$.

   Bestimmen Sie den Erwartungswert und die Varianz der Indikatorfunktion von A.

9. Beim Lotto „6 aus 49" kann man die Frage stellen, wie viele Ausspielungen etwa im Mittel vergehen, bis eine vorgegebene Zahl gezogen wird. Beantworten Sie diese Frage.

10. Wie groß ist der Erwartungwert für die Anzahl gerader Zahlen unter den 6 Gewinnzahlen beim Lotto „6 aus 49"?

11. Berechnen Sie den Erwartungswert für die Anzahl der Fixpunkte für das Treize-Spiel (s. Beispiel 2.29 in Abschnitt 2.8.4).

6 Ungleichung von Tschebyscheff für diskrete Zufallsvariable und Schwaches Gesetz der großen Zahlen von Bernoulli

6.1 Ungleichung von Tschebyscheff

Erwartungswert und Varianz sind Parameter, die (auch wenn die Verteilung einer Zufallsvariablen X nicht bekannt ist) Rückschlüsse auf die zugrunde liegende Verteilung erlauben. So lassen sich z. B. mit Hilfe der Varianz, die ja ein Maß für die Streuung der Werte von X um ihren Erwartungswert $E(X)$ ist, Schranken für die Wahrscheinlichkeit des Abweichens eines Wertes der Zufallsvariablen X von ihrem Erwartungswert berechnen.

Sei etwa eine positive reelle Zahl a vorgegeben, die ein Intervall um $E(X)$ festlegt mit den Grenzen $E(X) - a$ und $E(X) + a$:

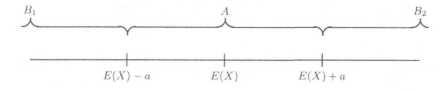

Man kann nach der Wahrscheinlichkeit dafür fragen, dass für die Zufallsvariable X gilt

a) $E(X) - a < X < E(X) + a$, d. h. $|X - E(X)| < a$,
   (Die Werte von X liegen „im" Intervall, das in der Skizze mit A bezeichnet ist.)
   bzw.
b) $E(X) - a \geq X$ oder $E(X) + a \leq X$, d. h. $|X - E(X)| \geq a$
   (Die Werte von X liegen „außerhalb" des Intervalls A, aber einschließlich der Grenzen $E(X) - a$ und $E(X) + a$; in der Skizze sind diese Bereiche mit B_1 und B_2 gekennzeichnet.)

Für den Fall b) gibt die Ungleichung von Tschebyscheff (Tschebyscheff, Pafnuti Lwowitsch (1821 – 1894)) eine Abschätzung an.

Satz 6.1 (Ungleichung von Tschebyscheff)

Sei X eine diskrete Zufallsvariable mit dem Erwartungswert $E(X) = \mu$ und der Varianz $V(X) = \sigma^2$. Dann gilt für jede Zahl $a > 0$

$$P(|X - E(X)| \geq a) \leq \frac{V(X)}{a^2}.$$

Wichtiger Hinweis: Die Ungleichung von Tschebyscheff gilt auch für abstrakte Zufallsvariablen. Wir führen den Beweis hier nur für diskrete Zufallsvariablen.

Beweis: Nach den einführenden Erläuterungen ist die Beweisstruktur offensichtlich. Man geht von $V(X)$ aus. Die Berechnung von $V(X)$ berücksichtigt *alle* Werte, die X annimmt. Im Beweis lassen wir mit Blick auf die Aussage des Satzes die Werte von X, die im „Inneren" des durch die positive Zahl a festgelegten Intervalls liegen, unberücksichtigt. Das führt dann zu einer Ungleichung. Nun der formale Beweis: Die Zufallsvariable X nehme die Werte $x_1, x_2, x_3, \ldots$ an. Dann gilt:

$$V(X) = \sum_{x_i \in X(\Omega)} (x_i - E(X))^2 \cdot P(X = x_i).$$

Nun erfolgt eine Aufspaltung des alle x_i umfassenden Bereichs $X(\Omega)$ in zwei Bereiche A und B $(= B_1 \cup B_2)$, für die gilt

$$A = \{x_i \in X(\Omega)| \quad |x_i - E(X)| < a\} \text{ und}$$
$$B = \{x_i \in X(\Omega)| \quad |x_i - E(X)| \geq a\}. \text{ Wir erhalten:}$$
$$V(X) = \sum_{x_i \in A} (x_i - E(X))^2 \cdot P(X = x_i) + \sum_{x_i \in B} (x_i - E(X))^2 \cdot P(X = x_i),$$
$$V(X) \geq \sum_{x_i \in B} (x_i - E(X))^2 \cdot P(X = x_i).$$

Da für alle $x_i \in B$ gilt $|x_i - E(X)| \geq a$, folgt

$$V(X) \geq \sum_{x_i \in B} a^2 \cdot P(X = x_i) = a^2 \cdot (P(|X - E(X)| \geq a)).$$

Also folgt die Behauptung:

$$P(|X - E(X)| \geq a) \leq \frac{V(X)}{a^2}.$$

□

Didaktische Anmerkungen

1. Die Ungleichung von Tschebyscheff ist nur mit Nutzen anwendbar, wenn $\sigma = \sqrt{V(X)} < a$ ist. Bei $\sigma = a$ und $\sigma > a$ erhält man nur die trivialen Aussagen, dass die Wahrscheinlichkeit kleiner oder gleich 1 ist oder sogar kleiner oder gleich einer Zahl ist, die noch größer als 1 ist.

2. Da die Ungleichung von Tschebyscheff für beliebige Zufallsvariablen gilt, ist zu vermuten, dass die Abschätzung nicht sehr gut ist. Für *spezielle* Verteilungen gibt es bessere Abschätzungen. Die Bedeutung der Ungleichung von Tschebyscheff liegt in ihrer allgemeinen Gültigkeit und damit im weiteren Theorieaufbau.

3. Gleichwertig mit der obigen Formulierung der Ungleichung von Tschebyscheff ist (für das Gegenereignis):

$$P(|X - E(X)| < a) \geq 1 - \frac{V(X)}{a^2}.$$

Folgerungen

Setzt man für die Zahl a ein ganzzahliges Vielfaches $k \cdot \sigma$ der Standardabweichung $\sqrt{V(X)} = \sigma$ ein, so erhält man

$$P(|X - E(X)| \geq k\sigma) \leq \frac{1}{k^2}$$

bzw.

$$P(|X - E(X)| < k\sigma) \geq 1 - \frac{1}{k^2}.$$

Man erhält also eine Abschätzung für die Wahrscheinlichkeit, dass die Zufallsvariable einen Wert annimmt

- der beispielsweise *nicht* im Intervall $]E(X) - 2\sigma, E(X) + 2\sigma[$ liegt:

$$E(X) - 2\sigma \qquad E(X) \qquad E(X) + 2\sigma$$

bzw.

- der beispielsweise im Intervall $]E(X) - 2\sigma, E(X) + 2\sigma[$ liegt.

(Es wurde $k = 2$ gewählt.)

Wir betrachten einige Fälle für die äquivalente Fassung (siehe oben Punkt 3).

$$P(|X - E(X)| < k\sigma) \geq 1 - \frac{1}{k^2} :$$

a) Für $k \leq 1$ erhält man keine interessanten Aussagen,

b) $k = 2$:

$$P(|X - E(X)| < 2\sigma) \geq 1 - \frac{1}{4} = \frac{3}{4} \quad (75\ \%),$$

c) $k = 3$:

$$P(|X - E(X)| < 3\sigma) \geq 1 - \frac{1}{9} = \frac{8}{9} \quad (88{,}8\ \%),$$

d) $k = 4$:

$$P(|X - E(X)| < 4\sigma) \geq 1 - \frac{1}{16} = \frac{15}{16} \quad (93,7\,\%).$$

Das bedeutet (Fall b): Die Wahrscheinlichkeit, dass sich die Werte einer beliebigen Zufallsvariablen X von dem Erwartungswert $E(X)$ um weniger als zwei Standardabweichungen unterscheiden, beträgt mindestens 75 %. Analog für die Fälle c) und d). Man kann auch sagen: Mindestens 75 % der insgesamt vorliegenden Wahrscheinlichkeitsmasse von der Größe 1 entfallen auf das Intervall $]E(X) - 2\sigma, E(X) + 2\sigma[$:

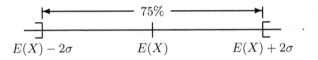

Beispiel 6.1
(Urnenbeispiel: Ziehen mit Zurücklegen) Eine Urne enthält 20 Kugeln, davon sind 12 Kugeln rot. Man zieht nacheinander 5 Kugeln mit Zurücklegen. Die Zufallsvariable X beschreibe die Anzahl der gezogenen roten Kugeln.

a) Berechnen Sie $E(X)$.

b) Berechnen Sie mit Hilfe der Ungleichung von Tschebyscheff $P(|X - 3| \geq 1)$.

c) Berechnen Sie $P(|X - 3| \geq 1)$ auch „exakt" für die hier vorliegende Verteilung.

Lösung
Wir legen eine Binomialverteilung zugrunde.

a) $E(X) = n \cdot p$ mit $n = 5$ und $p = \frac{12}{20} = \frac{3}{5}$.
Also: $E(X) = 3$.

b) Es ist zunächst noch $V(X)$ zu berechnen:

$$V(X) = n \cdot p \cdot (1 - p) = 5 \cdot \frac{3}{5} \cdot \frac{2}{5} = \frac{6}{5} = 1,2.$$

Es folgt nach der Ungleichung von Tschebyscheff

$$P(|X - 3| \geq 1) \leq \frac{1,2}{1^2} = 1,2.$$

Da *jede* Wahrscheinlichkeit P kleiner oder gleich 1 ist, ist diese Aussage, die die Ungleichung von Tschebyscheff liefert, trivial. Das Ergebnis ist sehr grob. Das zeigt auch die folgende Lösung unter c).

c) Es gilt:

$$P(|X - 3| \geq 1) = 1 - P(|X - 3| < 1).$$

Die Zufallsvariable X nimmt die Werte 0, 1, 2, 3, 4, 5 an. Nur für $X = 3$ gilt $|X - 3| < 1$.

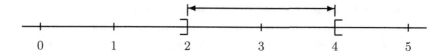

Wir berechnen $P(X = 3)$:

$$P(X = 3) = \binom{5}{3} \cdot \left(\frac{3}{5}\right)^3 \cdot \left(\frac{2}{5}\right)^2 = 10 \cdot \frac{27}{125} \cdot \frac{4}{25} \approx 0,3456.$$

Also folgt:

$$P\left(|X - 3| \geq 1\right) = 1 - 0,3456 = 0,6544 \approx 0,65.$$

$\blacksquare$

Beispiel 6.2
(Urnenbeispiel: Ziehen ohne Zurücklegen) Wir übernehmen das letzte
Beispiel, ändern es aber in einem Punkte ab: Man zieht jetzt nacheinander 5
Kugeln *ohne* Zurücklegen. Jetzt liegt eine hypergeometrische Verteilung vor.
Der Erwartungswert $E(X)$ beträgt: $E(X) = n\frac{K}{N} = 5 \cdot \frac{3}{5} = 3$.
Die Varianz beträgt: $V(X) = 5 \cdot \frac{3}{5} \cdot \frac{2}{5} \cdot \frac{15}{19} \approx 0,95$.
Mit der Ungleichung von Tschebyscheff erhalten wir die Abschätzung

$$P\left(|X - 3| \geq 1\right) \leq \frac{0,95}{1^2} = 0,95.$$

Der „exakte" Wert beträgt: $P\left(|X - 3| \geq 1\right) = 1 - P(X = 3)$;

$$P(X = 3) = \frac{\binom{12}{3} \cdot \binom{8}{2}}{\binom{20}{5}} \approx 0,40. \text{ Also folgt:}$$
$$P\left(|X - 3| \geq 1\right) \approx 1 - 0,40 = 0,60.$$

$\blacksquare$

6.2   Schwaches Gesetz der großen Zahlen

Das Schwache Gesetz der großen Zahlen von Bernoulli (Jakob Bernoulli
(1654 – 1705)) verknüpft den Wahrscheinlichkeitsbegriff

- mit der in der Realität gemachten Beobachtung der Stabilität der relativen
  Häufigkeiten,
- mit der Verwendung der relativen Häufigkeit eines Ereignisses als Schätzwert
  für dessen gesuchte Wahrscheinlichkeit.

Wir beschränken unsere Ausführungen auf die Betrachtung von relativen Häufigkeiten in Bernoulli-Ketten der Länge n und formulieren

Satz 6.2 (Schwaches Gesetz der großen Zahlen)

*Es sei A ein Ereignis, das bei einem Zufallsexperiment mit der Wahrschein-
lichkeit P(A) = p eintrete. Die relative Häufigkeit des Ereignisses A bei n unabhängigen Kopien (Wiederholungen) des Zufallsexperiments bezeichnen wir mit
h_n (Bernoulli-Kette der Länge n). Dann gilt für jede positive Zahl ε:*

$$\lim_{n \to \infty} P\left(|h_n - p| < \varepsilon\right) = 1,$$

bzw. gleichwertig

$$\lim_{n \to \infty} P\left(|h_n - p| \geq \varepsilon\right) = 0.$$

Eine *umgangssprachliche Formulierung* der Aussage könnte so lauten: Wächst
n über alle Grenzen, so strebt die Wahrscheinlichkeit, dass die relative Häufigkeit
des Ereignisses A um weniger als eine beliebig kleine vorgegebene positive Zahl
ε von der Wahrscheinlichkeit $P(A) = p$ des Ereignisses A abweicht, gegen 1. Wir
erinnern uns: Der Wert 1 für eine Wahrscheinlichkeit bedeutet ja fast Sicherheit.

Nun der **Beweis:**
Die absolute Häufigkeit des Eintretens von A in den n Versuchswiederholungen
fassen wir als Zufallsvariable auf und bezeichnen sie mit X_n. Die Zufallsvariable
X_n gibt also die Anzahl an, wie oft A in einer Bernoulli-Kette der Länge n
autritt. Die Zufallsgröße X_n ist binomialverteilt mit den Parametern n und p,
und es gilt:

$$E\left(X_n\right) = n \cdot p \quad \text{und} \quad V(X_n) = n \cdot p \cdot (1 - p).$$

Für die Zufallsgröße h_n, die die relative Häufigkeit des Eintretens von A in den
n Versuchswiederholungen angibt, gilt dann:

$$h_n = \frac{X_n}{n}.$$

(Man beachte: Abweichend von unseren Vereinbarungen bezeichnen wir *hier* die
absolute Häufigkeit mit X_n und die Zufallsvariable „relative Häufigkeit" mit
einem *kleinen* Buchstaben h_n.)

Mit den Rechenregeln für den Erwartungswert und die Varianz folgt:

$$E\left(h_n\right) \;=\; E\left(\frac{X_n}{n}\right) = \frac{n \cdot p}{n} = p,$$

$$V\left(h_n\right) \;=\; V\left(\frac{X_n}{n}\right) = \frac{n \cdot p \cdot (1 - p)}{n^2} = \frac{p \cdot (1 - p)}{n}.$$

Mit Hilfe der Ungleichung von Tschebyscheff folgt für jede positive Zahl ε

$$P\left(|h_n - E\left(h_n\right)| \geq \varepsilon\right) \leq \frac{V\left(h_n\right)}{\varepsilon^2},$$

$$P\left(|h_n - p| \geq \varepsilon\right) \leq \frac{p \cdot (1 - p)}{n \cdot \varepsilon^2}. \tag{$*$}$$

Im Grenzübergang $n \longrightarrow \infty$ folgt

$$\lim_{n \to \infty} P\left(|h_n - p| \geq \varepsilon\right) = 0$$

bzw.

$$\lim_{n \to \infty} P\left(|h_n - p| < \varepsilon\right) = 1.$$

$\square$

Didaktische Hinweise

1. In der mit $(*)$ bezeichneten Ungleichung tritt das Produkt $p \cdot (1 - p)$ auf, wobei p die Wahrscheinlichkeit $P(A)$ bedeutet. Im Bereich $0 \leq p \leq 1$ nimmt $p \cdot (1 - p)$ als den größten Wert den Wert $\frac{1}{4}$ an (Berechnung eines relativen Maximums).

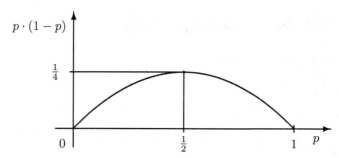

Man erhält dann als Abschätzung für $(*)$:

$$P\left(|h_n - p| \geq \varepsilon\right) \leq \frac{1}{4 \cdot n \cdot \varepsilon^2},$$

also eine Abschätzung für $P\left(|h_n - p| \geq \varepsilon\right)$, ohne dass $p = P(A)$ benötigt wird.

2. Eleganter ist es, im Beweis die Zufallsvariable X_n als Summe von n unabhängigen Kopien einer Indikatorfunktion I_A (siehe Aufgabe 8 in Abschnitt 5.5), die das Eintreten von A in einem Zufallsversuch misst, aufzufassen. Es bezeichne A_i $(i = 1, 2, \ldots, n)$ das Ereignis, dass A im i-ten Versuch eintritt. Dann wird

$$X_n = I_{A_1} + I_{A_2} + I_{A_3} + \cdots + I_{A_n}.$$

Man erhält

$$h_n = \frac{I_{A_1} + I_{A_2} + \cdots + I_{A_n}}{n}.$$

Da jede der n unabhängigen Kopien von I_A denselben Erwartungswert p und dieselbe Varianz $p \cdot (1 - p)$ hat, ergibt sich wiederum mit den Rechenregeln für Erwartungswert und Varianz von Summen unabhängiger Zufallsvariablen

$$E(h_n) = \frac{E(I_{A_1}) + E(I_{A_2}) + \cdots + E(I_{A_n})}{n} = \frac{n \cdot p}{n} = p,$$

$$Var(h_n) = \frac{Var(I_{A_1}) + Var(I_{A_2}) + \cdots + Var(I_{A_n})}{n^2},$$

$$= \frac{n \cdot p \cdot (1 - p)}{n^2} = \frac{p \cdot (1 - p)}{n}.$$

Der weitere Weg (Einsatz der Ungleichung von Tschebyscheff) folgt dann dem Vorgehen im Beweis.

6.3 Aufgaben und Ergänzungen

1. Für eine Zufallsvariable X gelte:
   $P(0 \leq X \leq 12) = 1$,
   $E(X) = 10$,
   $V(X) = 1,8$.
   Schätzen Sie mit Hilfe der Ungleichung von Tschebyscheff die Wahrscheinlichkeit $P(X \leq 7)$ ab.

2. Ein Laplace-Würfel wurde 500-mal geworfen. Die Augenzahl 4 trat 60-mal auf. Die Abweichung der so ermittelten relativen Häufigkeit vom Idealwert $\frac{1}{6}$ beträgt also 0,0466. Berechnen Sie die Wahrscheinlichkeit, dass bei 500 Würfen mit einem idealen Würfel die relative Häufigkeit einer Augenzahl um 0,0466 oder mehr vom Idealwert abweicht.

3. Wie oft muss man einen idealen Würfel mindestens werfen, damit die Standardabweichung der Zufallsvariablen $h_n(A)$, die die relative Häufigkeit des Ereignisses $A = \{6\}$ beschreibt, höchstens gleich 0,01 ist?

7 Allgemeine Wahrscheinlichkeitsräume

Wir rufen uns zunächst die Definition eines **endlichen** Wahrscheinlichkeitsraumes in Erinnerung (Abschnitt 2.6.1):

Sei Ω eine endliche, nichtleere Ergebnismenge und sei $P : \mathcal{P}(\Omega) \to \mathbb{R}$ eine Abbildung von der Potenzmenge $\mathcal{P}(\Omega)$ in die reellen Zahlen. Dann heißt P ein Wahrscheinlichkeitsmaß auf Ω, falls die folgenden drei Kolmogoroff-Axiome erfüllt sind:

[K1] $P(A) \geq 0$ für alle $A \in \mathcal{P}(\Omega)$.   [Nichtnegativität]

In Worten: Jedem Ereignis A wird durch die Abbildung P eindeutig eine nichtnegative reelle Zahl $P(A)$ zugeordnet.

[K2] $P(\Omega) = 1$.   [Normierung]

In Worten: Dem sicheren Ereignis Ω wird die Zahl 1 zugeordnet.

[K3] $P(A \cup B) = P(A) + P(B)$ für alle $A, B \in \mathcal{P}(\Omega)$ mit $A \cap B = \emptyset$.

      [Additivität]

In Worten: Sind A und B disjunkte Ereignisse, so ist $P(A \cup B)$ gleich der Summe aus $P(A)$ und $P(B)$.

Falls ein solches Wahrscheinlichkeitsmaß P auf Ω gegeben ist, heißt $(\Omega, \mathcal{P}(\Omega), P)$ endlicher Wahrscheinlichkeitsraum.

Der Buchstabe K bei der Benennung der Axiome erinnert an A. N. Kolmogoroff.

Diese Definition soll nun auf unendliche Ergebnismengen verallgemeinert werden. Dazu werden zwei Fälle unterschieden:

- die Ergebnismenge Ω ist abzählbar-unendlich,
- die Ergebnismenge Ω ist überabzählbar-unendlich.

7.1   Abzählbar-unendliche Wahrscheinlichkeitsräume

Der Fall einer abzählbar-unendlichen Ergebnismenge lässt sich noch analog zum Fall einer endlichen Ergebnismenge behandeln.

Es sei an die Definition einer abzählbar-unendlichen Menge erinnert: Eine nichtleere Menge M heißt abzählbar-unendlich, falls M gleichmächtig zur Menge $\mathbb{N}$ der natürlichen Zahlen ist, d. h.: Es gibt eine bijektive Abbildung $f : M \to \mathbb{N}$.

Beispiele für abzählbar-unendliche Mengen sind die Menge der ganzen Zahlen $\mathbb{Z}$ und die Menge der rationalen Zahlen $\mathbb{Q}$.

Dagegen sind die Menge $\mathbb{R}$ der reellen Zahlen und jedes in $\mathbb{R}$ liegende Intervall $[a, b]$ (mit $a, b \in \mathbb{R}$ und $a < b$) keine abzählbar-unendlichen Mengen. Sie sind überabzählbar-unendliche Mengen.

Für die Definition eines abzählbar-unendlichen Wahrscheinlichkeitsraumes übernehmen wir die Axiome [K1] und [K2] des Axiomensystems für endliche Wahrscheinlichkeitsräume, modifizieren aber Axiom [K3].

Definition 7.1 (Abzählbar-unendlicher Wahrscheinlichkeitsraum)
Sei Ω eine abzählbar-unendliche, nichtleere Ergebnismenge. Eine Funktion

$$P : \mathcal{P}(\Omega) \to \mathbb{R}^{\geq 0} \quad \text{mit} \quad A \mapsto P(A) \quad \text{für} \quad A \in \mathcal{P}(\Omega)$$

heißt **Wahrscheinlichkeitsmaß** auf Ω, falls gilt:

[K1] $P(A) \geq 0$ für alle $A \in \mathcal{P}(\Omega)$.   [Nichtnegativität]
   In Worten: P ordnet jedem Ereignis A eine nicht-negative reelle Zahl zu.

[K2] $P(\Omega) = 1$.   [Normierung]
   In Worten: Dem sicheren Ereignis Ω wird die Zahl 1 zugeordnet.

[K3∗] Für ein System von Mengen $A_i \in \mathcal{P}(\Omega)$ ($i \in \mathbb{N}$) mit $A_i \cap A_j = \emptyset$ (für
   $i \neq j$) gilt: $P\left(\bigcup_{i=1}^{\infty} A_i \right) = \sum_{i=1}^{\infty} P(A_i)$.   [$\sigma$-Additivität]
   In Worten: Für abzählbar-unendlich viele, paarweise disjunkte Mengen A_i
   ($i \in \mathbb{N}$) ist das Wahrscheinlichkeitsmaß der Vereinigung dieser Mengen
   gleich der Summe der Wahrscheinlichkeitsmaße dieser Mengen.

Dann heißt das Tripel $(\Omega, \mathcal{P}(\Omega), P)$ **abzählbar-unendlicher Wahrscheinlichkeitsraum.**

                                                                                    ◆

Bei den Axiomen eines abzählbar-unendlichen Wahrscheinlichkeitsraumes ist also die Wahrscheinlichkeit der Vereinigung von **abzählbar-unendlich vielen** paarweise disjunkten Mengen erklärt, während bei den Axiomen eines endlichen Wahrscheinlichkeitsraumes nur die Wahrscheinlichkeit der Vereinigung von **endlich vielen** paarweise disjunkten Mengen erklärt ist.

Wir erläutern das Axiomensystem an einem Beispiel.

Beispiel 7.1

(Wahrscheinlichkeitsmaß auf $\mathbb{N}$) Sei $\Omega = \mathbb{N}$, sei $A \in \mathcal{P}(\mathbb{N})$.
Wir definieren $P : \mathcal{P}(\mathbb{N}) \to \mathbb{R}$ durch $P(\emptyset) = 0$ und $P(A) = \sum_{n \in A} (\frac{1}{2})^n$, falls
$A \neq \emptyset$. Ist etwa $A = \{3, 10, 22\}$, so ist $P(A) = (\frac{1}{2})^3 + (\frac{1}{2})^{10} + (\frac{1}{2})^{22}$.
Wir zeigen, dass P ein Wahrscheinlichkeitsmaß auf $\mathbb{N}$ ist.
Zu [K1]: Falls $A = \emptyset$, ist $P(A) = 0$, falls $A \neq \emptyset$ ist $P(A) > 0$.
Zu [K2]: $P(\Omega) = \sum_{n \in \mathbb{N}} (\frac{1}{2})^n = \sum_{n=1}^{\infty} (\frac{1}{2})^n = \frac{\frac{1}{2}}{1 - \frac{1}{2}} = 1$.
Wir benutzten die Summenformel für die unendliche geometrische Reihe.
Zu [K3*]:

$$P\left(\bigcup_{i=1}^{\infty} A_i\right) = \sum_{n \in \bigcup_{i=1}^{\infty} A_i} \left(\frac{1}{2}\right)^n = \sum_{i=1}^{\infty} \sum_{n \in A_i} \left(\frac{1}{2}\right)^n = \sum_{i=1}^{\infty} P(A_i).$$

Damit ist P ein Wahrscheinlichkeitsmaß auf $\mathbb{N}$, und $(\mathbb{N}, \mathcal{P}(\mathbb{N}), P)$ ist ein Wahrscheinlichkeitsraum.

∎

Beispiel 7.2

(Unendliche Folge von Würfelwürfen)
Aufgabe: Ein idealer Würfel wird (theoretisch) unendlich mal geworfen. Wie groß ist die Wahrscheinlichkeit, dass die Augenzahl Sechs zum ersten Mal bei einer geraden Anzahl von Würfen fällt?

Die Augenzahl Sechs kann das erste Mal im i-ten Wurf fallen, wobei $i \in \mathbb{N}$. Also ist $\Omega = \mathbb{N}$. Für die Wahrscheinlichkeit, dass die erste Sechs im i-ten Wurf fällt, gilt:
P (Erste Sechs im i-ten Wurf)$= P(i) = (\frac{5}{6})^{i-1} \cdot \frac{1}{6}$. Nun definieren wir eine Abbildung $P : \mathcal{P}(\mathbb{N}) \to \mathbb{R}$ durch $P(A) = \sum_{i \in A} P(i)$.
Wie im vorangehenden Beispiel zeigt man, dass P ein Wahrscheinlichkeitsmaß auf $\mathbb{N}$ ist. Die Lösung der Aufgabe ist jetzt durch folgende Rechnung gegeben.

$$\begin{aligned}
&P \text{ (Erste Sechs bei gerader Anzahl von Würfen)} \\
=\ &P(\bigcup_{i=1}^{\infty} \text{ Erste Sechs im } (2i)\text{-ten Wurf}) \\
=\ &\sum_{i=1}^{\infty} P(\text{Erste Sechs im } (2i)\text{-ten Wurf}) \\
=\ &\sum_{i=1}^{\infty} (\frac{5}{6})^{2i-1} \cdot \frac{1}{6} = \sum_{i=1}^{\infty} \frac{5^{2i-1}}{6^{2i}} = \frac{1}{5} \cdot \sum_{i=1}^{\infty} (\frac{5}{6})^{2i} \\
=\ &\frac{1}{5} \cdot \sum_{i=1}^{\infty} (\frac{25}{36})^i = \frac{1}{5} \cdot \frac{25}{11} = \frac{5}{11}.
\end{aligned}$$

∎

7.2 Überabzählbar-unendliche Wahrscheinlichkeitsräume

Ist die Ergebnismenge Ω überabzählbar-unendlich, liegt eine kompliziertere Sachlage vor: Man muss von dem Wunsch abrücken, *jeder* Teilmenge von Ω eine Wahrscheinlichkeit zuordnen zu wollen; es lässt sich nämlich kein Wahrscheinlichkeitsmaß auf $\mathcal{P}(\Omega)$ definieren.

Diese Schwierigkeit lässt sich aber beheben, indem man auf einem gewissen *Mengensystem, welches eine Teilmenge der Potenzmenge $\mathcal{P}(\Omega)$ ist*, ein Wahrscheinlichkeitsmaß definiert.

Dieses Mengensystem ist im speziellen Fall der überabzählbar-unendlichen Menge $\mathbb{R}$ das System der Borelmengen auf $\mathbb{R}$ und im allgemeinen Fall einer beliebigen überabzählbar-unendlichen Menge das System einer Sigma-Algebra.

7.2.1 Die Menge $\mathbb{R}$ und das System der Borelmengen auf $\mathbb{R}$

Wir betrachten in diesem Abschnitt zunächst nur die überabzählbar-unendliche Menge $\mathbb{R}$ der reellen Zahlen. Die Frage lautet also: Wie kann man $\mathbb{R}$ zu einem Wahrscheinlichkeitsraum machen? Naheliegend ist es, für die Definition eines Wahrscheinlichkeitsraumes mit der Ergebnismenge $\mathbb{R}$ die Definition eines Wahrscheinlichkeitsraumes mit **abzählbar-unendlicher** Ergebnismenge zu übernehmen mit folgender Maßgabe:

- An die Stelle von Ω tritt die Menge $\mathbb{R}$.
- Man betrachtet eine Funktion $P : \mathcal{P}(\mathbb{R}) \to \mathbb{R}^{\geq 0}$ und fordert für P die Gültigkeit der Kolmogoroff-Axiome [K1], [K2], [K3*].

Um die sich mit diesem Definitionsversuch ergebende Problematik klar zu machen, betrachten wir ein Beispiel.

Beispiel 7.3
(Füllmengen bei Fertigpackungen) In der Lebensmittelindustrie ist bei allen Serienprodukten die Nennfüllmenge der Verpackungen, in welchen diese Produkte auf den Markt kommen, sehr wichtig. So schreibt die Verpackungsverordnung bei Nennfüllmengen zulässige Minusabweichungen vor. Bei der Abfüllung von 1000-Gramm-Packungen Mehl ist es nützlich, gewisse Wahrscheinlichkeiten berechnen zu können – beispielsweise:

a) P (Füllmenge ≤ 980 g)
b) P (Füllmenge zwischen 990 g und 1010 g)
c) P (Füllmenge > 1015 g)

Für die Praxis ist es sinnvoll, dass Folgendes gilt (zur Abkürzung bezeichne X die Füllmenge in Gramm):

Bei a): $P(X \le 980) = P(X < 980)$.

Bei b): $P(990 \le X \le 1010) = P(990 \le X < 1010)$
$$= P(990 < X \le 1010) = P(990 < X < 1010).$$

Bei c): $P(X > 1015) = P(X \ge 1015)$.

Man möchte also, dass Wahrscheinlichkeiten gleich bleiben, wenn man zwischen offenen, halboffenen und abgeschlossenen Intervallen wechselt. Das bedeutet auch, dass die Wahrscheinlichkeit, dass ein Wert (etwa 1001 g) exakt getroffen wird, gleich Null sein soll. ∎

Als Erkenntnis dieses Beispiels ist festzuhalten, dass man auf der überabzählbar-unendlichen Menge $\mathbb{R}$ ein Wahrscheinlichkeitsmaß haben möchte, das die drei Axiome [K1], [K2], [K3∗] erfüllt und zusätzlich folgende Eigenschaft hat:

[N] $\qquad P(\{x\}) = 0$ für alle $x \in \mathbb{R}$.

Es gibt aber kein Wahrscheinlichkeitsmaß auf $\mathbb{R}$, das die obigen drei Axiome [K1], [K2], [K3∗] **und** die Eigenschaft [N] erfüllt. Dieser Sachverhalt wurde 1929 von S. Banach (1892 – 1945) und K. Kuratowski (1896 – 1980) bewiesen. Damit entsteht in der Theoriebildung ein Problem. Die Konsequenz ist, dass man statt der Potenzmenge $\mathcal{P}(\mathbb{R})$ ein *anderes* Mengensystem benutzt, auf dem dann ein Wahrscheinlichkeitsmaß existiert, welches

- die drei Axiome [K1], [K2], [K3∗] und
- die Eigenschaft [N]

erfüllt.

Ein solches Mengensystem soll außerdem „reichhaltig" sein; das bedeutet, dass in diesem System möglichst alle in der Praxis vorstellbaren Teilmengen von $\mathbb{R}$ vorkommen. Dasjenige Mengensystem, das alle diese Forderungen erfüllt, ist das System der Borelmengen auf $\mathbb{R}$ (Émile Borel, 1871 – 1956). Dieses Mengensystem konstruieren wir nun.

Sei $\mathcal{I}$ die Menge aller (nach links) halboffenen Intervalle von $\mathbb{R}$, also $\mathcal{I} = \{]a, b] | a, b \in \mathbb{R}, a < b\}$.

Dann betrachtet man eine Teilmenge $\mathcal{A}$ der Potenzmenge $\mathcal{P}(\mathbb{R})$, welche die folgenden Eigenschaften erfüllt:

[B0] Die Menge $\mathcal{I}$ ist Teilmenge von $\mathcal{A}$.

[B1] $\mathbb{R} \in \mathcal{A}$.

In Worten: Die Menge $\mathbb{R}$ ist ein Element von $\mathcal{A}$.

[B2] $A \in \mathcal{A} \Rightarrow \bar{A} \in \mathcal{A}$.

In Worten: Ist A ein Element von $\mathcal{A}$, so ist auch das Komplement von A ein Element von $\mathcal{A}$.

[B3] $A_1, A_2, A_3, \ldots \in \mathcal{A} \Rightarrow \bigcup_{n \in \mathbb{N}} A_n \in \mathcal{A}$.

In Worten: Sind abzählbar-unendlich viele Elemente von $\mathcal{A}$ gegeben, so ist auch die Vereinigung dieser Elemente ein Element von $\mathcal{A}$.

Der folgende Satz liefert das Fundament für die weitere Theorie.

Satz 7.1 (Existenzsatz)

Unter allen Mengensystemen, welche die Eigenschaften [B0], [B1], [B2] *und* [B3] *erfüllen, gibt es ein kleinstes Mengensystem, nämlich die Schnittmenge aller Mengensysteme, welche die Eigenschaften* [B0], [B1], [B2], [B3] *erfüllen.*

Hinweise

1. Die Eigenschaften [B1], [B2], [B3] der betrachteten Mengensysteme begegnen uns erneut beim Begriff der Sigma-Algebren im Abschnitt 7.2.2.
2. Der formulierte Existenzsatz wird später (im Abschnitt 7.2.2) in allgemeiner Form bewiesen.

Definition 7.2 (System der Borelmengen, Messraum $(\mathbb{R}, \mathcal{B}, (\mathcal{I}))$)

Das nach dem Existenzsatz existierende Mengensystem heißt **System der Borelmengen auf** $\mathbb{R}$ und wird mit $\mathcal{B}(\mathcal{I})$ bezeichnet.

Das Paar $(\mathbb{R}, \mathcal{B}(\mathcal{I}))$ wird als **Messraum der reellen Zahlen** bezeichnet.

$\blacklozenge$

Beispiele für Borelmengen

1. Jedes halboffene Intervall $]a, b]$ liegt in $\mathcal{B}(\mathcal{I})$.
2. Die Gesamtmenge $\mathbb{R}$ liegt in $\mathcal{B}(\mathcal{I})$.
3. Für $x \in \mathbb{R}$ sind die Intervalle $]-\infty, x]$, $]x, +\infty[$, $]-\infty, x[$, $[x, +\infty[$ Borelmengen.

   Begründung:

   Es gilt $]-\infty, x] = \bigcup_{n=1}^{\infty}]x - n, x]$. Wegen Eigenschaft [B3] ist $]-\infty, x]$ also eine Borelmenge.

   Es gilt $]x, +\infty[= \overline{]-\infty, x]}$. Wegen Eigenschaft [B2] ist $]x, +\infty[$ also eine Borelmenge.

   Es gilt $]-\infty, x[= \bigcup_{n=1}^{\infty}]x - n, x - \frac{1}{n}]$. Wegen Eigenschaft [B3] ist $]-\infty, x[$ also eine Borelmenge.

   Es gilt $[x, +\infty[= \overline{]-\infty, x[}$. Wegen Eigenschaft [B2] ist $[x, +\infty[$ also eine Borelmenge.

4. Für $a, b \in \mathbb{R}$ mit $a < b$ sind die Intervalle $[a, b]$, $[a, b[$, $]a, b[$ Borelmengen.

   Begründung:

   $[a, b] = \overline{]-\infty, a[\cup]b, +\infty[}$, wegen Eigenschaft [B2] ist $[a, b]$ also Borelmenge.

   $[a, b[= \overline{]-\infty, a[\cup [b, +\infty[}$, wegen Eigenschaft [B2] ist $[a, b[$ also Borelmenge.

   $]a, b[= \bigcup_{n=1}^{\infty} [a + \frac{1}{n}, b - \frac{1}{n}]$. Da die Intervalle $[a + \frac{1}{n}, b - \frac{1}{n}]$, wie gerade bewiesen, Borelmengen sind, folgt mit Eigenschaft [B3], dass auch $]a, b[$ eine Borelmenge ist.

Es sei erwähnt, dass alle irgendwie vorstellbaren Teilmengen von $\mathbb{R}$ Borelmengen sind, beispielsweise sind alle offenen Mengen in $\mathbb{R}$ und alle abgeschlossenen Mengen in $\mathbb{R}$ Borelmengen. Bei den praktischen Wahrscheinlichkeitsberechnungen werden in den allermeisten Fällen nur *Intervalle* eine Rolle spielen.

Kritisch kann man fragen, ob vielleicht gar kein Unterschied zwischen der Potenzmenge von $\mathbb{R}$ und dem System der Borelmengen von $\mathbb{R}$ besteht, ob also vielleicht $\mathcal{B}(\mathcal{I}) = \mathcal{P}(\mathbb{R})$ gilt. Das ist aber nicht der Fall: Es ist eine pathologische, sehr komplizierte Teilmenge von $\mathbb{R}$ konstruiert worden, welche keine Borelmenge ist. Das heißt, dass $\mathcal{B}(\mathcal{I})$ eine echte Teilmenge von $\mathcal{P}(\mathbb{R})$ ist (vgl. dazu Bauer [13], §8).

Mit dem System der Borelmengen $\mathcal{B}(\mathcal{I})$ haben wir nun das geeignete Mengensystem, um für die überabzählbar-unendliche Menge $\mathbb{R}$ ein Wahrscheinlichkeitsmaß definieren zu können.

Definition 7.3
(Wahrscheinlichkeitsmaß auf $\mathbb{R}$/Wahrscheinlichkeitsraum $(\mathbb{R}, \mathcal{B}(\mathcal{I}), P)$)

Es sei $P : \mathcal{B}(\mathcal{I}) \to \mathbb{R}$ eine Abbildung vom System der Borelmengen in die Menge der reellen Zahlen. Dann heißt die Abbildung P ein **Wahrscheinlichkeitsmaß auf** $\mathbb{R}$, falls folgende Axiome erfüllt sind:

[K1] $P(A) \geq 0$ für alle $A \in \mathcal{B}(I)$.   [Nichtnegativität]

In Worten: Jeder Borelmenge A wird durch die Abbildung P eine nichtnegative reelle Zahl $P(A)$ zugeordnet.

[K2] $P(\mathbb{R}) = 1$.   [Normierung]

In Worten: Der Menge $\mathbb{R}$ wird die Zahl 1 zugeordnet.

[K3∗] Für ein System von Mengen $A_i \in \mathcal{B}(\mathcal{I})$ $(i \in \mathbb{N})$ mit $A_i \cap A_j = \emptyset$ (für $i \neq j$) gilt:
$$P(\bigcup_{i=1}^{\infty} A_i) = \sum_{i=1}^{\infty} P(A_i).$$
     [σ-Additivität]

In Worten: Für abzählbar-unendlich viele, paarweise disjunkte Borelmengen A_i $(i \in \mathbb{N})$ gilt: Das Wahrscheinlichkeitsmaß der Vereinigung dieser Mengen ist gleich der Summe der Wahrscheinlichkeitsmaße dieser Mengen.

Falls ein solches Wahrscheinlichkeitsmaß P auf $\mathbb{R}$ gegeben ist, heißt $(\mathbb{R}, \mathcal{B}(\mathcal{I}), P)$ **Wahrscheinlichkeitsraum zu** $\mathbb{R}$.

♦

Kurze Zusammenfassung

Will man auf der überabzählbar-unendlichen Menge $\mathbb{R}$ ein Wahrscheinlichkeitsmaß einführen, kann man als Mengensystem nicht die Potenzmenge von $\mathbb{R}$ nehmen, sondern muss – bedingt durch die beschriebene grundsätzliche Schwierigkeit – das System der Borelmengen von $\mathbb{R}$ (also $\mathcal{B}(\mathcal{I})$) nehmen.

In Kapitel 8 werden wir einige wichtige Wahrscheinlichkeitsmaße auf $\mathbb{R}$ behandeln – nämlich Wahrscheinlichkeitsmaße, die sich durch Verteilungsfunktionen beschreiben lassen.

7.2.2   Abstrakte Wahrscheinlichkeitsräume

Wir betrachten in diesem Abschnitt eine beliebige vorgegebene Menge Ω. Ziel ist es, Ω zu einem Wahrscheinlichkeitsraum zu machen. Dieser Abschnitt kann – wenn man schnell konkrete Wahrscheinlichkeitsmaße auf $\mathcal{B}(\mathcal{I})$ kennenlernen will – zunächst übersprungen werden.

Sei Ω also eine beliebige (endliche, abzählbar-unendliche oder überabzählbar-unendliche) Menge. Falls Ω endlich oder abzählbar-unendlich ist, nimmt man als Mengensystem die Potenzmenge von Ω, wie wir bereits gesehen haben. Falls aber Ω überabzählbar-unendlich ist, ist es – ganz analog zur überabzählbar-unendlichen Menge $\mathbb{R}$ – so, dass man ein anderes, „reichhaltiges" Mengensystem für die Definition eines Wahrscheinlichkeitsmaßes auf Ω nimmt. Für dieses Mengensystem fordert man genau drei Eigenschaften, welche auch das System der Borelmengen auf $\mathbb{R}$ hat – nämlich die Eigenschaften [B1], [B2], [B3]. Das Axiom [B0] wird nicht gebraucht, denn [B0] ist nur wichtig für die ganz spezielle Konstruktion des Systems der Borelmengen auf $\mathbb{R}$ und ist nicht erforderlich bei einer beliebigen Menge Ω.

So kommt man zum Begriff der Sigma-Algebra.

Definition 7.4 (Sigma-Algebra)
Sei Ω eine beliebige nicht-leere Menge. Ein System $\mathcal{A}$ von Teilmengen von Ω heißt σ-**Algebra** (gelesen: **Sigma-Algebra**) auf Ω, falls folgende drei Eigenschaften erfüllt sind:

[$\sigma 1$] $\Omega \in \mathcal{A}$

[$\sigma 2$] $A \in \mathcal{A} \Rightarrow \bar{A} \in \mathcal{A}$

[$\sigma 3$] $A_1, A_2, A_3, \ldots \in \mathcal{A} \Rightarrow \bigcup_{i=1}^{\infty} A_i \in \mathcal{A}.$ ◆

Unsere Absicht ist es nun zu zeigen, dass es bei einem beliebigen Raum Ω zu einem gegebenen System $\mathcal{F}$ von Teilmengen von Ω immer eine kleinste σ-Algebra $\mathcal{A}(\mathcal{F})$ gibt, die $\mathcal{F}$ enthält. Der Leser erkennt die Analogie zum eben behandelten Spezialfall $\Omega = \mathbb{R}$: Dort wurde das Mengensystem $\mathcal{F}$ durch das System der halboffenen Intervalle $\mathcal{I}$ gegeben und der Existenzsatz besagte, dass es eine kleinste σ-Algebra gibt, die $\mathcal{I}$ enthält – nämlich die σ-Algebra der Borelmengen $\mathcal{B}(\mathcal{I})$.

Satz 7.2
Sei $\Omega \neq \emptyset$ und sei $\mathcal{F}$ ein beliebiges System von Teilmengen von Ω. Dann gibt es unter allen σ-Algebren, die $\mathcal{F}$ enthalten, immer eine kleinste.

Beweis: Zunächst stellt sich die Frage, ob es überhaupt eine σ-Algebra gibt, die $\mathcal{F}$ enthält. Diese Frage ist einfach zu beantworten durch Angabe eines Beispiels: Die Potenzmenge $\mathcal{P}(\Omega)$ ist eine σ-Algebra (siehe auch Aufgabe), und es gilt $\mathcal{F} \subset \mathcal{P}(\Omega)$.

Sei also nun $\{\mathcal{A}_i | i \in I\}$ die Menge der σ-Algebren, die $\mathcal{F}$ enthalten (dabei kann I eine endliche oder unendliche Indexmenge sein). Sei weiter $\mathcal{A}(\mathcal{F})$ die Schnittmenge aller dieser σ-Algebren, also $\mathcal{A}(\mathcal{F}) = \bigcap_{i \in I} \mathcal{A}_i$. Es gilt: $\mathcal{A}(\mathcal{F}) \subset \mathcal{A}_i$ für jedes $i \in I$. Damit ist $\mathcal{A}(\mathcal{F})$ die kleinste **Menge**, die $\mathcal{F}$ umfasst.

Wir müssen nun noch zeigen, dass $\mathcal{A}(\mathcal{F})$ eine σ-**Algebra** ist.

Zu (σ1): Da Ω zu jeder σ-Algebra $\mathcal{A}_i$ gehört ($i \in I$), gehört Ω auch zum Schnitt dieser σ-Algebren.

Zu (σ2): Sei $A \in \bigcap_{i \in I} \mathcal{A}_i$. Das bedeutet, dass $A \in \mathcal{A}_i$ für jedes $i \in I$. Also gilt für jedes $i \in I$: Da $\mathcal{A}_i$ σ-Algebra ist, gilt $\bar{A} \in \mathcal{A}_i$. Daraus folgt dann: $\bar{A} \in \bigcap_{i \in I} \mathcal{A}_i$.

Zu (σ3): Seien $A_1, A_2, A_3, \ldots \in \bigcap_{i \in I} \mathcal{A}_i$. Das bedeutet, dass $A_1, A_2, A_3, \ldots \in \mathcal{A}_i$ für jedes $i \in I$. Deshalb ergibt sich für jedes $i \in I$: Da $\mathcal{A}_i$ σ-Algebra ist, gilt $\bigcup_{k \in \mathbb{N}} A_k \in \mathcal{A}_i$. Daraus folgt dann: $\bigcup_{k \in \mathbb{N}} A_k \in \bigcap_{i \in I} \mathcal{A}_i$.

$\square$

Jetzt sind wir in der Lage, die Definition eines abstrakten Wahrscheinlichkeitsraums anzugeben.

Definition 7.5 (Abstrakter Wahrscheinlichkeitsraum $(\Omega, \mathcal{A}, P)$)

Ein **Messraum** ist ein Paar $(\Omega, \mathcal{A})$ bestehend aus einer nicht-leeren Menge Ω und einer σ-Algebra $\mathcal{A}$ auf Ω. Es sei $P : \mathcal{A} \to \mathbb{R}$ eine Abbildung von einer σ-Algebra auf Ω in die Menge der reellen Zahlen. Dann heißt die Abbildung P ein **Wahrscheinlichkeitsmaß auf** Ω, falls folgende Axiome erfüllt sind:

[K1] $P(A) \geq 0$ für alle $A \in \mathcal{A}$.   [Nichtnegativität]

[K2] $P(\Omega) = 1$.   [Normierung]

[K3∗] Für ein System von Mengen $A_i \in \mathcal{A}$ ($i \in \mathbb{N}$) mit $A_i \cap A_j = \emptyset$ (für $i \neq j$) gilt:
$$P(\bigcup_{i=1}^{\infty} A_i) = \sum_{i=1}^{\infty} P(A_i). \qquad [\sigma\text{-Additivität}]$$

Das Tripel $(\Omega, \mathcal{A}, P)$ heißt **abstrakter Wahrscheinlichkeitsraum**, kurz **W-Raum**. $\blacklozenge$

Generell ist es sehr schwierig festzustellen, ob ein gegebenes Mengensystem in Ω eine σ-Algebra ist. Deshalb behilft man sich meistens so, dass man ein Mengensystem $\mathcal{F}$ in Ω nimmt, welches ganz bestimmte gut durchschaubare Eigenschaften hat. Hat man auf diesem Mengensystem $\mathcal{F}$ ein Wahrscheinlichkeitsmaß P konstruiert, kann man dieses Wahrscheinlichkeitsmaß P ausdehnen auf die nach obigem Satz existierende kleinste σ-Algebra, die $\mathcal{F}$ enthält. Diese kleinste, $\mathcal{F}$ enthaltende σ-Algebra wird üblicherweise mit $\mathcal{A}(\mathcal{F})$ bezeichnet. Damit hat man dann den Wahrscheinlichkeitsraum $(\Omega, \mathcal{A}(\mathcal{F}), P)$.

Krengel ([86], §10.1) drückt das so aus: „Die Familie $\mathcal{F}$ ist also nur der Eingang zu einem großen Garten, den man nie verlässt, solange man aus den dort vorgefundenen Ereignissen $A \subset \Omega$ neue nur mit abzählbaren mengentheoretischen Operationen bildet, und in dem die Gültigkeit der Rechenregeln gewährleistet ist."

Den mathematischen Hintergrund bildet der Fortsetzungssatz der Maßtheorie, dessen Aussage wir noch kurz vorstellen wollen (bezüglich der auftauchenden Begriffe und des Beweises dieses Satzes sei auf die einschlägige Literatur zur Maßtheorie verwiesen, etwa Bauer ([13], §1 – §5) oder Bandelow ([6], §5 – §6).

Satz 7.3 (Fortsetzungssatz)
Sei Ω eine beliebige Menge, $\mathcal{F}$ ein Mengensystem in Ω, welches die Eigenschaften eines Rings hat, und sei P ein Prämaß auf $\mathcal{F}$. Dann kann P zu einem Maß auf der σ-Algebra $\mathcal{A}(\mathcal{F})$ fortgesetzt werden.

7.3   Aufgaben und Ergänzungen

1. Ann, Belinda und Charles werfen nacheinander einen Würfel. Ann gewinnt, wenn sie eine 1, 2 oder 3 wirft, Belinda gewinnt, wenn sie eine 4 oder 5 wirft, Charles gewinnt, wenn er eine 6 wirft. Ann beginnt und gibt den Würfel an Belinda, diese gibt ihn an Charles, Charles gibt ihn an Ann usw. Es wird so lange gewürfelt, bis jemand zum ersten Mal gewinnt. Wie groß ist die Wahrscheinlichkeit, dass der offenbar benachteiligte Charles gewinnt?

2. Wir kommen auf Satz 4.1 aus Abschnitt 4.1 zurück: Beweisen Sie nun diesen Satz für den Fall, dass $X(\Omega)$ abzählbar-unendlich ist.

3. Beweisen Sie folgende Aussagen

    a)   Für $x \in \mathbb{R}$ ist die einelementige Menge $\{x\}$ eine Borelmenge.

    b)   Die Menge der rationalen Zahlen $\mathbb{Q}$ ist eine Borelmenge.

4. Sei Ω eine beliebige Menge. Zeigen Sie, dass $\mathcal{P}(\Omega)$ eine σ-Algebra ist.

5. Sei Ω eine beliebige Menge und sei $\mathcal{A}$ eine σ-Algebra auf Ω. Beweisen Sie folgende Aussagen:

    a) $\emptyset \in \mathcal{A}$.

    b) $A_1, A_2, A_3, \ldots \in \mathcal{A} \Rightarrow \bigcap_{i=1}^{\infty} A_i \in \mathcal{A}$.

6. Es sei die Menge der reellen Zahlen gegeben. Bestimmen Sie die kleinste σ-Algebra $\mathcal{A}$ auf $\mathbb{R}$, die alle einelementigen Teilmengen von $\mathbb{R}$ enthält.

8 Wahrscheinlichkeitsmaße auf $(\mathbb{R}, \mathcal{B}(\mathcal{I}))$

Beispiel 8.1

(S-Bahn) Die S-Bahnen einer bestimmten Linie fahren tagsüber zwischen 6 und 20 Uhr alle 15 Minuten an einer bestimmten Haltestelle ab. Seien t_0 und $t_0 + 15$ zwei feste Abfahrtszeiten der S-Bahn; der Einfachheit halber setzen wir $t_0 = 0$ und haben somit die Abfahrtszeiten 0 und 15.

Damit ist klar, dass die potentielle Wartezeit an dieser Haltestelle im (nach links halboffenen) Intervall $]0, 15]$ liegt.

Frage: Wie groß ist die Wahrscheinlichkeit, dass man an der Haltestelle eine maximale Wartezeit von x Minuten hat? Dabei ist x ein Wert in $]0, 15]$.

Im Hinblick auf die mathematische Theorie dehnen wir diese Frage auf Werte in ganz $\mathbb{R}$ aus. Die Frage lautet also nun: Wie groß ist die Wahrscheinlichkeit, dass man an der Haltestelle eine maximale Wartezeit von x Minuten hat, wobei x ein Wert in $\mathbb{R}$ ist?

Zunächst ist klar, dass die Wahrscheinlichkeit für eine Wartezeit, die kleiner oder gleich 15 Minuten ist, gleich 1 ist. Diese Gesamtwahrscheinlichkeit lässt sich darstellen mit Hilfe eines Rechtecks über dem Intervall [0,15] mit der Höhe $\frac{1}{15}$, es hat den Flächeninhalt 1 [Einheit].

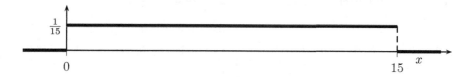

Sei jetzt $x \in \,]0, 15]$ gegeben. Die Wahrscheinlichkeit, dass man eine Wartezeit hat, die kleiner oder gleich x ist, ist dann $\frac{1}{15} \cdot x$. Ist $x \leq 0$, ist die Wahrscheinlichkeit für eine Wartezeit, die kleiner oder gleich x ist, gleich Null. Ist $x > 15$, ist die Wahrscheinlichkeit, dass man eine Wartezeit hat, die kleiner oder gleich

x ist, gleich Eins. Zusammengefasst erhält man

$$P \text{ (Wartezeit ist kleiner oder gleich } x) = \begin{cases} 0, & \text{falls } x < 0 \\ \frac{1}{15}x, & \text{falls } x \in [0, 15] \\ 1, & \text{falls } x > 15 \end{cases} .$$

Unter Verwendung mathematischer Symbole bedeutet das

$$P \text{ (Wartezeit im Intervall }] -\infty, x]) = \begin{cases} 0, & \text{falls } x < 0 \\ \frac{1}{15}x, & \text{falls } x \in [0, 15] \\ 1, & \text{falls } x > 15 \end{cases} .$$

In noch kürzerer Schreibweise erhält man

$$P(] -\infty, x]) = \begin{cases} 0, & \text{falls } x < 0 \\ \frac{1}{15}x, & \text{falls } x \in [0, 15] \\ 1, & \text{falls } x > 15 \end{cases} . \tag{8.1}$$

Der Graph dieser Funktion sieht so aus:

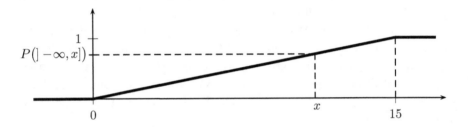

Damit ist eine „Verteilungsfunktion" für die vom Zufall abhängige Wartezeit gefunden.

Es soll nun noch einmal die obige „Rechteckfunktion" betrachtet werden. Diese lässt sich mittels der folgenden Funktion beschreiben:

$$f : \mathbb{R} \to \mathbb{R}, \ t \mapsto f(t) = \begin{cases} 0, & \text{falls } t < 0 \\ \frac{1}{15}, & \text{falls } t \in [0, 15] \\ 0, & \text{falls } t > 15 \end{cases} . \tag{8.2}$$

Der Zusammenhang zwischen der Wahrscheinlichkeit $P(] -\infty, x])$ in (1) und der „Rechteckfunktion" in (2) ergibt sich nun mittels der Integralrechnung: Es gilt nämlich

$$P(] -\infty, x]) = \int_{-\infty}^{x} f(t)dt.$$

Die Begründung hierfür ergibt sich aus folgenden Rechnungen:

1. Sei $x \le 0$. Dann:

$$\int_{-\infty}^{x} f(t)dt = \int_{-\infty}^{x} 0 \, dt = 0.$$

2. Sei $x \in {]0, 15]}$. Dann:

$$\int_{-\infty}^{x} f(t)dt = \int_{-\infty}^{0} 0\, dt + \int_{0}^{x} \frac{1}{15}dt = 0 + \left[\frac{1}{15}t\right]_{0}^{x} = \frac{1}{15}x.$$

3. Sei $x > 15$. Dann:

$$\int_{-\infty}^{x} f(t)dt = \int_{-\infty}^{0} 0\, dt + \int_{0}^{15} \frac{1}{15}dt + \int_{15}^{x} 0\, dt = 0 + \left[\frac{1}{15}t\right]_{0}^{15} + 0 = 1.$$

∎

Hinweis

Wir werden nachfolgend die Abbildung, die einer reellen Zahl x die Wahrscheinlichkeit $P(]-\infty, x])$ zuordnet, als Verteilungsfunktion bezeichnen. Die Funktion
f, mit deren Hilfe wir diese Wahrscheinlichkeit $P(]-\infty, x])$ berechnen können
(nämlich als $P(]-\infty, x]) = \int\limits_{-\infty}^{x} f(t)dt$), wird den Namen Dichtefunktion bekommen.

8.1 Verteilungsfunktionen und Dichtefunktionen

Wir betrachten nun den **Messraum** $(\mathbb{R}, \mathcal{B}(\mathcal{I}))$, also die Menge der reellen Zahlen zusammen mit der Sigma-Algebra der Borelmengen $\mathcal{B}(\mathcal{I})$ auf $\mathbb{R}$. Auf diesem
Messraum sollen nun verschiedene, in der Praxis sehr wichtige Wahrscheinlichkeitsmaße vorgestellt und erläutert werden. Dazu führen wir zwei Begriffe ein.

Definition 8.1 (Verteilungsfunktion)
Ist P ein Wahrscheinlichkeitsmaß auf $(\mathbb{R}, \mathcal{B}(\mathcal{I}))$, so heißt die Funktion

$$F : \mathbb{R} \to \mathbb{R},\ x \mapsto F(x) := P(]-\infty, x])$$

Verteilungsfunktion bezüglich P.

◆

Bemerkung
Verteilungsfunktionen haben wir schon kennengelernt – und zwar bei der Behandlung diskreter Zufallsvariablen (Abschnitt 4.2). Der Leser mache sich noch
einmal klar, dass die Verteilungsfunktion einer diskreten Zufallsvariable eine
zwischen den Werten 0 und 1 liegende Treppenfunktion ist (also insbesondere
monoton wachsend und rechtsseitig stetig ist).

In Abschnitt 8.2 wollen wir Verteilungsfunktionen mittels besonderer Funktionen (die wir „Dichtefunktionen" nennen) konstruieren. Angesichts dieses Ziels
geben wir zunächst die Definition einer Dichtefunktion und üben diesen neuen
Begriff dann anhand von drei Beispielen ein.

Definition 8.2 (Dichtefunktion)

Eine Funktion $f : \mathbb{R} \to \mathbb{R}$ heißt **Dichtefunktion** (oder kurz **Dichte**), falls gilt:

[D1] f ist integrierbar,

[D2] $f(t) \geq 0$ für alle $t \in \mathbb{R}$,

[D3] $\int\limits_{-\infty}^{+\infty} f(t)dt = 1.$

$\blacklozenge$

Nachstehend geben wir drei Beispiele für Dichtefunktionen an. Für diese drei speziellen Beispiele 8.2, 8.3 und 8.4 weisen wir die definierenden Eigenschaften [D1], [D2] und [D3] der Dichtefunktion nach. Zum Nachweis von [D1] zeigen wir, dass jeweils die vorgegebene Funktion $f : \mathbb{R} \to \mathbb{R}$

(A)   auf $\mathbb{R}$ beschränkt ist,

(B)   auf $\mathbb{R}$ bis auf endlich viele Stellen stetig ist.

Wenn nämlich eine Funktion $f : \mathbb{R} \to \mathbb{R}$ die Bedingungen (A) und (B) erfüllt ist sie integrierbar (siehe etwa Kütting [100], Band 2, Abschnitt 6.9.3).

Diese drei Beispiele für Dichtefunkionen liefern dann die Grundlage für die in den folgenden Abschnitten 8.3, 8.4 und 8.5 behandelten drei speziellen Verteilungsfunktionen: Rechteckverteilung, Exponentialverteilung und Normalverteilung.

Beispiel 8.2

Sei $[a, b]$ (mit $a, b \in \mathbb{R}$ und $a < b$) ein abgeschlossenes Intervall in $\mathbb{R}$. Die Funktion $f : \mathbb{R} \to \mathbb{R}$ sei gegeben durch

$$f(t) := \begin{cases} 0 & \text{für } t < a \\ \frac{1}{b-a} & \text{für } t \in [a, b] \\ 0 & \text{für } t > b \end{cases} .$$

Behauptung: f ist eine Dichtefunktion.

Begründung: Zu [D1]: f ist gemäß Definition beschränkt und stetig bis auf die zwei Sprungstellen a und b.

Zu [D2]: Man erkennt an der Definition, dass $f(t) \geq 0$ für alle $t \in \mathbb{R}$.

Zu [D3]: Eine Rechnung zeigt

$$\int_{-\infty}^{+\infty} f(t)dt = \int_{-\infty}^{a} 0\, dt + \int_{a}^{b} \frac{1}{b-a}\, dt + \int_{b}^{+\infty} 0\, dt = 1.$$

$\blacksquare$

Beispiel 8.3

Sei λ eine positive reelle Zahl. Die Funtion $f : \mathbb{R} \to \mathbb{R}$ sei wie folgt definiert

$$f(t) := \begin{cases} 0 & \text{für } t < 0 \\ \lambda \cdot e^{-\lambda \cdot t} & \text{für } t \geq 0 \end{cases}.$$

Die folgende Abbildung zeigt die Graphen der Funktion f für $\lambda = \frac{5}{4}$ und für $\lambda = \frac{1}{2}$.

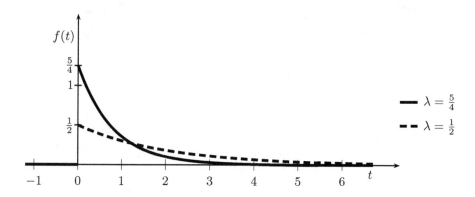

Behauptung: f ist eine Dichtefunktion.

Begründung: Zu [D1]: f ist beschränkt (denn $|f(t)| \leq \lambda$ für alle $t \in \mathbb{R}$) und stetig bis auf die Sprungstelle 0.

Zu [D2]: Man erkennt, dass $f(t) \geq 0$ für alle $t \in \mathbb{R}$.

Zu [D3]: Man rechnet

$$\begin{aligned}
\int_{-\infty}^{+\infty} f(t)dt &= \int_{0}^{+\infty} \lambda \cdot e^{-\lambda t} dt = \lim_{x \to +\infty} \int_{0}^{x} \lambda \cdot e^{-\lambda t} dt \\
&= \lim_{x \to +\infty} \left(-\int_{0}^{x} (-\lambda) e^{-\lambda t} dt \right) = \lim_{x \to \infty} \left(-\int_{0}^{-\lambda x} e^{u} du \right) \\
&= \lim_{x \to \infty} \left(-[e^{u}]_{0}^{-\lambda x} \right) = \lim_{x \to \infty} (-[e^{-\lambda x} - e^{0}]) = \lim_{x \to \infty} (1 - e^{-\lambda x}) = 1.
\end{aligned}$$

Beim vierten Gleichheitszeichen wurde die Substitution $u := g(t) = -\lambda t$ benutzt. Das letzte Gleichheitszeichen gilt, da

$$\lim_{x \to +\infty} e^{-\lambda x} = \lim_{x \to +\infty} \frac{1}{e^{\lambda x}} = 0.$$

∎

Beispiel 8.4

Seien μ, σ reelle Zahlen mit $\sigma > 0$. Die Funktion $f : \mathbb{R} \to \mathbb{R}$ sei gegeben durch

$$f(t) := \frac{1}{\sigma \cdot \sqrt{2\pi}} \cdot e^{-\frac{1}{2}\left(\frac{t-\mu}{\sigma}\right)^2}.$$

Die folgende Abbildung zeigt den Graphen der Funktion f für die Werte $\mu = 3$ und $\sigma = 2$.

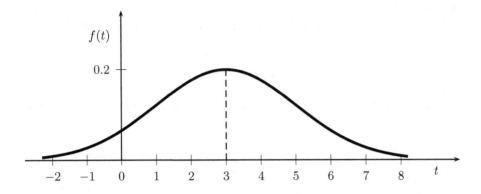

Hinweise

1. Der Graph der Funktion f in diesem Beispiel 8.4 wird Gaußsche Glocken-kurve genannt.

2. Für die im Term der Funktion f auftretende Exponentialfunktion e^x schreibt man auch $\exp(x)$. Dann stellt sich f dar als

$$f(t) = \frac{1}{\sigma \cdot \sqrt{2\pi}} \cdot \exp\left[-\frac{1}{2} \cdot \left(\frac{t - \mu}{\sigma}\right)^2\right],$$

und man vermeidet dadurch beim zweiten Faktor der Funktion die etwas unhandliche Schreibweise $e^{-\frac{1}{2}(\frac{t-\mu}{\sigma})^2}$.

Behauptung: f ist eine Dichtefunktion.

Begründung: Zu [D1]: f ist durch 0 nach unten beschränkt. f ist nach oben beschränkt, denn f nimmt ihr Maximum im Punkt $(\mu, \frac{1}{\sigma \cdot \sqrt{2\pi}})$ an (diese Tat-sache wird in Abschnitt 5 bewiesen werden – nämlich bei der Auflistung der geometrischen Eigenschaften der Funktion f).

Da die Exponentialfunktion auf ganz $\mathbb{R}$ stetig ist, ist auch die Funktion f auf ganz $\mathbb{R}$ stetig.

Zu [D2]: Da die Exponentialfunktion auf ganz $\mathbb{R}$ positiv ist, ist auch f auf ganz $\mathbb{R}$ positiv. Also gilt $f(t) > 0$ für alle $t \in \mathbb{R}$.

Zu [D3]: Zu zeigen ist $\int_{-\infty}^{+\infty} f(t)dt = 1$.

Der Beweis wird in zwei Schritten geführt.

(a) Wir betrachten zunächst den Spezialfall, dass $\mu = 0$ und $\sigma = 1$ ist. Das heißt: Wir betrachten die Funktion

$$\varphi(t) = \frac{1}{\sqrt{2\pi}} \cdot e^{-\frac{1}{2}t^2}.$$

Es gilt: $\int\limits_{-\infty}^{+\infty} \varphi(t)dt = \int\limits_{-\infty}^{+\infty} \frac{1}{\sqrt{2\pi}} e^{-\frac{1}{2}t^2}\, dt = 1$.

Im Rahmen unserer Darstellung können wir diesen Sachverhalt nicht beweisen.

Man braucht die Theorie der Integralrechnung mehrerer Variabler; mittels dieses Kalküls ist ein sehr eleganter Beweis dieser Aussage möglich (man benötigt den Satz über iterierte Integrale und die allgemeine Substitutionsregel). Bezüglich dieser Theorie sei der interessierte Leser etwa auf das Buch *Analysis 3* von Forster [56] verwiesen.

(b) Im allgemeinen Fall rechnet man folgendermaßen:

$$
\begin{aligned}
\int_{-\infty}^{+\infty} f(t)dt &= \int_{-\infty}^{+\infty} \frac{1}{\sigma \cdot \sqrt{2\pi}} \exp[-\frac{1}{2}(\frac{t-\mu}{\sigma})^2]dt \\
&= \frac{1}{\sqrt{2\pi}} \int_{-\infty}^{+\infty} \exp[-\frac{1}{2}(\frac{t-\mu}{\sigma})^2] \cdot \frac{1}{\sigma}dt \\
&\overset{(I)}{=} \frac{1}{\sqrt{2\pi}} \cdot \int_{-\infty}^{+\infty} \exp[-\frac{1}{2}u^2]du \\
&\overset{(II)}{=} \frac{1}{\sqrt{2\pi}} \cdot \sqrt{2\pi} \\
&= 1.
\end{aligned}
$$

An der Stelle (I) wurde die Substitutionsregel benutzt – und zwar mit $u := g(t) = \frac{t-\mu}{\sigma}$.

An der Stelle (II) wurde das Ergebnis aus Teil (a) benutzt.

Damit ist der Beweis vollständig. ∎

Wir werden im folgenden Abschnitt 8.2 mittels vorgegebener Dichtefunktionen stetige Verteilungsfunktionen konstruieren.

Die entscheidende Tatsache in Hinblick auf Verteilungsfunktionen wird im nachstehenden Satz angesprochen.

Satz 8.1 (Fundamentalsatz zu Verteilungsfunktionen)

Sei $F : \mathbb{R} \to \mathbb{R}$ eine Funktion, welche die drei nachfolgenden Eigenschaften besitzt:

[V1] *F ist monoton wachsend,*

[V2] *F ist rechtsseitig stetig,*

[V3] *$\lim\limits_{x \to -\infty} F(x) = 0$ und $\lim\limits_{x \to +\infty} F(x) = 1$.*

Dann existiert ein Wahrscheinlichkeitsmaß P auf $(\mathbb{R}, \mathcal{B}(\mathcal{I}))$, so dass F die Verteilungsfunktion zu P ist.

Hinweise

1. Dieser Satz kann hier nicht bewiesen werden. Es sei nur kurz die Beweisidee angegeben. Für Intervalle $]u, v]$ ($u, v \in \mathbb{R}$ mit $u < v$) definiert man

$$
P(]u, v]) := F(v) - F(u).
$$

Innerhalb der *Maßtheorie* wird gezeigt, dass dann auf dem Messraum $(\mathbb{R}, \mathcal{B}(\mathcal{I}))$ ein eindeutig bestimmtes Wahrscheinlichkeitsmaß P existiert, das für Intervalle $]u, v]$ genau die vorgegebenen Werte $F(v) - F(u)$ hat. Der interessierte Leser findet den Beweis etwa bei Bandelow ([6], Satz 15.3), oder bei Bauer ([13], Satz 29.1).

2. Der angegebene Satz ist für Anwendungen äußerst nützlich: Sobald man eine Funtion F mit den Eigenschaften [V1], [V2], [V3] hat, hat man automatisch ein Wahrscheinlichkeitsmaß auf $(\mathbb{R}, \mathcal{B}(\mathcal{I}))$, so dass F die Verteilungsfunktion zu P ist.

8.2 Verteilungsfunktionen zu vorgegebenen Dichtefunktionen

8.2.1 Konstruktion einer stetigen Verteilungsfunktion zu einer Dichtefunktion

Wie wir gesehen haben (Bemerkung nach Definition 8.1), sind Verteilungsfunktionen zu diskreten Zufallsvariablen *rechtsseitig stetig* (Treppenfunktionen). Wir werden jetzt unter Benutzung des Fundamentalsatzes aus Abschnitt 1 zu vorgegebenen Dichtefunktionen *stetige Verteilungsfunktionen* erzeugen. Dieser Konstruktionsprozess verläuft **in drei Schritten**:

Schritt 1: Vorgabe einer Dichtefunktion $f : \mathbb{R} \to \mathbb{R}$ mit $t \mapsto f(t)$.

Schritt 2: Man definiert eine Funktion $F : \mathbb{R} \to \mathbb{R}$ durch

$$F(x) := \int_{-\infty}^{x} f(t)dt,$$

wobei f die Dichtefunktion aus Schritt 1 ist.

Man prüft nach, dass diese Funktion F die im Fundamentalsatz (Satz 8.1) genannten drei Eigenschaften hat und damit eine Verteilungsfunktion ist.

Für den Beweis benutzen wir Aussagen aus der Analysis über integrierbare Funktionen.

Zu [V1]: Da $f(t) \geq 0$ für alle $t \in \mathbb{R}$, folgt $F(x) \geq 0$ (vgl. etwa Kütting [100], Band 2, Satz 6.10). Ist nun $x < y$, so folgt $\int_{-\infty}^{x} f(t)dt < \int_{-\infty}^{y} f(t)dt$ (vgl. etwa Kütting ([100], Band 2, Satz 6.17).

Zu [V2]: Nach einem wesentlichen Satz der Analysis ist $F(x)$ auf $\mathbb{R}$ stetig, insbesondere also auch rechtsseitig stetig. (Zu dem benutzten Satz siehe etwa Kütting ([100], Band 2, Satz 6.22).)

Zu [V3]:

a) Sei (x_n) eine Folge mit $(x_n) \to -\infty$. Dann ist die durch $y_n := \int_{-\infty}^{x_n} f(t)dt$ definierte Folge streng monoton fallend, weiter gilt $y_n \geq 0$ für alle $n \in \mathbb{N}$. Also konvergiert (y_n); der Grenzwert ist Null.

b) Zum Nachweis von $\lim\limits_{x \to +\infty} F(x) = 1$ wird die Eigenschaft [D3] gebraucht: Es ist $\int_{-\infty}^{+\infty} f(t)dt = 1$. Das ist dasselbe wie

$$\lim_{x \to +\infty} F(x) = \lim_{x \to +\infty} \int_{-\infty}^{x} f(t)dt = 1.$$

Schritt 3: Nachdem wir in Schritt 2 gesehen haben, dass F die Eigenschaften [V1], [V2], [V3] erfüllt, dürfen wir nun den Fundamentalsatz anwenden: Es gibt also ein Wahrscheinlichkeitsmaß P auf $(\mathbb{R}, \mathcal{B}(\mathcal{I}))$, so dass die Funktion F die Verteilungsfunktion bezüglich P ist.

Wir halten das Resultat dieser drei Schritte fest.

Satz 8.2

Sei $f : \mathbb{R} \to \mathbb{R}$ eine Dichtefunktion und sei $F(x) = \int\limits_{-\infty}^{x} f(t)dt$. Dann ist F eine stetige Verteilungsfunktion bezüglich eines (wegen des Fundamentalsatzes existierenden) Wahrscheinlichkeitsmaßes P.

Hinweise

1. Um den Sachverhalt des Satzes auszudrücken, sagen wir kurz: Zu einer Dichtefunktion f gibt es immer eine stetige Verteilungsfunktion F.

2. Da $F(x) = \int\limits_{-\infty}^{x} f(t)dt$ Verteilungsfunktion eines Wahrscheinlichkeitsmaßes P ist, gilt für P

$$P(]-\infty, x]) = \int_{-\infty}^{x} f(t)dt.$$

3. Wir werden im nachstehenden Teilabschnitt sehen, dass sich die Wahrscheinlichkeiten beliebiger Intervalle durch Integrale über die Dichtefunktion ermitteln lassen.

8.2.2 Die Berechnung von Wahrscheinlichkeiten durch Integrale über eine Dichtefunktion

Im Folgenden wird gezeigt, wie man mittels einer Dichtefunktion konkrete Wahrscheinlichkeiten berechnen kann. Auch hier gehen wir schrittweise vor und behandeln in (a) die Wahrscheinlichkeit eines Intervalls $]u, v]$, in (b) Wahrscheinlichkeiten beliebiger Intervalle, in (c) schließlich Wahrscheinlichkeiten beliebiger Borelmengen.

Sei also f eine Dichtefunktion und $F(x) = \int\limits_{-\infty}^{x} f(t)dt$ die zugehörige Verteilungsfunktion.

a) **Wahrscheinlichkeiten von nach links halboffenen Intervallen**

Nach Definition gilt: $P(]u, v]) = F(v) - F(u)$ (siehe Hinweis 1 nach dem obigen Satz 8.1). Durch Benutzung der Definition von F hat man:

$$P(]u, v]) = \int_{-\infty}^{v} f(t)dt - \int_{-\infty}^{u} f(t)dt = \int_{u}^{v} f(t)dt.$$

Die Wahrscheinlichkeit eines nach links halboffenen Intervalls $]u, v]$ wird also durch das bestimmte Integral $\int_{u}^{v} f(t)dt$ errechnet.

b) **Wahrscheinlichkeiten beliebiger Intervalle**

Im Abschnitt 7.2.1 hatten wir gesehen, dass es für ein Wahrscheinlichkeitsmaß P wünschenswert ist, die Eigenschaft [N] zu haben, d. h. $P(\{x\}) = 0$ für alle $x \in \mathbb{R}$. Wir zeigen jetzt, dass diese Aussage für eine mittels einer Dichtefunktion konstruierte Verteilungsfunktion (die wegen Satz 8.2 stetig ist) zutrifft.

Satz 8.3

Sei $f : \mathbb{R} \to \mathbb{R}$ eine Dichtefunktion, sei F die mittels f gebildete stetige Verteilungsfunktion (also $F(x) = \int\limits_{-\infty}^{x} f(t)dt$), und sei P das wegen Satz 8.1 existierende Wahrscheinlichkeitsmaß auf $(\mathbb{R}, \mathcal{B}(\mathcal{I}))$. Dann gilt für jedes $x \in \mathbb{R}$

$$P(\{x\}) = 0.$$

Beweis: Laut Definition gilt: $P(]u, v]) = F(v) - F(u)$. Sei jetzt $v := x$ und sei $a_n := x - \frac{1}{n}$ für $n \in \mathbb{N}$; d. h. (a_n) ist eine Folge, die von links gegen x konvergiert. Dann hat man:

$$P(\{x\}) \leq P(]a_n, x]) = F(x) - F(a_n) \quad \text{für alle} \quad n \in \mathbb{N}.$$

Da F stetig ist, gilt $\lim\limits_{n \to \infty} F(a_n) = F(x)$. Das bedeutet:

$$\lim_{n \to \infty} (P(]a_n, x])) = \lim_{n \to \infty} (F(x) - F(a_n)) = 0.$$

Da nun einerseits $P(\{x\}) \leq \lim\limits_{n \to \infty} P(]a_n, x]) = 0$ ist und andererseits $P(\{x\}) \geq 0$ (denn P ist Wahrscheinlichkeitsmaß), folgt $P(\{x\}) = 0$. $\qquad \square$

Wir beweisen als Folgerung eine für praktische Berechnungen wichtige Aussage.

Satz 8.4

Für $a, b \in \mathbb{R}$ mit $a < b$ gilt

$$P(]a, b[) = P(]a, b]) = P([a, b[) = P([a, b]).$$

Beweis: Man hat $[a, b] = \{a\} \cup]a, b[\cup \{b\}$, also $P([a, b]) = P(\{a\} \cup]a, b[\cup \{b\})$. Damit folgt direkt die Behauptung. $\qquad \square$

Wir sind jetzt in der Lage, die Wahrscheinlichkeiten beliebiger Intervalle zu berechnen. Hier eine Liste:

(1) $P(]a,b]) = F(b) - F(a) = \int\limits_a^b f(t)dt.$ [Teil (a)]

(2) Wegen Satz 8.4 gilt dann auch

$$P(]a,b[) = P([a,b[) = P([a,b]) = F(b) - F(a) = \int_a^b f(t)dt.$$

(3) $P(]-\infty,b]) = F(b) = \int\limits_{-\infty}^b f(t)dt.$ [Hinweis 2 nach Satz 8.2]

(4) $P([a,\infty[) = 1 - \int\limits_{-\infty}^a f(t)dt.$

c) **Wahrscheinlichkeiten von beliebigen Borelmengen**
Sei eine beliebige Borelmenge $B \in \mathcal{B}(\mathcal{I})$ gegeben. Was ist $P(B)$?
Die naheliegende Antwort lautet:

$$P(B) = \int_B f(t)dt.$$

Dabei ergibt sich eine grundsätzliche Schwierigkeit: Ein solches Integral lässt sich mit dem Riemannschen Integralbegriff nicht berechnen. Aus diesem Grund wird in der Wahrscheinlichkeitstheorie der Begriff des Lebesgue-Integrals benutzt.
Für praktische Fragestellungen reicht das Riemann-Integral aus, daher wird auf die Darstellung des Lebesgue-Integrals verzichtet.

Vorschau: In den folgenden Abschnitten 8.3, 8.4 und 8.5 werden drei für die Praxis wichtige Verteilungsfunktionen behandelt: *Rechteckverteilung, Exponentialverteilung* und *Normalverteilung*. Dabei wird jeweils eine Funktion f vorgegeben, von der in Abschnitt 8.1 nachgewiesen wurde, dass sie eine Dichtefunktion ist. Im Abschnitt 8.6 werden dann für diese drei Verteilungen der *Erwartungswert* und die *Varianz* berechnet.

8.3   Rechteckverteilung

Definition 8.3 (Rechteckverteilung)
Sei $[a,b]$ (mit $a,b \in \mathbb{R}$ und $a < b$) ein abgeschlossenes Intervall in $\mathbb{R}$. Sei $f : \mathbb{R} \to \mathbb{R}$ die wie folgt gegebene Dichtefunktion

$$f(t) = \begin{cases} 0 & \text{für } t < a \\ \frac{1}{b-a} & \text{für } t \in [a,b] \\ 0 & \text{für } t > b \end{cases} .$$

Die wegen Satz 2 zu f existierende Verteilungsfunktion F mit

$$F(x) = \int_{-\infty}^{x} f(t)dt, \quad x \in \mathbb{R},$$

heißt **Rechteckverteilung**.

$\blacklozenge$

Bemerkungen

1. Für die Rechteckverteilung gilt

$$F(x) = \begin{cases} 0 & \text{für } x < a \\ \frac{1}{b-a} \cdot (x-a) & \text{für } x \in [a,b] \\ 1 & \text{für } x > b \end{cases} .$$

Die zugehörige Rechnung ist in Aufgabe 2 zu erbringen.

2. Im Beispiel 8.1 („S-Bahn") zu Beginn dieses Kapitels findet sich sowohl der Graph einer solchen Dichtefunktion als auch der Graph der zugehörigen Verteilungsfunktion (dort ist $a = 0$ und $b = 15$).

3. Wenn eine Funktion F eine Rechteckverteilung ist, sagen wir kurz: F ist $R[a,b]$-verteilt.

Konkrete Wahrscheinlichkeitsberechnungen:
In unserem Beispiel 8.1 zu Beginn dieses Kapitels haben wir solche Berechnungen schon durchgeführt. Was dort anschaulich auf der Hand lag – dass nämlich eine Wartezeit von beispielsweise weniger als drei Minuten eine Wahrscheinlichkeit von $\frac{3}{15}$ besitzt –, ist nun auch theoretisch abgesichert – eben durch die Existenz eines Wahrscheinlichkeitsmaßes auf $(\mathbb{R}, \mathcal{B}(\mathcal{I}))$, mittels dessen solche Wahrscheinlichkeiten immer berechnet werden können. Etwa:

$$P(]-\infty, 3]) = \int_{-\infty}^{3} f(t)dt = \int_{-\infty}^{0} 0\,dt + \int_{0}^{3} \frac{1}{15}dt = 0 + \left[\frac{1}{15}t\right]_{0}^{3} = \frac{3}{15}.$$

8.4   Exponentialverteilung

Definition 8.4 (Exponentialverteilung)
Sei λ eine positive reelle Zahl. Sei f die wie folgt gegebene Dichtefunktion

$$f(t) = \begin{cases} 0 & \text{für } t < 0 \\ \lambda \cdot e^{-\lambda t} & \text{für } t \geq 0 \end{cases} .$$

Die wegen Satz 2 zu f existierende Verteilungsfunktion F mit

$$F(x) = \int_{-\infty}^{x} f(t)dt, \quad x \in \mathbb{R},$$

heißt **Exponentialverteilung mit dem Parameter** λ.

$\blacklozenge$

Bemerkungen

1. Für die Exponentialverteilung gilt

$$F(x) = \begin{cases} 0 & \text{für } x < 0 \\ 1 - e^{-\lambda x} & \text{für } x \geq 0 \end{cases}.$$

   Die zugehörige Rechnung ist in Aufgabe 2 zu erbringen.

2. In Beispiel 8.3 haben wir die Graphen zweier solcher Dichtefunktionen vorgestellt (für $\lambda = \frac{5}{4}$ und $\lambda = \frac{1}{2}$). Im folgenden Bild sind die Graphen der zugehörigen Verteilungsfunktionen dargestellt.

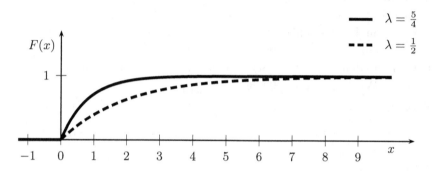

3. Wenn eine Funktion F eine Exponentialverteilung mit Parameter λ ist, sagen wir kurz: F ist EXP(λ)-verteilt.

Die Exponentialverteilung wird immer dann herangezogen, wenn es um Lebensdauer-Phänomene geht: Das kann die Lebensdauer von elektronischen Bauteilen, die Lebensdauer von Individuen einer bestimmten Population (Biologie), die Lebensdauer von Atomkernen eines radioaktiven Elements (Physik) oder auch die Lebensdauer von versicherten Personen (Lebensversicherung) sein.

Bei all diesen Phänomenen gibt es eine „Sterberate", die den Prozentsatz der Bauteile/Individuen/Atomkerne angibt, welche pro Zeiteinheit defekt werden/sterben/zerfallen.

Die Sterberate wird auch als Zerfallskonstante bezeichnet. Diese Zerfallskonstante wird im Allgemeinen mit λ bezeichnet. Mit der *Zerfalls*konstanten λ ist in der Physik direkt das *radioaktive Zerfallsgesetz* verbunden. Wir verweisen auf Teilabschnitt 2.6.4, wo das radioaktive Zerfallsgesetz hergeleitet wird. Sei zu Beginn einer Beobachtung (also zum Zeitpunkt 0) eine Menge von N_0 Objekten vorhanden und sei zum Zeitpunkt t noch eine Menge von $N(t)$ Objekten vorhanden. Dann gilt:

$$N(t) = N_0 \cdot e^{-\lambda t}.$$

Dieses Zerfallsgesetz ist aber nicht nur für physikalische Vorgänge (insbesondere Zerfall von Atomkernen eines radioaktiven Elements) gegeben, sondern generell für Vorgänge, bei denen eine Menge von Objekten mit einer konstanten Sterberate (Zerfallskonstante) abstirbt.

Oft wird bei Lebensdauer-Phänomenen auch die Lebensdauer angegeben: Sie stellt die durchschnittliche Überlebenszeit eines Objekts einer Menge gleichartiger Objekte dar. Die Lebensdauer wird im Allgemeinen mit μ bezeichnet (in der Physik oft auch mit τ). Es gilt die Beziehung: $\mu = \frac{1}{\lambda}$.

In Abschnitt 8.6 dieses Kapitels über Erwartungswerte und Varianzen bei Verteilungsfunktionen zu Dichten wird dieser Zusammenhang bewiesen.

Beispiel 8.5

(Lebenserwartung einer Glühbirne) Die Glühbirnen einer bestimmen Sorte haben eine Lebenserwartung von 2000 Stunden. Wie groß ist dann die Wahrscheinlichkeit, dass eine gekaufte Glühbirne

a) eine Brenndauer von höchstens 3000 Stunden hat,

b) eine Brenndauer von mehr als 5000 Stunden hat,

c) eine Brenndauer zwischen 1800 Stunden und 2800 Stunden hat?

Lösung: Wir haben $\mu = 2000$, also $\lambda = \frac{1}{2000}$.

Zu a):

$$P(]-\infty, 3000]) = F(3000) = 1 - e^{-\frac{1}{2000} \cdot 3000} = 1 - e^{-\frac{3}{2}} \approx 0,7769.$$

Zu b):

$$\begin{aligned}
P([5000, +\infty)) &= \int_{5000}^{+\infty} f(t)dt = 1 - \int_{-\infty}^{5000} f(t)dt \\
&= 1 - F(5000) = 1 - (1 - e^{-\frac{1}{2000} \cdot 5000}) = e^{-\frac{5}{2}} \approx 0,0821.
\end{aligned}$$

Zu c):

$$\begin{aligned}
P([1800, 2800]) &= \int_{1800}^{2800} f(t)dt \\
&= \int_{-\infty}^{2800} f(t)dt - \int_{-\infty}^{1800} f(t)dt = F(2800) - F(1800) \\
&= (1 - e^{-\frac{1}{2000} \cdot 2800}) - (1 - e^{-\frac{1}{2000} \cdot 1800}) \\
&= e^{-\frac{18}{20}} - e^{-\frac{28}{20}} \approx 0,16.
\end{aligned}$$

∎

In Analogie zur Physik ist die Frage nach der Halbwertszeit dieser Glühbirnensorte interessant: Nach welchem Zeitraum ist von einer Glühbirnen-Menge dieser Sorte noch die Hälfte intakt – unter der Voraussetzung, dass alle diese Birnen gleich beansprucht werden?

Die Antwort erfolgt mittels des oben angeführten Zerfallsgesetzes. Gesucht ist ein Zeitpunkt t, so dass zu diesem Zeitpunkt noch die Hälfte der Glühbirnenzahl vorhanden ist. Ist also N_0 die Zahl der Glühbirnen zu Beginn, so ist t gesucht,

so dass für die Anzahl $N(t)$ der Glühbirnen zum Zeitpunkt t gilt: $N(t) = \frac{1}{2} \cdot N_0$.
Wegen des Zerfallsgesetzes hat man $N(t) = N_0 \cdot e^{-\lambda t}$. Eine Rechnung zeigt:

$$N(t) = \frac{1}{2} N_0 \quad \Leftrightarrow \quad N_0 \cdot e^{-\lambda t} = \frac{1}{2} N_0$$

$$\Leftrightarrow \quad e^{-\lambda t} = \frac{1}{2}$$

$$\Leftrightarrow \quad -\lambda t = \ln \frac{1}{2}$$

$$\Leftrightarrow \quad -\lambda t = -\ln 2$$

$$\Leftrightarrow \quad t = \frac{1}{\lambda} \ln 2.$$

Da in unserem Fall $\lambda = \frac{1}{2000}$ ist, ergibt sich

$$t = 2000 \cdot \ln 2 \approx 1386.$$

Die Halbwertszeit beträgt also ungefähr 1386 Stunden.

Bemerkung

Die Exponentialverteilung ist *gedächtnislos*. Das bedeutet: Sei ein beliebiges Objekt bzw. Individuum einer Grundmenge gegeben. Dann ist die bedingte Wahrscheinlichkeit, dass es den Zeitpunkt $x + u$ überlebt, falls es den Zeitpunkt x schon überlebt hat, genau so groß wie die Wahrscheinlichkeit, dass es den Zeitpunkt u überlebt. Mathematisch bedeutet diese Aussage:

$$P(]x + u, \infty[\mid]x, \infty[) = P(]u, \infty[).$$

Beweis der Aussage

Mit der Definition der bedingten Wahrscheinlichkeit erhält man:

$$P(]x + u, \infty[\mid]x, \infty[) = \frac{P(]x + u, \infty[\cap]x, \infty[)}{P(]x, \infty[)}$$

$$= \frac{P(]x + u, \infty[)}{P(]x, \infty[)} = \frac{1 - P(] - \infty, x + u])}{1 - P(] - \infty, x])} = \frac{1 - F(x + u)}{1 - F(x)}$$

$$= \frac{e^{-\lambda(x+u)}}{e^{-\lambda x}} = e^{-\lambda x - \lambda u + \lambda x} = e^{-\lambda u} = 1 - F(u)$$

$$= 1 - P(] - \infty, u]) = P(]u, \infty[).$$

Anmerkungen

1. Zur Verdeutlichung der Gedächtnislosigkeit betrachten wir ein konkretes Beispiel: Die bedingte Wahrscheinlichkeit, dass ein bestimmtes Caesium-Atom erst nach einem Zeitraum von 35 Jahren zerfällt, falls es schon einen Zeitraum von 30 Jahren überlebt hat, ist gleich der Wahrscheinlichkeit, dass es nach einem Zeitraum von 5 Jahren zerfällt ($x = 30$, $u = 5$). Anders formuliert: Das Alter des Caesium-Atoms hat keinen Einfluss auf die Wahrscheinlichkeit des Überlebens von weiteren 5 Jahren. Das Caesium-Atom hat kein Gedächtnis!

2.   Ein Gegenbeispiel mahnt zur Vorsicht bei der Benutzung der Exponentialverteilung. Die bedingte Wahrscheinlichkeit, dass ein Mensch älter als 85 Jahre wird, falls er schon 80 Jahre alt geworden ist, ist sicherlich ungleich der Wahrscheinlichkeit, dass er älter als 5 Jahre alt wird. Hieran erkennt man, dass für Lebensdauer-Phänomene bei menschlichen Individuen die Benutzung der Exponentialverteilung wenig realistisch ist. Im Versicherungswesen, d. h. bei der Gestaltung von Lebensversicherungs-Tarifen, ist es deshalb üblich, eine die Realität adäquater wiedergebende Verteilung zu benutzen – nämlich die Weibull-Verteilung. Hierauf kann im Rahmen dieses Buches nicht weiter eingegangen werden.

8.5   Normalverteilung (Gauß-Verteilung)

Definition 8.5 (Normalverteilung)

Seien μ, σ reelle Zahlen mit $\sigma > 0$. Sei f die wie folgt gegebene Dichtefunktion

$$f(t) = \frac{1}{\sigma \cdot \sqrt{2\pi}} e^{-\frac{1}{2}\left(\frac{t-\mu}{\sigma}\right)^2}.$$

Die wegen Satz 8.2 zu f existierende Verteilungsfunktion F mit

$$F(x) = \int_{-\infty}^{x} f(t)dt, \quad x \in \mathbb{R},$$

heißt **Normalverteilung mit den Parametern μ und σ^2**.   ◆

Hinweise

1.   In Beispiel 8.4 des Abschnitts 8.1 haben wir den Graphen einer solchen Dichtefunktion vorgestellt (für $\mu = 3$ und $\sigma^2 = 4$). Die folgende Abbildung zeigt den Graphen der zugehörigen Verteilungsfunktion.

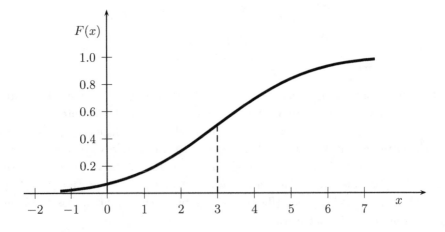

2. Im Gegensatz zur Rechteckverteilung und zur Exponentialverteilung lässt sich die Normalverteilung $F(x)$ nicht in geschlossener Form angeben, sondern nur als Integralfunktion.

3. Wenn eine Funktion F eine Normalverteilung mit den Parametern μ und σ^2 ist, sagen wir kurz: F ist $N(\mu, \sigma^2)$-verteilt.

4. Man nennt die Verteilungsfunktion F in Definition 8.5 auch *Normalverteilung (Gauß-Verteilung) mit dem Erwartungswert μ und der Varianz σ^2.* Es sei deutlich gesagt, dass an dieser Stelle Erwartungswert und Varianz zunächst nur Bezeichnungen für die Parameter μ und σ^2 sind. Dass μ tatsächlich ein Erwartungswert ist und σ^2 tatsächlich eine Varianz ist, müssen wir noch zeigen, wenn diese Begriffe mathematisch definiert worden sind (siehe Abschnitt 8.6).

5. Die Normalverteilung dient oft zur mathematischen Beschreibung der Verteilung zufälliger Größen. Ihre praktische Bedeutung ergibt sich daraus, dass Zufallsgrößen in der Natur häufig näherungsweise als normalverteilt angesehen werden können, z. B. Körpergröße, Schuhgröße, Brustumfang, lange Bernoulliketten.

6. Auf dem in Deutschland bis Ende des Jahres 2001 gültigen 10-DM-Schein war neben dem Portrait von Carl Friedrich Gauß (1777 – 1855) die Dichtefunktion der Normalverteilung abgebildet.

8.5.1　Eigenschaften der Dichtefunktion

Wie schon bei Beispiel 8.4 des Abschnitts 8.1 erwähnt, heißt die Dichtefunktion einer Normalverteilung *Gaußsche Glockenkurve.*

Die Gaußsche Glockenkurve f

1) ist symmetrisch zu der Achse $t = \mu$;
2) nimmt an der Stelle $t = \mu$ ihr Maximum an, dort gilt $f(\mu) = \frac{1}{\sigma \cdot \sqrt{2\pi}}$;
3) hat in $t_1 = \mu - \sigma$ und $t_2 = \mu + \sigma$ Wendestellen.

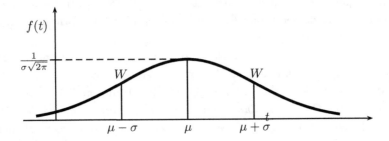

Beweis:

Zu 1): Zu zeigen ist $f(\mu - t) = f(\mu + t)$ für $t \in \mathbb{R}^{\geq 0}$. Es gilt:

$$f(\mu - t) = \frac{1}{\sigma \cdot \sqrt{2\pi}} \cdot \exp\left[-\frac{1}{2}\left(\frac{-t}{\sigma}\right)^2\right] = \frac{1}{\sigma \cdot \sqrt{2\pi}} \cdot \exp\left[-\frac{1}{2}\left(\frac{t}{\sigma}\right)^2\right] = f(\mu + t).$$

Zu 2) und 3): Wir berechnen zunächst die Ableitungen von f. Dazu schreiben wir abkürzend $f(t) = c \cdot \exp[g(t)]$ mit $c = \frac{1}{\sigma \cdot \sqrt{2\pi}}$ und $g(t) = -\frac{1}{2} \cdot \left(\frac{t-\mu}{\sigma}\right)^2$. Dann ergibt sich (Kettenregel und Produktregel benutzen!):

$$
\begin{aligned}
f'(t) \;&=\; c \cdot \exp[g(t)] \cdot g'(t) \\
&=\; c \cdot \exp[g(t)] \cdot \left[(-\frac{1}{2}) \cdot \frac{1}{\sigma^2} \cdot 2 \cdot (t - \mu)\right] \\
&=\; c \cdot \exp[g(t)] \cdot \left[-\frac{1}{\sigma^2}(t - \mu)\right] \\
f''(t) \;&=\; c \cdot \exp[g(t)] \cdot \left[-\frac{1}{\sigma^2}(t - \mu)\right] \cdot \left[-\frac{1}{\sigma^2}(t - \mu)\right] \\
&\quad + c \cdot \exp[g(t)] \cdot \left(-\frac{1}{\sigma^2}\right) \\
&=\; c \cdot \exp[g(t)] \cdot \left[\frac{1}{\sigma^4}(t - \mu)^2 - \frac{1}{\sigma^2}\right] \\
f'''(t) \;&=\; c \cdot \exp[g(t)] \cdot \left[-\frac{1}{\sigma^2}(t - \mu)\right] \cdot \left[\frac{1}{\sigma^4}(t - \mu)^2 - \frac{1}{\sigma^2}\right] \\
&\quad + c \cdot \exp[g(t)] \cdot \left(\frac{1}{\sigma^4} \cdot 2 \cdot (t - \mu)\right) \\
&=\; c \cdot \exp[g(t)] \cdot \frac{1}{\sigma^4} \cdot \left[-\frac{1}{\sigma^2}(t - \mu)^3 + 3(t - \mu)\right].
\end{aligned}
$$

Es gilt: $f'(t) = 0 \Leftrightarrow -\frac{1}{\sigma^2}(t - \mu) = 0 \Leftrightarrow t = \mu$.

Da außerdem $f''(\mu) = c \cdot \exp(g(\mu)) \cdot \left[-\frac{1}{\sigma^2}\right] = c \cdot \left[-\frac{1}{\sigma^2}\right] < 0$, folgt, dass f an der Stelle $t = \mu$ ihr Maximum annimmt. Eine weitere Rechnung ergibt $f(\mu) = \frac{1}{\sigma \cdot \sqrt{2\pi}}$. Also hat f ihr Maximum im Punkt $M = (\mu, \frac{1}{\sigma\sqrt{2\pi}})$. Damit ist Eigenschaft 2) gezeigt.

Zur Berechnung der Wendestellen sind die zweite und dritte Ableitung von f zu betrachten. Es gilt:

$$
\begin{aligned}
f''(t) = 0 \;\;\Leftrightarrow\;\; & \frac{2}{\sigma^4}(t - \mu)^2 - \frac{1}{\sigma^2} = 0 \Leftrightarrow (t - \mu)^2 = \sigma^2 \\
\Leftrightarrow\;\; & t_1 = \mu - \sigma \;\;\text{und}\;\; t_2 = \mu + \sigma.
\end{aligned}
$$

Da außerdem $f'''(t_i) \neq 0$ für $i = 1, 2$, folgt, dass f an den Stellen t_1 und t_2 Wendestellen hat. Eine Rechnung zeigt weiter, dass

$$f(t_i) = f(\mu \pm \sigma) = \frac{1}{\sigma \cdot \sqrt{2\pi}} \cdot \exp(-\frac{1}{2}).$$

Also hat f die Wendepunkte

$$W_i = (\mu \pm \sigma, \; \frac{1}{\sigma \cdot \sqrt{2\pi}} \cdot \exp(-\frac{1}{2})) \quad \text{für} \quad i = 1, 2.$$

Damit ist Eigenschaft 3) gezeigt.

Folgerungen

1. Je größer μ ist, um so mehr ist die Glockenkurve nach rechts verschoben.
2. Je größer σ ist, um so kleiner ist das Maximum der Glockenkurve und um so schwächer fällt die Kurve nach beiden Seiten ab.

8.5.2 Die Standard-Normalverteilung

Das Ziel dieses Abschnitts ist es, mittels einer $N(\mu, \sigma^2)$-verteilten Funktion Wahrscheinlichkeiten zu berechnen. Die Frage ist: Wie berechnet sich etwa $P(] - \infty, x])$? Vorläufige Antwort:

$$P(] - \infty, x]) = F(x) = \int_{-\infty}^{x} \frac{1}{\sigma\sqrt{2\pi}} \cdot \exp\left[-\frac{1}{2}\left(\frac{t - \mu}{\sigma}\right)^2\right] dt,$$

das heißt, zur Bestimmung von $P(] - \infty, x])$ muss ein äußerst kompliziertes Integral berechnet werden. Es soll in diesem Teilabschnitt gezeigt werden, dass man diese Arbeit ganz vermeiden kann.

Dazu sei zunächst eine sinnvolle Schreibweise eingeführt: Um anzudeuten, dass die $N(\mu, \sigma^2)$-verteilte Funktion F und die mit ihr zu berechnenden Wahrscheinlichkeiten sich auf die Parameter μ und σ^2 beziehen, schreiben wir

$$P_{\mu,\sigma^2}(] - \infty, x]) = F_{\mu,\sigma^2}(x).$$

Die $N(0, 1)$-verteilte Funktion $F_{0,1}$ bekommt einen eigenen Namen.

Definition 8.6 (Standard-Normalverteilung)
Die $N(0, 1)$-verteilte Funktion $F_{0,1}$ wird **Standard-Normalverteilung** genannt und mit Φ bezeichnet.

♦

Mittels einer konkreten Aufgabenstellung soll nachstehend die Nützlichkeit der Standard-Normalverteilung verdeutlicht werden.

Beispiel 8.6

(Mehlabfüllung) Ein großer Mehlproduzent hat in seiner Produktpalette 25-kg-Säcke für Bäckereien. Die Säcke werden maschinell abgefüllt. Die Geschäftsleitung stellt sich die Frage, wie groß die Wahrscheinlichkeit ist, dass ein aus der Tagesproduktion zufällig herausgegriffener Mehlsack ein Gewicht

(a) von weniger als 25100 Gramm hat,

(b) zwischen 24840 und 25200 Gramm hat,

(c) von weniger als 24940 Gramm hat.   ■

Zur Beantwortung dieser Frage geht die Geschäftsleitung von drei Annahmen aus:

■ Zur mathematischen Modellierung der Aufgabenstellung wird eine $N(\mu, \sigma^2)$-verteilte Funktion herangezogen.

■ Die erwartete Nennfüllmenge liegt bei 25000 Gramm; das bedeutet für das mathematische Modell $\mu = 25000$.

■ Aufgrund von Stichproben ist bekannt, dass die empirische Standardabweichung bei den Füllmengen 80 Gramm beträgt; für das mathematische Modell gilt also $\sigma = 80$, d. h. $\sigma^2 = 6400$.

So hat man folgenden Lösungsansatz:

- bei (a): $P_{\mu,\sigma^2}(]-\infty, 25100]) = F_{\mu,\sigma^2}(25100)$,

- bei (b): $P_{\mu,\sigma^2}([24840, 25200]) = F_{\mu,\sigma^2}(25200) - F_{\mu,\sigma^2}(24840)$

- bei (c): $P_{\mu,\sigma^2}(]-\infty, 24940]) = F_{\mu,\sigma^2}(24940)$

Zur Berechnung dieser Wahrscheinlichkeiten müssen wir die zugehörigen Integrale berechnen.

Bei (a): $\displaystyle\int_{-\infty}^{25100} f_{25000,6400}(t)dt,$

bei (b): $\displaystyle\int_{24840}^{25200} f_{25000,6400}(t)dt,$

bei (c): $\displaystyle\int_{-\infty}^{24940} f_{25000,6400}(t)dt,$

wobei $f_{25000,6400}$ die Dichtefunktion mit den Parametern $\mu = 25000$ und $\sigma^2 = 6400$ ist.

Um die hier (und bei anderen Beispielen) auftauchenden komplizierten Integrale zu berechnen, nutzt man zwei Fakten aus:

■ Eine beliebige $N(\mu, \sigma^2)$-verteilte Funktion lässt sich zu einer $N(0, 1)$-verteilten Funktion transformieren.

■ Zur Berechnung von Wahrscheinlichkeiten bei einer $N(0, 1)$-verteilten Funktion gibt es Tabellen. Eine solche befindet sich am Ende des Kapitels 8.

Die Transformation einer $N(\mu, \sigma^2)$-verteilten Funktion zu einer $N(0, 1)$-verteilten Funktion wird im folgenden Satz begründet.

Satz 8.5 (Transformation zur Standardnormalverteilung)

Ist F_{μ,σ^2} eine $N(\mu,\sigma^2)$-verteilte Funktion, so gilt

$$F_{\mu,\sigma^2}(x) = F_{0,1}\left(\frac{x-\mu}{\sigma}\right) = \Phi\left(\frac{x-\mu}{\sigma}\right).$$

Bemerkung

Wir geben für die Aussage dieses Satzes drei gleichbedeutende Formulierungen:

(a) $P_{\mu,\sigma^2}(]-\infty,x]) = P_{0,1}(]-\infty,z])$ mit $z := \frac{x-\mu}{\sigma}$.

(b) $\int\limits_{-\infty}^{x} \frac{1}{\sigma\sqrt{2\pi}} \cdot \exp\left[-\frac{1}{2}\left(\frac{t-\mu}{\sigma}\right)^2\right] dt = \int\limits_{-\infty}^{z} \frac{1}{\sqrt{2\pi}} \cdot \exp\left[-\frac{1}{2}u^2\right] du$ mit $z := \frac{x-\mu}{\sigma}$.

(c) In Worten: Die Wahrscheinlichkeit für das Intervall $]-\infty,x]$ bei einer $N(\mu,\sigma^2)$-verteilten Funktion ist gleich der Wahrscheinlichkeit für das Intervall $]-\infty,\frac{x-\mu}{\sigma}]$ bei einer $N(0,1)$-verteilten Funktion.

Beweis des Satzes: Betrachtet man die Version (b) des obigen Satzes, sieht man schon, wie der Beweis verläuft: Man muss die Substitutionsregel für die Funktion $u := g(t) = \frac{t-\mu}{\sigma}$ anwenden

$$\int_{-\infty}^{x} \frac{1}{\sigma\sqrt{2\pi}} \exp\left[-\frac{1}{2}\left(\frac{t-\mu}{\sigma}\right)^2\right] dt$$

$$= \int_{-\infty}^{x} \frac{1}{\sqrt{2\pi}} \cdot g'(t) \cdot \exp\left[-\frac{1}{2}(g(t))^2\right] dt$$

$$= \int_{-\infty}^{z} \frac{1}{\sqrt{2\pi}} \exp\left[-\frac{1}{2}u^2\right] du.$$

$\square$

Die Wichtigkeit der $N(0,1)$-verteilten Funktion $F_{0,1}$ ergibt sich daraus, dass die Wahrscheinlichkeit für das Intervall $]-\infty,z]$ bei einer $N(0,1)$-verteilten Funktion, also die Wahrscheinlichkeit $P_{0,1}(]-\infty,z])$, sich in der erwähnten Tabelle ablesen lässt.

Aus historischen Gründen wird die Funktion $F_{0,1}$ mit Φ bezeichnet. Man hat also für $z \in \mathbb{R}$:

$$\Phi(z) := F_{0,1}(z) = P_{0,1}(]-\infty,z]) = \int_{-\infty}^{z} \frac{1}{\sqrt{2\pi}} \cdot \exp\left[-\frac{1}{2}u^2\right] du.$$

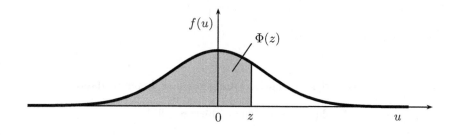

Anhand des **Beispiels 8.6 (Mehlabfüllung)** führen wir die Transformation zur Standard-Normalverteilung explizit durch.

Lösung der im Beispiel 8.6 gestellten Aufgaben.

Zu (a): Es ergibt sich

$$
\begin{aligned}
P_{\mu,\sigma^2}(]-\infty, 25100]) &= P_{0,1}\left(\left]-\infty, \frac{25100 - 25000}{80}\right]\right) \\
&= P_{0,1}\left(\left]-\infty, \frac{5}{4}\right]\right) \\
&= \Phi(1,25) \\
&\approx 0,8944.
\end{aligned}
$$

Zu (b): Es ergibt sich

$$
\begin{aligned}
P_{\mu,\sigma^2}([24840, 25200]) &= P_{0,1}\left(\left[\frac{24840 - 25000}{80}, \frac{25200 - 25000}{80}\right]\right) \\
&= P_{0,1}\left(\left[-2, \frac{5}{2}\right]\right) \\
&= P_{0,1}\left(\left]-\infty, \frac{5}{2}\right]\right) - P_{0,1}\left(]-\infty, -2]\right) \\
&= \Phi\left(\frac{5}{2}\right) - \Phi(-2) \\
(*) &= \Phi\left(\frac{5}{2}\right) - [1 - \Phi(2)] \\
&\approx 0,9938 - [1 - 0,9772] \\
&= 0,971.
\end{aligned}
$$

Zu (c): Es ergibt sich

$$
\begin{aligned}
P_{\mu,\sigma^2}(]-\infty, 24940]) &= P_{0,1}\left(\left]-\infty, \frac{24940 - 25000}{80}\right]\right) \\
&= P_{0,1}\left(\left]-\infty, -\frac{3}{4}\right]\right) \\
&= \Phi\left(-\frac{3}{4}\right) \\
(*) &= 1 - \Phi\left(\frac{3}{4}\right) \\
&\approx 1 - 0,7734 \\
&= 0,2266.
\end{aligned}
$$

An der Stelle $(*)$ in den obigen Rechnungen wurde benutzt, dass

$$
\Phi(-z) = 1 - \Phi(z) \quad \text{für} \quad z \in \mathbb{R}^+.
$$

Der Beweis dieser Aussage wird aus Aufgabe gestellt (siehe Abschnitt 8.8).

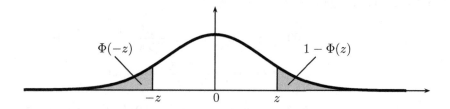

Wegen der großen Bedeutung der Standardnormalverteilung soll nun ein weiteres Beispiel behandelt werden.

Beispiel 8.7

(Automobilproduktion) Ein namhafter Automobilhersteller verwendet für den Motor des Fahrzeugtyps XYZ einen bestimmten Zahnriemen. Aufgrund von Stichproben weiß der Hersteller, dass dieses Verschleißteil eine durchschnittliche Laufleistung von 100 000 Kilometern hat und dass die empirische Standardabweichung bei 5000 Kilometern liegt. Der Hersteller setzt für die Laufleistung eine untere Toleranzgrenze von 90 000 Kilometern an, d. h. er weist seine Vertragswerkstätten an, diesen Zahnriemen aus Kulanzgründen kostenfrei auszutauschen, falls er schon bei einer Laufleistung von weniger als 90 000 Kilometern defekt ist.

Unter Zugrundelegung der Normalverteilung als mathematisches Modell für die Laufleistung dieser Zahnriemen (im Fahrzeugtyp XYZ) sollen die folgenden Fragen beantwortet werden:

a) Wie viel Prozent der in dem Fahrzeugtyp XYZ eingebauten Zahnriemen haben eine Laufleistung unterhalb der Toleranzgrenze?

b) Wie müsste die untere Toleranzgrenze c gewählt werden, damit höchstens 0,3 % der in den Fahrzeugtyp XYZ eingebauten Zahnriemen eine Laufleistung unter dieser Grenze c haben?

Es sei im Modell also angenommen, dass eine Normalverteilung mit den Parametern $\mu = 100\,000$ und $\sigma^2 = (5000)^2$ vorliegt.

Zu a): Unter Benutzung des Transformationssatzes hat man

$$P_{\mu,\sigma^2}(\,]-\infty, 90000]) = P_{0,1}\left(\,\left]-\infty, \frac{90000 - 100000}{5000}\right]\right)$$
$$= \ P_{0,1}(\,]-\infty, -2]) = \Phi(-2) = 1 - \Phi(2) = 1 - 0,9772 = 0,0228.$$

Das bedeutet: Ungefähr 2,3 % der in den Fahrzeugtyp XYZ eingebauten Zahnriemen haben eine unterhalb der Toleranzgrenze liegende Laufleistung.

Zu b): Gemäß Aufgabenstellung soll gelten

$$P_{\mu,\sigma^2}(]-\infty, c]) \leq 0,003 \quad \Leftrightarrow \quad P_{0,1}\left(\left]-\infty, \frac{c-100000}{5000}\right]\right) \leq 0,003$$

$$\Leftrightarrow \quad \Phi\left(\frac{c-100000}{5000}\right) \leq 0,003.$$

In der Tabelle zur Standard-Normalverteilung (Seite 330) finden sich für Φ nur Funktionswerte, die größer/gleich 0,5 sind. Wie geht man vor?

Da die Toleranzgrenze c kleiner als 100000 ist, ist $\frac{c-100000}{5000}$ negativ. Also ist $a := \frac{100000-c}{5000}$ positiv; deshalb gilt: $\Phi(-a) = 1 - \Phi(a)$.

$$\Phi\left(\frac{c-100000}{5000}\right) \leq 0,003$$

$$\Leftrightarrow \quad \Phi(-a) \leq 0,003$$

$$\Leftrightarrow \quad 1 - \Phi(a) \leq 0,003$$

$$\Leftrightarrow \quad \Phi(a) \geq 0,997$$

$$\Leftrightarrow \quad \Phi\left(\frac{100000-c}{5000}\right) \geq 0,997$$

$$\Leftrightarrow \quad \frac{100000-c}{5000} \geq 2,75$$

$$\Leftrightarrow \quad c \leq 100000 - 2,75 \cdot 5000 = 86250.$$

Das bedeutet: Setzt der Hersteller die Toleranzgrenze auf 86250 km, haben weniger als 0,3 % der in den Fahrzeugtyp XYZ eingebauten Zahnriemen eine Laufleistung unterhalb dieses Wertes. ∎

8.5.3 Approximation der Binomialverteilung mittels der Normalverteilung

Beispiel 8.8

(Würfelwurf) Ein idealer Würfel wird 1200 Mal geworfen. Sei X die Anzahl der Würfe, bei denen die 1 fällt. Dann ist X binomialverteilt mit $n = 1200$ und $p = \frac{1}{6}$, also kurz $X \sim B(1200, \frac{1}{6})$. Wir fragen nach der Wahrscheinlichkeit, dass die Anzahl der Würfe Werte zwischen 180 und 220 annimmt. Gesucht ist also $P(180 \leq X \leq 220)$.

Als Antwort ergibt sich mittels der Binomialverteilung

$$P(180 \leq X \leq 220) = \sum_{k=180}^{220} \binom{1200}{k} \cdot \left(\frac{1}{6}\right)^k \cdot \left(\frac{5}{6}\right)^{1200-k}.$$

∎

Die praktische Berechnung macht Probleme: Für $k = 180$ etwa ist $\binom{1200}{180}$ eine extrem große Zahl und $(\frac{1}{6})^{180} \cdot (\frac{5}{6})^{1020} = \frac{5^{1020}}{6^{1200}}$ eine extrem kleine Zahl. Taschenrechner können diese Rechnungen normalerweise nicht bewältigen. Nun kann man die Zahlen $a_k := \binom{1200}{k} \cdot (\frac{1}{6})^k \cdot (\frac{5}{6})^{1200-k}$ aber mit den Programmen Maple oder Mathematica zwar berechnen und dann auch $\sum_{k=180}^{220} a_k$, aber es gibt einen einfacheren Weg: Man kann die gesuchte Wahrscheinlichkeit mittels der Normalverteilung approximativ ermitteln. Die Möglichkeit dazu eröffnet der folgende Satz.

Satz 8.6 (Approximationssatz von de Moivre/Laplace)

Sei $0 < p < 1$ und sei X eine $B(n,p)$-verteilte Zufallsvariable. Sei μ der Erwartungswert von X und σ die Standardabweichung von X. Dann gelten die folgenden Aussagen:

1. *Sei $k \in \{0, 1, \ldots, n\}$. Dann gilt:*

$$P(X \leq k) \approx \phi\left(\frac{k - \mu}{\sigma}\right).$$

Für großes n kann also die Wahrscheinlichkeit, dass die $B(n,p)$-verteilte Zufallsvariable X höchstens den Wert k annimmt, durch den Wert $\phi(\frac{k-\mu}{\sigma})$ der Standard-Normalverteilung ϕ angenähert werden.

2. *Seien $r, s \in \mathbb{N}$ mit $1 \leq r < s$. Dann gilt*

$$P(r \leq X \leq s) \approx \phi\left(\frac{s - \mu}{\sigma}\right) - \phi\left(\frac{r - \mu}{\sigma}\right).$$

Für großes n kann also die Wahrscheinlichkeit, dass die $B(n,p)$-verteilte Zufallsvariable X Werte zwischen r und s annimmt, durch die Differenz $\phi(\frac{s-\mu}{\sigma}) - \phi(\frac{r-\mu}{\sigma})$ angenähert werden.

Hinweise:

a) Den Aussagen 1. und 2. des Approximationssatzes liegt die folgende exakte Grenzwertaussage zugrunde: Sei $0 < p < 1$ und sei X eine $B(n,p)$-verteilte Zufallsvariable. Sei μ der Erwartungswert von X und sei σ die Standardabweichung von X. Dann gilt für $x \in \mathbb{R}$

$$\lim_{n \to \infty} P\left(\frac{X - n \cdot p}{\sqrt{n \cdot p \cdot (1 - p)}} \leq x\right) = \phi(x). \tag{8.3}$$

Aus dieser Aussage (8.3) leiten sich die beiden Aussagen 1. und 2. her.

b) Bei den praktischen Anwendungen werden wir nicht mit der exakten Aussage (8.3) arbeiten. Stattdessen werden wir sowohl die Aussage 1. als auch die Aussage 2. des Approximationssatzes oft benutzen: Beim nachfolgenden Beispiel und bei den Aufgaben des Abschnitts 8.8 wird die Aussage 2. gebraucht. Bei Fragestellungen der Testtheorie (Kapitel 10) werden wir beide Aussagen konstruktiv nutzen.

c) Auf einen Beweis des Approximationssatzes wird an dieser Stelle verzichtet. Wir verweisen diesbezüglich auf weiterführende Literatur (etwa Krengel [86], §5, Satz 5.4).

Wir wenden diesen Satz bei unserem Beispiel 8.8 (Würfelwurf) an. Die Zufallsvariable X ist $B(1200, \frac{1}{6})$-verteilt, also bestimmt man mit den aus Abschnitt 5.1 bekannten Formeln den Erwartungswert $\mu = E(X)$ und die Varianz $\sigma^2 = Var(X)$:

$$\mu = E(X) = \frac{1200}{6} = 200 \quad \text{und} \quad \sigma = \sqrt{Var(X)} = \sqrt{1200 \cdot \frac{1}{6} \cdot \frac{5}{6}} = \frac{1}{6}\sqrt{6000}.$$

Durch Anwendung dieses Satzes ergibt sich

$$P(180 \le X \le 220) \approx \Phi\left(\frac{220 - \mu}{\sigma}\right) - \Phi\left(\frac{180 - \mu}{\sigma}\right).$$

Mittels der Tabelle der Standard-Normalverteilung erhält man

$$\Phi\left(\frac{220 - \mu}{\sigma}\right) \cong \Phi(0,26) \cong 0,6026,$$

$$\Phi\left(\frac{180 - \mu}{\sigma}\right) \cong \Phi(-0,26) \cong 1 - \Phi(0.26) = 0,3974.$$

Also gilt: $P(180 \le X \le 220) \approx 0,6026 - 0,3974 = 0,2052$.

Anmerkung

Woher weiß man bei Aufgaben, ob das n groß genug ist, um eine gute Näherungslösung mittels der Standard-Normalverteilung zu erhalten?

Als „Faustregel" für die Anwendung des Approximationssatzes kann folgende Bedingung dienen: Für die Varianz der Binomialverteilung sollte gelten:

$$\sigma \ge 3, \quad \text{d. h.} \quad n \cdot p \cdot (1 - p) \ge 9.$$

Es ist also nicht sinnvoll, bei $n = 1000$ und $p = 0,001$, $1 - p = 0,999$ den Satz von de Moivre/Laplace anzuwenden: Zwar ist n sehr groß, es ist aber $n \cdot p \cdot (1 - p) = 0,999$. Für diesen Fall benutzt man zur Lösung die diskrete Poisson-Verteilung, die wir aber nicht behandelt haben.

8.5.4   Die Sigma-Regeln für die Normalverteilung

Um eine Vorstellung von der Bedeutung der Standardabweichung σ bei der Normalverteilung zu bekommen, soll

$$P_{\mu,\sigma}([\mu - k\sigma, \mu + k\sigma]) \quad \text{für} \quad k \in \mathbb{N}$$

berechnet werden.

[Dabei soll der Index bei dieser Wahrscheinlichkeit wieder andeuten, dass sie sich mit der Dichtefunktion $f_{\mu,\sigma}$ berechnen lässt.]

Wegen des Transformationssatzes (Satz 8.5 in Abschnitt 8.5.2) gilt

$$P_{\mu,\sigma}([\mu - k\sigma, \mu + k\sigma])$$
$$= \Phi\left(\frac{\mu + k\sigma - \mu}{\sigma}\right) - \Phi\left(\frac{\mu - k\sigma - \mu}{\sigma}\right)$$
$$= \Phi(k) - \Phi(-k) = \Phi(k) - (1 - \Phi(k)) = 2\Phi(k) - 1.$$

Mittels der Tabelle der Funktion Φ (nach Abschnitt 8.8) erhält man

$$P_{\mu,\sigma}([\mu - k\sigma, \mu + k\sigma]) = \begin{cases} 2 \cdot 0,8413 - 1 = 0,6826 & \text{für } k = 1 \\ 2 \cdot 0,9772 - 1 = 0,9544 & \text{für } k = 2 \\ 2 \cdot 0,9987 - 1 = 0,9974 & \text{für } k = 3 \end{cases}.$$

Interpretation dieser Ergebnisse:

Ist eine bestimmte Größe normalverteilt mit dem Erwartungswert μ und der Standardabweichung σ, so gilt:

- rund 68 % der Beobachtungswerte liegen im Intervall $[\mu - 1\sigma, \mu + 1\sigma]$,
- rund 95 % der Beobachtungswerte liegen im Intervall $[\mu - 2\sigma, \mu + 2\sigma]$,
- rund 99 % der Beobachtungswerte liegen im Intervall $[\mu - 3\sigma, \mu + 3\sigma]$.

Diese drei Tatsachen bezeichnet man als die **Sigma-Regeln** der Normalverteilung.

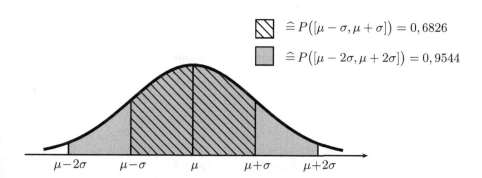

$$\widehat{=} P([\mu - \sigma, \mu + \sigma]) = 0,6826$$

$$\widehat{=} P([\mu - 2\sigma, \mu + 2\sigma]) = 0,9544$$

8.6 Erwartungswert und Varianz für Verteilungsfunktionen mit Dichten

Im Abschnitt 4.3 haben wir die Begriffe **Erwartungswert und Varianz für eine diskrete Zufallsvariable** eingeführt: Diese Zahlen sind definiert durch gewisse Summen (endlich viele Summanden) oder Reihen (abzählbar-unendlich viele Summanden), wobei die einzelnen Summanden mittels der Werte der diskreten Zufallsvariable gebildet werden, und diese hat entweder endlich viele oder abzählbar unendlich viele Werte.

In diesem Abschnitt 8.6 werden die Begriffe **Erwartungswert und Varianz für Verteilungsfunktionen mit Dichten** eingeführt: Diese Begriffe sind hier definiert durch Integrale, wobei die zu integrierende Funktion mittels der Dichtefunktion gebildet wird, die auf der überabzählbar-unendlichen Menge $\mathbb{R}$ definiert ist.

Definition 8.7 (Erwartungswert)

Sei $F : \mathbb{R} \to \mathbb{R}$ eine Verteilungsfunktion mit einer zugehörigen Dichtefunktion f. Falls $\int_{-\infty}^{+\infty} |t| \cdot f(t)dt$ existiert, heißt

$$\mu := E(F) := \int_{-\infty}^{+\infty} t \cdot f(t)dt$$

der **Erwartungswert der Verteilungsfunktion F mit Dichte f.**   ◆

Definition 8.8 (Varianz)

Sei $F : \mathbb{R} \to \mathbb{R}$ eine Verteilungsfunktion mit einer zugehörigen Dichtefunktion f. Die Zahl

$$\sigma^2 := Var(F) := \int_{-\infty}^{+\infty} (t - \mu)^2 f(t)dt$$

heißt die **Varianz der Verteilungsfunktion mit Dichte f,** falls μ existiert und das uneigentliche Integral $\int\limits_{-\infty}^{+\infty} (t - \mu)^2 f(t)dt$ existiert.

Die Zahl $\sigma = \sqrt{Var(F)}$ heißt **Standardabweichung der Verteilungsfunktion F mit Dichte f.**

◆

Hinweise

1. Bei der Definition des Erwartungswerts hat die Bedingung der Existenz von $\int_{-\infty}^{+\infty} |t| f(t)dt$ theoretische Hintergründe, auf die hier nicht eingegangen werden kann. Zur Erhellung dieses allgemeinen Hintergrunds verweisen wir wieder auf weiterführende Literatur (etwa Krengel [86], §10, insbesondere Satz 10.10).

2. Der Leser erkennt die Analogie dieser Definition zur Definition der Termini Erwartungswert und Varianz bei diskreten Zufallsvariablen:
   Bei den diskreten Zufallsvariablen werden Summen gebildet aus den Summanden $x_i \cdot P(X = x_i)$ mit $i \in \mathbb{N}$ beim Erwartungswert und den Summanden $(x_i - \mu)^2 \cdot P(X = x_i)$ mit $i \in \mathbb{N}$ bei der Varianz. Hier nun werden Integrale gebildet, da ja keine *diskreten* Werte einer Zufallsvariablen vorliegen, sondern eine (bis auf endlich viele Sprungstellen) *stetige* Dichtefunktion gegeben ist.

3. Der Leser wird sich vielleicht fragen, warum die Begriffe Erwartungswert und Varianz nicht für *abstrakte* Zufallsvariable definiert werden, sondern nur für stetige Verteilungsfunktionen. Darauf wird in unserer Darstellung ganz bewusst verzichtet – und zwar aus zwei Gründen:

- Der Begriff der abstrakten Zufallsvariablen gehört in das Gebiet der Maßtheorie, welches wir im vorliegenden elementaren Werk zur Stochastik nicht behandeln. Für Kurzinformationen dazu sei auf den folgenden Abschnitt 8.7 verwiesen.
- Für alle praktischen Anwendungen ist es völlig ausreichend, Erwartungswerte und Varianzen für mittels Dichtefunktionen gegebene stetige Verteilungsfunktionen berechnen zu können.

In den vorangehenden Kapiteln sind drei konkrete, für die Praxis wichtige Verteilungsfunktionen mit ihren zugehörigen Dichtefunktionen vorgestellt worden. Für diese drei Verteilungsfunktionen sollen nun jeweils Erwartungswert und Varianz berechnet werden.

Satz 8.7 (Erwartungswert und Varianz der Rechteckverteilung)
Die Rechteckverteilung $R([a, b])$ mit der Dichtefunktion

$$f(t) = \begin{cases} \frac{1}{b-a} & \text{für } t \in [a, b] \\ 0 & \text{sonst} \end{cases}$$

besitzt den Erwartungswert

$$\mu = E(R[a, b]) = \frac{a+b}{2}$$

und die Varianz

$$\sigma^2 = Var(R[a, b]) = \frac{(b-a)^2}{12}.$$

Beweis:

$$\begin{aligned}
\mu &= \int_{-\infty}^{+\infty} t \cdot f(t)dt = \int_a^b t \cdot f(t)dt = \frac{1}{b-a} \int_a^b t \, dt \\
&= \frac{1}{b-a} \cdot \left[\frac{1}{2}t^2\right]_a^b = \frac{1}{b-a} \cdot \frac{1}{2} \cdot (b^2 - a^2) = \frac{1}{2} \cdot (a+b) \\
\sigma^2 &= \int_{-\infty}^{+\infty} (t-\mu)^2 \cdot f(t)dt = \int_a^b (t-\mu)^2 \cdot \frac{1}{b-a} dt \\
&= \frac{1}{b-a} \int_a^b (t^2 - 2\mu t + \mu^2)dt = \frac{1}{b-a} \left[\frac{1}{3}t^3 - \mu t^2 + \mu^2 t\right]_a^b \\
&\overset{(*)}{=} \frac{1}{b-a} \cdot \left[\frac{1}{3}(b^3 - a^3) - \frac{1}{2}(a+b)(b^2 - a^2) + \frac{1}{4}(a+b)^2(b-a)\right] \\
&= \frac{1}{b-a} \left[\frac{1}{12}(b^3 - a^3) + \frac{1}{4}(a^2 b - ab^2)\right]
\end{aligned}$$

$$= \frac{1}{12} \cdot [(b^2 + ab + a^2) - 3ab]$$

$$= \frac{1}{12} \cdot (b - a)^2.$$

Bei der Berechnung von σ^2 wurde beim fünften Gleichheitszeichen $(*)$ der für μ berechnete Wert eingesetzt. $\square$

Satz 8.8 (Erwartungswert und Varianz der Exponentialverteilung)
Die Exponentialverteilung $EXP(\lambda)$ mit der Dichtefunktion

$$f(t) = \begin{cases} \lambda \cdot e^{-\lambda t} & \text{für } t \geq 0 \\ 0 & \text{für } t < 0 \end{cases}$$

hat den Erwartungswert

$$\mu = E(EXP(\lambda)) = \frac{1}{\lambda}$$

und die Varianz

$$\sigma^2 = Var(EXP(\lambda)) = \frac{1}{\lambda^2}.$$

Beweis:

$$
\begin{aligned}
E(EXP(\lambda)) &= \int_{-\infty}^{+\infty} t \cdot f(t) dt = \int_0^{+\infty} t \cdot \lambda \cdot e^{-\lambda t} dt \\
&= \lim_{x \to \infty} \int_0^x t \cdot \lambda \cdot e^{-\lambda t} dt \\
&\overset{(a)}{=} \lim_{x \to \infty} \left(\left[t \cdot (-e^{-\lambda t}) \right]_0^x - \int_0^x (-e^{-\lambda t}) dt \right) \\
&= \lim_{x \to \infty} \left(\left[t \cdot (-e^{-\lambda t}) \right]_0^x - \left[\frac{1}{\lambda} e^{-\lambda t} \right]_0^x \right) \\
&= \lim_{x \to \infty} \left(-x \cdot e^{-\lambda x} - \frac{1}{\lambda} e^{-\lambda x} + \frac{1}{\lambda} \right) \\
&\overset{(b)}{=} \frac{1}{\lambda}.
\end{aligned}
$$

Bei (a) wurde partielle Integration, bei (b) wurde die Gültigkeit von $\lim_{x \to \infty} x^n \cdot e^{-x} = 0$ (hier für $n = 1$ und $n = 0$) benutzt.

$$
\begin{aligned}
Var(EXP(\lambda)) &= \int_{-\infty}^{+\infty} (t - \mu)^2 f(t) dt = \int_0^{+\infty} (t - \frac{1}{\lambda})^2 \cdot \lambda \cdot e^{-\lambda t} dt \\
&= \int_0^{+\infty} (\lambda t^2 - 2t + \frac{1}{\lambda}) \cdot e^{-\lambda t} dt.
\end{aligned}
$$

Daraus ergeben sich drei Einzelintegrale, welche jeweils durch Benutzung der partiellen Integration berechnet werden können. Es ergibt sich $Var(EXP(\lambda)) = \frac{1}{\lambda^2}$. $\square$

Satz 8.9 (Erwartungswert und Varianz der Normalverteilung)

Die Normalverteilung $N(\mu, \sigma^2)$ mit ihrer Dichtefunktion

$$f_{\mu,\sigma}(t) = \frac{1}{\sigma \cdot \sqrt{2\pi}} \cdot \exp[-\frac{1}{2}(\frac{t-\mu}{\sigma})^2]$$

hat den Erwartungswert

$$E(N(\mu, \sigma^2)) = \mu$$

und die Varianz

$$Var(N(\mu, \sigma^2)) = \sigma^2.$$

Bemerkung

Durch die beiden Aussagen des letzten Satzes ist im Nachhinein gerechtfertigt, dass wir in Abschnitt 8.5 von der *Normalverteilung mit Erwartungswert μ und Varianz σ^2* gesprochen haben: Der Parameter μ ist wirklich ein Erwartungswert und der Parameter σ^2 ist wirklich eine Varianz.

Nun der **Beweis:**

a) Zur Berechnung des Erwartungswertes

$$
\begin{aligned}
E(N(\mu, \sigma^2)) &= \int_{-\infty}^{+\infty} t \cdot f_{\mu,\sigma}(t)\,dt \\
&= \int_{-\infty}^{+\infty} \frac{1}{\sigma \cdot \sqrt{2\pi}} \cdot t \cdot \exp\left[-\frac{1}{2}(\frac{t-\mu}{\sigma})^2\right] dt \\
&= \int_{-\infty}^{+\infty} \frac{1}{\sigma \cdot \sqrt{2\pi}} \cdot (t-\mu) \cdot \exp\left[-\frac{1}{2}(\frac{t-\mu}{\sigma})^2\right] dt \\
&\quad + \int_{-\infty}^{+\infty} \frac{1}{\sigma \cdot \sqrt{2\pi}} \cdot \mu \cdot \exp\left[-\frac{1}{2}(\frac{t-\mu}{\sigma})^2\right] dt \\
&= \int_{-\infty}^{+\infty} \frac{\sigma}{\sqrt{2\pi}} \cdot \frac{1}{\sigma} \cdot (\frac{t-\mu}{\sigma}) \cdot \exp\left[-\frac{1}{2}(\frac{t-\mu}{\sigma})^2\right] dt \\
&\quad + \int_{-\infty}^{+\infty} \frac{1}{\sqrt{2\pi}} \cdot \mu \cdot \frac{1}{\sigma} \cdot \exp\left[-\frac{1}{2}(\frac{t-\mu}{\sigma})^2\right] dt \\
&\overset{(*)}{=} \int_{-\infty}^{+\infty} \frac{\sigma}{\sqrt{2\pi}} \cdot u \cdot \exp\left[-\frac{1}{2}u^2\right] du \\
&\quad + \int_{-\infty}^{+\infty} \frac{1}{\sqrt{2\pi}} \cdot \mu \cdot \exp\left[-\frac{1}{2}u^2\right] du.
\end{aligned}
$$

An der Stelle $(*)$ wurde die Substitution $u := \varphi(t) = \frac{t-\mu}{\sigma}$ benutzt.
Der erste Summand ist gleich Null.
Begründung: Die Integrandenfunktion $g(u) = \frac{\sigma}{\sqrt{2\pi}} \cdot u \cdot \exp[-\frac{1}{2}u^2]$ ist eine ungerade Funktion (man überprüft, dass $g(-u) = -g(u)$ für $u \in \mathbb{R}$ ist). Es folgt:

$$\int_{-\infty}^{0} g(u)\,du = -\int_{0}^{+\infty} g(u)\,du.$$

Das bedeutet

$$\int_{-\infty}^{+\infty} g(u) = \int_{-\infty}^{0} g(u)du + \int_{0}^{+\infty} g(u)du = 0.$$

Der zweite Summand ist gleich μ.

Begründung: Da $\varphi(u) := \frac{1}{\sqrt{2\pi}} \cdot \exp[-\frac{1}{2}u^2]$ eine Dichtefunktion ist, gilt

$$\int\limits_{-\infty}^{+\infty} \frac{1}{\sqrt{2\pi}} \exp[-\frac{1}{2}u^2] = 1.$$

b) Zur Berechnung der Varianz

$$
\begin{aligned}
Var(N(\mu, \sigma^2)) &= \int_{-\infty}^{+\infty} (t-\mu)^2 \cdot f_{\mu,\sigma}(t)dt \\
&= \frac{1}{\sigma \cdot \sqrt{2\pi}} \cdot \int_{-\infty}^{+\infty} (t-\mu)^2 \cdot \exp\left[-\frac{1}{2}(\frac{t-\mu}{\sigma})^2\right] dt \\
&= \frac{\sigma^2}{\sqrt{2\pi}} \int_{-\infty}^{+\infty} \frac{1}{\sigma} \cdot (\frac{t-\mu}{\sigma})^2 \cdot \exp\left[-\frac{1}{2}(\frac{t-\mu}{\sigma})^2\right] dt \\
&\overset{(1)}{=} \frac{\sigma^2}{\sqrt{2\pi}} \cdot \int_{-\infty}^{+\infty} u^2 \cdot \exp[-\frac{1}{2}u^2]du \\
&= \frac{\sigma^2}{\sqrt{2\pi}} \cdot \int_{-\infty}^{+\infty} u \cdot (u \cdot \exp(-\frac{1}{2}u^2))du \\
&\overset{(2)}{=} \frac{\sigma^2}{\sqrt{2\pi}} \cdot \left(\left[u \cdot (-\exp(-\frac{1}{2}u^2))\right]_{-\infty}^{+\infty} \right. \\
&\qquad\qquad \left. - \int_{-\infty}^{+\infty} 1 \cdot \left(-\exp(-\frac{1}{2}u^2)\right) du \right) \\
&\overset{(3)}{=} \frac{\sigma^2}{\sqrt{2\pi}}(0 + \sqrt{2\pi}) \\
&= \sigma^2.
\end{aligned}
$$

Erläuterungen

Zu (1): Substitutionsregel anwenden mit $u := \varphi(t) = \frac{t-\mu}{\sigma}$.

Zu (2): Partielle Integration mit $f(u) = u$ und $g'(u) = u \cdot \exp(-\frac{1}{2}u^2)$.

Zu (3): Da $\varphi(u) := \frac{1}{\sqrt{2\pi}} \cdot \exp(-\frac{1}{2}u^2)$ eine Dichtefunktion ist, gilt

$\int\limits_{-\infty}^{+\infty} \frac{1}{\sqrt{2\pi}} \exp(-\frac{1}{2}u^2)du = 1$. Das ist äquivalent zu $\int\limits_{-\infty}^{+\infty} \exp(-\frac{1}{2}u^2)du = \sqrt{2\pi}$.

$\square$

8.7 Ausblick: Abstrakte Zufallsvariable

8.7.1 Messbare Abbildungen

Wir erinnern an die Definition 7.5 aus Kapitel 7: Ein Messraum ist ein Paar $(\Omega, \mathcal{A})$ bestehend aus einer nichtleeren Menge Ω und einer σ-Algebra $\mathcal{A}$ auf Ω.

Zum besseren Verständnis des Folgenden geben wir zunächst einen Hinweis für eine im Folgenden verwendete Bezeichnung. Sind Ω und Ω' Mengen und ist $T : \Omega \to \Omega'$ eine Abbildung, so wird für $A' \subset \Omega'$ die Menge der Urbilder von Elementen von A' mit $f^{-1}(A')$ bezeichnet, also $f^{-1}(A') = \{\omega \in \Omega | f(\omega) \in A'\}$.

Definition 8.9 (Messbare Abbildung, Zufallsvariable)
1. Es seien $(\Omega, \mathcal{A})$ und $(\Omega', \mathcal{A}')$ Messräume, und es sei $T : \Omega \to \Omega'$ eine Abbildung. T heißt **messbar**, falls gilt:

   [M] $\qquad T^{-1}(A') \in \mathcal{A} \quad$ für alle $\quad A' \in \mathcal{A}'$.

2. Sei $(\Omega, \mathcal{A}, P)$ ein Wahrscheinlichkeitsraum und $(\Omega', \mathcal{A}')$ ein Messraum. Dann heißt eine messbare Abbildung $T : \Omega \to \Omega'$ **Zufallsvariable**.

$\blacklozenge$

Das Ziel dieses Teilabschnitts ist es, für die Definition einer messbaren Abbildung eine im Vergleich zur sehr unhandlichen Bedingung [M] einfacher zu überprüfende Bedingung zu finden.

Entscheidendes Hilfsmittel im Hinblick auf dieses Ziel ist folgende Aussage.

Satz 8.10
Seien $(\Omega, \mathcal{A})$ und $(\Omega', \mathcal{A}')$ Messräume und $T : \Omega \to \Omega'$ eine messbare Abbildung. Dann ist das Mengensystem

$$\mathcal{D}' := \{A' \subset \Omega' | T^{-1}(A') \in \mathcal{A}\}$$

eine σ-Algebra auf Ω'.

Beweis: Zu [σ1]: Es ist $T^{-1}(\Omega') = \{\omega \in \Omega | T(\omega) \in \Omega'\} = \Omega$. Da $\mathcal{A}$ σ-Algebra ist, gilt $\Omega \in \mathcal{A}$. Das bedeutet $\Omega' \in \mathcal{D}'$.
Zu [σ2]: Sei $A' \in \mathcal{D}'$, d. h. $T^{-1}(A') \in \mathcal{A}$. Dann gilt

$$
\begin{aligned}
T^{-1}(\overline{A'}) &= \{\omega \in \Omega | T(\omega) \in \overline{A'}\} = \{\omega \in \Omega | T(\omega) \notin A'\} \\
&= \overline{\{\omega \in \Omega | T(\omega) \in A'\}} = \overline{T^{-1}(A')}.
\end{aligned}
$$

Da $\mathcal{A}$ σ-Algebra ist, gilt $\overline{T^{-1}(A')} \in \mathcal{A}$. Das bedeutet $\overline{A'} \in \mathcal{D}'$.
Zu [σ3]: Seien $A_i' \in \mathcal{D}'$, d. h. $T^{-1}(A_i') \in \mathcal{A}$ ($i \in \mathrm{IN}$). Dann gilt:

$$T^{-1}\left(\bigcup_{i=1}^{\infty} A_i'\right) = \left\{\omega \in \Omega \,\middle|\, T(\omega) \in \bigcup_{i=1}^{\infty} A_i'\right\}$$

$$= \bigcup_{i=1}^{\infty} \{\omega \in \Omega | T(\omega) \in A_i'\}$$

$$= \bigcup_{i=1}^{\infty} T^{-1}(A_i').$$

Da $\mathcal{A}$ eine σ-Algebra ist, gilt $\bigcup_{i=1}^{\infty} T^{-1}(A_i') \in \mathcal{A}$. Das bedeutet: $\bigcup_{i=1}^{\infty} A_i' \in \mathcal{D}'$. Damit ist Satz 8.10 bewiesen.

□

Seien weiterhin $(\Omega, \mathcal{A}), (\Omega', \mathcal{A}')$ Messräume. Sei ferner $\mathcal{F}'$ ein Erzeuger von $\mathcal{A}'$. Das heißt: $\mathcal{F}'$ ist eine Familie von Teilmengen von Ω mit der Eigenschaft, dass $\mathcal{A}'$ die kleinste σ-Algebra ist, die $\mathcal{F}'$ enthält. Das Standardbeispiel für einen Erzeuger ist aus Teilabschnitt 7.2.1 bekannt: Das Mengensystem

$$\mathcal{I} = \{]a, b] | a, b \in \mathbb{R}, a < b\}$$

der nach links halboffenen Intervalle ist ein Erzeuger von $\mathcal{B}(\mathcal{I})$; das System der Borelmengen $\mathcal{B}(\mathcal{I})$ ist nämlich die kleinste σ-Algebra, die $\mathcal{I}$ enthält.

Sei $T : \Omega \to \Omega'$ eine Abbildung. Zum Nachweis, dass T messbar ist, muss man die Bedingung [M] aus Definition 8.9 prüfen, also zeigen, dass $T^{-1}(A') \in \mathcal{A}$ für alle $A' \in \mathcal{A}'$. Wir behaupten nun, dass man nur zeigen muss, dass $T^{-1}(A') \in \mathcal{A}$ für alle $A' \in \mathcal{F}'$.

Satz 8.11

Gilt $T^{-1}(A') \in \mathcal{A}$ für alle $A' \in \mathcal{F}'$, dann gilt auch $T^{-1}(A') \in \mathcal{A}$ für alle $A' \in \mathcal{A}'$.

Beweis: Wir benötigen im Beweis das Mengensystem $\mathcal{D}'$ aus Satz 8.10. Es gelte (nach Voraussetzung): $T^{-1}(A') \in \mathcal{A}$ für alle $A' \in \mathcal{F}'$. Das bedeutet $\mathcal{F}' \subset \mathcal{D}'$. Nach Satz 8.10 ist $\mathcal{D}'$ aber eine σ-Algebra. Da nun $\mathcal{A}'$ die kleinste σ-Algebra ist, die $\mathcal{F}'$ enthält, muss die σ-Algebra $\mathcal{D}'$, die ebenfalls $\mathcal{F}'$ enthält, größer als $\mathcal{A}'$ sein; das bedeutet $\mathcal{A}' \subset \mathcal{D}'$. Das ist gleichbedeutend damit, dass $T^{-1}(A') \in \mathcal{A}$ für alle $A' \in \mathcal{A}'$ gilt.

□

Folgerung

Seien $(\Omega, \mathcal{A})$ und $(\Omega', \mathcal{A}')$ Messräume, sei $\mathcal{F}'$ ein Erzeuger von $\mathcal{A}'$ und sei $T : \Omega \to \Omega'$ eine Abbildung. Falls dann gilt

[M*] $T^{-1}(A') \in \mathcal{A}$ für alle $A' \in \mathcal{F}'$,

ist T messbar.

8.7.2   Zufallsvariable mit Werten in $\mathbb{R}$

Sei $(\Omega, \mathcal{A}, P)$ ein Wahrscheinlichkeitsraum und $(\mathbb{R}, \mathcal{B}(\mathcal{I}))$ der Messraum der reellen Zahlen mit dem System der Borelmengen. Wegen der Folgerung zu Satz 8.11 ist eine Abbildung $T : \Omega \to \mathbb{R}$ eine Zufallsvariable, falls gilt

[ZV] $\qquad T^{-1}(]a,b]) \in \mathcal{A} \qquad$ für jedes nach links halboffene Intervall $]a,b] \in \mathcal{I}$.

Diesen Sachverhalt halten wir fest in der Definition einer Zufallsvariablen mit Werten in $\mathbb{R}$; solche Zufallsvariablen werden nun (wie üblich) mit X bezeichnet.

Definition 8.10 (Zufallsvariable mit Werten in $\mathbb{R}$)
Sei $(\Omega, \mathcal{A}, P)$ ein Wahrscheinlichkeitsraum und $(\mathbb{R}, \mathcal{B}(\mathcal{I}))$ der Messraum der reellen Zahlen mit dem System der Borelmengen. Eine Abbildung $X : \Omega \to \mathbb{R}$ heißt **Zufallsvariable mit Werten in $\mathbb{R}$**, falls

[ZV] $\qquad X^{-1}(]a,b]) \in \mathcal{A} \qquad$ für alle Intervalle $\quad]a,b] \in \mathcal{I}$. $\qquad \blacklozenge$

Wir führen nun bezüglich des Wahrscheinlichkeitsraums $(\Omega, \mathcal{A}, P)$ eine Fallunterscheidung durch.

Fall 1: Ω ist endlich oder abzählbar-unendlich.
In diesem Fall wählen wir als σ-Algebra $\mathcal{A}$ die Potenzmenge von Ω, also $\mathcal{P}(\Omega)$. Da alle Urbilder $X^{-1}(]a,b])$ Teilmengen von Ω sind, also Elemente von $\mathcal{P}(\Omega)$ sind, ist die Bedingung [ZV] automatisch erfüllt.

Die Bedingung [ZV] ist also überflüssig; eine Zufallsvariable ist also einfach eine Abbildung $X : \Omega \to \mathbb{R}$. Der Leser erkennt, dass man damit genau die Definition einer Zufallsvariablen in Abschnitt 4.1 hat.

Fall 2: Ω ist überabzählbar-unendlich.
In diesem Fall ist die Bedingung [ZV] entscheidend! Doch Beispiele für solche Zufallsvariable tauchen in der Praxis nicht auf: Bei Anwendungen ist es immer so, dass Wahrscheinlichkeiten von Intervallen ermittelt werden sollen. Bei Aufgaben und Fragestellungen ist niemals ein Raum $(\Omega, \mathcal{A}, P)$ gegeben, sondern es geht einzig um die Berechnung von Wahrscheinlichkeiten in dem Wahrscheinlichkeitsraum $(\mathbb{R}, \mathcal{B}(\mathcal{I}), P)$.

Das Nichtvorhandensein eines Wahrscheinlichkeitsraums $(\Omega, \mathcal{A}, P)$ bzw. das reine Arbeiten im Wahrscheinlichkeitsraum $(\mathbb{R}, \mathcal{B}(\mathcal{I}), P)$ ist der entscheidende Grund, warum wir im Kapitel 8 auf die Behandlung von Zufallsvariablen verzichteten.

8.8 Aufgaben und Ergänzungen

1. Weisen Sie nach, dass folgende Funktionen Dichtefunktionen sind:

a) $f_1(t) = \begin{cases} \frac{1}{2\pi} \cdot (1 - \cos t) & \text{für } 0 \leq t \leq 2\pi \\ 0 & \text{sonst} \end{cases}$

b) $f_2(t) = \begin{cases} -\frac{1}{36}t^2 + \frac{1}{18}t + \frac{2}{9} & \text{für } -2 \leq t \leq 4 \\ 0 & \text{sonst} \end{cases}$

Bestimmen Sie anschließend für die zugehörigen Verteilungsfunktionen F_1 und F_2 den Erwartungswert und die Varianz.

2. Führen Sie die zur Bemerkung 1 nach Definition 8.3 und zur Bemerkung 1 nach Definition 8.4 gehörigen Rechnungen durch.

3. In einem Betrieb, welcher Plastikfolien herstellt, werden an einigen Maschinen Folienstreifen einer bestimmten Breite zugeschnitten und dann auf eine Rolle gewickelt. Die von den Maschinen produzierten Streifen sind auf der gesamten Länge gleichmäßig breit. An einer bestimmten Maschine M liegen die Breiten der Streifen einer Wochenproduktion in einem Toleranzbereich zwischen 79,7 cm und 80,5 cm. Aufgrund von Stichproben hat die Produktionsabteilung eine Verteilungsfunktion für die Wahrscheinlichkeit, dass ein von Maschine M produzierter Streifen höchstens x cm breit ist, ermittelt. Sie lautet:

$$P(]-\infty, x]) = \begin{cases} 0 & \text{für } x < 79,7 \\ 1,25x - 99,625 & \text{für } 79,7 \le x \le 80,5 \\ 1 & \text{für } x > 80,5 \end{cases}$$

   a) Handelt es sich um eine stetige Verteilungsfunktion?
   b) Gibt es eine Dichtefunktion, so dass $P(]-\infty, x])$ mittels dieser Dichtefunktion berechnet werden kann?

4. Die Exponentialverteilung kann auch bei Situationen herangezogen werden, bei denen es um Wartezeiten geht: Wenn man die durchschnittliche Wartezeit zwischen zwei Ereignissen kennt (bzw. empirisch ermittelt hat) und man weiter annimmt, dass solche Ereignise unabhängig voneinander eintreten, kann man die Wartezeit von einem Zeitpunkt t_0 bis zum Eintreten des nächsten Ereignisses mittels der Exponentialverteilung modellieren.

   Als Beispiel sei folgende Aufgabe gestellt:

   Bei einer bestimmten Eisenbahngesellschaft sollen an Werktagen zwischen 05:45 Uhr und 23:45 Uhr stündlich Züge von einer Stadt A zu einer Stadt B fahren. Ein Kunde, der jeden Morgen um 06:45 Uhr einen Zug nehmen will, hat festgestellt, dass die Abfahrtszeit in den seltensten Fällen eingehalten wird und Verspätungen häufig sind. Der Kunde beschließt verärgert, nicht mehr dem Fahrplan zu glauben. Er entscheidet sich dafür, täglich um 07:00 Uhr am Bahnhof einzutreffen und für die Wartezeit von 07:00 Uhr bis zum Eintreffen des Zuges das Modell der Exponentialverteilung mit dem Erwartungswert 60 Minuten zu benutzen.

   Wie groß ist die Wahrscheinlichkeit, dass er

   (a) weniger als 10 Minuten,

   (b) mehr als 30 Minuten

   bis zum Eintreffen eines Zuges wartet?

   Ergänzung

   Es sei kritisch angemerkt, dass die von dem verärgerten Kunden vorgenommene Modellierung der Wartezeit-Situation durch die Exponentialverteilung sicherlich nicht ganz angemessen ist: Durch die völlige Außerachtlassung des Fahrplans (mittels der Modellannahme, dass die Züge unabhängig voneinander und zufällig eintreffen) wird das Bemühen der Bahngesellschaft, die Abfahrtszeigen möglichst einzuhalten, gänzlich ignoriert.

Wirklich adäquat ist die Benutzung der Exponentialverteilung aber etwa bei der Wartezeit auf Linienbusse während des Berufsverkehrs in einer Großstadt.

Der Leser möge sich selbst weitere Situationen aus dem Alltag überlegen, bei denen die Benutzung der Exponentialverteilung sinnvoll ist.

5. Es sei Φ die $N(0,1)$-Verteilung (Teilabschnitt 8.5.2). Zeigen Sie: Für $z \in \mathbb{R}^+$ gilt $\Phi(-z) = 1 - \phi(z)$.

6. Bei einem großen Elektronik-Konzern werden in einer Fertigungsabteilung Festplatten für Computer produziert; insbesondere werden dort mittels eines Feinschleifprozesses Positionierköpfe für die Schreib-Lese-Köpfe der Festplatten hergestellt. Aufgrund wiederholt durchgeführter Messungen der Durchmesser der Positionierköpfe wird für die Modellierung der möglichen Durchmesser der Positionierköpfe eine $N(\mu, \sigma^2)$-verteilte Funktion genommen mit $\mu = 4,15$ mm und $\sigma = 0,064$ mm. Berechnen Sie die folgenden Wahrscheinlichkeiten:

   (a) P (Kopfdurchmesser $\leq 4,23$),

   (b) P (Kopfdurchmesser $\leq 4,09$).

   Die Leitung dieser Fertigungsabteilung möchte eine Konstante $c \in \mathbb{R}^+$ finden, so dass (bezogen auf eine Tagesproduktion) die Köpfe mit einem Durchmesser außerhalb des Intervalls $[\mu - c, \mu + c]$ nicht mehr als 10 % ausmachen.

   (c) Wie muss diese Konstante c gewählt werden?

7. Ein Hotel hat 200 Einzelzimmer. Die Hotelmanagerin weiß, dass eine Zimmerreservierung mit einer Wahrscheinlichkeit von $p = \frac{1}{5}$ annuliert wird. Wie viele Reservierungen kann die Managerin für einen bestimmten Tag akzeptieren, wenn sie die Vorgabe macht, dass die Wahrscheinlichkeit einer Überbuchung höchstens 0,025 betragen soll?

8. Ein Meinungsforschungsinstitut soll im Auftrag der Partei XYZ den Stimmenanteil dieser Partei bei der nächsten Bundestagswahl prognostizieren. Das Institut befolgt einen selbst auferlegten Grundsatz: Die Wahrscheinlichkeit, dass der Stimmenanteil für XYZ bei der Umfrage um weniger als 1 % von dem Wahlergebnis für XYZ abweicht, soll mindestens 95 % betragen.

   Wie viele Wahlberechtigte muss das Institut befragen?

Tabelle der Standard-Normalverteilung

x	0,00	0,01	0,02	0,03	0,04	0,05	0,06	0,07	0,08	0,09
0,0	0,5000	0,5040	0,5080	0,5120	0,5160	0,5199	0,5239	0,5279	0,5319	0,5359
0,1	0,5398	0,5438	0,5478	0,5517	0,5557	0,5596	0,5636	0,5675	0,5714	0,5753
0,2	0,5793	0,5832	0,5871	0,5910	0,5948	0,5987	0,6026	0,6064	0,6103	0,6141
0,3	0,6179	0,6217	0,6255	0,6293	0,6331	0,6368	0,6406	0,6443	0,6480	0,6517
0,4	0,6554	0,6591	0,6628	0,6664	0,6700	0,6736	0,6772	0,6808	0,6844	0,6879
0,5	0,6915	0,6950	0,6985	0,7019	0,7054	0,7088	0,7123	0,7157	0,7190	0,7224
0,6	0,7257	0,7291	0,7324	0,7357	0,7389	0,7422	0,7454	0,7486	0,7517	0,7549
0,7	0,7580	0,7611	0,7642	0,7673	0,7704	0,7734	0,7764	0,7794	0,7823	0,7852
0,8	0,7881	0,7910	0,7939	0,7967	0,7995	0,8023	0,8051	0,8078	0,8106	0,8133
0,9	0,8159	0,8186	0,8212	0,8238	0,8264	0,8289	0,8315	0,8340	0,8365	0,8389
1,0	0,8413	0,8438	0,8461	0,8485	0,8508	0,8531	0,8554	0,8577	0,8599	0,8621
1,1	0,8643	0,8665	0,8686	0,8708	0,8729	0,8749	0,8770	0,8790	0,8810	0,8830
1,2	0,8849	0,8869	0,8888	0,8907	0,8925	0,8944	0,8962	0,8980	0,8997	0,9015
1,3	0,9032	0,9049	0,9066	0,9082	0,9099	0,9115	0,9131	0,9147	0,9162	0,9177
1,4	0,9192	0,9207	0,9222	0,9236	0,9251	0,9265	0,9279	0,9292	0,9306	0,9319
1,5	0,9332	0,9345	0,9357	0,9370	0,9382	0,9394	0,9406	0,9418	0,9429	0,9441
1,6	0,9452	0,9463	0,9474	0,9484	0,9495	0,9505	0,9515	0,9525	0,9535	0,9545
1,7	0,9554	0,9564	0,9573	0,9582	0,9591	0,9599	0,9608	0,9616	0,9625	0,9633
1,8	0,9641	0,9649	0,9656	0,9664	0,9671	0,9678	0,9686	0,9693	0,9699	0,9706
1,9	0,9713	0,9719	0,9726	0,9732	0,9738	0,9744	0,9750	0,9756	0,9761	0,9767
2,0	0,9772	0,9778	0,9783	0,9788	0,9793	0,9798	0,9803	0,9808	0,9812	0,9817
2,1	0,9821	0,9826	0,9830	0,9834	0,9838	0,9842	0,9846	0,9850	0,9854	0,9857
2,2	0,9861	0,9864	0,9868	0,9871	0,9875	0,9878	0,9881	0,9884	0,9887	0,9890
2,3	0,9893	0,9896	0,9898	0,9901	0,9904	0,9906	0,9909	0,9911	0,9913	0,9916
2,4	0,9918	0,9920	0,9922	0,9925	0,9927	0,9929	0,9931	0,9932	0,9934	0,9936
2,5	0,9938	0,9940	0,9941	0,9943	0,9945	0,9946	0,9948	0,9949	0,9951	0,9952
2,6	0,9953	0,9955	0,9956	0,9957	0,9959	0,9960	0,9961	0,9962	0,9963	0,9964
2,7	0,9965	0,9966	0,9967	0,9968	0,9969	0,9970	0,9971	0,9972	0,9973	0,9974
2,8	0,9974	0,9975	0,9976	0,9977	0,9977	0,9978	0,9979	0,9979	0,9980	0,9981
2,9	0,9981	0,9982	0,9982	0,9983	0,9984	0,9984	0,9985	0,9985	0,9986	0,9986
3,0	0,9987	0,9987	0,9987	0,9988	0,9988	0,9989	0,9989	0,9989	0,9990	0,9990

Quelle: [86], Seite 231

9 Schätzen

9.1 Die Maximum-Likelihood-Methode

Zur Einführung in die Maximum-Likelihood-Methode des Schätzens werden drei motivierende Beispiele gebracht; anschließend erfolgt die Definition des Maximum-Likelihood-Schätzers.

Beispiel 9.1
(Schätzung der Anzahl weißer Kugeln in einer Urne) In einer Urne befinden sich $n = 10$ Kugeln, und zwar schwarze und weiße. Die Anzahl K der weißen Kugeln ist unbekannt und soll mittels einer Ziehung von $n = 3$ Kugeln geschätzt werden. Sei X die Zufallsvariable, die die Anzahl der weißen Kugeln bei dieser Ziehung angibt; X ist hypergeometrisch verteilt. Es sei nun angenommen, dass bei der Ziehung zwei weiße und eine schwarze Kugel gezogen worden sind. Dann ist klar, dass $2 \leq K \leq 9$ gilt. Keiner dieser acht Werte kann ausgeschlossen werden, welcher aber ist am wahrscheinlichsten?

Wir haben (da X ja $H(10, K, 3)$-verteilt ist):

$$P_K(X = 2) = \frac{\binom{K}{2}\binom{10-K}{1}}{\binom{10}{3}}.$$

Um die Abhängigkeit von dem unbekannten K anzudeuten, haben wir $P_K(X = 2)$ geschrieben.

Rechnet man diese Wahrscheinlichkeiten nun für $2 \leq K \leq 9$ aus, erhält man folgende Tabelle:

K	0	1	2	3	4	5	6	7	8	9	10
$P_K(X = 2)$	0	0	$\frac{1}{15}$	$\frac{7}{40}$	$\frac{3}{10}$	$\frac{5}{12}$	$\frac{1}{2}$	$\frac{21}{40}$	$\frac{7}{15}$	$\frac{3}{10}$	0

Nehmen wir nun etwa an, dass $K = 2$ ist. Dann ergibt sich für $P_2(X = 2)$ die sehr kleine Wahrscheinlichkeit $\frac{1}{15}$. Man sucht also in der Tabelle denjenigen Wert für K, bei dem die Wahrscheinlichkeit $P_K(X = 2)$ am größten ist. Das ist für den Wert $K = 7$ der Fall, denn $P_7(X = 2) = \frac{21}{40} = 0,525$. Es ist also plausibel, wenn man nun $K = 7$ als den gesuchten Schätzwert für die Anzahl der weißen Kugeln nimmt. ∎

Diese Idee, dass man zur Schätzung von K denjenigen Wert annimmt, bei dem $P_K(X = 2)$ maximal ist, heißt **Maximum-Likelihood-Ansatz**.

Beispiel 9.2

(Schätzung des Fischbestands in einem See) [Capture-Recaputure-Methode] Ein See enthält eine unbekannte Anzahl N von Fischen einer bestimmten Art. Die für diesen See zuständige Gemeinde möchte diese Anzahl schätzen, um eine Basis für mögliche Angelgenehmigungen zu haben. Dazu wird in diesem See ein größerer Fischfang durchgeführt; bei diesem Fang zählt man die Fische der Art F und markiert sie in geeigneter Weise (etwa mit einem weißen Fleck). Die Anzahl der so markierten Fische sei mit K bezeichnet. Nach einer gewissen Wartezeit wird in diesem See ein weiterer Fischfang durchgeführt; man zählt bei diesem Fang wiederum alle Fische der Art F und schaut nach, wie viele von diesen die weiße Markierung tragen. Die Anzahl der Fische der Art F bei diesem zweiten Fang sei mit n bezeichnet; die Anzahl der weiß markierten Fische unter den n Fischen sei mit k bezeichnet.

Es soll nun die unbekannte Zahl N der Fische der Art F geschätzt werden.

Erste heuristische Möglichkeiten zur Schätzung von N: Der Anteil der markierten Fische beim zweiten Fang, also der Wert $\frac{k}{n}$, muss ungefähr so groß sein wie der Anteil der markierten Fische im See, also wie $\frac{K}{N}$. Das bedeutet $\frac{k}{n} \approx \frac{K}{N}$, d. h. $N \approx \frac{K \cdot n}{k}$.

Es liegt also nahe, die Zahl $\frac{K \cdot n}{k}$ (genauer: die zu $\frac{K \cdot n}{k}$ nächstgelegene ganze Zahl) als Schätzwert für die Anzahl der Fische zu nehmen.

Zweite Möglichkeit zur Schätzung von N: Sei X die Zufallsvariable, welche die Anzahl k der markierten Fische (beim zweiten Fang) angibt. X ist $H(N, K, n)$-verteilt, und es gilt:

$$P_N(X = k) = \frac{\binom{K}{k}\binom{N-K}{n-k}}{\binom{N}{k}}.$$

Um die Abhängigkeit von dem unbekannten N anzudeuten, haben wir $P_N(X = k)$ geschrieben.

Der Maximum-Likelihood-Ansatz besagt nun wieder, denjenigen Wert als Schätzung für N zu nehmen, bei dem $P_N(X = k)$ maximal wird. Das bedeutet: Man muss das Maximum der Werte $P_N(X = k)$ für $N \in \mathbb{N}$ bestimmen. Dazu betrachten wir $P_N(X = k)$ als Funktion von N und nennen diese Funktion L_k. Wir haben also $L_k(N) = \frac{\binom{K}{k} \cdot \binom{N-K}{n-k}}{\binom{N}{n}}$ und wollen bei dieser Funktion das Maximum bezüglich N bestimmen. Dazu dient folgender Ansatz:

$$L_k(N) > L_k(N-1) \quad \Leftrightarrow \quad \frac{L_k(N)}{L_k(N-1)} > 1$$

$$\Leftrightarrow \quad \frac{\binom{K}{k}\binom{N-K}{n-k}}{\binom{N}{n}} \cdot \frac{\binom{N-1}{n}}{\binom{K}{k}\binom{N-1-K}{n-k}} > 1$$

$$\Leftrightarrow \quad \frac{(N-n)\cdot(N-K)}{N\cdot(N-K-n+k)} > 1$$

$$\Leftrightarrow \quad (N-n)\cdot(N-K) > N\cdot(N-K-n+k)$$

$$\Leftrightarrow \quad K\cdot n > k\cdot N$$

$$\Leftrightarrow \quad N < \frac{K\cdot n}{k}.$$

Wir haben also

$$L_k(N) > L_k(N-1) \Leftrightarrow N < \frac{K\cdot n}{k}. \tag{9.1}$$

Völlig analog zeigt man die Äquivalenz

$$L_k(N-1) > L_k(N) \Leftrightarrow N > \frac{K\cdot n}{k}. \tag{9.2}$$

∎

Behauptung: Die Funktion L_k hat bei der Stelle $[\frac{K\cdot n}{k}]$ ihr Maximum.

Hinweis: Für eine reelle Zahl x bezeichnet $[x]$ die größte ganze Zahl, die kleiner/gleich x ist.

Da die Funktion L_k nur für natürliche Zahlen definiert ist, muss hier also statt $\frac{K\cdot n}{k}$ die natürliche Zahl $[\frac{K\cdot n}{k}]$ genommen werden.

Beweis der Behauptung: Ist $N < \frac{K\cdot n}{k}$, gilt $1 \le N \le [\frac{K\cdot n}{K}]$. Wegen (9.1) folgt:

$$L_k\left(\left[\frac{K\cdot n}{k}\right]\right) > L_k\left(\left[\frac{K\cdot n}{k}\right]-1\right) > L_k\left(\left[\frac{K\cdot n}{k}\right]-2\right) > \ldots,$$

das heißt

$$L_k\left(\left[\frac{K\cdot n}{k}\right]\right) > L_k(N) \quad \text{für alle} \quad N \in \mathbb{N} \quad \text{mit} \quad N \le \left[\frac{K\cdot n}{k}\right].$$

Ist $N > \frac{K\cdot n}{k}$, gilt $N \ge [\frac{K\cdot n}{k}]+1$. Wegen (9.2) folgt:

$$L_k\left(\left[\frac{K\cdot n}{k}\right]\right) > L_k\left(\left[\frac{K\cdot n}{k}\right]+1\right) > L_k\left(\left[\frac{K\cdot n}{k}\right]+2\right) > \ldots,$$

das heißt

$$L_k\left(\left[\frac{K\cdot n}{k}\right]\right) > L_k(N) \quad \text{für alle} \quad N \in \mathbb{N} \quad \text{mit} \quad N \ge \left[\frac{K\cdot n}{k}\right]+1.$$

Damit ergibt sich die Behauptung.

Was ist nun die entscheidende Feststellung am Ende dieses Beispiels? Wir haben zunächst die Anzahl N mittels heuristischer Überlegungen geschätzt und den Schätzwert $\frac{K\cdot n}{k}$ erhalten. Dieser recht einfach ermittelte Schätzwert wird auch „Naiver Schätzer" genannt. Anschließend haben wir die Maximalstelle der Funktion $L_k(N) = P_N(X=k)$ mit einigem Aufwand ermittelt und dafür den Wert $[\frac{K\cdot n}{k}]$ erhalten. Dieser Wert wird „Maximum-Likelihood-Schätzung" für die Zahl N genannt und löst unsere Aufgabenstellung.

Beispiel 9.3

(Unbekannte Erfolgswahrscheinlichkeit beim Münzwurf) Eine Münze wird n Mal geworfen. Es sei p die unbekannte Erfolgswahrscheinlickeit für „Wappen". Diese unbekannte Wahrscheinlichkeit soll geschätzt werden.

Sei X diejenige Zufallsvariable, welche die Anzahl der Treffer (also die Anzahl von „Wappen") bei diesen n Würfen angibt. X ist eine $B(n,p)$-verteilte Zufallsvariable, und es gilt:

$$P_p(X = k) = \binom{n}{k} \cdot p^k \cdot (1-p)^{n-k}.$$

Um die Abhängigkeit von p anzudeuten, haben wir $P_p(X = k)$ geschrieben.

Der Maximum-Likelihood-Ansatz besagt nun wieder, denjenigen Wert als Schätzung für p zu nehmen, bei dem $P_p X(=k)$ maximal wird. Das bedeutet: Man muss das Maximum der Werte $P_p(X = k)$ für $p \in [0,1]$ bestimmen. Dazu betrachten wir $P_p(X = k)$ als Funktion von p und nennen diese Funktion L_k. Wir haben also

$$L_k(p) = \binom{n}{k} \cdot p^k \cdot (1-p)^{n-k}$$

und wollen bei dieser Funktion das Maximum bezüglich p bestimmen.

Wir berechnen mittels der Produktregel die erste Ableitung von L_k bezüglich p:

$$
\begin{aligned}
L_k'(p) &= \binom{n}{k} \cdot \left[k \cdot p^{k-1} \cdot (1-p)^{n-k} - p^k \cdot (n-k) \cdot (1-p)^{n-k-1} \right] \\
&= \binom{n}{k} \cdot \left[(k \cdot (1-p) - p \cdot (n-k)) \cdot p^{k-1} \cdot (1-p)^{n-k-1} \right] \\
&= \binom{n}{k} \cdot (k - np) \cdot p^{k-1} \cdot (1-p)^{n-k-1}. \qquad (*)
\end{aligned}
$$

Die notwendige Bedingung für eine Extremstelle ist, dass $L_k'(p) = 0$ gilt. Diese Gleichung $L_k'(p) = 0$ ist genau dann erfüllt, wenn einer der drei von p abhängigen Faktoren in $(*)$ Null wird. Also ergibt sich für die Gleichung $L'(p) = 0$ die Lösungsmenge $\{\frac{k}{n}, 0, 1\}$.

Behauptung: Die Zahl $\frac{k}{n}$ ist Maximalstelle von L_k.

Begründung: Fall 1: $k = 0$. Dann ist $L_0(p) = (1-p)^n$. Diese Funktion besitzt ihr Maximum an der Stelle $p = 0$.

Fall 2: $k = n$. Dann ist $L_n(p) = p^n$. Diese Funktion besitzt ihr Maximum an der Stelle $p = 1$.

Fall 3: $k \in \{1, \ldots, n-1\}$. Es ist $L_k(0) = 0$ und $L_k(1) = 0$. Also gibt es wegen des Satzes von Rolle ein $u \in]0,1[$ mit $L_k'(u) = 0$. Da die Gleichung $L_k'(p) = 0$ die Lösungsmenge $\{0, \frac{k}{n}, 1\}$ hat und nur $\frac{k}{n}$ in $]0,1[$ liegt, gilt $u = \frac{k}{n}$. Um zu zeigen, dass an der Stelle $u = \frac{k}{n}$ ein Maximum vorliegt, müssen wir zeigen, dass $L_k''(\frac{k}{n}) < 0$ ist. Wir argumentieren aber einfacher: Da wir nur drei Kandidaten für die Maximalstelle haben (nämlich 0, 1, $\frac{k}{n}$) und da einerseits $L_k(\frac{k}{n}) > 0$ und andererseits $L_k(0) = 0$ sowie $L_k(1) = 0$ gilt, muss $\frac{k}{n}$ die Maximalstelle sein.

Fasst man die drei Fälle zusammen, gilt: Der Wert $\frac{k}{n}$ ist Maximalstelle der Funktion L_k für jedes $k \in \{0, 1, \dots, n-1, n\}$.

∎

Wir haben nun in drei Beispielen zur Schätzung eines unbekannten Parameters jeweils die Maximalstelle einer gewissen Funktion ermittelt. Dieses Verfahren soll nun allgemein definiert werden. Dazu sind zwei Definitionen erforderlich.

Definition 9.1 (Schätzer)

Sei $(\Omega, \mathcal{P}(\Omega), P)$ ein Wahrscheinlichkeitsraum mit abzählbarer Menge Ω, sei $X : \Omega \to \mathbb{R}$ eine diskrete Zufallsvariable auf $(\Omega, \mathcal{P}(\Omega), P)$ und $S := X(\Omega)$. Es sei $\Theta \subset \mathbb{R}$ eine Parametermenge und es sei $(S, \mathcal{P}(S), P_\vartheta)$ mit dem Parameter $\vartheta \in \Theta$ eine Familie von Wahrscheinlichkeitsräumen. Dann gilt:

1. Der unbekannte Wert $\vartheta \in \Theta$ heißt der zu schätzende Parameter.
2. Jede Funktion $T : S \to \mathbb{R}$ heißt **Schätzer**.
3. Für $x \in S$ heißt $T(x)$ Schätzwert für ϑ.

◆

Wir erläutern diese Definition an zwei der drei anfangs vorgegebenen Beispiele.

Zu Beispiel 9.1:

Hier gilt Folgendes: S ist die Menge der möglichen Anzahlen von weißen Kugeln in der Stichprobe von drei Kugeln, also $S = \{0, 1, 2, 3\}$. Θ ist die Menge der möglichen Anzahlen von weißen Kugeln in der Urne, also $\Theta = \{0, 1, \dots, 9, 10\}$. Es soll $\vartheta = K \in \{0, 1, \dots, 9, 10\}$ geschätzt werden. Weiter sind $P_K : S \to [0, 1]$ diejenigen Wahrscheinlichkeitsmaße auf S, welche uns die Wahrscheinlichkeit von zwei weißen Kugeln in der Stichprobe in Abhängigkeit von $\vartheta = K$ angeben. Mögliche Schätzer gibt es sehr viele.

Es seien tabellarisch einige Schätzer angegeben.

Schätzer 1		Schätzer 2		Schätzer 3	
x	$T(x)$	x	$T(x)$	x	$T(x)$
0	0	0	5	0	5
1	1	1	6	1	5
2	2	2	7	2	5
3	3	3	8	3	5

Ein Schätzer ordnet also einem Beobachtungswert $x \in S = \{0, 1, 2, 3\}$ einen Schätzwert $T(x) \in \Theta = \{0, 1, \ldots, 9, 10\}$ zu.

In unserem Fall war das Beobachtungsergebnis $x = 2$. Der beste Schätzwert zu diesem Wert ist diejenige Zahl $\hat{K}$, für die gilt

$$P_{\hat{K}}(X = 2) = \max\{P_K(X = 2) | K \in \Theta = \{0, 1, \ldots, 9, 10\}\}.$$

Wir haben $\hat{K} = 7$ ermittelt.

Zu Beispiel 9.2:

Hier gilt Folgendes: S ist die Menge der möglichen Anzahlen markierter Fische beim zweiten Fang, also $S = \{0, 1, \ldots, n\}$. Θ ist die Menge der möglichen Anzahlen von Fischen im See, also $\Theta = \mathbb{N}$. Es soll $\vartheta = N \in \mathbb{N}$ geschätzt werden. Weiter sind $P_\vartheta : S \to [0, 1]$ diejenigen Wahrscheinlichkeitsmaße auf S, die uns die Wahrscheinlichkeit von k markierten Fischen in Abhängigkeit von $\vartheta = N$ angeben.

Mögliche Schätzer gibt es sehr viele. Das mache man sich in einer konkreten Situation klar (siehe Aufgabe).

Der beste Schätzwert zu dem beobachteten Wert k ist diejenige Zahl $\hat{N}$, für die gilt:

$$P_{\hat{N}}(X = k) = \max\{P_N(X = k) | N \in \Theta = \mathbb{N}\}.$$

Wir haben $\hat{N} = \lceil \frac{K \cdot n}{k} \rceil$ ermittelt.

Aufgabe: Der Leser mache sich alle Bezeichnungen und Begriffe der obigen Definition am Beispiel 9.3 klar (siehe Aufgabenteil 9.4).

Es sei nun die Definition des Maximum-Likelihood-Schätzers gegeben.

Definition 9.2
(Maximum-Likelihood-Funktion, Maximum-Likelihood-Schätzwert)
Sei $(\Omega, \mathcal{P}(\Omega), P)$ ein Wahrscheinlichkeitsraum mit abzählbarer Menge Ω, sei $X : \Omega \to \mathbb{R}$ eine diskrete Zufallsvariable und sei $S = X(\Omega)$. Es sei $\Theta \subset \mathbb{R}$ eine Parametermenge und es sei $(S, \mathcal{P}(S), P_\vartheta)$ eine Familie von Wahrscheinlichkeitsräumen. Für $x \in S$ heißt die Funktion $L_x : \Theta \to \mathbb{R}$ mit

$$\vartheta \mapsto L_x(\vartheta) := P_\vartheta(X = x)$$

Maximum-Likelihood-Funktion.

Falls L_x ein Maximum auf Θ annimmt, falls es also ein $\hat{\vartheta} \in \Theta$ gibt mit

$$L_x(\hat{\vartheta}) = \max\{L_x(\vartheta) | \vartheta \in \Theta\},$$

so heißt $\hat{\vartheta}$ **Maximum-Likelihood-Schätzwert** des Parameters ϑ. ◆

Zur Einübung dieser neuen Begriffe werden diese wieder an zwei der eingangs behandelten Beispiele verdeutlicht.

Zu Beispiel 9.1: Hier ist $x = 2$ von Anfang an fest. Für $K \in \Theta = \{0, 1, \ldots, 9, 10\}$ hat man

$$L_2(K) = P_K(X = 2).$$

Die bei der Behandlung von Beispiel 9.1 stehende Tabelle lieferte den Maximum-Likelihood-Schätzwert $\hat{K} = 7$. Grund:

$$\max\{L_2(K) | K \in \{0, 1, \ldots, 9, 10\}\}$$
$$= \max\{P_K(X = 2) | K \in \{0, 1, \ldots, 9, 10\}\}$$
$$= P_7(X = 2).$$

Zu Beispiel 9.2: Hier haben wir $k \in \{0, 1, \ldots, n\}$. Für $K \in \Theta = \mathbb{N}$ hat man

$$L_k(N) = P_N(X = k).$$

Die bei der Behandlung von Beispiel 9.2 durchgeführte Rechnung lieferte den Maximum-Likelihood-Schätzwert $\hat{N} = [\frac{K \cdot n}{k}]$. Grund:

$$\max\{L_k(N) | N \in \mathbb{N}\}$$
$$= \max\{P_N(X = k) | N \in \mathbb{N}\}$$
$$= P_{[\frac{K \cdot n}{k}]}(X = k).$$

Aufgabe: Der Leser mache sich die Begriffe der obigen Definition am Beispiel 9.3 klar (siehe Aufgabenteil 9.4).

9.2 Das Schätzen von Erwartungswert und Varianz – die Zufallsvariablen $\bar{X}$ und S^2

Definition 9.3
(Arithmetisches Mittel und empirische Varianz unabhängiger diskreter Zufallsvariabler)
Sei $(\Omega, \mathcal{P}(\Omega), P)$ ein Wahrscheinlichkeitsraum mit abzählbarer Ergebnismenge Ω. Seien $X_1, \ldots, X_n$ diskrete Zufallsvariable auf Ω, welche alle den gleichen Erwartungswert und die gleiche Varianz besitzen mögen, d. h. es gelte

$$\mu = E(X_i) \quad \text{für alle} \quad i \in \{1, \ldots, n\},$$
$$\sigma^2 = V(X_i) \quad \text{für alle} \quad i \in \{1, \ldots, n\}.$$

Weiterhin seien $X_1, \ldots, X_n$ stochastisch unabhängig.

Die Zufallsvariable

$$\bar{X} = \frac{1}{n} \sum_{i=1}^{n} X_i$$

heißt **arithmetisches Mittel der Zufallsvariablen** $X_1, \ldots, X_n$.

Die Zufallsvariable

$$S^2 = \frac{1}{n-1} \sum_{i=1}^{n} (X_i - \bar{X})^2$$

heißt **empirische Varianz der Zufallsvariablen** $X_1, \ldots, X_n$.

$\blacklozenge$

Beispiel 9.4

Sei $(\Omega, \mathcal{P}(\Omega), P)$ ein Wahrscheinlichkeitsraum, wobei Ω abzählbar ist. Die Zufallsvariablen X_i ($1 \leq i \leq n$) seien alle $B(1, p)$-verteilt. X_i beschreibt also die einmalige Durchführung eines Bernoulli-Experiments mit der Trefferwahrscheinlichkeit p. Es ist $E(X_i) = p$ und $V(X_i) = p \cdot (1 - p)$ (siehe Abschnitt 5.1). Das arithmetische Mittel $\bar{X} = \frac{1}{n} \sum_{i=1}^{n} X_i$ gibt dann genau die relative Häufigkeit für Treffer bei n Versuchswiederholungen an.

Man betrachte etwa einen Versuch, bei dem ein Würfel 100 Mal geworfen wird; ein Treffer liegt vor, wenn die Sechs fällt. Dann gibt X_i an, ob im i-ten Wurf ein Treffer fällt oder nicht: X_i hat den Wert 1, falls die Sechs fällt; X_i hat den Wert 0, falls die Sechs nicht fällt ($1 \leq i \leq n$). Dann gibt $\bar{X} = \frac{1}{n} \sum_{i=1}^{n} X_i$ die relative Häufigkeit der Sechs bei den 100 Würfen an.

$\blacksquare$

Anmerkung zu diesem Beispiel: Der Leser wird feststellen, dass hier die Zufallsvariable $\bar{X}$ genau diejenige Zufallsvariable ist, die wir im Abschnitt 6.2 mit H_n bezeichnet haben: Im Spezialfall dieses Beispiels gibt $\bar{X}$ die relative Häufigkeit für Treffer bei n unabhängigen Versuchen an, und damit gilt $\bar{X} = H_n$.

Im obigen Beispiel sind die entscheidenden Parameter der Zufallsvariablen X_i – nämlich $\mu = E(X_i)$ und $\sigma^2 = V(X_i)$ – bekannt. Ein ganz anderer Sachverhalt liegt aber vor, wenn man diese Zahlen $\mu = E(X_i)$ und $\sigma^2 = V(X_i)$ nicht kennt. Man muss dann diese Zahlen schätzen!

Es sei nun ganz konkret eine typische Alltagssituation geschildert, in welcher man Mittelwert und Varianz schätzen muss: Eine Firma, eine Institution, ein Forschungsinstitut hat bei einem n Mal durchgeführten Experiment n Messdaten gewonnen und möchte nun auf Grundlage dieser Messdaten den wahren Erwartungswert und die wahre Varianz schätzen. Wie gehen die für dieses Experiment verantwortlichen Personen nun vor? Es gibt folgende Modellierung:

1. Die n Messdaten $x_1, \ldots, x_n$ werden als Werte der n Zufallsvariablen $X_1, \ldots, X_n$ gesehen, wobei gilt:

- $X_1, \ldots, X_n$ haben alle den gleichen unbekannten Erwartungswert $\mu = E(X_i)$ und die gleiche unbekannte Varianz $\sigma^2 = V(X_i)$ (für $1 \le i \le n$).
- $X_1, \ldots, X_n$ sind stochastisch unabhängig. Das darf angenommen werden, da die n Durchführungen des Experiments sich nicht gegenseitig beeinflussen (jede Durchführung des Experiments wird als getrennt und damit unabhängig von jeder anderen Durchführung des Experiments angesehen).

2. Man berechnet den empirischen Mittelwert $\bar{x}$ und die empirische Varianz s^2 der Daten $x_1, \ldots, x_n$. Man deutet $\bar{x}$ als Wert der Zufallsvariablen $\bar{X}$ ($\bar{x}$ wird ja aus den zufälligen Werten der Zufallsvariablen $X_1, \ldots, X_n$ ermittelt). Man deutet s^2 als Wert der Zufallsvariablen S^2 (s^2 wird ja ebenfalls aus den zufälligen Werten der Zufallsvariablen $X_1, \ldots, X_n$ ermittelt).

3. Man nimmt an, dass der Wert der Zufallsvariablen $\bar{X}$ in der Nähe des wahren Wertes μ liegt und dass der Wert der Zufallsvariablen S^2 in der Nähe des wahren Wertes σ^2 liegt.

Diese vorstehende Modellierung ist naheliegend und plausibel. Aber ist sie auch brauchbar? Brauchbarkeit bedeutet:

A Der Erwartungswert der Zufallsvariablen $\bar{X}$ ist gleich dem unbekannten Erwartungswert μ (also gleich dem Erwartungswert jeder der Zufallsvariablen X_i).

B Der Erwartungswert der Zufallsvariablen S^2 ist gleich der unbekannten Varianz σ^2 (also gleich der Varianz jeder der Zufallsvariablen X_i).

Falls **A** gilt, sagt man kurz: $\bar{X}$ ist **erwartungstreuer Schätzer** für den unbekannten Erwartungswert μ.

Falls **B** gilt, sagt man kurz: S^2 ist **erwartungstreuer Schätzer** für die unbekannte Varianz σ^2.

Es geht nun darum, die Gültigkeit der Aussagen A und B nachzuweisen. Das geschieht in folgendem Satz.

Satz 9.1

Sei $(\Omega, \mathcal{P}(\Omega), P)$ ein Wahrscheinlichkeitsraum mit abzählbarer Ergebnismenge Ω. Seien $X_1, \ldots, X_n$ diskrete Zufallsvariable auf Ω, welche die folgenden Eigenschaften haben:

1. *$X_1, \ldots, X_n$ haben alle den gleichen unbekannten Erwartungswert μ.*
2. *$X_1, \ldots, X_n$ haben alle die gleiche unbekannte Varianz σ^2.*
3. *$X_1, \ldots, X_n$ sind stochastisch unabhängig.*

Seien $\bar{X}$ das arithmetische Mittel und S^2 die empirische Varianz von $X_1, \ldots, X_n$. Dann gilt:

(a) $E(\bar{X}) = \mu$.

(b) $V(\bar{X}) = \frac{1}{n}\sigma^2$.

(c) $E(S^2) = \sigma^2$.

Beweis: Zu Aussage (a):

$$
\begin{aligned}
E(\bar{X}) &= E\left(\frac{1}{n}\cdot\sum_{i=1}^{n}X_i\right) \\
&= \frac{1}{n}\cdot E\left(\sum_{i=1}^{n}X_i\right) \qquad \text{[Satz 4.6]} \\
&= \frac{1}{n}\cdot\sum_{i=1}^{n}E(X_i) \qquad \text{[Satz 4.8]} \\
&= \frac{1}{n}\cdot\sum_{i=1}^{n}\mu \\
&= \frac{1}{n}\cdot n\cdot\mu \\
&= \mu.
\end{aligned}
$$

Zu Aussage (b):

$$
\begin{aligned}
V(\bar{X}) &= V\left(\frac{1}{n}\sum_{i=1}^{n}X_i\right) \\
&= \frac{1}{n^2}V\left(\sum_{i=1}^{n}X_i\right) \qquad \text{[Satz 4.6]} \\
&\overset{(*)}{=} \frac{1}{n^2}\cdot\sum_{i=1}^{n}V(X_i) \\
&= \frac{1}{n^2}\cdot n\cdot\sigma^2 \\
&= \frac{1}{n}\cdot\sigma^2.
\end{aligned}
$$

Das Gleichheitszeichen bei $(*)$ ergibt sich wegen Satz 4.12 (denn die Zufallsvariablen $X_1,\ldots,X_n$ sind ja nach Voraussetzung stochastisch unabhängig).

Zu Aussage (c): Es ist $S^2 = \frac{1}{n-1}\sum_{i=1}^{n}(X_i - \bar{X})^2$.
Schritt 1: Wir formen den Term $\sum_{i=1}^{n}(X_i - \bar{X})^2$ um.

$$
\begin{aligned}
\sum_{i=1}^{n}(X_i - \bar{X})^2 &= \sum_{i=1}^{n}\left[(X_i - \mu) - (\bar{X} - \mu)\right]^2 \\
&= \sum_{i=1}^{n}\left[(X_i - \mu)^2 - 2\cdot(X_i - \mu)(\bar{X} - \mu) + (\bar{X} - \mu)^2\right]
\end{aligned}
$$

$$= \sum_{i=1}^{n}(X_i - \mu)^2 - 2 \cdot (\bar{X} - \mu) \cdot \sum_{i=1}^{n}(X_i - \mu) + \sum_{i=1}^{n}(\bar{X} - \mu)^2$$

$$\overset{(*)}{=} \sum_{i=1}^{n}(X_i - \mu)^2 - 2 \cdot (\bar{X} - \mu) \cdot (n \cdot \bar{X} - n \cdot \mu) + n \cdot (\bar{X} - \mu)^2$$

$$= \sum_{i=1}^{n}(X_i - \mu)^2 - 2 \cdot n \cdot (\bar{X} - \mu)^2 + n \cdot (\bar{X} - \mu)^2$$

$$= \sum_{i=1}^{n}(X_i - \mu)^2 - n \cdot (\bar{X} - \mu)^2.$$

$(*)$ gilt, weil

$$\sum_{i=1}^{n}(X_i - \mu) = \sum_{i=1}^{n}X_i - \sum_{i=1}^{n}\mu = n \cdot \bar{X} - n \cdot \mu.$$

Schritt 2: Wir berechnen $E(S^2)$!

$$\begin{aligned}
E(S^2) &= E\left(\frac{1}{n-1}\sum_{i=1}^{n}(X_i - \bar{X})^2\right) \\
&\overset{(1)}{=} E\left(\frac{1}{n-1}\left[\sum_{i=1}^{n}(X_i - \mu)^2 - n \cdot (\bar{X} - \mu)^2\right]\right) \\
&= E\left(\frac{1}{n-1}\sum_{i=1}^{n}(X_i - \mu)^2 - \frac{n}{n-1}(\bar{X} - \mu)^2\right) \\
&\overset{(2)}{=} E\left(\frac{1}{n-1}\left[\sum_{i=1}^{n}(X_i - \mu)^2\right]\right) - E\left(\frac{n}{n-1}(\bar{X} - \mu)^2\right) \\
&\overset{(3)}{=} \frac{1}{n-1}\sum_{i=1}^{n}E((X_i - \mu)^2) - \frac{n}{n-1}E((\bar{X} - \mu)^2) \\
&\overset{(4)}{=} \frac{1}{n-1}\sum_{i=1}^{n}V(X_i) - \frac{n}{n-1}V(\bar{X}) \\
&\overset{(5)}{=} \frac{1}{n-1} \cdot n \cdot \sigma^2 - \frac{n}{n-1} \cdot \frac{1}{n} \cdot \sigma^2 \\
&= \frac{1}{n-1}[n \cdot \sigma^2 - \sigma^2] \\
&= \sigma^2.
\end{aligned}$$

Erläuterung der Gleichheitszeichen:

(1) Benutzung der Umformung aus Schritt 1.

(2) Satz 4.7, angewandt auf die Zufallsvariablen

$$\frac{1}{n-1}\sum_{i=1}^{n}(X_i - \mu)^2 \quad \text{und} \quad \frac{n}{n-1}(\bar{X} - \mu)^2.$$

(3) Satz 4.6 und Satz 4.8.

(4) Definition der Varianz.

(5) Aussage (b).   □

9.3 Konfidenzintervalle

9.3.1 Konfidenzintervall für die Wahrscheinlichkeit bei einer binomialverteilten Zufallsvariablen

Wir starten wieder mit einem Beispiel aus der Wirtschaft.

Beispiel 9.5

(Bekanntheitsgrad eines Produkts) Die Online-Bank NET-BANK überlegt, ob sie ihren Werbeetat erhöhen soll; dazu ist es nötig, recht genau den Bekanntheitsgrad der NET-BANK innerhalb der Bevölkerung zu kennen. Die PR-Abteilung der Bank beauftragt ein Meinungsforschungsinstitut mit einer Umfrage unter privaten Inhabern von Girokonten deutscher Banken bezüglich

- Bekanntheit verschiedener deutscher Banken,
- Bekanntheit verschiedener Finanzprodukte,
- Wünsche an das *Geschäftsgebaren* von Banken.

Ein (Teil-)Ergebnis ist, dass von den 1000 Befragten genau 336 die NET-BANK kennen. Der Leiter der PR-Abteilung will nun wissen, in welchem Intervall der tatsächliche Bekanntheitsgrad der NET-BANK mit einer Wahrscheinlichkeit von mindestens 99 % liegt. Es geht um die Lösung der folgenden Aufgabe.

Problem: Sei X eine $B(n,p)$-verteilte Zufallsvariable, wobei die Trefferwahrscheinlichkeit p unbekannt sei. Bei einer Realisation der zu der Zufallsvariablen X gehörigen Bernoulli-Kette habe sich eine Trefferzahl von k ergeben. Der Wert $\frac{k}{n}$ kann dann als Schätzwert für das unbekannte p angesehen werden. Die Aufgabe besteht jetzt darin, ein Intervall um $\frac{k}{n}$ anzugeben, in welchem das unbekannte p mit einer möglichst großen Wahrscheinlichkeit γ liegt. [Bei unserem einleitenden Beispiel ist $n = 1000$, $\frac{k}{n} = 0,336$, $\gamma = 0,99$. Hier ist ein Intervall $[0,336 - c; 0,336 + c]$ gesucht, in dem p mit einer Wahrscheinlichkeit von mindestens 0,99 liegt.]

Lösung des Problems:

Wir suchen eine Zahl $c \in \mathbb{R}$, so dass gilt

$$P(p \text{ liegt in } \left[\frac{k}{n} - c, \frac{k}{n} + c\right]) \geq \gamma.$$

Es muss also gelten:

$$\frac{k}{n} - c \leq p \leq \frac{k}{n} + c. \tag{9.3}$$

Wir wollen diese Ungleichung (9.3) nun geschickt so umformen, dass wir eine Ungleichung für die Zufallsvariable X haben. Haben wir nämlich ein Intervall, in welchem Werte von X liegen, können wir die Wahrscheinlichkeit dieses Intervalls mittels des Satzes von de Moivre/Laplace näherungsweise angeben. Aus (9.3) folgt der Reihe nach

$$-c \leq p - \frac{k}{n} \leq +c,$$

d. h.

$$-c - p \leq -\frac{k}{n} \leq +c - p,$$

d. h.

$$c + p \geq \frac{k}{n} \geq -c + p,$$

d. h.

$$-c + p \leq \frac{k}{n} \leq c + p,$$

d. h.

$$-nc + np \leq k \leq nc + np. \tag{9.4}$$

Da k der Wert der Zufallsvariablen X ist, lässt sich mittels dieser Ungleichung (9.4) unsere Aufgabe jetzt wie folgt beschreiben: Es ist $c \in \mathbb{R}$ gesucht, so dass

$$P(-nc + np \leq X \leq nc + np) \geq \gamma. \tag{9.5}$$

Die Wahrscheinlichkeit, dass X Werte zwischen $-nc + np$ und $nc + np$ annimmt, kann aufgrund des Approximationssatzes von de Moivre/Laplace mittels der $N(0,1)$-verteilten Verteilungsfunktion ϕ beschrieben werden:

$$P(-nc + np \leq X \leq nc + np)$$
$$\approx \quad \phi\left(\frac{nc + np - \mu}{\sigma}\right) - \phi\left(\frac{-nc + np - \mu}{\sigma}\right).$$

Da X eine $B(n,p)$-verteilte Zufallsvariable ist, gilt $\mu = E(X) = np$ und $\sigma = \sqrt{V(X)} = \sqrt{n \cdot p \cdot (1-p)}$ (vergleiche dazu Abschnitt 5.1). Also hat man

$$\phi\left(\frac{nc + np - \mu}{\sigma}\right) = \phi\left(\frac{nc}{\sigma}\right)$$
$$\phi\left(\frac{-nc + np - \mu}{\sigma}\right) = \phi\left(-\frac{nc}{\sigma}\right).$$

[Um abzukürzen, schreiben wir weiterhin σ statt $\sqrt{n \cdot p \cdot (1-p)}$.]

Somit bedeutet (9.5):

$$\phi\left(\frac{nc}{\sigma}\right) - \phi\left(-\frac{nc}{\sigma}\right) \geq \gamma.$$

Das bedeutet (da ja $\phi(-\frac{nc}{\sigma}) = 1 - \phi(\frac{nc}{\sigma})$ ist):

$$2 \cdot \Phi\left(\frac{cn}{\sigma}\right) \geq \gamma + 1,$$

d. h.

$$\Phi\left(\frac{cn}{\sigma}\right) \geq \frac{1}{2}(\gamma + 1),$$

d. h.

$$\frac{cn}{\sigma} \geq \phi^{-1}\left(\frac{1}{2}(\gamma + 1)\right),$$

d. h.

$$c \geq \frac{1}{n} \cdot \sigma \cdot \phi^{-1}\left(\frac{1}{2}(\gamma + 1)\right),$$

d. h.

$$c \geq \frac{1}{n} \cdot \sqrt{n \cdot p \cdot (1 - p)} \cdot \Phi^{-1}\left(\frac{1}{2}(\gamma + 1)\right),$$

d. h.

$$c \geq \frac{1}{\sqrt{n}} \cdot \sqrt{p \cdot (1 - p)} \cdot \Phi^{-1}\left(\frac{1}{2}(\gamma + 1)\right).$$

Damit haben wir die gesuchte Zahl c für unsere Ausgangsungleichung (9.3) gefunden. Aber leider hängt diese Zahl noch von p ab (wegen des Wurzelterms $\sqrt{p \cdot (1 - p)}$). Wir wissen aber, dass $p \cdot (1 - p) \leq \frac{1}{4}$ (vergleiche Hinweis 1 nach Satz 6.2).

Damit ergibt sich (da nun $\sqrt{p \cdot (1 - p)} \leq \frac{1}{2}$):

$$c \leq \frac{1}{2\sqrt{n}} \cdot \Phi^{-1}\left(\frac{1}{2}(\gamma + 1)\right).$$

Das gesuchte Intervall lautet also

$$\left[\frac{k}{n} - \frac{1}{2\sqrt{n}} \cdot \Phi^{-1}\left(\frac{1}{2}(\gamma + 1)\right), \ \frac{k}{n} + \frac{1}{2\sqrt{n}} \cdot \Phi^{-1}\left(\frac{1}{2}(\gamma + 1)\right)\right].$$

Zurück zu unserem Beispiel: Hier ist $\gamma = 0,99$. Mittels der Tabelle zur Standard-Normalverteilung erhält man

$$\Phi^{-1}\left(\frac{1}{2}(\gamma + 1)\right) = \phi^{-1}(0,995) = 2,58,$$

also lautet das gesuchte Intervall

$$\left[0,336 - \frac{1}{2\sqrt{1000}} \cdot 2,58; \ 0,336 + \frac{1}{2\sqrt{1000}} \cdot 2,58\right],$$

also

$$[0,2952; \ 0,3768].$$

Das bedeutet für die NET-BANK, dass sie mit 99 %iger Wahrscheinlichkeit davon ausgehen kann, dass ihr wahrer Bekanntheitsgrad unter Girokonteninhabern zwischen 29,5 % und 37,7 % liegt.   ■

9.3.2   Konfidenzintervalle bei $N(\mu, \sigma^2)$-verteilten Funktionen

Ausgangspunkt ist eine Situation, in der ein gegebener Sachverhalt (in der Wirtschaft/in den Naturwissenschaften/in der Psychologie) mittels einer normalverteilten Verteilungsfunktion, genauer: mittels einer $N(\mu, \sigma^2)$-verteilten Funktion, modelliert werden kann.

Oft ist es aber so, dass man den Wert μ oder den Wert σ^2 oder beide Werte nicht kennt. Man möchte aber ein Konfidenzintervall angeben, in welchem der unbekannte Wert mit einer hohen Sicherheitswahrscheinlichkeit liegt.

Dabei können zwei Situationen mit jeweils zwei Unterfällen auftauchen:

1.   Es wird ein Konfidenzintervall für μ gesucht.
Fall a: σ^2 ist aufgrund von Vorerfahrungen bekannt.
Fall b: σ^2 ist unbekannt
2.   Es wird ein Konfidenzintervall für σ^2 gesucht.
Fall a: μ ist aufgrund von Vorerfahrungen bekannt.
Fall b: μ ist unbekannt.

Wir geben die Lösung der Problemstellung aus Fall 1.a zu.
Es sei eine Situation gegeben, bei der n Messungen $x_1, \ldots, x_n$ einer bestimmten Größe durchgeführt worden sind. Es gelten weiter die folgenden Ausgangsbedingungen:

(A) Die Modellannahme lautet: Die Wahrscheinlichkeit, dass ein Wert x der Messgröße in einem gegebenen Intervall liegt, lässt sich mittels einer $N(\mu, \sigma^2)$-Verteilungsfunktion berechnen.

(B) Aufgrund von Vorerfahrungen darf man einen Wert für die Varianz dieser Verteilungsfunktion annehmen, d. h. σ^2 darf als bekannt vorausgesetzt werden.

(C) Für den empirischen Mittelwert der n Messungen, also für $\bar{x} = \frac{1}{n}\sum_{i=1}^{n} x_i$, gilt: Die Wahrscheinlichkeit, dass der Wert $\bar{x}$ in einem gegebenen Intervall liegt, lässt sich mittels der $N(\mu, \frac{1}{n}\sigma^2)$-Verteilungsfunktion berechnen. (Diese letzte Aussage ist für die Problemstellung entscheidend; sie kann aber mit den uns bisher zur Verfügung stehenden Mitteln nicht bewiesen werden.)

(D) Der Wert $\bar{x}$ kann als Schätzwert für das unbekannte μ angesehen werden. Die Aufgabe besteht jetzt darin, ein Intervall um $\bar{x}$ anzugeben, in welchem das unbekannte μ mit einer möglichst großen Wahrscheinlichkeit γ liegt.

Die Lösung für den Fall 1.a:
Es ist $c \in \mathbb{R}$ gesucht, so dass gilt

$$P(\mu \text{ liegt in } [\bar{x} - c, \bar{x} + c]) \geq \gamma. \tag{9.6}$$

Es muss also gelten

$$\bar{x} - c \leq \mu \leq \bar{x} + c, \qquad \text{d. h.} \qquad \mu - c \leq \bar{x} \leq \mu + c.$$

Wegen Voraussetzung (C) gilt: Die Wahrscheinlichkeit, dass der Wert $\bar{x}$ im Intervall $[\mu - c, \mu + c]$ liegt, lässt sich mittels der $N(\mu, \frac{1}{n}\sigma^2)$-Verteilungsfunktion berechnen. Das heißt:

$$P_{\mu, \frac{1}{n}\sigma^2}([\mu - c, \mu + c]) = F_{\mu, \frac{1}{n}\sigma^2}(\mu + c) - F_{\mu, \frac{1}{n}\sigma^2}(\mu - c).$$

Wegen des Satzes zur Standard-Normalverteilung gilt:

$$
\begin{aligned}
P_{\mu, \frac{1}{n}\sigma^2}([\mu - c, \mu + c]) &= P_{0,1}\left(\left[\frac{(\mu - c) - \mu}{\frac{1}{\sqrt{n}}\sigma}, \frac{(\mu + c) - \mu}{\frac{1}{\sqrt{n}}\sigma}\right]\right) \\
&= \Phi\left(c \cdot \frac{\sqrt{n}}{\sigma}\right) - \phi\left(-c \cdot \frac{\sqrt{n}}{\sigma}\right) \\
&= \Phi\left(c \cdot \frac{\sqrt{n}}{\sigma}\right) - \left[1 - \phi\left(c \cdot \frac{\sqrt{n}}{\sigma}\right)\right] \\
&= 2 \cdot \Phi\left(c \cdot \frac{\sqrt{n}}{\sigma}\right) - 1.
\end{aligned}
$$

Damit haben wir die linke Seite der Ausgangsungleichung (9.6) exakt bestimmt. Diese Ungleichung bedeutet nun:

$$2 \cdot \Phi\left(c \cdot \frac{\sqrt{n}}{\sigma}\right) - 1 \geq \gamma.$$

Also:

$$
\begin{aligned}
\phi\left(c \cdot \frac{\sqrt{n}}{\sigma}\right) &\geq \frac{1}{2}(\gamma + 1), \qquad \text{d. h.} \\
c \cdot \frac{\sqrt{n}}{\sigma} &\geq \Phi^{-1}\left(\frac{1}{2}(\gamma + 1)\right), \qquad \text{d. h.} \\
c &\geq \frac{1}{\sqrt{n}} \cdot \sigma \cdot \Phi^{-1}\left(\frac{1}{2}(\gamma + 1)\right).
\end{aligned}
$$

Das gesuchte Intervall lautet somit

$$\left[\bar{x} - \frac{1}{\sqrt{n}} \cdot \sigma \cdot \Phi^{-1}\left(\frac{1}{2}(\gamma + 1)\right), \; \bar{x} + \frac{1}{\sqrt{n}} \cdot \sigma \cdot \Phi^{-1}\left(\frac{1}{2}(\gamma + 1)\right)\right].$$

Ein Beispiel soll das dargestellte Verfahren erläutern.

Beispiel 9.6

In der Baustoffindustrie spielt die Reißfestigkeit von Folien eine große Rolle; die Reißfestigkeit wird in N (Newton) angegeben. Bei einem bestimmten Folientyp lässt sich die Reißfestigkeit mit einer $N(\mu, \sigma^2)$-Verteilungsfunktion modellieren, wobei die Varianz aufgrund der Einstellungen der Produktionsstraße einen festen Wert $\sigma^2 = 25600$ hat (also eine Standardabweichung von 160 N vorliegt). Mittels einer Stichprobe von 50 produzierten Folien soll ein

Konfidenzintervall angegeben werden, in welchem μ mit einer Wahrscheinlichkeit von mindestens 99 % liegt. Bei dieser Stichprobe ergibt sich der empirische Mittelwert $\bar{x}$ zu 2400 N. Man hat in dieser Situation also folgende Daten: $n = 50$, $\bar{x}_n = 2400$, $\sigma = 160$, $\gamma = 0,99$. Mittels der Tabelle zur Standard-Normalverteilung ermittelt man

$$\Phi^{-1}\left(\frac{1}{2}(\gamma + 1)\right) = \Phi^{-1}(0,995) \approx 2,58.$$

Damit lautet das gesuchte Intervall

$$\left[2400 - \frac{1}{\sqrt{50}} \cdot 160 \cdot 2,58; \; 2400 + \frac{1}{\sqrt{50}} \cdot 160 \cdot 2,58\right],$$

d. h.

$$[2341,62; \; 2458,38].$$

■

Damit haben wir für den in der Einleitung aufgeführten Fall 1.a eine Lösung angegeben.

Mit einem etwas erhöhten Theorieaufwand kann man auch für die Fälle 1.b, 2.a und 2.b jeweils ein solches Konfidenzintervall angeben. Man benötigt dafür allerdings andere Verteilungsfunktionen, die hier nicht behandelt worden sind: Man benötigt die Chi-Quadrat-Verteilung und die t-Verteilung.

9.4 Aufgaben und Ergänzungen

1. Man betrachte erneut die Situation aus Beispiel 9.1 (Schätzung der Anzahl weißer Kugeln in einer Urne). In diesem Beispiel hatte die Ziehung das Ergebnis „zwei weiße Kugeln, eine schwarze Kugel".

   a) Wir nehmen nun an, dass die drei gezogenen Kugeln in die Urne zurückgelegt werden und dass dann – nach gutem Durchmischen – erneut gezogen wird. Diese zweite Ziehung möge das Ergebnis „keine weiße Kugel, drei schwarze Kugeln" haben. Geben Sie für diese Situation einen Maximum-Likelihood-Schätzwert für die Anzahl K der weißen Kugeln an.

   b) Wir wollen nun die Ergebnisse *beider* Ziehungen (also erstens „zwei weiße Kugeln, eine schwarze Kugel" und zweitens „keine weiße Kugel, drei schwarze Kugeln") als Grundlage für eine weitere Schätzung nehmen. Seien dazu X und Y die Zufallsvariablen, die bei der jeweiligen Ziehung die Anzahl der weißen Kugeln unter den drei gezogenen Kugeln angeben: Bei der ersten Ziehung war das Ergebnis $X = 2$, bei der zweiten

Ziehung war das Ergebnis $Y = 0$. Da wir die beiden Zufallsvariablen als unabhängig ansehen können, haben wir (siehe Definition 4.7):

$$P(X = 2 \wedge Y = 0) = P(X = 2) \cdot P(Y = 0).$$

Geben Sie für diese Situation einen Maximum-Likelihood-Schätzwert für die Anzahl K der weißen Kugeln an.

2. Man erläutere am Beispiel 9.3 die Bezeichnungen der Definition 9.1 und der Definition 9.2.

3. Sei die Zufallsvariable X geometrisch verteilt mit dem unbekannten Parameter p. Geben Sie einen Maximum-Likelihood-Schätzwert für p an.

4. Geben Sie für die Situation im Beispiel 9.2 einen anderen (möglichst adäquaten) Schätzer an.

5. (Taxi-Problem) In einer bestimmten Stadt gibt es N Taxis, die alle eine vom Straßenrand gut lesbare Nummer tragen. (Mit Nummer ist nicht das Kennzeichen des Autos gemeint.) Ein Passant steht über einen längeren Zeitraum an einer Straße mit hohem Verkehrsaufkommen und notiert sich die Nummern der vorbeifahrenden Taxis (wobei er Wiederholungen von Nummern ignoriert). Die notierten Nummern ordnet er nach Größe an und hat dann die Nummernfolge $x_1 < x_2 < \ldots < x_n$ ($x_i \in \mathbb{N}$, $1 \leq i \leq n$). Unter der Annahme, dass während des Beobachtungszeitraums alle Taxis in Betrieb sind, gilt es, die Anzahl N zu schätzen.

a) Geben Sie den Maximum-Likelihood-Schätzwert für N an.

b) Geben Sie zwei andere (zum Schätzer aus Teil a) alternative) Schätzer an.

10 Testen

10.1 Einseitige Tests

Wir beginnen mit einem Beispiel.

Beispiel 10.1

Liegt ein gezinkter Würfel vor?

Zwei Kinder spielen „Mensch, ärgere dich nicht". Im Spielverlauf fallen so wenige Sechsen, dass die Behauptung geäußert wird, dass der Würfel so gezinkt ist, dass die Erfolgswahrscheinlichkeit p für eine Sechs kleiner als $\frac{1}{6}$ ist. Wie kann man diese Behauptung prüfen?

Man muss sich zwischen zwei Hypothesen entscheiden:

Hypothese H_0: Der Würfel ist ein Laplace-Würfel, d. h. $p = \frac{1}{6}$.

Hypothese H_1: Der Würfel ist so gezinkt, dass $p < \frac{1}{6}$ ist.

In Kurzform schreibt man

$$H_0 : p = \frac{1}{6},$$
$$H_1 : p < \frac{1}{6}.$$

Nun wird man nicht herausbekommen, welche der beiden Hypothesen wahr ist, aber man möchte aufgrund von Beobachtungen (anders formuliert: aufgrund eines Tests) entscheiden, ob man die Hypothese H_0 (kurz: Nullhypothese genannt) annehmen oder verwerfen soll.

Dabei ist Eines von vornherein klar: Egal, für welche Hypothese man sich entscheidet, es können zwei Fehler auftreten:

- der Fehler 1. Art: H_0 ist wahr, wird aber verworfen,
- der Fehler 2. Art: H_0 ist falsch, wird aber angenommen.

Schematische Übersicht:

	H_0 ist wahr	H_0 ist falsch
H_0 wird verworfen	Fehler 1. Art	korrekte Entscheidung
H_0 wird akzeptiert	korrekte Entscheidung	Fehler 2. Art

Es ist in der Statistik nun folgende Vorgehensweise üblich:

1. Man fixiert einen Wert α für die Wahrscheinlichkeit eines Fehlers 1. Art. Der Wert α wird Signifikanzniveau genannt. Typische Werte für α sind in den Anwendungen 0,01; 0,025; 0,05.

2. Man gibt präzise das Design für einen Test an.

3. Vor der Durchführung des Tests gibt man eine Entscheidungsregel an, die genau vorschreibt, bei welchen Beobachtungsergebnissen die Hypothese H_0 (also im Beispiel $p = \frac{1}{6}$) auf dem bei Schritt 1 fixierten Signifikanzniveau verworfen werden soll.

4. Man führt den Test durch.

5. Man agiert gemäß der Entscheidungsregel unter 3.   ■

Bei unserem Beispiel kann das wie folgt aussehen:

1. Man setzt $\alpha = 0,05$. Das heißt: Man sagt zu Beginn, dass die Wahrscheinlichkeit für den Fehler 1. Art höchstens 0,05 sein soll.

2. Ein mögliches Test-Design ist: Man würfelt zwanzig Mal und zählt die Anzahl k der Sechsen. Sei X die Zufallsvariable, welche die Anzahl der Sechsen bei 20 Würfen angibt. Unter der Voraussetzung, dass die Hypothese H_0 gilt, ist X eine $B(20, \frac{1}{6})$-verteilte Zufallsvariable. Damit ergibt sich

$$P(X = k) = \binom{20}{k} \left(\frac{1}{6}\right)^k \left(\frac{5}{6}\right)^{20-k}.$$

3. Wie bekommen wir nun eine Entscheidungsregel für unseren Test? Wir werden die Hypothese H_0 sicherlich dann verwerfen, wenn die Zahl der Sechsen sehr klein ist. Genauer: Wir werden H_0 verwerfen, wenn die Zahl der Sechsen in einem Bereich liegt, dessen Wahrscheinlichkeit kleiner als der Wert 0,05 ist. Das bedeutet: Wir werden H_0 verwerfen, falls gilt

$$P(X = 0) + P(X = 1) + \ldots + P(X = \Gamma) \leq 0,05,$$

wobei die Zahl Γ als größte Zahl, die diese Ungleichung erfüllt, ermittelt werden muss. Zur Bestimmung addieren wir so lange die Einzelwahrscheinlichkeiten für Werte von k, bis die Summe über den festgesetzten Wert 0,05 springt:

$$\begin{aligned} P(X = 0) &= 0,026084, \\ P(X = 0) + P(X = 1) &= 0,130420. \end{aligned}$$

Hier kann man schon aufhören: Man erkennt, dass $\Gamma = 0$ gelten muss! Die Entscheidungsregel lautet also: Falls bei dem Test die Zahl der Sechsen gleich Null ist, kann auf dem Signifikanzniveau $\alpha = 0,05$ die Hypothese H_0 verworfen werden.

4. Durchführung des Tests.

5. Spielen wir einige Testausgänge durch!

Fall 1: Man hat eine Zahl von Sechsen, die zwischen 1 und 20 liegt. Aufgrund der Entscheidungsregel gibt es keinen Anlass, an der Gültigkeit der Hypothese H_0 zu zweifeln. Man wird – auch wenn nur eine einzige Sechs fällt – die Hypothese H_0 nicht verwerfen dürfen.

Fall 2: Es fällt beim Test keine einzige Sechs. Nun darf man aufgrund der Entscheidungsregel die Hypothese H_0 verwerfen. Dieses Verwerfen von H_0 bedeutet gleichzeitig, dass man die Gegenhypothese H_1 akzeptieren kann (mit einer Wahrscheinlichkeit von 0,05, dass H_0 doch wahr ist).

Wir geben nun einige *wichtige Anmerkungen* zum Testen von Hypothesen bei Vorliegen einer Bernoulli-Kette.

a) Wie kommt man bei einer Untersuchung zur Nullhypothese?

Bei Tests ist die Ausgangsfrage immer, ob die Wahrscheinlichkeit p eines Ereignisses A verschieden ist von einem durch vorhandene Theorie gegebenen Wert p_0. In unserem Beispiel ist der theoretische Wert $p_0 = \frac{1}{6}$ (bei einem Laplace-Würfel ist die Treffer-Wahrscheinlichkeit für eine Sechs eben $\frac{1}{6}$). Aufgrund gemachter Erfahrungen ist man nun überzeugt, dass der theoretische Wert nicht korrekt ist: Man hat die Vermutung, dass die wirkliche Treffer-Wahrscheinlichkeit kleiner als p_0 oder größer als p_0 ist. In unserem Beispiel ist die Vermutung, dass $p < p_0$ ist. Diese Vermutung (nämlich $p < p_0$) ist somit die Gegenhypothese zu der Hypothese, dass der theoretische Wert wahr ist (dass also $p = p_0$ ist). Man nennt die Hypothese, dass der theoretische Wert wahr ist, **Nullhypothese** und schreibt H_0. Weiter nennt man die ausgesprochene Vermutung, dass der theoretische Wert falsch ist, **Gegenhypothese** und schreibt H_1.

b) Wie kommt man zur Entscheidungsregel?

Zum Auffinden der Entscheidungsregel geht man wie folgt vor:

- Man setzt ein Signifikanzniveau α (also einen Wert für den Fehler 1. Art) fest und beschreibt einen Test mit n Versuchen.
- Nun unterscheiden wir zwei Fälle!

  Fall 1: Ist die Gegenhypothese $p < p_0$, so suchen wir diejenige größte Trefferanzahl Γ, so dass

  $$P(X \leq \Gamma) \leq \alpha, \quad \text{d. h.} \quad P(X = 0) + p(X = 1) + \ldots + P(X = \Gamma) \leq \alpha.$$

  Fall 2: Ist die Gegenhypothese $p > p_0$, so suchen wir diejenige kleinste Trefferanzahl Δ, so dass

  $$P(X \geq \Delta) \leq \alpha \quad \text{d. h.} \quad P(X = \Delta) + \ldots + P(X = n - 1) + P(X = n) \leq \alpha.$$

Diese Zahlen Γ beziehungsweise Δ heißen **Testgrößen** oder auch **kritische Werte**.

Im Fall 1 bedeutet Γ: Die Wahrscheinlichkeit für eine Trefferzahl, die kleiner/gleich Γ ist, ist kleiner/gleich α. Ergibt sich bei der Testdurchführung also eine Trefferanzahl, die kleiner/gleich Γ ist, kann man (auf dem Signifikanzniveau α) die Nullhypothese H_0 verwerfen.

Im Fall 2 bedeutet Δ: Die Wahrscheinlichkeit für eine Trefferanzahl, die größer/gleich Δ ist, ist kleiner/gleich α. Ergibt sich bei der Testdurchführung also eine Trefferanzahl, die größer/gleich Δ ist, kann man (auf dem Signifikanzniveau α) die Nullhypothese H_0 verwerfen.

c) Was bedeutet Verwerfen/Nicht-Verwerfen der Nullhypothese?

Wenn man H_0 aufgrund der Entscheidungsregel verwirft, heißt das, dass man H_1 (also die aufgestellte Vermutung) bei einem Signifikanzniveau α nun als zutreffend ansehen kann. Es sei ausdrücklich gesagt, dass das Verwerfen von H_0 nicht aufgrund eines Widerspruchs zwischen H_0 und der Beobachtung beim Test (Trefferanzahl) erfolgt (es liegt somit kein Widerspruch wie bei einem indirekten Vergleich vor). Die Nullhypothese kann deshalb verworfen werden, weil sich beim Test eine Beobachtung ergeben hat, die – falls H_0 stimmt – extrem unwahrscheinlich ist.

Wenn man H_0 aufgrund der Entscheidungsregel nicht verwirft, heißt das nicht, dass man H_0 nun als bewiesen annehmen kann! Es gibt einfach keinen Grund zur Verwerfung von H_0; metaphorisch gesprochen, liegt eine ähnliche Situation vor wie bei einem Gerichtsverfahren, bei den ein Angeklagter mangels Beweisen frei gesprochen werden muss (die Schuld ist nicht erwiesen, aber die Unschuld ebenfalls nicht).

Es sei nun ein weiteres Beispiel gegeben.

Beispiel 10.2
(Übersinnliche Fähigkeiten) Bei einer Party behauptet eine der anwesenden Personen, übersinnliche Fähigkeiten zu haben; sie sagt: Man nehme zwei Spielkarten aus einem Skatspiel und zeige sie ihr. Dann nehme man im Verborgenen (also für sie nicht einsehbar) eine der Karten verdeckt in die linke Hand und die andere Karte verdeckt in die rechte Hand. Ihre übersinnliche Fähigkeit sei es nun, für jede Hand die korrekte Karte zu nennen.

∎

Aufgabe: Man entwerfe bezüglich dieser Behauptung einen Test mit $n = 50$ Versuchsdurchführungen auf dem Signifikanzniveau von $\alpha = 0,01$. (Siehe Aufgabenteil 10.6.)

10.2   Zweiseitige Tests

Wir starten wieder mit einem Beispiel zum Würfel.

Beispiel 10.3

Ist der Würfel „fair"? Wir modifizieren das Einführungsbeispiel aus Abschnitt 10.1 ein wenig: Man möchte von einem Würfel wissen, ob er ein Laplace-Würfel ist, d. h. man möchte also wissen, ob jede Augenzahl mit der Wahrscheinlichkeit $p = \frac{1}{6}$ fällt. Wenn man den Würfel aus der Praxis (also aufgrund seines Einsatzes in konkreten Spielen) *nicht* kennt, kann man zunächst (aufgrund eines vorhandenen Misstrauens) vermuten, dass er gezinkt ist. Diese Vermutung soll getestet werden; wir erläutern das Beispiel an der Augenzahl Sechs.

Die Nullhypothese ist die Aussage, dass der theoretische Wert wahr ist, dass also die Erfolgswahrscheinlichkeit für eine Sechs $p = \frac{1}{6}$ ist, also $H_0 : p = \frac{1}{6}$. Die Gegenhypothese ist die Aussage, dass der theoretische Wert falsch ist, dass also die Erfolgswahrscheinlichkeit für eine Sechs $p \neq \frac{1}{6}$ ist, also $H_1 : p \neq \frac{1}{6}$.

Nun gehen wir wieder in fünf Schritten vor:

1. Man fixiert einen Wert für den Fehler 1. Art. Wir setzen wieder $\alpha = 0,05$.
2. Test-Design: Man würfelt 20 Mal und zählt die Anzahl der Sechsen. Sei X die Zufallsvariable, welche die Anzahl der Sechsen bei den zwanzig Würfen angibt. Unter der Voraussetzung, dass H_0 gilt, ist X eine $B(20, \frac{1}{6})$-verteilte Zufallsvariable.
3. Wie bekommen wir eine Entscheidungsregel für unseren Test? Wir werden H_0 verwerfen, wenn die Zahl der Sechsen sehr klein oder sehr groß ist. Da also der Verwerfungsbereich aus zwei Teilbereichen besteht (einerseits der Teilbereich mit einer sehr kleinen Anzahl von Sechsen, andererseits der Teilbereich mit einer sehr großen Anzahl von Sechsen), teilen wir die Wahrscheinlichkeit 0,05 dementsprechend hälftig auf: Wir suchen einerseits einen Teilbereich (von sehr kleinen Sechser-Anzahlen), dessen Wahrscheinlichkeit kleiner/gleich 0,025 ist und andererseits einen Teilbereich (von sehr großen Sechser-Anzahlen), dessen Wahrscheinlichkeit ebenfalls kleiner/gleich 0,025 ist.

   Das bedeutet: Wir werden H_0 verwerfen, falls

$$P(X = 0) + P(X = 1) + \ldots + P(X = \Gamma) \leq 0,025 \qquad \text{oder}$$
$$P(X = \Delta) + \ldots + P(X = 19) + P(X = 20) \leq 0,025,$$

wobei die Zahlen Γ und Δ berechnet werden müssen.

Zur Ermittlung von Γ: Da schon für $k = 0$ gilt, dass

$$P(X = 0) = 0,026084,$$

gibt es kein Γ mit $\sum_{k=0}^{\Gamma} P(X = k) < 0,025$.

Zur Ermittlung von Δ: Man hat

$$\sum_{k=8}^{20} P(X = k) \;=\; 0,011253 < 0,025$$

$$\text{und} \quad \sum_{k=7}^{20} P(X = k) \;=\; 0,037135 > 0,025;$$

das bedeutet: Es ist $\Delta = 8$. Die Entscheidungsregel lautet also: Falls bei dem Test die Zahl der Sechsen größer/gleich 8 ist, kann auf dem Signifikanzniveau $\alpha = 0,05$ die Hypothese H_0 verworfen werden.

4. Durchführung des Tests.

5. Spielen wir einige Testausgänge durch!

∎

Es sei ein zweites Beispiel für einen zweiseitigen Test gegeben.

Beispiel 10.4

(**Vorzeichentest**) Ein Agrarunternehmen hat eine neue winterharte Weizensorte W_{NEU} gezüchtet, die auch sehr ungünstigen Witterungsbedingungen in nördlichen Breitengraden trotzen kann. Die Frage ist, ob sie sich hinsichtlich des Ernteertrages von einer Standardweizensorte W_{ALT} unterscheidet. Das Agrarunternehmen geht von Veränderungen bei den Ernteerträgen aus. Dabei können sich zwei unterschiedliche Fragestellungen ergeben:

1. Das Unternehmen hat die Vermutung, dass es Unterschiede bei den Erträgen bei W_{ALT} im Vergleich zu den Erträgen bei W_{NEU} gibt; es hat aber keine Idee, in welche Richtung die Veränderung bei den Erträgen geht: Es hat keine Indizien, ob W_{NEU} größere oder geringere Erträge bringt.

2. Das Unternehmen hat aufgrund bestimmter Indizien (etwa Laborergebnisse) die Vermutung, dass W_{NEU} bessere/größere Erträge bringen wird als W_{ALT}.

Die Vorgehensweise zum Testen der Vermutung ist in beiden Fällen (also 1. und 2.) dieselbe: Die beiden Weizensorten W_{ALT} und W_{NEU} werden an 20 Standorten angebaut; an dem jeweiligen Standort S_i ($1 \le i \le 20$) wird auf der einen Hälfte W_{NEU} und auf der anderen Hälfte die Sorte W_{ALT} angebaut. Bei der Ernte ergeben sich die folgenden Erträge (in Dezitonnen pro Hektar):

Standort	Ertrag E_{ALT} bei W_{ALT}	Ertrag E_{NEU} bei W_{NEU}	Differenz $E_{ALT} - E_{NEU}$	Vorzeichen
1	64,5	64,7	-0,2	
2	75,0	74,8	0,2	
3	72,5	75,6	-3,1	
4	70,2	75,2	-5,0	
5	65,3	65,6	-0,3	
6	66,1	67,7	-1,6	
7	72,1	73,0	-0,9	
8	70,1	69,9	0,2	
9	70,7	72,3	-1,6	
10	69,2	70,7	-1,5	
11	67,3	66,1	1,2	
12	70,1	72,3	-2,2	
13	71,6	73,9	-2,3	
14	68,7	67,1	1,6	
15	74,2	77,2	-3,0	
16	66,1	72,7	-6,6	
17	69,9	68,0	1,9	
18	72,3	74,9	-2,6	
19	68,7	71,4	-2,7	
20	76,1	76,9	-0,8	

Wir erläutern nun das Vorgehen im oben angesprochenen Fall 1: Das Unternehmen hat die Vermutung, dass die Ernteerträge bei W_{NEU} und W_{ALT} unterschiedlich sind. Diese Vermutung soll getestet werden.

Die Nullhypothese H_0 lautet: Die Ernteerträge unterscheiden sich nicht. Die Gegenhypothese H_1 lautet: Die Ernteerträge unterscheiden sich.

Wir gehen wieder in fünf Schritten vor:

1. Als Signifikanzniveau setzen wir $\alpha = 0,05$.
2. Test-Design: Man notiert in der letzten Spalte der obigen Tabelle überall dort ein „+", wo sich in der vierten Spalte der Tabelle ein positiver Wert ergeben hat.

   Falls H_0 zutreffend ist, müssen die Wahrscheinlichkeiten für eine positive Differenz und die Wahrscheinlichkeiten für eine negative Differenz gleich sein, d. h.

$p = (\text{Differenz ist positiv}) = (\text{Differenz ist negativ}) = \frac{1}{2}$.

Sei nun V diejenige Zufallsvariable, die die Anzahl der positiven Differenzen angibt. Unter der Voraussetzung, dass H_0 gilt, ist V eine $B(20, \frac{1}{2})$-verteilte Zufallsvariable.

3. Entscheidungsregel: Wir werden H_0 verwerfen, wenn die Zahl der positiven Differenzen sehr klein oder sehr groß ist. Das heißt, wir werden H_0 verwerfen, falls

$$\sum_{k=0}^{\Gamma} P(X = k) \leq 0,025 \qquad \text{oder} \qquad \sum_{k=\Delta}^{20} P(X = k) \leq 0,025,$$

wobei die Zahlen Γ und Δ bestimmt werden müssen.

Man hat einerseits

$$\sum_{k=0}^{5} P(X = k) = 0,020695 < 0,025,$$

und andererseits

$$\sum_{k=15}^{20} P(X = k) = 0,020695 < 0,025,$$

also $\Gamma = 5$, $\Delta = 15$.

Die Entscheidungsregel lautet also: Falls bei dem Test die Zahl der positiven Differenzen kleiner/gleich 5 oder größer/gleich 15 ist, kann auf dem Signifikanzniveau $\alpha = 0,05$ die Hypothese H_0 verworfen werden.

4. Durchführung des Tests: Man stellt anhand der letzten Spalte der obigen Tabelle fest, dass es fünf positive Differenzen gibt.

5. Wegen der Entscheidungsregel wird man H_0 verwerfen.

■

10.3 Testen unter Verwendung der Normalverteilung

In den Abschnitten 10.1 und 10.2 haben wir immer die benötigten Wahrscheinlichkeiten mittels der Binomialverteilung explizit ausgerechnet. Falls nun die Zahl n der Versuchsausführungen sehr groß ist, werden wir statt der Binomialverteilung die Approximation derselben durch die Normalverteilung verwenden. Wir benutzen dazu den Approximationssatz von de Moivre/Laplace (siehe Teilabschnitt 8.5.3).

Beispiel 10.5

(Liegt eine „faire" Münze vor?) Man will wissen, ob eine gegebene Münze eine Laplace-Münze ist. Die erst einmal vorhandene Vermutung lautet: Die Münze ist nicht „fair". Die zugehörige Nullhypothese lautet: Die Münze ist fair. Sei p die Erfolgswahrscheinlichkeit für den Treffer „Wappen"; dann hat man für den Test

$$H_0 : p = \frac{1}{2} \qquad \text{gegen} \qquad H_1 : p \neq \frac{1}{2}.$$

∎

Wir gehen wieder in fünf Schritten vor:

1. Wir legen als Signifikanzniveau $\alpha = 0,01$ fest.
2. Test-Design: Man wirft die Münze 1000 Mal und notiert die Anzahl von „Wappen". Sei X die Zufallsvariable, welche die Anzahl der Treffer angibt. Unter der Voraussetzung, dass H_0 gilt, ist X eine $B(1000, \frac{1}{2})$-verteilte Zufallsvariable, also $P(X = k) = \binom{n}{k} \cdot p^k \cdot (1 - p)^{n-k}$ für $k \in \{0, 1, \ldots, 1000\}$.
3. Wie gewinnt man jetzt eine Entscheidungsregel für den Test? Wir werden H_0 verwerfen, wenn die Anzahl von „Wappen" sehr klein oder sehr groß ist. Ganz analog wie in Beispiel 10.3 gilt, dass H_0 verworfen wird, falls

$$\sum_{k=0}^{\Gamma} P(X = k) \leq 0,005 \qquad\qquad \text{(I)}$$

oder

$$\sum_{k=\Delta}^{1000} P(X = k) \leq 0,005. \qquad\qquad \text{(II)}$$

Dabei muss Γ als größte Zahl, die die Ungleichung (I) erfüllt, ermittelt werden und Δ als kleinste Zahl, die die Ungleichung (II) erfüllt.

Da für jedes $k \in \{0, 1, \ldots, \Gamma\}$ gilt:

$$
\begin{aligned}
P(X = k) &= \binom{1000}{k} \cdot \left(\frac{1}{2}\right)^k \cdot \left(\frac{1}{2}\right)^{1000-k} \\
&= \binom{1000}{k} \cdot \left(\frac{1}{2}\right)^{1000} \\
&= \binom{1000}{1000-k} \cdot \left(\frac{1}{2}\right)^{1000-k} \cdot \left(\frac{1}{2}\right)^k \\
&= P(X = 1000 - k),
\end{aligned}
$$

sind bei Ungleichung (II) genau die gleichen Summanden beteiligt wie bei Ungleichung (I). Da für das Erfülltsein von (I) genau $\Gamma + 1$ Summanden benötigt werden, werden dieselben Summanden für das Erfülltsein von (II) benötigt. Das bedeutet: $\Delta = 1000 - \Gamma$. Somit kann man die Bedingungen (I) und (II) wie folgt zusammenfassen:

$$\sum_{k=0}^{\Gamma} P(X = k) + \sum_{k=1000-\Gamma}^{1000} P(X = k) \leq 0,01,$$

d. h. $\qquad P(X \leq \Gamma) + P(X \geq 1000 - \Gamma) \leq 0,01,$

d. h. $\qquad 1 - P(\Gamma + 1 \leq X \leq 1000 - \Gamma - 1) \leq 0,01,$

d. h. $\qquad P(\Gamma + 1 \leq X \leq 1000 - \Gamma - 1) \geq 0,99.$

Wegen des Approximationssatzes von de Moivre/Laplace gilt

$$p(r \leq X \leq s) \approx \phi\left(\frac{s - \mu}{\sigma}\right) - \phi\left(\frac{r - \mu}{\sigma}\right) \quad \text{mit} \quad r, s \in \mathbb{N},$$

wobei wir wissen, dass $\mu = n \cdot p = 500$ und $\sigma = \sqrt{n \cdot p \cdot (1 - p)} = \sqrt{250}$ gilt (Erwartungswert und Varianz binomialverteilter Zufallsvariabler). Also hat man:

$$\phi\left(\frac{1000 - \Gamma - 1 - 500}{\sqrt{250}}\right) - \phi\left(\frac{\Gamma + 1 - 500}{\sqrt{250}}\right) \geq 0,99. \qquad \text{(III)}$$

Da sicherlich $0 \leq \Gamma \leq 499$ ist, ist $\frac{\Gamma+1-500}{\sqrt{250}} \leq 0$. Somit gilt

$$\phi\left(\frac{\Gamma - 499}{\sqrt{250}}\right) = 1 - \Phi\left(-\frac{\Gamma - 499}{\sqrt{250}}\right) = 1 - \Phi\left(\frac{499 - \Gamma}{\sqrt{250}}\right).$$

Damit ist (III) äquivalent zu

$$\Phi\left(\frac{499 - \Gamma}{\sqrt{250}}\right) - \left[1 - \phi\left(\frac{499 - \Gamma}{\sqrt{250}}\right)\right] \geq 0,99,$$

d. h. $\qquad 2 \cdot \Phi\left(\frac{499 - \Gamma}{\sqrt{250}}\right) - 1 \geq 0,99,$

d. h. $\qquad \Phi\left(\frac{499 - \Gamma}{\sqrt{250}}\right) \geq 0,995.$

Mittels der Tabelle zur Standard-Normalverteilung ergibt sich

$$\frac{499 - \Gamma}{\sqrt{250}} \geq 2,58,$$

woraus $\Gamma \leq 458$ folgt.

Damit haben wir die Entscheidungsregel gefunden: Man verwerfe H_0, falls die Zahl von „Wappen" kleiner/gleich 458 oder größer/gleich 542 ist.

4. Durchführung des Tests und Notieren der Anzahl von „Wappen".

5. Beibehaltung oder Verwerfung von H_0 entsprechend der Anzahl von „Wappen".

Ein weiteres Beispiel soll die Anwendung des Approximationssatzes von de Moivre/Laplace bei einem einseitigen Test verdeutlichen.

Beispiel 10.6

(Landtagswahl) Im Bundesland L macht sich die große Partei ABC Sorgen, dass die kleine Partei XYZ in den Landtag einziehen könnte. Der nervöse Parteivorstand von ABC bittet ein Parteimitglied, das von Hause aus Statistiker ist, einen Test zu entwickeln, mit dem die brennende Frage geklärt werden kann: Darf ABC davon ausgehen, dass XYZ nicht in den Landtag kommt?

Das Parteimitglied geht wie folgt vor: Die Vermutung (oder besser gesagt: die Hoffnung) von Partei ABC ist, dass Partei XYZ an der 5-%-Hürde scheitert. Die zugehörige Nullhypothese lautet: Partei XYZ erhält mindestens 5 % der Stimmen. Sei p die Erfolgswahrscheinlichkeit für die Partei XYZ, so hat man für den Test:

$$H_0 : p \geq 0,05 \qquad H_1 : p < 0,05.$$

1. Das Parteimitglied legt ein Signifikanzniveau von $\alpha = 0,05$ fest.
2. Der Kassenwart der Partei ABC wird gebeten, eine Meinungsumfrage in Auftrag zu geben. Im Vorfeld des Umfrageergebnisses plant der Statistiker schon einmal die Entscheidungsregel. Sei X die Zufallsvariable, die die Anzahl der Stimmen für XYZ bei der Umfrage unter n Wahlberechtigten angibt. Falls H_0 gilt, ist X eine $B(n, \frac{5}{100})$-verteilte Zufallsvariable, also

$$P(X = k) = \binom{n}{k} \cdot \left(\frac{5}{100}\right)^k \cdot \left(\frac{95}{100}\right)^{n-k} \quad \text{für} \quad k \in \{0, 1, \ldots, n\}.$$

Wegen des Approximationssatzes hat man

$$P(X \leq \Gamma) \approx \phi\left(\frac{\Gamma - \mu}{\sigma}\right) \quad \text{mit} \quad \Gamma \in \mathbb{N},$$

wobei $\mu = n \cdot p$ und $\sigma = n \cdot p \cdot (1 - p)$ gilt.

3. Man wird H_0 verwerfen, wenn bei der Meinungsumfrage die Stimmenanzahl von Partei XYZ sehr klein ist.
4. Die Meinungsumfrage wird durchgeführt. Das Institut, das die Umfrage durchgeführt hat, teilt der Partei Folgendes mit: Größe der Stichprobe $n = 1216$, Stimmenanzahl für die Partei XYZ 49.
5. Der Partei-Statistiker rechnet: Unter der Voraussetzung von H_0 hat man

$$\mu = n \cdot p = 1216 \cdot \frac{5}{100} = 60,80,$$
$$\sigma = \sqrt{n \cdot p \cdot (1 - p)} = \sqrt{1216 \cdot 0,05 \cdot 0,95} = 7,6.$$

Damit lässt sich nun die kritische Grenze Γ ausrechnen:

$$P(X \leq \Gamma) \approx \phi\left(\frac{\Gamma - \mu}{\sigma}\right) = \phi\left(\frac{\Gamma - 60,8}{7,6}\right).$$

Die Ungleichung $P(X \leq \Gamma) \leq 0,05$ bedeutet also

$$\phi\left(\frac{\Gamma - 60,8}{7,5}\right) \leq 0,05.$$

Da die kritische Grenze Γ (also die Anzahl der Stimmen für Parteil XYZ) sicherlich kleiner als 60 ist, folgt $\frac{\Gamma - 60,8}{7,5} \leq 0$. Also gilt

$$\Phi\left(\frac{\Gamma - 60,8}{7,5}\right) = 1 - \phi\left(-\frac{\Gamma - 60,8}{7,5}\right).$$

Damit hat man

$$\phi\left(\frac{\Gamma - 60,8}{7,5}\right) \leq 0,05$$

$$\Leftrightarrow \quad 1 - \phi\left(-\frac{\Gamma - 60,8}{7,5}\right) \leq 0,05$$

$$\Leftrightarrow \quad \phi\left(\frac{60,8 - \Gamma}{7,5}\right) \geq 0,95.$$

Die Tabelle zur Standard-Normalverteilung liefert:

$$\frac{60,8 - \Gamma}{7,5} \geq 1,65, \qquad \text{d. h.} \qquad \Gamma \leq 47,625.$$

Also kann H_0 auf dem Signifikanzniveau $\alpha = 0,05$ verworfen werden, falls die Zahl der Stimmen für Partei XYZ bei der Umfrage kleiner gleich 47 ist.

Da das Meinungsumfrageinstitut aber bei der Umfrage eine Stimmenanzahl von 49 für Partei XYZ ermittelt hat, kann H_0 nicht verworfen werden und muss beibehalten werden. Für die Partei ABC ist das eine frustrierende Erkenntnis; sie muss sich weiterhin große Sorgen um den Einzug der Partei XYZ in den Landtag machen.   ∎

10.4 Zusammenfassung zum Thema „Hypothesentest"

Es sei eine Übersicht zum Testen von Hypothesen bei Vorhandensein einer Bernoulli-Kette der Länge n gegeben. In der folgenden Tabelle sei p_0 immer der theoretisch vorhandene Wert der Nullhypothese und α das Signifikanzniveau.

Vermutung	Nullhypothese	zu lösende Ungleichung
$p < p_0$	$p = p_0$	$P(X \leq \Gamma) \leq \alpha$
$p > p_0$	$p = p_0$	$P(X \geq \Delta) \leq \alpha$
$p \neq p_0$	$p = p_0$	$P(X \leq \Gamma) \leq \frac{1}{2}\alpha; \; P(X \geq \Delta) \leq \frac{1}{2}\alpha$

$$\text{d. h.}$$
$$P(X \leq \Gamma) + P(X \geq \Delta) \leq \alpha$$
$$\text{d. h.}$$
$$1 - P(\Gamma < X < \Delta) \leq \alpha$$
$$\text{d. h.}$$
$$P(\Gamma < X < \Delta) \geq 1 - \alpha$$

10.5 Qualitätskontrolle

In diesem Abschnitt wollen wir uns mit dem Fehler 2. Art beschäftigen, also mit der Situation, dass eine Nullhypothese falsch ist und trotzdem nicht verworfen wird. Ein solcher Fehler 2. Art tritt immer dann auf, wenn das Beobachtungsergebnis (bei Schritt 4 des Tests) nicht in den (bei Schritt 3 des Tests) berechneten kritischen Bereich fällt, aber H_1 zutreffend ist.

In welchen Alltagssituationen spielt nun der Fehler 2. Art eine entscheidende Rolle? Zur Klärung dieser Frage wollen wir einen typischen Sachverhalt aus der Wirtschaft analysieren – die Qualitätskontrolle beim Handel mit Waren. Bei Produktionsprozessen in Industrie oder Landwirtschaft ist es oft so, dass ein gewisser Prozentsatz einer Produktquantität nicht die gewünschte Qualität hat und insofern Ausschuss ist. Diesen Ausschussanteil ermittelt man durch eine Qualitätskontrolle der produzierten Ware:

Auf der einen Seite gibt es beim Produzenten (Verkäufer) Kontrollen der Produktqualität; aufgrund von Stichproben aus einer Partie (eines Loses) eines Erzeugnisses kann er den Ausschussanteil p ermitteln. Diese Kontrolle auf Seiten des Produzenten bezeichnet man als Ausgangskontrolle oder Endkontrolle.

Andererseits gibt es natürlich beim Konsumenten (Käufer) einer Ware auch solche Kontrollen, auch er zieht Stichproben aus Lieferungen einer Ware und entscheidet aufgrund dieser Stichproben, ob er die Warenlieferung annimmt oder zurückweist. Diese Kontrolle auf Seiten des Konsumenten bezeichnet man als Eingangskontrolle.

Es sei noch erwähnt, dass es bei der Ausgangskontrolle auf Produzentenseite bzw. bei der Eingangskontrolle auf Konsumentenseite um eine reine Gut-Schlecht-Prüfung geht: Es geht bei jedem Element der Produkt-Stichprobe einzig um die Feststellung, ob dieses Element vorgegebenen qualitativen oder quantitativen Merkmalen genügt oder nicht. Bei der Qualitätskontrolle gibt es neben der Option einer Gut-Schlecht-Prüfung auch die Option einer laufenden Kontrolle der Produktion. Auf diese zweite Option der Qualitätskontrolle wird hier nicht eingegangen.

Wie läuft nun das Agieren von Verkäufer und Käufer bei Warenlieferungen genau ab? Welche (finanziellen) Risiken liegen beim Verkäufer einerseits und beim Käufer andererseits? Auf der Seite des Produzenten ist im Allgemeinen aufgrund von Vorerfahrungen der Ausschussanteil p_0 für ein gewisses Produkt P bekannt: Wenn der Produzent auf seinen guten Ruf bedacht ist, führt er in regelmäßigen Abständen Tests durch, um einen möglichen Verdacht, dass der Ausschussanteil p doch den Wert p_0 überschreitet, zu verwerfen (er führt im Bedarfsfall einen einseitigen Test mit der Nullhypothese $H_0 : p \leq p_0$ durch).

Bestellt ein Kunde beim Produzenten eine große Partie des Erzeugnisses E, so teilt der Produzent diesem Kunden (dem Empfänger) vor oder bei der Lieferung gleich mit, dass mit einem Ausschussanteil p_0 gerechnet werden muss. Nun ist es oft so, dass die Vertragspartner im Vorfeld der Lieferung einen Prüfplan vereinbaren; ein solcher Prüfplan enthält folgende vertragliche Vereinbarung: Der Empfänger kann aufgrund einer klaren Entscheidungsregel die Lieferung annehmen oder ablehnen. Dazu muss auf Empfängerseite in folgenden Schritten vorgegangen werden:

1. Ziehen einer Stichprobe vom Umfang n (die Zahl n ist im Plan festgelegt).
2. Feststellen der Anzahl der schlechten Stücke in dieser Stichprobe.
3. Vergleich der Anzahl der schlechten Stücke mit einer im Prüfplan festgelegten Annahmezahl Γ: Ist die Anzahl der schlechten Stücke höchstens gleich Γ, so muss die Lieferung angenommen werden; ist die Anzahl der schlechten Stücke größer als Γ, so kann die Lieferung abgelehnt (also zurückgegeben) werden.

Bei einem solchen Prüfplan liegen also folgende Voraussetzungen vor:

- Nullhypothese: Ausschussanteil ist p_0, also $p = p_0$.
- Stichprobenumfang n.
- Annahmezahl Γ.

Nun gibt es auf beiden Seiten (Produzent und Konsument) Risiken:
Erstens kann es passieren, dass der Konsument die Lieferung ablehnt, obwohl sie gut ist. Das Eintreten dieses Falls ist der Fehler 1. Art, also der Fehler
„H_0 wird verworfen, obwohl H_0 wahr ist.“
Sei α die Wahrscheinlichkeit dieses Fehlers, also
$$\alpha = P(\text{„}H_0 \text{ wird verworfen, obwohl } H_0 \text{ wahr ist“}).$$
Offenbar ist diese Wahrscheinlichkeit α das Risiko für den Produzenten: Der Produzent möchte α möglichst klein haben, um nicht den unangenehmen Sachverhalt zu erleben, eine Lieferung zurücknehmen zu müssen, obwohl sie gut ist.

Zweites kann es passieren, dass der Konsument die Lieferung annimmt, obwohl sie schlecht ist. Das Eintreten dieses Falls ist der Fehler 2. Art, also der Fehler

„H_0 wird angenommen, obwohl H_0 falsch ist."

Sei β die Wahrscheinlichkeit dieses Fehlers, also

$$\beta = P(\text{„}H_0 \text{ wird angenommen, obwohl } H_0 \text{ falsch ist"}).$$

Offenbar ist diese Wahrscheinlichkeit β das Risiko für den Konsumenten: Der Konsument möchte β möglichst klein haben, um nicht den unangenehmen Sachverhalt zu erleben, eine Lieferung angenommen zu haben, obwohl sie schlecht ist.

Ein guter (man sagt „trennscharfer") Prüfplan soll natürlich „gute Lieferungen" von „schlechten Lieferungen" unterscheiden: Eine Lieferung heißt gut oder akzeptabel, wenn ihr Ausschussanteil p eine bestimmte Schranke p_0 nicht überschreitet (also $p \leq p_0$), eine Lieferung heißt schlecht oder inakzeptabel, wenn ihr Ausschussanteil eine bestimmte Schranke p_1 nicht unterschreitet (also $p \geq p_1$).

Da der Konsument aber den wahren Ausschussanteil p der Lieferung natürlich nicht kennt, ist für ihn die folgende Frage von entscheidendem Interesse:

Welcher Zusammenhang besteht zwischen der Qualität einer Lieferung (also dem wahren Ausschussanteil p) und der Wahrscheinlichkeit β, dass sie vom Konsumenten angenommen wird?

Sei X die Zufallsvariable, die die Anzahl der Ausschussstücke bei dieser Stichprobe vom Umfang n angibt. Dann darf im Modell angenommen werden, dass X eine $B(n, p)$-verteilte Zufallsvariable ist. Streng genommen ist X hypergeometrisch verteilt, da die Stichprobe ja ein Ziehen ohne Zurücklegen bedeutet. Aber – wie schon am Ende des Beispiels 5.4 betont – ist es auch statthaft, das Modell einer binomialverteilten Zufallsvariablen zu benutzen.

Aufgrund des Prüfplans wird die Wahrscheinlichkeit, dass der Konsument die Lieferung annimmt, gegeben als

$$\beta(p) = P \, (\text{Anzahl der Ausschussstücke ist kleiner/gleich } \Gamma)$$

$$= \sum_{k=0}^{\Gamma} P(X = k) = \sum_{k=0}^{\Gamma} \binom{n}{k} p^k \cdot (1-p)^{n-k},$$

wobei n der vereinbarte Stichprobenumfang und Γ die vereinbarte Annahmezahl ist.

Da diese Wahrscheinlichkeit von p abhängt, können wir β als Funktion von p auffassen, d. h. wir haben folgende Funktion:

$$\beta : [0, 1] \to [0, 1], \qquad p \mapsto \sum_{k=0}^{\Gamma} \binom{n}{k} \cdot p^k \cdot (1-p)^{n-k}.$$

Die Funktion β gibt also (bei festem n und festem Γ) in Abhängigkeit von n das Konsumentenrisiko an. Wir wollen uns diese Funktion β in einer konkreten Situation anschauen: Bei einer Lieferung sei ein Prüfplan vereinbart mit $n = 80$ und $\Gamma = 10$. Dann sieht der Graph von β so aus:

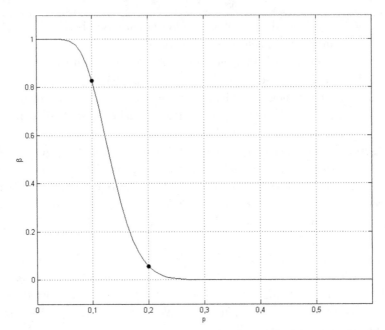

Man erkennt an diesem Graphen sehr schön die Risiken für den Produzenten und den Konsumenten: Sei $p_0 = \frac{1}{10}$ der vom Produzenten mitgeteilte Ausschussanteil, sei $p_1 = \frac{2}{10}$ der vom Konsumenten befürchtete Ausschussanteil. Dann ist die Lieferung akzeptabel, wenn $p \leq p_0$ gilt, und inakzeptabel, wenn $p \geq p_1$ gilt. Das bedeutet:

$$H_0 : p \leq \frac{1}{10} \qquad H_1 : p \geq \frac{2}{10}.$$

Wir berechnen nun Produzentenrisiko und Konsumentenrisiko.

- Produzentenrisiko: Da die Funktion β streng monoton fallend ist, ist das Produzentenrisiko am größten, wenn H_0 gilt mit dem Wert $p = p_0 = \frac{1}{10}$.

$$P\left(H_0 \text{ wird verworfen, obwohl } H_0 \text{ wahr ist mit } p = p_0 = \frac{1}{10}\right)$$

$$= P\left(\text{Mindestens 11 Ausschussstücke, obwohl } p = p_0 = \frac{1}{10}\right)$$

$$= \sum_{k=11}^{80} \binom{80}{k} \cdot \left(\frac{1}{10}\right)^k \left(\frac{9}{10}\right)^{80-k}$$

$$= 1 - \sum_{k=0}^{10} \binom{80}{k} \cdot \left(\frac{1}{10}\right)^k \cdot \left(\frac{9}{10}\right)^{80-k}$$

$$= 1 - \beta\left(\frac{1}{10}\right)$$

$$= 0,1734.$$

■ Konsumentenrisiko: Da die Funktion β streng monoton fallend ist, ist das Konsumentenrisiko am größten, wenn H_1 gilt mit dem Wert $p = p_1 = \frac{2}{10}$.

$$P(H_0 \text{ wird akzeptiert, obwohl } H_1 \text{ wahr ist mit } p = p_1 = \frac{2}{10})$$

$$= P\left(\text{Höchstens 10 Ausschussstücke, obwohl } p = p_1 = \frac{2}{10}\right)$$

$$= \sum_{k=0}^{10} \binom{80}{k} \cdot \left(\frac{2}{10}\right)^k \cdot \left(\frac{8}{10}\right)^{80-k}$$

$$= \beta\left(\frac{2}{10}\right)$$

$$= 0,0565.$$

Beide Risiken stellen wir nun graphisch dar.

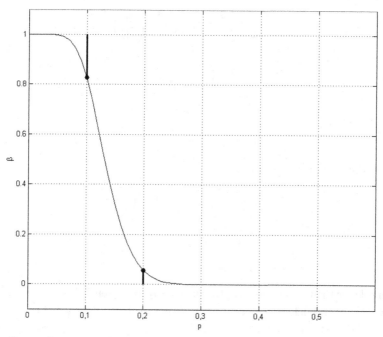

Man kann also sagen, dass dieser Prüfplan problematisch ist: Das Produzentenrisiko ist mit dem Wert von 17 % zu hoch, das Konsumentenrisiko ist mit dem Wert von 6 % eventuell annehmbar.

Wir wollen uns nun die Funktion β für zwei andere Werte von Γ anschauen (es ist unverändert $n = 80$).

$$\Gamma = 5 \qquad\qquad\qquad \Gamma = 15$$

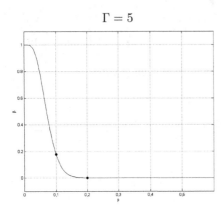 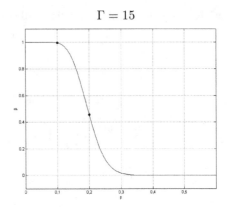

Im ersten Fall ($\Gamma = 5$) erhält man:

- Produzentenrisiko

$$\begin{aligned}
\alpha &= \sum_{k=6}^{80} \binom{80}{k} \cdot \left(\frac{1}{10}\right)^{k} \cdot \left(\frac{9}{10}\right)^{80-k} \\
&= 1 - \sum_{k=0}^{5} \binom{80}{k} \cdot \left(\frac{1}{10}\right)^{k} \cdot \left(\frac{9}{10}\right)^{80-k} \\
&= 1 - \beta\left(\frac{1}{10}\right) \\
&= 0,8231
\end{aligned}$$

- Konsumentenrisiko

$$\begin{aligned}
&\sum_{k=0}^{5} \binom{80}{k} \cdot \left(\frac{2}{10}\right)^{k} \cdot \left(\frac{8}{10}\right)^{80-k} \\
&= \beta\left(\frac{2}{10}\right) \\
&= 0,0006.
\end{aligned}$$

Ein solcher Prüfplan ist inakzeptabel: Das Produzentenrisiko ist mit dem Wert von 82 % viel zu hoch; das Konsumentenrisiko ist dagegen fast nicht vorhanden.

Im zweiten Fall ($\Gamma = 15$) erhält man:

- Produzentenrisiko

$$\begin{aligned}
\alpha &= \sum_{k=16}^{80} \binom{80}{k} \cdot \left(\frac{1}{10}\right)^{k} \cdot \left(\frac{9}{10}\right)^{80-k} \\
&= 1 - \sum_{k=0}^{15} \binom{80}{k} \cdot \left(\frac{1}{10}\right)^{k} \cdot \left(\frac{9}{10}\right)^{80-k} \\
&= 1 - \beta\left(\frac{1}{10}\right) \\
&= 0,0053
\end{aligned}$$

■ Konsumentenrisiko

$$\sum_{k=0}^{15} \binom{80}{k} \cdot \left(\frac{2}{10}\right)^k \cdot \left(\frac{8}{10}\right)^{80-k}$$

$$= \beta\left(\frac{2}{10}\right)$$

$$= 0,4555.$$

Auch dieser Prüfplan ist inakzeptabel: Zwar ist das Produzentenrisiko verschwindend klein, aber das Konsumentenrisiko ist mit dem Wert von 46 % sicherlich zu hoch.

Man sieht also, dass man mit der Funktion β sehr schön arbeiten kann; diese Funktion hat in der Statistik einen eigenen Namen.

Definition 10.1 (Annahmekennlinie, Operationscharakteristik)
Sei X eine $B(n, p)$-verteilte Zufallsvariable, sei Γ eine feste Zahl zwischen 0 und n. Dann heißt die Funktion $\beta : [0, 1] \to [0, 1]$ mit

$$p \mapsto \beta(p) := P(X \leq \Gamma) = \sum_{k=0}^{\Gamma} \binom{n}{k} \cdot p^k \cdot (1 - p)^{n-k}$$

Annahmekennlinie zum Wert Γ oder **Operationscharakteristik** zum Wert Γ (auch kurz: OC-Kurve zum Wert Γ).

◆

Oben sind für drei Werte von Γ die zugehörigen OC-Kurven gezeichnet worden. Anhand dieser Graphen erkennt man deutlich zwei Sachverhalte:

■ Je größer die Annahmezahl Γ ist, desto kleiner wird das Produzentenrisiko.
■ Je kleiner die Annahmezahl Γ ist, desto kleiner wird das Konsumentenrisiko.

Γ	$\alpha = 1 - \beta(\frac{1}{10})$	$\beta(\frac{2}{10})$
5	0,8231	0,0006
10	0,1734	0,0565
15	0,0053	0,4555

Automatisch stellen sich nun drei Fragen:

1. Wie muss Γ gewählt werden, damit das Produzentenrisiko bei festem Stichprobenumfang n möglichst klein ist (also etwa kleiner/gleich dem Wert $\alpha = 0,05$ ist)?

2. Wie muss Γ gewählt werden, damit das Konsumentenrisiko bei festem Stichprobenumfang n möglichst klein ist (also etwa kleiner/gleich dem Wert $\beta = 0,05$ ist)?

3.   Wie müssen der Stichprobenumfang n und die Annahmezahl Γ gewählt wer-
     den, damit beide Risiken (also Produzentenrisiko **und** Konsumentenrisiko)
     möglichst klein sind?

Die ersten beiden Fragen sind leicht zu beantworten. Die Lösung sei wieder
an unserem Beispiel erläutert.

Zu Frage 1: Wir wählen $\alpha = 0,05$. Der Ansatz lautet dann: Es ist Γ gesucht,
so dass

$$\sum_{k=\Gamma+1}^{80} \binom{n}{k} \cdot \left(\frac{1}{10}\right)^k \cdot \left(\frac{9}{10}\right)^{80-k} \leq 0,05.$$

Das bedeutet:

$$1 - \sum_{k=0}^{\Gamma} \binom{80}{k} \cdot \left(\frac{1}{10}\right)^k \cdot \left(\frac{9}{10}\right)^{80-k} \leq 0,05$$

$$\Leftrightarrow \quad \sum_{k=0}^{\Gamma} \binom{80}{k} \cdot \left(\frac{1}{10}\right)^k \cdot \left(\frac{9}{10}\right)^{80-k} \geq 0,95.$$

Nun gibt es zwei Möglichkeiten, Γ zu berechnen:

A: Man addiert so lange Summanden auf der linken Seite der Ungleichung,
         bis man den Wert Γ gefunden hat, so dass die Gesamtsumme größer/gleich
         0,95 ist. Diese Methode ist etwas mühsam.
B: Man benutzt wieder den Approximationssatz von de Moivre/Laplace.

Bei Methode B geht man wie folgt vor: Da $\mu = 80 \cdot \frac{1}{10} = 8$ und
$\sigma = \sqrt{80 \cdot \frac{1}{10} \cdot \frac{9}{10}} \approx 2,68$, folgt mittels des Approximationssatzes

$$\sum_{k=0}^{\Gamma} \binom{80}{k} \cdot \left(\frac{1}{10}\right)^k \cdot \left(\frac{9}{10}\right)^{80-k} \approx \phi\left(\frac{\Gamma - 8}{2,68}\right).$$

Also muss man die Ungleichung

$$\Phi\left(\frac{\Gamma - 8}{2,68}\right) \geq 0,95$$

lösen. Mittels der Tabelle zur Standard-Normalverteilung ergibt sich

$$\frac{\Gamma - 8}{2,68} \geq 1,65, \quad \text{d. h.} \quad \Gamma \geq 12,42.$$

Also sollte der Produzent darauf achten, dass im Prüfplan eine Annahmezahl Γ
steht, die mindestens 13 ist.

Zu Frage 2: Wir wählen $\beta = 0,05$ und gehen ganz ähnlich wie bei der Beantwortung von Frage 1 vor!

Der Leser zeige, dass man als Lösung $\Gamma \leq 10,09$ erhält. Also sollte der Konsument darauf achten, dass im Prüfplan eine Annahmezahl Γ steht, die höchstens 10 ist.

Man sieht anhand der Beantwortung der Fragen 1 und 2, dass es in unserem Beispiel (bei einem Stichprobenumfang von $n = 80$) keinen Prüfplan gibt, welcher die Interessen beider Seiten angemessen berücksichtigt: Der Produzent möchte eine Annahmezahl Γ mit $\Gamma \geq 13$, der Konsument möchte eine Annahmezahl Γ mit $\Gamma \leq 10$.

Damit sind wir genau bei dem in obiger Frage 3 angesprochenen Sachverhalt – nämlich: Kann ein Prüfplan so ausgestattet werden, dass Produzentenrisiko *und* Konsumentenrisiko möglichst klein sind?

Diese Frage soll im Folgenden allgemein beantwortet werden. Zunächst zwei Begriffe aus der Qualitätsprüfung:

- Der vom Produzenten angegebene Ausschussanteil p_0 wird auch als AQL *(acceptable quality level)* bezeichnet. Der AQL ist also der Ausschussanteil, bei dem die Lieferung noch akzeptabel ist.

- Der Konsument fixiert für sich einen Ausschussanteil p_1, bei dem die Lieferung mit sehr großer Wahrscheinlichkeit abgelehnt werden soll. Dieser Wert p_1 wird auch als LTPD *(lot tolerance percent defective)* oder als RQL *(rejectable quality level)* oder als LQ *(limiting quality)* bezeichnet.

Vor der Lieferung einer Ware wollen sich Produzent und Konsument auf einen Prüfplan verständigen. Dabei seien folgende Bezeichnungen gegeben:

- der vom Produzenten angegebene Ausschussanteil p_0
- der vom Konsumenten als Limit fixierte Ausschussanteil p_1
- der unbekannte Ausschussanteil p
- die im Raum stehende Nullhypothese $H_0 : p \leq p_0$ des Produzenten und die Alternativhypothese $H_1 : p \geq p_1$ des Konsumenten
- der vom Produzenten angesetzte Wert α für den Fehler 1. Art, also das Niveau für das Produzentenrisiko:
  $$\alpha = P \text{ (Lieferung wird nicht akzeptiert, obwohl } H_0 \text{ wahr ist)}$$
- der vom Konsumenten angesetzte Wert β für den Fehler 2. Art, also das Niveau für das Konsumentenrisiko:
  $$\beta = P \text{ (Lieferung wird akzeptiert, obwohl } H_1 \text{ wahr ist)}$$

Es geht nun darum, einen Prüfplan zu entwickeln, der in Abhängigkeit von den Daten p_0, p_1, α, β einen Stichprobenumfang n und eine Annahmezahl Γ anzugeben. Die Herleitung dieser Zahlen n und Γ geschieht nachfolgend.

■ Für das Produzentenrisiko gilt:

$$\sum_{k=\Gamma+1}^{n} \binom{n}{k} \cdot p_0^k \cdot (1-p_0)^{n-k} \leq \alpha,$$

d. h.

$$1 - \sum_{k=0}^{\Gamma} \binom{n}{k} \cdot p_0^k \cdot (1-p_0)^{n-k} \leq \alpha,$$

d. h.

$$\sum_{k=0}^{\Gamma} \binom{n}{k} \cdot p_0^k \cdot (1-p_0)^{n-k} \geq 1-\alpha. \tag{1}$$

Wegen des Approximationssatzes gilt (da hier $\mu = n \cdot p_0$ und $\sigma = \sqrt{n \cdot p_0 \cdot (1-p_0)}$ ist):

$$\Phi\left(\frac{\Gamma - n \cdot p_0}{\sqrt{n \cdot p_0 \cdot (1-p_0)}}\right) \geq 1-\alpha. \tag{2}$$

■ Für das Konsumentenrisiko gilt:

$$\sum_{k=0}^{\Gamma} \binom{n}{k} \cdot p_1^k \cdot (1-p_1)^{n-k} \leq \beta. \tag{3}$$

Wegen des Approximationssatzes gilt (da hier $\mu = n \cdot p_1$ und $\sigma = \sqrt{n \cdot p_1 \cdot (1-p_1)}$ ist):

$$\Phi\left(\frac{\Gamma - n \cdot p_1}{\sqrt{n \cdot p_1 \cdot (1-p_1)}}\right) \leq \beta. \tag{4}$$

Unter Zuhilfenahme der Tabelle zur Standard-Normalverteilung bekommt man

$$\frac{\Gamma - n \cdot p_0}{\sqrt{n \cdot p_0 \cdot (1-p_0)}} \geq \phi^{-1}(1-\alpha), \tag{2'}$$

$$\frac{\Gamma - n \cdot p_1}{\sqrt{n \cdot p_1 \cdot (1-p_1)}} \leq \phi^{-1}(\beta). \tag{4'}$$

Umformung ergibt

$$\frac{1}{\sqrt{n}} \cdot (\Gamma - n \cdot p_0) \geq \phi^{-1}(1-\alpha) \cdot \sqrt{p_0 \cdot (1-p_0)},$$

$$\frac{1}{\sqrt{n}} \cdot (\Gamma - n \cdot p_1) \leq \phi^{-1}(\beta) \cdot \sqrt{p_1 \cdot (1-p_1)},$$

und daraus ergibt sich

$$\sqrt{n} \cdot \left(\frac{1}{n} \cdot \Gamma - p_0\right) \geq \phi^{-1}(1-\alpha) \cdot \sqrt{p_0 \cdot (1-p_0)}, \tag{2''}$$

$$\sqrt{n} \cdot \left(\frac{1}{n} \cdot \Gamma - p_1\right) \leq \phi^{-1}(\beta) \cdot \sqrt{p_1 \cdot (1-p_1)}. \tag{4''}$$

Diese beiden Ungleichungen nutzen wir nun zur Bestimmung von n und von Γ: Zunächst ist (4″) äquivalent zu

$$\sqrt{n} \cdot \left(p_1 - \frac{1}{n} \cdot \Gamma\right) \geq -\phi^{-1}(\beta) \cdot \sqrt{p_1 \cdot (1 - p_1)}. \qquad (4''')$$

Nun addieren wir (2″) und (4‴) und erhalten:

$$\sqrt{n} \left[\left(\frac{1}{n} \cdot \Gamma - p_0\right) + \left(p_1 - \frac{1}{n} \cdot \Gamma\right)\right]$$
$$\geq \quad \phi^{-1}(1 - \alpha) \cdot \sqrt{p_0 \cdot (1 - p_0)} - \phi^{-1}(\beta) \cdot \sqrt{p_1 \cdot (1 - p_1)},$$

also

$$\sqrt{n}$$
$$\geq \quad \frac{1}{p_1 - p_0} \cdot \left[\Phi^{-1}(1 - \alpha) \cdot \sqrt{p_0 \cdot (1 - p_0)} - \Phi^{-1}(\beta) \cdot \sqrt{p_1 \cdot (1 - p_1)}\right]. \quad (*)$$

Damit haben wir eine Ungleichung zur Bestimmung von n gefunden!

Lösen wir die Ungleichungen (3′) und (4′) nach Γ auf, so erhalten wir

$$n \cdot p_0 + \Phi^{-1}(1 - \alpha) \cdot \sqrt{n \cdot p_0 \cdot (1 - p_0)}$$
$$\leq \quad \Gamma \qquad\qquad\qquad\qquad (**)$$
$$\leq \quad n \cdot p_1 + \Phi^{-1}(\beta) \cdot \sqrt{n \cdot p_1 \cdot (1 - p_1)}.$$

Damit haben wir eine Ungleichung zur Bestimmung von Γ gefunden.

Mit den Formeln $(*)$ und $(**)$ haben wir eine Antwort auf die Frage 3 von oben: Sollen bei einer zwischen Produzent und Konsument vereinbarten Lieferung sowohl der Fehler 1. Art als auch der Fehler 2. Art klein gehalten werden, so ermittelt man den erforderlichen Stichprobenumfang n gemäß der Formel $(*)$ und die zugehörige Annahmezahl Γ gemäß der Formel $(**)$.

Vorsicht: Hat man die Zahl n gemäß $(*)$ ermittelt, kann es passieren, dass es kein $\Gamma \in \mathbb{N}$ gibt, das $(**)$ erfüllt. Wir betrachten dazu wieder unser Beispiel von oben. Noch einmal die Daten:

$$p_0 = \frac{1}{10}; \qquad p_1 = \frac{2}{10}; \qquad \alpha = 0,05; \qquad \beta = 0,05.$$

Mit $(*)$ ergibt sich:

$$\sqrt{n} \geq 11,48, \qquad \text{also} \qquad n \geq 132.$$

Nun bestimmen wir mittels $(**)$ das Intervall für Γ:
Für $n = 132$ ergibt sich $18,85 \leq \Gamma \leq 18,86$;
für $n = 133$ ergibt sich $18,97 \leq \Gamma \leq 19,03$;
für $n = 134$ ergibt sich $19,10 \leq \Gamma \leq 19,21$.

Man sieht also, dass das erste Wertepaar, das die Bedingungen (∗) und (∗∗) erfüllt, aus den Zahlen $n = 133$ und $\Gamma = 19$ besteht.

Da wir aber bei der Herleitung von n und Γ ein Näherungsverfahren (nämlich den Approximationssatz für die Binomialverteilung) benutzt haben, müssen wir uns jetzt vergewissern, ob die gefundenen Werte für n und für Γ (also $n = 133$, $\Gamma = 19$) wirklich die obigen Ungleichungen (1) und (3) erfüllen. Das ist nicht der Fall: Mit $n = 133$ und $\Gamma = 19$ hat die linke Seite von (1) den Wert 0,9576 und die linke Seite von (3) den Wert 0,0577. Das bedeutet: (1) ist erfüllt, (3) ist nicht erfüllt.

Das weitere Vorgehen ist nun so, dass man höhere Werte für n nimmt und die Ungleichungen (1) und (2) jeweils für geeignete Kandidaten für Γ prüft:

■ $n = 134$

	$\Gamma = 18$	$\Gamma = 19$	$\Gamma = 20$
Linke Seite von (1)	0,9241	0,9547	0,9743
Linke Seite von (2)	0,0321	0,0532	0,0834

■ $n = 135$

	$\Gamma = 18$	$\Gamma = 19$	$\Gamma = 20$
Linke Seite von (1)	0,9196	0,9516	0,9723
Linke Seite von (2)	0,0294	0,0490	00774

Mittels dieses kleinen Probierverfahrens ergibt sich nun das Wertepaar, welches die Ungleichungen (1) und (2) erfüllt: Für den Stichprobenumfang muss $n = 135$ gewählt werden, die Annahmezahl lautet $\Gamma = 19$.

10.6   Aufgaben und Ergänzungen

1. (Tea Tasting Lady)
    Das nun folgende Beispiel spielte in der Entwicklung der Testtheorie eine sehr große Rolle. Eine englische Lady trinkt ihren Tee immer mit Milch. Nun kann man entweder zuerst die Milch und dann den Tee in die Tasse gießen oder umgekehrt zuerst den Tee und dann die Milch in die Tasse gießen. Die Lady behauptet nun, dass sie bei einer ihr präsentierten Tasse Tee mit Milch durch Probieren entscheiden kann, welche Reihenfolge des Eingießens vorlag.

a) Entwickeln Sie einen Test zum Signifikanzniveau $\alpha = 0,05$, wobei für die Anzahl der Versuchsdurchführungen drei Fälle betrachtet werden sollen:

$$n = 5, \qquad n = 10, \qquad n = 25.$$

b) Wir nehmen nun an, dass die Lady tatsächlich eine Erfolgswahrscheinlichkeit von $p = \frac{3}{4}$ hat. Weiterhin nehmen wir an, dass die Lady das Testdesign aus Teil a) akzeptiert – also insbesondere die für den jeweiligen Fall ($n = 5$, $n = 10$, $n = 15$) aufgestellte Entscheidungsregel.

Berechnen Sie unter diesen Voraussetzungen für jeden der drei Fälle die Wahrscheinlichkeit, dass die Begabung der Lady (also $p = \frac{3}{4}$) nicht erkannt wird.

2. Entwickeln Sie einen Test zum Signifikanzniveau $\alpha = 0,01$ für das Beispiel 10.2 (Übersinnliche Fähigkeiten).

3. Nachfolgende Aufgabe orientiert sich am Beispiel 5.2.2 aus Knöpfel/Löwe [79]. In einem Labor soll geklärt werden, ob Ratten eine der beiden Farben Rot, Grün bevorzugen. Das Versuchsdesign sieht wie folgt aus: Die Ratten werden durch einen Gang geschickt, der sich in zwei Gänge verzweigt – eben einen roten Gang und einen grünen Gang. Die Wissenschaftler vermuten, dass bei der Wahl des Ganges die Farbe eine Rolle spielt (sie haben aber keine Indizien, welche Farbe bevorzugt wird).

Entwerfen Sie zu dieser Vermutung einen Test.

4. In allen Wissenschaften, die sich empirischer Methoden bedienen, kommt immer wieder folgende Situation vor: Man weiß – aufgrund vorhandener wissenschaftlicher Studien –, dass ein gewisses Ereignis mit der Wahrscheinlichkeit p auftaucht. Falls solche Studien schon relativ alt sind, taucht automatisch die Frage auf, ob sich diese Wahrscheinlichkeit p im Laufe der Zeit (und vielleicht unter neuen Rahmenbedingungen) verändert hat. Das bedeutet: Man hat keine konkreten Indizien für eine Erhöhung oder Verringerung von p und hat zunächst nur Interesse an der Frage, *ob* es eine Veränderung von p gibt. Um die Frage zu beantworten, wird dann ein zweiseitiger Test entwickelt.

Entwickeln Sie nun einen solchen Test bezüglich des Wertes $p = 0,35$. Das Signifikanzniveau dabei sei $\alpha = 0,05$; die Anzahl der Messungen sei $n = 1000$.

a) Lösen Sie diese Aufgabe exakt (also mittels der zugehörigen Binomialverteilung).

b) Lösen Sie diese Aufgabe näherungsweise (also unter Benutzung des Approximationssatzes von de Moivre/Laplace).

5. Ein Konsument ordert bei einem Lieferanten 1000 Stück eines gewissen Produktes. Der Lieferant nennt einen Ausschussanteil von $p_0 = 0,08$; der Konsument möchte als äußerste Grenze einen Ausschussanteil von $p_1 = 0,15$ akzeptieren. Es sei p der (unbekannte) wahre Ausschussanteil der Lieferung.

Es soll nun ein Prüfplan ausgearbeitet werden, der folgenden Bedingungen genügt:

- Für das Produzentenrisiko gelte:
  P (Lieferung wird nicht akzeptiert, obwohl $p = 0,08$) $\leq 0,05$.
- Für das Konsumentenrisiko gelte:
  P (Lieferung wird akzeptiert, obwohl $p = 0,15$) $\leq 0,05$.

Wie müssen der Stichprobenumfang n und die Annahmezahl Γ gewählt werden, damit beide Bedingungen erfüllt sind?

11 Lösungshinweise zu den Aufgaben

11.1 Aufgaben aus Kapitel 1, Abschnitt 1.2.8

1. Sei g das geschätzte arithmetische Mittel der Daten. Dann beschreibt der Ausdruck

$$\frac{(x_1 - g) + (x_2 - g) + \ldots + (x_n - g)}{n} + g$$

das Verfahren. Hieraus folgt die Behauptung.

2.
   a) –
   b) $\bar{x} = 50,08$; $x_{0,5} = 50$.
   c) $s = 3,32$;   1QA= $x_{0,75} - x_{0,25} = 52 - 49 = 3$.
   d) Klassen: $[40, 43[$; $[43, 46[$, $[46, 49[$, $[49, 52[$ $[52, 55[$.
   Mächtigkeit der Klasen: 2; 0; 3; 13; 7.

3.
   a) –
   b) Einige Werte: $n = 22$; $n \cdot 0,5$ ganzzahlig, also $x_{0,5} = 483,5$; $n \cdot 0,75$ nicht ganzzahlig, also $x_{0,75} = 510$.

4.
   a) –
   b) 6,764 %

5. –

6. Durch Umformung der Definitionsgleichung für s_x^2 erhält man:

$$s_x^2 \;=\; \frac{1}{n-1}\left(\sum_{i=1}^{n} x_i^2 - 2\bar{x}\sum_{i=1}^{n} x_i + n\bar{x}^2\right),$$

$$=\; \frac{1}{n-1}\left(\sum_{i=1}^{n} x_i^2 - 2n\bar{x}^2 + n\bar{x}^2\right).$$

7.
   a) Aus $(a - b)^2 \geq 0$ folgt der Reihe nach

$$a^2 - 2ab + b^2 \geq 0, \quad a^2 + 2ab + b^2 \geq 4ab; \quad (a+b)^2 \geq 4ab, \quad \frac{a+b}{2} \geq \sqrt{ab}.$$

Analog beweist man auch die linke Ungleichung der Ungleichungskette: Man startet wieder mit $(a - b)^2 \geq 0$. Umformungen führen zu $(a + b)^2 \geq \frac{4ab \cdot ab}{ab}$. Hieraus folgt die Behauptung: $\frac{2ab}{a+b} \leq \sqrt{ab}$.
   b) –

8. Siehe Kütting ([102], S. 81).

9. Die Daten seien (ohne Einschränkung der Allgemeinheit) bereits geordnet. Zur besseren Übersicht lassen wir die runden Klammern bei den Indizes bei der Beweisführung weg. Wir machen eine Fallunterscheidung:
1. Fall: n ungerade. Dann ist $x_{0,5}$ eindeutig bestimmt: $x_{0,5} = x_{\left(\frac{n+1}{2}\right)}$. Es folgt

$$\sum_{i=1}^{n} |x_i - x_{0,5}|$$

$$= \sum_{i=1}^{\frac{n-1}{2}} (x_{0,5} - x_i) + \underbrace{|x_{\frac{n+1}{2}} - x_{0,5}|}_{=0} + \sum_{i=\frac{n+3}{2}}^{n} (x_i - x_{0,5})$$

$$= \frac{n-1}{2} \cdot x_{0,5} + \sum_{i=1}^{\frac{n-1}{2}} (-x_i) + \frac{n-1}{2} \cdot (-x_{0,5}) + \sum_{i=\frac{n+3}{2}}^{n} (x_i)$$

$$= \sum_{i=1}^{\frac{n-1}{2}} (-x_i) + \sum_{i=\frac{n+3}{2}}^{n} (x_i)$$

$$\leq \sum_{i=1}^{\frac{n-1}{2}} (-x_i) + \underbrace{|x_{\frac{n+1}{2}} - c|}_{\geq 0} + \sum_{i=\frac{n+3}{2}}^{n} (x_i)$$

$$= \frac{n-1}{2} \cdot c + \frac{n-1}{2} (-c) + \sum_{i=1}^{\frac{n-1}{2}} (-x_i) + |x_{\frac{n+1}{2}} - c| + \sum_{i=\frac{n+3}{2}}^{n} (x_i)$$

$$= \frac{n-1}{2} \cdot c + \sum_{i=1}^{\frac{n-1}{2}} (-x_i) + |x_{\frac{n+1}{2}} - c| + \frac{n-1}{2} (-c) + \sum_{i=\frac{n+3}{2}}^{n} (x_i)$$

$$= \sum_{i=1}^{\frac{n-1}{2}} (c - x_i) + |x_{\frac{n+1}{2}} - c| + \sum_{i=\frac{n+3}{2}}^{n} (x_i - c)$$

$$\leq \sum_{i=1}^{n} |x_i - c| \quad \text{für alle} \quad c \in \mathbb{R}.$$

2. Fall: n ist gerade; dann ist $x_{0,5} = \frac{1}{2}(x_{(\frac{n}{2})} + x_{(\frac{n}{2}+1)})$.

$$\sum_{i=1}^{n} |x_i - x_{0,5}|$$

$$= \sum_{i=1}^{n} \left| x_i - \frac{1}{2}(x_{\frac{n}{2}} + x_{\frac{n}{2}+1}) \right|$$

$$= \sum_{i=1}^{\frac{n}{2}} \left(\frac{1}{2}(x_{\frac{n}{2}} + x_{\frac{n}{2}+1}) - x_i \right) + \sum_{i=\frac{n}{2}+1}^{n} (x_i - \frac{1}{2}(x_{\frac{n}{2}} + x_{\frac{n}{2}+1}))$$

$$= \frac{n}{2} \cdot \frac{1}{2} \left(x_{\frac{n}{2}} + x_{\frac{n}{2}+1} \right) + \sum_{i=1}^{\frac{n}{2}} (-x_i) - \frac{n}{2} \cdot \frac{1}{2} \left(x_{\frac{n}{2}} + x_{\frac{n}{2}+1} \right) + \sum_{i=\frac{n}{2}+1}^{n} x_i$$

$$= \sum_{i=1}^{\frac{n}{2}} (-x_i) + \sum_{i=\frac{n}{2}+1}^{n} x_i$$

$$= \frac{n}{2} \cdot c - \frac{n}{2} \cdot c + \sum_{i=1}^{\frac{n}{2}} (-x_i) + \sum_{i=\frac{n}{2}+1}^{n} x_i$$

$$= \sum_{i=1}^{\frac{n}{2}} (c - x_i) + \sum_{i=\frac{n}{2}+1}^{n} (x_i - c)$$

$$\leq \sum_{i=1}^{n} |x_i - c|.$$

10. Zu zeigen ist $\bar{x}_t = a + b\bar{x}$. Durch die Transformation $x_i \to a + bx_i$ für alle Daten x_i $(i = 1, 2, \ldots, n)$ folgt für $\bar{x}_t$

$$\bar{x}_t = \frac{1}{n} \sum_{i=1}^{n} (a + bx_i) = \frac{1}{n}(n \cdot a + b \sum_{i=1}^{n} x_i) = a + b \cdot \frac{1}{n} \sum_{i=1}^{n} x_i = a + b\bar{x}.$$

11. a) Man hat folgende Umformung:

$$\begin{aligned}
f(x) &= \sum_{i=1}^{n} (x_i - x)^2 = \sum_{i=1}^{n} (x_i - \bar{x} + \bar{x} - x)^2 \\
&= \sum_{i=1}^{n} (x_i - \bar{x})^2 + 2(\bar{x} - x) \cdot \sum_{i=1}^{n} (x_i - \bar{x}) + \sum_{i=1}^{n} (\bar{x} - x)^2 \\
&= \sum_{i=1}^{n} (x_i - \bar{x})^2 + n(\bar{x} - x)^2.
\end{aligned}$$

Es folgt

$$f(x) \geq \sum_{i=1}^{n} (x_i - \bar{x})^2.$$

Das bedeutet: $f(x)$ hat für $x = \bar{x}$ ein Minimum.

b) Anwendung eines hinreichenden Kriteriums: Minimum bei x_e, wenn $f'(x_e) = 0$ und $f''(x_e) > 0$. Es ist: $f(x) = \sum_{i=1}^{n} 2 \cdot (x_i - x) \cdot (-1)$,

$$\begin{aligned}
f'(x_e) = 0 &= \sum_{i=1}^{n} (-2) \cdot (x_i - x_e) \\
0 &= 2nx_e - 2 \cdot \sum_{i=1}^{n} x_i \\
x_e &= \bar{x}, \quad \text{also} \quad f'(\bar{x}) = 0. \\
f''(x) &= 2n > 0 \quad \text{für } alle \ \ x \in \mathbb{R},
\end{aligned}$$

also auch $f''(\bar{x}) = 2n > 0$. Bei $x_e = \bar{x}$ ist ein Minimum.

12. 1. Behauptung: $d_{x_{0,5}} \leq d_{\bar{x}}$. Beweis: Nach Aufgabe 9 gilt für alle $c \in \mathbb{R}$: $\sum_{i=1}^{n} |x_i - x_{0,5}| \leq \sum_{i=1}^{n} |x_i - c|$. Es folgt $\frac{1}{n} \cdot \sum_{i=1}^{n} |x_i - x_{0,5}| \leq \frac{1}{n} \sum_{i=1}^{n} |x_i - c|$ für alle $c \in \mathbb{R}$. Für $c = \bar{x}$ folgt die Behauptung.
2. Behauptung: $d_{\bar{x}} \leq s$.
Beweis: Nach der Cauchy-Schwarzschen Ungleichung:

$$\left(\sum_{i=1}^{n} x_i y_i \right)^2 \leq \left(\sum_{i=1}^{n} x_i^2 \right) \cdot \left(\sum_{i=1}^{n} y_i^2 \right)$$

für alle $x_1, x_2, \ldots, x_n$; $y_1, y_2, \ldots, y_n$ ergibt sich

$$\begin{aligned}
\frac{1}{n} \sum_{i=1}^{n} 1 \cdot |x_i - \bar{x}| &\leq \frac{1}{n} \cdot \sqrt{\sum_{i=1}^{n} |1|^2} \cdot \sqrt{\sum_{i=1}^{n} |x_i - \bar{x}|^2} \\
&= \frac{1}{n} \cdot \sqrt{n} \cdot \sqrt{n-1} \cdot \sqrt{\frac{1}{n-1} \cdot \sum_{i=1}^{n} |x_i - \bar{x}|^2} \\
&= \frac{\sqrt{n-1}}{\sqrt{n}} \cdot \sqrt{\frac{1}{n-1} \cdot \sum_{i=1}^{n} |x_i - \bar{x}|^2} = \frac{\sqrt{n-1}}{\sqrt{n}} \cdot s \\
&\leq s,
\end{aligned}$$

da

$$\frac{\sqrt{n-1}}{\sqrt{n}} \leq 1.$$

13. a) Da $\hat{y}_i = a + bx_i$ ist, folgt $\hat{y}_i - y_i = a + bx_i - y_i$,

$$\hat{y}_i - y_i = \bar{y} - \frac{s_{xy}}{s_x^2}\bar{x} + \frac{s_{xy}}{s_x^2}x_i - y_i$$

$$\sum_{i=1}^{n}(\hat{y}_i - y_i) = \sum_{i=1}^{n}\bar{y} - \sum_{i=1}^{n}\frac{s_{xy}}{s_x^2}\bar{x} + \sum_{i=1}^{n}\frac{s_{xy}}{s_x^2}x_i - \sum_{i=1}^{n}y_i$$

$$= n\bar{y} - n\frac{s_{xy}}{s_x^2}\bar{x} + \frac{s_{xy}}{s_x^2}\sum_{i=1}^{n}x_i - \sum_{i=1}^{n}y_i$$

$$= n\cdot\frac{1}{n}\sum_{i=1}^{n}y_i - n\frac{s_{xy}}{s_x^2}\frac{1}{n}\sum_{i=1}^{n}x_i + \frac{n\cdot s_{xy}}{s_x^2}\cdot\bar{x} - \sum_{i=1}^{n}y_i$$

$$= 0.$$

b) Ausgehend vom Ergebnis unter 13.a) folgt sofort die Lösung.

14. Man beachte: Beide Regressionsgeraden gehen durch den Schwerpunkt $(\bar{x}, \bar{y})$. Die Geraden fallen dann zusammen, wenn beide Steigungen gleich sind. Seien die Regressionsgeraden gegeben:

(1) $y = a_x + b_x \cdot x$ und   (2) $x = a_y + b_y y$.

Aus (2) folgt $y = \frac{x - a_y}{b_y} = -\frac{a_y}{b_y} + \frac{1}{b_y}x$. Also fallen die Geraden (1) und (2) zusammen, wenn $b_x = \frac{1}{b_y}$ ist. Es folgt $b_x \cdot b_y = 1$ und somit

$$\frac{s_{xy}}{s_x^2}\cdot\frac{s_{xy}}{s_y^2} = 1, \qquad \frac{s_{xy}^2}{s_x^2\cdot s_y^2} = r^2 = 1,$$

wobei r der Korrelationskoeffizient ist. Wenn beide Geraden zusammenfallen, ist $r = +1$ oder $r = -1$.

15. *Weg 1:* Der Punkt $(\bar{x}, \bar{y})$ liegt auf der Regressionsgeraden (siehe Gleichung (1.8)): Es gilt $\bar{y} = a_0 + b_0\bar{x}$. Für die minimale Summe der Abstandsquadrate gilt dann

$$S = \sum_{i=1}^{n}(a_0 + b_0x_i - y_i)^2 = \sum_{i=1}^{n}(\bar{y} - b_0\bar{x} + b_0x_i - y_i)^2$$

$$S = \sum_{i=1}^{n}((\bar{y} - y_i) + b_0(x_i - \bar{x}))^2$$

$$= \sum_{i=1}^{n}(\bar{y} - y_i)^2 - \sum_{i=1}^{n}2\cdot b_0(y_i - \bar{y}_i)\cdot(x_i - \bar{x}) + \sum_{i=1}^{n}b_0^2(x_i - \bar{x})^2.$$

Mit den Begriffen Varianz und Kovarianz erhält man (für $n \geq 2$)

$$S = (n-1)(s_y^2 - 2b_0s_{xy} + b_0^2s_x^2).$$

Wir setzen b_0 ein und erhalten

$$S = (n-1)\left(s_y^2 - \frac{2s_{xy}\cdot s_{xy}}{s_x^2} + \frac{s_{xy}^2 s_x^2}{s_x^4}\right)$$

$$= (n-1)\left(s_y^2 - \frac{s_{xy}^2}{s_x^2}\right) = (n-1)\cdot s_y^2\left(1 - \frac{s_{xy}^2}{s_x^2\cdot s_y^2}\right).$$

Mit der Definition für den Korrelationskoeffizienten folgt:

$$S = (n-1)\cdot s_y^2\cdot(1 - r^2).$$

Die linke Seite S ist größer oder gleich Null, für $n \geq 2$ gilt $(n-1) \geq 1$, und es gilt $s_y^2 > 0$. Also: $1 - r^2 \geq 0$, $|r| \leq 1$, das heißt $-1 \leq r \leq +1$.

Weg 2: Ausgehend von den Vektoren
$\vec{x} = (x_1 - \bar{x}, x_2 - \bar{x}, \ldots, x_n - \bar{x})$, $\vec{y} = (y_1 - \bar{y}, y_2 - \bar{y}, \ldots, y_n - \bar{y})$
gelten gemäß der Definitionen von s_{xy}, s_x, s_y und der Definition des Standardskalarprodukts $\vec{x} \cdot \vec{y}$ von $\vec{x}$ und $\vec{y}$ folgende Beziehungen:

$$s_{xy} = \frac{1}{n-1}\vec{x}\cdot\vec{y}, \qquad s_x = \sqrt{\frac{1}{n-1}\vec{x}^2}, \qquad s_y = \sqrt{\frac{1}{n-1}\vec{y}^2}.$$

Für r folgt:

$$r = \frac{\frac{1}{n-1}\vec{x}\cdot\vec{y}}{\sqrt{\frac{1}{n-1}\vec{x}^2}\cdot\sqrt{\frac{1}{n-1}\vec{y}^2}} = \frac{\vec{x}\cdot\vec{y}}{|\vec{x}|\cdot|\vec{y}|} = \cos(\vec{x},\vec{y}).$$

Hieraus folgt: $-1 \leq r \leq 1$. Diskutieren Sie diesen kurz beschriebenen Weg.

11.2 Aufgaben aus Kapitel 2

11.2.1 Abschnitt 2.3.2

1. **a)** 11 verschiedene Augensummen: 2,3,4,5,6,7,8,9,10,11,12.
   b) Drei günstige Fälle (welche?) von 36 möglichen Fällen.
2. Analog dem „Drei-Würfel-Problem": 27 Realisierungen für Augensumme 10, 25 Realisierungen für Augensumme 9.
3. Betrachten Sie den Spielstand 1:0 für A bei Spielabbruch. A würde für *ein* gewonnenes Spiel alles bekommen, B nichts. Das erscheint ungerecht und sinnlos.
4. Spätestens nach zwei Partien steht ein Sieger fest. Der Sieger kann aber schon nach *einer* Partie feststehen. Wann ist das der Fall? Der Einwand zielt darauf, dass nur drei Fälle auftreten: A, BA, BB. In den ersten beiden Fällen gewinnt A, also ist im Verhältnis 2:1 zu teilen. Der Fehler liegt in Folgendem: Es wird nicht beachtet, dass die drei Fälle A, BA und BB *nicht* gleichwahrscheinlich sind. Wird das berücksichtigt, erhält man ebenfalls das Ergebnis 3:1.
5. Verhältnis 2:1 (umgekehrtes Verhältnis der noch fehlenden „Punkte") oder im Verhältnis der vor Spielbeginn von den Spielern geleisteten Einsätze oder ...
6. Es gibt $6\cdot6\cdot6\cdot6 = 6^4 = 1296$ gleichmögliche Fälle. Günstig für das Ereignis „*mindestens* eine Sechs" sind $6^4 - 5^4 = 1296 - 625 = 671$ Fälle. Ergebnis: $\frac{671}{1296} \approx 0,5177$. (Hinweis: 5^4 gibt die Anzahl der Fälle an, in denen *keine* Sechs auftritt.)

11.2.2 Abschnitt 2.5.2

1. **a)** $\Omega = \{r, b\}$,
   b) $\Omega = \{x \in \mathbb{N} | 0 \leq x \leq 1000000\}$,
   c) $\Omega = \{1, 2, 3, 4, 5, 6, 8, 9, 10, 11, 12, 15, 16, 18, 20, 24, 25, 30, 36\}$.
   d) Ohne Berücksichtigung der Zusatzzahl:
   $\Omega = \{(x_1, x_2, \ldots, x_6) | x_1, x_2, \ldots, x_6 \in \{1, 2, \ldots, 49\}$ mit $x_i \neq x_k$
   für $i \neq k\}$.
   Die 6-Tupel berücksichtigen aber die Reihenfolge in der die Kugeln gezogen werden. Diese spielt aber am Ende keine Rolle. Daher ist auch die folgende Menge eine geeignete Ergebnismenge:
   $\Omega = \{\{x_1, x_2, \ldots, x_6\} | x_1, x_2, \ldots, x_6 \in \{1, 2, \ldots, 49\}$ mit $x_i \neq x_k$
   für $i \neq k\}$.

   e) Es sei t die Lebensdauer der Glühbirne in Stunden:
   $\Omega = \{t | t \in \mathbb{N}, 0 \leq t \leq 30000\}$.
2. $\{Z\}, \{W\}, \{Z, W\}, \emptyset$. Elementarereignisse: $\{Z\}, \{W\}$.
3. $16 = 2^4$; 2^n (vollständige Induktion).
4. **a)** –, **b)** –, **c)** $(A \cap \bar{B} \cap \bar{C}) \cup (\bar{A} \cap B \cap \bar{C}) \cup (\bar{A} \cap \bar{B} \cap C)$.
5. **a)** Ereignis C: „mindestens einmal Z (Zahl)".
   b) E_4: „Auftreten der 5 oder 6".
6. $A \cup B = \{r, g\}$; $A \cap B = \emptyset$; $\overline{A \cap B} = \Omega = \bar{A} \cup \bar{B}$.
7. Sei A das Ereignis „wenigstens eine der beiden Augenzahlen ist gerade". Betrachte das Gegenereignis $\bar{A}$. $\bar{A}$ hat neun Elemente. Welche? Die Menge A hat dann 27 Elemente. $P(A) = \frac{27}{36} = 0,75$.

8. **a)** Ereignis $A = K_1 \cup K_2 \cup K_3 = \overline{\bar{K}_1 \cap \bar{K}_2 \cap \bar{K}_3}$;
    b) –
    c) –

11.2.3 Abschnitt 2.6.5

1. Es gilt: $(A \cap B) \cup (A \cap \bar{B}) = A$. Ferner gilt: $(A \cap B) \cap (A \cap \bar{B}) = \emptyset$.
    Hieraus folgt die Behauptung.
2. **a)** $P(A \cup B) = \frac{11}{12}$;
    b) Gesucht wird $P(\bar{A} \cap \bar{B})$. Beachten Sie: $\bar{A} \cap \bar{B} = \overline{A \cup B}$.
3. Nach Voraussetzung gilt $A \cap B \subseteq C$. Dann folgt $P(C) \geq P(A \cap B)$, $P(C) \geq P(A) + P(B) - P(A \cup B)$. Beachten Sie weiterhin: $0 \leq P(A \cup B) \leq P(\Omega) = 1$.
4. Falsch. Geben Sie ein Gegenbeispiel an.
5. **a)** $\Omega = \{1, 2, 3, 4, 5, 6\}^2$
        $= \{(1,1), (1,2), \ldots, (1,6), (2,1), \ldots, (2,6), \ldots, (6,1), (6,2), \ldots, (6,6)\}$.
    b) Es bezeichne A das Ereignis „Augensumme ist gerade", es bezeichne B das Ereignis „Augensumme ist größer als 7".
        Annahme einer Laplace-Verteilung. $|A| = 18$, $|B| = 15$.
6. **a)** Annahme: Das Jahr habe 365 Tage, alle Tage des Jahres seien als Geburtstage gleichwahrscheinlich. Beide Ereignisse haben die Wahrscheinlichkeit $\frac{1}{365}$.
    b) Formulieren Sie ein isomorphes Problem mit Hilfe von Laplace-Würfeln.
7. **a)** Wenden Sie Regeln für das Rechnen mit Wahrscheinlichkeiten und Gesetze der Mengenalgebra an.
    b) Möglicher Start für die Rechnung:
        $P(A) + P(B) - P(A \cup B) = P(A \cap B) \leq 1$.
    c) Die Ungleichung ist korrekt.
8. **a)** richtig,
    b) falsch,
    c) falsch.
9. Laplace-Experiment, $|\Omega| = 1000$. Genau drei rote Seitenflächen besitzen nur die 8 Eckwürfel, genau zwei rote Seitenflächen haben 96 Würfel (je 8 Kantenwürfel von 12 Kanten), genau eine rote Seitenfläche $8 \cdot 8 = 64$ Würfel *pro Fläche* des großen Würfels, insgesamt also $6 \cdot 64 = 384$ Würfel.
    a) $\frac{96}{1000}$;
    b) $\frac{480}{1000}$.
10. **a)** $\frac{5}{8}$;
    b) $\frac{5}{8}$;
    c) $P(\bar{A} \cap \bar{B}) = P\left(\overline{A \cup B}\right) = 1 - \frac{5}{8} = \frac{3}{8}$.
    d) $\frac{1}{8}$;
    e) $\frac{1}{4}$.
11. Ja, weisen Sie das Erfülltsein der Axiome von Kolmogoroff nach.

11.2.4 Abschnitt 2.7.2

1. Siehe: Kütting [101], Seite 125f.
2. Siehe: Kütting [101], Seite 252.

11.2.5 Abschnitt 2.8.6

1. Annahme: Es stehen 7 Wochentage zur Verfügung, und für jede Person ist jeder Wochentag als Geburtstag gleichwahrscheinlich. (Man kann diskutieren, ob das sinnvolle, realitätsnahe Annahmen sind.)

$$P = \frac{7 \cdot 6 \cdot 5 \cdot 4 \cdot 3}{7^5} \approx 0,15.$$

2. $P = \frac{6!}{6^6} \approx 0,015.$

3. 24

4. a) $\frac{n(n-3)}{2} = \binom{n}{2} - n.$ Die beiden Terme können unterschiedlich begründet werden.
   b) –

5. Ausgehend von einer Geraden füge man schrittweise eine weitere Gerade hinzu: $2 + 2 + 3 + \cdots + (n-1) + n = \frac{n(n+1)}{2} + 1.$

6. Es gilt $360 = 2^3 \cdot 3^2 \cdot 5^1$. Jeder Teiler von 360 hat die Form $2^x \cdot 3^y \cdot 5^z$ mit $0 \le x \le 3$, $0 \le y \le 2$, $0 \le z \le 1$. Es gibt $4 \cdot 3 \cdot 2 = 24$ Teiler.

7. a) 12
   b) 72

8. a) 5^5
   b) $1 \cdot 1 \cdot 1 \cdot 5 \cdot 5$
   c) 5!

9. $2^6 = 64$. Da eine dieser Möglichkeiten ganz ohne Erhebungen ist, kann man auch sagen, dass 63 Zeichen dargestellt werden können.

10. 2^5

11. Annahmen: In der zufällig ausgewählten Gruppe von 25 Personen sollen keine Zwillinge und Mehrlinge sein. Der Vorrat möglicher Geburtstage umfasst 365 Tage des Jahres als Geburtstage. Jeder Tag ist als Geburtstag gleichwahrscheinlich. Berechnen Sie die gesuchte Wahrscheinlichkeit für das Ereignis E mit Hilfe der Wahrscheinlichkeit des Gegenereignisses $\bar{E}$ „sämtliche 25 Geburtstage sind voneinander verschieden": $P(E) = 1 - P(\bar{E})$,

$$P(E) = 1 - \frac{365 \cdot 364 \cdots 341}{365^{25}} \approx 0,57.$$

Ergänzung: Verallgemeinerung für n zufällig ausgewählte Personen:

$$P(E) = 1 - \frac{365 \cdot 364 \cdots (365 - n + 1)}{365^n}.$$

Anzahl der Personen n	1	10	22	23	25	50	57
$P(E)$	0	0,117	0,469	0,507	0,569	0,970	0,990

12. Wenden Sie das allgemeine kombinatorische Zählprinzip an. (12).

13. 10.

14. a) 10
    b) $1 + 5 + 10 + 10 + 5 + 1 = 2^5$
    c) –

15. a) –
    b) Man beachte: Die Summe zweier Zahlen ist genau dann gerade, wenn beide Summanden gerade oder beide ungerade sind.

16. Man beachte: Für jeden der k Fehler gibt es zwei Möglichkeiten, da ja drei Zeichen (nämlich 0, 1, 2) zur Verfügung stehen und nur ein Zeichen richtig ist. Also 2^k Möglichkeiten. Ferner gibt es $\binom{13}{k}$ Möglichkeiten, k Spiele aus 13 Spielen auszuwählen. Das Ergebnis folgt mit der allgemeinen Zählregel. Das Ergebnis für $k = 13$ beträgt 8192.

17. Beschreiben Sie ein geeignetes Urnenexperiment und begründen Sie:

$$P(r \text{ Richtige}) = \frac{\binom{6}{r} \cdot \binom{43}{6-r}}{\binom{49}{6}}.$$

Hinweis: Es gibt 6 Gewinnkugeln (Gewinnzahlen). Die Variable r bezeichnet die Anzahl der richtig angekreuzten Zahlen (Kugeln). Die nebenstehende Tabelle gibt die
Anzahl der günstigen Fälle für jeweils genau r Richtige für r = 0; 1; 2; 3; 4; 5; 6
an.

r Richtige	Möglichkeiten
6	1
5	258
4	13 545
3	246 820
2	1 851 150
1	5 775 588
0	6 096 454

18. a) Hinweis: Unter den 49 natürlichen Zahlen von 1 bis 49 gibt es 24 gerade und 25
ungerade Zahlen. Die Anzahl der günstigen Fälle beträgt 134 596.
   b) –
   c) $P = 1 - \frac{\binom{44}{6}}{\binom{49}{6}} \approx 0,495$.

19. $\binom{8}{2} \cdot \binom{6}{3} \cdot \binom{3}{3} = 560$. – Frage: Warum ist auch die Lösung $\binom{8}{3} \cdot \binom{5}{3} \cdot \binom{2}{2}$ korrekt?

20. Da die Reihenfolge berücksichtigt wird, ist
$\Omega = \{(x_1, x_2, x_3, x_4, x_5, x_6, x_7) | x_i \in \{1, 2, 3, \ldots, 49\}$ mit $x_i \neq x_k$ für $i \neq k\}$
eine geeignete Ergebnismenge. Es gibt genau so viele 7-Tupel mit der bestimmten Zahl
an zweiter, dritter, vierter, fünfter, sechster oder siebter Stelle wie mit der bestimmten
Zahl an erster Stelle. Also Ergebnis $\frac{1}{49}$. Hinweis: Beachten Sie auch die Lösung zu
Beispiel 2.36 (Gewinnlos).

21. Kombination ohne Wiederholung vom Umfang 5 aus einer Menge von 8 Elementen.

22. a) –
   b) $2^n = \binom{n}{0} + \binom{n}{1} + \cdots + \binom{n}{n}$.

23. –

24. –

25. Wenden Sie die Definition der Binomialkoeffizienten an.

26. Zwei Punkte bestimmen eine Gerade. Es bieten sich verschiedene Lösungswege an:
Lösung durch Rückgriff auf eine kombinatorische Figur oder Lösung durch schrittweises
Hinzufügen eines weiteren Punktes oder ...

11.2.6 Abschnitt 2.9.4

1. Zeichnen Sie ein ausführliches Baumdiagramm (20 Wege) oder ein „verkürztes" Baumdiagramm und wenden Sie entsprechende Pfadregeln an.

2. Ein Baumdiagramm kann die Rechnung unterstützen. Wählen Sie die Bezeichnung N_k
für Niete im k-ten Zug und die Bezeichnung G für Gewinn.

3. 1. Weg: Urnenmodell. Fragen: Wie viele Kugeln sind in der Urne? Wie sind sie zu be-
schriften? Worin besteht das Zufallsexperiment?
2. Weg: Rechnerisch mit Hilfe von Multiplikations(pfad-)regel und Additions(pfad-)
regel.

4. Diese Fragestellung geht auf eine Untersuchung von R. Falk (1983) zurück. Zu etwa 50 %
gaben ihre Probanden die falsche Lösung 0,5 an. Es ist eine bedingte Wahrscheinlichkeit
zu berechnen (siehe Aufgabe 6). An dieser Stelle geben wir die korrekte Lösung mit Hilfe
eines Baumdiagramms an und nummerieren die vier Kugeln mit R_1, R_2, S_1 und S_2.
Bei sechs Wegen tritt eine schwarze Kugel im zweiten Zuge auf, von diesen haben zwei
eine schwarze Kugel an erster Stelle (beim ersten Zug). Also $P = \frac{2}{6} = \frac{1}{3}$.

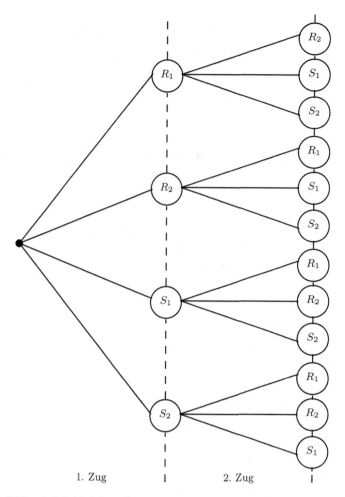

1. Zug   2. Zug

5. Bedingte Wahrscheinlichkeit berechnen.

6. Es bedeuten S_i bzw. R_i mit $i = 1, 2$: Als i-te Kugel wurde eine schwarze bzw. rote Kugel gezogen. Gesucht ist die bedingte Wahrscheinlichkeit $P_{S_2}(S_1)$. Es ist $P(S_1 \cap S_2) = \frac{1}{2} \cdot \frac{1}{3} = \frac{1}{6}$ und $P(S_2) = \frac{1}{6} + \frac{2}{6} = \frac{1}{2}$.

7. Gehen Sie von der Definition der bedingten Wahrscheinlichkeit aus.

8. Nach Voraussetzung gilt $P(B) > 0$. Außerdem gilt: $P(A \cap B) \geq 0$, da P ein Wahrscheinlichkeitsmaß ist. (1) –   (2) –

(3) Es seien A und C zwei unvereinbare Ereignisse, also $A \cap C = \emptyset$.
Dann gilt:

$$
\begin{aligned}
P((A \cup C)|B) &= \frac{P((A \cup C) \cap B)}{P(B)} = \frac{P((A \cap B) \cup (C \cap B))}{P(B)}, \\
&= \frac{P(A \cap B)}{P(B)} + \frac{P(C \cap B)}{P(B)} = P(A|B) + P(C|B),
\end{aligned}
$$

da mit $A \cap C = \emptyset$ auch $(A \cap B) \cap (C \cap B) = \emptyset$ gilt.

Hinweis: Da die bedingte Wahrscheinlichkeit also die Axiome 1 bis 3 erfüllt, gelten für die bedingte Wahrscheinlichkeit auch die in Abschnitt 2.6.2 aus den Axiomen hergeleiteten sechs Sätze.

9. –

10. Beachten Sie: Es gibt $\binom{n}{k}$ k-elementige Teilmengen einer n-elementigen Menge. Also:

$$
\binom{n}{0} + \binom{n}{1} + \binom{n}{2} + \cdots + \binom{n}{n} - \binom{n}{0} - \binom{n}{1} = 2^n - 1 - n.
$$

11. Bei stochastischer Unabhängigkeit müsste gelten:
$P(A \cap B) = P(A) \cdot P(B)$. Nach Voraussetzung gilt: $P(A \cap B) = 0$, $P(A) > 0$, $P(B) > 0$.
Daraus ergibt sich ein Widerspruch.

12. Nach Voraussetzung gilt: $P(A \cap B) = P(A) \cdot P(B)$:

a) Es ist zu zeigen: $P(A \cap \bar{B}) = P(A) \cdot P(\bar{B})$. Es ist $A = (A \cap B) \cup (A \cap \bar{B})$. Die Ereignisse $(A \cap B)$ und $(A \cap \bar{B})$ sind unvereinbar. Hieraus ergibt sich: $P(A \cap \bar{B}) = P(A) - P(A \cap B)$. Mit der Voraussetzung und leichten Umformungen folgt die Behauptung.

b) –

c) Erbringen Sie den Nachweis auf zwei Wegen: Anwendung der Ergebnisse a) und b) (Weg 1) bzw. rechnerischer Weg ohne Rückgriff auf a) und b) (Weg 2). Hinweis zu möglichem Weg 2:

$$P(\bar{A} \cap \bar{B}) = 1 - P(\overline{\bar{A} \cap \bar{B}}) = 1 - P(A \cup B) = \dots$$

13. Zur Lösung beachten Sie auch die Tabellen zu Beispiel 2.31.

a) A, B und C sind paarweise stochastisch unabhängig.

b) A, B und C sind nicht stochastisch unabhängig.

14. Modellannahme: Bernoulli-Kette der Länge 7.

a) $\approx 0,00019$;

b) $\approx 0,9965$.

15. a) Relative Häufigkeiten als Schätzwerte für die Wahrscheinlichkeiten der entsprechenden Ereignisse.

b) Die Ereignisse sind nicht unabhängig.

c) –

d) Gesucht: $P(L|R)$.

e) Gesucht: $P(R|L)$.

f) –

16. Die Ungleichung $w \leq 1 - (1-p)^n$ ist nach n aufzulösen (durch Logarithmieren):

$$n \geq 1 - \frac{\log(1-w)}{\log(1-p)}, \quad w \neq 1, p \neq 1.$$

Beachten Sie: $\log(1-p) < 0$.

17. Vgl. Lösung zu Aufgabe 16 mit $p = \frac{1}{10}$, $w = 0,6$. Es gilt $n > \frac{\log(0,4)}{\log(0,9)}$; n ist mindestens gleich 9.

18. Modellannahme: Bernoulli-Kette der Länge 6.

19. $n \geq 31$.

20. Annahme der Gleichwahrscheinlichkeit. Lösung entweder direkt durch Bestimmung der Anzahl der für das Ereignis „Gewinn" günstigen Lose oder mit Hilfe der in einem endlichen Wahrscheinlichkeitsraum gültigen Gleichung

$$\begin{aligned} P(A \cup B \cup C) = & \ P(A) + P(B) + P(C) - P(A \cap B) - P(A \cap C) \\ & - P(B \cap C) + P(A \cap B \cap C). \end{aligned}$$

Ergebnis: $\frac{57}{105}$.

21. Anwendung des Satzes von Bayes.

22. Es sei V das Ereignis „Student hat sich auf Prüfung vorbereitet", sei R das Ereignis „Student hat Frage richtig beantwortet". Nach Voraussetzung gilt: $P(V) = 0,8$, $P(R|V) = 1$, $P(R|\bar{V}) = \frac{1}{n}$.

a) Nach dem Satz von Bayes folgt: $P(V|R) = \frac{4n}{4n+1}$.

b) $n \geq 5$.

Anmerkungen

(1) Als geeignete Ergebnismenge Ω ergibt sich mit obigen Abkürzungen:
$\Omega = \{(V, R), (V\bar{R}), (\bar{V}, R), (\bar{V}, \bar{R})\}$.
Das Ereignis „Student gibt richtige Antwort" wird durch die Teilmenge $\{(V, R), (\bar{V}, R)\}$ beschrieben.

(2) Die Lösung zu (a) zeigt, je größer die Anzahl n der möglichen Antworten ist, um so größer wird die Wahrscheinlichkeit $P(V|R)$, dass sich der Student bei Vorliegen der richtigen Lösung vorbereitet hatte. Hätten Sie etwas anderes erwartet? Berechnen Sie für $n = 1, n = 2, n = 3, n = 4,\ n = 5, n = 6, n = 10$ jeweils $P(V|R)$.

23. Beachten Sie: Es sind zwei „Richtungen" zu beweisen.

24. a) Das Ereignis „wenigstens einmal eine Sechs" ist die Negation des Ereignisses „keinmal eine Sechs". Also: $1 - \left(\frac{5}{6}\right)^4 \approx 0,5177$.

b) Analog: $1 - \left(\frac{35}{36}\right)^{24} \approx 0,4914$.

25. Bilden Sie einerseits $P(A \cup B) = \ldots$ und andererseits $P(A) + P(B) = \ldots$ mit Hilfe der Vierfeldertafel und fassen Sie zusammen.

26. Dreistufiges Zufallsexperiment. Zufällige Wahl einer Tür für das Aufstellen des Autos, zufällige Wahl einer Tür durch den Kandidaten und *Wahl* einer Tür durch den Moderator. (Hinweis: Der Moderator hat in der dritten Stufe nicht stets eine Wahlmöglichkeit!). Es gibt zwölf Ausgänge im Baumdiagramm, die *nicht* gleichwahrscheinlich sind. Überlegen Sie dann, bei welchen der zwölf Fälle der Kandidat durch „Wechseln" gewinnt. Die Wahrscheinlichkeit für das Ereignis „Gewinn durch Wechsel" beträgt $\frac{6}{9} = \frac{2}{3}$.

27. Bezeichne G_k das Ereignis, dass nach k Ziehungen ein Gewinnlos gezogen wird. Gesucht wird $P(G_k)$. Bedeute A_{ks}, dass von k gezogenen Losen s Gewinnlose sind. Dann gilt:

$$P(A_{ks}) = \frac{\binom{m}{s} \cdot \binom{n-m}{k-s}}{\binom{n}{k}}, \quad s = 0, 1, \ldots, k,$$

$P(A_{ks}) = 0$, wenn $s > m$.

Für $m \geq s$ gilt: $P(G_k|A_{ks}) = \frac{m-s}{n-k}$. Es gilt (Totale Wahrscheinlichkeit):

$$P(G_k) = \sum_{s=0}^{k} P(G_k|A_{ks}) \cdot P(A_{ks})$$

$$= \ldots = \frac{m}{n}.$$

28. a) $m + n - 1$.

b) Weg 1:

$$P_A = \sum_{k=m}^{m+n-1} \binom{m+n-1}{k} \cdot p^k \cdot q^{m+n-1-k}$$

$$P_B = \sum_{k=n}^{m+n-1} \binom{n+m-1}{k} \cdot p^{n+m-1-k} \cdot q^k.$$

Weg 2:

$$P_A = \sum_{k=0}^{n-1} \binom{m+k-1}{k} \cdot p^m \cdot q^k$$

$$P_B = \sum_{k=0}^{m-1} \binom{n+k-1}{k} \cdot p^k \cdot q^n.$$

Die Lösungen Weg 1 und Weg 2 wurden zuerst von Pierre de Montmort im Jahre 1714 veröffentlicht.

11.3 Aufgaben aus Kapitel 3, Abschnitt 3.2

1. Insgesamt gibt es 10^5 verschiedene Fünferblöcke.

a) Es gibt $10 \cdot 9 \cdot 8 \cdot 7 \cdot 6 = 30240$ Fünferblöcke mit fünf verschiedenen Ziffern. $P = 0,3024$.

b) $P = 0,5040$.

c) –

2. Drei Kästchen markieren die drei Ziffern: ☐ ☐ ☐ . Steht in der Mitte z. B. eine 4, so gibt es für die *beiden* Nachbarkästchen *je* vier Belegungsmöglichkeiten: 0,1,2,3. Für die mittlere Position gibt es neun Möglichkeiten: 1,2,3,4,5,6,7,8,9. Überlegen Sie, welche Ziffern in den Nachbarkästchen stehen können, wenn in der Mitte die 9 steht. Man berücksichtigt alle neun Möglichkeiten für die mittlere Position und findet das Ergebnis: Es gibt

$$1^2 + 2^2 + 3^3 + 4^2 + 5^2 + 6^2 + 7^2 + 8^2 + 9^2 = 280 \text{ Maxima.}$$

Also: P = 0,280.

3. Vgl. die Simulation zu dieser Aufgabe im Beispiel 3.1 (Rosinenbrötchen). Rechnerisch: Das Teilexperiment, das aus der Beimischung der Rosine mit der Nummer k ($k = 1, 2, 3, \ldots, 150$) besteht, kann als Bernoulli-Experiment aufgefasst werden.

    a) $P = 1 - (1 - 0, 01)^{150} = 0{,}779.$

    b) $\approx 0, 252.$

4. Ansatzhilfen: Jeder Jäger hat 10 Möglichkeiten. Mit der Wahrscheinlichkeit $\frac{9}{10}$ wird eine *bestimmte* Ente von einem Jäger *nicht* getroffen, mit der Wahrscheinlichkeit $\left(\frac{9}{10}\right)^8$ von *keinem* ... Etwa 5 bis 6 Enten werden geschossen. Vgl. Simulation dieser Aufgabe im Beispiel 3.3 (Treibjagd).

5. –

6. –

7. **a)**   Man wählt zwei gleiche Kartenspiele mit zehn Karten. Man mischt jedes Kartenspiel gut durch und zieht abwechselnd aus jedem Kartenspiel eine Karte und stellt fest, ob dieselben oder verschiedene Karten gezogen worden sind.

    b)   Simulation mit einem Urnenmodell.

    c)   Simulation mit Zufallszahlen, man betrachtet Paare von Zufallszahlen.

8. **a)**   Gemäß Modellbildung bei der rechnerischen Lösung wählen wir „gerade Zufallszahl" für „Junge", „ungerade Zufallszahl" für „Mädchen". Bilden Sie etwa 100 Zahlen*paare* (zwei Kinder). Betrachten Sie in dieser Menge *die* Zahlenpaare, die an erster oder zweiter Stelle eine gerade Zahl (Junge) haben und von diesen wiederum diejenigen, bei denen die andere Zahl ungerade ist. Beispiel Zeile 4, Spalten 11/12 und 21/22 der Zufallszahlentabelle: Schätzwert $\frac{47}{73} \approx 0{,}644.$

    b)   –

9. Man weiß nicht, ob der wahrgenommene Junge das ältere oder das jüngere Kind ist. Im Grunde liegt ein zweistufiges Zufallsexperiment vor: Die 1. Stufe berücksichtigt die Jungen/Mädchen-Kombination, die 2. Stufe berücksichtigt die Situation „Man sieht einen Jungen". Ein Grundraum könnte sein: $\Omega = \{JJ, JM, MJ, MM\} \times \{J, M\}$ mit acht Elementen (Ergebnissen). Man bestimme ihre Wahrscheinlichkeiten. – Ergebnis: $P = \frac{1}{2}$.
(Hinweis: a) N. Henze: *Stochastik für Einsteiger*. Wiesbaden 2012, Abschnitt 15.15; b) R. Liedl: Wahrscheinlichkeiten. In: *Jahrbuch Überblicke Mathematik 1976*. Mannheim 1976, S. 197ff; c) K. L. Chung: *Elementare Wahrscheinlichkeitstheorie und stochastische Prozesse*. Berlin 1978, S. 122f.)

10. **a)**   Ungeordnete Stichprobe ohne Zurücklegen vom Umfang 2 aus einer Urne mit 32 Kugeln. Die Kugeln tragen die Namen der Schüler.

    b)   Zweimaliges Werfen eines Laplace-Würfels. Jeder Schüler erhält ein Schlüsselwort (x, y). Vier vom Würfel erzeugbare Schlüsselwörter bleiben frei (ohne Schüler). Ist die Auswahl noch gerecht?

    c)   Fünfmaliges Werfen einer idealen Münze. Jeder Schüler wird durch eine fünfstellige Zeichenfolge Z (Zahl) und W (Wappen) mit Wiederholung der Zeichen codiert. Beispiel: $Z\,W\,Z\,Z\,Z$.

11. Man betrachtet Tripel. Beispiel (Zeile 35) : 321, 532, 524, 155, 664, ... Da die Würfel die Zahlen 0, 7, 8, 9 nicht tragen, werden diese Zahlen in der Tabelle der Zufallszahlen übersprungen.

12. Drei Kästchen ☐ ☐ ☐ markieren die drei Türen. Durch Zufall wird eine Tür ausgewählt (wie macht man das?), hinter der das Auto A gestellt wird. Hinter den beiden anderen stehen dann Ziegen Z. Der Kandidat wählt eine Tür zufällig aus. Wie kann man das simulieren?

Man mache eine große Anzahl von Versuchen, wo der Kandidat seine Tür wechselt und eine große Zahl von Versuchen, wo der Kandidat nicht wechselt. Man protokolliere die Versuche. Beispiele:

x bedeutet: Tür gewählt vom Kandidaten.

o bedeutet: Tür geöffnet vom Spielleiter.

$$\boxed{A}\ \boxed{Z}\ \boxed{Z} \quad \longrightarrow \quad \text{Bei Wechsel Auto gewonnen.}$$
$$\quad\ \ \text{o}\quad\text{x}$$

$$\boxed{Z}\ \boxed{A}\ \boxed{Z} \quad \longrightarrow \quad \text{Bei Wechsel Ziege gewonnen.}$$
$$\ \ \text{o}\quad\text{x}$$

Didaktische Hinweise findet man auch bei Pinkernell [131], Wollring [189].

13. a) $(1 - \frac{1}{5} \cdot \frac{1}{4})^3$.

    b) –

11.4   Aufgaben aus Kapitel 4, Abschnitt 4.5

1. a) $\Omega = \{(x,y)|x,y \in \{1,\dots,6\}\}$

      $X : \Omega \to \mathbb{R}$ mit $(x,y) \mapsto x \cdot y$

      $X(\Omega) = \{1,2,3,4,5,6,8,9,10,12,15,16,18,20,24,25,30,36\}$.

  b) Bei Annahme der Gleichwahrscheinlichkeit für die 36 Paare (x,y) von Ω erhält man für die Verteilung folgende Tabelle:

k	1	2	3	4	5	6	8	9	10
$P(X=k)$	$\frac{1}{36}$	$\frac{2}{36}$	$\frac{2}{36}$	$\frac{3}{36}$	$\frac{2}{36}$	$\frac{4}{36}$	$\frac{2}{36}$	$\frac{1}{36}$	$\frac{2}{36}$

k	12	15	16	18	20	24	25	30	36
$P(X=k)$	$\frac{4}{36}$	$\frac{2}{36}$	$\frac{1}{36}$	$\frac{2}{36}$	$\frac{2}{36}$	$\frac{2}{36}$	$\frac{1}{36}$	$\frac{2}{36}$	$\frac{1}{36}$

2. Beweis des Satzes 4.1:

Es muss die Gültigkeit der Kolmogoroff-Axiome für P_X nachgewiesen werden. Sei $S := X(\Omega) = \{x_1, \dots, x_n\}$.

[K1] Sei $A \subset X(\Omega)$. Dann gilt $P_X(A) = P(X^{-1}(A)) \geq 0$, denn P erfüllt ja Axiom [K1].

[K2] $P_X(S) = P(X^{-1}(S)) = P(\Omega) = 1$, denn P erfüllt ja Axiom [K2].

[K3] Seien $A, B \subset X(\Omega)$ mit $A \cap B = \emptyset$ gegeben. Dann gilt:

$$P_X(A \cup B) \quad = \quad P(X^{-1}(A \cup B)) \overset{(1)}{=} P(X^{-1}(A) \cup X^{-1}(B))$$
$$\overset{(2)}{=} \quad P(X^{-1}(A)) + P(X^{-1}(B)) = P_X(A) + P_X(B).$$

    Begründungen:

    (1) Da A und B disjunkt sind, gilt $X^{-1}(A \cup B) = X^{-1}(A) \cup X^{-1}(B)$.

    (2) Da P ein Wahrscheinlichkeitsmaß ist, erfüllt P insbesondere Axiom [K3].

3. Zu 1: $F(x)$ kennzeichnet eine Wahrscheinlichkeit. Mit Hilfe der Axiome von Kolmogoroff folgt die Behauptung.

Zu 2: Wegen $\{X \leq b\} = \{X \leq a\} \cup \{a < X \leq b\}$ und $\{X \leq a\} \cap \{a < X \leq b\} = \emptyset$ folgt nach Axiom 3 von Kolmogoroff

$$P(\{X \leq b\}) = P(\{X \leq a\}) + P(\{a < X \leq b\}),$$

also nach Definition von F:

$$F(b) = F(a) + P(\{a < X \leq b\}).$$

Zu 3: Wegen $P(\{a < X \le b\}) \ge 0$ folgt aus (2)

$$F(b) \ge F(a) \text{ für } b > a.$$

Zu 4: Seien x_k und x_{k+1} zwei Werte der Zufallsvariablen X. Wir zeigen, dass F auf dem Intervall $[x_k, x_{k+1}[$ rechtsseitig stetig ist.

Auf $[x_k, x_{k+1}[$ ist F konstant: Auf diesem Intervall ist F die Summe aller Wahrscheinlichkeiten $P(X = x_i)$ mit $1 \le i \le k$, also

$$F(x) = \sum_{i=1}^{k} P(X = x_i) =: c.$$

Sei (x_n) eine Folge mit $x_n \in [x_k, x_{k+1}]$, $x_n \ge x_k$ und $\lim_{n \to \infty} x_n = x_k$. Dann gilt:

$$\lim_{n \to \infty} F(x_n) = \lim_{n \to \infty} c = c = F(x_k).$$

4. **a)** Zeichnen Sie ein Baumdiagramm, um die möglichen Spielausgänge und die Gewinnmöglichkeiten zu überblicken.

Sei X die Zufallsvariable, die den jeweiligen Besitzstand des Spielers in Euro bei Ende des Spiels angibt. Die Liste der Werte x_i und ihre Wahrscheinlichkeiten p_i sind in der folgenden Tabelle angegeben:

x_i	0	1	3	4
$p_i = P(X = x_i)$	$\frac{44}{64}$	$\frac{4}{64}$	$\frac{4}{64}$	$\frac{12}{64}$

$$E(X) = 0 \cdot \frac{44}{64} + 1 \cdot \frac{4}{64} + 3 \cdot \frac{4}{64} + 4 \cdot \frac{12}{64} = \frac{64}{64} = 1.$$

Da der Spieler aber 1,00 Euro Einsatz zahlen muss, kann er in einer langen Serie von Spielen erwarten, dass er durchschnittlich weder verliert noch gewinnt. Mit der Wahrscheinlichkeit $\frac{44}{64}$ verliert der Spieler seinen Einsatz.

b) –

5. **a)**

x_i	-1	1	2	3
$P(X = x_i)$	$\frac{125}{216}$	$\frac{75}{216}$	$\frac{15}{216}$	$\frac{1}{216}$

Für alle $x \in \mathbb{R} \setminus \{-1, 1, 2, 3\}$ gilt: $P(X = x) = 0$.

b) –

c) $E(X) = -\frac{17}{216}$. (Es ist mit Verlusten zu rechnen.)

d) $V(X) \approx 1,24$.

6. $V(X) = 2$.

7. Benutzen Sie die Rechenregeln für μ und σ^2.

8. Anwenden der Regeln auf $E(Z) = E\left(\frac{X - \mu}{\sigma}\right)$ bzw. $V(Z) = V\left(\frac{X - \mu}{\sigma}\right)$.

9. **a)** $F(7) = P(X \le 7) = \frac{21}{36}$

b) $\frac{21}{36}$

c) $F(9) = \frac{5}{6}$

d) –

e) $1 - P(X \le 7) = \frac{5}{12}$

10. Weg 1: „Ausmultiplizieren" des Binomens in $V(X) = E\left((X - E(X))^2\right)$ und Anwenden bekannter Sätze und Regeln.

Weg 2: Ausgehen von $V(X) = \sum_i (x_i - E(X))^2 \cdot P(X = x_i)$, das Binomen ebenfalls ausmultiplizieren und Summe $\sum_i$ in drei Summanden (die ebenfalls Summen sind) zerlegen und beachten, dass $\sum_i x_i \cdot P(X = x_i) = E(X)$ gilt.

11. **a)** $X(\Omega) = \{2, 3, 4, 5, 6, 7, 8, 9, 10, 11, 12\}$,

$Y(\Omega) = \{0, 1, 2, 3, 4, 5\}$.

Um die Wahrscheinlichkeiten $P(X = k \wedge Y = \ell)$ darzustellen, benötigt man eine Matrix mit 11 Zeilen (für die X-Werte) und 6 Spalten (für die Y-Werte). Exemplarisch sei ein Feld dieser Matrix angegeben:

$$P(X = 7, Y = 1) = P(\{(3, 4), (4, 3)\}) = \frac{2}{36}.$$

b) Es gilt $P(X = 7 \wedge Y = 1) = \frac{1}{18}$ (siehe a)) und

$$P(X = 7) \cdot P(Y = 1)$$
$$= P(\{(1,6),(6,1),(2,5),(5,2),(3,4),(4,3)\})$$
$$\cdot P(\{(1,2),(2,1),(2,3),(3,2),(3,4),(4,3),(4,5),(5,4),(5,6),(6,5)\})$$
$$= \frac{6}{36} \cdot \frac{10}{36} = \frac{5}{108}.$$

Also sind X und Y nicht stochastisch unabhängig.

12. a) –

b) Die Wahrscheinlichkeitsverteilungen von X und Y seien in Tabellenform gegeben.

x_i	-3	-2	-1	0	1	2	3
$P(X = x_i)$	$\frac{1}{27}$	$\frac{3}{27}$	$\frac{6}{27}$	$\frac{7}{27}$	$\frac{6}{27}$	$\frac{3}{27}$	$\frac{1}{27}$

y_i	0	1	2	3
$P(Y = y_i)$	$\frac{8}{27}$	$\frac{12}{27}$	$\frac{6}{27}$	$\frac{1}{27}$

c) $E(X) = 0$, $E(Y) = 1$.

d) Um die Wahrscheinlichkeiten $P(X = x \wedge Y = y)$ darzustellen, benötigt man eine Matrix mit 7 Zeilen (für die X-Werte) und 4 Spalten (für die Y-Werte).

e) X und Y sind nicht stochastisch unabhängig: Es gilt etwa

- $P(X = 0 \wedge Y = 1)$
  $$= P(\{VUG, VGU, UVG, UGV, GVU, GUV\})$$
  $$= \frac{6}{27},$$

- $P(X = 0)$
  $$= P(\{VUG, VGU, UVG, UUU, UGV, GVU, GUV\})$$
  $$= \frac{7}{27},$$

- $P(Y = 1)$
  $$= P(\{VVU, VUV, VUG, VGU, UVV, UVG, UGV, UGG, GVU,$$
  $$GUV, GUG, GGU\})$$
  $$= \frac{12}{27}.$$

Also: $P(X = 0 \wedge Y = 1) = \frac{6}{27} \neq \frac{7}{27} \cdot \frac{12}{27} = P(X = 0) \cdot P(Y = 1)$.

f) Man hat

$$E(X + Y) = E(X) + E(Y) = 0 + 1 = 1.$$

Die Zufallsvariable $Z = X \cdot Y$ hat die Werte $-2, 0, +2$. (Das erkennt man am Ergebnisbaum aus Teil a)): Man muss ja nur die bei jedem Ergebnis stehenden Werte von X und Y multiplizieren.) Dann gilt:

$$E(X \cdot Y) = (-2) \cdot \frac{6}{27} + 0 \cdot \frac{15}{27} + 2 \cdot \frac{6}{27} = 0.$$

g) Man hat

$$E(X^2) = 0 \cdot \frac{7}{27} + 1 \cdot \frac{12}{27} + 4 \cdot \frac{6}{27} + 9 \cdot \frac{2}{27} = \frac{54}{27} = 2,$$
$$E(Y^2) = 0 \cdot \frac{8}{27} + 1 \cdot \frac{12}{27} + 4 \cdot \frac{6}{27} + 9 \cdot \frac{1}{27} = \frac{45}{27}.$$

Also folgt:

$$V(X) = E(X^2) - [E(X)]^2 = 2 - 0^2 = 2,$$
$$V(Y) = E(Y^2) - [E(Y)]^2 = \frac{45}{27} - 1 = \frac{18}{27} = \frac{2}{3}.$$

h) $\text{Cov}(X,Y) = E(X \cdot Y) - E(X) \cdot E(Y) = 0 - 0 \cdot 1 = 0.$
$V(X + Y) = V(X) + V(Y) + Z \cdot \text{Cov}(X,Y) = 2 + \frac{2}{3} + 2 \cdot 0 = \frac{8}{3}.$
Teil h) ist ein Beispiel dafür, dass die Covarianz von zwei Zufallsvariablen X und Y Null sein kann – auch wenn X und Y nicht stochastisch unabhängig sind.

13. Es sei X_i die Zufallsvariable, welche die Augenzahl des i-ten Wurfes angibt ($1 \le i \le 3$). Diejenige Zufallsvariable, welche das doppelte Produkt der Augenzahlen angibt, lautet $2 \cdot X_1 \cdot X_2 \cdot X_3$.
Diejenige Zufallsvariable, welche die zehnfache Augensumme angibt, lautet $10 \cdot (X_1 + X_2 + X_3)$.
Der Gewinn in der Kasse der Veranstalter wird
– bei Spiel 1 durch $V := 100 - 2 \cdot X_1 \cdot X_2 \cdot X_3$
– bei Spiel 2 durch $W := 100 - 10 \cdot (X_1 + X_2 + X_3)$
angegeben. Man muss nun den Erwartungswert von V und den Erwartungswert von W berechnen.

$$
\begin{aligned}
E(V) &= E(100 - 2 \cdot X_1 \cdot X_2 \cdot X_3) \overset{(1)}{=} 100 - 2 \cdot E(X_1 \cdot X_2 \cdot X_3) \\
&\overset{(2)}{=} 100 - 2 \cdot E(X_1) \cdot E(X_2) \cdot E(X_3) \\
&= 100 - 2 \cdot \frac{7}{2} \cdot \frac{7}{2} \cdot \frac{7}{2} = 100 - \frac{343}{4} = 14\frac{1}{4} \\[2mm]
E(W) &= E(100 - 10 \cdot (X_1 + X_2 + X_3)) \overset{(1)}{=} 100 - 10 \cdot E(X_1 + X_2 + X_3) \\
&\overset{(3)}{=} 100 - 10 \cdot [E(X_1) + E(X_2) + E(X_3)] \\
&= 100 - 10 \cdot \left(\frac{7}{2} + \frac{7}{2} + \frac{7}{2} \right) = 100 - \frac{210}{2} = -5.
\end{aligned}
$$

Begründungen der Gleichheitszeichen:
(1) Satz 4.6.
(2) Man macht sich wie in Beispiel 4.11 schnell klar, dass X_1, X_2, X_3 stochastisch unabhängig sind. Dann sind auch die zwei Zufallsvariablen X_1 und $X_2 \cdot X_3$ stochastisch unabhängig (das mache man sich klar).
Dann hat man:

$$
\begin{aligned}
E(X_1 \cdot X_2 \cdot X_3) &= E(X_1 \cdot (X_2 \cdot X_3)) \\
&\overset{(*)}{=} E(X_1) \cdot E(X_2 \cdot X_3) \\
&\overset{(*)}{=} E(X_1) \cdot E(X_2) \cdot E(X_3).
\end{aligned}
$$

Bei $(*)$ wurden die Sätze 4.11 und 4.10 angewandt:
– zuerst auf X_1 und $X_2 \cdot X_3$,
– dann auf X_2 und X_3.
(3) Satz 4.8.

Fazit: Da $E(V) = 14\frac{1}{4}$ und $E(W) = 5$, ist es aus Sicht des Veranstalters sinnvoll, Spiel 1 anzubieten: Es bringt durchschnittlich 14,25 Cent in die Kasse.

11.5   Aufgaben aus Kapitel 5, Abschnitt 5.5

1. Hypergeometrische Verteilung.

   a) $\frac{1}{15}$;
   b) $E(X) = 0,48$; $V(X) \approx 0,37$.

2. Gesucht ist der Erwartungswert einer geometrischen Verteilung mit $p = \frac{1}{5}$. $E(X) = 5$. $\sigma = \sqrt{20} \approx 4,47$.

3. $P(X = 0) = 0,36$.

4. –

5. Hypergeometrische Verteilung.

$$\frac{\binom{70}{4} \cdot \binom{30}{1}}{\binom{100}{5}} + \frac{\binom{70}{5} \cdot \binom{30}{0}}{\binom{100}{5}} \approx 0,53.$$

Anmerkung: Das Kontrollsystem hat sich im Vergleich zum Beispiel verschlechtert.

6.

$$E(X) = x_1 \cdot \frac{1}{n} + x_2 \cdot \frac{1}{n} + \cdots + x_n \cdot \frac{1}{n} = \frac{x_1 + x_2 + \cdots + x_n}{n}.$$

7. $E(X) = \frac{49}{6}$ (geometrische Verteilung).

8. Sei $P(A) = p$. Dann gilt

$$\begin{aligned} P(I_A = 1) &= P(A) = p, \\ P(I_A = 0) &= P(\bar{A}) = 1 - p. \end{aligned}$$

Also:

$$E(I_A) = 1 \cdot P(I_A = 1) + 0 \cdot P(I_A = 0) = p.$$
$$V(I_A) = (0 - p)^2 \cdot (1 - p) + (1 - p)^2 \cdot p = p \cdot (1 - p),$$

oder mit Hilfe des Verschiebungssatzes:

$$V(I_A) = E\left(I_A^2\right) - (E(I_A))^2 = p - p^2 = p \cdot (1 - p).$$

9. Lösung ohne Berücksichtigung der Zusatzzahl. Die Wahrscheinlichkeit, dass eine vorgegebene Zahl gezogen wird, ist $\frac{6}{49}$. Geometrische Verteilung mit dem Parameter $p = \frac{6}{49} \cdot E(X) = \frac{49}{6} \approx 8,2$.
Zusatzfrage: Wie lautet die Lösung mit Berücksichtigung der Zusatzzahl?

10. Hypergeometrische Verteilung. Bestimmen Sie die Anzahl der geraden Zahlen beim „Lotto 6 aus 49". $E(X) = 6 \cdot \frac{24}{49} \approx 2,9$.

11. Berechnung mittels Definition des Erwartungswertes ist aufwendig. Mit Hilfe der Tabelle für die Rencontre-Zahlen (siehe Satz 2.19) berechne man z. B. den Erwartungswert für $n = 5$ bzw. $n = 6$.
Da die Zufallsvariable eine Indikatorfunktion (siehe Aufgabe 8) ist, ist die Lösung mit Hilfe der Indikatorfunktion und Anwendung von Satz 4.8 eleganter. Sei A_r das Ereignis, dass das Element mit Nummer r fix ist. Man betrachte $I_{A_1} + I_{A_2} + \ldots + I_{A_{13}}$. – Es ist $P(A_r) = \frac{1}{13}$ für $r = 1, \ldots, 13$. Der Erwartungswert dieser Summe ist 1.

11.6   Aufgaben aus Kapitel 6, Abschnitt 6.3

1. Nach Voraussetzung ist die gesamte Wahrscheinlichkeitsmasse 1 verteilt auf $0 \leq X \leq 12$. Mit Hilfe des Erwartungswertes 10 gilt dann: $P(X \leq 7) = P(|X - 10| \geq 3)$. Es folgt $P(|X - 10| \geq 3) \leq \frac{1,8}{9} = 0,2$.

2. Die Zufallsvariable X bezeichne die absolute Häufigkeit des Auftretens einer Augenzahl. Dann gilt (beachten Sie die Ungleichung (*) im Beweis des Schwachen Gesetzes für große Zahlen):

$$P\left(|\frac{X}{500} - \frac{1}{6}| \geq 0,0466\right) \leq \frac{1 \cdot 5}{6 \cdot 6 \cdot 500 \cdot 0,0466^2} \approx \frac{5}{39,088} \approx 0,13.$$

3. Annahme der Laplace-Wahrscheinlichkeit. Es gilt

$$\begin{aligned} P\left(|h_n(A) - E(h_n(A))| \geq \varepsilon\right) &\leq \frac{p \cdot (1 - p)}{n \cdot \varepsilon^2} = \frac{V(h_n(A))}{\varepsilon^2}. \\ \text{Also: } V(h_n(A)) &= \frac{p \cdot (1 - p)}{n} = \frac{1 \cdot 5}{6 \cdot 6 \cdot n} \leq 0,01^2 \\ n &\geq 1389. \end{aligned}$$

11.7 Aufgaben aus Kapitel 7, Abschnitt 7.3

1. Man mache sich die Aufgabenstellung an einem Baumdiagramm klar. Man erkennt dann

$$P \text{ (Charles gewinnt)}$$

$$= P\left(\bigcup_{i=1}^{\infty} \text{ Charles gewinnt nach } 3i \text{ Zügen}\right)$$

$$= \sum_{i=1}^{\infty} P \text{ (Charles gewinnt nach } 3i \text{ Zügen)}$$

$$= (\frac{1}{2} \cdot \frac{2}{3} \cdot \frac{1}{6}) + (\frac{1}{2} \cdot \frac{2}{3} \cdot \frac{5}{6}) \cdot (\frac{1}{2} \cdot \frac{2}{3} \cdot \frac{1}{6}) + (\frac{1}{2} \cdot \frac{2}{3} \cdot \frac{5}{6})^2 \cdot (\frac{1}{2} \cdot \frac{2}{3} \cdot \frac{1}{6}) + \dots$$

$$= q \cdot (1 + a + a^2 + \dots) \quad \left[\text{mit } q = \frac{1}{2}\,\frac{2}{3}\,\frac{1}{6} = \frac{1}{18}, a = \frac{1}{2}\,\frac{2}{3}\,\frac{5}{6} = \frac{5}{18}\right]$$

$$= q \cdot \sum_{i=0}^{\infty} a^i$$

$$= q \cdot \frac{1}{1-a}$$

$$= \frac{1}{13}$$

2. Beweis des Satzes 4.1 aus Abschnitt 4.1:
Sei $S := X(\Omega) = \{x_i | i \in \mathbb{N}\}$. Es muss die Gültigkeit der Kolmogoroff-Axiome [K1], [K2] und [K3*] für P_X nachgewiesen werden.

[K1]: Sei $A \subset X(\Omega)$. Dann gilt $P_X(A) = P(X^{-1}(A)) \geq 0$, denn P erfüllt ja Axiom [K1].

[K2]: $P_X(S) = P(X^{-1}(S)) = P(\Omega) = 1$, denn P erfüllt ja Axiom [K2].

[K3*]: Seien Mengen A_i ($i \in \mathbb{N}$) mit der Eigenschaft $A_i \cap A_j = \emptyset$ (für $i \neq j$) gegeben. Dann gilt:

$$P_X(\bigcup_{i \in \mathbb{N}} A_i) = P(X^{-1}(\bigcup_{i \in \mathbb{N}} A_i)) = P(\bigcup_{i \in \mathbb{N}} X^{-1}(A_i))$$

$$\stackrel{*}{=} \sum_{i \in \mathbb{N}} P(X^{-1}(A_i)) = \sum_{i \in \mathbb{N}} P_X(A_i).$$

Die Gleichheit bei (∗) gilt, da P das Axiom [K3*] erfüllt.

3. a) Man schreibt: $\{x\} = \overline{]-\infty, x[\cup]x, +\infty[}$.
$]-\infty, x[$ und $]x, +\infty[$ sind Borelmengen. Wegen [B3] ist auch die Vereinigung dieser Mengen eine Borelmenge; wegen [B2] ist auch das Komplement dieser Vereinigungsmenge eine Borelmenge.
Alternative: Man schreibt: $\{x\} = \bigcap_{n=1}^{\infty} [x, x + \frac{1}{n}[$. Da $[x, x + \frac{1}{n}[$ Borelmenge ist (für $n \in \mathbb{N}$), ist wegen der Aussage von Aufgabe 5 auch der Schnitt dieser Mengen eine Borelmenge.

b) Wegen Teil a) ist für jedes $q \in \mathbb{Q}$ die Menge $\{q\}$ eine Borelmenge. Da $\mathbb{Q}$ eine abzählbar-unendliche Menge ist, kann man die rationalen Zahlen durchnummerieren, d. h. man hat $\mathbb{Q} = \bigcup_{i=1}^{\infty} q_i$. Wegen [B3] ist $\mathbb{Q}$ dann eine Borelmenge.

4. –

5. a) Wegen $[\sigma 1]$ ist $\Omega \in \mathcal{A}$. Wegen $[\sigma 2]$ ist dann $\emptyset = \overline{\Omega} \in \mathcal{A}$.

b) Wegen einer Regel von de Morgan gilt $\bigcap_{i=1}^{\infty} A_i = \overline{\bigcup_{i=1}^{\infty} \overline{A_i}}$.
Nach Voraussetzung liegen die Mengen $A_i (i \in \mathbb{N})$ in $\mathcal{A}$. Wegen $[\sigma 2]$ liegen auch die Mengen $\overline{A_i}$ ($i \in \mathbb{N}$) in $\mathcal{A}$. Wegen $[\sigma 3]$ liegt auch $\bigcup_{i=1}^{\infty} \overline{A_i} \in \mathcal{A}$; wegen $[\sigma 2]$ liegt auch das Komplement dieser Menge in $\mathcal{A}$.

6. Die folgenden Mengen müssen in $\mathcal{A}$ liegen (die Begründungen mache sich der Leser klar): $\mathbb{R}, \emptyset$, abzählbare Vereinigungen einelementiger Mengen, Komplementärmengen von abzählbaren Mengen. Da $\mathbb{R}$ überabzählbar ist, sind die Komplementärmengen abzählbarer Mengen überabzählbar. So kommt man dazu, $\mathcal{A}$ wie folgt zu definieren:

$$\mathcal{A} = \{T \subset \mathbb{R} \mid \quad T \text{ ist abzählbar} \quad \text{oder}$$
$$T \text{ ist Komplement einer abzählbaren Menge}\}.$$

Beispielsweise gilt: $\mathbb{Q} \in \mathcal{A}$ (denn $\mathbb{Q}$ ist abzählbar), $\mathbb{R}\backslash\mathbb{Q} \in \mathcal{A}$ (denn $\mathbb{R}\backslash\mathbb{Q} = \bar{\mathbb{Q}}$ ist Komplement der abzählbaren Menge $\mathbb{Q}$). Es bleibt die Frage, ob $\mathcal{A}$ die *kleinste* σ-Algebra ist, die alle ein-elementigen Teilmengen von $\mathbb{R}$ enthält. Antwort: Eine abzählbare Vereinigung abzählbarer Mengen ist wieder eine Menge, die abzählbar ist; sie liegt wieder in $\mathcal{A}$, erweitert $\mathcal{A}$ also nicht.
Eine abzählbare Vereinigung von Mengen, deren Komplemente abzählbar sind, ist wieder eine Menge, deren Komplement abzählbar ist; sie liegt wieder in $\mathcal{A}$, erweitert $\mathcal{A}$ also nicht.

11.8   Aufgaben aus Kapitel 8, Abschnitt 8.8

1. Bei (a) und (b) Nachweis der drei Eigenschaften einer Dichtefunktion führen.
   Zu (a): Es gilt $E(F_1) = \pi$, $Var(F_1) = \frac{1}{3}\pi^2$.
   Bei diesen Rechnungen muss zum Auffinden von Stammfunktionen mehrmals partielle Integration benutzt werden (alternativ kann eine Integraltafel herangezogen werden).
   Zu (b): Es gilt $E(F_2) = 1$, $Var(F_2) = \frac{9}{5}$.

2. –

3. Zur Abkürzung sei $F(x) := P(] - \infty, x])$.

   a) In den Intervallen $]-\infty; 79,7$, $]79,7; 80,5[$ und $]80,5; +\infty[$ ist F stetig. An der Stelle $x_1 = 79,7$ ist F linksseitig stetig und rechtsseitig stetig, denn (nachrechnen!):
   $$\lim_{\substack{x \to x_1 \\ x < x_1}} F(x) = 0, \qquad \lim_{\substack{x \to x_1 \\ x > x_1}} F(x) = 0.$$
   Da beide Grenzwerte übereinstimmen, ist F in x_1 stetig.
   An der Stelle $x_2 = 80,5$ ist F linksseitig stetig und rechtsseitig stetig, denn (nachrechnen!):
   $$\lim_{\substack{x \to x_2 \\ x < x_2}} F(x) = 1, \qquad \lim_{\substack{x \to x_2 \\ x > x_2}} F(x) = 1.$$
   Da beide Grenzwerte übereinstimmen, ist F in x_2 stetig.

   b) F ist in den Intervallen $] - \infty; 79,7[$, $[79,7; 80,5]$ und $]80,5; +\infty[$ differenzierbar, und es gilt:
   $$F'(x) = \begin{cases} 0 & \text{für } x < 79,7 \\ \frac{5}{4} & \text{für } 79,7 \leq x \leq 80,5 \\ 0 & \text{für } x > 80,5 \end{cases} .$$
   Wir setzten $f(x) := F'(x)$. Dann ist f eine Dichtefunktion (man muss die drei Eigenschaften nachprüfen). Weiter gilt: $F(x) = \int\limits_{-\infty}^{x} f(t)dt$.

4. Da der Erwartungswert $\mu = 60$ ist, gilt $\lambda = \frac{1}{60}$.
   (a) $P(] - \infty, 10]) = F(10) = 1 - e^{-\frac{1}{60} \cdot 10} \approx 0,1535$.
   (b) $P(]30, +\infty)) = 1 - P(] - \infty, 30])$
   $$= 1 - F(30) = 1 - (1 - e^{-\frac{1}{60} \cdot 30}) = e^{-\frac{1}{2}} \approx 0,6065.$$
   Anlässlich dieser beiden Werte sollte der Bahnkunde überlegen, ob seine Modellierung mittels Exponentialverteilung angemessen ist. Falls er wirklich in ungefähr 15 % der Fälle weniger als 10 Minuten und in ungefähr 61 % der Fälle mehr als 30 Minuten gewartet hat, wird sein Modell bestätigt.

5. $\Phi(-z) = P_{0,1}(] - \infty, -z]) = P_{0,1}([z, +\infty[) = 1 - P_{0,1}(] - \infty, z[) = 1 - P_{0,1}(] - \infty, z]) = 1 - \Phi(z)$.
   Begründen Sie jedes Gleichheitszeichen!

6. (a) $P_{\mu,\sigma^2}(] - \infty, 4,23]) = P_{0,1}(] - \infty, 1,25]) = \Phi(1,25) = 0,8944$.
   (b) $P_{\mu,\sigma^2}(] - \infty, 4,09]) = P_{0,1}(] - \infty, -0,9375])$
   $$= \Phi(-0,9375) = 1 - \Phi(0,9375) = 0,1736.$$
   (c) Es muss gelten

$$P_{\mu,\sigma^2}([\mu - c, \mu + c]) \geq 0,9. \hspace{2cm} (*)$$

Man rechnet

$$
\begin{aligned}
& P_{\mu,\sigma^2}([\mu - c, \mu + c]) \\
= \; & P_{\mu,\sigma^2}(] - \infty, \mu + c]) - P_{\mu,\sigma^2}(] - \infty, \mu - c]) \\
= \; & P_{0,1}(] - \infty, \frac{1}{\sigma} \cdot c]) - P_{\mu,\sigma^2}(] - \infty, -\frac{1}{\sigma} \cdot c]) \\
= \; & \Phi(\frac{1}{\sigma} \cdot c) - \Phi(-\frac{1}{\sigma} \cdot c) \\
= \; & 2 \cdot \Phi(\frac{1}{\sigma} \cdot c) - 1.
\end{aligned}
$$

Wegen $(*)$ folgt $\Phi(\frac{1}{\sigma} \cdot c) \geq 0,95$. Mittels der Tabelle zur Standard-Normalverteilung findet man $\frac{1}{\sigma} \cdot c \geq 1,64$. Da $\sigma = 0,064$ ist, hat man $c \geq 0,105$. Also ist das gesuchte Intervall $[4, \overset{\circ}{0}19, 4, 255]$.

7. Sei X die Zufallsvariable, die angibt, wie viele von n Zimmerreservierungen (für diesen bestimmten Tag) annulliert werden. Dann ist X $B(n, \frac{1}{5})$-verteilt, es gilt $E(X) = \frac{1}{5}n$, $Var(X) = \frac{1}{5} \cdot \frac{4}{5} \cdot n = \frac{4}{25}n$. Eine Überbuchung der Einzelzimmer des Hotels liegt vor, wenn von den Reservierungen (mit $n > 200$) nur weniger als $n - 200$ annulliert werden (etwa liegt bei 220 Reservierungen eine Überbuchung vor, wenn nur weniger als 20 annulliert werden). Überbuchung bedeutet also: $X < n - 200$, d. h. $X \leq n - 201$. Die Vorgabe der Hotelmanagerin bedeutet:

$$P(X \leq n - 201) \leq 0,025.$$

Wegen des Grenzwertsatzes von de Moivre-Laplace hat man:

$$P(X \leq n - 201) \approx \Phi\left(\frac{n - 201 - \frac{1}{5}n}{\sqrt{\frac{4}{25}n}}\right) = \Phi\left(\frac{0,8n - 201}{0,4\sqrt{n}}\right).$$

Für Werte von n zwischen 201 und 251 ist das Argument von Φ negativ. Das bedeutet:

$$\Phi\left(\frac{0,8n - 201}{0,4\sqrt{n}}\right) = 1 - \Phi\left(\frac{201 - 0,8n}{0,4\sqrt{n}}\right).$$

Nun soll gelten:

$$1 - \Phi\left(\frac{201 - 0,8n}{0,4\sqrt{n}}\right) \leq 0,025, \quad \text{d. h.} \quad \Phi\left(\frac{201 - 0,8n}{0,4\sqrt{n}}\right) \geq 0,975.$$

Mittels der Tabelle zur Standard-Normalverteilung findet man
$\frac{201 - 0,8n}{0,4\sqrt{n}} = 1,96$, also $0,8n + 0,784\sqrt{n} = 201$.
Diese Gleichung wird annähernd von $n = 236$ erfüllt. Damit kann die Managerin – unter Beachtung ihrer Vorgabe – 236 Reservierungen akzeptieren.

8. Sei p die Wahrscheinlichkeit, dass eine zufällig ausgewählte Person aus der Menge der Wähler für die Partei XYZ stimmt. Sei X_n die Zufallsvariable, die angibt, wie viele von n Personen (aus der Menge der Wähler) für die Partei XYZ stimmen. X_n ist also $B(n, p)$-verteilt; es gilt

$$E(X_n) = n \cdot p, \quad Var(X_n) = n \cdot p \cdot (1 - p).$$

Die Zufallsvariable $\frac{1}{n}X_n$ ist dann ein Schätzer für den Stimmenanteil p der Partei XYZ. Es gilt:

$$E(\frac{1}{n}X_n) = p, \quad Var(\frac{1}{n}X_n) = \frac{1}{n} \cdot p \cdot (1 - p).$$

Der Grundsatz des Instituts besagt nun

$$P(p - \frac{1}{100} \leq \frac{1}{n}X_n \leq p + \frac{1}{100}) \geq 0,95 \hspace{2cm} (*)$$

Wegen des Grenzwertsatzes von de Moivre-Laplace hat man:

$$P(p - \frac{1}{100} \leq \frac{1}{n} X_n \leq p + \frac{1}{100})$$

$$\approx \quad \Phi\left(\frac{(p + \frac{1}{100}) - p}{\sqrt{\frac{1}{n} \cdot p \cdot (1-p)}}\right) - \Phi\left(\frac{(p - \frac{1}{100}) - p}{\sqrt{\frac{1}{n} \cdot p \cdot (1-p)}}\right)$$

$$= \quad \Phi\left(\frac{1}{100} \cdot \sqrt{\frac{n}{p \cdot (1-p)}}\right) - \Phi\left(-\frac{1}{100}\sqrt{\frac{n}{p \cdot (1-p)}}\right)$$

$$= \quad 2 \cdot \Phi\left(\frac{1}{100}\sqrt{\frac{n}{p \cdot (1-p)}}\right) - 1.$$

Wegen des Grundsatzes (∗) muss gelten:

$$2 \cdot \Phi\left(\frac{1}{100}\sqrt{\frac{n}{p \cdot (1-p)}}\right) - 1 \geq 0,95.$$

Das bedeutet

$$\Phi\left(\frac{1}{100}\sqrt{\frac{n}{p \cdot (1-p)}}\right) \geq 0,975.$$

Mittels der Tabelle zur Standard-Normalverteilung findet man

$$\frac{1}{100}\sqrt{\frac{n}{p \cdot (1-p)}} \geq 1,96, \quad \text{also} \quad n \geq (196)^2 \cdot p \cdot (1-p).$$

Nun ist p ja unbekannt; aber wir wissen

$$\max\{p \cdot (1-p) | p \in]0,1[\} = \frac{1}{4},$$

denn: $(p - \frac{1}{2})^2 \geq 0 \Leftrightarrow p \cdot (1-p) \leq \frac{1}{4}$ (siehe Hinweis 1 nach Satz 6.2).
Damit folgt $n \geq (196)^2 \cdot \frac{1}{4} = 9604$. Das Institut muss also um die 9600 Wähler befragen.

11.9   Aufgaben aus Kapitel 9, Abschnitt 9.4

1.   **a)**   Sei Y die Zufallsvariable, welche die Anzahl der weißen Kugeln bei der zweiten Ziehung angibt. Dann gilt:

$$P_K(Y = 0) = \frac{\binom{K}{0}\binom{10-K}{3}}{\binom{10}{3}}.$$

Berechnet man diese Wahrscheinlichkeiten, erhält man folgende Tabelle:

K	0	1	2	3	4	5	6	7	8	9	10
$P_K(Y=0)$	1	$\frac{7}{10}$	$\frac{7}{15}$	$\frac{7}{24}$	$\frac{1}{6}$	$\frac{1}{12}$	$\frac{1}{30}$	$\frac{1}{120}$	0	0	0

Mit $\Theta = \{0, 1, \ldots, 9, 10\}$ lautet die Maximum-Likelihood-Funktion

$$L_0(K) : \Theta \to \mathbb{R} \quad \text{mit} \quad K \mapsto L_0(K) = P_K(Y = 0).$$

An der Tabelle erkennt man:

$$\max\{L_0(K) | K \in \{0, 1, \ldots, 9, 10\}\}$$
$$= \quad \max\{P_K(Y = 0) | K \in \{0, 1, \ldots, 9, 10\}\}$$
$$= \quad P_0(Y = 0) = L_0(0).$$

Also ist die Zahl 0 der Maximum-Likelihood-Schätzwert der unbekannten Zahl K. Das bedeutet: Wenn die zweite Ziehung keine weiße Kugel bringt, ist der Maximum-Likelihood-Schätzwert der unbekannten Anzahl der weißen Kugeln die Zahl Null.

b)   Für die Wahrscheinlichkeiten $P_K(X=2) \cdot P_K(Y=0)$ erhält man folgende Tabelle:

K	0	1	2	3	4	5	6
$P_K(X=2) \cdot P_K(Y=0)$	0	0	$\frac{7}{225}$	$\frac{49}{960}$	$\frac{1}{20}$	$\frac{5}{144}$	$\frac{1}{60}$

K	7	8	9	10
$P_K(X=2) \cdot P_K(Y=0)$	$\frac{7}{1600}$	0	0	0

Mit $\Theta = \{0,1,\dots,9,10\}$ lautet die Maximum-Likelihood-Funktion

$$L_{(2,0)} : \Theta \to \mathbb{R} \quad \text{mit} \quad K \mapsto L_{(2,0)}(K) = P_K(X=2) \cdot P_K(Y=0).$$

Aus der Tabelle erkennt man:

$$\max\{L_{(2,0)}(K) | K \in \{0,1,\dots,9,10\}\}$$
$$= \max\{P_K(X=2) \cdot P_K(Y=0) | K \in \{0,1,\dots,9,10\}\}$$
$$= P_3(X=2) \cdot P_3(Y=0) = L_{(2,0)}(3).$$

Also ist die Zahl 3 der Maximum-Likelihood-Schätzwert der unbekannten Zahl K. Das bedeutet: Wenn die erste Ziehung zwei weiße Kugeln und die zweite Ziehung keine weiße Kugel liefert, ist der Maximum-Likelihood-Schätzwert der unbekannten Anzahl der weißen Kugeln die Zahl 3.

2.   Bei Beispiel 9.3 gilt Folgendes: S ist die Menge der möglichen Anzahlen von „Wappen", also $S = \{0,1,\dots,n\}$. Da die unbekannte Erfolgswahrscheinlichkeit p zwischen 0 und 1 liegt, ist Θ das Intervall $[0,1]$. Ein Schätzer ist etwa die Funktion

$$T : S \to \mathbb{R} \quad \text{mit} \quad k \mapsto \frac{1}{10}k + \frac{1}{2}.$$

Dieser Schätzer ist natürlich in keinster Weise adäquat, aber es soll hiermit nur verdeutlicht werden, dass es viele Schätzer gibt. Die Maximum-Likelihood-Funktion lautet

$$L_k : \Theta \to \mathbb{R} \quad \text{mit} \quad p \mapsto L_k(p) = P_p(X=k).$$

Bei der Erörterung des Beispiels 9.3 wurde bewiesen, dass die Funktion L_k ihr Maximum an der Stelle $\frac{k}{n}$ annimmt. Das heißt

$$\max\{L_k(p) | p \in [0,1]\}$$
$$= \max\{P_p(X=k) | p \in [0,1]\}$$
$$= P_{\frac{k}{n}}(X=k) = L_k(\frac{k}{n}).$$

Also ist die Zahl $\frac{k}{n}$ der Maximum-Likelihood-Schätzwert der unbekannten Erfolgswahrscheinlichkeit p.

3.   Sei X geometrisch verteilt mit dem unbekannten Parameter p. Dann hat man für $n \in \mathbb{N}$

$$P(X=n) = (1-p)^{n-1} \cdot p.$$

Hier ist $S = X(\Omega) = \mathbb{N}$ und $\Theta = [0,1]$. Die Maximum-Likelihood-Funktion lautet

$$L_n : \Theta \to \mathbb{R} \quad \text{mit} \quad p \mapsto L_n(p) = P_p(X=n).$$

Wir müssen die Maximalstelle von L_n bestimmen. Mit der Produktregel ergibt sich aus $L_n(p) = (1-p)^{n-1} \cdot p$ die erste Ableitung

$$\begin{aligned} L_n'(p) &= [(1-p)^{n-1} \cdot p]' \\ &= (n-1) \cdot (1-p)^{n-2} \cdot (-1) \cdot p + (1-p)^{n-1} \\ &= (1-p)^{n-2}[-(n-1) \cdot p + (1-p)] \\ &= (1-p)^{n-2} \cdot [1-np]. \end{aligned}$$

Die Nullstellen von L_n' sind somit 1 und $\frac{1}{n}$. Da $L_n(1)=0$ und $L_n(\frac{1}{n})>0$, muss $\frac{1}{n}$ eine Maximalstelle sein. Also ist die Zahl $\frac{1}{n}$ der Maximum-Likelihood-Schätzwert des Parameters p.

4. Es sei ein vorsichtiger Schätzer für die Anzahl der Fische der Art F gegeben: Beim ersten Fang werden K Fische der Art F gefangen. Beim zweiten Fang findet man unter n gefangenen Fischen der Art F genau k markierte Fische; das bedeutet: Beim zweiten Fang gibt es $n - k$ unmarkierte Fische der Art F. Also müssen im See mindestens

$$K + (n - k)$$

Fische der Art F sein – nämlich die K markierten Fische des ersten Fangs und die $n - k$ unmarkierten Fische des zweiten Fangs.

Sei X die Zufallsvariable, welche die Anzahl der Fische beim zweiten Fang angibt, sei

$$S = X(\Omega) = \{0, 1, \ldots, n\}.$$

Dann haben wir folgenden Schätzer:

$$T : S \to \mathbb{R} \quad \text{mit} \quad k \mapsto K + (n - k).$$

5. **a)** Die Beobachtung $(x_1, \ldots, x_n)$ stellt eine n-elementige Teilmenge der gesamten Nummernmenge $\{1, \ldots, N\}$ dar. Es sei S die Menge der möglichen n-elementigen Beobachtungsmengen: Alle Elemente von S sind gleichwahrscheinlich, d. h.

$$P(\{x_1, \ldots, x_n\}) = \frac{1}{\binom{N}{n}}.$$

Die unbekannte Zahl der Taxis ist die Zahl $N \in \mathbb{N}$, also ist hier $\Theta = \mathbb{N}$. Die Maximum-Likelihood-Funktion ist

$$L_{(x_1, \ldots, x_n)} : \Theta \to \mathbb{R}, \quad N \mapsto P_N(\{x_1, \ldots, x_n\}).$$

Damit gilt nun:

$$
\begin{aligned}
&\max\{L_{(x_1, \ldots, x_n)}(N) | N \in \mathbb{N}\} \\
={}& \max\{P_N(\{x_1, \ldots, x_n\}) | N \in \mathbb{N}\} \\
={}& \max\left\{ \frac{1}{\binom{N}{n}} | N \in \mathbb{N} \right\} \\
={}& \frac{1}{\binom{x_n}{n}} \qquad\qquad (*) \\
={}& L_{(x_1, \ldots, x_n)}(x_n)
\end{aligned}
$$

Zu $(*)$: Da die Folge (a_N) mit $a_N = \frac{1}{\binom{N}{n}}$ mit $N \in \mathbb{N}$ und $N \geq x_n$ streng monoton fallend ist, ist das Maximum dieser Folge der Wert $\frac{1}{\binom{x_n}{n}}$.

Das bedeutet, dass x_n der Maximum-Likelihood-Schätzwert der unbekannten Zahl N ist. Interpretation: Die Zahl der Taxis wird durch die höchste beobachtete Nummer geschätzt, das heißt:

* Man gibt niemals eine zu hohe Schätzung ab.

* Aber: Die wahre Anzahl der Taxis wird offenbar unterschätzt.

Der Maximum-Likelihood-Schätzwert ist also in dieser Situation für die Praxis untauglich. In Teil b) werden alternative Schätzer vorgestellt.

b) Es seien drei alternative Schätzer angegeben.

Möglichkeit (1): Man nimmt an, dass das arithmetische Mittel der n beobachteten Nummern ungefähr in der Mitte aller N Nummern liegt. Das heißt

$$\bar{x} = \frac{1}{2}N, \quad \text{also} \quad N = 2\bar{x}.$$

Der Schätzer ist dan die Abbildung $T : S \to \mathbb{R}$ mit

$$(x_1, \ldots, x_n) \mapsto T(x_1, \ldots, x_n) := 2 \cdot \sum_{i=1}^{n} x_i.$$

Möglichkeit (2): Man nimmt an, dass die größte beobachtete Nummer ungefähr ebenso weit von N abweicht wie die kleinste beobachtete Nummer von 1. Das heißt

$$N - x_n = x_1 - 1, \quad \text{also} \quad N = x_1 + x_n - 1.$$

Der Schätzer ist dann die Abbildung $T : S \to \mathbb{R}$ mit

$$(x_1, \ldots, x_n) \mapsto T(x_1, \ldots, x_n) := x_1 + x_n - 1.$$

Möglichkeit (3): Man nimmt an, dass der Abstand zwischen der größten beobachteten Nummer und der unbekannten Zahl N ebenso groß ist wie das arithmetische Mittel der Abstände zweier benachbarter Nummern. Das heißt:

$$N - x_n = \frac{1}{n} \cdot [(x_1 - 1) + (x_2 - x_1) + \ldots + (x_{n-1} - x_{n-2}) + (x_n - x_{n-1})],$$

also

$$N = \frac{1}{n} \cdot (x_n - 1) + x_n = (1 + \frac{1}{n}) \cdot x_n - \frac{1}{n}.$$

Der Schätzer ist dann die Abbildung $T : S \to \mathbb{R}$ mit

$$(x_1, \ldots, x_n) \mapsto T(x_1, \ldots, x_n) := (1 + \frac{1}{n}) \cdot x_n - \frac{1}{n}.$$

11.10   Aufgaben aus Kapitel 10, Abschnitt 10.6

1. a)   Der Test wird wie folgt entwickelt:
    Schritt 1: Signifikanzniveau ist 0,05.
    Schritt 2: Man kann etwa folgendes Testdesign wählen: Bei jedem Einzelexperiment werden zwei Tassen mit Tee und Milch gefüllt – einmal in der Reihenfolge Tee-Milch, einmal in der Reihenfolge Milch-Tee. Dann werden diese Tassen in einer durch Münzwurf ermittelten Reihenfolge der Lady zum Probieren gereicht. Die Lady muss dann bei diesen Tassen die Reihenfolge des Eingießens angeben.
    Dieses Experiment wird nun n Mal durchgeführt. Um die Unabhängigkeit der Einzelexperimente zu gewährleisten, muss zwischen den Einzelexperimenten genügend Zeit verstreichen.
    Sei p die Erfolgswahrscheinlichkeit der Lady bei einem Einzelexperiment. Die Behauptung der Lady ist, dass $p > \frac{1}{2}$ ist.
    Die Nullhypothese lautet somit: Die Lady rät bei jedem Einzelexperiment, d. h. $p = \frac{1}{2}$.
    Sei X die Zufallsvariable, welche die Anzahl der Erfolge bei n Durchführungen des Experiments angibt. Unter der Voraussetzung, dass H_0 gilt, ist X eine $B(n, \frac{1}{2})$-verteilte Zufallsvariable.
    Schritt 3: Die Nullhypothese wird verworfen, falls
    $P(\Delta \leq X \leq n) \leq 0,05$ ist.
    Für $n = 5$ ergibt sich der Wert $\Delta = 5$.
    Für $n = 10$ ergibt sich der Wert $\Delta = 9$.
    Für $n = 25$ ergibt sich der Wert $\Delta = 18$.
    Sowohl bei $n = 5$ als auch bei $n = 10$ muss die Lady eine sehr anspruchsvolle Quote erzielen, damit H_0 verworfen und somit ihr geglaubt wird. Wenn man die Wahrscheinlichkeit, dass man der Lady glaubt, obwohl sie nur rät, kleiner als 0,05 halten will, werden bei kleinen Versuchszahlen sehr hohe Anforderungen an die Lady gestellt.

    b)   Die Erfolgswahrscheinlichkeit der Lady sei $p = \frac{3}{4}$. Sei H_0 wieder die von den Testern angenommene Hypothese, dass die Lady bloß rät (also $H_0 : p = \frac{1}{2}$); sei H_1 die Hypothese, dass die Lady eine Trefferwahrscheinlichkeit $p = \frac{3}{4}$ hat (also $H_1 : p = \frac{3}{4}$).
    Laut Aufgabenstellung soll gelten, dass H_1 wahr ist. Die Zufallsvariable X, welche die Anzahl der Erfolge angibt, ist also (da H_1 wahr ist) $B(n, \frac{3}{4})$-verteilt. Akzeptiert die Lady die Entscheidungsregel des Tests, so wird ihre Begabung nicht erkannt, falls sie weniger korrekte Entscheidungen trifft, als der Wert Δ (der Entscheidungsregel) vorgibt. Die Wahrscheinlichkeit, dass die Begabung der Lady nicht erkannt wird, berechnet man somit wie folgt:

$$P(H_0 \text{ wird angenommen und } H_1 \text{ ist wahr})$$
$$= P(X \leq \Delta - 1)$$
$$= \sum_{k=0}^{\Delta-1} \binom{n}{k} \cdot \left(\frac{3}{4}\right)^k \cdot \left(\frac{1}{4}\right)^{n-k}.$$

Das bedeutet (tabellarisch aufgeschrieben):

Anzahl der Versuchs-durchführungen	H_0 wird akzeptiert, falls gilt	
$n = 5$	$X \leq 4$	(da $\Delta = 5$)
$n = 10$	$X \leq 8$	(da $\Delta = 9$)
$n = 25$	$X \leq 17$	(da $\Delta = 18$)

Also hat man:

$$P(H_0 \text{ wird akzeptiert und } H_1 \text{ ist wahr})$$
$$= P(X \leq \Delta - 1)$$
$$= \sum_{k=0}^{\Gamma-1} \binom{n}{k} \cdot \left(\frac{3}{4}\right)^k \cdot \left(\frac{1}{4}\right)^{n-k}$$
$$= \begin{cases} 0,7627 & \text{für } n = 5 \\ 0,7560 & \text{für } n = 10 \\ 0,2735 & \text{für } n = 25 \end{cases}.$$

Das bedeutet: Falls die Lady Versuchsanzahlen von $n = 5$ oder $n = 10$ zustimmt und auch die entsprechende jeweilige Entscheidungsregel akzeptiert, ist die Wahrscheinlichkeit, dass ihre wahre Begabung (nämlich $p = \frac{3}{4}$) nicht erkannt wird, sehr hoch.

Falls die Lady aber 25 Mal den Probierversuch mitmachen will und die zugehörige Entscheidungsregel akzeptiert, ist die Wahrscheinlichkeit, dass ihre wahre Begabung nicht erkannt wird, relativ klein und vielleicht schon auf einem für sie akzeptablen Niveau. Aber will sie so viel Tee trinken?

2. Das Testdesign sieht wie folgt aus:
Schritt 1: Signifikanzniveau ist 0,01.
Schritt 2: Sei p die Erfolgswahrscheinlichkeit der Person mit den übersinnlichen Fähigkeiten. Dann hat man:

$$H_0 : \text{ Die Person rät. Also: } H_0 : p = \frac{1}{2}$$

$$H_1 : \text{ Die Person hat recht. Also: } H_1 : p > \frac{1}{2}.$$

Sei X die Zufallsvariable, welche die Anzahl der Erfolge dieser Person angibt. Unter der Voraussetzung, dass H_0 gilt, ist X eine $B(50, \frac{1}{2})$-verteilte Zufallsvariable.
Schritt 3: Die Nullhypothese wird verworfen, falls $P(\Delta \leq X \leq 50) \leq 0,01$ ist. Das bedeutet: Es muss Δ bestimmt werden, so dass

$$\sum_{k=\Delta}^{50} \binom{50}{k} \left(\frac{1}{2}\right)^k \left(\frac{1}{2}\right)^{50-k} \leq 0,01.$$

Man findet $\Delta = 34$.
Damit hat man automatisch die Entscheidungsregel für den Test: Wird bei mehr als $\Delta = 34$ Einzelversuchen von der Testperson ein Erfolg erzielt, muss (auf dem Signifikanzniveau $\alpha = 0,01$) die Nullhypothese verworfen werden.

3. Die Biologen in dem Labor entwerfen folgendes Testdesign:

Schritt 1: Signifikanzniveau $\alpha = 0,05$.

Schritt 2: Sei p die Wahrscheinlichkeit, dass eine Ratte den roten Gang wählt. Dann hat man:

H_0:   Die Ratten interessieren sich nicht für die Farbe des Ganges;

         sie wählen den Gang völlig zufällig.

         Also: $H_0 : p = \frac{1}{2}$.

H_1:   Die Ratten bevorzugen eine der beiden Farben

         (aus welchen Gründen auch immer).

         Also: $H_1 : p \neq \frac{1}{2}$.

Sei X die Zufallsvariable, welche die Anzahl der Ratten angibt, welche den roten Gang wählen. Unter der Voraussetzung, dass H_0 gilt, ist X eine $B(20, \frac{1}{2})$-verteilte Zufallsvariable.

Schritt 3: Die Nullhypothese wird verworfen, falls

$$P(X \leq \Gamma) \leq 0,025 \qquad \text{oder} \qquad P(X \geq 20 - \Gamma) \leq 0,025.$$

Das bedeutet: Es muss Γ bestimmt werden mit

$$\sum_{k=0}^{\Gamma} \binom{20}{k} \cdot \left(\frac{1}{2}\right)^{20} \leq 0,025 \quad \text{oder} \quad \sum_{k=20-\Gamma}^{20} \binom{20}{k} \cdot \left(\frac{1}{2}\right)^{20} \leq 0,025.$$

Man findet $\Gamma = 5$.

Damit hat man automatisch die Entscheidungsregel für den Test: Ist die Anzahl der Ratten, die den roten Gang wählen, kleiner/gleich 5 oder größer/ gleich 15, so muss (auf dem Signifikanzniveau von $\alpha = 0,05$) die Nullhypothese verworfen werden.

4. Es muss ein zweiseitiger Test entwickelt werden.

Schritt 1: Signifikanzniveau ist $\alpha = 0,05$.

Schritt 2: $H_0 : p = 0,35$, $H_1 : p \neq 0,35$.

Sei X die Zufallsvariable, die angibt, wie oft bei den 1000 Versuchsdurchführungen das Ereignis eintritt. Unter der Voraussetzung, dass H_0 gilt, ist X eine $B(1000, \frac{35}{100})$-verteilte Zufallsvariable.

Schritt 3: Die Nullhypothese wird verworfen, falls

$$P(X \leq \Gamma) \leq 0,025 \qquad \text{oder} \qquad P(X \geq \Delta) \leq 0,025.$$

Das bedeutet: Es muss Γ bestimmt werden mit

$$\sum_{k=0}^{\Gamma} \binom{n}{k} \cdot (0,35)^k \cdot (0,65)^{1000-k} \quad \leq \quad 0,025$$

$$\sum_{k=\Delta}^{1000} \binom{n}{k} \cdot (0,35)^k \cdot (0,65)^{1000-k} \quad \leq \quad 0,025.$$

Teil a): Exakte Lösung:

Man findet $\Gamma = 324$ und $\Delta = 376$.

Teil b): Näherungsweise Lösung:

X ist $B(1000, \frac{35}{100})$-verteilt, deshalb gilt:

$E(X) = 350$, $V(X) = 227,5$ (d. h. $\sigma = 15,0831$).

Wegen des Approximationssatzes von de Moivre/Laplace hat man
(1)

$$P(X \leq \Gamma) \leq 0,025$$

$$\Leftrightarrow \quad \phi\left(\frac{\Gamma - 350}{15,0831}\right) \leq 0,025$$

$$\Leftrightarrow \quad 1 - \phi\left(\frac{350 - \Gamma}{15,0831}\right) \leq 0,025$$

$$\Leftrightarrow \quad \phi\left(\frac{350 - \Gamma}{15,0831}\right) \geq 0,975$$

$$\Leftrightarrow \quad \frac{350 - \Gamma}{15,0831} \geq \phi^{-1}(0,975)$$

$$\Leftrightarrow \quad \frac{350 - \Gamma}{15,0831} \geq 1,96$$

$$\Leftrightarrow \quad \Gamma \leq 320,44.$$

(2)

$$P(X \geq \Delta) \leq 0,025$$

$$\Leftrightarrow \quad 1 - P(X \leq \Delta) \leq 0,025$$

$$\Leftrightarrow \quad 1 - \phi\left(\frac{\Delta - 350}{15,0831}\right) \leq 0,025$$

$$\Leftrightarrow \quad \phi\left(\frac{\Delta - 350}{15,0831}\right) \geq 0,975$$

$$\Leftrightarrow \quad \frac{\Delta - 350}{15,0831} \geq \phi^{-1}(0,975)$$

$$\Leftrightarrow \quad \frac{\Delta - 250}{15,0831} \geq 1,96$$

$$\Leftrightarrow \quad \Delta \geq 379,56.$$

Vergleicht man die Lösungen der beiden Wege a) und b), so stellt man fest, dass sich bei der näherungsweisen Lösung ein engerer Verwerfungsbereich für H_0 ergibt als bei der exakten Lösung:
Die Entscheidungsregel lautet jeweils wie folgt:

- Bei a): Verwerfe H_0, falls das Ereignis höchstens 324 Mal oder mindestens 376 Mal auftaucht.
- Bei b): Verwerfe H_0, falls das Ereignis höchstens 320 Mal oder mindestens 380 Mal auftaucht.

5. Für das Produzentenrisiko gilt:

$$\sum_{k=\Gamma+1}^{n} \binom{n}{k} \cdot (0,08)^k \cdot (0,92)^{n-k} \quad \leq \quad 0,05$$

$$\Leftrightarrow 1 - \sum_{k=0}^{\Gamma} \binom{n}{k} \cdot (0,08)^k \cdot (0,92)^{n-k} \quad \leq \quad 0,05$$

$$\Leftrightarrow \sum_{k=0}^{\Gamma} \binom{n}{k} \cdot (0,08)^k \cdot (0,92)^{n-k} \geq 0,95. \qquad (I)$$

Für das Konsumentenrisiko gilt:

$$\sum_{k=0}^{\Gamma} \binom{n}{k} \cdot (0,15)^k \cdot (0,85)^{n-k} \leq 0,05. \qquad (II)$$

Aufgrund der Formel $(*)$ aus Abschnitt 10.5 ergibt sich für die Zahl n folgende Ungleichung:

$$
\sqrt{n}
$$
$$
\geq \frac{1}{p_1 - p_0} \cdot [\phi^{-1}(1 - \alpha) \cdot \sqrt{p_0 \cdot (1 - p_0)} - \phi^{-1}(\beta) \cdot \sqrt{p_1 \cdot (1 - p_1)}]
$$
$$
= \frac{1}{0,15 - 0,08} \cdot [\phi^{-1}(0,95) \cdot \sqrt{0,08 \cdot 0,92} - \phi^{-1}(0,05) \cdot \sqrt{0,15 \cdot 0,85}].
$$

Da $\phi^{-1}(0,95) = 1,64$ und $\phi^{-1}(0,05) = -1,64$ ist, ergibt sich

$$
\sqrt{n} \geq 14,7217, \quad \text{also} \quad n \geq 217.
$$

Aufgrund der Formel $(**)$ aus Abschnitt 10.5 bestimmen wir jetzt das Intervall für die Annahmezahl Γ.

- Für $n = 217$ ergibt sich $23,9141 \leq \Gamma \leq 23,9236$.
- Für $n = 218$ ergibt sich $24,0092 \leq \Gamma \leq 24,0538$.
- Für $n = 219$ ergibt sich $24,1042 \leq \Gamma \leq 24,1840$.
- Für $n = 220$ ergibt sich $24,1992 \leq \Gamma \leq 24,3142$.

Nun erfüllt keine Zahl $\Gamma \in \mathbb{N}$ diese Ungleichungen. Da wir bei den Formeln $(*)$ und $(**)$ aber mit Näherungen arbeiten (die aus dem Approximationssatz resultieren), sind die ganzen Zahlen $\Gamma = 23$ bzw. $\Gamma = 24$ Kandidaten für die gesuchte Annahmezahl.

Wir prüfen nun nach, für welches n und welches Γ die exakten Ungleichungen (I) und (II) erfüllt werden.

Für $n = 217$ und $n = 218$ erfüllen weder $\Gamma = 23$ noch $\Gamma = 24$ gleichzeitig die Ungleichungen (I) und (II).

Für $n = 219$ hat man:

	$\Gamma = 23$	$\Gamma = 24$
Linke Seite von (I)	0,9271	0,9536
Linke Seite von (II)	0,0340	0,0527

Für $n = 220$ hat man:

	$\Gamma = 23$	$\Gamma = 24$
Linke Seite von (I)	0,9241	0,9515
Linke Seite von (II)	0,0320	0,0499

Jetzt hat man den optimalen Prüfplan gefunden: Bei einer Stichprobengröße von $n = 220$ und einer Annahmezahl von $\Gamma = 24$ sind die Interessen von Produzent und Konsument gleichzeitig berücksichtigt: Beide Parteien haben bei diesem Prüfplan ein Risiko, welches – wie gewünscht – unter 5 % liegt.

Literaturverzeichnis

[1] Abels, H./Degen, H.: Handbuch des statistischen Schaubilds. Herne – Berlin 1981.

[2] Althoff, H.: Wahrscheinlichkeitsrechnung und Statistik. Stuttgart 1985.

[3] Althoff, H.: Zur Berechnung der Wahrscheinlichkeit für das Vorliegen einer vollständigen Serie (Sammelbildproblem). In: Stochastik in der Schule 20, 1/2000, S. 18 – 20.

[4] Bahrenberg, G./Giese, E.: Statistische Methoden und ihre Anwendungen in der Geographie. Stuttgart 1975.

[5] Banach, S./Kuratowski, C.: Sur une généralisation du problème de la mesure. Fundamenta Math. 14, 1929, S. 127 – 131.

[6] Bandelow, C.: Einführung in die Wahrscheinlichkeitstheorie. Mannheim-Wien-Zürich 1981.

[7] Barner, K.: Neues zu Fermats Geburtsdatum. In: Mitteilungen der Deutschen Mathematiker-Vereinigung 15, 2007, S. 12 – 14.

[8] Barr, G. V.: Some student ideas on the median and the mode. In: Teaching Statistics, 2, 1980, S. 38 – 41.

[9] Barth, F./Haller, R.: Stochastik (Leistungskurs). München 1983.

[10] Barth, F./Haller, R.: Juan Caramuels sichere Wette beim Lotto in Cosmopolis. In: Stochastik in der Schule 29, 1/2009, S. 18 – 22.

[11] Barth, F./Haller, R.: Soll ich das Spiel wagen? Sinn und Unsinn des Erwartungswerts am Beispiel des Petersburger Problems. In: Stochastik in der Schule, 30, 1/2010, S. 19 – 27.

[12] Basieux, P.: Roulette. Die Zähmung des Zufalls. Geretsried bei München 2001[3].

[13] Bauer, H.: Wahrscheinlichkeitstheorie und Grundzüge der Maßtheorie. 3. Auflage Berlin - New York 1978.

[14] Behrends, E./Gritzmann, P./Ziegler, G. M. (Hrsg.): π & Co. Berlin - Heidelberg 2008.

[15] Bentz, H.-J.: Der Median als Unterrichtsgegenstand. In: Didaktik der Mathematik, 1984, S. 201 – 209.

[16] Bentz, H.-J./Borovcnik, M.: Mittelwert, Median und Streuung: Eine Zusammenschau. In: Kautschitsch, H./Metzler, W. (Hrsg.): Anschauung als Anregung zum mathematischen Tun. Wien - Stuttgart 1984, S. 208 – 220.

[17] Biehler, R.: Explorative Datenanalyse: Eine Untersuchung aus der Perspektive einer deskriptiv-empirischen Wissenschaftstheorie. In: Zentralblatt für Didaktik der Mathematik, 16, 5/1984, S. 152 – 155.

[18] Biehler, R.: Daten analysieren mit dem Computer: Unterstützung von Begriffsbildung und Anwendungsorientierung in der Stochastik. In: Der Mathematikunterricht, 36, 6/1990, S. 62 – 71.

[19] Biehler, R./Steinbring, H.: Entdeckende Statistik, Stengel-und-Blätter, Boxplots: Konzepte, Begründungen und Erfahrungen eines Unterrichtsversuchs. In: Der Mathematikunterricht, 6/1991, S. 5 – 32.

[20] Borovcnik, M.: Was bedeuten statistische Aussagen? Wien – Stuttgart 1984.

[21] Borovcnik, M.: Visualisierung als Leitmotiv in der beschreibenden Statistik. In: Kautschitsch, H./Metzler, W. (Hrsg.): Anschauung als Anregung zum mathematischen Tun. Wien – Stuttgart 1984, S. 192 – 207.

[22] Borovcnik, M./Ossimitz, G.: Materialien zur Beschreibenden Statistik und Explorativen Datenanalyse. Wien – Stuttgart 1987.

[23] Borovcnik, M.: Korrelation und Regression – Ein inhaltlicher Zugang zu den grundlegenden mathematischen Konzepten. In: Stochastik in der Schule 1/1988, S. 5 – 32.

[24] Borovcnik, M./König, G.: Kommentierte Bibliographie zum Thema „Regression und Korrelation". In: Stochastik in der Schule, 2/1988, S. 46 – 52.

[25] Borovcnik, M.: Methode der kleinsten Quadrate. In: Stochastik in der Schule, 2/1988, S. 17 – 24.

[26] Borovcnik, M.: Explorative Datenanalyse – Techniken und Leitideen. In: Didaktik der Mathematik, 18, 1/1990, S. 61 – 80.

[27] Borovcnik, M.: Stochastik im Wechselspiel von Intuitionen und Mathematik. Mannheim 1992.

[28] Borovcnik, M./Engel, J./Wickmann, D.: Anregungen zum Stochastikunterricht: – Die NCTM-Standards 2000, – Klassische und Bayessche Sichtweise im Vergleich. Hildesheim 2001.

[29] Borovcnik, M.: Das Sammelbildproblem – Rosinen und Semmeln und Verwandtes: Eine rekursive Lösung mit Irrfahrten. In: Stochastik in der Schule, 27, Heft 2, 2007, S. 19 – 24.

[30] Büchter, A./Henn, H.-W.: Elementare Stochastik. Berlin - Heidelberg 2005.

[31] Bungartz, P.: Das Risiko bei Kernkraftwerken. In: Mathematik lehren, 29, 1988, Heft 29, S. 38 – 48.

[32] Chung, K. L.: Elementare Wahrscheinlichkeitstheorie und stochastische Prozesse. Berlin 1978.

[33] Clarke, G. M./Cooke, D.: A Basic Course in Statistics. London 1992^3.

[34] Clauß, G./Ebner, H.: Grundlagen der Statistik für Psychologen, Pädagogen und Soziologen, 2. Aufl. Thun – Frankfurt a. M. 1977.

[35] Cox, D. R./Suel, E. J.: Applied Statistics. Principles and Examples. London – New York 1981.

[36] Dallmann, H./Elster, K.-H.: Einführung in die höhere Mathematik. Braunschweig 1973.

[37] Deutsches Institut für Fernstudien (DIFF)
HE 11 Beschreibende Statistik. Tübingen 1980.
HE 12 Wahrscheinlichkeitsrechnung. Tübingen 1981.
MS 1 Beschreibende Statistik. Tübingen 1980.
MS 2 Zugänge zur Wahrscheinlichkeitsrechnung. Tübingen 1979.
MS 3 Zufallsgrößen und Verteilungen. Tübingen 1981.
Wahrscheinlichkeitsrechnung und Statistik unter Einbeziehung von elektronischen Rechnern:
SR 1 Beschreibende Statistik. Tübingen 1982.
SR 2 Zufallszahlen, Monte-Carlo-Methode und Simulation. Tübingen 1983.
AS 1 Aufgabenstellen im Stochastikunterricht: Das Aufgabenfeld Lotto. Tübingen 1987.
AS 2 Aufgabenstellen im Stochastikunterricht: Das Aufgabenfeld Qualitätskontrolle. Tübingen 1989.
AS 3 Aufgabenstellen im Stochastikunterricht: Grundlegende Gesichtspunkte. Tübingen 1989.

[38] Dewdney, A. K.: 200 Prozent von nichts. Basel 1994.

[39] Diepgen, R.: Eine Aufgabensequenz zum statistischen Hypothesentesten, Teil 1 und Teil 2. In: Stochastik in der Schule, 2/1985, S. 22 – 27, und 3/1985, S. 17 – 38.

[40] Eichelsbacher, P.: Geometrie und Münzwurf. In: Stochastik in der Schule, 3/2001, S. 2 – 8.

[41] Eichelsbacher, P./Löwe, M.: Geduld und Zufall. In: Stochastik in der Schule, 2/2003, S. 2 – 6.

[42] Eichler, A.: Spielerlust und Spielerfrust in 50 Jahren Lotto – ein Beispiel für visuell gesteuerte Datenanalyse. In: Stochastik in der Schule 26, 2006, S. 2 – 11.

[43] Eichler, A.: Individuelle Stochastikcurricula von Lehrerinnen und Lehrern. In: Journal für Mathematik-Didaktik 27, 2006, 2, S. 140 – 162.

[44] Eichler, A.: Individuelle Stochastikcurricula von Lehrerinnen und Lehrern. Hildesheim, 2005.

[45] Eichler, A./Vogel, M.: Leitidee – Daten und Zufall. Wiesbaden 2009.

[46] Eichler, A./Vogel, M.: Datenerhebung – die Unbekannte in der Datenanalyse. In: Stochastik in der Schule, 30, 1/2010, S. 6 – 13.

[47] Engel, A.: Wahrscheinlichkeitsrechnung und Statistik. Band 1 und Band 2. Stuttgart 1973 und 1976.

[48] Engel, A.: Stochastik. Stuttgart 1987.

[49] Engel, A.: Steifzüge durch die Statistik. In: Didaktik der Mathematik, 16, 1/1988, S. 1 – 18.

[50] Engel, J./Sedlmeier, P.: Regression und Korrelation: Alles klar, oder voller Tücken? In: Stochastik in der Schule, 2/2010, S. 13 – 20.

[51] Exner, H./Schmitz, N.: Zufallszahlen für Simulationen. Skripten zur Mathematischen Statistik Nr. 4, Westfälische Wilhelms-Universität Münster.

[52] Feller, W.: An Introduction to Probability Theory and its Applications. 2 Bände, New York 1957, 1966.

[53] Ferschl, F.: Deskriptive Statistik. Würzburg – Wien 1978.

[54] Finsler, P.: Über die mathematische Wahrscheinlichkeit. In: Elemente der Mathematik 2, 6, 1947.

[55] Forster, O.: Analysis 2. Wiesbaden 2006[7].

[56] Forster, O.: Analysis 3. Braunschweig - Wiesbaden 1984.

[57] Freudenthal, H.: Mathematik als pädagogische Aufgabe, 2 Bände. Stuttgart 1973.

[58] Gigerenzer, G.: Das Einmaleins der Skepsis. Berlin 2002.

[59] Gnedenko, B. W.: Lehrbuch der Wahrscheinlichkeitsrechnung. Berlin 1968[5].

[60] Goodmann, T. A.: Statistics for the secondary mathematics student. In: School Science and Mathematics, 81, 1981, S. 423 – 428.

[61] Hartung, J./Heine, B.: Statistik-Übungen, Deskriptive Statistik. München – Wien 1986.

[62] Hartung, J./Heine, B.: Statistik-Übungen, Induktive Statistik. München – Wien 1987.

[63] Hauptfleisch, K.: Wie zufällig sind Zufallszahlen? In: Der Mathematikunterricht (MU), 25, 2/1999, S. 45 – 62.

[64] Herget, W.: Der Zoo der Mittelwerte, Mittelwerte-Familien. In: Mathematik lehren, 8/1985, S. 50 – 51.

[65] Heilmann, W. R.: Regression und Korrelation im Schulunterricht? In: Praxis der Mathematik 1982, S. 203 – 204.

[66] Heller, W.-D./Lindenberg, H./Nuske, M./Schriever, K.-H.: Beschreibende Statistik. Basel – Stuttgart 1979.

[67] Henze, N.: Stochastik für Einsteiger. 9. Auflage. Wiesbaden 2012.

[68] Hilbert, D.: Gesammelte Abhandlungen, Berlin – Heidelberg – New York 1970, Band III.

[69] Huff, D.: How to lie with statistics. W. W. Norton, New York 1954.

[70] Hui, E.: Lineare Regression ohne Differentialrechnung. In: Didaktik der Mathematik, 16, 2/1988, S. 94 – 98.

[71] Hummenberger, H.: Paare an einem runden Tisch – das Ménage-Problem. In: Stochastik in der Schule, 2/2006, S. 12 – 19.

[72] ICOTS: Proceedings of the 2. International Conference on Teaching Statistics. Victoria Univ., Columbia/Kanada 1987.

[73] Ineichen, R.: Elementare Beispiele zum Testen statistischer Hypothesen. Zürich 1978.

[74] Ineichen, R.: Wie könnte man auf der Oberstufe des Gymnasiums in die schließende Statistik einführen? In: Didaktik der Mathematik, 3, 1982, S. 165 – 182.

[75] Ineichen, R./Stocker, Hj.: Stochastik. Einführung in die elementare Statistik und Wahrscheinlichkeitsrechnung. 8., überarbeitete Aufl. Luzern – Stuttgart 1992.

[76] Ineichen, R.: Würfel und Wahrscheinlichkeit. Heidelberg 1996.

[77] Jäger, J./Schupp, H.: Stochastik in der Hauptschule. Paderborn 1983.

[78] Kellerer, H.: Statistik im modernen Wirtschafts- und Sozialleben. Reinbeck bei Hamburg 1960.

[79] Knöpfel, H./Löwe, M.: Stochastik – Struktur im Zufall. München 2007.

[80] Kockelkorn, U.: Von Arkadien zur Geometrie des Zufalls – Die Bedeutung von Chevalier de Méré für die Geburt der Wahrscheinlichkeitsrechnung. In: Rinne, H. u. a. (Hrsg.): Grundlagen der Statistik und ihre Anwendungen, Heidelberg, 1995.

[81] Kolmogoroff, A. N.: Grundbegriffe der Wahrscheinlichkeitsrechnung. Berlin 1933.

[82] Koßwig, F. W.: Auswertung von Meßdaten im naturwissenschaftlichen Unterricht. Ein elementarer Zugang zur Regressionsrechnung. In: Beiträge zum Mathematikunterricht, 1983, S. 180 – 183.

[83] Krämer, W.: Statistik verstehen. Frankfurt – New York 1992.

[84] Krämer, W.: So überzeugt man mit Statistik. Frankfurt 1994.

[85] Krämer, W.: So lügt man mit Statistik. Frankfurt 1995[6].

[86] Krengel, U.: Einführung in die Wahrscheinlichkeitstheorie und Statistik. 8. Auflage. Wiesbaden 2005.

[87] Krengel, U.: Wahrscheinlichkeitstheorie. In: Dokumente zur Geschichte der Mathematik. Bd. 6: Ein Jahrhundert Mathematik 1890 – 1990. Festschrift zum Jubiläum der DMV (Hrsg. Fischer, G. u. a.). Braunschweig 1990, S. 457 – 489.

[88] Kreyszig, E.: Statistische Methoden und ihre Anwendungen. Göttingen 1968[3].

[89] Krickeberg, K./Ziezold, H.: Stochastische Methoden. Berlin, 4. Auflage 1995.

[90] Kütting, H.: Der Additionssatz und der Multiplikationssatz der Wahrscheinlichkeitsrechnung. In: Der Mathematikunterricht (MU), 1/1962, S. 39 – 63.

[91] Kütting, H.: Didaktik der Wahrscheinlichkeitsrechnung. Freiburg – Basel – Wien 1981.

[92] Kütting, H.: Synopse zur Stochastik im Schulunterricht – Aspekte einer Schulgeschichte. In: Zentralblatt für Didaktik der Mathematik, 6/1981, S. 223 – 236.

[93] Kütting, H.: Wahrscheinlichkeitsrechnung in der Primarstufe und Sekundarstufe I: Positive Ansätze und mögliche Gefahren. In: Stochastik im Schulunterricht. Wien - Stuttgart 1981, S. 101 – 106.

[94] Kütting, H.: Zur Behandlung unabhängiger Ereignisse im Stochastikunterricht. In: Didaktik der Mathematik, 1982, S. 315 – 329.

[95] Kütting, H.: Ein Plädoyer für die Behandlung der Stochastik im Unterricht. In: Lernzielorientierter Unterricht (LK), 4/1984, S. 17 – 32.

[96] Kütting, H.: Stochastisches Denken in der Schule – Grundlegende Ideen und Methoden. In: Der Mathematikunterricht (MU), 4/1985, S. 87 – 106.

[97] Kütting, H.: Anzahlbestimmungen. In: Mathematische Unterrichtspraxis, 10, 1989, Heft 1, S. 31 – 47.

[98] Kütting, H.: Stochastik im Mathematikunterricht – Herausforderung oder Überforderung? In: Der Mathematikunterricht (MU), 36. Jhrg., 4/1990, S. 5 – 19.

[99] Kütting, H.: Der große Lohnvorsprung oder Lohnquoten im Zerrspiegel der Darstellung. In: Der Mathematikunterricht (MU), 36. Jhrg., 6/1990, S. 36 – 40.

[100] Kütting, H.: Elementare Analysis, zwei Bände. Mannheim 1992. (Jetzt: Spektrum Akademischer Verlag Heidelberg.)

[101] Kütting, H.: Didaktik der Stochastik. Mannheim 1994. (Jetzt: Spektrum Akademischer Verlag Heidelberg.)

[102] Kütting, H.: Beschreibende Statistik im Schulunterricht. Mannheim 1994. (Jetzt: Spektrum Akademischer Verlag Heidelberg.)

[103] Kütting, H.: Öffnung des Mathematikunterrichts: Ein Anwendungsbeispiel aus der beschreibenden Statistik. In: Bardy, P./Dankwerts, R./Schornstein, J.: Materialien für einen realitätsbezogenen Mathematikunterricht. Band 3, Bad Salsdetfurth 1996, S. 30 – 36.

[104] Kütting, H.: Zeitdokumente als motivierende Materialien für einen aktuellen Unterricht in Beschreibender Statistik. In: Der Mathematikunterricht (MU), 43. Jhrg., 4/1997, S. 11 – 25.

[105] Kütting, H.: Verhältnisse in der Beschreibenden Statistik. In: Der Mathematikunterricht (MU), 43. Jhrg., 4/1997, S. 47 – 53.

[106] Kütting, H.: Beschreibende Statistik: Hochaktuell, aber als Unterrichtsthema gerne vergessen. In: Der Mathematikunterricht (MU), 4/1997, S. 6 – 10.

[107] Kütting, H.: Elementare Stochastik. Heidelberg 1999.

[108] Kütting, H.: Beispiele als Katalysatoren für ein besseres Verstehen von Mathematik. In: Blankenagel, J./Spiegel, W. (Hrsg.): Mathematikdidaktik aus Begeisterung für Mathematik. Stuttgart 2000, S. 123 – 136.

[109] Kütting, H.: Spiel und Zufall. In: Kaune, Ch./Schwank, J./Sjuts, J. (Hrsg.): Mathematikdidaktik im Wissenschaftsgefüge: Zum Verstehen und Unterrichten mathematischen Denkens. Osnabrück 2005, S. 179 – 198.

[110] Laplace, P. S.: Philosophischer Versuch über die Wahrscheinlichkeit. Reprint Leipzig 1932.

[111] Lehn, J./Rettig, St.: Deterministischer Zufall. In: Braitenberg, V./Hosp, I. (Hrsg.): Simulation – Computer zwischen Experiment und Theorie. Hamburg 1995, S. 56 – 79.

[112] Lehn, J./Roes, H.: Probleme beim Aufgabenstellen in der Stochastik. In: Der Mathematikunterricht (MU), 6/1990, S. 29 – 35.

[113] Lehn, J./Wegmann H.: Einführung in die Statistik. Stuttgart, 2. Auflage 1992.

[114] Lehn, J./Wegmann, H./Rettig, St.: Aufgabensammlung zur Einführung in die Statistik. Stuttgart 1988.

[115] Lehn, J. u. a.: Lorenzkurve und Gini-Koeffizient zur statistischen Beschreibung von Konzentrationen. In: Der Mathematikunterricht (MU) 43. Jhrg., 4/1997, S. 36 – 46.

[116] Lind, D.: Zum Wahrscheinlichkeitsbegriff in der Sekundarstufe I. In: mathematica didactica, 1992, Bd 1, S. 34 – 47.

[117] Lind, D./Scheid, H.: Abiturwissen Stochastik. Stuttgart 1984.

[118] Löwe, M.: Wer tauscht gewinnt – das Paradoxon der zwei Umschläge. In: Stochastik in der Schule, 23, 2/2003, S. 21 – 24.

[119] Maibaum, G.: Wahrscheinlichkeitstheorie und mathematische Statistik. Berlin 1980^2.

[120] Mangoldt, H./Knopp, K.: Höhere Mathematik 1. Stuttgart 1990.

[121] Matejas, J./Bahovec, V.: Ein anderer Zugang, Mittelwerte zu verallgemeinern. In: Stochastik in der Schule, Band 29, 1/2009, S. 2 – 5.

[122] Morgenstern, D.: Der Aufgabenbereich von Wahrscheinlichkeitsrechnung und mathematischer Statistik. In: Der Mathematikunterricht (MU), 8, 1/1962, S. 5 – 15.

[123] Morris, R. (Ed.): Studies in Mathematics Education: The Teaching of Statistics. Unesco, Paris 1991.

[124] Müller, H. P. (Hrsg.): Lexikon der Stochastik. 5. erw. Auflage Berlin 1991.

[125] Nordmeier, G.: „Erstfrühling" und „Aprilwetter" – Projekte in der explorativen Datenanalyse. In: Stochastik in der Schule, 3/1989, S. 21 – 42.

[126] Ostrowski, A.: Vorlesungen über Differential- und Integralrechnung, Band 1. Basel – Stuttgart 1965.

[127] Padberg, F./Dankwerts, R./Stein, M.: Zahlbereiche. Heidelberg 1995.

[128] Pape von, B./Wirths, H.: Stochastik in der gymnasialen Oberstufe. Hildesheim 1993.

[129] Pfanzagl, J.: Allgemeine Methodenlehre der Statistik. 2 Bände. Band 1: 6. Aufl., Berlin 1978. Band 2: 5. Aufl., Berlin 1978.

[130] Pfanzagl, J.: Elementare Wahrscheinlichkeitsrechnung. Berlin – New York 1988.

[131] Pinkernell, G.: Zufallsgeneratoren und Baumdiagramme. In: Stochastik in der Schule, 3/1998, S. 9 – 18.

[132] Plachky, D./Baringhaus, L./Schmitz, N.: Stochastik I. Wiesbaden 1978.

[133] Pöppelmann, Th.: Bemerkungen zur Division durch n - 1 bei der empirischen Varianz. In: Der Mathematikunterricht (MU), Jhrg. 43, 4/1997, S. 26 – 35.

[134] Rasfeld, P.: Die Untersuchung des Problems der vertauschten Briefe im Unterricht anhand von Quellentexten. In: Stochastik in der Schule 26, 2/2006, S. 20 – 27.

[135] Randow, G. von: Das Ziegenproblem. Hamburg 1992.

[136] Reichel, H.-C. (Hrsg.): Wahrscheinlichkeitsrechnung und Statistik. Wien 1987.

[137] Rényi, A.: Briefe über die Wahrscheinlichkeit, Basel – Stuttgart 1969.

[138] Richter, G.: Stochastik. Stuttgart 1994.

[139] Riedwyl, H.: Graphische Gestaltung von Zahlenmaterial. Bern – Stuttgart 1979^2.

[140] Riedwyl, H.: Regressionsgerade und Verwandtes. Bern – Stuttgart 1980.

[141] Riedwyl, H.: Angewandte Statistik. Bern – Stuttgart 1989.

[142] Riehl, G.: Ergänzungen zum Paradoxon der beiden Kinder. In: Stochastik in der Schule, Band 29, 3/2009, S. 21 – 27.

[143] Rinne, H.: Taschenbuch der Statistik. Frankfurt a. M. 1995.

[144] Rutsch, M.: Statistik 1. Mit Daten umgehen. Basel – Stuttgart – Boston 1986.

[145] Rutsch, M.: Statistik 2. Daten modellieren. Basel – Boston – Stuttgart 1987.

[146] Sauer, M. J.: Ein Vier-Schritt-Modell zur Lösung von Kombinatorik-Aufgaben. In: Stochastik in der Schule, Band 28, 3/2008, S. 2 – 13.

[147] Schadach, D. J.: Biomathematik I: Kombinatorik, Wahrscheinlichkeit und Information. Braunschweig 1971.

[148] Scheid, H.: Wahrscheinlichkeitsrechnung. Mannheim 1992.

[149] Schlitgen, R.: Einführung in die Statistik. München 1987.

[150] Schmidt, G.: Schwächen im gegenwärtigen Stochastikunterricht und Ansätze zu ihrer Behebung. In: Der Mathematikunterricht (MU), 36. Jhrg., 6/1990, S. 20 – 28.

[151] Schmidt, H.-J.: Die Herleitung chemischer Formeln im Verständnis von Schülern. In: Der Mathematische und Naturwissenschaftliche Unterricht, 8/1981, S. 468 – 476.

[152] Schmidt, S.: Kombinatorisches Denken als eine bildungstheoretische Kategorie für den „elementarischen Unterricht" und die Lehrerbildung gemäß der Konzeption von A. Diesterweg (1790 – 1866). In: mathematica didactica, 15, 1992, Bd. 1, S. 80 – 95.

[153] Schmitz, N.: Stochastik für Lehramtsstudenten. Münster 1997.

[154] Schneider, I.: Die Entwicklung der Wahrscheinlichkeitstheorie von den Anfängen bis 1933. Darmstadt 1988.

[155] Schneider, M.: Teflon, Post-it und Viagra. Große Entdeckungen durch kleine Zufälle. Weinheim 2002.

[156] Schrage, G.: Schwierigkeiten mit stochastischer Modellbildung. In: Journal für Mathematikdidaktik (JMD), 1/1980, S. 86 – 101.

[157] Schrage, G.: Stochastische Trugschlüsse. In: mathematica didactica, 1/1984, S. 3 – 19.

[158] Schupp, H.: Zum Verhältnis statistischer und wahrscheinlichkeitstheoretischer Komponenten im Stochastikunterricht der Sekundarstufe I. In: Journal für Mathematik-Didaktik (JMD), 3/1982, S. 207 – 226.

[159] Schupp, H.: Das Galton-Brett im stochastischen Anfangsunterricht. In: Mathematik lehren, 12/1985, S. 12 – 16.

[160] Schwarze, J.: Zur richtigen Verwendung von Mittelwerten. In: Praxis der Mathematik, 1981, S. 296 – 307.

[161] Shahani, A. K.: Vernünftige Mittelwerte, aber falsche Aussagen. In: Stochastik in der Schule, 1/1982, S. 3 – 10.

[162] Statistisches Jahrbuch 2009 für die Bundesrepublik Deutschland. Wiesbaden 2009.

[163] Steinbach, M. C.: Autos, Ziegen und Streithähne. In: Mathematische Semesterberichte, 47, 2000, S. 107 – 117.

[164] Strehl, R.: Wahrscheinlichkeitsrechnung und elementare statistische Anwendungen. Freiburg 1974.

[165] Strick, H. K.: Einführung in die Beurteilende Statistik. Hannover 1998.

[166] Strick, H. K.: Geht bei der Lottoshow alles mit rechten Dingen zu? In: Mathematik in der Schule 37, 4/1999, S. 209 – 213.

[167] Sweschnikow, A. A. u.a.: Wahrscheinlichkeitsrechnung und mathematische Statistik in Aufgaben. Leipzig 1970.

[168] Swoboda, H.: Knaurs Buch der modernen Statistik. München – Zürich 1971.

[169] Székely, G. J.: Paradoxa. Frankfurt 1990.

[170] Titze, H.: Zur Veranschaulichung von Mittelwerten. In: Praxis der Mathematik, 29, 4/1987, S. 200 – 202.

[171] Trauerstein, H.: Zur Simulation mit Zufallsziffern im Mathematikunterricht der Sekundarstufe I. In: Stochastik in der Schule, 10, 2/1990, S. 2 – 30.

[172] Tukey, J. W.: Exploratory Data Analysis. Reading, Addison-Wesley 1977.

[173] Uhlmann, W.: Statistische Qualitätskontrolle. Stuttgart 1982.

[174] Van der Waerden, B. L.: Der Begriff der Wahrscheinlichkeit. In: Studium Generale 2, 1951.

[175] Vogel, M./Eichler, A.: Residuen helfen gut zu modellieren. In: Stochastik in der Schule, 30, 2/2010, S. 8 – 13.

[176] Vohmann, H. D.: Lineare Regression und Korrelation in einem Einführungskurs über empirische Methoden. In: Stochastik in der Schule 2/1988, S. 3 – 16.

[177] Wallis, W. A./Roberts, H. V.: Methoden der Statistik. Ein neuer Weg zu ihrem Verständnis. Freiburg – Hamburg 1977.

[178] Warmuth, E.: Wahrscheinlich ein Junge? In: Mathematik in der Schule, 1/1991, S. 46 – 59.

[179] Wegmann, H./Lehn, J.: Einführung in die Statistik. Göttingen 1984.

[180] Winkler, W.: Vorlesungen zur Mathematischen Statistik. Stuttgart 1983.

[181] Winter, H.: Zur Beschreibenden Statistik in der Sekundarstufe I (10 – 16jährige Schüler der allgemeinbildenden Schulen) – Rechtfertigungsgründe und Möglichkeiten zur Integration der Stochastik in den Mathematikunterricht. In: Stochastik im Schulunterricht (Hrsg. Dörfler, W./Fischer, R.), Wien – Stuttgart 1981, S. 279 – 304.

[182] Winter, H.: Dreiklang und Dreieck – woher das harmonische Mittel seinen Namen hat. In: Mathematik lehren, 8/1985, S. 48.

[183] Winter, H.: Die Gauss-Aufgabe als Mittelwertaufgabe. In: Mathematik lehren, 8/1985, S. 20 – 24.

[184] Winter, H.: Mittelwerte – eine grundlegende mathematische Idee. In: Mathematik lehren, 8/1985, S. 4 – 15.

[185] Wirths, H.: Regression – Korrelation. In: Didaktik der Mathematik, 1990, S. 52 – 60.

[186] Wirths, H.: Beziehungshaltige Mathematik in Regression und Korrelation. In: Stochastik in der Schule, 1/1991, S. 34 – 53.

[187] Witting, H.: Mathematische Statistik. In: Dokumente zur Geschichte der Mathematik. Bd. 6: Ein Jahrhundert Mathematik 1890 – 1990. Festschrift zum Jubiläum der DMV (Hrsg. Fischer, G. u. a.). Braunschweig 1990, S. 781 – 815.

[188] Wolf, J.: Regression und Korrelation. In: Schmidt, G.: Methoden des Mathematikunterrichts in Stichwörtern und Beispielen 9/10. Braunschweig 1982, S. 222 – 249.

[189] Wollring, B.: Ein Beispiel zur Konzeption von Simulationen bei der Einführung des Wahrscheinlichkeitsbegriffs. In: Stochastik in der Schule, 12, 3/1992, S. 2 – 25.

[190] Yamane, T.: Statistik. Band 1 und Band 2. Frankfurt a. M. 1976.

Index

Printed in the United States
By Bookmasters